Lehrbuch der Technischen Physik

von

Dr. Dr.-Ing. Hans Lorenz
o. Professor an der Technischen Hochschule Danzig
Geheimer Regierungsrat

Zweite, neubearbeitete Auflage

Erster Band

Technische Mechanik starrer Gebilde

Berlin
Verlag von Julius Springer
1926

Technische Mechanik starrer Gebilde

von

Hans Lorenz

Zweite, vollständig neubearbeitete Auflage
der Techn. Mechanik starrer Gebilde

Zweiter Teil

Mechanik räumlicher Gebilde

Mit 144 Textabbildungen

Berlin
Verlag von Julius Springer
1926

ISBN 978-3-642-98430-3 ISBN 978-3-642-99244-5 (eBook)
DOI 10.1007/978-3-642-99244-5

Reprint of the original edition 1926

Vorwort.

In dem nunmehr vorliegenden zweiten Teil der Mechanik starrer Gebilde, welcher den räumlichen Erscheinungen gewidmet ist, habe ich mich von denselben Gesichtspunkten wie bei der Abfassung des ersten Teiles leiten lassen. Auch die Bezeichnungen und Abkürzungen für bekannte Begriffe, die in den Besprechungen der Mechanik ebener Gebilde einen breiten Raum einnahmen und alle Stufen zwischen rückhaltloser Zustimmung und völliger Ablehnung durchliefen, habe ich beibehalten. Daß ein Bedürfnis nach Ersatz mancher recht schwerfälliger Ausdrücke vorhanden ist, wurde nirgends geleugnet, und damit war die Berechtigung zu meinen Vorschlägen wohl gegeben, denen von anderer Seite jedenfalls nichts Nennenswertes gegenübergestellt wurde. Ich kann die weitere Entwicklung dieser Angelegenheit demnach der Zukunft anheimstellen und will hier nur noch bemerken, daß ich im Gegensatz zu anderen Schriften über Mechanik, aber in Übereinstimmung mit dem allgemeinen Sprachgebrauch das Wort „Kreisel“ nur für achsensymmetrische Gebilde verwende, nicht aber für den um einen Punkt drehbaren starren Körper von beliebiger Form und Massenverteilung.

Für die räumliche Mechanik ist naturgemäß die Vektorrechnung von viel größerer Bedeutung wie für die ebene; sie hat daher auch in dem vorliegenden Teil eine umfassende Verwendung gefunden. Da zur rechnerischen Verwertung der Ergebnisse die übliche Koordinatenschreibweise nicht entbehrt werden kann, ist für alle wichtigen Formeln auch diese angegeben, womit die wechselseitige Übertragung gesichert und einer bloß formalen Handhabung vorgebeugt sein dürfte.

Die Einteilung des Stoffes der räumlichen Mechanik in Kinematik, Statik und Dynamik entspricht ganz der ebenen, wobei aus der Trennung beider Gebiete gelegentlich befürchtete Wiederholungen recht wohl vermieden werden konnten. In der Auswahl der Beispiele bin ich erheblich weiter gegangen, als dies in den Schriften über technische Mechanik üblich ist, und habe mich auch vor der Aufnahme geophysikalischer und kosmischer Probleme wie im ersten Teile nicht gescheut. Die sog. Minimalprinzipe der Mechanik habe ich im Verein mit den Lagrangeschen Gleichungen für die Freiheitsgrade der Bewegung im letzten Buche behandelt und besonders ihren inneren Zusammenhang unter Zuhilfenahme von Beispielen hervorgehoben. Daran habe ich, um Ingenieuren einen Einblick in die kinetische Theorie der Materie zu geben, einen kurzen Abschnitt über statistische Mechanik angegliedert und das Ganze mit einem Abriß der Ähnlichkeitslehre abgeschlossen.

Der vorliegende Halbband ist natürlich für mathematisch hinreichend vorgebildete Leser unter Voraussetzung der Kenntnis mechanischer Grundbegriffe auch ohne den ersten Teil verständlich. Immerhin wird sich vor der Inangriffnahme der räumlichen Mechanik die Durcharbeitung der Mechanik ebener Gebilde empfehlen, in der nicht nur die erwähnten Grundbegriffe entwickelt, sondern auch eine Fülle von einfacheren Anwendungen gegeben werden, welche dem Leser sowohl das Eindringen in die verwickelteren Raumvorgänge erleichtern, als auch die dafür notwendige Vertrautheit mit den Gedankenvorgängen und Rechnungsverfahren vermitteln.

Danzig-Langfuhr, im Mai 1926.

H. Lorenz.

Inhaltsverzeichnis.

Erstes Buch: Kinematik räumlicher Gebilde.

I. Die freie Bewegung eines Punktes im Raume. Seite

§ 1. Bahn und Laufvektor eines Punktes im Raum 1
§ 2. Der Anlaufvektor 5
§ 3. Der Drehvektor und Flächenlauf 10
§ 4. Der Strahl- und Drehanlauf 13

II. Die gezwungene und Relativbewegung eines Punktes.

§ 5. Die Bewegung eines Punktes auf einer festen Oberfläche . . 16
§ 6. Das Kugelpendel 23
§ 7. Die Bewegung eines Punktes längs einer festen Raumkurve 32
§ 8. Die Relativbewegung im Raum 38
§ 9. Die Bewegung an der Erdoberfläche 44

III. Die Bewegung eines starren Körpers.

§ 10. Verschiebungen und Drehungen eines Körpers im Raume . 49
§ 11. Polbahnkegel und Leitflächen 52
§ 12. Die Drehung des starren Körpers 54
§ 13. Allgemeine Bewegung des starren Körpers 59

Zweites Buch: Statik räumlicher Gebilde.

IV. Das reibungsfreie Gleichgewicht.

§ 14. Der Kraft- und Momentenvektor 66
§ 15. Kräfte mit verschiedenen Angriffspunkten 70
§ 16. Die Arbeit einer Kraft 75
§ 17. Das Gleichgewicht von Kräften mit verschiedenen Angriffspunkten 80

V. Das Reibungsgleichgewicht.

§ 18. Das Reibungsgleichgewicht starrer Körper 86
§ 19. Gleichgewicht lockerer Massen im Raume 91
§ 20. Verschiebungen im Inneren lockerer Massen 98

Drittes Buch: Dynamik räumlicher Gebilde.

VI. Grundlagen der Dynamik.

§ 21. Die Bewegungsgleichungen räumlicher Gebilde 101
§ 22. Die Arbeitsgleichung räumlicher Gebilde 105
§ 23. Der Massenausgleich mehrkurbliger Maschinen 108
§ 24. Der Ausgleich der Drehmomente mehrkurbliger Maschinen . 118
§ 25. Schwung- und Schleudermomente starrer Körper 123
§ 26. Die Berechnung der statischen und Schleudermomente räumlicher Gebilde 130
§ 27. Die Erdgestalt und der Erdanlauf 136

VII. Die Drehung starrer Körper.

§ 28. Die Drehung eines starren Körpers um eine feste Achse . . 140
§ 29. Der Drallvektor des starren Körpers 145
§ 30. Der Momentenvektor des starren Körpers 149
§ 31. Das Kegelfadenpendel 156

Seite
§ 32. Die Regelung von Kraftmaschinen 161
§ 33. Die Bewegung und Stabilität von Freifahrzeugen 167
§ 34. Die kräftefreie Drehung des starren Körpers 174
§ 35. Umformung der Bewegungsgleichungen des starren Körpers . 180

Viertes Buch: Die Kreiselbewegung.

VIII. Freie Kreisel.
§ 36. Unmittelbare Ableitung der Kreiselgleichungen 185
§ 37. Das Kreiselpendel 189
§ 38. Widerstandskräfte am Kreiselpendel 197
§ 39. Die Präzession der Erdachse 203

IX. Roll- und Pendelkreisel.
§ 40. Kollergänge und Pendelmühlen 207
§ 41. Schwingungen von Rollkreiseln 212
§ 42. Ungedämpfte Schwingungen des Pendelkreisels 217
§ 43. Gedämpfte Schwingungen des Pendelkreisels 223
§ 44. Erzwungene Schwingungen des Pendelkreisels 229

X. Richtkreisel.
§ 45. Der Geradlaufkreisel 232
§ 46. Die Richtkreisel von Foucault und Föppl 235
§ 47. Der Kreiselkompaß 239
§ 48. Fahrtstörungen des Kreiselkompasses 243

Fünftes Buch: Allgemeine Dynamik.

XI. Die Variationssätze der Mechanik.
§ 49. Lagranges Gleichungen erster Art 248
§ 50. Lagranges Gleichungen zweiter Art 250
§ 51. Neue Ableitung der Bewegungsgleichungen des starren Körpers . 256
§ 52. Die Sätze von Hamilton und Gauß 259

XII. Statistische Mechanik.
§ 53. Die ungeordnete Bewegung einer Menge 263
§ 54. Die Wärme als Bewegungserscheinung 268
§ 55. Die Laufverteilung im ruhenden Gase 274
§ 56. Wärmeleitung und Reibung der Gase 279

XIII. Ähnlichkeitsmechanik.
§ 57. Vollständige mechanische Ähnlichkeit 283
§ 58. Unvollständige mechanische Ähnlichkeit 287

Namenverzeichnis 290

Sachverzeichnis 290

Erstes Buch.

Kinematik räumlicher Gebilde.

I. Die freie Bewegung eines Punktes im Raume.

§ 1. Bahn und Laufvektor eines Punktes. Der geometrische Ort der stetig aufeinander folgenden Lagen eines bewegten Massenpunktes, seine sog. Bahn, ist im allgemeinen eine Raumkurve. Zur Bestimmung derselben bedarf es eines räumlichen Gebildes, z. B. einer Ecke aus drei zueinander senkrechten Ebenen von an sich willkürlicher Lage im Raum selbst. Sind x, y, z die augenblicklichen Abstände des bewegten Punktes P, Abb. 1, von den Ebenen dieser Ecke und r der Fahrstrahl von dem als Anfangs- oder Bezugspunkt gewählten Schnittpunkte O der drei Bezugsebenen, so ist zunächst

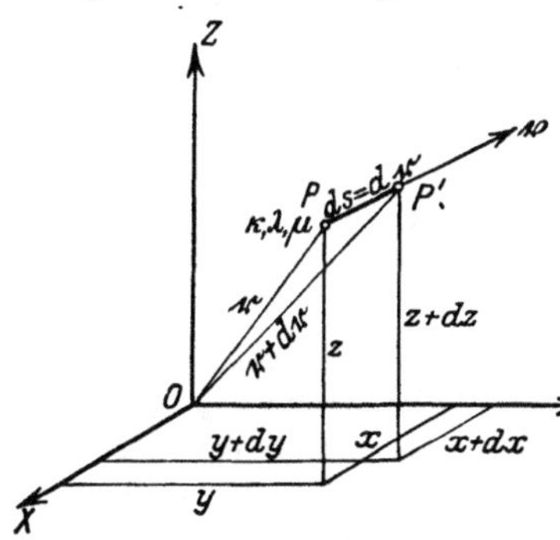

Abb. 1.

$$x^2 + y^2 + z^2 = r^2 \quad \ldots \ldots \ldots \quad 1)$$

Bei der Bewegung erleiden diese Abstände im Zeitelement dt die elementaren Änderungen dx, dy, dz und dr, die wir mit dem Bahnelement ds als seine Verschiebungen bezeichnen wollen. Mit dem Richtungskosinus $\varkappa$, λ, μ der Bahntangente gegen die als Achsen genommenen Schnitte der Bezugsebenen ist alsdann

$$dx = \varkappa\, ds, \qquad dy = \lambda\, ds, \qquad dz = \mu\, ds, \quad \ldots \ldots \quad 2)$$

oder

$$\left.\begin{aligned} \varkappa\, dx + \lambda\, dy + \mu\, dz &= ds \\ dx^2 + dy^2 + dz^2 &= ds^2 \end{aligned}\right\}, \quad \ldots \ldots \ldots \quad 2\mathrm{a})$$

wodurch die Bahnverschiebung ds als ein Vektor gekennzeichnet ist, der außerdem als Vektorunterschied zweier benachbarter Fahrstrahlen $\mathfrak{r}$ und $\mathfrak{r}+d\mathfrak{r}$ erscheint. Wir haben demnach mit drei Einheitsvektoren $\mathfrak{a}_x$, $\mathfrak{a}_y$, $\mathfrak{a}_z$ auf den Achsen für das Bahnelement in Vektorform

$$d\mathfrak{r}=\mathfrak{a}_x\,dx+\mathfrak{a}_y\,dy+\mathfrak{a}_z\,dz, \quad \ldots \ldots \quad 2\text{b})$$

worin dx, dy, dz als die skalaren Beträge der Achsenanteile des Vektors $d\mathfrak{r}$ auftreten, während ds den Betrag von $d\mathfrak{r}$ selbst darstellt.

Durch Division der vorstehenden Formeln 2) mit dem stets skalaren Zeitelement dt erhalten wir zunächst die Geschwindigkeit oder den Bahnlauf

$$\frac{ds}{dt}=\dot{s}=v \quad \text{bzw.} \quad \frac{d\mathfrak{r}}{dt}=\dot{\mathfrak{r}}=\mathfrak{v} \quad \ldots \ldots \quad 3)$$

ebenfalls als Vektor mit der Richtung der Bahntangente, so zwar, daß

$$\dot{x}=\frac{dx}{dt}=\varkappa v, \quad \dot{y}=\frac{dy}{dt}=\lambda v, \quad \dot{z}=\frac{dz}{dt}=\mu v \quad \ldots \quad 3\text{a})$$

die Achsenteile oder Geschwindigkeitskomponenten sind, welche die aus 2a) hervorgehenden Bedingungen

$$\left.\begin{array}{l}\varkappa\dot{x}+\lambda\dot{y}+\mu\dot{z}=v\\ \dot{x}^2+\dot{y}^2+\dot{z}^2=v^2\end{array}\right\} \quad \ldots \ldots \quad 3\text{b})$$

erfüllen. Dafür können wir auch in Vektorform schreiben

$$\dot{\mathfrak{r}}=\mathfrak{a}_x\dot{x}+\mathfrak{a}_y\dot{y}+\mathfrak{a}_z\dot{z}, \quad \ldots \ldots \quad 3\text{c})$$

worin jetzt die $\dot{x}$, $\dot{y}$, $\dot{z}$ die skalaren Beträge der drei Laufvektoren in den Achsenrichtungen darstellen, während v den Betrag des Bahnlaufvektors $\dot{\mathfrak{r}}$ bedeutet. Wir können demnach den Laufvektor stets in drei zueinander senkrechte Teilvektoren eindeutig zerlegen, wenn deren Richtungen durch ein Achsenkreuz vorgeschrieben sind. Sind umgekehrt drei zueinander senkrechte Laufvektoren vorgelegt, so können dieselben eindeutig zu einem Gesamtlauf vereinigt werden.

Ebenso können natürlich auch ein oder mehrere zueinander geneigte Laufvektoren $\dot{\mathfrak{r}}'$, $\dot{\mathfrak{r}}''\ldots$ mit den Beträgen v', $v''\ldots$ und den Richtungskosinus $\varkappa'$, λ', μ'; $\varkappa''$, λ'', $\mu''\ldots$ in einem Achsenkreuz x, y, z gegeben sein, deren jeder nach den vorstehenden Formeln in drei Achsenteile eindeutig zerfällt. Da nun alle in dieselbe Gerade fallenden Strecken algebraisch addiert werden dürfen, so gilt dies auch für die gleichgerichteten Laufteile, so daß wir für den Gesamtlauf $\dot{\mathfrak{r}}$ zweier Läufe $\dot{\mathfrak{r}}'$, $\dot{\mathfrak{r}}''$ mit den Achsenteilen $\dot{x}, \dot{y}, \dot{z}$ auch erhalten

$$\left.\begin{array}{l}\dot{x}=\dot{x}'+\dot{x}''=\varkappa'v'+\varkappa''v''\\ \dot{y}=\dot{y}'+\dot{y}''=\lambda'v'+\lambda''v''\\ \dot{z}=\dot{z}'+\dot{z}''=\mu'v'+\mu''v''\end{array}\right\}. \quad \ldots \ldots \quad 4)$$

Daraus folgt aber nach Erweiterung mit den Richtungskosinus $\varkappa$, λ, μ

des Gesamtlaufes v und Addition, sowie durch Quadrieren und Addieren der drei Formeln 4) mit Rücksicht auf 3b)

$$v'(\varkappa'\varkappa + \lambda'\lambda + \mu'\mu) + v''(\varkappa''\varkappa + \lambda''\lambda + \mu''\mu) = v$$
$$v'^2 + v''^2 + 2\,v'v''(\varkappa'\varkappa'' + \lambda'\lambda'' + \mu'\mu'') = v^2,$$

oder unter Einführung der Winkel (v', v); (v'', v); sowie (v', v'')

$$\left.\begin{aligned} v'\cos(v', v) + v''\cos(v'', v) &= v \\ v'^2 + v''^2 + 2\,v'v''\cos(v', v'') &= v^2 \end{aligned}\right\}, \quad . \; . \; . \; . \; . \; 4\text{a})$$

wonach der Gesamtlauf zweier Einzelläufe sich als die Summe der Projektionen der letzteren auf seine Richtungslinie oder die Schlußlinie des aus ihren Einzelläufen durch geometrische Aneinanderreihung gebildeten Dreiecks ergibt. Da die beiden Laufvektoren $\dot{\mathfrak{r}}', \dot{\mathfrak{r}}''$ mit den Beträgen v', v'' in eine Ebene fallen, so liegt auch der aus ihnen gebildete Gesamtlauf in derselben Ebene. Fügt man noch einen dritten Lauf $\dot{\mathfrak{r}}'''$ bzw. v''' hinzu, so kann dieser mit dem aus den ersten beiden Laufvektoren gebildeten Lauf zu einem neuen Gesamtvektor vereinigt werden, der aber jetzt aus der Ebene der ersten beiden im allgemeinen heraustritt. Man erhält so durch Vereinigung einer beliebigen Anzahl von n Einzelläufen die Verallgemeinerung der Formeln 4a)

$$\sum_{i=1}^{i=n} v_i \cos(v_i\, v) = v, \qquad \sum_{i,k=1}^{i,k=n} v_i\, v_k \cos(v_i, v_k) = v^2, \quad . \; . \; . \; . \; 4\text{b})$$

oder in Vektorform

$$\dot{\mathfrak{r}} = \sum_{i=1}^{i=n} \dot{\mathfrak{r}}_i, \qquad \dot{\mathfrak{r}}^2 = \sum_{i,k=1}^{i,k=n} \dot{\mathfrak{r}}_i\, \dot{\mathfrak{r}}_k \quad . \; . \; . \; . \; . \; . \; . \; . \; 4\text{c})$$

Man erkennt, daß wegen $v_i\, v_i \cos(v_i, v_i) = v_i^2$ die zweite Summe in 4b) nicht nur alle Quadrate der Einzelvektoren, sondern auch mit $v_i\, v_k \cos(v_i, v_k) = v_k\, v_i \cos(v_k, v_i)$ alle Doppelprodukte enthält, von denen in der zweiten Gleichung 4a) nur eins erscheint. Die einzelnen Glieder der zweiten Formel 4b) sind demnach nichts anderes als skalare Produkte $\dot{\mathfrak{r}}_i\, \dot{\mathfrak{r}}_k$, die im Gegensatz zu den geometrisch zu addierenden Vektoren der ersten Formel 4c) algebraisch sich summieren. Nach Gl. 4b) und 4c) erscheint somit der Gesamtlauf als die Schlußlinie des aus den Einzelläufen durch geometrische Aneinanderreihung gebildeten räumlichen Vieleckes.

Die von dem bewegten Punkte durchlaufene Raumkurve ist stets als Schnitt zweier Oberflächen

$$F_1(x, y, z) = 0, \qquad F_2(x, y, z) = 0 \quad . \; . \; . \; . \; . \; . \; 5)$$

aufzufassen. Gelingt es, aus diesen beiden Gleichungen eine lineare abzuspalten, welche bekanntlich eine Ebene darstellt, so kann die Bahn des Punktes auch als Schnitt dieser Ebene mit einer der beiden Oberflächen 5), also als eine ebene Kurve, betrachtet werden. Die daraus hervorgehende ebene Bewegung erscheint somit als Sonderfall der allgemeinen Bewegung im Raume und ist schon im ersten Teile dieses Werkes ausführlich behandelt worden.

Da nun jeder Lage des Punktes auf seiner Bahn eine bestimmte Zeit zugeordnet ist und außerdem der Punkt zu einer bestimmten Zeit sich nur an einer Stelle befinden kann, so sind seine Abstände x, y, z im Achsenkreuz eindeutige, stetige, voneinander unabhängige Zeitfunktionen

$$x = f_1(t), \quad y = f_2(t), \quad z = f_3(t), \quad \ldots \ldots \quad 5\text{a})$$

die man auch zeichnerisch als sog. **Wegkurven** darstellen kann. Man erkennt ohne weiteres, daß durch Ausschalten der Zeit t aus diesen Formeln wieder die beiden Gl. 5) der Bahnkurve erhalten werden. Schaltet man dagegen die Zeit t aus je zweien der Formeln 5a) aus, so ergeben sich drei Gleichungen von der Form

$$g_1(x, y) = 0, \quad g_2(y, z) = 0, \quad g_3(z, x) = 0, \quad \ldots \quad 5\text{b})$$

die nichts anderes als die drei Risse der Bahn auf die Ebenen des Achsenkreuzes darstellen. Jedem solchen Risse gehört aber eine Zylinderfläche zu, dessen Mantelgerade dazu normal steht, so daß also die Bahn auch als Schnitt je zweier dieser Zylinder aufgefaßt werden kann. An Stelle der Zeit t hätten wir auch jede andere skalare Größe, z. B. die Bogenlänge in 5a) einführen können, durch deren Ausschaltung sich dann ebenfalls wieder die Formeln 5) oder 5b) ergeben würden. Wir dürfen demnach, da der Fahrstrahl $\mathfrak{r}$ der Bahn in Vektorform durch

$$\mathfrak{r} = \mathfrak{a}_x x + \mathfrak{a}_y y + \mathfrak{a}_z z$$

bestimmt ist, an Stelle der Bahngleichungen 5a) auch

$$\mathfrak{r} = \mathfrak{a}_x f_1(t) + \mathfrak{a}_y f_2(t) + \mathfrak{a}_z f_3(t) \quad \ldots \ldots \quad 5\text{c})$$

schreiben. Die Stetigkeit der Funktionen 5a) erlaubt weiterhin deren Entwicklung in je eine Potenzreihe, was dann auch für den Fahrstrahl 5c) zulässig ist, so zwar, daß

$$\left.\begin{aligned}
x &= x_0 + \frac{t}{1!}(\dot{x})_0 + \frac{t^2}{2!}(\ddot{x})_0 + \frac{t^3}{3!}(\dddot{x})_0 + \cdots \\
y &= y_0 + \frac{t}{1!}(\dot{y})_0 + \frac{t^2}{2!}(\ddot{y})_0 + \frac{t^3}{3!}(\dddot{y})_0 + \cdots \\
z &= z_0 + \frac{t}{1!}(\dot{z})_0 + \frac{t^2}{2!}(\ddot{z})_0 + \frac{t^3}{3!}(\dddot{z})_0 + \cdots \\
\mathfrak{r} &= \mathfrak{r}_0 + \frac{t}{1!}(\dot{\mathfrak{r}})_0 + \frac{t^2}{2!}(\ddot{\mathfrak{r}})_0 + \frac{t^3}{3!}(\dddot{\mathfrak{r}})_0 + \cdots
\end{aligned}\right\} \quad \ldots \ldots \quad 6)$$

Daraus folgt, daß **die Lage eines Punktes für jeden Zeitpunkt durch seine Anfangslage und sämtliche derselben zugehörigen Ableitungen der Abstände x, y, z nach der Zeit gegeben ist.** Ist dagegen außer der Anfangslage der Lauf $\dot{\mathfrak{r}}$ mit seinen Achsenanteilen $\dot{x}, \dot{y}, \dot{z}$ als Funktionen der Abstände x, y, z selbst vorgelegt, so hat man in Vektorform mit $\varphi' d\mathfrak{r} = d\varphi$, $\varphi'' d\mathfrak{r} = d\varphi'$

$$\left.\begin{aligned}
&\dot{\mathfrak{r}} = \varphi(\mathfrak{r}), \quad \ddot{\mathfrak{r}} = \varphi'(\mathfrak{r})\,\dot{\mathfrak{r}} = \varphi'(\mathfrak{r})\,\varphi(\mathfrak{r}) \\
&\dddot{\mathfrak{r}} = [\varphi''(\mathfrak{r})\,\varphi(\mathfrak{r}) + \varphi'^2(\mathfrak{r})]\,\dot{\mathfrak{r}} = \varphi''(\mathfrak{r})\,\varphi^2(\mathfrak{r}) + \varphi'^2(\mathfrak{r})\,\varphi(\mathfrak{r}) \\
&\text{usw.}
\end{aligned}\right\} \quad . \; 6\text{a})$$

Setzt man diese Ausdrücke in 6) ein, so erhellt, daß die **Bewegung eines Punktes** außer durch seine Anfangslage auch durch die Abhängigkeit des Laufes von der Lage, oder aber, wenn nur noch dessen Anfangswert bekannt ist, durch die Abhängigkeit der zeitlichen Laufänderung von der Lage, d. h. durch das Anlauffeld bestimmt ist. Die Ermittlung der Bahn erfordert alsdann die Integration der Differentialgleichungen

$$\left.\begin{array}{llll} & \dot{x}=\varphi_1(x,y,z), & \dot{y}=\varphi_2(x,y,z), & \dot{z}=\varphi_3(x,y,z), \\ \text{bzw.} & \ddot{x}=\chi_1(x,y,z), & \ddot{y}=\chi_2(x,y,z), & \ddot{z}=\chi_3(x,y,z), \end{array}\right\} \quad \ldots \quad 6\text{b})$$

die auch durch Einführung dieser Ausdrücke mit ihren Ableitungen in 6) ersetzt werden kann.

§ 2. Der Anlaufvektor. Die Vektoreigenschaft des Laufes $\dot{\mathfrak{r}}$ gestattet nicht nur die geometrische Zusammensetzung mehrerer Läufe zu einem Gesamtlauf, sondern nach dem Vorschlag von Möbius auch die Darstellung der stetig aufeinander folgenden in die Bahntangente fallenden Läufe eines Punktes durch ein Vektorbündel von einem willkürlich gewählten Anfang O aus. Die einzelnen Laufvektoren dieses der Bahn zugeordneten Bündels bilden dann offenbar Mantellinien eines Kegels mit der Spitze im Anfang O, ihre Endpunkte dagegen eine Raumkurve, die man zweckmäßig als **Lauflinie** oder nach Hamilton weniger glücklich als **Hodograph** bezeichnet.

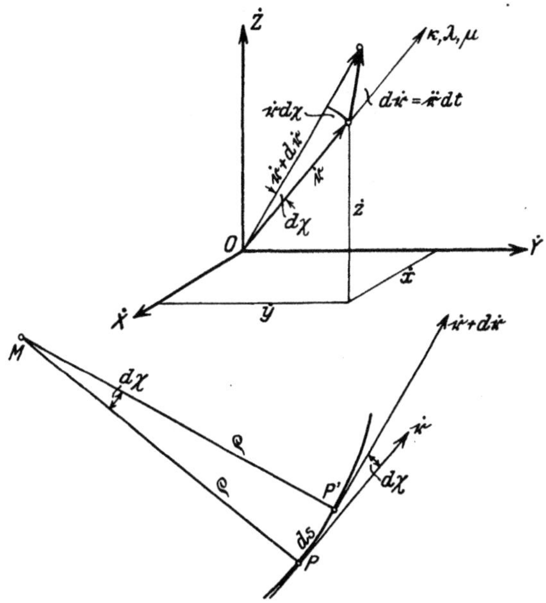

Abb. 2.

Zwei einander benachbarte Laufvektoren $\dot{\mathfrak{r}}$ und $\dot{\mathfrak{r}}+d\dot{\mathfrak{r}}$ bilden daher mit dem zugehörigen Element der Lauflinie $d\dot{\mathfrak{r}}$ ein unendlich kleines Dreieck, Abb. 2, in dem

$$d\dot{\mathfrak{r}}=\ddot{\mathfrak{r}}\,dt \quad \ldots\ldots\ldots\ldots \quad 1)$$

im allgemeinen von der Richtung des Vektors $\dot{\mathfrak{r}}$ selbst abweicht. Daraus geht hervor, daß auch der Ausdruck

$$\ddot{\mathfrak{r}}=\frac{d\dot{\mathfrak{r}}}{dt}=\frac{d^2\mathfrak{r}}{dt^2} \quad \ldots\ldots\ldots\ldots \quad 1\text{a})$$

einen Vektor darstellt, den wir als den Beschleunigungsvektor oder kürzer als Anlaufvektor bezeichnen wollen. Da $\dot{\mathfrak{r}}$ selbst in drei Achsenanteile mit den Beträgen $\dot{x}, \dot{y}, \dot{z}$ nach dem Ansatz

$$\dot{\mathfrak{r}} = \mathfrak{a}_x \dot{x} + \mathfrak{a}_y \dot{y} + \mathfrak{a}_z \dot{z} \quad \text{1b)}$$

zerfällt, so ist auch

$$\ddot{\mathfrak{r}} = \mathfrak{a}_x \ddot{x} + \mathfrak{a}_y \ddot{y} + \mathfrak{a}_z \ddot{z}, \quad \text{1c)}$$

worin $\ddot{x}, \ddot{y}, \ddot{z}$ die Beträge der Anlaufteile in den Achsenrichtungen sind. Bei der freien Bewegung eines Punktes ist nun im allgemeinen das Anlauffeld durch seine drei Achsenanteile q_x, q_y, q_z in jedem Punkte derart gegeben, daß

$$\ddot{x} = q_x, \quad \ddot{y} = q_y, \quad \ddot{z} = q_z \quad \text{2)}$$

ist. Daraus folgt zunächst nach Erweiterung mit dx, dy, dz und Addition

$$\ddot{x}\,dx + \ddot{y}\,dy + \ddot{z}\,dz = q_x\,dx + q_y\,dy + q_z\,dz,$$

oder wegen $\ddot{x}\,dx = \dot{x}\,d\dot{x}$ und $\dot{x}\,d\dot{x} + \dot{y}\,d\dot{y} + \dot{z}\,d\dot{z} = v\,dv$

$$v\,dv = q_x\,dx + q_y\,dy + q_z\,dz. \quad \text{2a)}$$

Hierin ist die linke Seite sofort integrabel, die rechte aber nur dann, wenn die Anlaufteile partielle Ableitungen einer Funktion U, des sog. Potentials, sind. Mit

$$q_x = -\frac{\partial U}{\partial x}, \quad q_y = -\frac{\partial U}{\partial y}, \quad q_z = -\frac{\partial U}{\partial z} \quad \text{2b)}$$

wird dann aus 2a)

$$v\,dv = -\frac{\partial U}{\partial x}dx - \frac{\partial U}{\partial y}dy - \frac{\partial U}{\partial z}dz = -dU \quad \text{2c)}$$

oder

$$v^2 - v_0^2 = 2\,(U_0 - U). \quad \text{2d)}$$

Aus Abb. 2 erkennen wir weiter, daß mit dem Winkel $d\chi$ zwischen zwei aufeinander folgenden Laufvektoren der Anlaufvektor in zwei zueinander senkrechte Anteile

$$\mathfrak{q}_n = \mathfrak{n}\,v\frac{d\chi}{dt}, \quad \mathfrak{q}_s = \mathfrak{t}\frac{dv}{dt} \quad \text{3)}$$

zerfällt, worin $\mathfrak{n}$ und $\mathfrak{t}$ die Einheitsvektoren der Hauptnormale und Bahntangente bedeuten (d. h. $\mathfrak{n}^2 = \mathfrak{t}^2 = 1$). Von diesen stellt der Bahnanlauf $\mathfrak{q}_s$ den Zuwachs des Laufes selbst dar und fällt damit in die Lauf- und Bahnrichtung des bewegten Punktes, während $\mathfrak{q}_n$ sichtlich dazu senkrecht steht und darum als Normalanlauf zu bezeichnen ist. Der Winkel $d\chi$ ist aber auch die Neigung zweier benachbarter Bahnelemente, welche die Schmiegungsebene der Bahnkurve festlegen und den Krümmungsarm ϱ durch

$$\varrho\,d\chi = ds = v\,dt \quad \text{3a)}$$

bestimmen. Damit aber wird aus 3)

$$\mathfrak{q}_n = \mathfrak{n}\frac{v^2}{\varrho}; \quad \mathfrak{q}_s = \mathfrak{t}\frac{dv}{dt}, \quad \text{3b)}$$

und wir erhalten für den Gesamtanlauf

$$\ddot{\mathfrak{r}} = \mathfrak{q}_n + \mathfrak{q}_s = \mathfrak{n}\frac{v^2}{\varrho} + \mathfrak{t}\frac{dv}{dt} \quad \text{. . . . . 4)}$$

oder nach Quadrieren wegen des Verschwindens des skalaren Produktes zweier zueinander senkrechter Einheitsvektoren $\mathfrak{n}\,\mathfrak{t} = 0$ der Betrag des Anlaufvektors

$$q = \sqrt{\ddot{\mathfrak{r}}^2} = \sqrt{\left(\frac{v^2}{\varrho}\right)^2 + \left(\frac{dv}{dt}\right)^2} \quad \text{. . . . . 4a)}$$

Ebenso erhalten wir auch aus 1c) durch Quadrieren mit $\mathfrak{a}_x^2 = \mathfrak{a}_y^2 = \mathfrak{a}_z^2 = 1$, $\mathfrak{a}_x\mathfrak{a}_y = \mathfrak{a}_y\mathfrak{a}_z = \mathfrak{a}_z\mathfrak{a}_x = 0$

$$q = \sqrt{\ddot{x}^2 + \ddot{y}^2 + \ddot{z}^2} \quad \text{. . . . . 4b)}$$

Differenziert man ferner den Lauf

$$\dot{\mathfrak{r}} = \frac{d\mathfrak{r}}{ds}\frac{ds}{dt} = \frac{d\mathfrak{r}}{ds}\cdot v$$

nach der Zeit, so folgt

$$\ddot{\mathfrak{r}} = \frac{d^2\mathfrak{r}}{ds^2}\cdot v^2 + \frac{d\mathfrak{r}}{ds}\frac{dv}{dt}.$$

Man erkennt aus dem Vergleich mit 4), daß

$$\frac{d^2\mathfrak{r}}{ds^2} = \frac{\mathfrak{n}}{\varrho}, \quad \frac{d\mathfrak{r}}{ds} = \mathfrak{t} \quad \text{. . . . . 4c)}$$

ist, so daß $d^2\mathfrak{r}$ die Richtung der Hauptnormale der Kurve hat. Da die Bahntangente und Hauptnormale der Bahn ihre Schmiegungsebene bestimmen, so liegt auch der Gesamtanlauf in derselben und hat insbesondere keinen Anteil in Richtung der hierzu senkrechten Binormale der Bahn.

Zur analytischen Ableitung der Anlaufteile q_s und q_n gehen wir von der Gleichung für das Bahnelement ds

$$ds^2 = dx^2 + dy^2 + dz^2 \quad \text{. . . . . 5)}$$

aus und erhalten durch nochmalige Ableitung

$$d^2s\,ds = d^2x\,dx + d^2y\,dy + d^2z\,dz \quad \text{. . . . 5a)}$$

oder nach Teilung mit $ds\,dt^2$ und $d^2x = \ddot{x}\,dt^2$ usw.

$$\frac{d^2s}{dt^2} = \ddot{x}\frac{dx}{ds} + \ddot{y}\frac{dy}{ds} + \ddot{z}\frac{dz}{ds}, \quad \text{. . . . . . . 5b)}$$

oder, da

$$\left.\begin{aligned} &\frac{ds}{dt} = v, && \frac{d^2s}{dt^2} = \frac{dv}{dt} && \\ &\frac{dx}{ds} = \varkappa, && \frac{dy}{ds} = \lambda, && \frac{dz}{ds} = \mu \end{aligned}\right\}, \quad \text{. . . . . 6)}$$

unter $\varkappa$, λ, μ die Richtungskosinus des Bahnelementes bzw. des Laufvektors verstanden, für den Betrag des Bahnanlaufs

$$\frac{dv}{dt} = \varkappa \ddot{x} + \lambda \ddot{y} + \mu \ddot{z}. \qquad \text{5c)}$$

Hiernach ergibt sich der Bahnanlauf durch Projektion der Achsenanlaufteile auf die Bahntangente.

Weiter erhält man durch Ableitung der Formeln

$$\frac{dx}{dt} = \varkappa v, \qquad \frac{dy}{dt} = \lambda v, \qquad \frac{dz}{dt} = \mu v$$

nach der Zeit

$$\ddot{x} = \varkappa \frac{dv}{dt} + v \frac{d\varkappa}{dt}, \qquad \ddot{y} = \lambda \frac{dv}{dt} + v \frac{d\lambda}{dt}, \qquad \ddot{z} = \mu \frac{dv}{dt} + v \frac{d\mu}{dt} \quad \text{7)}$$

und daraus durch Quadrieren und Addieren wegen Gl. 4b) den Betrag des Gesamtanlaufes

$$q^2 = \left(\frac{dv}{dt}\right)^2 + v^2 \left(\left(\frac{d\varkappa}{dt}\right)^2 + \left(\frac{d\lambda}{dt}\right)^2 + \left(\frac{d\mu}{dt}\right)^2\right)$$
$$+ 2v \frac{dv}{dt}\left(\varkappa \frac{d\varkappa}{dt} + \lambda \frac{d\lambda}{dt} + \mu \frac{d\mu}{dt}\right). \qquad \text{7a)}$$

Hierin ist aber wegen

$$\left.\begin{aligned} \varkappa^2 + \lambda^2 + \mu^2 = \left(\frac{dx}{ds}\right)^2 + \left(\frac{dy}{ds}\right)^2 + \left(\frac{dz}{ds}\right)^2 = 1 \\ \varkappa\, d\varkappa + \lambda\, d\lambda + \mu\, d\mu = 0 \end{aligned}\right\}, \qquad \text{8)}$$

womit das letzte Glied der Gl. 7a) verschwindet und ferner

$$\varkappa^2 d\varkappa^2 + \lambda^2 d\lambda^2 + \mu^2 d\mu^2$$
$$= -2\varkappa\, d\varkappa\, \lambda\, d\lambda - 2\lambda\, d\lambda\, \mu\, d\mu - 2\mu\, d\mu\, \varkappa\, d\varkappa, \qquad \text{8a)}$$

so daß wir für die Quadrate des zweiten Gliedes rechts in Gl. 7a) setzen dürfen

$$(d\varkappa^2 + d\lambda^2 + d\mu^2)(\varkappa^2 + \lambda^2 + \mu^2)$$
$$= (\varkappa\, d\lambda - \lambda\, d\varkappa)^2 + (\lambda\, d\mu - \mu\, d\lambda)^2 + (\mu\, d\varkappa - \varkappa\, d\mu)^2. \qquad \text{8b)}$$

Unter Einführung der Richtungswinkel (x, ds), (y, ds), (z, ds) des Bahnelementes durch

$$\varkappa = \cos(x, ds), \qquad \lambda = \cos(y, ds), \qquad \mu = \cos(z, ds)$$

ist dann

$$(\varkappa\, d\lambda - \lambda\, d\varkappa) = \cos(x, ds)\, d(\cos(y, ds)) - \cos(y, ds)\, d(\cos(x, ds))$$
$$= \cos(x, ds)\,[\cos(y, ds) - \sin(y, ds)\, d(y, ds)] - \cos(y, ds)\,[\cos(x, ds)$$
$$- \sin(x, ds)\, d(x, ds)] = \cos(x, ds)\cos((y, ds) + d(y, ds))$$
$$- \cos(y, ds)\cos((x, ds) + d(x, ds)),$$

worin $\cos d(x, ds) \approx 1$, $\sin d(x, ds) \approx d(x, ds)$ bzw. $\cos d(y, ds) \approx 1$, $\sin d(y, ds) \approx d(y, ds)$ gesetzt ist. Nach entsprechender Umformung der anderen Klammern wird dann aus Gl. 8b)

$$\begin{aligned}&(d\varkappa^2 + d\lambda^2 + d\mu^2)\\
&= [\cos(x, ds)\cos((y, ds) + d(y, ds)) - \cos(y, ds)\cos((x, ds) + d(x, ds))]^2\\
&+ [\cos(y, ds)\cos((z, ds) + d(z, ds)) - \cos(z, ds)\cos((y, ds) + d(y, ds))]^2\\
&+ [\cos(z, ds)\cos((x, ds) + d(x, ds)) - \cos(x, ds)\cos((z, ds) + d(z, ds))]^2\\
&= \sin^2 d\chi \approx d\chi^2 . \qquad \text{8c)}\end{aligned}$$

Damit aber wird aus Gl. 7a) mit $ds = \varrho\, d\chi$

$$q^2 = \left(\frac{dv}{dt}\right)^2 + v^2\left(\frac{d\chi}{dt}\right)^2 = \left(\frac{dv}{dt}\right)^2 + \left(\frac{v^2}{\varrho}\right)^2$$

im Einklang mit Gl. 4a) für den Betrag des Gesamtanlaufes. Wegen

$$\frac{d\varkappa}{ds} = \frac{d}{ds}\left(\frac{dx}{ds}\right) = \frac{d^2x}{ds^2} \quad \text{usw.} \qquad \text{9)}$$

dürfen wir aber für 8) auch schreiben

$$\left(\frac{d\varkappa}{ds}\right)^2 + \left(\frac{d\lambda}{ds}\right)^2 + \left(\frac{d\mu}{ds}\right)^2 = \left(\frac{d^2x}{ds^2}\right)^2 + \left(\frac{d^2y}{ds^2}\right)^2 + \left(\frac{d^2z}{ds^2}\right)^2 = \left(\frac{d\chi}{ds}\right)^2 = \frac{1}{\varrho^2}, \qquad \text{9a)}$$

$$\varkappa\frac{d^2x}{ds^2} + \lambda\frac{d^2y}{ds^2} + \mu\frac{d^2z}{ds^2} = 0 . \qquad \text{9b)}$$

Setzen wir darin

$$\varrho\frac{d^2x}{ds^2} = \alpha, \qquad \varrho\frac{d^2y}{ds^2} = \beta, \qquad \varrho\frac{d^2z}{ds^2} = \gamma, \qquad \text{10)}$$

so stellen α, β, γ die Richtungskosinus der Hauptnormale der Bahn dar, welche in der durch zwei benachbarte Bahnelemente bestimmten Schmiegungsebene liegt und den Krümmungsarm ϱ trägt.

Dies drückt sich noch einfacher in Vektorform aus, wenn wir bedenken, daß die Ausdrücke 9) die Achsenanteile des Vektors $d^2\mathfrak{r} : ds^2$ bedeuten. Alsdann haben wir an Stelle von 9b) kürzer mit Rücksicht auf 4c)

$$\frac{d^2\mathfrak{r}}{ds^2}\frac{d\mathfrak{r}}{ds} = \frac{1}{\varrho}\mathfrak{n}\,\mathfrak{t} = 0 . \qquad \text{9c)}$$

Andererseits erkennen wir aus Gl. 8b) und 8c), daß $d\chi : ds$ das Vektorprodukt dieser beiden Größen ist, so daß wir auch mit Gl. 4c) schreiben dürfen

$$\mathfrak{b}\frac{d\chi}{ds} = \left[\frac{d^2\mathfrak{r}}{ds^2}\frac{d\mathfrak{r}}{ds}\right] = \frac{1}{\varrho}[\mathfrak{n}\,\mathfrak{t}], \qquad \text{11)}$$

worin $\mathfrak{b} = [\mathfrak{n}\,\mathfrak{t}]$ den Einheitsvektor der zur Schmiegungsebene senkrechten Binormale bedeutet. Damit ist die Bewegung des Punktes als augenblickliche Drehung um eine zur Schmiegungsebene senkrechte, durch den Krümmungsmittelpunkt gehende Achse gekennzeichnet, welche den Träger des zugehörigen Drehvektors $\dot{\chi}$ bildet.

§ 3. Der Drehvektor und Flächenlauf. Hat der Fahrstrahl r des bewegten Punktes P vom Anfang 0 aus die Richtungskosinus φ, ψ, ϑ, so ist

$$\left.\begin{array}{c} x = r\varphi, \quad y = r\psi, \quad z = r\vartheta \\ \varphi^2 + \psi^2 + \vartheta^2 = 1 \end{array}\right\} \quad \ldots \ldots \quad 1)$$

und daher

$$\left.\begin{array}{c} dx = \varphi\, dr + r\, d\varphi, \quad dy = \psi\, dr + r\, d\psi, \quad dz = \vartheta\, dr + r\, d\vartheta \\ \varphi\, d\varphi + \psi\, d\psi + \vartheta\, d\vartheta = 0\,. \end{array}\right\} \quad 1\,a)$$

Das Quadrat des Bahnelementes ist demnach

$$ds^2 = dr^2 + r^2 (d\varphi^2 + d\psi^2 + d\vartheta^2). \quad \ldots \ldots \quad 1\,b)$$

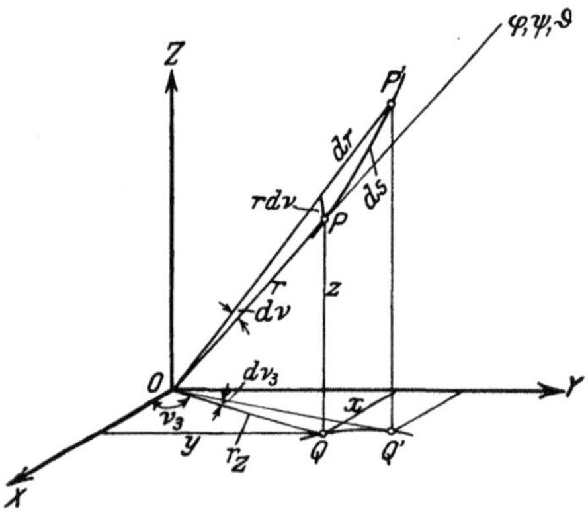

Abb. 3.

Bezeichnen wir nach Abb. 3 den elementaren Winkel zwischen den beiden aufeinanderfolgenden Fahrstrahlen zu den Enden von ds mit $d\nu$, so ist

$$ds^2 = dr^2 + r^2\, d\nu^2, \quad . \quad 2)$$

oder nach Vergleich mit 1b)

$$d\varphi^2 + d\psi^2 + d\vartheta^2 = d\nu^2. \quad 2\,a)$$

Ebenso folgt aus 1a) durch Erweiterung mit φ, ψ, ϑ und Addition die Beziehung

$$\varphi\, dx + \psi\, dy + \vartheta\, dz = dr\,. \quad 1\,c)$$

Für diese Gleichungen dürfen wir aber auch nach Division mit dt und Einführung der Laufwerte und Drehwerte

$$\frac{ds}{dt} = v, \quad \frac{dr}{dt} = \dot{r}, \quad \frac{d\nu}{dt} = \omega \quad \ldots \ldots \quad 3)$$

schreiben

$$\left.\begin{array}{c} v^2 = \dot{r}^2 + r^2 \omega^2 \\ \varphi\dot{x} + \psi\dot{y} + \vartheta\dot{z} = \dot{r} \end{array}\right\}, \quad \ldots \ldots \quad 4)$$

$$\left.\begin{array}{c} \dot{\varphi}^2 + \dot{\psi}^2 + \dot{\vartheta}^2 = \omega^2 \\ \varphi\dot{\varphi} + \psi\dot{\psi} + \vartheta\dot{\vartheta} = 0 \end{array}\right\}. \quad \ldots \ldots \quad 4\,a)$$

Hierin stellen nun offenbar die Größen

$$\dot{\varphi} = \omega_x, \quad \dot{\psi} = \omega_y, \quad \dot{\vartheta} = \omega_z \quad \ldots \ldots \quad 4\,b)$$

die Achsenanteile eines augenblicklichen Gesamtdrehwertes $\dot{\nu} = \omega$ des Fahrstrahls r dar, welcher nach der zweiten Formel 4a) senkrecht auf diesem steht. Daraus folgt also, daß allgemein der Drehwert ω ein Vektor ist und als solcher geometrisch in seine Teile zerlegt oder aus diesen zusammengesetzt werden kann. Dieser Drehvektor, den wir in der Folge mit $\mathfrak{w}$ bezeichnen wollen, steht ganz allgemein senkrecht zur Ebene, in der die Drehung erfolgt; seine Achsenanteile entsprechen also den Drehungen der Fahrstrahlrisse in den Ebenen des Achsenkreuzes und fallen somit in die Achsen selbst, um welche die Einzeldrehungen erfolgen.

Die drei Fahrstrahlrisse senkrecht zu den Achsen sind nunmehr

$$r_x = r\sqrt{1-\varphi^2}, \quad r_y = r\sqrt{1-\psi^2}, \quad r_z = r\sqrt{1-\vartheta^2} \quad . \quad 5)$$

und überstreichen in den Achsenebenen die Flächenelemente dF_x, dF_y, dF_z, so zwar, daß

$$\left.\begin{aligned} \frac{dF_x}{dt} &= \frac{1}{2}(y\dot{z} - z\dot{y}) = \frac{1}{2} r_x^2 \dot{\nu}_1 \\ \frac{dF_y}{dt} &= \frac{1}{2}(z\dot{x} - x\dot{z}) = \frac{1}{2} r_y^2 \dot{\nu}_2 \\ \frac{dF_z}{dt} &= \frac{1}{2}(x\dot{y} - y\dot{x}) = \frac{1}{2} r_z^2 \dot{\nu}_3 \end{aligned}\right\}, \quad . \; . \; . \; . \; . \quad 6)$$

wenn ν_1, ν_2, ν_3 die zugehörigen Winkel von r_x, r_y, r_z gegen die y, z, x-Achse bedeuten. Sind ferner α, β, γ die Kosinus der Neigungswinkel der Normalen auf dem vom Fahrstrahl r selbst überstrichenen Flächenelement

$$dF = \tfrac{1}{2} r^2 d\nu = \tfrac{1}{2} r^2 \omega\, dt, \quad . \; . \; . \; . \; . \; . \quad 6a)$$

so ist auch

$$dF_x = \alpha\, dF, \quad dF_y = \beta\, dF, \quad dF_z = \gamma\, dF. \quad . \; . \quad 6b)$$

Dies liefert mit 5) eingesetzt in 6)

$$\left.\begin{aligned} r^2(1-\varphi^2)\dot{\nu}_1 &= y\dot{z} - z\dot{y} = 2\alpha\frac{dF}{dt} = \alpha r^2 \omega \\ r^2(1-\psi^2)\dot{\nu}_2 &= z\dot{x} - x\dot{z} = 2\beta\frac{dF}{dt} = \beta r^2 \omega \\ r^2(1-\vartheta^2)\dot{\nu}_3 &= x\dot{y} - y\dot{x} = 2\gamma\frac{dF}{dt} = \gamma r^2 \omega \end{aligned}\right\} \quad . \; . \; . \quad 7)$$

und weiter durch Quadrieren und Addieren bzw. Addieren nach Erweiterung mit α, β, γ

$$\left.\begin{aligned} \dot{\nu}_1^2(1-\varphi^2)^2 + \dot{\nu}_2^2(1-\psi^2)^2 + \dot{\nu}_3^2(1-\vartheta^2)^2 &= \omega^2 \\ \alpha\dot{\nu}_1(1-\varphi^2) + \beta\dot{\nu}_2(1-\psi^2) + \gamma\dot{\nu}_3(1-\vartheta^2) &= \omega \end{aligned}\right\}. \quad . \; . \quad 7a)$$

Danach setzt sich der Drehvektor ω auch zusammen aus drei axialen Teilvektoren

$$\left.\begin{array}{lll}\dot{\nu}_1(1-\varphi^2)=\omega_x, & \dot{\nu}_2(1-\psi^2)=\omega_y, & \dot{\nu}_3(1-\vartheta^2)=\omega_z \\ \omega_x=\omega\alpha & \omega_y=\omega\beta, & \omega_z=\omega\gamma\end{array}\right\}, \quad 7\text{b})$$

die offenbar mit den Teilvektoren 4b) übereinstimmen müssen, derart, daß

$$\omega_x=\dot{\varphi}=\frac{d\varphi}{dt}=\dot{\nu}_1(1-\varphi^2), \quad \omega_y=\dot{\psi}=\frac{d\psi}{dt}=\dot{\nu}_2(1-\psi^2),$$

$$\omega_z=\dot{\vartheta}=\frac{d\vartheta}{dt}=\dot{\nu}_3(1-\vartheta^2) \quad . \; . \; . \; . \; . \; . \; . \; 7\text{c})$$

ist. Ausdrücklich sei bemerkt, daß die Größen $\dot{\nu}_1$, $\dot{\nu}_2$, $\dot{\nu}_3$ nicht als Achsenanteile des Drehvektors $\dot{\nu}=\omega$ anzusehen sind. Außerdem aber folgt durch Erweiterung der Gl. 7) der Reihe nach mit x, y, z bzw. $\dot{x}, \dot{y}, \dot{z}$ und Addition

$$\left.\begin{array}{l}\omega_x x+\omega_y y+\omega_z z=0 \\ \omega_x \dot{x}+\omega_y \dot{y}+\omega_z \dot{z}=0\end{array}\right\}, \quad . \; . \; . \; . \; . \; . \; . \; . \; 8)$$

worin die erste Formel wegen 1) mit der zweiten Gl. 4a) übereinstimmt. Der Drehvektor ω steht demnach sowohl auf dem Fahrstrahl r als auch auf dem Bahnlauf v bzw. dem Bahnelement ds senkrecht, hat also die Richtung der Normale des vom Fahrstrahl überstrichenen Flächenelementes dF.

Das ist aber die Eigenschaft des Vektorenproduktes aus dem Fahrstrahl $\mathfrak{r}$ und dem Bahnlauf $\dot{\mathfrak{r}}$, dessen Betrag durch v dargestellt ist, so daß wir auch an Stelle der Gl. 7) die Vektorform haben

$$\mathfrak{r}^2\,\mathfrak{w}=[\mathfrak{r}\,\dot{\mathfrak{r}}], \quad . \; . \; . \; . \; . \; . \; . \; . \; . \; . \; 9)$$

woraus man, da $\mathfrak{r}^2=r^2$ einen Skalar darstellt, ohne weiteres die Vektoreigenschaft von $\mathfrak{w}$ erkennt. Für die Formeln 7a) dürfen wir demnach mit den Einheitsvektoren $\mathfrak{a}_x$, $\mathfrak{a}_y$, $\mathfrak{a}_z$ auch schreiben

$$\mathfrak{w}=\mathfrak{a}_x\,\omega_x+\mathfrak{a}_y\,\omega_y+\mathfrak{a}_z\,\omega_z \quad . \; . \; . \; . \; . \; . \; . \; 9\text{a})$$

und erhalten an Stelle der Bedingungen 8) für die Normalstellung des Drehvektors zum Fahrstrahl und zum Bahnlauf das Verschwinden der skalaren Produkte

$$\mathfrak{r}\,\mathfrak{w}=0, \quad \dot{\mathfrak{r}}\,\mathfrak{w}=0. \; . \; . \; . \; . \; . \; . \; . \; . \; . \; 9\text{b})$$

Das in Gl. 9) rechtsstehende Vektorprodukt ist weiterhin die Vektorform des sog. Flächenlaufes $dF:dt$, der somit selbst einen Vektor darstellt, wie sich schon aus der Zerlegung des Flächenelementes dF in drei Achsenanteile ergibt. Die Richtung des Flächenvektors und des Flächenlaufvektors ist diejenige der Flächennormale und stimmt darum überein mit derjenigen des Drehvektors $\mathfrak{w}$. Für das Vorzeichen beider Vektoren ist offenbar der Drehsinn maßgebend, da sich entgegengesetzte Drehungen aufheben. Als positive Dreh- und Flächenvektoren bezeichnen wir solche, welche mit der Normalrichtung eine sog. Rechtsschraube liefern.

Bilden wir nunmehr das Vektorprodukt aus dem Fahrstrahl $\mathfrak{r}$ und dem Drehwert $\mathfrak{w}$, so ist nach 9)

$$[\mathfrak{r}\mathfrak{w}] = \frac{1}{r^2}[\mathfrak{r}[\mathfrak{r}\dot{\mathfrak{r}}]] = \frac{1}{r^2}(\mathfrak{r}\cdot\mathfrak{r}\dot{\mathfrak{r}} - \mathfrak{r}^2\dot{\mathfrak{r}}) = \frac{\mathfrak{r}\cdot\mathfrak{r}\dot{\mathfrak{r}}}{r^2} - \dot{\mathfrak{r}}.$$

Da nun das skalare Produkt

$$\mathfrak{r}\dot{\mathfrak{r}} = r\dot{r}$$

ist, so wird daraus

$$[\mathfrak{w}\mathfrak{r}] = \dot{\mathfrak{r}} - \frac{\mathfrak{r}}{r}\dot{r}.$$

Hierin ist $\mathfrak{r} : r$ der Einheitsvektor des Fahrstrahls und $\dot{r}$ der Betrag des in seine Richtung fallenden Laufteils, des sog. Radial- oder Strahllaufs*), so daß wir auch haben

$$\dot{\mathfrak{r}} = \frac{\mathfrak{r}}{r}\dot{r} + [\mathfrak{w}\mathfrak{r}]. \qquad 10)$$

Daraus erkennt man die Zusammensetzung des Gesamtlaufes aus dem Strahllauf und dem dazu senkrechten Dreh- oder Umlauf $[\mathfrak{w}\,\mathfrak{r}]$, der somit als Vektorprodukt aus dem Fahrstrahl $\mathfrak{r}$ mit dem Drehvektor $\mathfrak{w}$ erscheint und zu beiden normal gerichtet ist. Gl. 10) stellt demnach nichts anderes als die Vektorform der Gl. 4) dar.

§ 4. Der Strahl- und Drehanlauf. Am Schlusse des letzten Abschnittes haben wir festgestellt, daß die elementare Verschiebung eines Punktes auch als Drehung um eine zum Fahrstrahl und Lauf senkrechte Achse durch den Anfang angesehen werden durfte, worauf der Begriff des Flächenlaufes beruhte. Differenzieren wir die Gl. 7) des § 3 nochmals nach der Zeit, so wird unter Beachtung von 6b) ebenda

$$\left.\begin{aligned} y\ddot{z} - z\ddot{y} &= 2\frac{d^2F_x}{dt^2} = \alpha\frac{d(r^2\omega)}{dt} + r^2\omega\frac{d\alpha}{dt} \\ z\ddot{x} - x\ddot{z} &= 2\frac{d^2F_y}{dt^2} = \beta\frac{d(r^2\omega)}{dt} + r^2\omega\frac{d\beta}{dt} \\ x\ddot{y} - y\ddot{x} &= 2\frac{d^2F_z}{dt^2} = \gamma\frac{d(r^2\omega)}{dt} + r^2\omega\frac{d\gamma}{dt} \end{aligned}\right\}, \qquad 1)$$

so daß also

$$\left.\begin{aligned} \frac{d^2F_x}{dt^2}x + \frac{d^2F_y}{dt^2}y + \frac{d^2F_z}{dt^2}z = 0 \\ \frac{d^2F_x}{dt^2}\ddot{x} + \frac{d^2F_y}{dt^2}\ddot{y} + \frac{d^2F_z}{dt^2}\ddot{z} = 0 \end{aligned}\right\} \qquad 2)$$

Daraus geht hervor, daß die rechten Seiten von 1) die Anteile eines neuen Vektors, des Flächenanlaufs, darstellen, der nach 2) sowohl

*) $\dot{r}$ ist also nicht etwa der Betrag des Geschwindigkeitsvektors $\dot{\mathfrak{r}}$, da $\dot{\mathfrak{r}} = \mathfrak{t}\cdot v$ ist.

auf den Fahrstrahl selbst, als auch auf dem Gesamtanlauf senkrecht steht. Dasselbe ergibt sich auch aus der zweiten Ableitung von Gl. 9) § 3

$$\frac{d(\mathfrak{r}^2 \mathfrak{w})}{dt} = [\mathfrak{r}\ddot{\mathfrak{r}}] + [\dot{\mathfrak{r}}^2] = [\mathfrak{r}\ddot{\mathfrak{r}}], \quad \ldots \ldots \quad 2a)$$

worin die linke Seite schon den Flächenanlaufvektor bedeutet. Da nun der Gesamtanlauf, wie wir schon oben gesehen haben, in die Schmiegungsebene der Bahn fällt, so hat der Flächenanlaufvektor nicht dieselbe Richtung wie der Flächenlauf selbst, der ja senkrecht auf $\dot{\mathfrak{r}}$ und $\mathfrak{r}$ steht. Dagegen erhalten wir aus 1) durch Erweiterung mit α, β, γ und Addition mit Rücksicht auf

$$\alpha^2 + \beta^2 + \gamma^2 = 1$$

$$\alpha\, d\alpha + \beta\, d\beta + \gamma\, d\gamma = 0$$

$$2\left(\frac{d^2 F_x}{dt^2}\alpha + \frac{d^2 F_y}{dt^2}\beta + \frac{d^2 F_z}{dt^2}\gamma\right) = \frac{d(r^2\omega)}{dt} \quad \ldots \quad 3)$$

den Betrag des auf die Richtung von $\mathfrak{w}$ entfallenden Anteils des Flächenanlaufs, dessen Betrag selbst sich aus

$$\left(\frac{d^2 F}{dt^2}\right)^2 = \left(\frac{d^2 F_x}{dt^2}\right)^2 + \left(\frac{d^2 F_y}{dt^2}\right)^2 + \left(\frac{d^2 F_z}{dt^2}\right)^2 \quad \ldots \ldots \quad 3a)$$

ergibt. Wird nunmehr

$$\ddot{x} : \ddot{y} : \ddot{z} = x : y : z, \quad \ldots \ldots \ldots \quad 4)$$

fällt also der Gesamtanlauf in die Richtung des Fahrstrahls selbst, so haben wir eine sog. Zentralbewegung vor uns, für welche mit den linken Seiten von 1) die Flächenanlaufteile verschwinden. Alsdann verschwindet auch mit $[\mathfrak{r}\ddot{\mathfrak{r}}]$ der gesamte Flächenanlauf 3a), und der Punkt bewegt sich mit gleichförmigem Flächenlauf

$$\left.\begin{array}{c} \frac{dF_x}{dt} = C_x, \quad \frac{dF_y}{dt} = C_y, \quad \frac{dF_z}{dt} = C_z \\ r^2\omega = C \end{array}\right\} \ldots \ldots \quad 4a)$$

Zur Feststellung des Zusammenhanges zwischen dem Flächenanlauf und dem Gesamtanlauf q zerlegen wir den letzteren in einen Strahlanteil q_r und einen dazu senkrechten Drehanteil q_u, so zwar, daß

$$\left.\begin{array}{l} q_r = \ddot{x}\varphi + \ddot{y}\psi + \ddot{z}\vartheta \\ q_u^2 = q^2 - q_r^2 = \ddot{x}^2 + \ddot{y}^2 + \ddot{z}^2 - (\ddot{x}\varphi + \ddot{y}\psi + \ddot{z}\vartheta)^2 \end{array}\right\} \ldots \quad 5)$$

Für die zweite dieser Formeln dürfen wir aber auch schreiben

$$q_u^2 = \ddot{x}^2(1-\varphi^2) + \ddot{y}^2(1-\psi^2) + \ddot{z}^2(1-\vartheta^2) - 2\ddot{x}\ddot{y}\varphi\psi - 2\ddot{y}\ddot{z}\psi\vartheta - 2\ddot{z}\ddot{x}\vartheta\varphi,$$

oder wegen $\varphi^2 + \psi^2 + \vartheta^2 = 1$, $x = r\varphi$ usw.

$$q_u^2 = (\ddot{x}\psi - \ddot{y}\varphi)^2 + (\ddot{y}\vartheta - \ddot{z}\psi)^2 + (\ddot{z}\varphi - \ddot{x}\vartheta)^2$$

$$q_u^2 r^2 = (\ddot{x}y - \ddot{y}x)^2 + (\ddot{y}z - \ddot{z}y)^2 + (\ddot{z}x - \ddot{x}z)^2$$

und wegen 1) und 3a)

$$q_u \cdot r = 2\,\frac{d^2 F}{dt^2} = \sqrt{\left(\frac{d\,(r^2\,\omega)}{dt}\right)^2 + r^4\,\omega^2\left[\left(\frac{d\alpha}{dt}\right)^2 + \left(\frac{d\beta}{dt}\right)^2 + \left(\frac{d\gamma}{dt}\right)^2\right]}, \quad 6)$$

so daß also der doppelte Flächenanlauf das Moment des Drehanlaufs angibt.

Andererseits folgt aus Gl. 1a) § 3

$$\dot x = \dot r\varphi + r\dot\varphi, \qquad y = \dot r\psi + r\dot\psi, \qquad z = \dot r\vartheta + r\dot\vartheta,$$

also

$$\left.\begin{aligned}\ddot x &= \ddot r\,\varphi + 2\,\dot r\,\dot\varphi + r\,\ddot\varphi\\ \ddot y &= \ddot r\,\psi + 2\,\dot r\,\dot\psi + r\,\ddot\psi\\ \ddot z &= \ddot r\,\vartheta + 2\,\dot r\,\dot\vartheta + r\,\ddot\vartheta\end{aligned}\right\} \quad \ldots\ldots\ldots \quad 7)$$

Wegen

$$\begin{aligned}\varphi\dot\varphi + \psi\dot\psi + \vartheta\dot\vartheta &= 0\\ \varphi\ddot\varphi + \psi\ddot\psi + \vartheta\ddot\vartheta &= -(\dot\varphi^2 + \dot\psi^2 + \dot\vartheta^2)\end{aligned}$$

liefert aber das Einsetzen von 7) in die erste Gl. 5)

$$q_r = \ddot r - r\,(\dot\varphi^2 + \dot\psi^2 + \dot\vartheta^2),$$

oder mit Rücksicht auf 4a u. b) § 3

$$q_r = \ddot r - r\,(\omega_x^2 + \omega_y^2 + \omega_z^2) = \ddot r - r\,\omega^2. \quad \ldots\ldots \quad 8)$$

Wir erhalten also in 6) und 8) formal nicht dieselben Anlaufteile wie bei der ebenen Bewegung; der Unterschied gegen diese liegt darin, daß der Drehanlauf auf einer Raumkurve nicht in die durch $r\,\dot r$ gegebene Ebene fällt.

Zur vektoriellen Auflösung des Gesamtanlaufes $\ddot{\mathfrak r}$ knüpfen wir an die Gl. 10) § 3 an und schreiben dafür

$$\dot{\mathfrak r}\,r = \mathfrak r\,\dot r + r\,[\mathfrak w\,\mathfrak r], \quad \ldots\ldots\ldots \quad 9)$$

worin $\dot{\mathfrak r}$ den Gesamtlaufvektor, $\mathfrak w$ den Drehvektor und r den Betrag des Strahlvektors $\mathfrak r$ vom Anfang aus bedeuten. Durch weitere Ableitung wird daraus nach Kürzung von $\dot{\mathfrak r}\,\dot r$ auf beiden Seiten

$$\ddot{\mathfrak r}\,r = \mathfrak r\,\ddot r + \dot r\,[\mathfrak w\,\mathfrak r] + r\,[\dot{\mathfrak w}\,\mathfrak r] + r\,[\mathfrak w\,\dot{\mathfrak r}]. \quad \ldots\ldots \quad 10)$$

Da nun das Vektorprodukt von 9) mit $\mathfrak w$

$$[\mathfrak w\,\dot{\mathfrak r}] = \frac{\dot r}{r}\,[\mathfrak w\,\mathfrak r] + [\mathfrak w\,[\mathfrak w\,\mathfrak r]] = \frac{\dot r}{r}\,[\mathfrak w\,\mathfrak r] + \mathfrak w \cdot \mathfrak w\,\mathfrak r - \mathfrak r\,\mathfrak w^2$$

ist, worin noch wegen der Normalstellung von $\mathfrak r$ und $\mathfrak w$ zueinander das skalare Produkt $\mathfrak w\,\mathfrak r$ wegfällt (vgl. 9b) § 3), so bleibt in 10)

$$\ddot{\mathfrak r} = \frac{\mathfrak r}{r}\,\ddot r - \mathfrak r\,\mathfrak w^2 + [\dot{\mathfrak w}\,\mathfrak r] + 2\left[\mathfrak w\,\frac{\mathfrak r}{r}\,\dot r\right]. \quad \ldots\ldots\ldots \quad 10\text{a})$$

Man erkennt ohne weiteres aus 6) und 8), daß die ersten beiden Glieder dieser Formel die Vektorform von 8), die beiden letzten Therme dagegen den Drehvektor darstellen, der wiederum in zwei Teile mit verschiedener Richtung zerfällt. Den letzten Anteil, der sowohl auf dem Strahl $\mathfrak r$, wie auch auf dem Drehvektor $\mathfrak w$ senkrecht steht, bezeichnet man wohl nach seinem Entdecker als die Coriolisbeschleunigung.

II. Die gezwungene und Relativbewegung eines Punktes.

§ 5. Die Bewegung eines Punktes auf einer festen Oberfläche. Die Lage eines Punktes im Raume ist durch seine Abstände x, y, z von drei zueinander senkrechten festen Ebenen bestimmt. Mithin kann seine Bewegung durch stetig aufeinander folgende Änderungen dieser drei Abstände, d. h. durch drei zueinander senkrechte Verschiebungen ersetzt werden. Wegen der Unabhängigkeit dieser Verschiebungen voneinander spricht man der freien räumlichen Bewegung eines Punktes drei Freiheitsgrade zu und bezeichnet die drei Grundformeln für die Anlaufteile

$$\ddot{x} = q_x, \quad \ddot{y} = q_y, \quad \ddot{z} = q_z \quad \ldots\ldots \quad 1)$$

als seine Bewegungsgleichungen, in denen q_x, q_y, q_z im allgemeinen vorgelegte Funktionen der Abstände x, y, z, sowie der Zeit bedeuten, durch welche das sog. Anlauffeld bestimmt ist. Die Integration dieser Differentialgleichungen zweiter Ordnung, die man auch durch die Vektorgleichung

$$\ddot{\mathfrak{r}} = \varphi(\mathfrak{r}, t) \quad \ldots\ldots\ldots\ldots \quad 1\text{a})$$

ersetzen kann, führt im allgemeinen auf sechs Integrationskonstante $\dot{x}_0, \dot{y}_0, \dot{z}_0$ und x_0, y_0, z_0 für die Anfangswerte der Laufteile und der Lage, entsprechend den Vektoren $\dot{\mathfrak{r}}_0$ und $\mathfrak{r}_0$.

Ist dagegen der Punkt im vorgeschriebenen Anlauffelde q_x, q_y, q_z an eine feste Oberfläche gebunden, auf der er sich frei verschieben kann, so erscheint die Bewegungsfreiheit in der Richtung der Flächennormale aufgehoben; der Punkt hat also nur noch zwei Freiheitsgrade. Die Aufhebung der Bewegungsfreiheit in der Normalrichtung bedingt aber den Ausgleich des in diese Richtung fallenden Anteils q_n des vorgelegten Anlaufs q durch einen sog. Zwangsanlauf q' derart, daß

$$q_n + q' = 0 \quad \ldots\ldots\ldots\ldots \quad 2)$$

ist. Mit den Richtungskosinus α, β, γ der Normale gegen die Achsen lauten alsdann die Bewegungsgleichungen des an die Oberfläche gebundenen Punktes

$$\ddot{x} = q_x + \alpha q', \quad \ddot{y} = q_y + \beta q', \quad \ddot{z} = q_z + \gamma q', \ldots \quad 2\text{a})$$

durch welche im Verein mit der Flächengleichung

$$f(x, y, z) = 0 \quad \ldots\ldots\ldots\ldots \quad 2\text{b})$$

die vier Unbekannten x, y, z und q' hinreichend bestimmt sind; denn die Richtungskosinus bestimmen sich eindeutig aus

$$\left.\begin{aligned}\alpha\sqrt{\left(\frac{\partial f}{\partial x}\right)^2+\left(\frac{\partial f}{\partial y}\right)^2+\left(\frac{\partial f}{\partial z}\right)^2}&=\frac{\partial f}{\partial x}\\ \beta\sqrt{\left(\frac{\partial f}{\partial x}\right)^2+\left(\frac{\partial f}{\partial y}\right)^2+\left(\frac{\partial f}{\partial z}\right)^2}&=\frac{\partial f}{\partial y}\\ \gamma\sqrt{\left(\frac{\partial f}{\partial x}\right)^2+\left(\frac{\partial f}{\partial y}\right)^2+\left(\frac{\partial f}{\partial z}\right)^2}&=\frac{\partial f}{\partial z}\end{aligned}\right\} \quad \ldots\ldots \quad 2c)$$

Führen wir ferner die Achsenanteile des Zwangsanlaufes

$$q_x' = \alpha q', \qquad q_y' = \beta q', \qquad q_z' = \gamma q' \quad \ldots\ldots \quad 3)$$

ein, so erhalten wir an Stelle von 2a)

$$\ddot{x} = q_x + q_x', \qquad \ddot{y} = q_y + q_y', \qquad \ddot{z} = q_z + q_z' \quad \ldots \quad 3a)$$

und andererseits durch Differentiation von 2b)

$$\frac{\partial f}{\partial x}dx + \frac{\partial f}{\partial y}dy + \frac{\partial f}{\partial z}dz = 0,$$

oder mit 3) und 2c)

$$q_x'\,dx + q_y'\,dy + q_z'\,dz = 0, \quad \ldots\ldots \quad 3b)$$

womit nur die Normalstellung des Zwangsanlaufes zur Oberfläche wieder zum Ausdruck gelangt, da dx, dy, dz die derselben genügenden Verschiebungen des Punktes darstellen. Mit 3b) wird aber aus 3a) nach Erweiterung mit dx, dy, dz und Addition, sowie wegen

$$\ddot{x}\,dx + \ddot{y}\,dy + \ddot{z}\,dz = \dot{x}\,d\dot{x} + \dot{y}\,d\dot{y} + \dot{z}\,d\dot{z} = v\,dv,$$

$$v\,dv = q_x\,dx + q_y\,dy + q_z\,dz, \quad \ldots\ldots \quad 3c)$$

so daß also der Zwangsanlauf auf die Laufänderung keinen Einfluß besitzt. Schneidet die Oberfläche an allen Stellen die Richtung des äußeren Anlaufes senkrecht, so genügen auch die Achsenanteile q_x, q_y, q_z der Gl. 3b), und wir erhalten aus 3c) $v \cdot dv = 0$, also nach Integration

$$v^2 = v_0^2, \quad \ldots\ldots\ldots\ldots \quad 3d)$$

so daß im Falle einer zur Anlaufsrichtung überall senkrechten Oberfläche der Bahnlauf seinen Betrag nicht ändert. Dasselbe trifft naturgemäß auch zu, wenn das äußere Anlauffeld überhaupt verschwindet. Dann wirkt auf den bewegten Punkt nur noch der zur Oberfläche senkrechte Zwangsanlauf, der nach den Ausführungen des letzten Abschnittes die Richtung der Hauptnormale der Bahn besitzt, die somit mit der Flächennormale zusammenfällt. Die hierdurch gekennzeichnete Bahn auf der Oberfläche wird nach 3d) gleichförmig durchlaufen, so daß also die Variation des Laufes

$$\delta v = \delta\frac{ds}{dt} = 0$$

ist. Daraus folgt für ein endliches Stück der Bahn zwischen zwei beliebigen Punkten 1 und 2

$$\delta \int_1^2 ds = \int_1^2 \delta\, ds = 0,$$

d. h. die Bahn hat gegenüber allen Nachbarbahnen auf der Oberfläche die kürzeste Länge. Derartige kürzeste Kurven zwischen Punkten einer Oberfläche bezeichnet man aber als geodätische Linien. Ihre Gleichung ergibt sich einfach durch Einsetzen der Richtungskosinus der Hauptnormale nach Gl. 10), § 2 in die obige Gl. 2c) also

$$\frac{d^2x}{ds^2} : \frac{d^2y}{ds^2} : \frac{d^2z}{ds^2} = \frac{\partial f}{\partial x} : \frac{\partial f}{\partial y} : \frac{\partial f}{\partial z}, \quad \ldots \ldots \quad 4\text{a})$$

oder

$$\frac{d^2x}{ds^2}\frac{\partial f}{\partial y} - \frac{d^2y}{ds^2}\frac{\partial f}{\partial x} = \frac{d^2y}{ds^2}\frac{\partial f}{\partial z} - \frac{d^2z}{ds^2}\frac{\partial f}{\partial y} = \frac{d^2z}{ds^2}\frac{\partial f}{\partial x} - \frac{d^2x}{ds^2}\frac{\partial f}{\partial z} = 0, \quad . \quad 4\text{b})$$

wofür wir mit dem Einheitsvektor $\mathfrak{n}$ der Flächennormale kürzer in Vektorform

$$\left[\mathfrak{n}\frac{d^2\mathfrak{r}}{ds^2}\right] = 0 \quad \ldots \quad 4\text{c})$$

schreiben dürfen.

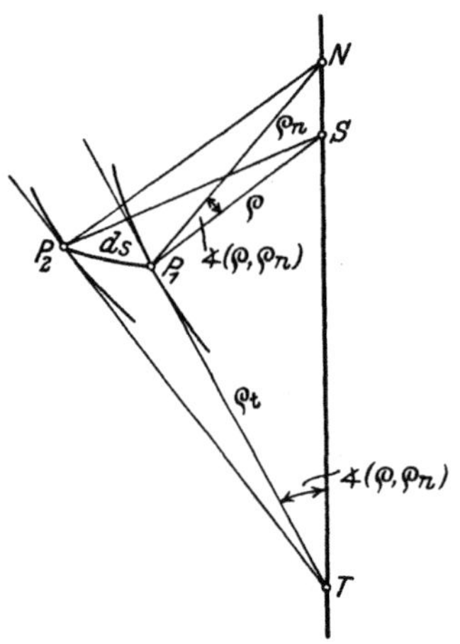

Abb. 4.

Diese Ergebnisse werden besonders anschaulich, wenn wir in Abb. 4 zu einem beliebigen Bahnelement ds auf der Oberfläche die Schmiegungsebene $P_1 S P_2$ darstellen, wobei $P_1 S = P_2 S = \varrho$ die Hauptnormale ist. Legen wir dann durch die Endpunkte P_1, P_2 des Elementes zwei zu ihm und der Schmiegungsebene senkrechte Ebenen, so schneiden diese die Oberfläche in zwei benachbarten Normalkurven zu ds. Beide Ebenen schneiden sich in einer Geraden NST, welche zur Schmiegungsebene von ds senkrecht steht und die Mittelpunkte N der Normalkrümmung $1 : \varrho_n$ der Fläche, sowie T der Bahnkrümmung $1 : \varrho_t$ in der Tangentialebene trägt. Ist dann $(\varrho, \varrho_n) = \sphericalangle S P_1 N$ der Neigungswinkel der Hauptnormale der Bahn gegen die Kurvennormale, so hat man die von Meusnier aufgestellten Gleichungen

$$\varrho = \varrho_n \cos(\varrho, \varrho_n) = \varrho_t \sin(\varrho, \varrho_n), \quad \ldots \ldots \quad 5)$$

oder

$$\frac{1}{\varrho^2} = \frac{1}{\varrho_n^2} + \frac{1}{\varrho_t^2}. \quad \ldots \ldots \ldots \quad 5\text{a})$$

Außerdem aber ist mit den Richtungskosinus α', β', γ' der Kurvennormale

$$\left.\begin{aligned} \cos(\varrho, \varrho_n) &= \alpha\alpha' + \beta\beta' + \gamma\gamma', \\ \sin^2(\varrho, \varrho_n) &= (\alpha\beta' - \beta\alpha')^2 + (\beta\gamma' - \gamma\beta')^2 + (\gamma\alpha' - \alpha\gamma')^2. \end{aligned}\right\} \quad 6)$$

Mit Beachtung der Formeln 10), § 2 erhalten wir damit aus 5)

$$\left.\begin{aligned} \frac{1}{\varrho^2} &= \left(\frac{d^2x}{ds^2}\right)^2 + \left(\frac{d^2y}{ds^2}\right)^2 + \left(\frac{d^2z}{ds^2}\right)^2, \\ \frac{1}{\varrho_n} &= \frac{d^2x}{ds^2}\alpha + \frac{d^2y}{ds^2}\beta + \frac{d^2z}{ds^2}\gamma, \\ \frac{1}{\varrho_t^2} &= \left(\frac{d^2x}{ds^2}\beta - \frac{d^2y}{ds^2}\alpha\right)^2 + \left(\frac{d^2y}{ds^2}\gamma - \frac{d^2z}{ds^2}\beta\right)^2 + \left(\frac{d^2z}{ds^2}\alpha - \frac{d^2x}{ds^2}\gamma\right)^2, \end{aligned}\right\} \quad 6\,a)$$

oder in Vektorschreibweise

$$\frac{1}{\varrho} = \frac{d^2\mathfrak{r}}{ds^2}, \qquad \frac{1}{\varrho_n} = \mathfrak{n}\frac{d^2\mathfrak{r}}{ds^2}, \qquad \frac{1}{\varrho_t^2} = \left[\mathfrak{n}\frac{d^2\mathfrak{r}}{ds^2}\right]^2. \quad . \; . \; . \; . \quad 6\,b)$$

Daraus erkennt man, daß für die geodätische Linie die Tangentialkrümmung verschwindet, worin der Grund für ihre Eigenschaft als kürzeste Linie auf der Fläche zu suchen ist. Hat man unter vorläufiger Ausschaltung des Zwangsanlaufes q' die Bahn des Punktes auf der Oberfläche mit den Lauf- und Anlaufteilen bestimmt, so ergeben sich schließlich mit Hilfe der letzteren aus den Grundformeln 2a) die Anteile des Zwangsanlaufes. Wechselt derselbe an einer Stelle der Bahn sein Vorzeichen, so wird der Punkt, falls er nicht beidseitig der Oberfläche geführt wird, diese dort verlassen und sich frei weiter bewegen, womit natürlich unser Ansatz 2) mit $q' = 0$ hinfällig wird.

1. Beispiel. Ein Punkt bewege sich unter der Wirkung der Erdbeschleunigung g auf einer glatten trichterartigen Umdrehungsfläche mit senkrechter Achse und dem Neigungswinkel ϑ der Tangente im Achsenschnitt gegen die Wagerechte, Abb. 5. Alsdann empfiehlt sich die Einführung des Achsenabstandes r und des Drehwinkels φ desselben gegen eine beliebige feste Gerade in der wagerechten Ebene, so zwar, daß mit $\dot\varphi = \omega$

$$\left.\begin{aligned} x &= r\cos\varphi, \qquad & y &= r\sin\varphi, \\ \dot x &= \dot r\cos\varphi - r\omega\sin\varphi; \qquad & \dot y &= \dot r\sin\varphi + r\omega\cos\varphi, \\ \ddot x &= (\ddot r - r\omega^2)\cos\varphi - \left(\frac{d(r\omega)}{dt} + \dot r\omega\right)\sin\varphi, \\ \ddot y &= (\ddot r - r\omega^2)\sin\varphi + \left(\frac{d(r\omega)}{dt} + \dot r\omega\right)\cos\varphi \end{aligned}\right\} \quad . \; . \; . \; . \quad 7)$$

ist. Hierin stellen

$$q_r = \ddot r - r\omega^2, \qquad q_u = \frac{d(r\omega)}{dt} + \dot r\omega = \frac{1}{r}\frac{d(r^2\omega)}{dt} \quad . \; . \; . \; . \; . \quad 7\,a)$$

die Strahl- und Drehanläufe dar, während in der nach unten positiven Achsenrichtung $q_z = g$ wird. Bezeichnen wir mit q' den Zwangsanlauf, so bestehen wegen des Wegfalls eines Drehanlaufs $q_u = 0$ die Bewegungsgleichungen

$$\left.\begin{aligned} \ddot{r} - r\,\omega^2 &= -\,q'\sin\vartheta\,, \\ \ddot{z} - g &= -\,q'\cos\vartheta\,, \\ \frac{d\,(r^2\,\omega)}{d\,t} &= 0\,. \end{aligned}\right\} \quad \ldots\ldots\ldots\ldots \quad 8)$$

Aus der letzten Formel folgt ein gleichförmiger Flächenlauf in der wagerechten Ebene, d. h.

$$r^2\,\omega = C\,, \qquad \omega = \frac{C}{r^2} \quad \ldots\ldots\ldots\ldots \quad 8\mathrm{a})$$

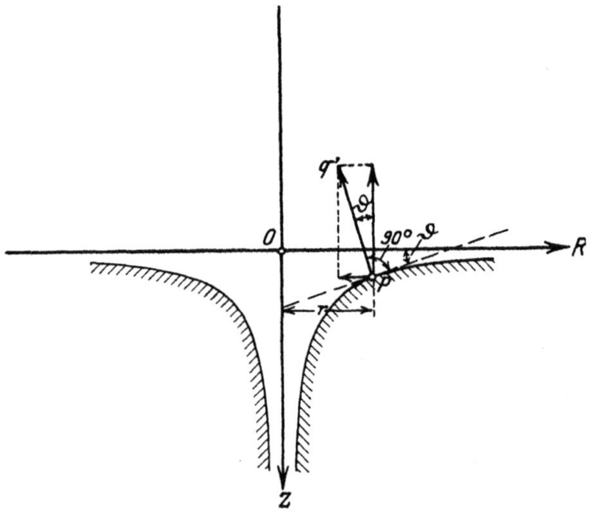

Abb. 5.

Erweitern wir ferner die Gleichungen 8) mit $dr = -\,ds\cos\vartheta$, bzw. $dz = ds\sin\vartheta$, worin ds das Bogenelement des Achsenschnittes der Oberfläche ist, sowie mit $\omega\,dt$ und addieren, so wird wegen $d\,(r^2\,\omega) = 2\,\omega\,r\,dr + r^2\,d\omega$

$$\ddot{r}\,dr + \ddot{z}\,dz + \omega^2\,r\,dr + r^2\,\omega\,d\omega = g\,dz\,,$$

$$\dot{r}\,d\dot{r} + \dot{z}\,d\dot{z} + \omega\,r\,d\,(\omega\,r) = g\,dz\,,$$

also mit

$$\dot{r}^2 + \dot{z}^2 + \omega^2\,r^2 = v^2$$

nach Integration

$$v^2 - v_0^{\,2} = 2\,g\,(z - z_0) \quad \ldots\ldots\ldots\ldots \quad 9)$$

Wir sehen also, daß im Felde der beständigen Erdbeschleunigung die Änderung des Laufquadrates unabhängig von der Form der Stützfläche und des auf ihr zurückgelegten Weges nur von der durchfallenen Höhe abhängt.

Die Gestalt der Bahn ist aber bei bekannter Form des Achsenschnittes der Oberfläche hinreichend durch ihren Grundriß bestimmt. Hierfür erhalten wir mit den beiden ersten Formeln 8) unter Ausschaltung von q' wie oben

$$\dot{r}\,d\dot{r} + \dot{z}\,d\dot{z} = g\,dz + \omega^2\,r\,dr\,,$$

oder mit 8a)

$$\dot{r}\,d\dot{r} + \dot{z}\,d\dot{z} = g\,dz + \frac{C^2}{r^3}\,dr$$

und integriert

$$\dot{r}^2 + \dot{z}^2 = 2\,g\,z - \frac{C^2}{r^2} + C_0 \quad \ldots\ldots\ldots\ldots \quad 10)$$

Nunmehr setzen wir fest, daß die Oberfläche durch Drehung eines Astes einer gleichseitigen Hyperbel um eine Asymptote entstanden sei, also

$$z \cdot r = h^2 \quad \ldots \ldots \ldots \quad 11)$$

ist, woraus

$$\dot{z}\, r + z\, \dot{r} = 0\,; \qquad \dot{z} = -\frac{z}{r}\dot{r} = -\frac{h^2}{r^2}\dot{r} \quad \ldots \ldots \quad 11\text{a})$$

folgt. Damit wird aus den beiden Formeln 9) und 10)

$$v^2 - v_0^2 = 2\, g\, h^2 \left(\frac{1}{r} - \frac{1}{r_0}\right), \quad \ldots \ldots \quad 9\text{a})$$

$$\dot{r}^2 \left(1 + \frac{h^4}{r^4}\right) = 2\, g\, \frac{h^2}{r} - \frac{C^2}{r^2} + C_0 \,. \quad \ldots \ldots \quad 10\text{a})$$

Von diesen beiden Gleichungen stimmt die erste formal überein mit der Änderung der Wucht eines Körpers im Schwerefelde einer anziehenden Kugel, während die zweite die Bewegung im Grundriß angibt. Der aus der Integration hervorgegangene Festwert C_0 bedeutet hierin offenbar das Quadrat des Strahllaufes $\dot{r}^2$ im Unendlichen, welches, falls der Punkt dauernd im Endlichen bleibt, negativ werden muß, entsprechend einem im Unendlichen imaginären Strahllauf. Setzen wir demgemäß $C_0 = -C_1$ für eine im Endlichen verlaufende Bahn, so wird aus 10a)

$$\dot{r}^2 \left(1 + \frac{h^4}{r^4}\right) = 2\, g\, \frac{h^2}{r} - \frac{C^2}{r^2} - C_1 \,. \quad \ldots \ldots \quad 10\text{b})$$

Für $\dot{r} = 0$ erhalten wir alsdann die Scheitelabstände, d. h. das scheinbare Perihel und Aphel der Bahn zu

$$r_{1,2} = \frac{g\, h^2}{C_1} \pm \sqrt{\frac{g^2 h^4}{C_1^2} - \frac{C^2}{C_1}} \quad \ldots \ldots \quad 10\text{c})$$

Die Bahn verläuft demnach innerhalb oder außerhalb zweier Parallelkreise auf der Oberfläche, je nachdem $C_1 \gtrless 0$ ist, entsprechend der elliptischen oder hyperbolischen Bahnen der Himmelskörper. Im Falle $C_1 = 0$ dagegen ergibt sich für das Perihel aus Gl. 10b)

$$r_1 = \frac{C^2}{2\, g\, h^2}, \quad \ldots \ldots \quad 10\text{d})$$

während das Aphel entsprechend dem parabolischen Verlauf ins Unendliche fällt.

Zur Ermittlung der Grundrißform der Bahn setzen wir mit Rücksicht auf 8a)

$$\dot{r} = \frac{dr}{dt} = \frac{dr}{d\varphi}\,\omega = \frac{C}{r^2}\frac{dr}{d\varphi} = -C\,\frac{d\left(\frac{1}{r}\right)}{d\varphi},$$

und damit geht Gl. 10b) über in

$$\left(\frac{d\left(\frac{1}{r}\right)}{d\varphi}\right)^2 \left(1 + \frac{h^4}{r^4}\right) = \frac{2\, g\, h^2}{C^2\, r} - \frac{1}{r^2} - \frac{C_1}{C^2} \,. \quad \ldots \ldots \quad 12)$$

Da die Integration dieses Ausdruckes nicht in geschlossener Form ausführbar und darum wenig übersichtlich ist, bilden wir umgekehrt aus der Gleichung

$$r = \frac{p}{1 - \varepsilon \cos \varkappa\, \varphi}\,; \qquad \frac{1}{r} = \frac{1}{p} - \frac{\varepsilon}{p}\cos \varkappa\, \varphi\,, \quad \ldots \ldots \quad 13)$$

die für $\varkappa = 1$ einen Kegelschnitt mit dem Parameter p und der numerischen Exzentrizität ε bestimmt,

$$\left(\frac{d\left(\frac{1}{r}\right)}{d\varphi}\right)^2 = \left(\frac{2}{p\, r} - \frac{1}{r^2} - \frac{1 - \varepsilon^2}{p^2}\right)\varkappa^2 \,. \quad \ldots \ldots \quad 13\text{a})$$

Diese Gleichung stimmt mit 12) überein, wenn

$$\frac{g h^2}{C^2} = \frac{1}{p}, \qquad \frac{1-\varepsilon^2}{p^2} = \frac{C_1}{C^2}, \qquad \frac{1}{\varkappa^2} = 1 + \frac{h^4}{r^4} \quad \ldots\ldots \quad 13\text{b})$$

ist. Da nun nach 11) bzw. 11a)

$$\operatorname{tg}\vartheta = -\frac{dz}{dr} = \frac{h^2}{r^2} = \frac{z}{r} \quad \ldots\ldots \quad 11\text{b})$$

ist, so hat man auch an Stelle der letzten Bedingung

$$\varkappa = \cos\vartheta < 1 \quad \ldots\ldots \quad 13\text{c})$$

Dieser Wert ist angenähert beständig, wenn die Bahn nicht sehr von der Kreisform abweicht, was z. B. für die Planeten und ihre Begleiter zutrifft. Alsdann dürfen wir im Ausdruck für $\varkappa^2$ für den Strahl r seinen Mittelwert r_0 einsetzen und erhalten dann als Bahngrundriß mit $C_1 > 0$, $\varepsilon^2 < 1$ eine Ellipse mit einem Brennpunkt in O, deren große Achse bei jedem Umlauf, d. h. für $\varphi = 2\pi$ den Bogen

$$\psi = \varphi - \varkappa\varphi = 2\pi(1-\varkappa) \approx \pi\frac{h^4}{r_0^{\,4}} \quad \ldots\ldots \quad 14)$$

in gleichem Sinne zurücklegt, wenn $\varkappa$ mit kleinen Werten von $h : r_0$ nur wenig von 1 abweicht.

Da nun für eine Ellipse mit den Halbachsen a, b und der Umlaufszeit t_0 $C = 2\pi a b : t_0$, $p a = b^2$ ist, so folgt mit $2\pi a : t_0 = u$, $r_0 \approx a$

$$\frac{C^2}{p} = g h^2 = \frac{4\pi^2 a^3}{t_0^{\,2}} = u^2 a, \qquad h^2 = \frac{u^2 a}{g}, \qquad \frac{h^2}{a^2} = \frac{u^2}{g a}, \quad \ldots \quad 14\text{a})$$

also der Perihelfortschritt für jeden Umlauf

$$\psi = \pi\frac{u^4}{g^2 a^2} \quad \ldots\ldots \quad 14\text{b})$$

Für $u = 1$ m/sec, $a = 0{,}5$ m, $g = 9{,}81$ m/sec^2 wird daraus $h^2 : a^2 = 0{,}204$ und $\psi = \pi : 24$.

Zur Berechnung des Zwangsanlaufes q' gehen wir von der ersten Gl. 8) aus und erhalten zunächst aus der allerdings nur angenähert gültigen Gl. 13) und 8a)

$$\dot r = -\frac{\varepsilon\varkappa r^2\omega}{p}\sin\varkappa\varphi = -\frac{C\varepsilon\varkappa}{p}\sin\varkappa\varphi,$$

$$\ddot r = -\frac{C\omega\varepsilon\varkappa^2}{p}\cos\varkappa\varphi = +\frac{\varkappa^2 C^2}{r^2}\left(\frac{1}{r} - \frac{1}{p}\right),$$

also

$$\ddot r - r\omega^2 = -\frac{\varkappa^2 C^2}{p r^2} + (\varkappa^2 - 1)\frac{C^2}{r^3}$$

und damit wegen 13c), 14a) und 11b)

$$q' = \frac{g}{\cos\vartheta}\left(\frac{p}{r}\sin^2\vartheta + \cos^2\vartheta\right) \quad \ldots\ldots \quad 15)$$

Da der Neigungswinkel ϑ sein Vorzeichen nicht wechselt, so kommt dies auch für den Zwangsanlauf nicht in Betracht.

2. Beispiel. Bewegt sich ein Punkt unter dem Einfluß des Erdanlaufes g auf einer Umdrehungsfläche um eine lotrechte Achse, so gilt zunächst wieder Gl. 9), worin wir den Gesamtlauf v in einen Umlauf $r\omega$ und einen Bahnlauf $\dot s$ auf dem Achsenschnitt durch die Fläche derart zerlegen können, daß

$$v^2 = r^2\omega^2 + \dot s^2 \quad \ldots\ldots \quad 16)$$

ist. Verlangen wir nun, daß der Bahnlauf $\dot{s}$ sich nicht ändert, so wird aus 9) mit 16)

$$r^2\omega^2 - r_0^2\omega_0^2 = 2g(z - z_0) \quad \text{. . . . . 16a)}$$

oder mit $r_0 = 0$

$$r^2\omega^2 = 2g(z - z_0), \quad \text{. . . . . 16b)}$$

wonach die Fläche ein Umdrehungsparaboloid sein muß. Die Bewegung des Punktes kann offenbar auch als solche auf einer um ihre lotrechte Achse mit dem Drehwert ω umlaufende Parabel als Führungsbahn aufgefaßt werden. Da der Punkt auf dieser Kurve seinen Anfangslauf $\dot{s}$ beibehält, also niemals zur Ruhe gelangt, aber von selbst keine Ortsveränderung auf dem parabolischen Achsenschnitt erfährt, so bezeichnet man diesen Bewegungszustand als einen astatischen.

§ 6. Das Kugelpendel. Eine besonders wichtige Anwendung der Bewegung eines Punktes auf einer festen Oberfläche bildet das sog. Kugelpendel, das durch die starre Verbindung des Punktes mit dem Anfang O verwirklicht wird. Bezeichnen wir den unveränderlichen Abstand, die Pendellänge, mit l, so ist die Kugelgleichung

$$f(x, y, z) = x^2 + y^2 + z^2 - l^2 = 0, \quad \text{. . . . . . 1)}$$

also

$$\frac{\partial f}{\partial x} = 2x, \qquad \frac{\partial f}{\partial y} = 2y, \qquad \frac{\partial f}{\partial z} = 2z,$$

mit den Richtungskosinus . . . 1a)

$$\alpha = \frac{x}{l}, \qquad \beta = \frac{y}{l}, \qquad \gamma = \frac{z}{l}.$$

Bewegt sich der Punkt im Schwerefelde der Erdoberfläche, so ist außerdem $q_x = q_y = 0$, $q_z = g$, wenn wir die z-Achse positiv nach unten wählen. Damit lauten die Bewegungsgleichungen 2a), § 5

$$\ddot{x} = \frac{x}{l}q', \qquad \ddot{y} = \frac{y}{l}q', \qquad \ddot{z} = g + \frac{z}{l}q', \quad \text{. . . . 2)}$$

zu denen zur Bestimmung der vier Veränderlichen x, y, z und q' als Zeitfunktionen noch die Kugelgleichung 1) hinzutritt, die auch durch

$$x\,dx + y\,dy + z\,dz = 0 \quad \text{. . . . . . . 1b)}$$

ersetzt werden kann. Damit aber wird aus 2) nach Erweiterung mit dx, dy, dz und Addition, sowie wegen

$$\ddot{x}\,dx + \ddot{y}\,dy + \ddot{z}\,dz = \dot{x}\,d\dot{x} + \dot{y}\,d\dot{y} + \dot{z}\,d\dot{z} = v\,dv,$$

$$v\,dv = g\,dz,$$

oder

$$v^2 - v_0^2 = 2g(z - z_0). \quad \text{. . . . . 2a)}$$

Andererseits folgt aus den beiden ersten Formeln 2)

$$\ddot{y}x - \ddot{x}y = \frac{d}{dt}(\dot{y}x - \dot{x}y) = 0$$

oder

$$\dot{y}x - \dot{x}y = r^2\omega = C, \quad \text{. . . . . 2b)}$$

wenn wir mit r den Grundriß der Pendellänge und mit ω dessen Drehwert um eine lotrechte Achse durch den Anfang O bezeichnen. Dieser Grundriß bewegt sich demnach mit gleichförmigem Flächenlauf. Weiter folgt aus 2) durch Erweiterung der einzelnen Formeln mit x, y, z und Addition wegen 1)

$$x\ddot{x} + y\ddot{y} + z\ddot{z} = lq' + gz.$$

Hierin ist aber, wie man durch nochmalige Ableitung von 1b) nach der Zeit feststellt

$$x\ddot{x} + y\ddot{y} + z\ddot{z} = -(\dot{x}^2 + \dot{y}^2 + \dot{z}^2) = -v^2,$$

also

$$lq' + gz + v^2 = 0, \qquad q' = -\frac{gz + v^2}{l}$$

oder wegen 2a)

$$q' = -\frac{3gz - 2gz_0 + v_0^2}{l}, \quad \ldots\ldots\ldots \quad 2c)$$

womit der Zwangsanlauf in jeder Lage des bewegten Punktes gegeben ist, wenn man die Anfangswerte z_0 und v_0 kennt. In den durch

$$3gz = 2gz_0 - v_0^2$$

bestimmten Lagen, die ersichtlich auf einem wagerechten Kreise von der Tiefe z unter dem Anfang zu suchen sind, wechselt der Zwangsanlauf sein Vorzeichen, was für die Bewegung des Kugelpendels dann von Bedeutung ist, wenn ein Faden die Verbindung des bewegten Punktes mit dem Anfang bilden würde.

Zur weiteren Behandlung führen wir an Stelle der Abstände x, y, z den Drehwinkel φ der lotrechten Ebene OPA gegen eine bestimmte Anfangslage und die Auslenkung ϑ des Pendels OP gegen eine lotrechte Lage OA in dieser Ebene ein durch die aus Abb. 6 sofort ersichtlichen Beziehungen

$$x = l\sin\vartheta\cos\varphi, \qquad y = l\sin\vartheta\sin\varphi, \qquad z = l\cos\vartheta,$$

woraus

$$\left.\begin{aligned} \dot{x} &= l(\dot{\vartheta}\cos\vartheta\cos\varphi - \dot{\varphi}\sin\vartheta\sin\varphi), \\ \dot{y} &= l(\dot{\vartheta}\cos\vartheta\sin\varphi + \dot{\varphi}\sin\vartheta\cos\varphi), \qquad \dot{z} = -l\dot{\vartheta}\sin\vartheta \end{aligned}\right\} \quad \ldots \quad 3a)$$

folgt. Setzen wir diese Ausdrücke in die Gl. 2a) und 2b) ein und schreiben dort abkürzungsweise $v_0^2 - 2gz_0 = C_0$, so wird

$$\left.\begin{aligned} l^2(\dot{\vartheta}^2 + \dot{\varphi}^2\sin^2\vartheta) &= 2gl\cos\vartheta + C_0 \\ l^2\dot{\varphi}\sin^2\vartheta &= C \end{aligned}\right\} \quad \ldots\ldots \quad 3b)$$

Zur Festlegung von C_0 und C bestimmen wir, daß zu Beginn der Bewegung für $t = 0$ der ausgelenkte Punkt nur eine wagerechte Drehung besitzen möge, d. h. in der Lage

$$\vartheta = \vartheta_1, \qquad \varphi = 0, \qquad \dot{\vartheta} = 0, \qquad \dot{\varphi} = \omega_1 \quad \ldots\ldots \quad 3c)$$

sei. Alsdann wird aus 3b)

$$\left.\begin{aligned} l(\dot\vartheta^2+\dot\varphi^2\sin^2\vartheta-\omega_1{}^2\sin^2\vartheta_1)&=2\,g(\cos\vartheta-\cos\vartheta_1)\\ \dot\varphi\sin^2\vartheta&=\omega_1\sin^2\vartheta_1\end{aligned}\right\},\quad .\ .\quad 4)$$

oder nach Ausschaltung von $\dot\varphi$

$$l\left(\dot\vartheta^2+\omega_1{}^2\frac{\sin^2\vartheta_1}{\sin^2\vartheta}(\sin^2\vartheta_1-\sin^2\vartheta)\right)=2\,g(\cos\vartheta-\cos\vartheta_1).$$

Wegen $\sin^2\vartheta_1-\sin^2\vartheta=\cos^2\vartheta-\cos^2\vartheta_1$ können wir dafür auch schreiben

$$\dot\vartheta^2=\frac{\cos\vartheta-\cos\vartheta_1}{\sin^2\vartheta}\left(\frac{2\,g}{l}\sin^2\vartheta-\omega_1{}^2\sin^2\vartheta_1(\cos\vartheta+\cos\vartheta_1)\right)\ .\ 4\,\mathrm{a})$$

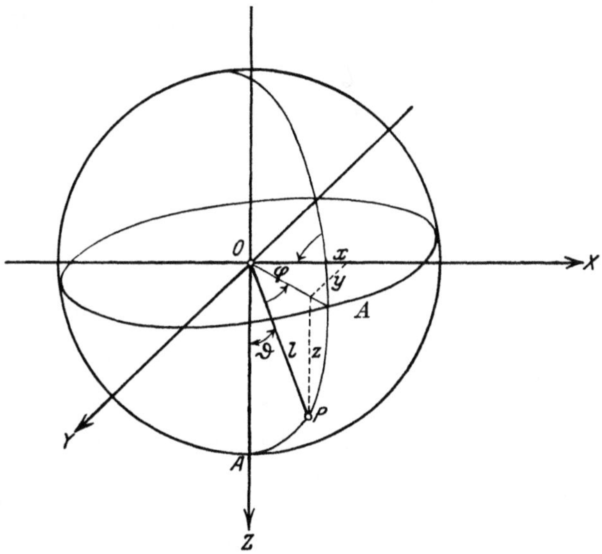

Abb. 6.

und sehen daraus, daß $\dot\vartheta=0$ wird, einmal für die Anfangslage ϑ_1 nach der Voraussetzung 3c), dann aber auch durch Verschwinden der Klammer, oder für

$$\frac{2\,g}{l}(1-\cos^2\vartheta)-\omega_1{}^2\sin^2\vartheta_1(\cos\vartheta+\cos\vartheta_1)=0\quad .\ .\ .\ 4\,\mathrm{b})$$

mit den Wurzeln

$$\cos\vartheta=-\frac{\omega_1{}^2 l}{4\,g}\cdot\sin^2\vartheta_1\pm\sqrt{1+\left(\frac{\omega_1{}^2 l}{4\,g}\right)^2\sin^4\vartheta_1-\frac{\omega_1{}^2 l}{2\,g}\sin^2\vartheta_1\cos\vartheta_1}\quad 4\,\mathrm{c})$$

$$\left(1-\frac{\omega_1{}^2 l}{4\,g}\sin^2\vartheta_1\right)^2<1+\left(\frac{\omega_1{}^2 l}{4\,g}\right)^2\sin^4\vartheta_1-\frac{\omega_1{}^2 l}{2\,g}\sin^2\vartheta_1\cos\vartheta_1<\left(1+\frac{\omega_1{}^2 l}{4\,g}\sin^2\vartheta_1\right)^2\quad 5)$$

Daraus folgt aber, daß mit negativem Vorzeichen der Wurzel in 4c) $\cos\vartheta < -1$ wird, was keinem reellen Werte von ϑ entspricht. Es ergibt sich somit nur ein reeller Wert des Winkels mit positivem Vorzeichen der Wurzel, den wir ϑ_2 nennen wollen. Dieser Winkel bestimmt mit dem Ausgangswinkel ϑ_1 zwei wagerechte Grenzkreise auf der Kugel, zwischen denen die Bahn des Punktes derart verläuft, daß der eine Kreis oben, der andere unten berührt wird.

Schreiben wir an Stelle von Gl. 4b) mit den Winkeln ϑ_1 und ϑ_2 dieser sog. Grenzkreise

$$\cos\vartheta_1 + \cos\vartheta_2 = \frac{2g}{l\,\omega_1^{\,2}}\,\frac{\sin^2\vartheta_2}{\sin^2\vartheta_1} > 0, \quad \ldots\ldots \quad 5\text{a)}$$

so erkennen wir, daß die Mittelebene der Grenzkreise stets die untere Kugelhälfte schneidet, auf der jedenfalls einer dieser Kreise liegt. Damit der andere Kreis auf der oberen Hälfte liegt, muß für ihn $\vartheta_2 > 90^0$,

$$\cos\vartheta_2 = \frac{2g}{l\,\omega_1^{\,2}}\,\frac{\sin^2\vartheta_2}{\sin^2\vartheta_1} - \cos\vartheta_1 < 0, \quad \text{oder} \quad 2g\sin^2\vartheta_2 < l\,\omega_1^{\,2}\sin^2\vartheta_1\cos\vartheta_1$$

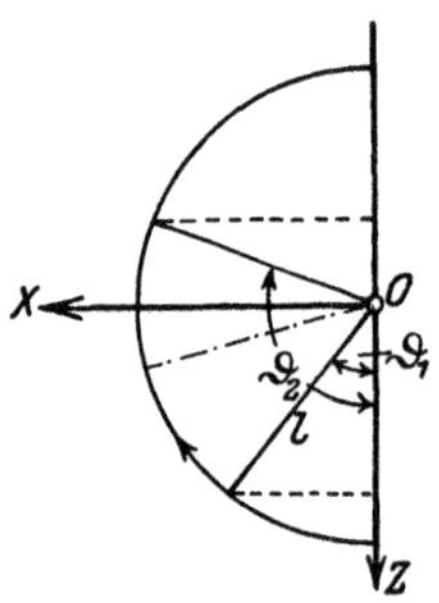

Abb. 7.

sein, während nach Abb. 7

$$\sin^2\vartheta_1 < \sin^2\vartheta_2$$

ist. Aus der Multiplikation beider Ungleichungen folgt aber

$$2g < l\,\omega_1^{\,2}\cos\vartheta_1 \quad \ldots\ldots \quad 5\text{b)}$$

als Bedingung für das Aufsteigen des Punktes auf die obere Halbkugel. Aus der Gl. 4a) für die Drehung in einer selbst mit ω rotierende Aufrißebene läßt sich sofort ein Ausdruck für die Zeit zwischen zwei Lagen des Punktes gewinnen, so zwar, daß mit

$$dt = \frac{d\vartheta}{\dot{\vartheta}} = \frac{\sin\vartheta\,d\vartheta}{\sqrt{(\cos\vartheta_1 - \cos\vartheta)\left(\omega_1^{\,2}(\cos\vartheta + \cos\vartheta_1)\sin^2\vartheta_1 - \frac{2g}{l}\sin^2\vartheta\right)}}. \quad 6)$$

Zur übersichtlicheren Darstellung der im Nenner auftretenden Wurzel nennen wir die beiden Wurzeln der Gl. 4b) $\cos\vartheta_2$ und $\cos\vartheta_3$, von denen allerdings die zweite, wie schon oben erkannt < -1 ist, und setzen demgemäß

$$(\cos\vartheta - \cos\vartheta_2)(\cos\vartheta - \cos\vartheta_3)$$
$$= \cos^2\vartheta - (\cos\vartheta_2 + \cos\vartheta_3)\cos\vartheta + \cos\vartheta_2\cos\vartheta_3 = 0. \quad . \quad . \quad 7)$$

Andererseits ist aber auch, wenn ϑ_2 dem oberen Grenzkreis zugehört, nach 5a)

$$\frac{\omega_1^{\,2}\,l}{2g}(\cos\vartheta_1 + \cos\vartheta_2) = \frac{\sin^2\vartheta_2}{\sin^2\vartheta_1}, \quad \ldots\ldots \quad 4\text{d)}$$

womit wir an Stelle von 4b) auch schreiben dürfen

$$\cos^2\vartheta + \frac{\cos\vartheta + \cos\vartheta_1}{\cos\vartheta_1 + \cos\vartheta_2}\sin^2\vartheta_2 - 1 = 0.$$

Mithin ergibt der Vergleich der Beiwerte von $\cos\vartheta$ in dieser Formel mit 7)

$$\cos\vartheta_3 = -\cos\vartheta_2 - \frac{\sin^2\vartheta_2}{\cos\vartheta_1 + \cos\vartheta_2} = -\frac{1 + \cos\vartheta_1\cos\vartheta_2}{\cos\vartheta_1 + \cos\vartheta_2}. \quad 7\text{a})$$

Damit aber wird aus 6)

$$dt = \frac{d\vartheta}{\dot\vartheta} = \frac{\sin\vartheta\, d\vartheta}{\sqrt{\frac{2g}{l}(\cos\vartheta_1 - \cos\vartheta)(\cos\vartheta - \cos\vartheta_2)(\cos\vartheta - \cos\vartheta_3)}}$$

oder mit dem Wert von $\cos\vartheta_3$ aus Gl. 7a)

$$t = \int_{\vartheta_1}^{\vartheta}\frac{d\vartheta}{\dot\vartheta} = \sqrt{\frac{l}{2g}}\int_{\vartheta_1}^{\vartheta}\frac{\sin\vartheta\, d\vartheta}{\sqrt{(\cos\vartheta_1 - \cos\vartheta)(\cos\vartheta - \cos\vartheta_2)\left(\cos\vartheta + \frac{1 + \cos\vartheta_1\cos\vartheta_2}{\cos\vartheta_1 + \cos\vartheta_2}\right)}}, \quad 7\text{b})$$

so daß also die Bewegungsdauer durch ein elliptisches Integral bestimmt ist, mit dessen umständlicher Auswertung wir uns hier nicht aufhalten wollen.

Dagegen haben wir noch den einem Bogen $\vartheta - \vartheta_1$ entsprechenden Winkel des Grundrisses $r = l\sin\vartheta$ zu ermitteln, für den sich aus der zweiten Formel 4)

$$d\varphi = \frac{\omega_1\sin^2\vartheta_1}{\dot\vartheta\sin^2\vartheta}\, d\vartheta \quad \ldots\ldots\ldots\ldots \quad 8)$$

ergibt. Führen wir in diesen Ausdruck den Wert für $\dot\vartheta$ aus 7b) ein, so folgt mit 4d)

$$d\varphi = \frac{\sin\vartheta_1\sin\vartheta_2\sin\vartheta\, d\vartheta}{\sin^2\vartheta\sqrt{(\cos\vartheta_1 - \cos\vartheta)(\cos\vartheta - \cos\vartheta_2)[\cos\vartheta(\cos\vartheta_1 + \cos\vartheta_2) + 1 + \cos\vartheta_1\cos\vartheta_2]}}. \quad 8\text{a})$$

Schreiben wir für den Integranten $f(\vartheta)$ und beachten, daß

$$\varphi = \int_{\vartheta_1}^{\vartheta} f(\vartheta)\, d\vartheta = -\int_{\vartheta}^{\vartheta_1} f(\vartheta)\, d\vartheta, \quad \ldots\ldots\ldots \quad 9)$$

so erkennen wir, daß die Bahn um jeden Berührungspunkt mit einem Grundkreise nach beiden Seiten symmetrisch verläuft, woraus sofort die Frage entsteht, ob sie geschlossen ist. Zur Beantwortung bestimmen wir den Winkel φ_0 zwischen zwei Berührungspunkten mit demselben Grenzkreis aus

$$\varphi_0 = \int_{\vartheta_1}^{\vartheta_2} f(\vartheta)\, d\vartheta - \int_{\vartheta_2}^{\vartheta_1} f(\vartheta)\, d\vartheta = 2\int_{\vartheta_1}^{\vartheta_2} f(\vartheta)\, d\vartheta \ldots\ldots\ldots \quad 9\text{a})$$

An Stelle der Ausführung der auch hier wieder recht umständlichen Integration wollen wir den Betrag von φ_0 durch ein Näherungsverfahren in zwei Grenzen einschließen, indem wir in der letzten Klammer des Nenners von 8a) $\cos\vartheta = \pm 1$ setzen. Alsdann lauten diese Klammern

$$\cos\vartheta_1 + \cos\vartheta_2 + 1 + \cos\vartheta_1 \cos\vartheta_2$$
$$= (1+\cos\vartheta_1)(1+\cos\vartheta_2) = 4\cos^2\frac{\vartheta_1}{2}\cos^2\frac{\vartheta_2}{2};$$
$$-(\cos\vartheta_1 + \cos\vartheta_2) + 1 + \cos\vartheta_1\cos\vartheta_2$$
$$= (1-\cos\vartheta_1)(1-\cos\vartheta_2) = 4\sin^2\frac{\vartheta_1}{2}\sin^2\frac{\vartheta_2}{2},$$

und es wird mit den Abkürzungen

$$\cos\vartheta = u, \qquad \cos\vartheta_1 = u_1, \qquad \cos\vartheta_2 = u_2,$$

sowie wegen

$$\sin\vartheta_1 \sin\vartheta_2 = 4\sin\frac{\vartheta_1}{2}\sin\frac{\vartheta_2}{2}\cos\frac{\vartheta_1}{2}\cos\frac{\vartheta_2}{2};$$

und mit Rücksicht auf 8a)

$$-4\sin\frac{\vartheta_1}{2}\sin\frac{\vartheta_2}{2}\int_{u_1}^{u_2}\frac{du}{(1-u^2)\sqrt{(u_1-u)(u-u_2)}} >$$
$$> \varphi_0 > -4\cos\frac{\vartheta_1}{2}\cos\frac{\vartheta_2}{2}\int_{u_1}^{u_2}\frac{du}{(1-u^2)\sqrt{(u_1-u)(u-u_2)}}.$$

Da nun

$$\int_{u_1}^{u_2}\frac{du}{(1-u^2)\sqrt{(u_1-u)(u-u_2)}}$$
$$= \frac{1}{2}\int_{u_1}^{u_2}\left(\frac{1}{1-u}+\frac{1}{1+u}\right)\frac{du}{\sqrt{(u_1-u)(u-u_2)}} \;{}^{1)}$$
$$= \frac{\pi}{2}\left(\frac{1}{\sqrt{(1-u_1)(1-u_2)}}+\frac{1}{\sqrt{(1+u_1)(1+u_2)}}\right)$$
$$= \frac{\pi}{4}\left(\frac{1}{\sin\frac{\vartheta_1}{2}\sin\frac{\vartheta_2}{2}}+\frac{1}{\cos\frac{\vartheta_1}{2}\cos\frac{\vartheta_2}{2}}\right)$$

ist, so folgt

$$-\pi\left(1+\operatorname{tg}\frac{\vartheta_1}{2}\operatorname{tg}\frac{\vartheta_2}{2}\right) > \varphi_0 > -\pi\left(1+\operatorname{ctg}\frac{\vartheta_1}{2}\operatorname{ctg}\frac{\vartheta_2}{2}\right). \quad . \quad . \quad 9\text{b})$$

---

[1]) Die Lösung dieses Integrals ist in jeder Integraltafel nachzulesen.

Hierin ist aber stets $\frac{\vartheta_1}{2} < 90^0$, $\frac{\vartheta_2}{2} < 90^0$, also

$$\operatorname{tg}\frac{\vartheta_1}{2}\operatorname{tg}\frac{\vartheta_2}{2} > 0\,, \quad \operatorname{ctg}\frac{\vartheta_1}{2}\operatorname{ctg}\frac{\vartheta_2}{2} > 0\,.$$

Daher wird der Winkel zwischen den Fahrstrahlen zweier Berührungspunkte desselben Grenzkreises im Grundriß der Bahn größer als 180^0, so daß die Bahn selbst keine geschlossene Linie bildet, vgl. Abb. 8. Der Bahngrundriß erscheint demnach als eine ellipsenähnliche Kurve, deren große Achse sich gleichförmig um ihren Mittelpunkt dreht.

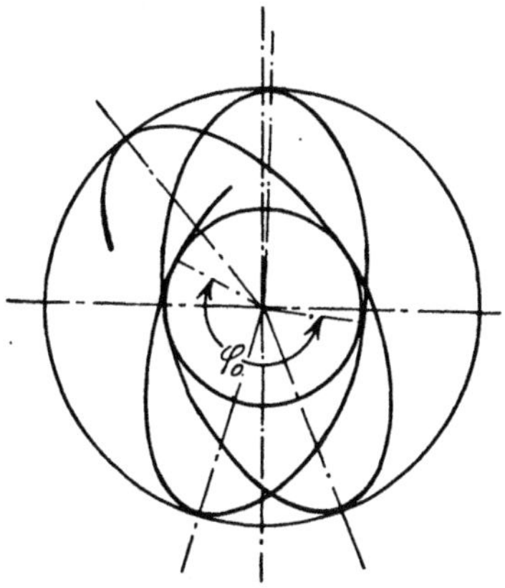

Abb. 8.

1. Beispiel. Erfährt der Punkt nur eine kleine Auslenkung aus der unteren Ruhelage, so hat man unter Vernachlässigung der Quadrate x^2 und y^2

$$z = \sqrt{l^2 - x^2 - y^2} \approx l\,, \qquad \ddot{z} = 0$$

also in 2)

$$q' = -g\,, \qquad \ddot{x} = -\frac{g}{l}x\,, \qquad \ddot{y} = -\frac{g}{l}y\,,$$

d. h. zwei zueinander senkrechte Schwingungen in einer wagerechten Ebene

$$x = a\sin\left(t\sqrt{\frac{g}{l}} + \alpha'\right), \qquad y = b\sin\left(t\sqrt{\frac{g}{l}} + \beta'\right), \quad \ldots\ldots \quad 10\text{a})$$

die sich, wie in der Mechanik ebener Gebilde gezeigt wurde, zu einer geschlossenen elliptischen Bahn zusammensetzen. Deren Umlaufszeit

$$t_0 = 2\pi\sqrt{\frac{l}{g}} \quad \ldots\ldots\ldots\ldots\ldots \quad 10\text{b})$$

stimmt also mit der Schwingungsdauer des ebenen Kreispendels überein.

2. Beispiel. Wird im Sonderfalle $\vartheta_1 = \vartheta_2 = \vartheta_0$, so folgt aus 4d) mit $\omega_1 = \omega_0$

$$\omega_0^2\, l\cos\vartheta_0 = g \quad \ldots\ldots\ldots\ldots\ldots \quad 11)$$

Der Punkt bleibt alsdann dauernd auf demselben Breitenkreise, während sein Fahrstrahl den Mantel eines Kreiskegels, Abb. 9, beschreibt. Man spricht alsdann von einem Kegelpendel, für welches auch mit $l\sin\vartheta_0 = r_0$

$$r_0\,\omega_0^2 = g\operatorname{tg}\vartheta_0 \quad \ldots\ldots\ldots\ldots\ldots \quad 11\text{a})$$

geschrieben werden kann. Der in die Richtung OP fallende Zwangsanlauf ist in diesem Falle nach Gl. 2c) mit $z = z_0 = l\cos\vartheta_0$

$$q' = -\frac{g\,z_0 + v_0^2}{l} = -\frac{g\,l\cos\vartheta_0 + r_0^2\,\omega_0^2}{l}$$

$$q' = -g\cos\vartheta_0 - l\,\omega_0^2\sin^2\vartheta_0 = -\frac{g}{\cos\vartheta_0}\,, \quad \ldots\ldots \quad 11\text{b})$$

während 11) in

$$\omega_0^2 = \frac{g}{z_0} \quad \ldots \ldots \ldots \ldots \quad 11c)$$

übergeht.

Außerdem aber erhalten wir für die Umdrehungsdauer

$$t_0 = \frac{2\pi}{\omega_0} = 2\pi\sqrt{\frac{l\cos\vartheta_0}{g}} = 2\pi\sqrt{\frac{z_0}{g}} \quad \ldots \ldots \ldots \quad 12)$$

in Übereinstimmung mit der Schwingungsdauer eines ebenen Pendels von der Länge $z_0 = l\cos\vartheta_0$. Wird das Kegelpendel etwa durch einen Stoß aus seiner Mittellage ein wenig ausgelenkt, so beschreibt es um dieselbe eine Bahn, die zwei zu beiden Seiten der Mittellage benachbarte Grenzkreise nach Abb. 8 berührt. Da der Berührungspunkt, wie oben festgestellt, auf demselben Grenzkreise fortschreitet, so ist die Dauer dieser Schwingung um die Mittellage

$$t_1 > t_0 = 2\pi\sqrt{\frac{z_0}{g}} \quad \ldots \ldots \ldots \ldots \quad 12a)$$

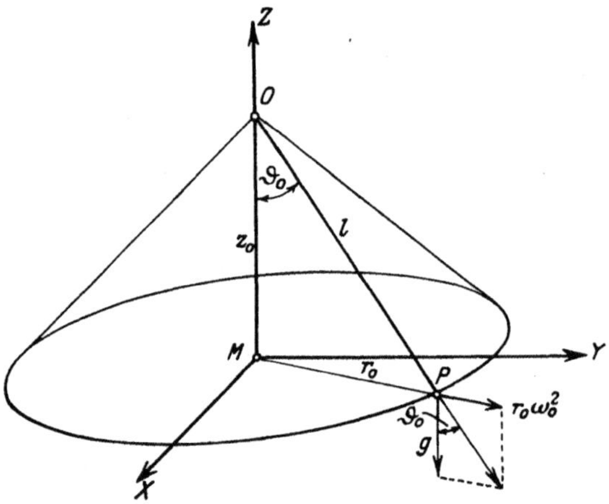

Abb. 9.

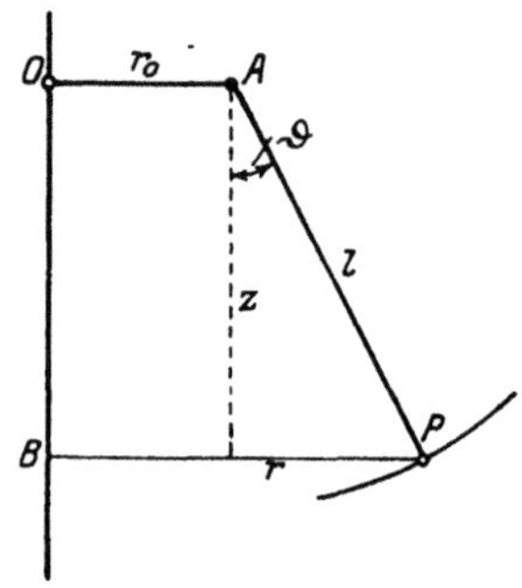

Abb. 10.

3. Beispiel. Im Anschluß an das Kegelpendel betrachten wir eine Verallgemeinerung desselben durch Verschiebung des Aufhängepunktes A um r_0 aus der Drehachse OZ, die ebenso wie das einfache Kegelpendel bei Reglern von Arbeitsmaschinen häufig Verwendung findet. Der bewegte Punkt P ist alsdann an eine Ringfläche gebunden, die durch Drehung des Kreises vom Halbmesser l mit der Mitte A um OZ entsteht, Abb. 10.

Da auch hier kein Drehanlauf q_u vorliegt, so haben wir mit der Auslenkung ϑ aus der Lotrechten

$$r = r_0 + l\sin\vartheta, \qquad z = l\cos\vartheta \quad \ldots \ldots \ldots \quad 13)$$

für den Drehwert ω die Bewegungsgleichungen

$$\ddot{r} - r\omega^2 = q'\sin\vartheta, \qquad \ddot{z} = g + q'\cos\vartheta, \quad \ldots \ldots \quad 14)$$

oder nach Ausschaltung des Zwangsanlaufes q'

$$\ddot{r} - r\omega^2 = (\ddot{z} - g)\operatorname{tg}\vartheta \quad \ldots \ldots \ldots \quad 14a)$$

mit einem Beharrungszustand für $\ddot{r} = \ddot{z} = 0$ in der Mittellage ϑ_0

$$g\operatorname{tg}\vartheta_0 = r\omega^2 = (r_0 + l\sin\vartheta_0)\,\omega^2 \ldots \ldots \ldots \quad 15)$$

Nun folgt aus 13)

$$\left.\begin{aligned} \dot r &= l\,\dot\vartheta\cos\vartheta\,, & \ddot r &= l\,(\ddot\vartheta\cos\vartheta-\dot\vartheta^2\sin\vartheta) \\ \dot z &= -\,l\,\dot\vartheta\sin\vartheta\,, & \ddot z &= -\,l\,(\ddot\vartheta\sin\vartheta+\dot\vartheta^2\cos\vartheta) \end{aligned}\right\}\quad\ldots\ldots\;13\,\mathrm{a})$$

und nach Einsetzen in 14a)

$$l\,\ddot\vartheta-\omega^2\,(r_0+l\sin\vartheta)\cos\vartheta+g\sin\vartheta=0\,.\;\ldots\ldots\ldots\;14\,\mathrm{b})$$

Setzen wir darin für kleine Ausschläge δ um eine Mittellage ϑ_0 also $\vartheta=\vartheta_0+\delta$;

$$\sin\vartheta=\sin\vartheta_0+\delta\cos\vartheta_0\,,\qquad \cos\vartheta=\cos\vartheta_0-\delta\sin\vartheta_0$$

und vernachlässigen die Glieder mit δ^2, so folgt mit Rücksicht auf 15) und $\ddot\vartheta=\ddot\delta$

$$\ddot\delta+\left(\frac{g}{l}\cos\vartheta_0+\frac{\omega^2\,r_0}{l}\sin\vartheta_0-\omega^2\cos 2\,\vartheta_0\right)\delta=0$$

und nach Ausschaltung von r_0 durch 15)

$$\ddot\delta+\left(\frac{g}{l\cos\vartheta_0}-\omega^2\cos^2\vartheta_0\right)\delta=0\;\ldots\ldots\ldots\;14\,\mathrm{c})$$

Das ist aber für beständiges ω die Differentialgleichung einer einfachen Schwingung um die Mittellage mit der Dauer

$$t_0=2\,\pi\sqrt{\frac{l\cos\vartheta_0}{g-\omega^2\,l\cos^3\vartheta_0}}\,,\;\ldots\ldots\ldots\ldots\;16)$$

die auch für das einfache Kegelpendel gilt, da hierin die Größe r_0 nicht mehr auftritt. Die Schwingungsdauer ist offenbar nur so lange reell, als

$$\left(\frac{g}{\omega^2\,l}\right)^{\frac{1}{3}}>\cos\vartheta_0>0\;\ldots\ldots\ldots\ldots\;16\,\mathrm{a})$$

ist. Mittellagen ϑ_0, welche diese Bedingungen erfüllen, sind als stabile anzusehen, während

$$\frac{g}{l\cos\vartheta_0}-\omega^2\cos^2\vartheta_0=-\,\alpha^2<0\;\ldots\ldots\ldots\;16\,\mathrm{b})$$

aus 14c) eine asymptotische Bewegung von einer labilen Lage aus ergibt.

Zur Ermittlung der verschiedenen Lagen greifen wir auf Gl. 15) zurück, die mit $\operatorname{tg}\vartheta_0=\sqrt{1-\cos^2\vartheta_0}:\cos\vartheta_0$ für $\cos\vartheta_0$ vom vierten Grade ist und demnach vier Wurzeln besitzt. Während die algebraische Berechnung derselben ziemlich umständlich sich gestaltet und wenig übersichtlich wird, so führt ein zeichnerisches Verfahren sofort zum Ziele. Man hat zu diesem Zwecke nur die beiden Kurven

$$u_1=\frac{g}{\omega^2}\operatorname{tg}\vartheta_0\qquad\text{und}\qquad u_2=r_0+l\sin\vartheta_0\,,\;\ldots\ldots\ldots\;17)$$

wie in Abb. 11 und 12 geschehen ist, zum Schnitte zu bringen, um die den 4 Wurzeln zugehörigen Werte von ϑ_0 zu erhalten, von denen offenbar I und III der Bedingung 16a) genügen und stabile Lagen darstellen, während II und IV mit 16b) labile Lagen sind. Die Lagen III und IV fallen zusammen, wenn die Kurven 17) sich mit

$$\frac{d\,u_1}{d\,\vartheta_0}=\frac{g}{\omega^2}\,\frac{1}{\cos^2\vartheta_0}=\frac{d\,u_2}{d\,\vartheta_0}=l\cos\vartheta_0\,;\qquad \frac{g}{l\,\omega^2}=\cos^3\vartheta_0\;\ldots\ldots\;17\,\mathrm{a})$$

berühren, was nur dann möglich ist, wenn nach Einsetzen in 15)

$$1-\left(\frac{g}{l\,\omega^2}\right)^{2/3}=-\left(\frac{r_0}{l}\right)^{2/3}, \qquad \frac{g}{l\,\omega^2}<0, \qquad \frac{r_0}{l}<1 \quad \ldots\ldots 17\text{b})$$

ist. Alsdann wird aber, wie durch Einsetzen von 17a) in 14c) und 16) ersichtlich mit $\ddot{\delta}=0$, $t_0=\infty$, die zugehörige Lage indifferent.

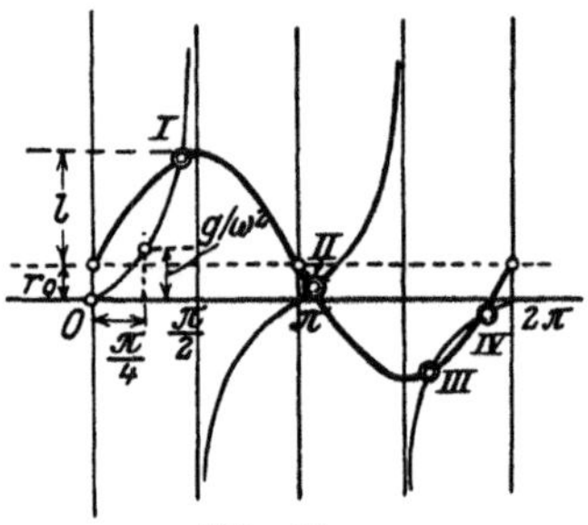

Abb. 11.

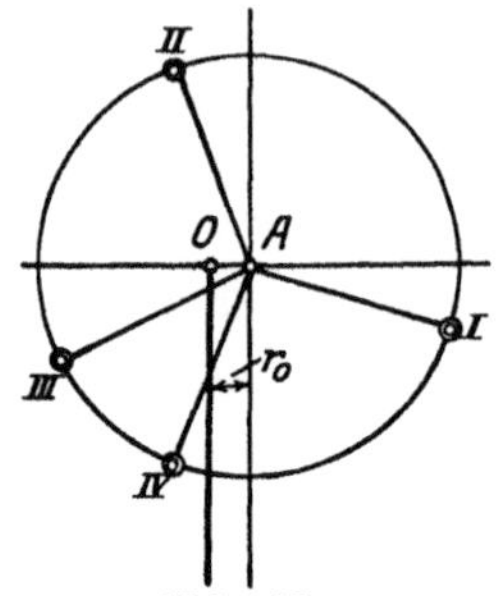

Abb. 12.

Da die beiden stabilen Lagen, die für $r_0=0$ zusammenfallen, außer durch die Abmessungen r_0 und l mit dem Drehwert ω vollständig bestimmt sind, so eignet sich die ganze, aus dynamischen Gründen fast stets aus zwei zur Drehachse OZ symmetrischen Pendeln bestehende Vorrichtung zur Messung des Drehwertes und wird darum auch als Tachometer bezeichnet. Den beiden Lagen entsprechend unterscheidet man alsdann zwischen Tachometern mit offenem und gekreuztem Gestänge, Abb. 13 und 14, und verwendet sie so als Hauptbestandteile von Reglern für Kraftmaschinen.

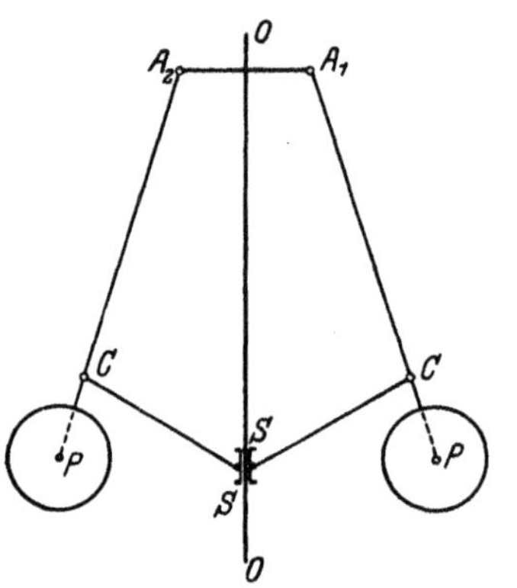

Abb. 13.

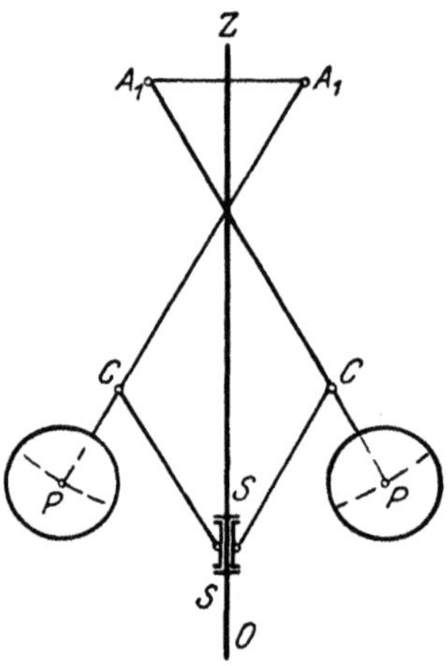

Abb. 14.

§ 7. Die Bewegung eines Punktes längs einer festen Raumkurve. Wir haben in § 2 festgestellt, daß der Vektor des Gesamtanlaufes eines frei bewegten Punktes in die Schmiegungsebene seiner Bahn fällt. Ist die Bahn durch eine sog. Führung vorgeschrieben, so wird der äußere Anlaufvekor q im allgemeinen nicht in die Schmiegungsebene fallen, sondern kann eine ganz beliebige durch das

Anlauffeld gegebene Neigung zu derselben haben. Eine vollkommen glatte Führungsbahn übt nun auch keine Wirkung in der Bahntangente aus, so daß der von ihr bedingte Zwangsanlauf q_0 nur in der Normalebene zur Bahn liegen kann.

Bezeichnen wir in Abb. 15 die Neigung des äußeren Anlaufes q gegen die Bahntangente mit ϑ, so zerfällt er in die Anteile $q\cos\vartheta$ in der Richtung der Bahntangente und $q\sin\vartheta$ in der Normalebene zur Bahn mit der Neigung ν gegen die Hauptnormale. In dieser Ebene liegt aber auch der Zwangsanlauf q_0 mit der Neigung ν_0 gegen die Hauptnormale, und daher bestehen, da die Binormale anlauffrei bleibt, die Bewegungsgleichungen

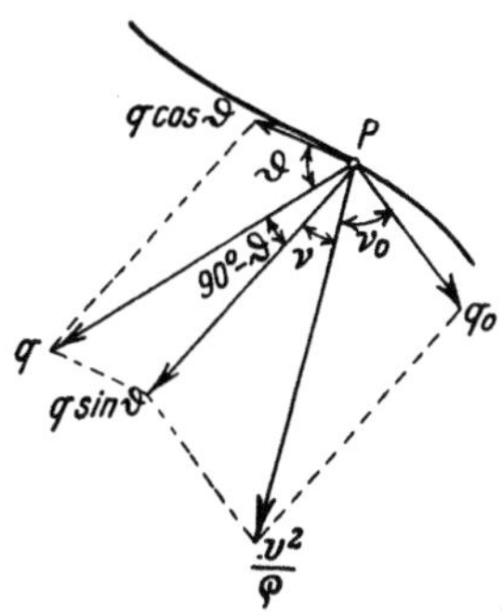

Abb. 15.

$$\left.\begin{array}{l} q\cos\vartheta = \dfrac{dv}{dt}, \quad q\sin\vartheta\sin\nu - q_0\sin\nu_0 = 0 \\ q\sin\vartheta\cos\nu + q_0\cos\nu_0 = \dfrac{v^2}{\varrho} \end{array}\right\}, \quad 1)$$

worin v den Bahnlauf und ϱ den Krümmungsarm bedeuten. Bei vorgelegtem Anlauffeld q ist durch die erste dieser Formeln der Bahnanlauf $dv:dt$, durch die beiden andern Formeln aber der Zwangsanlauf q_0 mit seiner Neigung ν_0 gegen die Hauptnormale vollständig bestimmt. Durch Quadrieren und Addieren der drei Gleichungen 1) ergibt sich ferner

$$q^2 + q_0^2 - 2\,q\,q_0\sin\vartheta\cos(\nu+\nu_0) = \left(\frac{v^2}{\varrho}\right)^2 + \left(\frac{dv}{dt}\right)^2.$$

Hierin ist aber, da die Vektoren $q\sin\vartheta$, q_0, $q\cos\vartheta$ eine längs $q\cos\vartheta$ rechtwinklige Körperecke bilden,

$$\sin\vartheta\cos(\nu+\nu_0) = \cos(q, q_0),$$

so daß wir auch für den Gesamtanlauf erhalten

$$q^2 + q_0^2 - 2\,q\,q_0\cos(q, q_0) = \left(\frac{v^2}{\varrho}\right)^2 + \left(\frac{dv}{dt}\right)^2 \quad . \quad . \quad . \quad . \quad . \quad 1\text{a})$$

Der Gesamtanlauf auf vorgeschriebener Bahn setzt sich also einfach aus dem äußeren Anlauffelde und dem Zwangsanlauf zusammen und zerfällt andererseits wieder in den Bahnanlauf und den Normalanlauf, liegt also wieder in der Schmiegungsebene der Bahn.

In **Vektorform** lauten alsdann unsere Bewegungsformeln mit dem Einheitsvektor $\mathfrak{t}$ der Tangente und $\mathfrak{n}$ der Hauptnormale

$$\mathfrak{q}\,\mathfrak{t} = \frac{dv}{dt}, \qquad \mathfrak{q}_0\,\mathfrak{t} = 0, \qquad \mathfrak{q} + \mathfrak{q}_0 = \mathfrak{t}\frac{dv}{dt} + \mathfrak{n}\frac{v^2}{\varrho} = \ddot{\mathfrak{r}} \quad . \quad . \quad . \quad 2)$$

Ist die Bahn dagegen analytisch als Schnitt zweier Oberflächen

$$f_1(x, y, z) = 0, \qquad f_2(x, y, z) = 0 \quad . \quad . \quad . \quad . \quad . \quad . \quad 3)$$

vorgelegt, so entspricht jeder derselben nach § 5 ein Zwangsanlauf q' und q'', die zusammen natürlich den obigen Betrag q_0 ergeben müssen. Wir erhalten demgemäß die Bewegungsformeln

$$\ddot{x} = q_x + q_x' + q_x'', \quad \ddot{y} = q_y + q_y' + q_y'', \quad \ddot{z} = q_z + q_z' + q_z'', \quad . \quad 4)$$

oder

$$\ddot{x} = q_x + \alpha' q' + \alpha'' q'', \qquad \ddot{y} = q_y + \beta' q' + \beta'' q''$$
$$\ddot{z} = q_z + \gamma' q' + \gamma'' q'', \quad \ldots \ldots \quad 4\text{a})$$

worin die Richtungskosinus α', β', γ'; α'', β'', γ'' sich mit Hilfe der Formeln 2c) § 5 aus den Oberflächengleichungen 3) berechnen. Die fünf Gleichungen 3) und 4a) sind also ausreichend zur Bestimmung der Unbekannten x, y, z, q', q''. Da außerdem für das Bahnelement dx, dy, dz

$$\frac{\partial f_1}{\partial x} dx + \frac{\partial f_1}{\partial y} dy + \frac{\partial f_1}{\partial z} dz = 0, \qquad \frac{\partial f_2}{\partial x} dx + \frac{\partial f_2}{\partial y} dy + \frac{\partial f_2}{\partial z} dz = 0,$$

oder

$$\alpha' dx + \beta' dy + \gamma' dz = 0,$$
$$\alpha'' dx + \beta'' dy + \gamma'' dz = 0$$

ist, so erhalten wir durch Erweiterung der drei Bewegungsgleichungen 4a) mit dx, dy, dz und Addition unter Weghebung der Glieder mit q' und q''

$$\ddot{x} dx + \ddot{y} dy + \ddot{z} dz = \dot{x} d\dot{x} + \dot{y} d\dot{y} + \dot{z} d\dot{z} = v dv$$
$$= q_x dx + q_y dy + q_z dz, \quad \ldots \ldots \quad 4\text{b})$$

also wieder die Unabhängigkeit des Bahnlaufes v von den beiden Zwangsläufen q' und q''.

1. Beispiel. Als Beispiel betrachten wir zunächst die Bewegung des sog. Horizontalpendels, d. h. die Bewegung eines Massenpunktes auf einer Kreisbahn vom Radius l, deren Ebene gegen die Horizontalebene um den kleinen Winkel α geneigt ist. Wählen wir den Kreismittelpunkt zum Anfang eines Achsenkreuzes, dessen y-Achse parallel der Schnittgeraden der Ebene der Kreisfläche mit der Horizontalebene ist, und nennen φ den Winkel, welchen der Fahrstrahl des Punktes P mit der xz-Ebene einschließt, so erkennt man aus Abb. 16, daß der Erdanlauf $q = g$ in einen Anteil $-g\cos\alpha$ senkrecht zur Kreisebene und in einen solchen $-g\sin\alpha$ in derselben zerfällt. Der letztere läßt sich wieder in einen Tangentialanteil $-g\sin\alpha\sin\varphi$ und einen Normalanteil $-g\sin\alpha\cos\varphi$ zur Kreisbahn zerlegen, und zwar bildet der erstere schon den gesamten Bahnanlauf, so daß wir mit Gl. 1) die Beziehung

$$\frac{dv}{dt} = q\cos\vartheta = -g\sin\alpha\sin\varphi, \quad \ldots \ldots \quad 5)$$

also

$$\left.\begin{aligned} \cos\vartheta &= -\sin\alpha\sin\varphi \\ \sin\vartheta &= \sqrt{1 - \sin^2\alpha\sin^2\varphi} \end{aligned}\right\} \quad \ldots \ldots \quad 6)$$

erhalten. Schreiben wir für die Geschwindigkeit $v = l\dot{\varphi}$, so geht 5) über in

$$l\ddot{\varphi} + g\sin\alpha\sin\varphi = 0, \quad \ldots \ldots \quad 5\text{a})$$

eine Gleichung, die mit der Bewegungsgleichung eines Fadenpendels unter dem Einfluß des Anlaufes $g \sin \alpha$ an Stelle von g übereinstimmt. **Die Bewegung ist also eine Schwingung auf der Kreisbahn mit der Ruhelage** $\varphi = 0$ und der bei kleinen Ausschlägen gültigen Schwingungsdauer

$$t_0 = 2\pi \sqrt{\frac{l}{g \sin \alpha}}, \qquad \text{5b)}$$

die also größer ist als die des Fadenpendels. Diese Tatsache benutzt man zur sehr genauen Bestimmung des Erdanlaufs, weil man durch Verkleinerung des Winkels α die Schwingungsdauer beliebig groß machen und dann sehr genau bestimmen kann.

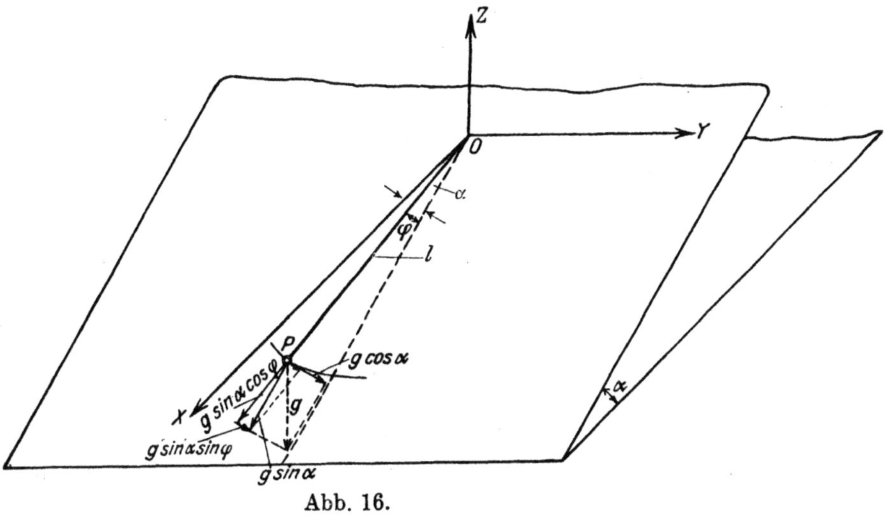

Abb. 16.

Die Größe und Richtung des Zwangsanlaufes q_0 berechnet sich aus den beiden letzten Gl. 1), die mit 6) und unter Beachtung, daß

$$\operatorname{ctg} \nu = -\frac{\sin \alpha \cos \varphi}{\cos \alpha}, \qquad \sin \nu = \frac{\cos \alpha}{\sqrt{\sin^2 \alpha \cos^2 \varphi + \cos^2 \alpha}} = \frac{\cos \alpha}{\sqrt{1 - \sin^2 \alpha \sin^2 \varphi}},$$

$$\cos \nu = -\frac{\sin \alpha \cos \varphi}{\sqrt{1 - \sin^2 \alpha \sin^2 \varphi}}$$

in

$$\left.\begin{aligned} q_0 \sin \nu_0 &= g \cos \alpha \\ q_0 \cos \nu_0 &= \frac{v^2}{l} + g \sin \alpha \cos \varphi = l \dot{\varphi}^2 + g \sin \alpha \cos \varphi \end{aligned}\right\} \qquad \text{7)}$$

übergehen und

$$\left.\begin{aligned} q_0^2 &= g^2 \cos^2 \alpha + (l \dot{\varphi}^2 + g \sin \alpha \cos \varphi)^2 \\ \operatorname{tg} \nu_0 &= \frac{g \cos \alpha}{l \dot{\varphi}^2 + g \sin \alpha \cos \varphi} \end{aligned}\right\} \qquad \text{7a)}$$

ergeben. Der Zwangsanlauf zerfällt also in einen Anteil $q' = g \cos \alpha$ senkrecht zur Kreisebene und einen Anteil q'' in derselben, der um den Fliehanlauf $l \dot{\varphi}^2$ größer ist als der in diese Richtung fallende Anteil des Erdanlaufs $g \sin \alpha \cos \varphi$. Auf das Vorzeichen von q'' ist zu achten, wenn beispielsweise durch einen Faden der Körper nur auf einer Seite der Kreisbahn geführt ist.

Zu den gleichen Ergebnissen führt auch die Anwendung der Gleichungen 4a) in Verbindung mit den Gleichungen 3). Fassen wir die Bahn des Punktes als

Schnitt einer schiefen Ebene durch die y-Achse und einer Kugel vom Radius l um den Anfangspunkt als Mittelpunkt auf, so haben wir an Stelle der Gl. 3)

$$\left.\begin{array}{c} f_1 = x\sin\alpha + z\cos\alpha = 0\,, \quad f_2 = x^2 + y^2 + z^2 - l^2 = 0\,, \\ x\,dx + y\,dy + z\,dz = 0\,, \end{array}\right\}, \quad \ldots \quad 3\text{a)}$$

also

$$\frac{\partial f_1}{\partial x} = \sin\alpha\,, \quad \frac{\partial f_1}{\partial y} = 0\,, \quad \frac{\partial f_1}{\partial z} = \cos\alpha\,; \quad \frac{\partial f_2}{\partial x} = 2x\,, \quad \frac{\partial f_2}{\partial y} = 2y\,, \quad \frac{\partial f_2}{\partial z} = 2z\,;$$

$$\left(\frac{\partial f_1}{\partial x}\right)^2 + \left(\frac{\partial f_1}{\partial y}\right)^2 + \left(\frac{\partial f_1}{\partial z}\right)^2 = \sin^2\alpha + \cos^2\alpha = 1\,,$$

$$\left(\frac{\partial f_2}{\partial x}\right)^2 + \left(\frac{\partial f_2}{\partial y}\right)^2 + \left(\frac{\partial f_2}{\partial z}\right)^2 = 4\,(x^2 + y^2 + z^2) = 4\,l^2,$$

$$\alpha' = \sin\alpha\,, \quad \beta' = 0\,, \quad \gamma' = \cos\alpha\,; \qquad \alpha'' = \frac{x}{l}\,, \quad \beta'' = \frac{y}{l}\,, \quad \gamma'' = \frac{z}{l}\,.$$

Damit gehen aber die Bewegungsgleichungen 4a) bei $q_x = q_y = 0$, $q_z = -g$ über in

$$\left.\begin{array}{l} \ddot{x} = q'\sin\alpha + \dfrac{x}{l}\,q''\,, \\ \ddot{y} = \dfrac{y}{l}\,q''\,, \\ \ddot{z} = -g + q'\cos\alpha + \dfrac{z}{l}\,q''\,. \end{array}\right\} \quad \ldots\ldots\ldots \quad 8)$$

Nach Multiplikation dieser Gleichungen mit dx, dy, dz und Addition ergibt sich unter Beachtung von 3a)

$$\ddot{x}\,dx + \ddot{y}\,dy + \ddot{z}\,dz = v\,dv = -g\,dz\,. \quad \ldots\ldots \quad 8\text{a)}$$

Ersetzt man nun die Risse x, y, z durch die aus Abb. 16 ersichtlichen Beziehungen

$$\left.\begin{array}{lll} x = l\cos\alpha\cos\varphi\,, & \dot{x} = -l\,\dot{\varphi}\cos\alpha\sin\varphi\,, & \ddot{x} = -l\cos\alpha\,(\ddot{\varphi}\sin\varphi + \dot{\varphi}^2\cos\varphi) \\ y = l\sin\varphi\,, & \dot{y} = l\,\dot{\varphi}\cos\varphi\,, & \ddot{y} = l\,(\ddot{\varphi}\cos\varphi - \dot{\varphi}^2\sin\varphi) \\ z = -l\sin\alpha\cos\varphi\,, & \dot{z} = l\,\dot{\varphi}\sin\alpha\sin\varphi\,, & \ddot{z} = l\sin\alpha\,(\ddot{\varphi}\sin\varphi + \dot{\varphi}^2\cos\varphi) \end{array}\right\}, \quad \ldots \quad 9)$$

so erhält man aus 8a) mit $v = l\dot{\varphi}$

$$l\dot{\varphi}\,d\dot{\varphi} = -g\sin\alpha\sin\varphi\,d\varphi$$

oder

$$l\ddot{\varphi} = -g\sin\alpha\sin\varphi$$

in Übereinstimmung mit der Bewegungsgleichung 5a). Durch Multiplikation der ersten und letzten Gl. 8) mit $\sin\alpha$ bzw. $\cos\alpha$ und Addition erhalten wir mit 3a) wie oben

$$q' = g\cos\alpha$$

als Zwangsanlauf senkrecht zur schiefen Ebene. Die zweite Gl. 8) ergibt schließlich mit 9) und 5a) den andern Anteil des Zwangsanlaufs

$$q'' = -(g\sin\alpha\cos\varphi + l\,\dot{\varphi}^2)$$

in Übereinstimmung mit Gl. 7).

2. Beispiel. Es sei eine Schraubenlinie vorgelegt, die auf einem Kreiszylinder mit lotrechter Achse vom Halbmesser a und fester Steigung verläuft. Alsdann haben wir mit dem Winkel φ des Fahrstrahlgrundrisses gegen die x-Achse die Gleichungen

$$x = a\cos\varphi\,, \quad y = a\sin\varphi\,, \quad z = b\varphi\,, \quad \ldots\ldots \quad 10)$$

worin $h = 2\pi b$ die sog. Schraubensteigung bedeutet. Daraus folgt

$$dx = -a\sin\varphi\, d\varphi\,, \qquad dy = a\cos\varphi\, d\varphi\,, \qquad dz = b\, d\varphi\,,$$
$$d^2x = -a\cos\varphi\, d\varphi^2, \qquad d^2y = -a\sin\varphi\, d\varphi^2, \qquad d^2z = 0\,,$$
$$ds^2 = dx^2 + dy^2 + dz^2 = (a^2+b^2)\, d\varphi^2$$

und der Hauptkrümmungsarm ϱ aus Gl. 6a) § 5

$$\frac{1}{\varrho^2} = \left(\frac{d^2x}{ds^2}\right)^2 + \left(\frac{d^2y}{ds^2}\right)^2 + \left(\frac{d^2z}{ds^2}\right)^2 = \frac{a^2}{(a^2+b^2)^2}\,, \qquad \frac{1}{\varrho} = \frac{a}{a^2+b^2}\,. \qquad 10\text{a})$$

Ebenso ergibt sich der Lauf v aus

$$v^2 = \dot{x}^2 + \dot{y}^2 + \dot{z}^2 = (a^2+b^2)\,\dot{\varphi}^2, \qquad \frac{v^2}{\varrho} = a\dot{\varphi}^2. \quad \ldots \quad 10\text{b})$$

Wegen des Verlaufes der Schraubenlinie auf dem Zylinder fällt ihre Hauptnormale in die Richtung der zugehörigen Zylindernormalen, liegt also wagerecht, so daß der lotrechte Erdanlauf $q = -g$ dazu senkrecht steht, d. h. $\nu = 90^0$ ist. Außerdem ist wegen der festen Steigung die Neigung α der Schraubenlinie gegen die Wagerechte also mit $\vartheta = 90^0 - d$

$$\operatorname{tg}\alpha = \operatorname{ctg}\vartheta = \frac{dz}{a\,d\varphi} = \frac{b}{a}\,, \qquad \cos\alpha = \frac{a}{\sqrt{a^2+b^2}}\,, \qquad \sin\alpha = \frac{b}{\sqrt{a^2+b^2}}\,. \qquad 10\text{c})$$

Wir haben somit an Stelle der Gleichungen 1)

$$\frac{dv}{dt} = -g\sin\alpha\,, \qquad q_0\sin\nu_0 = -g\cos\alpha\,, \qquad q_0\cos\nu_0 = \frac{v^2}{\varrho} = a\,\dot{\varphi}^2, \quad . . \quad 11)$$

deren erste mit $v\,dt = ds$, $ds\sin\alpha = dz$

$$v\,dv = -g\,dz\,, \qquad v^2 - v_0{}^2 = 2g\,(z_0 - z) \quad \ldots\ldots \quad 11\text{a})$$

ergibt, während aus den beiden andern folgt

$$q_0{}^2 = g^2\cos^2\alpha + a^2\dot{\varphi}^4, \qquad \operatorname{tg}\nu_0 = -\frac{g\,\varrho\cos\alpha}{v^2} = -\frac{g\cos\alpha}{a\,\dot{\varphi}^2} \quad . . . \quad 11\text{b})$$

Die Bewegung längs der Schraubenlinie ist also unter der Wirkung des Erdanlaufes g eine gleichförmig beschleunigte oder verzögerte, je nachdem der Punkt fällt oder steigt. Weiter erkennt man aus 11) und 11b), daß der Zwangsanlauf q_0 in zwei Teile zerfällt, von denen der eine Teil $g\cos\alpha$ senkrecht auf der Schraubenfläche $z = b\varphi$ steht, während der andere $v^2 : \varrho = a\,\dot{\varphi}^2$ in die Zylindernormale fällt. Es sind dies die beiden Zwangsanläufe q' und q'' der Oberflächen, deren Schnittkurve die Schraubenlinie bildet.

Um zu zeigen, daß auch die Ansätze 4) bzw. 4a) zum gleichen Ziele führen, schreiben wir die Gleichungen des lotrechten Kreiszylinders und der Schraubenfläche entsprechend 3)

$$f_1 = x^2 + y^2 - a^2 = 0\,, \qquad f_2 = \frac{y}{x} - \operatorname{tg}\varphi = \frac{y}{x} - \operatorname{tg}\frac{z}{b} = 0\,, \quad . . \quad 12)$$

$$\frac{\partial f_1}{\partial x} = 2x\,, \qquad \frac{\partial f_1}{\partial y} = 2y\,, \qquad \frac{\partial f_1}{\partial z} = 0\,,$$

$$\frac{\partial f_2}{\partial x} = -\frac{y}{x^2}\,, \qquad \frac{\partial f_2}{\partial y} = \frac{1}{x}\,, \qquad \frac{\partial f_2}{\partial z} = -\frac{1}{b\cos^2\dfrac{z}{b}} = -\frac{a^2}{b\,x^2}\,,$$

$$\left(\frac{\partial f_1}{\partial x}\right)^2 + \left(\frac{\partial f_1}{\partial y}\right)^2 + \left(\frac{\partial f_1}{\partial z}\right)^2 = 4\,(x^2+y^2) = 4a^2,$$

$$\left(\frac{\partial f_2}{\partial x}\right)^2 + \left(\frac{\partial f_2}{\delta y}\right)^2 + \left(\frac{\partial f_2}{\partial z}\right)^2 = \frac{a^2(a^2+b^2)}{b^2x^4}\,;$$

und demnach nach Gl. 2c) § 5

$$\alpha' = \frac{x}{a}, \qquad \beta' = \frac{y}{a}, \qquad \gamma' = 0,$$

$$\alpha'' = -\frac{b\,y}{a\sqrt{a^2+b^2}}, \qquad \beta'' = \frac{b\,x}{a\sqrt{a^2+b^2}}, \qquad \gamma'' = -\frac{a}{\sqrt{a^2+b^2}}.$$

Mithin gehen die Bewegungsgleichungen 4a) über in

$$\ddot{x} = \frac{x}{a}\,q' - \frac{y\,b\,q''}{a\sqrt{a^2+b^2}}, \quad \ddot{y} = \frac{y}{a}\,q' + \frac{x\,b\,q''}{a\sqrt{a^2+b^2}}, \quad \ddot{z} = -g - \frac{a\,q''}{\sqrt{a^2+b^2}}. \qquad 13)$$

Nach Erweiterung mit dx, dy, dz und Addition erhalten wir wegen 12)

$$v\,dv = \frac{q'}{a}(x\,dx + y\,dy) + q''\,\frac{b\,(x\,dy - y\,dx) - a^2\,dz}{a\sqrt{a^2+b^2}} - g\,dz = -g\,dz. \qquad 11\text{c})$$

Andererseits ergeben die beiden ersten Formeln 13)

$$\ddot{y}\,x - \ddot{x}\,y = a^2\,\ddot{\varphi} = \frac{q''\,a\,b}{\sqrt{a^2+b^2}} \quad . \; . \; . \; . \; . \; . \; . \; . \; . \qquad 13\text{a})$$

oder in Verbindung mit der dritten Gl. 13) unter Ausschaltung von q''

$$a^2\,\ddot{\varphi} = -b\,(g + \ddot{z}) = -b\,(g + b\,\ddot{\varphi}), \qquad (a^2+b^2)\,\ddot{\varphi} = -b\,g, \; . \; . \qquad 13\text{b})$$

woraus wieder die gleichförmige Beschleunigung bzw. Verzögerung der Bewegung erhellt und mit 13a)

$$q'' = -\frac{a\,g}{\sqrt{a^2+b^2}} = -g\cos\alpha \quad . \; . \; . \; . \; . \; . \; . \; . \; . \qquad 13\text{c})$$

hervorgeht. Für den andern Zwangsanlauf q folgt ferner aus 13) wegen $f_1 = 0$

$$q'\,a = \ddot{x}\,x + \ddot{y}\,y = -(\dot{x}^2 + \dot{y}^2) = -a^2\dot{\varphi}^2, \qquad q' = -a\,\dot{\varphi}^2 \; . \; . \; . \qquad 13\text{d})$$

in Übereinstimmung mit den Ergebnissen 11 und 11b).

§ 8. Die Relativbewegung im Raume. Die Lage eines Punktes P, Abb. 17, in einem festen rechtwinkligen Achsenkreuz in O sei durch die Abstände x, y, z von den Achsenebenen gegeben. Der Anfang Ω eines zweiten, ebenfalls rechtwinkligen, im allgemeinen aber beweglichen Achsenkreuzes habe im festen die Abstände x_0, y_0, z_0, seine Achsen Ξ, H, Z mögen gegen die festen die Richtungskosinus α_1, α_2, α_3; β_1, β_2, β_3; γ_1, γ_2, γ_3 nach dem Schema

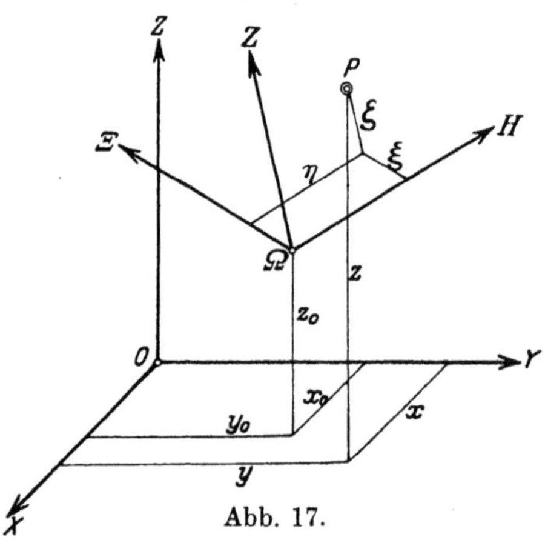

Abb. 17.

	x	y	z
ξ	α_1	α_2	α_3
η	β_1	β_2	β_3
ζ	γ_1	γ_2	γ_3

besitzen.

Alsdann bestehen zwischen diesen Abständen die Gleichungen

$$\left.\begin{array}{l} x - x_0 = \alpha_1 \xi + \beta_1 \eta + \gamma_1 \zeta \\ y - y_0 = \alpha_2 \xi + \beta_2 \eta + \gamma_2 \zeta \\ z - z_0 = \alpha_3 \xi + \beta_3 \eta + \gamma_3 \zeta \end{array}\right\} \quad \ldots \ldots \quad 1)$$

und

$$\left.\begin{array}{l} \xi = \alpha_1 (x - x_0) + \alpha_2 (y - y_0) + \alpha_3 (z - z_0) \\ \eta = \beta_1 (x - x_0) + \beta_2 (y - y_0) + \beta_3 (z - z_0) \\ \zeta = \gamma_1 (x - x_0) + \gamma_2 (y - y_0) + \gamma_3 (z - z_0) \end{array}\right\}, \quad \ldots \quad 1\,\mathrm{a})$$

während das Quadrat des Abstandes $P\Omega$ der Bedingung

$$(x - x_0)^2 + (y - y_0)^2 + (z - z_0)^2 = \xi^2 + \eta^2 + \zeta^2 \quad . \; . \quad 1\,\mathrm{b})$$

genügt. Setzen wir in diese Gleichung die Ausdrücke 1), d. h. $(x - x_0)$ usw. auf der linken Seite, oder die Ausdrücke ξ, η, ζ nach 1a) auf der rechten Seite ein, so folgt durch Vergleich der Beiwerte dieser Veränderlichen

$$\left.\begin{array}{ll} \alpha_1^2 + \alpha_2^2 + \alpha_3^2 = 1\,, & \beta_1 \gamma_1 + \beta_2 \gamma_2 + \beta_3 \gamma_3 = 0 \\ \beta_1^2 + \beta_2^2 + \beta_3^2 = 1\,, & \gamma_1 \alpha_1 + \gamma_2 \alpha_2 + \gamma_3 \alpha_3 = 0 \\ \gamma_1^2 + \gamma_2^2 + \gamma_3^2 = 1\,, & \alpha_1 \beta_1 + \alpha_2 \beta_2 + \alpha_3 \beta_3 = 0 \end{array}\right\}. \quad . \; . \quad 2)$$

$$\left.\begin{array}{ll} \alpha_1^2 + \beta_1^2 + \gamma_1^2 = 1\,, & \alpha_2 \alpha_3 + \beta_2 \beta_3 + \gamma_2 \gamma_3 = 0 \\ \alpha_2^2 + \beta_2^2 + \gamma_2^2 = 1\,, & \alpha_3 \alpha_1 + \beta_3 \beta_1 + \gamma_3 \gamma_1 = 0 \\ \alpha_3^2 + \beta_3^2 + \gamma_3^2 = 1\,, & \alpha_1 \alpha_2 + \beta_1 \beta_2 + \gamma_1 \gamma_2 = 0 \end{array}\right\}. \; . \; . \quad 2\,\mathrm{a})$$

Es sind dies nichts anderes als die geometrischen Bedingungen der senkrechten Stellung der Achsen x, y, z bzw. ξ, η, ζ gegeneinander. Berechnen wir ferner aus den Formeln 1) die Veränderlichen ξ, η, ζ, so erhalten wir drei neue Gleichungen, die mit 1a) übereinstimmen müssen. Dies trifft dann zu, wenn mit der Abkürzung

$$\alpha_1 (\beta_2 \gamma_3 - \beta_3 \gamma_2) + \beta_1 (\gamma_2 \alpha_3 - \gamma_3 \alpha_2) + \gamma_1 (\alpha_2 \beta_3 - \alpha_3 \beta_2) = \Delta\,,$$

$$\alpha_1 \Delta = \beta_2 \gamma_3 - \beta_3 \gamma_2\,, \qquad \beta_1 \Delta = \gamma_2 \alpha_3 - \gamma_3 \alpha_2\,, \qquad \gamma_1 \Delta = \alpha_2 \beta_3 - \alpha_3 \beta_2\,,$$

oder nach Quadrieren mit Beachtung von 2)

$$\Delta^2 = 1\,,$$

$$(\beta_2 \gamma_3 - \beta_3 \gamma_2)^2 + (\gamma_2 \alpha_3 - \gamma_3 \alpha_2)^2 + (\alpha_2 \beta_3 - \alpha_3 \beta_2)^2 = 1$$

ist. Drehen wir das bewegliche Achsenkreuz so lange, bis die ξ, η, ζ Achsen den Achsen x, y, z des festen Kreuzes gleichgerichtet sind, so ist $\alpha_1 = \beta_2 = \gamma_3 = 1$, $\alpha_2 = \alpha_3 = \beta_3 = \beta_1 = \gamma_1 = \gamma_2 = 0$, mithin $\Delta = +1$, und wir erhalten unter gleichzeitiger Vertauschung der Zeiger nach Maßgabe des Übergangs der Formelgruppe 2) und 2a) ineinander

$$\left.\begin{array}{lll} \alpha_1 = \beta_2 \gamma_3 - \beta_3 \gamma_2\,, & \alpha_2 = \beta_3 \gamma_1 - \beta_1 \gamma_3\,, & \alpha_3 = \beta_1 \gamma_2 - \beta_2 \gamma_1 \\ \beta_1 = \gamma_2 \alpha_3 - \gamma_3 \alpha_2\,, & \beta_2 = \gamma_3 \alpha_1 - \gamma_1 \alpha_3\,, & \beta_3 = \gamma_1 \alpha_2 - \gamma_2 \alpha_1 \\ \gamma_1 = \alpha_2 \beta_3 - \alpha_3 \beta_2\,, & \gamma_2 = \alpha_3 \beta_1 - \alpha_1 \beta_3\,, & \gamma_3 = \alpha_1 \beta_2 - \alpha_2 \beta_1 \end{array}\right\}. \quad 3)$$

Da nun die Formelgruppe 2a) ihrer Entstehung nach lediglich eine Folge der Gruppe 2) ist, so bestehen zwischen den 9 Richtungskosinus α, β, γ im ganzen nur 6 unabhängige Beziehungen, die wir unter den Gruppen 2), 2a) und 3) beliebig auswählen dürfen.

Nach diesen rein geometrischen Betrachtungen gehen wir zur Bewegung des Punktes P in beiden Achsenkreuzen über und bilden durch Ableitungen der Ausdrücke 1) nach der Zeit die absoluten Laufteile

$$\left.\begin{aligned} \dot{x} &= \dot{x}_0 + \alpha_1\dot{\xi} + \beta_1\dot{\eta} + \gamma_1\dot{\zeta} + \dot{\alpha}_1\xi + \dot{\beta}_1\eta + \dot{\gamma}_1\zeta \\ \dot{y} &= \dot{y}_0 + \alpha_2\dot{\xi} + \beta_2\dot{\eta} + \gamma_2\dot{\zeta} + \dot{\alpha}_2\xi + \dot{\beta}_2\eta + \dot{\gamma}_2\zeta \\ \dot{z} &= \dot{z}_0 + \alpha_3\dot{\xi} + \beta_3\dot{\eta} + \gamma_3\dot{\zeta} + \dot{\alpha}_3\xi + \dot{\beta}_3\eta + \dot{\gamma}_3\zeta \end{aligned}\right\} \quad . \; . \; . \; . \quad 4)$$

Andererseits ergibt die Ableitung der Ausdrücke 1) die relativen Laufteile von der Form

$$\begin{aligned} \dot{\xi} = {} & \alpha_1(\dot{x}-\dot{x}_0) + \alpha_2(\dot{y}-\dot{y}_0) + \alpha_3(\dot{z}-\dot{z}_0) \\ & + \dot{\alpha}_1(x-x_0) + \dot{\alpha}_2(y-y_0) + \dot{\alpha}_3(z-z_0) \quad . \; . \quad 5) \end{aligned}$$

oder nach Einsetzen von 1)

$$\begin{aligned} \dot{\xi} = {} & \alpha_1(\dot{x}-\dot{x}_0) + \alpha_2(\dot{y}-\dot{y}_0) + \alpha_3(\dot{z}-\dot{z}_0) \\ & + (\dot{\alpha}_1\alpha_1 + \dot{\alpha}_2\alpha_2 + \dot{\alpha}_3\alpha_3)\xi + (\dot{\alpha}_1\beta_1 + \dot{\alpha}_2\beta_2 + \dot{\alpha}_3\beta_3)\eta \\ & + (\dot{\alpha}_1\gamma_1 + \dot{\alpha}_2\gamma_2 + \dot{\alpha}_3\gamma_3)\zeta \, . \quad . \; . \; . \; . \; . \; . \; . \; . \; . \; . \; . \quad 5\text{a}) \end{aligned}$$

Hierin ist aber wegen 2)

$$\left.\begin{aligned} \dot{\alpha}_1\alpha_1 + \dot{\alpha}_2\alpha_2 + \dot{\alpha}_3\alpha_3 = 0, \qquad \dot{\beta}_1\beta_1 + \dot{\beta}_2\beta_2 + \dot{\beta}_3\beta_3 = 0, \\ \dot{\gamma}_1\gamma_1 + \dot{\gamma}_2\gamma_2 + \dot{\gamma}_3\gamma_3 = 0 \end{aligned}\right\}, \qquad 2\text{b})$$

$$\left.\begin{aligned} \dot{\alpha}_1\beta_1 + \dot{\alpha}_2\beta_2 + \dot{\alpha}_3\beta_3 &= -\alpha_1\dot{\beta}_1 - \alpha_2\dot{\beta}_2 - \alpha_3\dot{\beta}_3 = \omega_3 \\ \dot{\beta}_1\gamma_1 + \dot{\beta}_2\gamma_2 + \dot{\beta}_3\gamma_3 &= -\beta_1\dot{\gamma}_1 - \beta_2\dot{\gamma}_2 - \beta_3\dot{\gamma}_3 = \omega_1 \\ \dot{\gamma}_1\alpha_1 + \dot{\gamma}_2\alpha_2 + \dot{\gamma}_3\alpha_3 &= -\gamma_1\dot{\alpha}_1 - \gamma_2\dot{\alpha}_2 - \gamma_3\dot{\alpha}_3 = \omega_2 \end{aligned}\right\}, \quad . \; . \quad 2\text{c})$$

worin die Größen ω_1, ω_2, ω_3 offenbar Drehwerte darstellen. Damit aber wird unter Hinzufügung zweier entsprechender Formeln für $\dot{\eta}$ und $\dot{\zeta}$

$$\left.\begin{aligned} \dot{\xi} &= \alpha_1(\dot{x}-\dot{x}_0) + \alpha_2(\dot{y}-\dot{y}_0) + \alpha_3(\dot{z}-\dot{z}_0) + \omega_3\eta - \omega_2\zeta \\ \dot{\eta} &= \beta_1(\dot{x}-\dot{x}_0) + \beta_2(\dot{y}-\dot{y}_0) + \beta_3(\dot{z}-\dot{z}_0) + \omega_1\zeta - \omega_3\xi \\ \dot{\zeta} &= \gamma_1(\dot{x}-\dot{x}_0) + \gamma_2(\dot{y}-\dot{y}_0) + \gamma_3(\dot{z}-\dot{z}_0) + \omega_2\xi - \omega_1\eta \end{aligned}\right\}, \qquad 6)$$

worin die rechten Summen der mit den Richtungskosinus α, β, γ behafteten Glieder die in die Achsenrichtungen ξ, η, ζ fallenden augenblicklichen Laufanteile im bewegten Kreuz darstellen, zu denen dann noch die Drehungen um die bewegten Achsen mit den Drehteilen ω_1, ω_2, ω_3 hinzutreten. Diejenigen Punkte im bewegten Achsenkreuz, welche nur relative Verschiebungen in dessen Achsenrichtungen ξ, η, ζ erleiden, genügen den Gleichungen

$$\left.\begin{aligned}\dot\xi &= \alpha_1(\dot x - \dot x_0) + \alpha_2(\dot y - \dot y_0) + \alpha_3(\dot z - \dot z_0)\\ \dot\eta &= \beta_1(\dot x - \dot x_0) + \beta_2(\dot y - \dot y_0) + \beta_3(\dot z - \dot z_0)\\ \dot\zeta &= \gamma_1(\dot x - \dot x_0) + \gamma_2(\dot y - \dot y_0) + \gamma_3(\dot z - \dot z_0)\end{aligned}\right\} \quad \ldots \quad 6\text{a})$$

Aus dem Vergleich mit 6) ergibt sich, daß alsdann

$$\omega_3\eta = \omega_2\zeta, \qquad \omega_1\zeta = \omega_3\xi, \qquad \omega_2\xi = \omega_1\eta$$

oder

$$\xi : \eta : \zeta = \omega_1 : \omega_2 : \omega_3$$

d. h. daß alle Punkte mit reiner Parallelverschiebung im bewegten Achsenkreuz auf einer Geraden liegen, welche demnach die augenblickliche Drehachse des bewegten Systems bildet.

Zur Berechnung des relativen Anlaufes bilden wir die zweite Ableitung $\ddot\xi$ und erhalten dafür aus 5)

$$\begin{aligned}\ddot\xi &= \alpha_1(\ddot x - \ddot x_0) + \alpha_2(\ddot y - \ddot y_0) + \alpha_3(\ddot z - \ddot z_0)\\ &+ \ddot\alpha_1(x - x_0) + \ddot\alpha_2(y - y_0) + \ddot\alpha_3(z - z_0)\\ &+ 2[\dot\alpha_1(\dot x - \dot x_0) + \dot\alpha_2(\dot y - \dot y_0) + \dot\alpha_3(\dot z - \dot z_0)] \quad \ldots \quad 7)\end{aligned}$$

oder nach Einsetzen von 1) und 4) in die zweite und dritte Zeile

$$\begin{aligned}\ddot\xi &= \alpha_1(\ddot x - \ddot x_0) + \alpha_2(\ddot y - \ddot y_0) + \alpha_3(\ddot z - \ddot z_0)\\ &+ (\ddot\alpha_1\alpha_1 + \ddot\alpha_2\alpha_2 + \ddot\alpha_3\alpha_3)\xi + (\ddot\alpha_1\beta_1 + \ddot\alpha_2\beta_2 + \ddot\alpha_3\beta_3)\eta\\ &+ (\ddot\alpha_1\gamma_1 + \ddot\alpha_2\gamma_2 + \ddot\alpha_3\gamma_3)\zeta + 2(\dot\alpha_1^2 + \dot\alpha_2^2 + \dot\alpha_3^2)\xi\\ &+ 2(\dot\alpha_1\dot\beta_1 + \dot\alpha_2\dot\beta_2 + \dot\alpha_3\dot\beta_3)\eta + 2(\dot\alpha_1\dot\gamma_1 + \dot\alpha_2\dot\gamma_2 + \dot\alpha_3\dot\gamma_3)\zeta\\ &+ 2(\dot\alpha_1\alpha_1 + \dot\alpha_2\alpha_2 + \dot\alpha_3\alpha_3)\dot\xi + 2(\dot\alpha_1\beta_1 + \dot\alpha_2\beta_2 + \dot\alpha_3\beta_3)\dot\eta\\ &+ 2(\dot\alpha_1\gamma_1 + \dot\alpha_2\gamma_2 + \dot\alpha_3\gamma_3)\dot\zeta \quad \ldots \quad 7\text{a})\end{aligned}$$

Wegen 2) ist aber

$$\begin{aligned}&\ddot\alpha_1\beta_1 + \ddot\alpha_2\beta_2 + \ddot\alpha_3\beta_3 + 2(\dot\alpha_1\dot\beta_1 + \dot\alpha_2\dot\beta_2 + \dot\alpha_3\dot\beta_3)\\ &\quad + \alpha_1\ddot\beta_1 + \alpha_2\ddot\beta_2 + \alpha_3\ddot\beta_3 = 0, \quad \ldots \quad 2\text{d})\end{aligned}$$

so daß wir mit Rücksicht auf 2b) und c), sowie unter Hinzufügung zweier durch Vertauschung von α mit β bzw. γ gewonnener Formeln schreiben dürfen

$$\left.\begin{aligned}
\ddot{\xi} &= \alpha_1(\ddot{x}-\ddot{x}_0)+\alpha_2(\ddot{y}-\ddot{y}_0)+\alpha_3(\ddot{z}-\ddot{z}_0)+2(\omega_3\dot{\eta}-\omega_2\dot{\zeta})\\
&\quad -(\alpha_1\ddot{\alpha}_1+\alpha_2\ddot{\alpha}_2+\alpha_3\ddot{\alpha}_3)\xi-(\alpha_1\ddot{\beta}_1+\alpha_2\ddot{\beta}_2+\alpha_3\ddot{\beta}_3)\eta\\
&\qquad -(\alpha_1\ddot{\gamma}_1+\alpha_2\ddot{\gamma}_2+\alpha_3\ddot{\gamma}_3)\zeta\\
\ddot{\eta} &= \beta_1(\ddot{x}-\ddot{x}_0)+\beta_2(\ddot{y}-\ddot{y}_0)+\beta_3(\ddot{z}-\ddot{z}_0)+2(\omega_1\dot{\zeta}-\omega_3\dot{\xi})\\
&\quad -(\beta_1\ddot{\alpha}_1+\beta_2\ddot{\alpha}_2+\beta_3\ddot{\alpha}_3)\xi-(\beta_1\ddot{\beta}_1+\beta_2\ddot{\beta}_2+\beta_3\ddot{\beta}_3)\eta\\
&\qquad -(\beta_1\ddot{\gamma}_1+\beta_2\ddot{\gamma}_2+\beta_3\ddot{\gamma}_2)\zeta\\
\ddot{\zeta} &= \gamma_1(\ddot{x}-\ddot{x}_0)+\gamma_2(\ddot{y}-\ddot{y}_0)+\gamma_3(\ddot{z}-\ddot{z}_0)+2(\omega_2\dot{\xi}-\omega_1\dot{\eta})\\
&\quad -(\gamma_1\ddot{\alpha}_1+\gamma_2\ddot{\alpha}_2+\gamma_3\ddot{\alpha}_3)\xi-(\gamma_1\ddot{\beta}_1+\gamma_2\ddot{\beta}_2+\gamma_3\ddot{\beta}_3)\eta\\
&\qquad -(\gamma_1\ddot{\gamma}_1+\gamma_2\ddot{\gamma}_2+\gamma_3\ddot{\gamma}_3)\zeta
\end{aligned}\right\}, \quad . \; 8)$$

oder wegen 2c) für die erste Formel

$$\begin{aligned}
\ddot{\xi} &= \alpha_1(\ddot{x}-\ddot{x}_0)+\alpha_2(\ddot{y}-\ddot{y}_0)+\alpha_3(\ddot{z}-\ddot{z}_0)+2(\omega_3\dot{\eta}-\omega_2\dot{\zeta})\\
&\quad +\dot{\omega}_3\eta-\dot{\omega}_2\zeta+(\dot{\alpha}_1^2+\dot{\alpha}_2^2+\dot{\alpha}_3^2)\xi+(\dot{\alpha}_1\dot{\beta}_1+\dot{\alpha}_2\dot{\beta}_2+\dot{\alpha}_3\dot{\beta}_3)\eta\\
&\quad +(\dot{\alpha}_1\dot{\gamma}_1+\dot{\alpha}_2\dot{\gamma}_2+\dot{\alpha}_3\dot{\gamma}_3)\zeta \text{ usw.} \quad \ldots\ldots \; 8a)
\end{aligned}$$

In diesen Ausdrücken, die wir auch durch nochmalige zeitliche Ableitung der Formeln 6) gewinnen konnten, stellt die Summe der drei ersten Glieder den in die Achsenrichtung des bewegten Kreuzes fallenden Anteil des Unterschiedes des äußeren Anlaufes von Ω dar, während die letzten drei Glieder von den Drehanläufen des bewegten Achsenkreuzes herrühren. Dazu kommen aber noch die Achsenanteile des doppelten Vektorproduktes des Drehwertes um die Achse mit dem Relativlauf im bewegten Kreuz, das wir oben am Schlusse des § 4 als Coriolisbeschleunigung kennen gelernt haben.

1. Beispiel: Handelt es sich um eine bloße Parallelverschiebung beider Achsenkreuze, so gelten mit $\dot{\alpha}=\dot{\beta}=\dot{\gamma}=0$ wieder die Formeln 6a) für den Zusammenhang zwischen den relativen und den absoluten Laufwerten, während für die Anlaufteile

$$\ddot{\xi}=\alpha_1(\ddot{x}-\ddot{x}_0)+\alpha_2(\ddot{y}-\ddot{y}_0)+\alpha_3(\ddot{z}-\ddot{z}_0) \quad \ldots\ldots \; 8b)$$

usw. gilt. In diesem Falle wird man zweckmäßig auch die Achsen der beiden Kreuze von vornherein parallel anordnen, also $\alpha_1=\beta_2=\gamma_3=1$, $\alpha_2=\alpha_3=\beta_1=\beta_3=\gamma_1=\gamma_2=0$ setzen und erhält dann einfach mit $\omega_1=\omega_2=\omega_3=0$, $\dot{\omega}_1=\dot{\omega}_2=\dot{\omega}_3=0$

$$\left.\begin{aligned}
\xi &= x-x_0, & \eta &= y-y_0, & \zeta &= z-z_0\\
\dot{\xi} &= \dot{x}-\dot{x}_0, & \dot{\eta} &= \dot{y}-\dot{y}_0, & \dot{\zeta} &= \dot{z}-\dot{z}_0\\
\ddot{\xi} &= \ddot{x}-\ddot{x}_0, & \ddot{\eta} &= \ddot{y}-\ddot{y}_0, & \ddot{\zeta} &= \ddot{z}-\ddot{z}_0
\end{aligned}\right\} \quad \ldots\ldots \; 9)$$

Ist im Sonderfalle die Bewegung des Kreuzes ξ, η, ζ gleichförmig, so wird mit $\ddot{x}_0=\ddot{y}_0=\ddot{z}_0=0$

$$\ddot{\xi}=\ddot{x}, \qquad \ddot{\eta}=\ddot{y}, \qquad \ddot{\zeta}=\ddot{z}, \quad \ldots\ldots \; 9a)$$

so daß bei einem gleichförmig bewegten Kreuz der absolute und relative Anlauf eines darin bewegten Punktes übereinstimmen. Zwei gegeneinander gleichförmig parallellaufende Achsenkreuze sind demnach in bezug auf die Anläufe eines und desselben Punktes völlig gleichwertig, eine Tatsache, die man wohl auch als das mechanische Relativitätsprinzip bezeichnet.

Bewegt sich **ein Punkt anlauffrei**, also geradlinig gleichförmig, so wird aus 9)

$$\ddot{\xi} = -\ddot{x}_0, \quad \ddot{\eta} = -\ddot{y}_0, \quad \ddot{\zeta} = -\ddot{z}_0, \quad \ldots \ldots \ldots \; 9\text{b})$$

d. h. **der absolut anlauffreie Punkt besitzt im bewegten Kreuz einen dessen Anlauf entgegengesetzten Relativanlauf.** Ein im bewegten Kreuz befindlicher Beobachter, der dessen Bewegung selbst nicht feststellen kann, wird demnach aus dem Relativanlauf eines darin freigegebenen Massenpunktes auf das Vorhandensein eines Anlauffeldes im bewegten Kreuz schließen, das im Falle der Übereinstimmung des Anlaufes mit dem der Schwere genau wie ein Schwerefeld erscheint und wirkt.

2. Beispiel: Im Sonderfalle der **reinen gleichförmigen Drehung** des bewegten Achsenkreuzes wählen wir die z-Achse des festen als Drehachse, mit der nach Abb. 18 die η-Achse des bewegten den Winkel ϑ dauernd einschließt, während die dazu senkrechte ζ-Achse die Richtung von $O\Omega = a$ der beiden Anfangspunkte hat und gegen die z-Achse die Neigung $90^0 - \vartheta$ besitzt. Die ξ-Achse liegt in der Tangente der Kreisbahn von Ω, also parallel der festen xy-Ebene, steht also senkrecht zur Ebene $O\Omega Z$, die mit der festen Ebene OZX den augenblicklichen Winkel $\varphi = \omega t$ bildet.

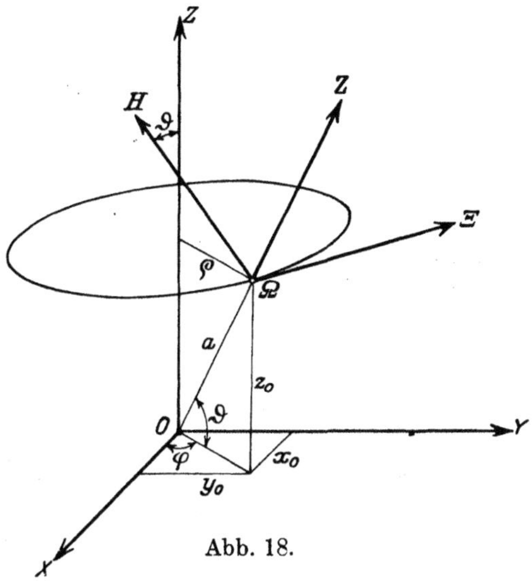

Abb. 18.

Alsdann sind die Achsenabstände von Ω und ihre Ableitungen bei beständigem ϑ mit $\dot{\varphi} = \omega$, $\ddot{\varphi} = \dot{\omega} = 0$

$$\left.\begin{array}{lll} x_0 = a\cos\vartheta\cos\varphi, & y_0 = a\cos\vartheta\sin\varphi, & z_0 = a\sin\vartheta \\ \dot{x}_0 = -a\omega\cos\vartheta\sin\varphi, & \dot{y}_0 = a\omega\cos\vartheta\cos\varphi, & \dot{z}_0 = 0 \\ \ddot{x}_0 = -a\omega^2\cos\vartheta\cos\varphi, & \ddot{y}_0 = -a\omega^2\cos\vartheta\sin\varphi, & \ddot{z}_0 = 0 \end{array}\right\}, \; . \; . \; 10)$$

und es ergeben sich, wie man sofort durch Parallele zu den ξ, η, ζ-Achsen durch O erkennt, deren Richtungskosinus

$$\left.\begin{array}{lll} \alpha_1 = -\sin\varphi, & \alpha_2 = \cos\varphi, & \alpha_3 = 0 \\ \beta_1 = -\sin\vartheta\cos\varphi, & \beta_2 = -\sin\vartheta\sin\varphi, & \beta_3 = \cos\vartheta \\ \gamma_1 = \cos\vartheta\cos\varphi, & \gamma_2 = \cos\vartheta\sin\varphi, & \gamma_3 = \sin\vartheta \end{array}\right\} \; . \; . \; 11)$$

$$\left.\begin{array}{lll} \dot{\alpha}_1 = -\omega\cos\varphi, & \dot{\alpha}_2 = -\omega\sin\varphi, & \dot{\alpha}_3 = 0 \\ \dot{\beta}_1 = \omega\sin\vartheta\sin\varphi, & \dot{\beta}_2 = -\omega\sin\vartheta\cos\varphi, & \dot{\beta}_3 = 0 \\ \dot{\gamma}_1 = -\omega\cos\vartheta\sin\varphi, & \dot{\gamma}_2 = \omega\cos\vartheta\cos\varphi, & \dot{\gamma}_3 = 0 \end{array}\right\} \; . \; . \; 11\text{a})$$

Mithin nach Gl. 2c)

$$\left.\begin{array}{lll} \omega_1 = 0, & \omega_2 = \omega\cos\vartheta, & \omega_3 = \omega\sin\vartheta \\ \omega_1^2 + \omega_2^2 + \omega_3^2 = \omega^2, & \dot{\omega} = 0 & \end{array}\right\}, \; \ldots \ldots \; 12)$$

was man auch unmittelbar auf Grund der Vektoreigenschaft von ω aus Abb. 18 hätte entnehmen können.

Weiter ist

$$\left.\begin{array}{c}\dot\alpha_1^2+\dot\alpha_2^2+\dot\alpha_3^2=\omega^2, \quad \dot\beta_1^2+\dot\beta_2^2+\dot\beta_3^2=\omega^2\sin^2\vartheta, \\ \dot\gamma_1^2+\dot\gamma_2^2+\dot\gamma_3^2=\omega^2\cos^2\vartheta, \\ \dot\alpha_1\dot\beta_1+\dot\alpha_2\dot\beta_2+\dot\alpha_3\dot\beta_3=0, \quad \dot\beta_1\dot\gamma_1+\dot\beta_2\dot\gamma_2+\dot\beta_3\dot\gamma_3=-\omega^2\sin\vartheta\cos\vartheta, \\ \dot\gamma_1\dot\alpha_1+\dot\gamma_2\dot\alpha_2+\dot\gamma_3\dot\alpha_3=0\end{array}\right\} \quad . \; . \; . \; 11\text{b})$$

Beachten wir ferner, daß die Summen

$$\begin{array}{c}\alpha_1\ddot x+\alpha_2\ddot y+\alpha_3\ddot z=(\ddot\xi), \quad \beta_1\ddot x+\beta_2\ddot y+\beta_3\ddot z=(\ddot\eta), \\ \gamma_1\ddot x+\gamma_2\ddot y+\gamma_3\ddot z=(\ddot\zeta)\end{array} \quad . \; . \; . \; . \; . \; . \; . \; . \; . \; . \; 13)$$

die wahren Anlaufteile in den Achsenrichtungeu ξ, η, ζ bedeuten, so erhalten wir für die relativen Anlaufteile aus 8) bzw. 8a) durch Einsetzen der Werte 10), 11), 11b), 12)

$$\left.\begin{array}{l}\ddot\xi=(\ddot\xi)+\omega^2\xi+2\omega(\dot\eta\sin\vartheta-\dot\zeta\cos\vartheta) \\ \ddot\eta=(\ddot\eta)-\omega^2[(a+\zeta)\cos\vartheta-\eta\sin\vartheta]\sin\vartheta-2\omega\dot\xi\sin\vartheta \\ \ddot\zeta=(\ddot\zeta)+\omega^2[(a+\zeta)\cos\vartheta-\eta\sin\vartheta]\cos\vartheta+2\omega\dot\xi\cos\vartheta\end{array}\right\} \quad . \; . \; . \; . \; 14)$$

Fällt insbesondere mit $\vartheta=90^0$ die ζ-Achse mit der festen Drehachse OZ zusammen, so vereinfachen sich die letzten Formeln in

$$\left.\begin{array}{l}\ddot\xi=(\ddot\xi)+\omega^2\xi+2\omega\dot\eta \\ \ddot\eta=(\ddot\eta)+\omega^2\eta-2\omega\dot\xi \\ \ddot\zeta=(\ddot\zeta)\end{array}\right\} \quad . \; . \; . \; . \; . \; . \; . \; . \; . \; . \; 14\text{a})$$

Es sind das bis auf den letzten dieselben Ausdrücke, die wir bereits für die ebene Relativbewegung mit gleichförmiger Drehung in § 19 des ersten Teiles gewonnen hatten. Natürlich können diese umgekehrt zur Herleitung der allgemeinen Formeln 14) benutzt werden.

§ 9. Die Bewegung an der Erdoberfläche. Da sich die nahezu kugelförmige Erde nicht allein um ihre Achse gleichförmig dreht, sondern auch noch die Sonne umkreist und schließlich mit dieser durch den Weltenraum wandert, so können wir an der Erdoberfläche selbst nur von Relativbewegungen sprechen. Die mittleren Drehwerte um die Polachse und um die Sonne verhalten sich wie 365 : 1, so daß wir die letztere fast immer als klein gegen die erstere vernachlässigen und außerdem von dem mehr gleichförmigen Fortschreiten des Sonnensystems ganz absehen dürfen. Alsdann aber sind die Formeln 14) des letzten Abschnittes zur Verfolgung einer Bewegung an der Erdoberfläche unmittelbar geeignet, wenn wir nur die wahren Anlaufwerte 13) in den Achsenrichtungen einführen. Bedeutet O den Erdmittelpunkt, Ω einen Punkt an der Oberfläche, also $O\Omega=a$ den Erdhalbmesser, so dürfen wir für eine Bewegung in der Umgebung von Ω die Breite ϑ dieses Punktes als beständig ansehen. Da fernerhin ein frei bewegter Punkt an der Erdoberfläche nur unter dem Einfluß des nach O gerichteten Erdanlaufes g_0 steht, so haben wir mit $(\ddot\xi)=(\ddot\eta)=0$, $(\ddot\zeta)=-g_0$ an Stelle von Gl. 14) § 8

$$\left.\begin{array}{l}\ddot\xi=\omega^2\xi+2\omega(\dot\eta\sin\vartheta-\dot\zeta\cos\vartheta) \\ \ddot\eta=-\omega^2[(a+\zeta)\cos\vartheta-\eta\sin\vartheta]\sin\vartheta-2\omega\dot\xi\sin\vartheta \\ \ddot\zeta=\omega^2[(a+\zeta)\cos\vartheta-\eta\sin\vartheta]\cos\vartheta+2\omega\dot\xi\cos\vartheta-g_0\end{array}\right\} \quad . \; . \; 1)$$

Diese Formeln lassen sich indessen für die meisten praktischen Fälle durch die Überlegung vereinfachen, daß in der Nachbarschaft von Ω die Beträge ζ, η nur klein gegen den Erdhalbmesser sind und demgemäß hiergegen vernachlässigt werden dürfen. Außerdem aber gilt für den Drehwert der Erde

$$\omega = 7{,}3 \cdot 10^{-5}\,\mathrm{sec}^{-1}, \qquad \omega^2 = 53 \cdot 10^{-10}\,\mathrm{sec}^{-2},$$

so daß jedenfalls Produkte der an sich kleinen Abstände ξ, η, ζ mit ω^2 gegen solche des Drehwertes ω mit den Laufwerten $\dot{\xi}$, $\dot{\eta}$, $\dot{\zeta}$ als klein höherer Ordnung unterdrückt werden dürfen. Alsdann bleibt:

$$\left.\begin{aligned} \ddot{\xi} &= 2\omega(\dot{\eta}\sin\vartheta - \dot{\zeta}\cos\vartheta) \\ \ddot{\eta} &= -\omega^2 a\cos\vartheta\sin\vartheta - 2\omega\dot{\xi}\sin\vartheta \\ \ddot{\zeta} &= +\omega^2 a\cos^2\vartheta + 2\omega\dot{\xi}\cos\vartheta - g_0 \end{aligned}\right\} \quad \ldots\ldots 1\text{a})$$

und für die relative Ruhe mit $\dot{\xi} = 0$, $\dot{\eta} = 0$, $\dot{\zeta} = 0$

$$\ddot{\xi} = 0, \qquad \ddot{\eta} = -\omega^2 a\cos\vartheta\sin\vartheta, \qquad \ddot{\zeta} = \omega^2 a\cos^2\vartheta - g_0 \quad \ldots 2)$$

Daraus erkennt man sofort, daß der scheinbare Erdanlauf g bis auf Größen von der Ordnung ω^4 mit $\ddot{\zeta}$ übereinstimmt und eine Lotabweichung δ nach dem Erdäquator aufweist, so zwar daß

$$\left.\begin{aligned} g &= g_0 - \omega^2 a\cos^2\vartheta = g_0\left(1 - \frac{\omega^2 a}{g_0}\cos^2\vartheta\right) \\ \delta &= \frac{\ddot{\eta}}{\ddot{\zeta}} = \frac{\omega^2 a\cos\vartheta\sin\vartheta}{g_0 - \omega^2 a\cos^2\vartheta} = \frac{\omega^2 a}{g}\cos\vartheta\sin\vartheta \end{aligned}\right\} \quad \ldots\ldots 2\text{a})$$

Man erkennt weiter, daß der Erdanlauf g am größten an den Polen und am kleinsten am Äquator ist, während die größte Lotabweichung für $\vartheta = 45^0$ mit $a = 6\,370\,000$ m und $g = 9{,}81\,\mathrm{m\,sec}^{-2}$ sich zu $\delta = 0{,}0017$ ergibt. In Wirklichkeit treten infolge der Abplattung des Erdballes nahezu die doppelten Abweichungen des Erdanlaufes und der Lotrichtung auf.

Führen wir nunmehr die Werte g und δ in die Bewegungsgleichungen 1a) ein, so erhalten wir

$$\left.\begin{aligned} &\ddot{\xi} = 2\omega(\dot{\eta}\sin\vartheta - \dot{\zeta}\cos\vartheta) \\ \ddot{\eta} = -g\delta - 2\omega\dot{\xi}\sin\vartheta, \qquad &\ddot{\zeta} = -g + 2\omega\dot{\xi}\cos\vartheta \end{aligned}\right\} \quad \ldots 1\text{b})$$

Aus den beiden letzten Formeln ergibt sich durch Integration mit den Anfangswerten c_2 und c_3

$$\dot{\eta} = c_2 - g\delta t - 2\omega\xi\sin\vartheta, \qquad \dot{\zeta} = c_3 - gt + 2\omega\xi\cos\vartheta \quad \ldots 3)$$

und nach Einsetzen in die erste Formel 1b) unter Vernachlässigung der Produkte $\omega^2\xi$

$$\ddot{\xi} = 2\omega(c_2\sin\vartheta - c_3\cos\vartheta) + 2\omega gt(\cos\vartheta - \delta\sin\vartheta)$$

$$\ddot{\xi} = 2\omega(c_2\sin\vartheta - c_3\cos\vartheta) + 2\omega gt\cos(\vartheta + \delta) \quad \ldots\ldots 3\text{a})$$

Daraus folgt weiter mit einer Anfangsgeschwindigkeit c_1

$$\left.\begin{aligned}\dot{\xi} &= c_1 + 2\omega t(c_2 \sin\vartheta - c_3\cos\vartheta) + \omega g t^2 \cos(\vartheta+\delta)\\ \xi &= c_1 t + \omega t^2 (c_2 \sin\vartheta - c_3\cos\vartheta) + \frac{\omega g t^3}{3}\cos(\vartheta+\delta)\end{aligned}\right\}, \quad . \; 3\text{b})$$

falls die Bewegung vom Punkt $\xi = 0$ zur Zeit $t = 0$ beginnt. Die Einführung von ξ aus 3b) in 3) liefert nunmehr unter Weglassung der mit ω^2 behafteten Glieder

$$\left.\begin{aligned}\dot{\eta} &= c_2 - t(g\delta + 2\omega c_1 \sin\vartheta)\\ \dot{\zeta} &= c_3 - t(g - 2\omega c_1\cos\vartheta)\end{aligned}\right\} \quad \dots\dots \; 3\text{c})$$

und mit $\eta = \zeta = 0$, für $t = 0$

$$\left.\begin{aligned}\eta &= c_2 t - \frac{t^2}{2}(g\delta + 2\omega c_1 \sin\vartheta)\\ \zeta &= c_3 t - \frac{t^2}{2}(g - 2\omega c_1\cos\vartheta)\end{aligned}\right\} \quad \dots\dots \; 3\text{d})$$

Man erkennt, daß der durch Ausschaltung von t sich ergebende Grundriß der Bahn in der wagerechten $\xi\eta$-Ebene keine Gerade ist, die Bahn also keine ebene Kurve sein kann, sondern auf der Nordhalbkugel stets eine zweite Krümmung mit Abweichung nach der rechten Seite hin aufweist.

1. Beispiel: Ganz deutlich tritt dies für den freien Fall ohne Anfangslauf zutage, für den mit $c_1 = c_2 = c_3 = 0$

$$\xi = \frac{\omega g t^3}{3}\cos(\vartheta+\delta), \qquad \eta = -\frac{g\delta}{2}t^2, \qquad \zeta = -\frac{1}{2}g t^2 \quad \dots \; 3\text{e})$$

wird. Es ergibt sich also aus der schon oben berechneten Lotabweichung δ infolge des Fliehanlaufes noch eine Ablenkung des fallenden Körpers im Sinne der Erddrehung. Diese hier theoretisch entwickelte Abweichung ist durch Versuche mehrfach festgestellt worden. So fand Reich (1833) im Dreibrüderschacht in Freiburg in Sachsen beim Durchfallen einer Höhe $\zeta = 158{,}5$ m eine östliche Abweichung von 28,4 mm. Aus der ersten Formel 3e) würde mit $g = 9{,}81$ m sek^{-2}, $\vartheta + \delta = 50^0\,53'$, $\cos(\vartheta+\delta) = 0{,}63$ eine Fallzeit von $t = 5{,}68$ sek und eine Ostabweichung von

$$\xi = \frac{0{,}000073 \cdot 9{,}81}{3}\, 5{,}68^3 \cdot 0{,}63 = 0{,}0275 \text{ m}$$

folgen, was angesichts einiger störender Nebeneinflüsse als vortreffliche Bestätigung angesehen werden darf.

Für den Fall einer gezwungenen Bewegung an der Erdoberfläche haben wir mit den Anteilen des Zwangsanlaufes q_0 zu setzen:

$$(\ddot{\xi}) = q_1, \qquad (\ddot{\eta}) = q_2, \qquad (\ddot{\zeta}) = q_3 - g_0, \quad \dots\dots \; 4)$$

womit Gl. 14), § 8 unter Vernachlässigung der Produkte von ω^2 mit ξ, η, ζ, sowie mit 1b) übergeht in

$$\left.\begin{aligned}\ddot{\xi} &= q_1 + 2\omega(\dot{\eta}\sin\vartheta - \dot{\zeta}\cos\vartheta),\\ \ddot{\eta} &= q_2 - g\delta - 2\omega\dot{\xi}\sin\vartheta,\\ \ddot{\zeta} &= q_3 - g + 2\omega\dot{\xi}\cos\vartheta.\end{aligned}\right\} \quad \dots\dots \; 5)$$

2. Beispiel. Handelt es sich um ein Kugelpendel, d. h. um die Führung des bewegten Punktes durch eine starre Verbindung mit dem Anfang Ω von der Länge $P\Omega = l$, so haben wir für kleine Ausschläge ξ, η aus dem Lote angenähert $\zeta = -l$, $\dot{\zeta} \approx 0$, $\ddot{\zeta} \approx 0$, also $q_0 \approx -g$

$$\left.\begin{aligned} q_1 = q_0 \frac{\xi}{l} = -g\frac{\xi}{l}, \qquad q_2 - g\,\delta = q_0 \frac{\eta}{l} = -g\frac{\eta}{l}, \\ q_3 = g - 2\,\omega\,\dot{\xi}\cos\vartheta, \end{aligned}\right\} \quad \ldots \quad 4\text{a})$$

und damit wird aus 5) unter Wegfall der letzten Gleichung

$$\ddot{\xi} = -g\frac{\xi}{l} + 2\,\omega\,\dot{\eta}\sin\vartheta, \qquad \ddot{\eta} = -g\frac{\eta}{l} - 2\,\omega\,\dot{\xi}\sin\vartheta \quad \ldots \quad 5\text{a})$$

oder mit den Abkürzungen

$$\frac{g}{l} = \alpha^2, \qquad \omega\sin\vartheta = \omega_0, \quad \ldots \ldots \quad 4\text{b})$$

$$\ddot{\xi} + \alpha^2\xi = 2\,\omega_0\,\dot{\eta}, \qquad \ddot{\eta} + \alpha^2\eta = -2\,\omega_0\,\dot{\xi}. \quad \ldots \ldots \quad 5\text{b})$$

Die Bewegung im Grundriß setzt sich hiernach aus zwei zueinander senkrechten gekoppelten Schwingungen zusammen, von denen aber keine für sich verschwinden kann. Ohne die Erddrehung, also mit $\omega_0 = 0$ werden die beiden Schwingungen voneinander unabhängig und liefern als Bahn eine Ellipse, die wir schon als Grenzfall kleiner Ausschläge des Kugelpendels auf fester Unterlage kennen gelernt haben.

Zur näheren Kennzeichnung des Vorganges erscheint es zweckmäßig, den Fahrstrahl r und seinen Drehwinkel φ gegen eine Anfangslage durch

$$\xi = r\cos\varphi, \qquad \eta = r\sin\varphi \quad \ldots \ldots \quad 6)$$

zu ersetzen, womit die beiden Formeln 5b) übergehen in

$$[\ddot{r} + (\alpha^2 - \dot{\varphi}^2 - 2\,\omega_0\,\dot{\varphi})\,r]\cos\varphi - [2\,(\omega_0 + \dot{\varphi})\,\dot{r} + r\,\ddot{\varphi}]\sin\varphi = 0,$$
$$[\ddot{r} + (\alpha^2 - \dot{\varphi}^2 - 2\,\omega_0\,\dot{\varphi})\,r]\sin\varphi + [2\,(\omega_0 + \dot{\varphi})\,\dot{r} + r\,\ddot{\varphi}]\cos\varphi = 0,$$

also ersetzt werden können durch

$$\ddot{r} + (\alpha^2 - \dot{\varphi}^2 - 2\,\omega_0\,\dot{\varphi})\,r = 0, \qquad 2\,(\omega_0 + \dot{\varphi})\,\dot{r} + r\,\ddot{\varphi} = 0. \quad \ldots \quad 6\text{a})$$

Erweitern wir die erste Gleichung mit dr, die zweite $r\,d\varphi$ und addieren, so wird daraus mit $\ddot{r}\,dr = \dot{r}\,d\dot{r}$, $\ddot{\varphi}\,d\varphi = \dot{\varphi}\,d\dot{\varphi}$, $\dot{r}\,d\varphi = \dot{\varphi}\,dr$

$$\dot{r}\,d\dot{r} + \alpha^2 r\,dr + r^2\,\dot{\varphi}\,d\dot{\varphi} + \dot{\varphi}^2 r\,dr = 0,$$

während die zweite Gl. 6a) für sich auch

$$r\,d\dot{\varphi} + 2\,(\dot{\varphi} + \omega_0)\,dr = 0,$$

bzw.

$$r^2\,d\dot{\varphi} + 2\,r\,(\dot{\varphi} + \omega_0)\,dr = 0$$

geschrieben werden kann. Daraus ergeben sich aber die Integrale

$$\dot{r}^2 + r^2(\dot{\varphi}^2 + \alpha^2) = C_1, \qquad r^2(\dot{\varphi} + \omega_0) = C_2, \quad \ldots \ldots \quad 7)$$

die mit $\omega_0 = 0$ in die bekannten Gleichungen der elliptischen Zentralbewegung übergehen. Das Hinzutreten des Gliedes ω_0 in der Flächenformel besagt somit nichts anderes als eine Drehung der Bahnebene bzw. der Ellipsenachsen mit den Drehwerten $-\omega_0 = -\omega\sin\vartheta$ auf der bewegten Erdoberfläche. Diese, zuerst von Foucault (1852) versuchsmäßig nachgewiesene Drehung der Pendelebene liefert zugleich einen von der Beobachtung des Himmels unabhängigen Beweis der Drehung der Erde um ihre Achse in einem fest angenommenen Achsenkreuz, das wir uns alsdann nur im Zusammenhang mit dem Fixsternhimmel denken können. Die beiden Festwerte C_1 und C_2 der Gl. 7) bestimmen sich aus den Laufwerten $\dot{r}$ und $r\dot{\varphi}$ für einen vorgelegten Abstand r von der Mitte des Bahngrundrisses. Alsdann aber folgt aus 7) für $\dot r = 0$, d. h. für **größte und kleinste Auslenkungen**

$$\left.\begin{array}{ll} r_1^2(\dot\varphi_1^2+\alpha^2)=C_1, & r_1^2(\dot\varphi_1+\omega_0)=C_2, \\ \dfrac{\dot\varphi_1^2+\alpha^2}{C_1}=\dfrac{\dot\varphi_1+\omega_0}{C_2}, & \dot\varphi_1=\dfrac{C_1}{2C_2}\pm\sqrt{\left(\dfrac{C_1}{2C_2}\right)^2+\dfrac{C_1}{C_2}\omega_0-\alpha^2} \end{array}\right\}, \quad . \; . \quad 7\text{a})$$

also zwei verschiedene reelle Werte von $\dot\varphi_1$, solange

$$\left(\frac{C_1}{2C_2}\right)^2+\frac{C_1}{C_2}\omega_0 \geqq \alpha^2 \qquad \text{oder} \qquad \left(\frac{C_1}{2C_2}+\omega_0\right)^2 \geqq \alpha^2+\omega_0^2 \quad . \; . \; . \quad 7\text{b})$$

ist. Da jedem Werte von $\dot\varphi_1$ nach Gl. 7a) ein Abstand r_1 zugehört, so gibt es also zwei Grenzkurven, die von den sich drehenden Bahnellipsen innen und außen berührt werden. Nur für den unteren Grenzfall von 7b) wird mit Vernachlässigung von ω_0^2 gegen α^2 bei verschwindender Wurzel 7a)

$$\dot\varphi_1=\frac{C_1}{2C_2}=\pm\alpha-\omega_0 \quad . \; . \; . \; . \; . \; . \; . \; . \; . \; . \; . \quad 7\text{c})$$

entsprechend dem **links oder rechts umlaufenden Kegelpendel**, dessen Drehwert durch den der Erde eine scheinbare Änderung erfährt. Wird insbesondere $C_2 = 0$, so kann mit $\dot\varphi + \omega_0 = 0$ der Strahl r jeden beliebigen Wert annehmen, u. a. auch $r = 0$ werden, so daß dieser Fall dem Durchgang des Pendels durch die lotrechte Ruhelage mit der aus 6a) hervorgehenden Bewegungsgleichung

$$\ddot r + (\alpha^2+\omega_0^2)\, r = 0 \quad . \; . \quad 8)$$

entspricht, die ersichtlich das aus 7) mit $\dot\varphi + \omega_0 = 0$ hervorgehende Integral

$$\dot r^2 + r^2(\alpha^2+\omega_0^2) = C_1 \quad . \quad 8\text{a})$$

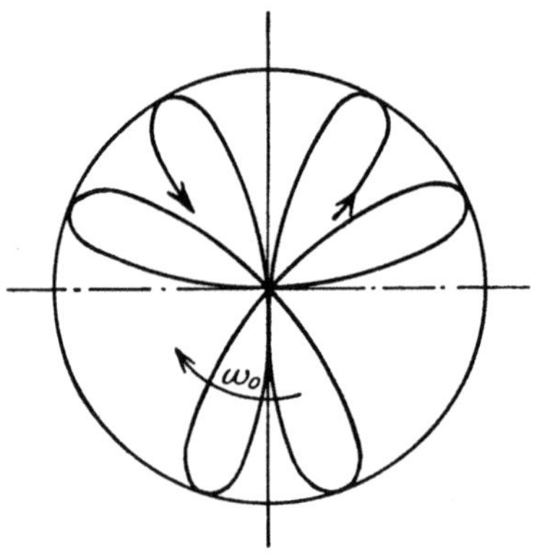

Abb. 19.

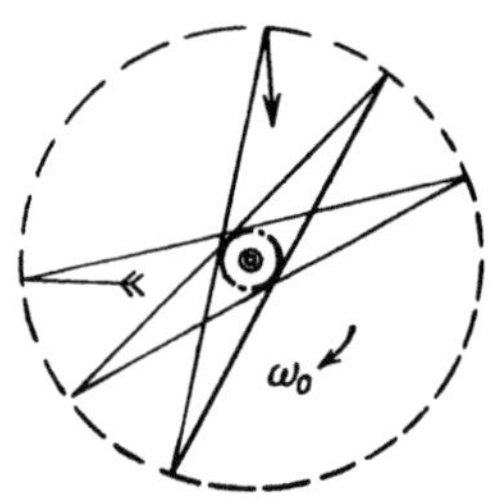

Abb. 20.

ergibt. Daraus erkennt man, daß hierbei C_1 das Quadrat des Laufwertes in der tiefsten Ruhelage darstellt, während sich mit $\dot r = 0$ aus 8a) der Arm des oberen Grenzkreises berechnet. Da dieser von der Bahn zwischen je zwei Durchgängen durch $r = 0$ berührt wird, so hat dieselbe die Form einer Rosette, Abb. 19.

Läßt man das **Pendel wie beim Foucaultschen Versuch ohne Seitenstoß** von der Auslenkung r_2 los, so ist dort $\dot r_2 = 0$, $\dot\varphi_2 = 0$, also nach 7)

$$r_2^2\alpha^2 = C_1, \qquad r_2^2\omega_0 = C_2 \, . \quad . \; . \; . \; . \; . \; . \; . \; . \; . \quad 9)$$

Dies liefert, eingesetzt in 7a)

$$\frac{\dot\varphi_1^2+\alpha^2}{\alpha^2}=\frac{\dot\varphi_1+\omega_0}{\omega_0}; \qquad \dot\varphi_1(\dot\varphi_1\omega_0-\alpha^2)=0\, ; \quad . \; . \; . \; . \; . \; . \quad 9\text{a})$$

also für den inneren Grenzkreis

$$\dot{\varphi}_1 = \frac{\alpha^2}{\omega_0}, \qquad r_1^2 = \frac{r_2^2\,\omega_0}{\dot{\varphi}_1 + \omega_0} = \frac{r_2^2\,\omega_0^2}{\alpha^2 + \omega_0^2} \sim r_2^2 \frac{\omega_0^2}{\alpha^2} \quad . \quad . \quad . \quad . \quad . \quad (9\,b)$$

Wegen der Kleinheit von $\omega_0^2 : \alpha^2$ schrumpft der untere Grenzkreis praktisch zu einem Punkt zusammen, so daß die Bahn fast geradlinig verläuft, Abb. 20.

3. Beispiel. Im Falle eines Eisenbahnzuges mit der Schienenneigung α gegen die Ostrichtung stellen q_1, q_2, q_3 die Anteile des Zwangsanlaufes der Schienen dar. Bei gleichförmig wagerechter Bewegung ist

$$\dot{\xi} = c\cos\alpha, \qquad \dot{\eta} = c\sin\alpha, \qquad \dot{\zeta} = 0 \qquad \ddot{\xi} = \ddot{\eta} = \ddot{\zeta} = 0, \quad . \quad 10)$$

und damit wird aus 5)

$$q_1 = -2\,\omega\,c\sin\vartheta\sin\alpha, \qquad q_2 - g\,\delta = 2\,\omega\,c\sin\vartheta\cos\alpha,$$
$$q_3 = g - 2\,\omega\,c\cos\vartheta\cos\alpha.$$

Hiernach wird durch die Drehung der Erdkugel nicht allein die senkrechte Wirkung zwischen dem Fahrzeug und den Schienen wie überhaupt jeder festen Unterlage beeinflußt, sondern auch ein wagerechter Zwangsanlauf vom Betrage

$$q = 2\,\omega\,c\sin\vartheta \quad . \quad . \quad . \quad . \quad . \quad . \quad . \quad . \quad . \quad . \quad . \quad . \quad 10\,b)$$

hervorgerufen, welcher die Rechtsabweichung bei freier Bewegung auf der Nordhalbkugel verhindert. Für die Breite von $\vartheta = 51^0$, $\cos\vartheta = 0{,}629$, $\sin\vartheta = 0{,}777$ ist die Lotabweichung nach Gl. 2a) mit $a = 6\,370\,000$ m, $\delta = 0{,}001\,68$ und der davon in die Meridianrichtung fallende Anteil des Erdanlaufes $g\,\delta = 0{,}0168\,\mathrm{m\,sec^{-2}}$. Außerdem aber wird $2\,\omega\sin\vartheta = 11{,}34 \cdot 10^{-5}$ und bei einem Bahnlauf von $c = 20\,\mathrm{m\,sec^{-1}}$ der wagerechte Zwangsanlauf der Schiene $q = 0{,}002\,27\,\mathrm{m\,sec^{-2}}$, ein zwar kleiner, aber doch merkbarer Betrag.

III. Die Bewegung eines starren Körpers.

§ 10. Verschiebungen und Drehungen eines Körpers im Raume. Die Lage eines Punktes im Raume ist durch seine Abstände von drei zueinander senkrechten Ebenen bestimmt. Mithin kann eine Lagenänderung durch Änderung dieser drei Abstände, d. h. durch drei zueinander senkrechte Verschiebungen ersetzt werden. Da diese durchaus voneinander unabhängig sind, so spricht man von drei Freiheitsgraden der räumlichen Bewegung eines Punktes, von denen in der Ebene nur noch zwei übrig bleiben. Daran ändert sich auch nichts durch Einführung des Abstandes r vom Schnitt O der drei festen Ebenen und der Richtungskosinus α, β, γ von r gegen deren Schnittgerade OX, OY, OZ, welche zusammen ein räumliches Achsenkreuz bilden. Alsdann ist

$$x = r\,\alpha, \qquad y = r\,\beta, \qquad z = r\,\gamma \quad . \quad . \quad . \quad . \quad . \quad . \quad 1)$$

mit der Nebenbedingung

$$\alpha^2 + \beta^2 + \gamma^2 = 1, \quad . \quad . \quad . \quad . \quad . \quad . \quad . \quad . \quad 2)$$

wodurch also die drei Abstände x, y, z durch r und zwei willkürlich wählbare Winkel ersetzt werden. Deren Änderungen aber stellen Drehungen des Strahles r in den Ebenen rx, ry, bzw. rz dar, die somit die Verschiebungen in den Achsenrichtungen ersetzen können.

Die Lage einer Geraden im Raume ist durch die Abstände x_1, y_1, z_1 eines ihrer Punkte von den festen Ebenen und die drei Richtungskosinus α, β, γ gegen die Achsen gegeben, die aber wieder durch die Nebenbedingung 2) verknüpft sind. Mithin enthalten die Gleichungen der Geraden

$$\frac{x - x_1}{\alpha} = \frac{y - y_1}{\beta} = \frac{z - z_1}{\gamma} \quad \ldots \ldots \ldots \quad 3)$$

nur noch fünf voneinander unabhängige Bestimmungsstücke, deren Änderungen alsdann ebensoviele Freiheitsgrade der Bewegung bedingen. Von diesen bleiben in der Ebene drei übrig, welche alsdann auch für eine mit der Geraden fest verbundenen Scheibe genügen. Da die Gerade stets durch zwei gegebene Punkte P_1, P_2 hindurchgelegt werden kann, so scheint es, als ob zu ihrer Bestimmung die sechs Punktabstände $x_1, y_1, z_1, x_2, y_2, z_2$ notwendig seien. Mit diesen ist aber auch die Länge l der Strecke zwischen den beiden Punkten durch die der Gl. 2) gleichwertigen Formel

$$(x_2 - x_1)^2 + (y_2 - y_1)^2 + (z_2 - z_1)^2 = l^2 \quad \ldots \quad 4)$$

verknüpft, so daß auch in diesem Fall nur noch fünf voneinander unabhängige Freiheitsgrade übrig bleiben.

Ähnlich liegt es beim starren Körper, dessen Einzelpunkte unveränderliche Abstände voneinander besitzen. Die Lage jedes derselben ist demnach innerhalb des Körpers durch seine Abstände von drei andern P_1, P_2, P_3 bestimmt, die, nicht auf einer Geraden liegend, ihrerseits den ganzen Körper gegenüber den Ebenen des Achsenkreuzes festlegen. Zwischen den neun Punktabständen $x_1, y_1, z_1, x_2, y_2, z_2, x_3, y_3, z_3$ bestehen aber durch die gegebenen Seitenlängen des Dreiecks P_1, P_2, P_3 drei Bedingungsgleichungen der Gestalt 4), so daß schon sechs der neun Abstände zur Lagenbestimmung des starren Körpers genügen, dessen Bewegung mithin sechs Freiheitsgrade besitzt. In der Tat braucht man nur in ihm eine Gerade, die, wie oben gezeigt, fünf Freiheitsgrade hat, als Achse festzulegen, um aus der Drehung um dieselbe den sechsten Freiheitsgrad der Körperbewegung zu erhalten. Die ganze Körperbewegung zerfällt demnach in eine Anzahl von Punktverschiebungen und Achsendrehungen, die sich nach den vorstehenden Ausführungen gegenseitig ersetzen oder ineinander überführen lassen.

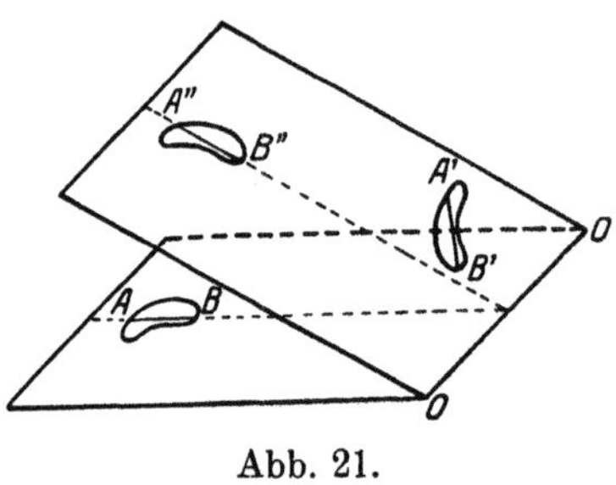

Abb. 21.

Da nun jedes ebene Gebilde mit drei Freiheitsgraden der Bewegung aus einer Lage in die andere durch eine einzige Drehung übergeführt werden kann, so entsteht die Frage, ob nicht auch eine derartige Vereinfachung der Bewegung eines Körpers möglich ist. Zu diesem Zwecke erinnern wir uns, daß dessen Lage durch die von dreien seiner Punkte gegeben ist, welche im Körper eine feste Ebene bestimmen. Diese Ebene schneidet die Körperoberfläche in einer geschlossenen Kurve, deren Lage in der Ebene durch einen ihrer Durchmesser AB eindeutig bestimmt ist, Abb. 21. In einer beliebigen anderen Lage des Körpers wird die Schnittebene die ursprüngliche Ebene in $O\,O$ schneiden. Außerdem aber erscheint der Körperschnitt in seinem Durchmesser $A'\,B'$ gegen die Spur $O\,O$ verdreht. Den Übergang zwischen den beiden Körperlagen können wir nun auch so vollziehen, daß wir zunächst den Körper um $O\,O$ drehen, wobei $A\,B$ in $A''\,B''$ und durch Drehung um einen Pol in der Ebene $O\,O\,A''\,B''$ bzw. um eine zu ihr senkrechte Achse schließlich in $A'\,B'$ übergeht. Damit aber haben wir die Bewegung des Körperschnittes $A\,B$ und mit ihr diejenige des Körpers selbst auf zwei Drehungen um zwei im Raume aufeinander senkrechte, sich im allgemeinen nicht schneidende Achsen zurückgeführt.

Halten wir den Körper an einem Punkte fest, so entziehen wir ihm mit der Möglichkeit der Verschiebungen dieses Punktes in den Achsenrichtungen drei Freiheitsgrade. Die ganze noch übrigbleibende Bewegung mit den restlichen drei Freiheitsgraden beschränkt sich auf Drehungen um den festen Punkt, wobei die Entfernungen aller Körperpunkte ungeändert bleiben. Mithin können sich diese Körperpunkte nur auf Kugelflächen um den Festpunkt O bewegen. Eine derartige Kugelfläche schneidet aus der Körperoberfläche eine geschlossene Kurve aus, durch deren Bewegung diejenige des ganzen Körpers vollständig gegeben ist. Ebenso wie in der Ebene genügt auch hier die Untersuchung der Bewegung zweier Punkte $A\,B$ dieser Schnittkurve, durch die sich stets ein größter Kugelkreis legen läßt, Abb. 22. Die zwei verschiedenen Lagen $A\,B$ und $A'\,B'$ der Schnittkurve bzw. des sphärischen Durchmessers lassen sich nun vermittels der auf den Mitten von $A\,A'$ und $B\,B'$ senkrecht stehenden Großkreise durch Drehung um deren Schnitt O' ineinander überführen, was auf eine Drehung des ganzen Körpers um die Achse $O\,O'$ hinausläuft. Daraus erkennt man, daß die Drehung eines Körpers um beliebige Achsen durch diejenige um eine Achse ersetzt, bzw. auf eine solche zurückgeführt werden kann.

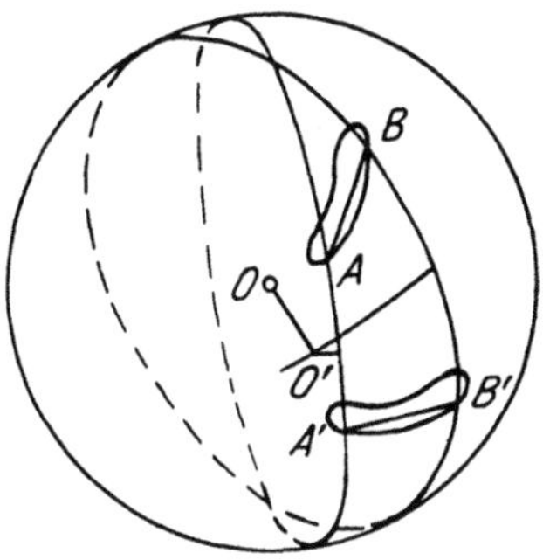

Abb. 22.

Als Beispiel betrachten wir das von Hooke herrührende Kreuzgelenk zur Kupplung zweier Wellen, deren Achsen miteinander einen Winkel $\alpha' < 90^0$ einschließen. Auf jedem der beiden Wellenenden sitzt ein Bügel, der die gegenüberliegenden Zapfen eines ebenen rechtwinkligen Achsenkreuzes faßt, Abb. 23. Je zwei dieser Zapfen beschreiben demnach Kreise, welche senkrecht zu den Wellenachsen stehen, während die Ebene des Achsenkreuzes der Zapfen sich so bewegt, daß zwei ihrer Geraden, d. h. die Verbindungsgeraden zweier gegenüber liegender Zapfen in den durch die erwähnten Kreise bestimmten festen Ebenen bleiben. Da der Winkel α' der Drehachsen mit dem Neigungswinkel der Zapfenkreisebenen $X\,O\,B_0$ übereinstimmt, so hat man in Anschluß an Abb. 24 für die Lage des um $Z\,O\,A = \varphi$ aus der Hauptlage $O\,A_0 = r$ gedrehten Zapfens A_0 im festen Achsenkreuz $O\,X\,Y\,Z$ die Abstände

$$x_1 = -r\sin\varphi\,, \qquad y_1 = 0\,, \qquad z_1 = r\cos\varphi\,. \quad . \quad . \quad . \quad . \quad . \quad . \qquad 5)$$

Der zugehörigen Auslenkung $B_0 O B = \psi$ des anderen Zapfens B_0 entsprechen dann die Abstände

$$x_2 = r \cos\psi \cos\alpha', \qquad y_2 = -r \cos\psi \sin\alpha', \qquad z_2 = r \sin\psi \;. \;.\;. \quad 6)$$

In diesen Formeln sind aber durch

$$\left.\begin{array}{lll} \frac{x_1}{r} = \alpha_1, & \frac{y_1}{r} = \beta_1, & \frac{z_1}{r} = \gamma_1, \\ \frac{x_2}{r} = \alpha_2, & \frac{y_2}{r} = \beta_2, & \frac{z_2}{r} = \gamma_2, \end{array}\right\} \;.\;.\;.\;.\;.\;.\;.\;. \quad 7)$$

die Richtungskosinus der ausgelenkten Zapfenachsen OA und OB bestimmt, welche infolge ihrer starren Verbindung dauernd zueinander senkrecht stehen, so daß also

$$\left.\begin{array}{l} \alpha_1 \alpha_2 + \beta_1 \beta_2 + \gamma_1 \gamma_2 = 0, \\ x_1 x_2 + y_1 y_2 + z_1 z_2 = 0 \end{array}\right\} \;.\;.\;.\;.\;.\;.\;.\;.\;.\;.\;. \quad 7a)$$

ist. Mithin ergibt sich durch Einsetzen von 5) und 6)

$$\operatorname{tg}\psi = \operatorname{tg}\varphi \cdot \cos\alpha' < \operatorname{tg}\varphi, \;.\;.\;.\;.\;.\;.\;.\;.\;.\;. \quad 8)$$

wonach die den Hauptlagen zugehörigen Winkel

$\varphi = \psi = 0^\circ, \quad 90^\circ, \quad 180^\circ, \quad 270^\circ$

übereinstimmen, während die Zwischenwinkel verschieden ausfallen, so zwar, daß der eine Bügel dem andern dauernd vor-, bzw. nacheilt.

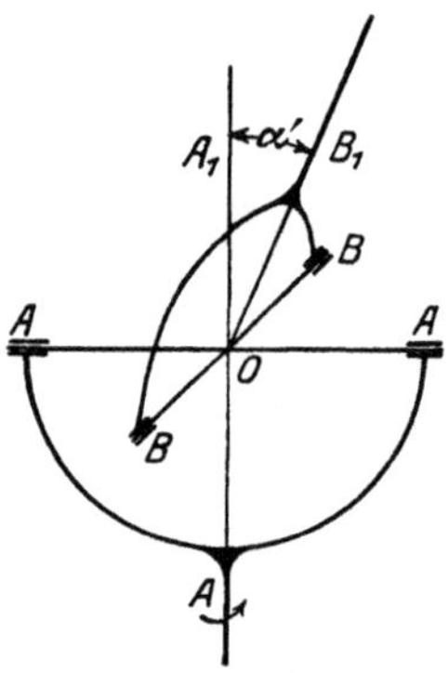

Abb. 23.

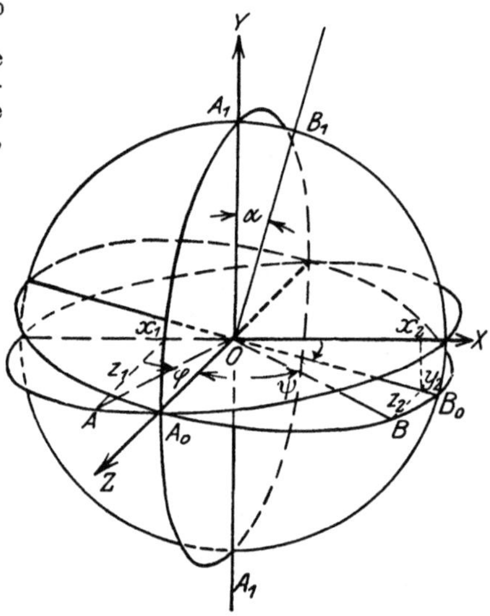

Abb. 24.

Das Zapfenkreuz ist bei dieser Bewegung voraussetzungsgemäß zwei Drehungen um die Achsen $O A_1$ und $O B_1$ unterworfen, die sich auf eine Gesamtdrehung um eine durch die Schnitte der Großkreise über den Mitten von A_0 und A sowie von B_0 und B gehenden Achse zurückführen lassen. Diese Achse liegt im allgemeinen zwischen $A_1 B_1$ und fällt nur für den Durchgang durch die beiden Hauptlagen den Wellenachsen $O A_1$ bzw. $O B_1$ zusammen.

§ 11. Polbahnkegel und Leitflächen. Bisher haben wir den Übergang zwischen zwei Lagen eines starren Körpers im Raume durch zwei Drehungen um sich nicht schneidende Achsen und bei Festhaltung eines Körperpunktes durch eine Drehung ersetzt, die von der wirklichen Bewegung natürlich im allgemeinen durchaus verschieden sind. Zu einer Übereinstimmung gelangen wir erst durch Betrachtung des Elementarvorganges, d. h. der den einzelnen Freiheitsgraden zugehörigen unendlich kleinen Verschiebungen und Drehungen.

Wird ein Körperpunkt O festgehalten, so beschreiben, wie schon im vorigen Abschnitt bemerkt, alle anderen Punkte Raumkurven, die wegen der unveränderlichen Abstände auf konzentrischen Kugeln um den Festpunkt liegen. Daher genügt es in diesem Falle, die Bewegung zweier Körperpunkte $P_1 P_2$ in gleichem Abstande von O, d. h. die Verschiebung ihres Verbindungskreises auf der gemeinsamen Kugel um O zu betrachten. Errichtet man auf den Punktbahnen P_1 und P_2 die sphärischen Lote, so schneiden diese sich, wie die entsprechenden Normalen in der Ebene im Momentanpol auf der Kugel. Die stetige Folge dieser allen Lagen von $P_1 P_2$ zugehörigen Pole P ergibt dann eine feste sphärische Polbahn, die mit der Kugelmitte einen Polbahnkegel bestimmt. Denken wir uns aber die aufeinanderfolgenden Pole durch Hauptkreise fest mit $P_1 P_2$ verbunden und mit diesen auf der Kugel verschoben, so ergibt sich wie bei der ebenen Bewegung eine bewegliche sphärische Polbahn, die hierbei auf der festen derart abrollt, daß der jeweilige Berührungspunkt beider Polbahnen den Momentanpol bildet. Da nun auch die bewegliche Polbahn mit O einen Kegel bestimmt, der sich in der Erzeugenden OP' mit der Mantelgeraden des festen Polbahnkegels berührt, so darf die Bewegung des starren Körpers als das Abrollen eines mit ihm fest verbundenen Kegels auf einem festgehaltenen derart aufgefaßt werden, daß die gemeinsame Mantelgerade die augenblickliche Drehachse bildet.

Im allgemeinen Falle der Körperbewegung erhält man eine stetige Folge zweier zueinander senkrechter, sich nicht schneidender Achsen, welche als Tangenten zweier Raumkurven angesehen werden können. Außerdem aber ist es möglich, eine Fläche anzugeben, welche den Körper in sämtlichen aufeinander folgenden Lagen berührt und einhüllt. Die Körperbewegung ist alsdann als ein mit Gleiten verbundenes Abrollen der Körperoberfläche an dieser Leitfläche aufzufassen, wobei die jeweilige Achse der Rollbewegung in einer gemeinsamen Tangentialebene beider Flächen liegt. Eine solche Leitfläche kann man auch durch Querschnitte senkrecht zur augenblicklichen Verschiebung darstellen, die man alsdann als Bahnprofile bezeichnet und u. a. im Eisenbahnwesen zur äußeren Begrenzung der Ladung der Fahrzeuge verwendet. Der Inhalt der schlauchartigen Leitfläche stellt offenbar den vom Körper bei einer Bewegung zwischen zwei Grenzlagen überstrichenen Raum dar, dem bei der ebenen Bewegung der Flächeninhalt zwischen den Leitkurven entspricht.

Denkt man sich die Leitfläche selbst als Oberflächenbestandteil eines starren Körpers, so bildet dieser mit dem umhüllten Körper nach Reuleaux' Bezeichnung ein kinematisches Paar. Da man auch den umhüllten Körper festhalten und den die Leitfläche tragenden gegen den ersteren bewegen, die Elemente des Paares also vertauschen kann, so braucht man nur ihre Relativbewegung ins Auge zu fassen.

In der Technik spielt nur eine beschränkte Zahl solcher Elementenpaare als Bestandteile von Maschinen eine wichtige Rolle, nämlich die sog. Drehkörperpaare (Zapfen und Lager), das Prismenpaar (Gleitbahn und Gleitstück) und schließlich das Schraubenpaar (Spindel und Mutter). Diese Paare, von denen das erste nur gegenseitige Drehungen, das zweite nur Verschiebungen und das dritte zwar beide Bewegungsformen, aber in gegenseitiger Abhängigkeit, zuläßt, haben die weitere Eigentümlichkeit, daß eines der Elemente das andere umschließt. Man nennt sie darum auch Umschlußpaare im Gegensatz zu solchen Paaren, bei denen nur eine Berührung der Oberflächen der beiden Elemente (z. B. des Ventils auf seinem Sitz, des Rades auf der Schiene) stattfindet.

§ 12. Die Drehung des starren Körpers. Beschränken wir uns zunächst auf den im Anfang O des Achsenkreuzes $OXYZ$ festgehaltenen Körper, so geht die Verschiebung dx eines Körperpunktes x, y, z aus zwei Drehungen $d\varphi_y$ und $d\varphi_z$ um die y- und z-Achse derart hervor, daß nach Abb. 25

$$dx = z\,d\varphi_y - y\,d\varphi_z$$

wird. Dividieren wir durch dt, so folgt mit den Laufteilen und Drehteilen

$$\left.\begin{array}{lll} \dfrac{dx}{dt} = v_x = \dot{x}, & \dfrac{dy}{dt} = v_y = \dot{y}, & \dfrac{dz}{dt} = v_z = \dot{z} \\ \dfrac{d\varphi_x}{dt} = \omega_x, & \dfrac{d\varphi_y}{dt} = \omega_y, & \dfrac{d\varphi_z}{dt} = \omega_z \end{array}\right\}, \quad . \; . \quad 1)$$

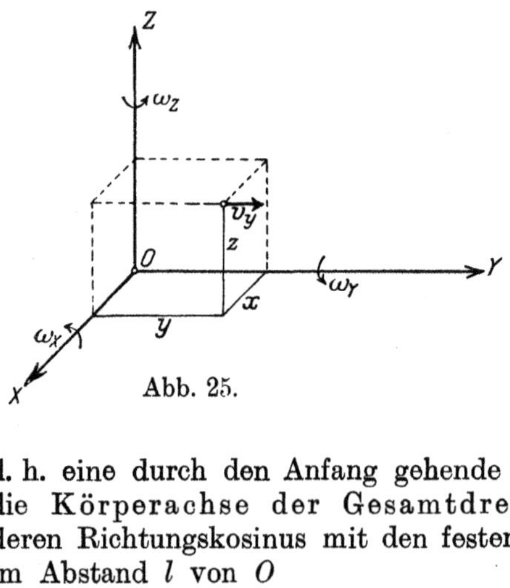

Abb. 25.

unter Hinzufügung zweier weiterer Formeln durch Vertauschen der Zeiger

$$\left.\begin{array}{l} \dot{x} = v_x = z\,\omega_y - y\,\omega_z \\ \dot{y} = v_y = x\,\omega_z - z\,\omega_x \\ \dot{z} = v_z = y\,\omega_x - x\,\omega_y \end{array}\right\} . \; . \quad 2)$$

Mit $\dot{x} = \dot{y} = \dot{z} = 0$ erhalten wir für alle in Ruhe bleibenden Körperpunkte

$$\frac{x}{\omega_x} = \frac{y}{\omega_y} = \frac{z}{\omega_z}, \quad . \quad 2\text{a})$$

d. h. eine durch den Anfang gehende Gerade, die nichts anderes als die Körperachse der Gesamtdrehung darstellt. Sind α, β, γ deren Richtungskosinus mit den festen Achsen, also für einen Punkt im Abstand l von O

$$x = \alpha\,l, \quad y = \beta\,l, \quad z = \gamma\,l, \quad . \; . \; . \; . \; . \; . \; . \quad 2\text{b})$$

so dürfen wir unter Einführung eines Drehwertes ω auch schreiben

$$\omega_x = \alpha\,\omega, \qquad \omega_y = \beta\,\omega, \qquad \omega_z = \gamma\,\omega \quad \ldots\ldots \quad 2\,\mathrm{c})$$

oder

$$\left.\begin{array}{l} \omega_x^{\,2} + \omega_y^{\,2} + \omega_z^{\,2} = \omega^2 \\ \alpha\,\omega_x + \beta\,\omega_y + \gamma\,\omega_z = \omega \end{array}\right\} \quad \ldots\ldots\ldots \quad 2\,\mathrm{d})$$

Hiernach erscheint ω als ein Drehwert um die Körperachse, der in drei Teile derart zerfällt, daß er die Diagonale eines Rechtflachs mit den Seitenlängen ω_x, ω_y, ω_z bildet, d. h. als ein Vektor vom Betrage ω und der Richtung der Drehachse des Körpers.

Erweitern wir 2) mit x, y, z und addieren, so wird

$$\dot{x}\,x + \dot{y}\,y + \dot{z}\,z = 0 \quad \ldots\ldots\ldots\ldots \quad 3)$$

oder wegen 1)

$$x\,dx + y\,dy + z\,dz = 0$$

mit dem Integrale

$$x^2 + y^2 + z^2 = c^2, \quad \ldots\ldots\ldots\ldots \quad 3\,\mathrm{a})$$

d. h. alle Körperpunkte bewegen sich auf Kugelflächen um den festgehaltenen Anfangspunkt O. Dieser Satz folgt natürlich unmittelbar aus der Festhaltung des Körpers im Anfang O und führt durch Ableitung nach der Zeit auf 3) zurück, so daß hierdurch die Formeln 2) miteinander verknüpft und nicht mehr unabhängig voneinander sind.

Erweitern wir schließlich noch 2) mit ω_x, ω_y, ω_z, so ergibt die Addition

$$\dot{x}\,\omega_x + \dot{y}\,\omega_y + \dot{z}\,\omega_z = 0 \quad \ldots\ldots\ldots\ldots \quad 4)$$

oder mit den Richtungskosinus φ, ψ, χ des Laufes v, d. h. mit

$$\dot{x} = \varphi \cdot v, \qquad \dot{y} = \psi \cdot v, \qquad \dot{z} = \chi \cdot v, \quad \ldots\ldots\ldots \quad 4\,\mathrm{a})$$

wodurch v selbst als Vektor gekennzeichnet ist, unter Beachtung von 2 c)

$$v\,\omega\,(\varphi\alpha + \psi\beta + \chi\gamma) = v\,\omega\cos(v, \omega) = 0. \quad \ldots\ldots \quad 4\,\mathrm{b})$$

Da hierin weder v noch ω verschwinden, so ist $\cos(v, \omega) = 0$, d. h. die Vektoren v und ω stehen aufeinander senkrecht. Der Zusammenhang zwischen beiden Vektoren wird noch klarer, wenn wir an Stelle von 2) mit 2 c)

$$\left.\begin{array}{l} \dot{x} = \omega\,(\beta\,z - \gamma\,y) \\ \dot{y} = \omega\,(\gamma\,x - \alpha\,z) \\ \dot{z} = \omega\,(\alpha\,y - \beta\,x) \end{array}\right\} \quad \ldots\ldots\ldots\ldots \quad 5)$$

schreiben und die Quadrate addieren. Wegen

$$\dot{x}^2 + \dot{y}^2 + \dot{z}^2 = v^{\,2} \quad \ldots\ldots\ldots\ldots \quad 4\,\mathrm{c})$$

wird daraus
$$\frac{v^2}{\omega^2} = x^2(\beta^2+\gamma^2) + y^2(\gamma^2+\alpha^2) + z^2(\alpha^2+\beta^2)$$
$$- 2\,xy\,\alpha\beta - 2\,yz\,\beta\gamma - 2\,zx\,\gamma\alpha$$
$$= x^2(1-\alpha^2) + y^2(1-\beta^2) + z^2(1-\gamma^2)$$
$$- 2\,(xy\,\alpha\beta + yz\,\beta\gamma + zx\,\gamma\alpha)$$
$$\frac{v^2}{\omega^2} = x^2 + y^2 + z^2 - (\alpha x + \beta y + \gamma z)^2 \quad . \; . \; . \; . \; . \; 5\text{a})$$

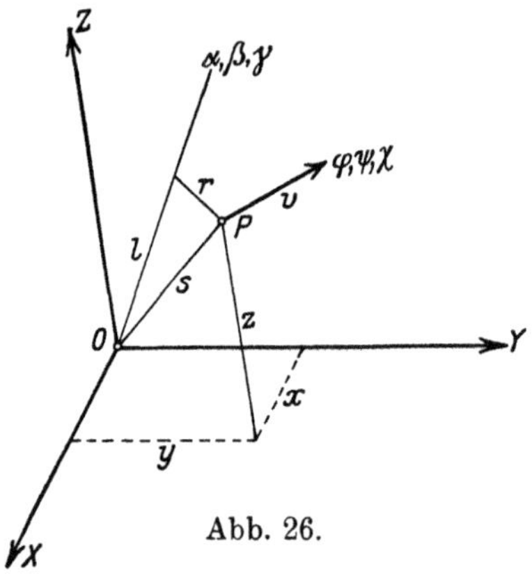

Abb. 26.

Hierin bedeutet aber nach Abb. 26
$$x^2 + y^2 + z^2 = s^2$$
das Quadrat des Abstandes OP des Körperpunktes vom Anfang und
$$\alpha x + \beta y + \gamma z = l$$
dessen Projektion auf die Drehachse ω. Mithin ist
$$s^2 - l^2 = r^2$$
das Quadrat des Lotes von P auf die Achse, und es wird aus 5a)
$$v = r\,\omega, \quad . \; . \; . \; . \; 5\text{b})$$
womit v als der zum Drehwert ω gehörige Umlauf um die Drehachse gekennzeichnet ist.

Die Verknüpfung der Grundformeln 2) durch die Bedingung 3) infolge der Festhaltung eines Körperpunktes in O gestattet nun nicht die Berechnung der Drehteile ω_x, ω_y, ω_z aus den Laufteilen v_x, v_y, v_z eines einzelnen Körperpunktes. Das wäre nur möglich, wenn die Lage der Körperachse und mit ihr der Abstand r des betrachteten Punktes von ihr bekannt wäre, wozu die Bedingung der Normalstellung der Vektoren v und ω zueinander noch nicht ausreicht. Wir müssen demnach zur Ermittlung der Drehteile die Bewegung zweier Körperpunkte P_1, P_2 heranziehen, deren jeder einer Gleichungsgruppe 2) genügt. Außerdem aber besteht infolge der starren Verbindung beider Punkte mit ihrem unveränderlichen Abstande s_{12} die Bedingung
$$(x_2 - x_1)^2 + (y_2 - y_1)^2 + (z_2 - z_1)^2 = s_{12}{}^2, \quad . \; . \; . \; . \; 6)$$
oder abgeleitet nach der Zeit
$$(x_2 - x_1)(\dot{x}_2 - \dot{x}_1) + (y_2 - y_1)(\dot{y}_2 - \dot{y}_1) + (z_2 - z_1)(\dot{z}_2 - \dot{z}_1) = 0 \,. \quad 6\text{a})$$
Führen wir in diese Bedingungsgleichung die Ausdrücke 2) für die Einzellaufteile zunächst mit verschiedenen Drehwerten um die festen Achsen, d. h.
$$\left.\begin{array}{ll} \dot{x}_1 = z_1\,\omega_{y_1} - y_1\,\omega_{z_1} & \dot{x}_2 = z_2\,\omega_{y_2} - y_2\,\omega_{z_2} \\ \dot{y}_1 = x_1\,\omega_{z_1} - z_1\,\omega_{x_1} & \dot{y}_2 = x_2\,\omega_{z_2} - z_2\,\omega_{x_2} \\ \dot{z}_1 = y_1\,\omega_{x_1} - x_1\,\omega_{y_1} & \dot{z}_2 = y_2\,\omega_{x_2} - x_2\,\omega_{y_2} \end{array}\right\} \quad . \; . \; . \; 7)$$

ein, und beachten, daß beide Punkte die Bedingungen 3) und 4) erfüllen, so bleibt

$$(\omega_{x_2}-\omega_{x_1})(y_1 z_2-y_2 z_1)+(\omega_{y_2}-\omega_{y_1})(z_1 x_2-z_2 x_1) \\ +(\omega_{z_2}-\omega_{z_1})(x_1 y_2-x_2 y_1)=0. \quad . \quad . \quad . \quad 7\,\mathrm{a})$$

Hierin stellen aber die Ausdrücke

$$y_1 z_2-y_2 z_1=2F\varkappa,\qquad z_1 x_2-z_2 x_1=2F\lambda,\qquad x_1 y_2-x_2 y_1=2F\mu \quad 8)$$

die doppelten Projektionen des Dreiecks $OP_1P_2=F$ mit den Richtungskosinus der Normalen $\varkappa, \lambda, \mu$ gegen die festen Achsen auf deren Achsenebenen dar, so daß wir auch haben:

$$(\omega_{x_2}-\omega_{x_1})\varkappa+(\omega_{y_2}-\omega_{y_1})\lambda+(\omega_{z_2}-\omega_{z_1})\mu=0.$$

Da diese Bedingung für jedes Punktpaar des Körpers, d. h. für jedes beliebige Dreieck OP_1P_2 mit beliebiger Neigung gegen die Achsen erfüllt sein soll, so müssen die Faktoren von $\varkappa, \lambda, \mu$ für sich verschwinden, oder

$$\omega_{x_1}=\omega_{x_2},\qquad \omega_{y_1}=\omega_{y_2},\qquad \omega_{z_1}=\omega_{z_2},$$

d. h. alle Körperpunkte besitzen dieselben Drehteile um die Achsen des festen Kreuzes.

1. Beispiel. Zur Ermittlung der Drehteile des im § 10 behandelten Kreuzgelenkes haben wir zunächst aus der dort abgeleiteten Beziehung $\operatorname{tg}\psi=\operatorname{tg}\varphi\cos\alpha'$ durch Ableitung

$$\left.\begin{aligned} \frac{\dot\psi}{\cos^2\psi}&=\frac{\dot\varphi}{\cos^2\varphi}\cos\alpha' \\ \text{oder}\qquad \dot\psi\,(1+\operatorname{tg}^2\varphi\cos^2\alpha')&=\dot\varphi\,(1+\operatorname{tg}^2\varphi)\cos\alpha' \end{aligned}\right\} \quad . \quad . \quad . \quad . \quad . \quad . \quad . \quad 9)$$

Außerdem war nach 5) und 6) § 10

$$\left.\begin{aligned} x_1&=-r\sin\varphi, & y_1&=0, & z_1&=r\cos\varphi \\ x_2&=r\cos\psi\cos\alpha', & y_2&=-r\cos\psi\sin\alpha', & z_2&=r\sin\psi \end{aligned}\right\}, \quad . \quad . \quad . \quad 10)$$

also

$$\left.\begin{aligned} \dot x_1&=-r\dot\varphi\cos\varphi, & \dot y_1&=0, & \dot z_1&=-r\dot\varphi\sin\varphi \\ \dot x_2&=-r\dot\psi\sin\psi\cos\alpha', & \dot y_2&=+r\dot\psi\sin\psi\sin\alpha', & \dot z_2&=r\dot\psi\cos\psi \end{aligned}\right\} . \quad . \quad 11)$$

Aus den Formeln 7) folgt alsdann mit $\omega_{x_1}=\omega_{x_2}=\omega_x$, $\omega_{y_1}=\omega_{y_2}=\omega_y$, $\omega_{z_1}=\omega_{z_2}=\omega_z$

$$\begin{aligned} \dot x_1&=z_1\omega_y, & \dot x_2&=z_2\omega_y-y_2\omega_z \\ \dot z_1&=-x_1\omega_y, & \dot z_2&=y_2\omega_x-x_2\omega_y \end{aligned}$$

oder nach Einsetzen der vorstehenden Werte

$$\omega_y=-\dot\varphi,\qquad \omega_x=-\frac{\dot\psi-\dot\varphi\cos\alpha'}{\sin\alpha'},\qquad \omega_z=-\frac{\dot\psi\cos\alpha'-\dot\varphi}{\sin\alpha'}\operatorname{tg}\varphi\cos\alpha'.$$

Schalten wir $\dot\psi$ mit Hilfe von 9) aus, so bleibt

$$\left.\begin{aligned} \omega_x&=-\frac{\dot\varphi\cos\alpha'\operatorname{tg}^2\varphi\,(1-\cos^2\alpha')}{\sin\alpha'\,(1+\operatorname{tg}^2\varphi\cos^2\alpha')}=-\dot\varphi\operatorname{tg}^2\varphi\cos^2\psi\sin\alpha'\cos\alpha' \\ \omega_y&=-\dot\varphi, \\ \omega_z&=-\dot\varphi\operatorname{tg}\varphi\,\frac{\cos\alpha'}{\sin\alpha'}\,\frac{\cos^2\alpha'-1}{1+\operatorname{tg}^2\varphi\cos^2\alpha'}=\dot\varphi\operatorname{tg}\varphi\cos^2\psi\sin\alpha'\cos\alpha'=-\omega_x\operatorname{ctg}\varphi \end{aligned}\right\} 12\,\mathrm{a})$$

und daraus die Gesamtdrehung

$$\omega^2 = \omega_x^2 + \omega_y^2 + \omega_z^2 = \dot{\varphi}^2 \left[1 + \sin^2\varphi \, \frac{\cos^4\psi}{\cos^4\varphi} \sin^2\alpha' \cos^2\alpha'\right]$$

$$\omega^2 = \dot{\varphi}^2 \left(1 + \frac{\sin^2\varphi \sin^2\alpha' \cos^2\alpha'}{\cos^4\varphi\,(1+\operatorname{tg}^2\varphi\cos^2\alpha')^2}\right), \quad \ldots \ldots \ldots \ldots \quad 12\text{b})$$

aus der sich mit 12a) und 2c) sogleich die Neigungswinkel der Drehachse des Zapfenkreuzes ergeben. Man erkennt auch, daß für

$$\begin{array}{lll} \varphi = 0, & \dfrac{\pi}{2}, & \pi \\ \omega_x = 0, & -\dot{\varphi}\operatorname{tg}\alpha', & 0 \\ \omega_z = 0, & 0, & 0 \\ \omega = \dot{\varphi}, & \dfrac{\dot{\varphi}}{\cos\alpha'}, & \dot{\varphi} \end{array}$$

ist. Daraus folgt, daß die Drehachse des Zapfenkreuzes durchaus nicht in der Ebene der beiden Wellenachsen bleibt, sondern um dieselbe Schwankungen vollzieht, wie schon aus der im § 10 besprochenen zeichnerischen Ermittlung durch die Schnitte der auf den Zapfenbahnen senkrechten Hauptbahn hervorging.

2. Beispiel. Eine Scheibe vom Halbmesser r_2 rollt auf ebener Unterlage mit dem Drehwert ω_2, während sie sich gleichzeitig um eine senkrechte Achse OO' im Abstande r_1 mit ω_1 dreht. Alsdann ist der vom Scheibenumfang in der Sekunde zurückgelegte Weg $r_2\,\omega_2$ derjenige der Scheibenmitte dagegen $r_1\,\omega_1$ und die Bedingung des Rollens verlangt

$$r_1\,\omega_1 = r_2\,\omega_2, \qquad \frac{\omega_1}{\omega_2} = \frac{r_2}{r_1}.$$

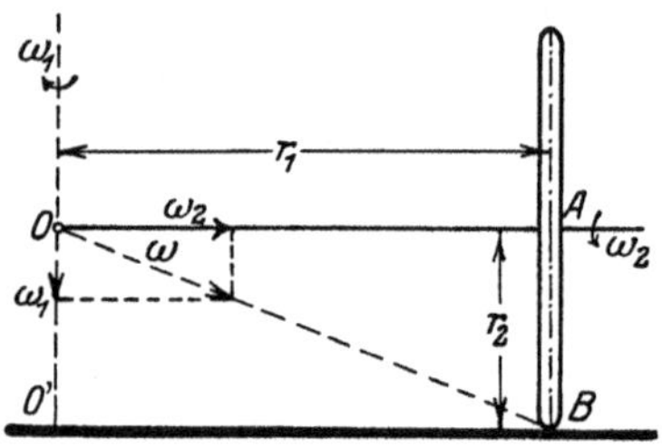

Abb. 27.

Trägt man die Drehwerte, wie aus Abb. 27 ersichtlich, als Vektoren auf den Achsen von O aus auf, so erkennt man, daß sie sich zu einem Gesamtwerte $\omega = \sqrt{\omega_1^2 + \omega_2^2}$ zusammensetzen, der auf der Diagonale OB durch den Berührungspunkt der Scheibe mit der Unterlage hindurchgeht. Der ganze Vorgang kann offenbar als Abrollen des Kegels mit der Achse OA auf dem festen Kegel mit der Achse OO' und der gemeinsamen Mantelgeraden OB als Momentanachse aufgefaßt werden.

3. Beispiel. Rollt eine Kugel auf zwei konzentrischen Schienen $A_1\,A_2$, Abb. 28, welche auf einem Kegel vom Öffnungswinkel β und der Spitze O liegen, so darf die Bewegung der Kugel als Abrollen des Kegels $OA_1A_2B_2B_1$ vom Öffnungswinkel $2\,\alpha$ auf dem Kegel mit vertikaler Achse und dem Öffnungswinkel $2\,\beta$ und derselben Spitze aufgefaßt werden. Ist ω_1 der Drehwert des ersten Kegels um seine Achse OM und ω_2 der Drehwert des Kugelumlaufs um die lotrechte Achse OO, so ist mit $OA_1 = s$ die Bedingung für das Rollen $\omega_1\,s\sin\alpha = \omega_2\,s\sin\beta$ oder

$$\frac{\omega_1}{\sin\beta} = \frac{\omega_2}{\sin\alpha} = \frac{\omega}{\sin(\beta-\alpha)}, \quad \ldots \ldots \ldots \ldots \quad 13)$$

worin ω den durch vektorielle Zusammensetzung erhaltenen Gesamtdrehwert um die gemeinsame Mantelgerade OA_1A_2 beider Kegel bedeutet.

4. Beispiel. An Stelle des Schienenpaares des letzten Beispiels kann natürlich auch eine Umdrehungsfläche treten, die von der rollenden Kugel in zwei Punkten $A_1\,A_2$ berührt wird. Zieht man dann von O aus eine neue Gerade mit den Schnitten $D_1\,D_2$ in Abb. 29, so bestimmt diese mit OM und OC

zwei weitere Rollkegel mit den Öffnungswinkeln $2\alpha''$ und $2\beta''$, welche beide bei der Bewegung aufeinander und abrollen. Man erkennt, daß in diesem sog. Kugellager die Drehung der Kugel gegen die feste Fläche (Lagerschale) A_1A_2 um die Mantelgerade OA_1A_2 mit ω', die des Zapfens D_1D_2 um OD_1D_2 mit ω'' derart erfolgt, daß mit dem Drehwert ω_1 der Kugel um OM, wie oben, ein Drehwert ω_2' um die Zapfenmitte und ein gleichgerichteter Drehwert ω_2'' des Zapfens gegen die Kugel sich ergibt. Es ist alsdann

$$\frac{\omega_1}{\sin\beta'} = \frac{\omega_2'}{\sin\alpha'} = \frac{\omega'}{\sin(\beta'-\alpha')}, \qquad \frac{\omega_1}{\sin\beta''} = \frac{\omega_2''}{\sin\alpha''} = \frac{\omega''}{\sin(\beta''+\alpha'')} \qquad 14)$$

oder wegen $\beta' - \alpha' = \alpha'' + \beta''$

$$(\omega_2' + \omega_2'')\sin(\beta' - \alpha') = \omega'\sin\alpha' + \omega''\sin\alpha'' \; . \; . \; . \; . \; . \; . \qquad 15)$$

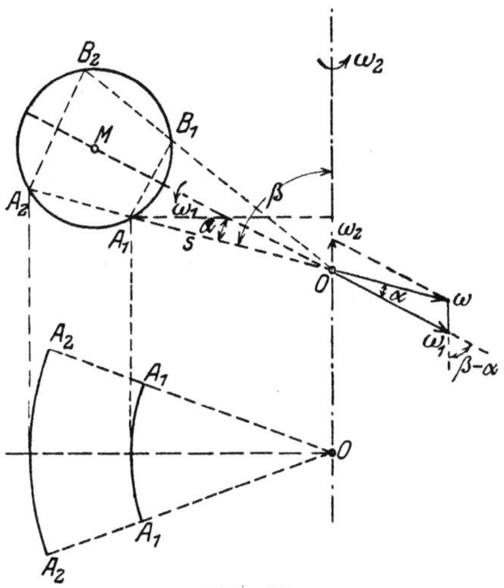

Abb. 28.

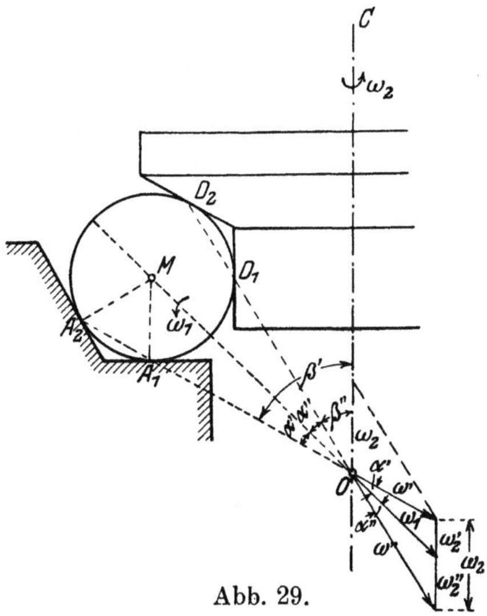

Abb. 29.

Außerdem aber ist

$$\omega_2'\cos(\beta' - \alpha') = \omega_1 - \omega'\cos\alpha'$$

$$\omega_2''\cos(\beta' - \alpha') = \omega''\cos\alpha'' - \omega_1$$

oder

$$(\omega_2' + \omega_2'')\cos(\beta' - \alpha') = \omega''\cos\alpha'' - \omega'\cos\alpha' \; . \; . \; . \; . \; . \; . \qquad 16)$$

Daraus folgt mit $\omega_2' + \omega_2'' = \omega_2$

$$\omega_2^2 = \omega'^2 + \omega''^2 - 2\,\omega'\omega''\cos(\alpha' + \alpha''),$$

so daß also der Gesamtdrehwert des Zapfens sich aus den Drehwerten der Kugel gegen die Schale und den Zapfen vektoriell zusammensetzt.

§ 13. Allgemeine Bewegung des starren Körpers. Die allgemeine Bewegung eines starren Körpers erhalten wir aus seiner Drehung um einen Punkt P_0, indem wir diesem selbst noch eine Geschwindigkeit v_0 mit drei voneinander unabhängigen Laufteilen $\dot{x}_0, \dot{y}_0, \dot{z}_0$ erteilen. Sind x_0, y_0, z_0 seine augenblicklichen Abstände von den festen Achsenebenen x, y, z diejenigen eines beliebigen Körperpunktes, so bestimmen sich dessen Laufteile mit Hilfe der Drehteile $\omega_x, \omega_y, \omega_z$ aus den Grundformeln 2) des letzten Abschnittes durch Einführung von $x - x_0$, $y - y_0$, $z - z_0$ und ihrer Ableitungen an Stelle der dort auf den ruhenden Anfang bezogenen Größen x, y, z, also

$$\left.\begin{aligned} \dot{x} - \dot{x}_0 &= (z - z_0)\,\omega_y - (y - y_0)\,\omega_z \\ \dot{y} - \dot{y}_0 &= (x - x_0)\,\omega_z - (z - z_0)\,\omega_x \\ \dot{z} - \dot{z}_0 &= (y - y_0)\,\omega_x - (x - x_0)\,\omega_y \end{aligned}\right\} \quad \ldots \ldots \quad 1)$$

Die hierin auftretenden Unterschiede $x - x_0$, $\dot{x} - \dot{x}_0$ usw. sind nichts anderes als die relativen Abstände bzw. relativen Laufteile in einem Achsenkreuz mit dem Punkte x_0, y_0, z_0 als Anfang, welches bei der Bewegung dem festen parallel bleibt.

Zur Bestimmung der Drehteile, sowie der Gesamtdrehung ω und der Lage der Achse bedarf es demnach wie beim feststehenden Körper noch der Kenntnis der Bewegung zweier weiterer Körperpunkte P_1, P_2 mit den Achsenabständen x_1, y_1, z_1; x_2, y_2, z_2 und ihren augenblicklichen zeitlichen Ableitungen. Ihnen entsprechen alsdann 6 Gleichungen von der Form 1), die aber durch die drei Bedingungen des starren Zusammenhangs der Punkte P_0, P_1, P_2 von der Gestalt 6a) § 12 verknüpft sind, so daß in Wirklichkeit nur noch drei voneinander unabhängige Gleichungen wie im vorigen Abschnitt zur Bestimmung der Drehteile übrig bleiben.

Sind umgekehrt die Laufteile $\dot{x}_0, \dot{y}_0, \dot{z}_0$ des Körperpunktes x_0, y_0, z_0, sowie die Drehteile

$$\omega_x = \alpha\,\omega, \qquad \omega_y = \beta\,\omega, \qquad \omega_z = \gamma\,\omega \quad \ldots \ldots \quad 2)$$

vorgelegt, so folgt aus 1) für die im Ruhezustande befindlichen Körperpunkte mit $\dot{x} = \dot{y} = \dot{z} = 0$

$$\left.\begin{aligned} z\,\omega_y - y\,\omega_z &= z_0\,\omega_y - y_0\,\omega_z - \dot{x}_0 \\ x\,\omega_z - z\,\omega_x &= x_0\,\omega_z - z_0\,\omega_x - \dot{y}_0 \\ y\,\omega_x - x\,\omega_y &= y_0\,\omega_x - x_0\,\omega_y - \dot{z}_0 \end{aligned}\right\} \quad \ldots \ldots \quad 3)$$

oder mit 2)

$$\left.\begin{aligned} \beta z - \gamma y &= \beta z_0 - \gamma y_0 - \frac{\dot{x}_0}{\omega} \\ \gamma x - \alpha z &= \gamma x_0 - \alpha z_0 - \frac{\dot{y}_0}{\omega} \\ \alpha y - \beta x &= \alpha y_0 - \beta x_0 - \frac{\dot{z}_0}{\omega} \end{aligned}\right\} \quad \ldots \ldots \quad 3\text{a})$$

Das sind aber die Gleichungen der drei Risse einer Geraden im Raume mit den Neigungswinkeln α, β, γ, d. h. der Momentanachse des Körpers, falls die Bedingung

$$\dot{x}_0\,\omega_x + \dot{y}_0\,\omega_y + \dot{z}_0\,\omega_z = (\alpha\,\dot{x}_0 + \beta\,\dot{y}_0 + \gamma\,\dot{z}_0)\,\omega = 0, \quad \ldots \quad 3\text{b})$$

d. h. die Normalstellung der Geschwindigkeit v_0 des Punktes x_0, y_0, z_0 zur Achse bzw. dem Drehvektor ω erfüllt ist. Dies trifft, wie wir schon früher gesehen haben, immer zu, wenn der Punkt x_0, y_0, z_0 festgehalten wird und damit auf der Momentanachse liegt.

Ist die Bedingung 3b) nicht erfüllt, so bestehen doch allgemein nach 1) die Beziehungen

$$\left.\begin{aligned}(\dot{x}-\dot{x}_0)(x-x_0)+(\dot{y}-\dot{y}_0)(y-y_0)+(\dot{z}-\dot{z}_0)(z-z_0)=0\\(\dot{x}-\dot{x}_0)\,\omega_x+(\dot{y}-\dot{y}_0)\,\omega_y+(\dot{z}-\dot{z}_0)\,\omega_z=0\end{aligned}\right\}, \quad 4)$$

von denen die erste nur die Unveränderlichkeit der Abstände PP_0, d. h. die Starrheit des Körpers ausdrückt, während wir für die zweite mit 2) und

$$\left.\begin{aligned}\dot{x}&=\varphi\cdot v, & \dot{y}&=\psi\cdot v, & \dot{z}&=\chi\cdot v\\\dot{x}_0&=\varphi_0 v_0, & \dot{y}_0&=\psi_0 v_0, & \dot{z}_0&=\chi_0 v_0\end{aligned}\right\} \quad \ldots \quad 5)$$

schreiben dürfen:

$$\left.\begin{aligned}\dot{x}\,\omega_x+\dot{y}\,\omega_y+\dot{z}\,\omega_z=\dot{x}_0\,\omega_x+\dot{y}_0\,\omega_y+\dot{z}_0\,\omega_z\\v\cos(v,\omega)=v_0\cos(v_0,\omega)\end{aligned}\right\}, \quad \ldots \quad 4\text{a})$$

womit nur gesagt ist, daß der Laufvektor des Punktes P_0 mit dem Drehvektor im allgemeinen einen Winkel bildet, und daß die in die Richtung des Drehvektors fallenden Laufteile aller Körperpunkte übereinstimmen.

Es entsteht nun die Frage, ob es im Raume eine Stelle gibt, wo mit $\sphericalangle(v,\omega)=0$, $\cos(v,\omega)=1$ die Laufrichtung mit der des Drehvektors übereinstimmt, so zwar, daß nach 4a) dort

$$v=v_0\cos(v_0,\omega)=\alpha\,\dot{x}_0+\beta\,\dot{y}_0+\gamma\,\dot{z}_0 \quad \ldots \quad 6)$$

ist. Alsdann muß dort

$$\dot{x}=\alpha\,v, \qquad \dot{y}=\beta\,v, \qquad \dot{z}=\gamma\,v \quad \ldots \quad 6\text{a})$$

sein, und wir erhalten an Stelle von 1) und 2) die Formelgruppe

$$\left.\begin{aligned}\alpha\,v-\dot{x}_0&=[\beta\,(z-z_0)-\gamma\,(y-y_0)]\,\omega\\\beta\,v-\dot{y}_0&=[\gamma\,(x-x_0)-\alpha\,(z-z_0)]\,\omega\\\gamma\,v-\dot{z}_0&=[\alpha\,(y-y_0)-\beta\,(x-x_0)]\,\omega\end{aligned}\right\}, \quad \ldots \quad 7)$$

die in der Tat der Bedingung 6) genügt und somit die Gleichung einer Parallelen zum Drehvektor darstellt, deren Punkte nur eine Verschiebung in sich erleiden, während alle anderen Körperpunkte um sie rotieren. Eine solche Bewegung bezeichnet man als eine S c h r a u b u n g und die durch 7) gegebene Gerade als die S c h r a u b e n a c h s e d e s K ö r p e r s.

Quadriert man die Formeln 7) und addiert, so wird mit Rücksicht auf 6)

$$\begin{aligned}\frac{v_0^2-v^2}{\omega^2}&=(x-x_0)^2+(y-y_0)^2+(z-z_0)^2\\&\quad-[\alpha\,(x-x_0)+\beta\,(y-y_0)+\gamma\,(z-z_0)]^2. \quad \ldots \quad 7\text{a})\end{aligned}$$

Hierin bedeutet aber die rechte Seite nach den Darlegungen des vorigen Abschnittes, die dort auf Gl. 5b) führten, das Quadrat des

Lotes vom Punkte x, y, z der Schraubenachse auf den Drehvektor ω durch x_0, y_0, z_0 oder, was auf dasselbe hinausläuft, den Abstand r des letzteren von der Schraubenachse, so daß wir auch haben

$$v_0^2 - v^2 = r^2 \omega^2 \quad \text{7b)}$$

Da nun nach Voraussetzung 6) $v = v_0 \cos(v_0, \omega)$ ist, so wird hieraus

$$v_0 \sin(v_0, \omega) = r\omega, \quad \text{7c)}$$

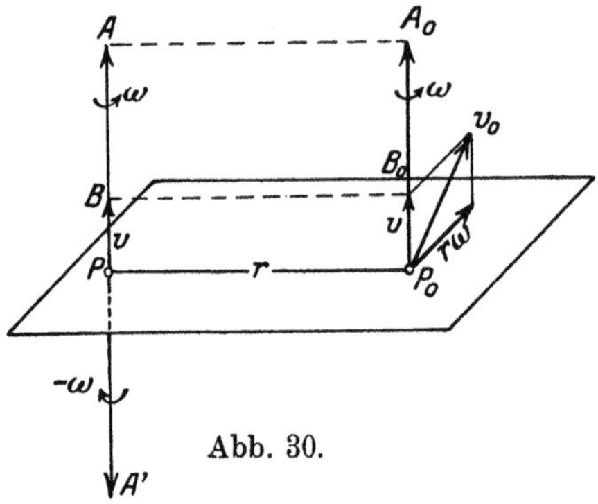

Abb. 30.

womit in einfachster Weise die Lage der Schraubenachse und der in sie fallende Verschiebungslauf v aus 6) bei der vorgelegten Körperbewegung gegeben sind. Ist in Abb. 30 $P_0 A_0 = \omega$ der vorgelegte Drehvektor im Punkte P_0 (x_0, y_0, z_0), so stellt die Parallele PA hierzu im Abstand $P_0 P = r$ die Schraubenachse mit dem verschobenen Drehvektor ω und dem gleichgerichteten Achsenlauf $PB = v = r\omega$ dar. Da diese beiden die Bewegung des starren Körpers vollkommen bestimmen, so ist durch die Parallelverschiebung des Drehvektors von P_0 nach P der hierzu normale Laufteil 7c) in P aufgehoben worden, d. h. durch die Parallelverschiebung eines Drehvektors wird eine dazu senkrechte Geschwindigkeit geweckt, die eine vorhandene entgegengesetzt gerichtete aufheben wird.

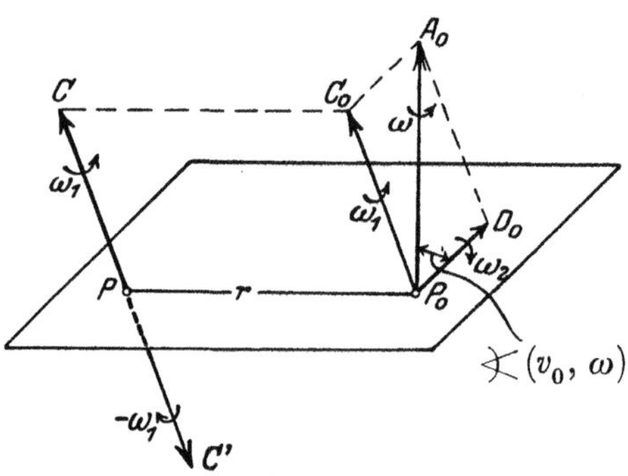

Abb. 31.

Die Parallelverschiebung selbst können wir uns auch durch Anbringen der beiden entgegengesetzten Drehvektoren $PA = \omega$ und $PA' = -\omega$ im Punkte P bewirkt denken, von denen der letztere PA' mit dem ursprünglichen Vektor $P_0 A_0$ ein sog. Drehpaar bildet, welches hiernach mit einer zu seiner Ebene senkrechten Geschwindigkeit gleichwertig ist. Dieser Satz deckt sich mit der Zusammensetzung zweier entgegengesetzt gleicher Drehungen um zwei Pole in der Ebene, die ebenfalls auf eine zur Polverbindung normale Verschiebung führte (vgl. Ebene Mechanik, § 6, 2. Beispiel).

Zerlegen wir jedoch nach Abb. 31 in P_0 den Drehvektor $P_0 A_0 = \omega$ in die Teile

$$P_0 C_0 = \omega_1 = \omega \sin(v_0, \omega), \qquad P_0 D_0 = \omega_2 = \omega \cos(v_0, \omega)$$

und verschieben den ersteren parallel zu sich und senkrecht zum anderen um den Abstand $r = v_0 : \omega_1$, so wird durch das Drehpaar $P_0 C_0$ und $P C'$ die Geschwindigkeit v_0 aufgehoben, und es bleiben nur die beiden zueinander senkrechten, sich nicht schneidenden Drehvektoren $P_0 D_0 = \omega_2$ und $P C = \omega_1$ übrig, womit die Bewegung des Körpers auf die augenblickliche Drehung um zwei zueinander senkrechte, sich nicht schneidende Achsen zurückgeführt ist, die wir schon im ersten Abschnitt kennen gelernt haben.

Zu diesem Ergebnis gelangen wir auch durch die Ansätze für die beiden Laufvektoren

$$\left.\begin{aligned} \dot{x} &= \varphi \cdot v, & \dot{y} &= \psi \cdot v, & \dot{z} &= \chi \cdot v, \\ \dot{x}_0 &= \varphi_0 v_0, & \dot{y}_0 &= \psi_0 v_0, & \dot{z}_0 &= \chi_0 \cdot v_0 \end{aligned}\right\} \quad \ldots \ldots \quad 8)$$

mit der Bedingung der Normalstellung zueinander

$$\varphi \cdot \varphi_0 + \psi \cdot \psi_0 + \chi \chi_0 = 0 \ldots \ldots \ldots \quad 8a)$$

Führen wir diese in die Grundformeln 1) ein und quadrieren, so wird daraus an Stelle von 7a)

$$v^2 + v_0^2 = r^2 \omega^2, \quad \ldots \ldots \ldots \quad 9)$$

wenn r die Entfernung der beiden Punkte $P P_0$ mit zueinander senkrechten Laufwerten bedeutet. Mit dem Winkel $\sphericalangle (v_0, \omega)$ zerfällt aber dieses Ergebnis in

$$\left.\begin{aligned} v_0 &= r \omega \sin (v_0, \omega) = r \omega_1 \\ v &= r \omega \cos (v_0 \omega) = r \omega_2 \end{aligned}\right\} \quad \ldots \ldots \ldots \quad 9a)$$

entsprechend der Drehung des Körpers um zwei zueinander normale Achsen mit dem Abstande r und den Drehwerten ω_1 und ω_2, die hiernach als Teile des vorgegebenen Drehwertes erscheinen.

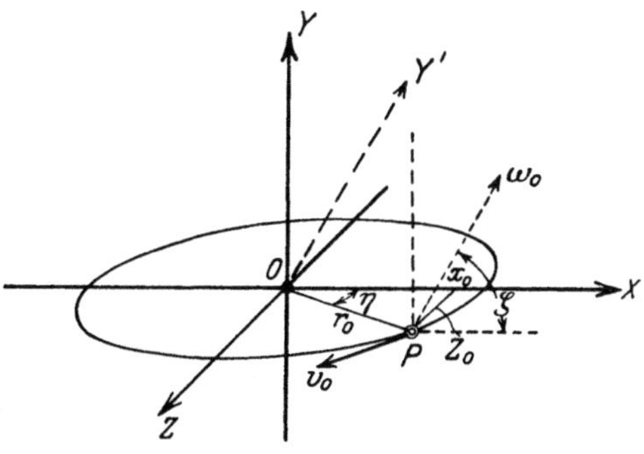

Abb. 32.

Beispiel. Ist v_0 der beständige Umlauf der Erde um die Sonne in einer Kreisbahn vom Halbmesser r_0 in der $z x$-Ebene, η die Neigung des Fahrstrahls gegen die x-Achse; ferner ω_0 ihr Drehwert um die Achse mit der unveränderlichen Neigung ζ gegen die x-Achse in der $x y$-Ebene, Abb. 32, so ist $\alpha = \cos \zeta$, $\beta = \sin \zeta$, $\gamma = 0$, also

$$\left.\begin{aligned} \omega_x &= \omega_0 \cos \zeta, & \omega_y &= \omega_0 \sin \zeta, & \omega_z &= 0 \\ x_0 &= r_0 \cos \eta, & y_0 &= 0, & z_0 &= r_0 \sin \eta \\ \dot{x}_0 &= -v_0 \sin \eta, & \dot{y}_0 &= 0, & \dot{z}_0 &= v_0 \cos \eta \end{aligned}\right\}, \ldots \quad 10)$$

Daraus folgt für den Lauf in der Schraubenachse nach 6)

$$v = \dot{x}_0 \cos \zeta = -v_0 \sin \eta \cos \zeta = v_0 \cos (v_0, \omega_0) \ldots \ldots \quad 10a)$$

und eingesetzt in die Gleichungsgruppe 7)

$$v_0 (1 - \cos^2 \zeta) \sin \eta = \omega_0 (z - r_0 \sin \eta) \sin \zeta$$
$$- v_0 \cos \zeta \sin \zeta \sin \eta = - \omega_0 (z - r_0 \sin \eta) \cos \zeta$$
$$- v_0 \cos \eta = \omega_0 [y \cos \zeta - (x - r_0 \cos \eta) \sin \zeta) .$$

Da die ersten beiden Gleichungen übereinstimmen, so dürfen wir hierfür auch schreiben:

$$\left.\begin{aligned} \omega_0 z &= (\omega_0 r_0 + v_0 \sin \zeta) \sin \eta \\ \omega_0 (y \cos \zeta - x \sin \zeta) &= - (\omega_0 r_0 \sin \zeta + v_0) \cos \eta \end{aligned}\right\} \quad \ldots\ldots \quad 10\text{b})$$

Daraus erhellt, daß die Schraubenachse parallel der xy-Ebene im Abstand z von derselben verläuft, und, wie sich durch Ausschaltung von η ergibt, auf der Fläche

$$\frac{\omega_0^2 z^2}{(\omega_0 r_0 + v_0 \sin \zeta)^2} + \frac{\omega_0^2 (y \cos \zeta - x \sin \zeta)^2}{(\omega_0 r_0 \sin \zeta + v_0)^2} = 1 \quad \ldots\ldots \quad 11)$$

liegt. Setzt man darin das Lot von der z-Achse auf die Schraubenachse

$$y \cos \zeta - x \sin \zeta = y',$$

so wird aus 11)

$$\frac{\omega_0^2 z^2}{(\omega_0 r_0 + v_0 \sin \zeta)^2} + \frac{\omega_0^2 y'^2}{(\omega_0 r_0 \sin \zeta + v_0)^2} = 1, \quad \ldots\ldots \quad 11\text{a})$$

d. h. die Gleichung eines elliptischen Zylinders mit der Achse OY' parallel dem Drehvektor ω_0, Abb. 33.

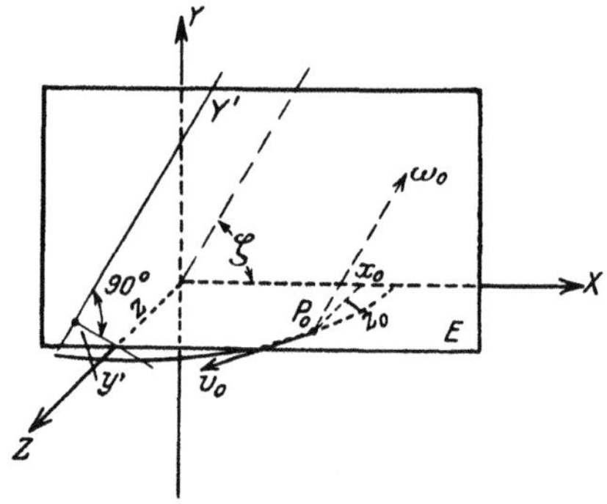

Abb. 33.

Der Abstand r des augenblicklichen Drehvektors ω_0 von der zugehörigen Schraubenachse ergibt sich schließlich nach 7c) und 10) zu

$$r \omega_0 = v_0 \sin (v_0, \omega_0) = v_0 \sqrt{1 - \cos^2 (v_0, \omega_0)},$$
$$r \omega_0 = v_0 \sqrt{1 - \cos^2 \zeta \sin^2 \eta} \quad \ldots\ldots \quad 13)$$

Da nun für die Erde $\zeta = 66{,}5^0$, $\omega_0 = 0{,}000073 = 7{,}3 \cdot 10^{-5}\,\text{sec}^{-1}$ und $v_0 = 30\,\text{km/sec}$ ist, so wird $v_0 : \omega_0 \approx 4 \cdot 10^5\,\text{km}$, d. h. die Schraubenachse entfernt sich nicht weiter wie der Mond von der Erde. Es kommt dies daher, daß in den Formeln 10b) bzw. 11) und 11a) mit dem Erdbahnhalbmesser $r_0 \approx 15 \cdot 10^7\,\text{km}$ das Produkt $r_0 \omega_0 \approx 11\,000\,\text{km/sec}$ sehr viel größer als der Laufwert v_0 bzw. $v_0 : \sin \zeta$ ausfällt und der Zylinderschnitt mit der Erdbahnebene sich von der Erdbahn nur wenig unterscheidet.

Die vorstehenden Formeln gelten auch für den Mond, der in erster Annäherung aufgefaßt werden kann als ein um den Mittelpunkt der Erde mit dem durch seine Umlaufszeit von 27,32 Tagen gegebenen Drehwert umlaufenden Körper, dessen Bahnneigung gegen die Erdbahnebene 5,13° beträgt. Alsdann ist $\zeta = 84{,}87°$ und $\omega_0 = 0{,}000073 : 27{,}32 = 2{,}7 \cdot 10^{-6}\,\text{sec}^{-1}$ und mit $v_0 = 30$ km/sec wird der größte Abstand der Schraubenachse vom Erdmittelpunkt $v_0 : \omega_0 = 11 \cdot 10^6$ km. Wegen der Kleinheit von $\cos\zeta = 0{,}09$ erleidet der Schraubenabstand r nach Gl. 13) in diesem Falle auch nur sehr geringe Schwankungen. Andererseits ist wegen $r_0 \cdot \omega_0 \approx 400$ km/sec, $\sin\zeta = 0{,}996$, $v_0 = 30$ km/sec der Unterschied der beiden Achsen der Spur des Schraubenachsenzylinders auf der Erdbahnebene auch größer als für die Erddrehung selbst, so doch immerhin auch nicht erheblich.

Steht die Drehachse des Planeten oder Mondes auf ihrer Bahn senkrecht oder fällt sie in die Bahn, so wird aus 10b) bis 13) für $\zeta = 90°$, $\cos\zeta = 0$, $\sin\zeta = 1$, für $\zeta = 0°$, $\cos\zeta = 1$, $\sin\zeta = 0$

$$\omega_0 z = (v_0 + \omega_0 r_0)\sin\eta\,, \qquad z = r_0 \sin\eta\,,$$

$$\omega_0 x = (v_0 + \omega_0 r_0)\cos\eta\,, \qquad \omega_0 y = -v_0\cos\eta\,,$$

$$\frac{\omega_0^2 x^2}{(v_0 + \omega_0 r_0)^2} + \frac{\omega_0^2 z^2}{(v_0 + \omega_0 r_0)^2} = 1\,, \qquad \frac{\omega_0^2 y^2}{v_0^2} + \frac{z^2}{r_0^2} = 1\,,$$

$$r\,\omega_0 = v_0\,, \qquad r\,\omega_0 = v_0\cos\eta\,,$$

also wieder der Drehachse parallele Schraubenachsenzylinder. Im Sonderfalle $v_0 = \omega_0 r_0$ wird mit $\zeta = 90°$, $x = 0$, $z = 2\,r_0 \sin\eta$, d. h. eine Parallelverschiebung der Schraubenachse in der yz-Ebene und für $\zeta = 0$, $y_0^2 + z_0^2 = r_0^2$ eine Wanderung der Schraubenachse auf einem Kreiszylinder, der die in seiner Durchmesserebene liegende Bahn berührt.

Zweites Buch.

Statik räumlicher Gebilde.

IV. Das reibungsfreie Gleichgewicht.

§ 14. Der Kraft- und Momentenvektor. In der Mechanik der ebenen Gebilde haben wir die Begriffe der Masse und Kraft gleichzeitig aus der Betrachtung eines Bewegungsvorganges abgeleitet, wobei sich die Kraft als ein mit dem von ihr bedingten Anlauf gleichgerichteter Vektor ergab, dessen Betrag überdies der skalaren Masse verhältnisgleich war. Zwei miteinander in Wechselwirkung stehende Massenpunkte unterliegen alsdann zwei entgegengesetzt gleichen Kräften, und zwar unabhängig davon, ob sie sich berühren oder nicht.

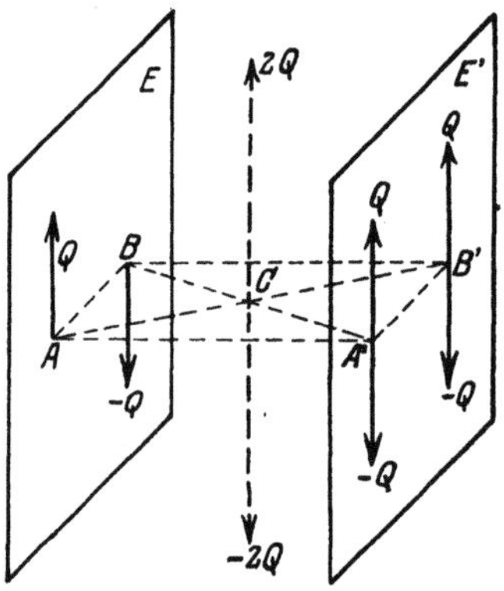

Abb. 34.

Im Falle des Kraftangriffes an einem Punkte eines starren Körpers können wir zunächst, ohne an der Kraftwirkung etwas zu ändern, den Angriffspunkt in der Richtungslinie der Kraft beliebig verlegen. Verschieben wir dagegen den Kraftvektor parallel zu sich selbst, so wecken wir in der Ebene der Parallelverschiebung ein Kräftepaar mit einer Drehwirkung in derselben, bzw. um eine dazu senkrechte Achse, wobei der Körper nach Projektion seiner Massenelemente auf diese Ebene als Scheibe aufgefaßt werden kann. Das Kräftepaar selbst ist durch sein Moment, d. i. das Produkt der Einzelkraft mit dem als Hebelarm bezeichneten Abstand der Kraftwirkungslinien voneinander vollständig gegeben und zwar unabhängig von der Lage der Einzelkräfte in der Ebene. In dieser wird es daher durch ein Kräftepaar mit entgegengesetzt gleichem Moment ebenso aufgehoben wie eine Einzelkraft durch die gleich große Gegenkraft an demselben Angriffspunkt. Legen wir nun durch den Körper eine Parallelebene E' zu derjenigen E des Kräftepaares $\pm Q$, Abb. 34, und bringen an den Enden der Projektionen $A'B'$ des Hebelarmes AB des Kräftepaares auf die Parallelebene die entgegengesetzt gleichen Kräfte $\pm Q$ an, so ist am Kräftespiel zunächst gar nichts geändert.

Dagegen können wir am Schnitte der Diagonalen des Rechteckes $ABB'A'$ je zwei Kräfte $+Q$ und $-Q$ zu Gesamtkräften $\pm 2Q$ vereinigen, die sich am selben Punkte aufheben, wobei unter Wegfall des ursprünglichen Kräftepaares ein ihm kongruentes in der Parallelebene übrigbleibt. Daraus folgt aber, daß man Kräftepaare parallel zu sich selbst im Raume verschieben kann, was vollkommen der Verschiebung eines Kräftevektors in seiner Richtungslinie entspricht. Die praktische Anwendung dieses so einfachen wie wichtigen Satzes liefert jede Transmissionswelle mit mehreren Riemenscheiben, an denen Kräftepaare wirken, welche sich demnach algebraisch summieren. Dasselbe gilt von den Drehmomenten mehrerer an derselben Welle angreifenden Kurbelgetriebe, auf deren Zusammensetzung wir noch später zurückkommen werden.

Auch die Vereinigung mehrerer Kräftepaare $\pm Q_1$ und $\pm Q_2$ in sich schneidenden Ebenen E_1 und E_2, Abb. 35, bietet keine Schwierigkeit, wenn wir beide Paare erst auf einen Hebelarm gebracht haben. Alsdann lassen sich sowohl $+Q_1$ und $+Q_2$, wie auch $-Q_1$ und $-Q_2$ zu zwei entgegengesetzt gleichen Gesamtkräften $\pm R$ vereinigen, die für sich ein neues Paar in einer neuen Ebene E bilden. Da auch dieses parallel zu sich verschoben werden kann, so erkennen wir, daß sich alle an einem starren Körper angreifenden Kräftepaare schließlich zu einem einzigen zusammensetzen lassen.

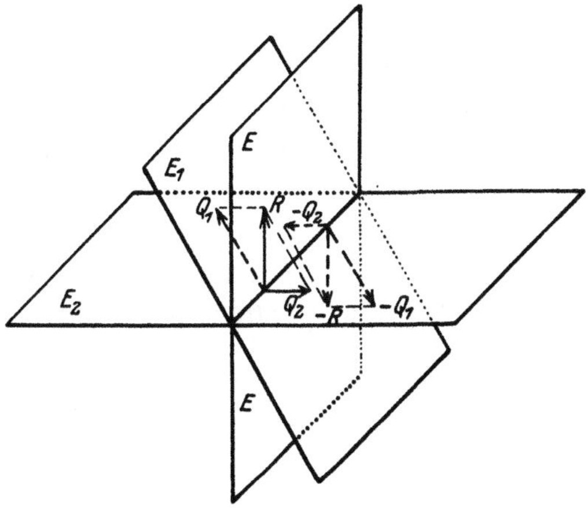

Abb. 35.

Zur analytischen Behandlung gehen wir von den Gleichungen der Richtungslinie des Kraftvektors Q mit den Richtungskosimus φ, ψ, ϑ aus, die mit dem Angriffspunkte x_1, y_1, z_1 lauten

$$\frac{x-x_1}{\varphi} = \frac{y-y_1}{\psi} = \frac{z-z_1}{\vartheta} \quad \ldots \ldots \ldots \quad 1)$$

Dafür können wir auch schreiben

$$(x-x_1)\psi = (y-y_1)\varphi$$
$$(y-y_1)\vartheta = (z-z_1)\psi$$
$$(z-z_1)\varphi = (x-x_1)\vartheta$$

oder

$$\left.\begin{aligned} x\psi - y\varphi &= x_1\psi - y_1\varphi \\ y\vartheta - z\psi &= y_1\vartheta - z_1\psi \\ z\varphi - x\vartheta &= z_1\varphi - x_1\vartheta \end{aligned}\right\} \quad \ldots \ldots \ldots \quad 1a)$$

Erweitern wir diese Formeln mit dem Betrage Q des Kraftvektors und setzen dessen Achsenteile

$$Q\varphi = X, \quad Q\psi = Y, \quad Q\vartheta = Z, \quad \ldots \ldots \quad 2)$$

so wird daraus

$$\left.\begin{aligned} xY - yX &= x_1 Y - y_1 X \\ yZ - zY &= y_1 Z - z_1 Y \\ zX - xZ &= z_1 X - x_1 Z \end{aligned}\right\} \quad \ldots \ldots \quad 3)$$

Führen wir dagegen in 1a) den Abstand $OP = r$ des Kraftangriffs vom Anfang mit seinen Richtungskosinus durch

$$x_1 = r\varphi_1, \quad y_1 = r\psi_1, \quad z_1 = r\vartheta_1 \quad \ldots \ldots \quad 2a)$$

ein, so erhalten wir nach Erweiterung mit Q

$$\left.\begin{aligned} xY - yX &= Q\cdot r(\varphi_1\psi - \varphi\psi_1) \\ yZ - zY &= Q\cdot r(\psi_1\vartheta - \psi\vartheta_1) \\ zX - xZ &= Q\cdot r(\vartheta_1\varphi - \vartheta\varphi_1) \end{aligned}\right\} \quad \ldots \ldots \quad 3a)$$

Hierin stellen aber die rechten Seiten drei Risse des aus den beiden Vektoren Q und r gebildeten Parallelogramms

$$Q\cdot r\sin(Q, r) = Q\cdot h \quad \ldots \ldots \quad 4)$$

auf die Achsenebenen dar, wenn h das Lot vom Anfang auf Q bedeutet. Die Fläche des Parallelogramms ist nichts anderes als das Moment des durch Parallelverschiebung des Kraftvektors nach dem Anfang geweckten Kräftepaares, das mit

$$\left.\begin{aligned} r(\varphi_1\psi - \varphi\psi_1) &= h\gamma \\ r(\psi_1\vartheta - \psi\vartheta_1) &= h\alpha \\ r(\vartheta_1\varphi - \vartheta\varphi_1) &= h\beta \end{aligned}\right\} \quad \ldots \ldots \quad 2b)$$

nach 3a) in drei Achsenteile

$$\left.\begin{aligned} xY - yX = Q\cdot h\cdot\gamma, \quad yZ - zY = Q\cdot h\cdot\alpha, \\ zX - xZ = Q\cdot h\cdot\beta \end{aligned}\right\} \quad \ldots \quad 3b)$$

zerfällt. Dabei sind α, β, γ die Neigungswinkel der Normalen auf der Fläche des Parallelogramms, d. h. der Ebene des Kräftepaares Qh, dessen Moment somit einen Vektor darstellt, dessen Richtung durch die Normale seiner Ebene gegeben ist. Weiter erkennt man aus der Form der Gleichungen 4) und 3b), daß das Moment des Kräftepaares das Vektorprodukt des Kraftvektors $\mathfrak{Q}$ und der Strecke $\mathfrak{r}$ vom Anfang darstellt und demnach auch vektoriell

$$\mathfrak{M} = [\mathfrak{Q}\cdot\mathfrak{r}] \quad \ldots \ldots \quad 4a)$$

geschrieben werden kann. Dieser offenbar axiale Momentenvektor unterscheidet sich von dem ebenfalls axialen Drehvektor und dem polaren Laufvektor — abgesehen vom Maßstab — besonders dadurch, daß er an keine bestimmte Richtungslinie geknüpft ist. Er kann daher im Gegensatz zu diesen gebundenen Vektoren als ein freier Vektor bezeichnet werden.

Zu den drei Teilmomenten 3b) wären wir übrigens auch nach Zerlegung des Kraftvektors Q in seine Bestandteile 2) und Bildung der Momente um die Kreuzachsen nach Abb. 36 gelangt. Schreiben wir demgemäß

$$Q h \alpha = M_x, \qquad Q h \beta = M_y, \qquad Q h \gamma = M_z, \quad .\ 4\text{b})$$

so ist

$$xY - yX = M_z, \quad yZ - zY = M_x, \quad zX - xZ = M_y \quad .\ .\ 3\text{c})$$

und daraus

$$\left.\begin{aligned} M_x^2 + M_y^2 + M_z^2 &= Q^2 h^2 \\ M_x X + M_y Y + M_z Z &= 0 \\ M_x x + M_y y + M_z z &= 0 \end{aligned}\right\} \quad .\ .\ .\ .\ .\ .\ .\ 5)$$

Die beiden letzten Formeln, die wir auch in Vektorform

$$\left.\begin{aligned} \mathfrak{M}\,\mathfrak{Q} &= [\mathfrak{Q}\,\mathfrak{r}]\,\mathfrak{Q} = 0 \\ \mathfrak{M}\,\mathfrak{r} &= [\mathfrak{Q}\,\mathfrak{r}]\,\mathfrak{r} = 0 \end{aligned}\right\} .\ 5\text{a})$$

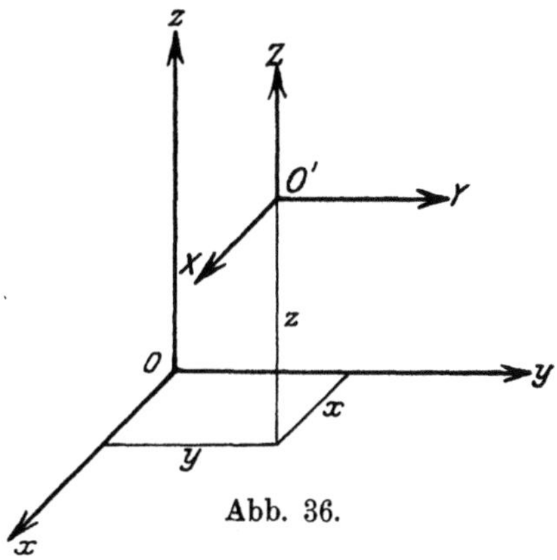

Abb. 36.

schreiben dürfen, drücken wieder nur die Normalstellung des Momentenvektors zum Kraftvektor $\mathfrak{Q}$ und Strahl $\mathfrak{r}$ aus.

Greifen an einem Punkte mehrere Kräfte $\mathfrak{Q}_i$ an, so lassen sich die Achsenanteile unter sich algebraisch addieren, wodurch die Achsenanteile X, Y, Z der Gesamtkraft R derart entstehen, daß

$$\left.\begin{aligned} \sum X_i = X, \quad \sum Y_i = Y, \quad \sum Z_i = Z \\ X^2 + Y^2 + Z^2 = R^2 \end{aligned}\right\}, \quad .\ .\ .\ .\ 6)$$

oder in anderer Schreibweise

$$\mathfrak{R} = \sum \mathfrak{Q}_i \quad .\ .\ .\ .\ .\ .\ .\ .\ .\ .\ .\ 6\text{a})$$

als Ausdruck für die geometrische Zusammenfassung ist.

Durch Parallelverschiebung jeder Einzelkraft nach dem Anfang O entstehen ebenso viele Kräftepaare, deren Momente sich zu einem Gesamtmoment geometrisch vereinigen. Nach 3c) ist alsdann

$$x Y_i - y X_i = M_{z_i}$$

oder

$$x \sum Y_i - y \sum X_i = M_z \quad \text{usw.}, \quad .\ .\ .\ .\ .\ .\ .\ 7)$$

oder in Vektorschreibweise

$$\mathfrak{M} = [(\mathfrak{Q}_1 + \mathfrak{Q}_2 + \cdots + \mathfrak{Q}_n)\,\mathfrak{r}] = [\mathfrak{R}\,\mathfrak{r}], \quad .\ .\ .\ .\ .\ 7\text{a})$$

so daß also das Gesamtmoment aller Einzelkräfte an einem Angriffspunkt gleich dem Moment der Gesamtkraft ist.

Verschwindet die Gesamtkraft $\mathfrak{R}$ und mit ihr das Gesamtmoment $\mathfrak{M}$, so heben sich die Einzelkräfte an ihrem gemeinsamen Angriffspunkt auf, der sich alsdann im Gleichgewicht befindet. Verschwindet dagegen das Moment des Kräftepaares, so braucht noch nicht die Gesamtkraft zu verschwinden, es besteht vielmehr dann die aus 7) mit 6) folgende Beziehung

$$X:Y:Z = x:y:z, \quad \ldots \ldots \ldots \quad 7\text{b})$$

welche ebenso wie $[\mathfrak{R}\mathfrak{r}] = 0$, bzw. $\mathfrak{R} \parallel \mathfrak{r}$ den Durchgang des Gesamtvektors durch den Anfang anzeigt.

§ 15. Kräfte mit verschiedenen Angriffspunkten. Schneiden sich die Richtungslinien der an einem Körper angreifenden Kräfte Q_1, $Q_2 \ldots Q_n$ nicht in einem Punkte, so sprechen wir, da jeder Punkt einer Richtungslinie als Angriffspunkt der zugehörigen Kraft aufgefaßt werden darf, von Kräften mit verschiedenen Angriffspunkten. Auch in diesem allgemeinen Falle dürfen wir jede Kraft durch Parallelverschiebung ihrer Richtungslinie nach einem gemeinsamen Punkt, z. B. dem ganz willkürlichen Anfang O des Achsenkreuzes verlegen und dort alle Kräfte geometrisch zusammenfassen. Dadurch erhalten wir außer einer Gesamtkraft R durch O mit den Achsenanteilen

$$X = \sum X_i, \qquad Y = \sum Y_i, \qquad Z = \sum Z_i \quad \ldots \ldots \quad 1)$$

für jede Einzelkraft noch ein Kräftepaar, die sich als Vektoren ebenfalls zu einem Gesamtkräftepaar M mit den Achsenanteilen

$$\sum (x_i Y_i - y_i X_i) = M_z, \qquad \sum (y_i Z_i - z_i Y_i) = M_x,$$
$$\sum (z_i X_i - x_i Z_i) = M_y \quad \ldots \ldots \ldots \quad 2)$$

geometrisch vereinigen lassen. Beliebige Kräfte im Raume mit verschiedenen starr miteinander verbundenen Angriffspunkten können demnach stets auf eine Einzelkraft und ein Kräftepaar zurückgeführt werden.

I. Im Falle des gemeinsamen Angriffspunktes gehen die Gl. 2) wieder in die Formeln 7) des letzten Abschnittes über, aus denen die senkrechte Stellung des Kraft- und Momentvektors erhellt. Schreiben wir dagegen in unserem allgemeinen Falle

$$X = R\varkappa, \qquad Y = R\lambda, \qquad Z = R\mu, \quad \ldots \ldots \quad 1\text{a})$$

$$M_x = M\alpha, \qquad M_y = M\beta, \qquad M_z = M\gamma, \quad \ldots \ldots \quad 2\text{a})$$

so folgt mit

$$\alpha\varkappa + \beta\lambda + \gamma\mu = \cos(M, R) = \cos\delta \quad \ldots \ldots \quad 3)$$

$$M_x X + M_y Y + M_z Z = MR\cos\delta, \quad \ldots \ldots \ldots \quad 4)$$

worin $\cos\delta$ im allgemeinen nicht verschwindet, so daß also der Momenten- und Kraftvektor zueinander nicht senkrecht stehen. Alsdann aber kann (wie schon bei der Vereinigung von Drehpaaren mit Laufwerten) die Gesamtkraft nach Abb. 37 in zwei Teile zerlegt werden, von denen $R\cos\delta$ in die Momentenrichtung, der andere $R\sin\delta$ dagegen in die dazu senkrechte Ebene des Kräftepaares M fällt. Durch Parallelverschiebung des letzteren Anteils um den durch

$$M = R \cdot r \sin\delta \quad . \quad . \; 4\text{a})$$

gegebenen Hebelarm r läßt sich nun das Moment aufheben, so daß nur noch die beiden zueinander senkrechten Kräfte $R\sin\delta$ und $R\cos\delta$ im kürzesten Abstand r übrig bleiben. Beliebige Kräfte im Raum mit verschiedenen starr miteinander verbundenen Angriffspunkten lassen sich also stets auf zwei senkrecht zu einander stehende, sich nicht schneidende Einzelkräfte zurückführen.

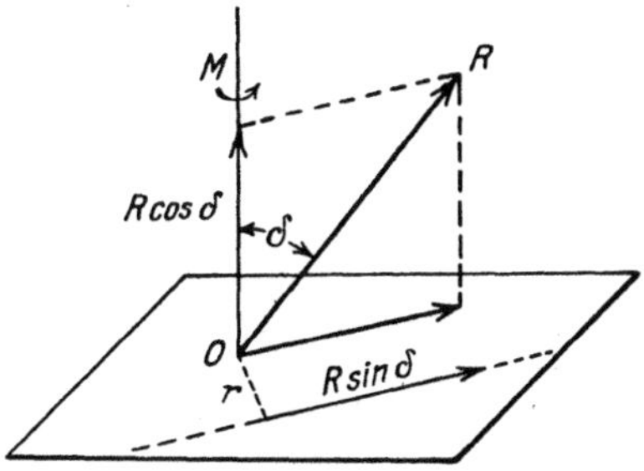

Abb. 37.

Da die hierzu nötige Zerlegung der Gesamtkraft R senkrecht und längs M an jedem Punkte des Kraftvektors vorgenommen werden kann, so ist wohl die Richtung der beiden Einzelkräfte und ihr Abstand r genau festgelegt, ihre Lage aber nur insofern, als die Kraft $R\cos\delta$ die ursprüngliche Gesamtkraft schneiden muß, während $R\sin\delta$ um r von diesem Schnitt entfernt ist.

Ist die Gesamtkraft R in O und das Kräftepaar M durch die Achsenanteile X, Y, Z bzw. M_x, M_y, M_z gegeben, so lassen sich die beiden Kräfte $R' = R\cos\delta$, $R'' = R\sin\delta$ bzw. ihre Achsenanteile X', Y', Z'; X'', Y'', Z'' auch analytisch berechnen. Setzen wir der Einfachheit halber wieder voraus, daß R' am Anfangspunkt angreift, also in bezug auf diesen kein Moment besitzt, so haben wir zunächst mit den Werten x, y, z für den Fußpunkt des Lotes r von O auf R'' die Gleichungen

$$\left.\begin{array}{c} X' + X'' = X, \qquad Y' + Y'' = Y, \qquad Z' + Z'' = Z \\ yZ'' - zY'' = M_x, \qquad zX'' - xZ'' = M_y, \\ xY'' - yX'' = M_z \end{array}\right\} . \quad 5)$$

Dazu treten noch die Bedingungen für die gegenseitige Senkrechtstellung von R' und R'', R' und r, R'' und r, d. h.

$$X'X'' + Y'Y'' + Z'Z'' = 0, \qquad xX' + yY' + zZ' = 0,$$
$$xX'' + yY'' + zZ'' = 0, \quad . \; . \; . \; . \; . \; . \; . \; . \; 6)$$

so daß im ganzen für die neun Unbekannten X', Y', Z'; X'', Y'', Z'';

x, y, z ebenso viele voneinander unabhängige Gleichungen vorhanden sind. Aus der Momentenformel 5) folgt ferner

$$x M_x + y M_y + z M_z = 0, \qquad X'' M_x + Y'' M_y + Z'' M_z = 0, \quad . \quad . \quad 5\text{a})$$

d. h die Normalstellung des Momentenvektors M auf r und R''. Legen wir im Sonderfalle, Abb. 38, den Momentenverkehr in die z-Achse, die Gesamtkraft in die yz-Ebene des Achsenkreuzes, so ist

$$X = X' = Y' = X'' = Z'' = 0, \qquad M_x = M_y = 0, \qquad y = z = 0,$$

und es bleiben mit $M = M_z$ von 5) nur noch die Formeln:

$$Y'' = Y, \qquad Z' = Z, \qquad x Y'' = M \quad . \quad . \quad . \quad . \quad . \quad 5\text{b})$$

übrig, die gerade zur Bestimmung von Y'', Z', x genügen. Man erkennt leicht, daß in diesem Falle $Y = R \sin \delta$, $Z = R \cos \delta$ und $x = r$ ist, die Rechnung also wieder auf die obige Konstruktion führt

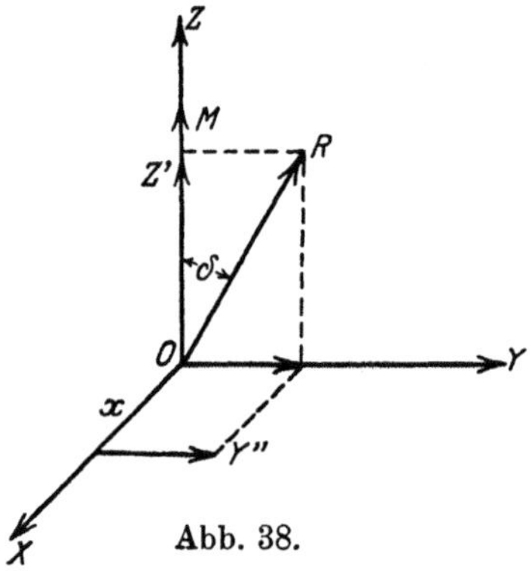

Abb. 38.

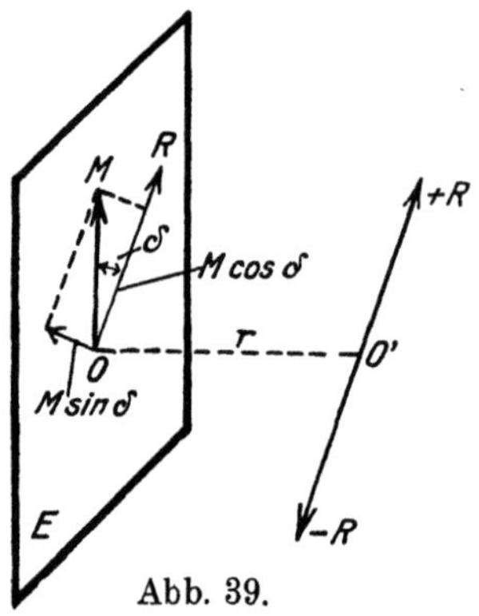

Abb. 39.

II. Zerlegen wir in Abb. 39 bei vorgelegtem Moment und vorgelegter Gesamtkraft im Anfang das erstere in die Anteile $M \cos \delta$ und $M \sin \delta$ längs und senkrecht der Kraft R, so können wir durch Parallelverschiebung derselben um den Betrag r das Kräftepaar

$$R \cdot r = M \sin \delta \quad . \quad . \quad . \quad . \quad . \quad . \quad . \quad . \quad . \quad . \quad 7)$$

aufheben, so daß neben der nach O' verschobenen Kraft R nur noch der gleichgerichtete Momentenvektor

$$M' = M \cos \delta \quad . \quad . \quad . \quad . \quad . \quad . \quad . \quad . \quad . \quad . \quad 7\text{a})$$

übrig bleibt. Da für jede andere Lage von O' ein Teil des Momentes 7) unausgeglichen bleibt und sich mit M' zu einem Moment $> M'$ vereinigt, so bedingt die durch den Abstand r gegebene Lage der Kraftrichtung durch O' einen Kleinstwert des hierum drehenden Momentes 7a). Diese Richtungslinie der Kraft heißt die Zentralachse der vorgelegten Kräftegruppe. Zur analytischen Ermittlung der Lage der Zentralachse gehen wir von den Momententeilen 2) aus, die sich durch Verschiebung aller Einzelkräfte nach dem Anfangspunkt ergeben. Wählen wir statt dessen einen anderen Punkt x', y', z', so erhalten wir mit 1) die Momentenanteile

$$\left.\begin{aligned} M_x' &= \Sigma[(y_i - y')Z_i - (z_i - z')Y_i] = M_x - y'Z + z'Y \\ M_y' &= \Sigma[(z_i - z')X_i - (x_i - x')Z_i] = M_y - z'X + x'Z \\ M_z' &= \Sigma[(x_i - x')Y_i - (y_i - y')X_i] = M_z - x'Y + y'X \end{aligned}\right\} \quad . \quad . \quad 8)$$

Soll nunmehr der Momentenvektor M' dieselbe Richtung wie die Gesamtkraft R besitzen, so muß nach Gl. 1a) und 2a) sein:

$$\frac{M_x'}{X} = \frac{M_y'}{Y} = \frac{M_z'}{Z} = \frac{M'}{R} \quad . \quad . \quad . \quad . \quad . \quad . \quad . \quad . \quad 9)$$

oder nach Einsetzen in 8)

$$y'Z - z'Y = M_x - \frac{M'}{R}X, \qquad z'X - x'Z = M_y - \frac{M'}{R}Y,$$

$$x'Y - y'X = M_z - \frac{M'}{R}Z. \quad . \quad . \quad . \quad . \quad . \quad . \quad . \quad 8\text{a})$$

Das sind aber schon die Gleichungen des geometrischen Ortes von x', y', z', d. h. der gesuchten Zentralachse, aus der wir nur noch das nicht von vornherein gegebene Moment M' zu entfernen haben. Dazu dient uns die Bedingung der gleichen Richtung mit R, d. h. das Verschwinden des Neigungswinkels zwischen ihnen, nämlich nach 4)

$$RM' = XM_x' + YM_y' + ZM_z'$$

oder nach Einsetzen von 8)

$$RM' = XM_x + YM_y + ZM_z = RM\cos\delta \quad . \quad . \quad . \quad . \quad . \quad . \quad 10)$$

Führen wir diesen Ausdruck in die erste Formel 8a) ein, so wird daraus

$$\begin{aligned} y'Z - z'Y &= M_x - \frac{X}{R^2}(XM_x + YM_y + ZM_z) \\ &= \frac{1}{R^2}[M_x(R^2 - X^2) - (YM_y + ZM_z)X] \\ &= \frac{1}{R^2}[M_x(Y^2 + Z^2) - (YM_y + ZM_z)X], \quad . \quad . \quad . \quad 11) \end{aligned}$$

oder $$Z\left(y' - \frac{ZM_x - XM_z}{R^2}\right) = Y\left(z' - \frac{XM_y - YM_x}{R^2}\right).$$

Dafür dürfen wir aber unter Hinzufügung des Ergebnisses der andern Formeln 8a) als G l e i c h u n g d e r Z e n t r a l a c h s e schreiben:

$$\frac{1}{X}\left(x' - \frac{YM_z - ZM_y}{R^2}\right) = \frac{1}{Y}\left(y' - \frac{ZM_x - XM_z}{R^2}\right)$$

$$= \frac{1}{Z}\left(z' - \frac{XM_y - YM_x}{R^2}\right) \quad . \quad . \quad . \quad . \quad . \quad . \quad . \quad 8\text{b})$$

Der Punkt auf dieser Geraden, für den alle drei Klammern verschwinden, heißt der Mittelpunkt der Kräfte.

Erweitern wir ferner die Formeln 8a) mit x', y', z' und addieren, so heben sich alle Glieder links fort und es bleibt:

$$x'\left(M_x - \frac{M'X}{R}\right) + y'\left(M_y - \frac{M'Y}{R}\right) + z'\left(M_z - \frac{M'Z}{R}\right) = 0, \quad . \ 12)$$

woraus wir noch M' durch 10) entfernen können. Die Abstände x', y', z' genügen also der Gleichung einer Ebene durch den Anfang O, in der mithin die Zentralachse liegt.

III. Sind die Kräfte Q sämtlich einander parallel, haben also gemeinsame Neigungswinkel $\varkappa$, λ, μ gegen die Achsen, so haben wir für die Teile der Gesamtkraft $R = \sum Q$ und des Momentes M

$$\left.\begin{array}{l} X = \varkappa \sum Q, \qquad Y = \lambda \sum Q, \qquad Z = \mu \sum Q \\ M_x = \mu \sum Qy - \lambda \sum Qz, \\ M_y = \varkappa \sum Qz - \mu \sum Qx, \\ M_z = \lambda \sum Qx - \varkappa \sum Qy \end{array}\right\}, \ 13)$$

also

$$M_x X + M_y Y + M_z Z = 0, \quad \ldots\ldots \ 13a)$$

d. h. die Vektoren der Gesamtkraft und des Gesamtmomentes einer Schar paralleler Kräfte stehen zueinander senkrecht wie im Falle der Einzelkraft, oder: Die Summe paralleler Kräfte liegt in der Ebene des Kräftepaares und kann mit demselben zu einer Einzelkraft vereinigt werden. Dann aber ist nach 10) auch $M' = 0$, und die Gleichung der Zentralachse vereinfacht sich in

$$y'Z - z'Y = M_x, \qquad z'X - x'Z = M_y, \qquad x'Y - y'X = M_z, \quad 14)$$

oder nach Einsetzen von 13)

$$\frac{1}{\varkappa}\left(x' - \frac{\sum Qx}{\sum Q}\right) = \frac{1}{\lambda}\left(y' - \frac{\sum Qy}{\sum Q}\right) = \frac{1}{\mu}\left(z' - \frac{\sum Qz}{\sum Q}\right). \quad . \ 14a)$$

Da für diese Gerade als Achse das Moment $M' = M\cos\delta$ verschwindet, während mit $\delta = 90^0$ aus 7)

$$M = Rr = r\sum Q \quad \ldots\ldots \ 14b)$$

wird, so stellt sie gleichzeitig die Richtungslinie der Gesamtkraft $R = \sum Q$ dar.

Für den Mittelpunkt der Parellelkräfte liefert das Verschwinden der Klammern in 14a) die Bedingungsgleichungen

$$x'\sum Q = \sum Qx, \qquad y'\sum Q = \sum Qy, \qquad z'\sum Q = \sum Qz, \ . \ . \ 15)$$

oder im Falle von Massenkräften $Q_i = m_i q$ mit gemeinsamen Anlauf q die Abstände x_0, y_0, z_0 des Massenmittelpunktes bzw. Schwerpunktes

$$x_0\sum m = \sum mx, \qquad y_0\sum m = \sum m\cdot y, \qquad z_0\sum m = \sum mz. \ . \ 15a)$$

§ 16. Die Arbeit einer Kraft. In der ebenen Mechanik haben wir das Produkt der Kraft Q mit dem in ihre Richtung fallenden Weganteil als die Arbeit der Kraft bezeichnet, deren Element bei einem Neigungswinkel ν von Q gegen die Bahnrichtung mit der Verschiebung ds durch

$$dL = Q\,ds\cos\nu \qquad 1)$$

gegeben ist. Daran ändert sich auch nichts im Falle einer räumlichen Verschiebung, da Q und ds auf alle Fälle in einer Ebene liegen. Sind außerderm $\varkappa$, λ, μ die Richtungskosinus der Kraft Q; φ, ψ, ϑ diejenigen von ds, so hat man auch an Stelle von 1)

$$dL = Q\,ds(\varkappa\varphi + \lambda\psi + \mu\vartheta). \qquad 1a)$$

Hierin ist aber

$$\left.\begin{array}{lll} Q\varkappa = X, & Q\lambda = Y, & Q\mu = Z \\ ds\,\varphi = dx, & ds\,\psi = dy, & ds\,\vartheta = dz \end{array}\right\}, \qquad 2)$$

so daß wir auch für das Arbeitselement schreiben dürfen

$$dL = X\,dx + Y\,dy + Z\,dz, \qquad 3)$$

oder in Vektorform des skalaren Produktes

$$dL = \mathfrak{Q}\cdot d\mathfrak{r}. \qquad 3a)$$

Die Auswertung der Gl. 3) für einen endlichen Kraftweg ist nur möglich, wenn dL ein vollständiges Differential ist, d. h. wenn die Teilkräfte durch

$$X = \frac{\partial L}{\partial x} = -\frac{\partial U}{\partial x}, \quad Y = \frac{\partial L}{\partial y} = -\frac{\partial U}{\partial y}, \quad Z = \frac{\partial L}{\partial z} = -\frac{\partial U}{\partial z} \qquad 4)$$

ausgedrückt werden können, wofür man auch in Vektorform

$$\mathfrak{Q} = \operatorname{grad} L = -\operatorname{grad} U \qquad 4a)$$

schreibt. Die skalare Funktion U der Abstände x, y, z heißt alsdann das Potential der Kraft Q oder auch ihre Kräftefunktion, deren Bestehen wiederum an die Bedingungen

$$\frac{\partial^2 L}{\partial x\partial y} = \frac{\partial X}{\partial y} = \frac{\partial Y}{\partial x}; \quad \frac{\partial^2 L}{\partial y\partial z} = \frac{\partial Y}{\partial z} = \frac{\partial Z}{\partial y}; \quad \frac{\partial^2 L}{\partial z\partial x} = \frac{\partial Z}{\partial x} = \frac{\partial X}{\partial z},$$

oder

$$\frac{\partial Y}{\partial z} - \frac{\partial Z}{\partial y} = 0, \quad \frac{\partial Z}{\partial x} - \frac{\partial X}{\partial z} = 0, \quad \frac{\partial X}{\partial y} - \frac{\partial Y}{\partial x} = 0 \qquad 5)$$

geknüpft ist, wofür man vektoriell

$$\operatorname{rot}\mathfrak{Q} = 0 \qquad 5a)$$

schreibt. Die Formeln 4) kennzeichnen offenbar die in einer bestimmten Richtung wirkende Kraft als das Potentialgefälle oder als den negativen, auf die Längeneinheit in dieser Richtung bezogenen Zuwachs (Gradient) des Potentials. Schreiben wir mit 4) an Stelle von 3)

$$dL = -\left(\frac{\partial U}{\partial x}dx + \frac{\partial U}{\partial y}dy + \frac{\partial U}{\partial z}dz\right) = -dU, \quad . \quad . \quad . \quad . \quad 3b)$$

so erkennt man, daß jedem Werte des Potentials $U = U(x, y, z)$ eine Fläche entspricht, auf der $dL = -dU = 0$ ist, so daß also eine Verschiebung auf der Potential- oder Schichtfläche keine Arbeit erfordert. Alsdann aber ist in Gl. 1) $\cos\nu = 0$, d.h. die Kraftrichtung steht senkrecht zur Potentialfläche.

Da sich zwei Potentialflächen nur durch den Betrag des Parameters U unterscheiden, so stellt der Unterschied

$$U_1 - U_2 = L_{12} \quad . \quad . \quad . \quad . \quad . \quad . \quad . \quad . \quad . \quad . \quad . \quad 6)$$

die Arbeit beim Übergang von einer Fläche zur andern unabhängig vom Wege dar. Daraus folgt wiederum, daß sich zwei Potentialflächen nicht schneiden können, da sonst der Übergang zwischen ihnen im Gegensatz zum Arbeitsunterschied ihrer Parameter auf der Schnittlinie arbeitsfrei erfolgen könnte.

Der ganze Raum stellt beim Vorhandensein eines Potentials ein Feld mit einer Schar von Potentialflächen dar, welche von den die Kraftrichtung andeutenden Kraftlinien überall senkrecht durchsetzt werden. Danach bildet der Abstand benachbarter Potentialflächen, bzw. deren Dichte an einer bestimmten Stelle des Feldes ein Maß für die dort herrschende Kraft, die man wohl auch als Feldstärke bezeichnet.

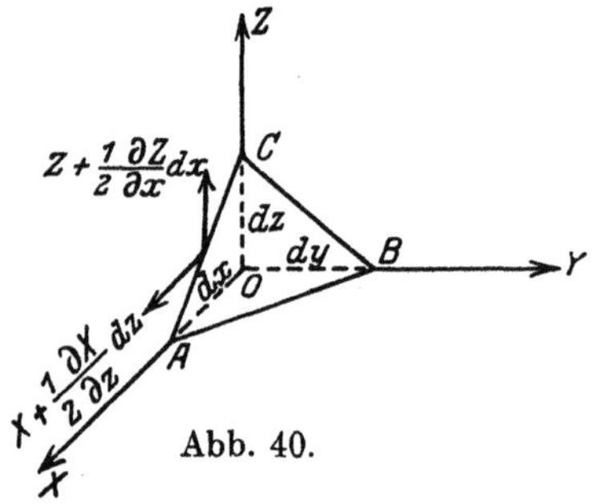

Abb. 40.

Umfährt man im Potentialfeld eine beliebig geschlossene Kurve, so verschwindet nach 6) wegen $U_1 = U_2$ die dabei aufgewandte Arbeit L. Im allgemeinen hat indessen die vorgelegte Kraft kein Potential, so daß also die Formeln 4) und 5) keine Gültigkeit besitzen. Alsdann können wir das Umfahren eines geschlossenen Elementardreiecks ABC mit der Fläche df nach Abb. 40 durch das aufeinanderfolgende Umfahren der Projektionen OAB, OBC, OCA ersetzen. Da nun längs der Seiten AB, BC, CD die Kraftanteile X, Y, Z auf

$$X + \frac{1}{2}\frac{\partial X}{\partial y}dy, \qquad Y + \frac{1}{2}\frac{\partial Y}{\partial x}dx,$$

$$Y + \frac{1}{2}\frac{\partial Y}{\partial z}dz, \qquad Z + \frac{1}{2}\frac{\partial Z}{\partial y}dy,$$

$$Z + \frac{1}{2}\frac{\partial Z}{\partial x}dx, \qquad X + \frac{1}{2}\frac{\partial X}{\partial z}dz$$

angewachsen sind, so erhalten wir die hierbei geleistete Arbeit nach Wegheben der Glieder erster Ordnung

$$dL = \frac{1}{2}\left(\frac{\partial Z}{\partial y} - \frac{\partial Y}{\partial z}\right) dy\,dz + \frac{1}{2}\left(\frac{\partial X}{\partial z} - \frac{\partial Z}{\partial x}\right) dz\,dx + \frac{1}{2}\left(\frac{\partial Y}{\partial x} - \frac{\partial X}{\partial y}\right) dx\,dy, \quad 7)$$

oder mit dem umfahrenen Flächenelement $d\mathfrak{f}$, dessen Risse $\frac{1}{2} dy\,dz$, $\frac{1}{2} dz\,dx$, $\frac{1}{2} dx\,dy$ auf die Achsenebenen sind, in Vektorschreibweise

$$dL = \operatorname{rot} \mathfrak{Q}\, d\mathfrak{f} \quad \ldots\ldots\ldots \quad 7\text{a})$$

Da man nun den Umlauf einer geschlossenen Kurve, Abb. 41, durch Zusammenfügung einer unendlichen Zahl der vorstehenden Elementarkreisläufe derart ersetzen kann, daß sich je zwei innerhalb der Kurve berührende Elemente $\pm dx$, $\pm dy$, $\pm dz$ in ihrer Wirkung aufheben, so ergibt die Summierung über alle solche Elemente das skalare, durch einen Ring bezeichnete Linienintegral, die sog. Zirkulation

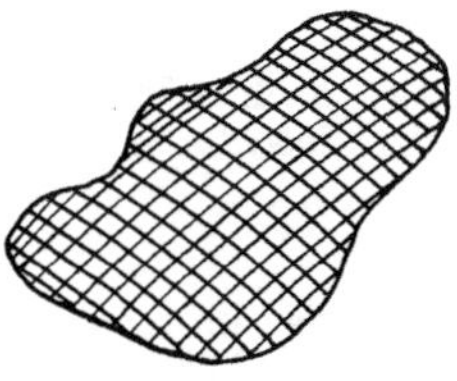

Abb. 41.

$$L = \oint (X\,dx + Y\,dy + Z\,dz) = \oint Q\,ds \cos\nu$$

$$= \frac{1}{2}\iint\left[\left(\frac{\partial Z}{\partial y} - \frac{\partial Y}{\partial z}\right) dy\,dz + \left(\frac{\partial X}{\partial z} - \frac{\partial Z}{\partial x}\right) dz\,dx + \left(\frac{\partial Y}{\partial x} - \frac{\partial X}{\partial y}\right) dx\,dy\right], \quad 8)$$

oder unter Benutzung von 3a) und 7a)

$$\oint \mathfrak{Q}\, d\mathfrak{r} = \int \operatorname{rot} \mathfrak{Q}\, d\mathfrak{f} \quad \ldots\ldots\ldots \quad 8\text{a})$$

Hieraus erkennt man, daß im allgemeinen Falle beim Umfahren einer im Felde gelegenen geschlossenen Kurve eine Arbeit zu leisten ist, die von dem als Wirbel bezeichneten Vektor $\operatorname{rot}\mathfrak{Q}$ abhängt und mit diesem für Potentialfelder verschwindet. Der durch die Formel 8) bzw. 8a) ausgedrückte Satz von Stokes dient ganz allgemein zur Umformung eines Linienintegrals in ein Flächenintegral und umgekehrt.

1. Beispiel. Im Falle der Anziehung zwischen zwei Maßen m_0 und m, von denen die erstere sich im Ursprung O des Achsenkreuzes befindet, die andere im Punkt x, y, z im Abstand r, gegeben durch

$$\left.\begin{aligned} r^2 &= x^2 + y^2 + z^2 \\ r\,dr &= x\,dx + y\,dy + z\,dz \\ \frac{\partial r}{\partial x} = \frac{x}{r}, \quad & \frac{\partial r}{\partial y} = \frac{y}{r}, \quad \frac{\partial r}{\partial z} = \frac{z}{r} \end{aligned}\right\} \ldots\ldots\ldots \quad 9)$$

befinden möge, besteht eine Zentralkraft

$$Q = -k\frac{m_0 m}{r^2}$$

mit den Achsenanteilen

$$X = Q\frac{x}{r} = -k\,m_0\,m\frac{x}{r^3}, \qquad Y = -k\,m_0\,m\frac{y}{r^3}, \qquad Z = -k\,m_0\,m\frac{z}{r^3} \quad 10)$$

Da

$$\frac{\partial X}{\partial y} = 3\,k\,m_0\,m\,\frac{x}{r^4}\frac{\partial r}{\partial y} = 3\,k\,m_0\,m\,\frac{x \cdot y}{r^5} = \frac{\partial Y}{\partial x} \text{ usf.} \quad \ldots\ldots \quad 10\text{a})$$

ist, so sind die drei Bedingungen 5) erfüllt, d. h. die allgemeine Schwere hat ein Potential, das sich mit 4) aus

$$dU = -(X\,dx + Y\,dy + Z\,dz) = \frac{k\,m_0\,m}{r^3}(x\,dx + y\,dy + z\,dz) = k\,m_0\,m\frac{dr}{r^2}$$

zu

$$U = U_0 - \frac{k\,m_0\,m}{r} \quad \ldots\ldots\ldots\ldots \quad 11)$$

berechnet.

Weiter folgt aus 10) noch

$$\frac{\partial X}{\partial x} = -k\,m_0\,m\left(\frac{1}{r^3} - \frac{3\,x^2}{r^5}\right) \text{ usw.}, \quad \ldots\ldots\ldots \quad 10\text{b})$$

also nach Addition die zuerst von Laplace aufgestellte Differentialgleichung des Potentials

$$\frac{\partial X}{\partial x} + \frac{\partial Y}{\partial y} + \frac{\partial Z}{\partial z} = \frac{\partial^2 U}{\partial x^2} + \frac{\partial^2 U}{\partial y^2} + \frac{\partial^2 U}{\partial z^2} = 0, \quad \ldots\ldots \quad 12)$$

die aber im Anziehungszentrum O selbst mit $r = 0$ ihren Sinn verliert. Um über das Wesen dieser Gleichung Klarheit zu gewinnen, schreiben wir die erste Gl. 10) in der Form

$$\frac{Q}{m}r^2 = -k\,m_0 \quad \text{oder} \quad 4\,\pi\,r^2\,q = -4\,\pi\,k\,m_0, \quad \ldots\ldots \quad 10\text{c})$$

worin $Q : m = q$ den der Kraft Q zugeordneten Zentralanlauf oder die Feldstärke an der Stelle des Massenpunktes mit den Achsenanteilen q_x, q_y, q_z bedeutet, während rechts die mit dem negativen Weltwert k der Schwere erweiterte anziehende Masse m_0 steht, welche im ganzen Felde denselben Wert besitzt. Da nun $4\,\pi\,r^2$ die Oberfläche der um den Anfang mit dem Halbmesser r beschriebenen Kugel darstellt, die von den Kraftlinien durchsetzt wird, so darf die Feldstärke q oder auch der Quotient $q : k$ als Kraftfluß durch die Einheit der Oberfläche aufgefaßt werden. Legen wir um den Anfang eine beliebige geschlossene Fläche, so stimmt der durch diese gehende gesamte Kraftfluß mit dem durch eine sehr entfernte Kugelfläche um O überein, d. h.

$$\oint (q_x\,dy\,dz + q_y\,dz\,dx + q_z\,dx\,dy) = -4\,\pi\,k\,m_0, \quad \ldots\ldots \quad 13)$$

worin sich das Integral links über die ganze geschlossene Oberfläche erstreckt. Nun ist aber der in einer Richtung durch die Fläche gehende Kraftfluß mit dem Raumelemente dV

$$\int q_x\,dy\,dz = \int \frac{\partial q_x}{\partial x}\,dx\,dy\,dz = \int \frac{\partial q_x}{\partial x}\,dV,$$

also

$$\oint (q_x\,dy\,dz + q_y\,dz\,dx + q_z\,dx\,dy) = \int\left(\frac{\partial q_x}{\partial x} + \frac{\partial q_y}{\partial y} + \frac{\partial q_z}{\partial z}\right)dV. \quad . \quad 14)$$

Wenden wir diesen von Gauß aufgestellten Satz, der allgemein der Umwandlung von Flächen und Raumintegralen dient, auf 13) an, so folgt, indem wir gleichzeitig unter Einführung der Raumdichte ϱ

$$k\,m_0 = \int \varrho\,dV \quad \ldots\ldots\ldots\ldots \quad 15)$$

schreiben,

$$\int\left(\frac{\partial q_x}{\partial x} + \frac{\partial q_y}{\partial y} + \frac{\partial q_z}{\partial z} + 4\,\pi\,\varrho\right)dV = 0\,.$$

Wegen der Willkür der geschlossenen Oberfläche kann dieser Ausdruck aber nur bestehen, wenn der Integrand verschwindet, d. h.

$$\frac{\partial q_x}{\partial x} + \frac{\partial q_y}{\partial y} + \frac{\partial q_z}{\partial z} = -4\,\pi\varrho, \quad \ldots\ldots\ldots \quad 16)$$

oder, da $X = q_x m$, $Y = q_y m$, $Z = q_z m$ ist, an Stelle von 12)

$$\frac{\partial X}{\partial x} + \frac{\partial Y}{\partial y} + \frac{\partial Z}{\partial z} = \frac{\partial^2 U}{\partial x^2} + \frac{\partial^2 U}{\partial y^2} + \frac{\partial^2 U}{\partial z^2} = -4\pi\varrho m, \quad \ldots\ldots \quad 16\text{a)}$$

eine zuerst von Poisson aufgestellte Differentialgleichung tritt, die nunmehr für das Anziehungszentrum und überhaupt für jedes Masse enthaltene Raumelement gilt. Außerhalb solcher Punkte geht Gl. 16a) mit $\varrho = 0$ wieder in die Laplacesche Form über, die wegen 14) nichts anderes besagt, als daß der gesamte Kraftfluß durch eine geschlossene Oberfläche, innerhalb der sich keine Masse befindet, verschwindet, oder daß in ein leeres Raumstück ebensoviel Kraftlinien ein- und austreten. In einem eingeschlossenen Massenpunkt m_0 dagegen laufen die Kraftlinien zusammen, so daß derselbe als sog. Quelle oder Senke des Kraftflusses anzusehen ist. Wegen dieser Eigenschaften der Kraftlinien bezeichnet man Ausdrücke von der Form 14) als Divergenz und schreibt demgemäß in Vektorform die Gleichungen von Gauß, Poisson und Laplace

$$\oint \mathfrak{Q}\, d\mathfrak{f} = \int \operatorname{div} \mathfrak{Q}\, dV, \quad \ldots\ldots \quad 14\text{a)}$$

$$\operatorname{div} \mathfrak{Q} = -4\pi\varrho m \;(\text{bzw.} = 0). \quad \ldots\ldots \quad 16\text{b)}$$

Das Schwerefeld ist hiernach ein sog. wirbelfreies Quellenfeld.

2. Beispiel. Das Verschwinden der Zirkulation 8) im Falle eines Potentialfeldes rührt natürlich davon her, daß jedem Arbeitselement 1) ein entgegengesetzt gleiches längs der geschlossenen Kurve entspricht, was durch das Vorzeichen des $\cos\nu$ bzw. durch die gegenseitige Lage des Kraftvektors Q zur Bewegungsrichtung bedingt ist. Ändert sich dieses Vorzeichen nicht längs des Weges, so ergibt die Zirkulation einen endlichen Betrag, der sich für jeden Umlauf wiederholt.

Ist z. B. ein im Felde beständiges Drehmoment der Umfangskraft P

$$M = P \cdot r, \qquad \text{also} \qquad P = \frac{M}{r} \quad \ldots\ldots \quad 17)$$

vorgelegt, so hat man für die Arbeit

$$dL = M\,d\varphi, \qquad L = M\varphi, \quad \ldots\ldots \quad 17\text{a)}$$

also einen Betrag, der sich mit jedem Umlauf um $2\pi M$ vermehrt und damit einem vieldeutigen Potential entspricht. Wegen

$$\left.\begin{aligned} r^2\,d\varphi &= x\,dy - y\,dx \\ \frac{\partial\varphi}{\partial x} = -\frac{y}{r^2}, &\qquad \frac{\partial\varphi}{\partial y} = +\frac{x}{r^2} \end{aligned}\right\} \quad \ldots\ldots \quad 18)$$

erhalten wir für die Achsenteile der Kraft P

$$X = \frac{\partial L}{\partial x} = \frac{\partial L}{\partial\varphi}\frac{\partial\varphi}{\partial x} = -\frac{My}{r^2}, \qquad Y = \frac{\partial L}{\partial\varphi}\frac{\partial\varphi}{\partial y} = \frac{Mx}{r^2}, \quad \ldots \quad 19)$$

was man auch unmittelbar hätte anschreiben können.

Daraus folgt wieder wegen

$$r\,dr = x\,dx + y\,dy, \qquad \frac{\partial r}{\partial x} = \frac{x}{r}, \qquad \frac{\partial r}{\partial y} = \frac{y}{r}, \quad \ldots \quad 18\text{a)}$$

$$\left.\begin{aligned} \frac{\partial}{\partial y}\left(\frac{\partial\varphi}{\partial x}\right) &= -\frac{1}{r^2} + \frac{2y}{r^3}\frac{\partial r}{\partial y} = -\frac{1}{r^2} + \frac{2y^2}{r^4} \\ \frac{\partial}{\partial x}\left(\frac{\partial\varphi}{\partial y}\right) &= \frac{1}{r^2} - \frac{2x}{r^3}\frac{\partial r}{\partial x} = \frac{1}{r^2} - \frac{2x^2}{r^4} \\ \frac{\partial}{\partial y}\left(\frac{\partial\varphi}{\partial x}\right) - \frac{\partial}{\partial x}\left(\frac{\partial\varphi}{\partial y}\right) &= -\frac{2}{r^2} + \frac{2(x^2+y^2)}{r^4} = 0 \end{aligned}\right\}, \quad \ldots \quad 18\text{b)}$$

also

$$\frac{\partial Y}{\partial x} - \frac{\partial X}{\partial y} = 0 \quad \ldots\ldots \quad 19\text{a)}$$

als Bedingung für das Bestehen des Potentials $U = -L$. Die Schichtflächen des Potentials im Felde werden alsdann durch das Ebenenbüschel der z-Achse dargestellt, welches von den kreisförmigen Kraftlinien um dieselbe Achse überall senkrecht geschnitten wird.

In der z-Achse selbst wird mit $r = 0$ nach 17) $P = \infty$ bei gleichzeitig unbestimmter Richtung. Da dies unmöglich ist, so muß aus dem Felde ein zylindrischer Bereich mit dem Halbmesser r_0 um die Achse aus dem Felde ausgeschaltet werden, in dem die Kraft jedenfalls nicht mehr der Gl. 17), sondern nur noch der Randbedingung $M = P_0 r_0$ genügt, wenn P_0 dem Arm r_0 zugehört. Es liegt zunächst nahe, für $0 < r < r_0$, $P = P_0$ zu setzen. Damit stößt man indessen wieder auf die unmögliche Unbestimmtheit der Kraftrichtung in der Achse, die nur durch Verschwinden der Kraft P selbst längs derselben behoben werden kann.

Der einfachste Ansatz, der dieser Forderung genügt, ist alsdann

$$P = \frac{P_0}{r_0} r = \frac{M r}{r_0^2}, \qquad 20)$$

woraus

$$d L = \frac{P_0}{r_0} r^2 \, d\varphi = \frac{P_0}{r_0}(x\,dy - y\,dx), \qquad 20\text{a})$$

$$\left.\begin{aligned} X &= -\frac{P_0}{r_0} y, & Y &= +\frac{P_0}{r_0} x \\ \frac{\partial X}{\partial y} &= -\frac{P_0}{r_0} = -\frac{\partial Y}{\partial x}, & \frac{\partial Y}{\partial x} - \frac{\partial X}{\partial y} &= 2\frac{P_0}{r_0} \end{aligned}\right\} \qquad 21)$$

sich ergibt. Da der Wirbel hier nicht verschwindet, so besteht für $r < r_0$ kein Potential, wie denn auch die Arbeit beim Durchlaufen einer geschlossenen Bahn mit $r^2 \, d\varphi = 2\,dF$

$$L = \frac{P_0}{r_0}\int r^2 \, d\varphi = 2\frac{P_0}{r_0} F \qquad 19\text{b})$$

mit dem Inhalte des Normalrisses der Bahn zur z-Achse wächst, also vom Wege selbst abhängig ist, und zwar gleichgültig, ob die Achse selbst umfahren wird oder nicht. Im Sonderfalle des Umfahrens des zylindrischen Bereiches folgt mit $F = \pi r_0^2$ der Arbeitswert $L_0 = 2\pi P_0 r_0 = 2\pi M$ für jeden Umlauf in Übereinstimmung mit dem Werte der Zirkulation beim Umfahren der z-Achse im Potentialfelde.

3. Beispiel. Im Falle der Gleitreibung ist der hiervon herrührende Widerstand stets der Bewegung entgegen gerichtet. Eine hin- und hergehende Bewegung längs einer Strecke x kann daher als Umfahren eines diese Strecke nach Abb. 42 umschließenden schmalen Flächenstreifens von der Breite $2y$ aufgefaßt werden. Alsdann ist der Wirbel des Reibungswiderstandes X

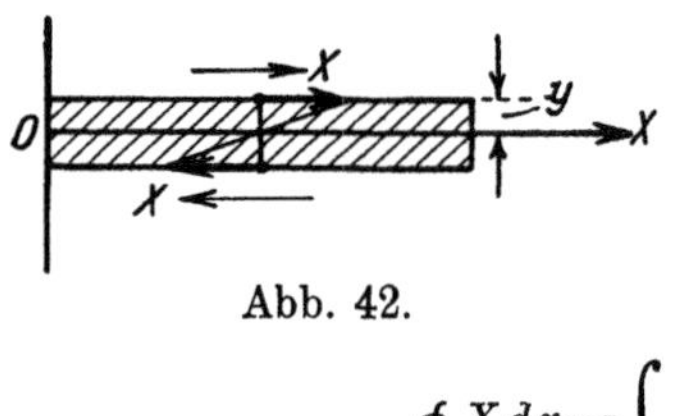

Abb. 42.

$$\frac{\partial X}{\partial y} = \frac{X}{y} = C$$

und die Zirkulation

$$\oint X\,dx = \iint \frac{\partial X}{\partial y}\,dx\,dy = \frac{X}{y} 2xy = 2xX$$

unabhängig von der Breite, wenn nur die Bewegung längs der Schmalseiten der schraffierten Fläche, d. i. die Hubumkehr widerstandsfrei erfolgt, was tatsächlich dem Reibungsvorgang entspricht.

§ 17. Das Gleichgewicht von Kräften mit verschiedenen Angriffspunkten. Greifen an verschiedenen Punkten mehrere äußere

Kräfte an, so ist deren Gesamtarbeitselement, wenn dx_i, dy_i, dz_i die Verschiebungsteile des Angriffspunktes x_i, y_i, z_i und X_i, Y_i, Z_i die Achsenanteile der Kraft Q_i bedeuten,

$$dL = \Sigma (X_i dx_i + Y_i dy_i + Z_i dz_i) \quad \ldots \ldots \quad 1)$$

Dieses Arbeitselement verschwindet, wenn die geleistete Gesamtarbeit L einen Scheitelwert besitzt. Alsdann befindet sich das aus den Angriffspunkten bestehende Gebilde unter der Wirkung der Kräfte Q_i im sog. Gleichgewicht, das somit durch die Bedingung

$$\Sigma (X_i dx_i + Y_i dy_i + Z_i dz_i) = 0 \quad \ldots \ldots \quad 1a)$$

gekennzeichnet ist. Die darin auftretenden Verschiebungen dx_i, dy_i, dz_i brauchen dabei gar nicht wirklich aufzutreten, sondern können entsprechend der Ruhelage des Punkthaufens auch verschwindend klein werden und heißen deshalb auch virtuelle oder bloß gedachte Verschiebungen, die alsdann nur mit den etwa vorhandenen Bedingungen des Zusammenhanges der einzelnen Punkte verträglich sein müssen. Man nennt deshalb die Gl. 1a) den Satz der virtuellen Verschiebungen oder Arbeiten, mit dem wir in der ebenen Mechanik schon in I § 43 mehrere Gleichgewichtsfälle behandelt haben.

Gehören die Angriffspunkte x_i, y_i, z_i einem starren Körper an, so dürfen wir dessen Gesamtbewegung aus der Verschiebung dx_0, dy_0, dz_0 eines seiner Punkte x_0, y_0, z_0 und den drei Drehungen $d\varphi_x, d\varphi_y, d\varphi_z$ um drei durch diesen Punkt gehende zueinander senkrechte Achsen derart darstellen, daß

$$\left.\begin{aligned} dx_i &= dx_0 + (z_i - z_0)\, d\varphi_y - (y_i - y_0)\, d\varphi_z \\ dy_i &= dy_0 + (x_i - x_0)\, d\varphi_z - (z_i - z_0)\, d\varphi_x \\ dz_i &= dz_0 + (y_i - y_0)\, d\varphi_x - (x_i - x_0)\, d\varphi_y \end{aligned}\right\} \quad \ldots \quad 2)$$

ist. Damit geht die Arbeitsgleichung 1) über in

$$\begin{aligned} dL = {} & dx_0 \Sigma X_i + dy_0 \Sigma Y_i + dz_0 \Sigma Z_i \\ & + d\varphi_x \Sigma [Z_i (y_i - y_0) - Y_i (z_i - z_0)] \\ & + d\varphi_y \Sigma [X_i (z_i - z_0) - Z_i (x_i - x_0)] \\ & + d\varphi_z \Sigma [Y_i (x_i - x_0) - X_i (y_i - y_0)] \quad \ldots \ldots \quad 3) \end{aligned}$$

Hierin sind aber nach § 15 die drei letzten Summen nichts als die Momente der Kräfte in bezug auf die durch den Punkt x_0, y_0, z_0 hindurchgehenden Achsen, die durch Parallelverschiebung der Einzelkräfte nach diesem Punkte geweckt wurden. Ebenso wie die Kräfte selbst im Punkte x_0, y_0, z_0 eine Gesamtkraft R ergeben, so lassen sich die Momente in einem Gesamtmoment um eine durch diesen Punkt gehende Achse zusammenfassen. Die Arbeit einer Anzahl von Kräften mit verschiedenen Angriffspunkten an einem starren Körper setzt sich demnach aus der Arbeit der Gesamtkraft an einem Körperpunkte und der Arbeit des Gesamtmomentes bei der Drehung um eine durch diesen Punkt gehende Achse zusammen, die im allgemeinen nicht in die Richtung des Momentenvektors fällt.

Da der Momentenvektor der Kraft $\mathfrak{Q}$ am Endpunkt des Strahles $\mathfrak{r}$ in bezug auf den Punkt $\mathfrak{r}_0$ durch das Vektorprodukt $\mathfrak{M} = [\mathfrak{Q}(\mathfrak{r} - \mathfrak{r}_0)]$ dargestellt wird, so kann man, wenn $\mathfrak{w}$ den Drehwert, also $\mathfrak{w}\,dt$ den elementaren Drehvektor bedeutet, die Gl. 3) in Vektorform auch schreiben

$$dL = \sum \mathfrak{Q}_i\, d\mathfrak{r}_i = d\mathfrak{r}_0 \sum \mathfrak{Q}_i + \mathfrak{w}\, dt \sum [\mathfrak{Q}_i(\mathfrak{r}_i - \mathfrak{r}_0)] \quad . . . \quad 3a)$$

Im Falle des Gleichgewichtes, d. h. des Verschwindens der virtuellen Arbeit dL müssen wegen der Willkür der Verschiebungen dx_0, dy_0, dz_0 des beliebig gewählten Angriffspunktes der Gesamtkraft, sowie der Drehungen $d\varphi_x, d\varphi_y, d\varphi_z$ die damit behafteten Glieder für sich wegfallen, woraus sich dann die Gleichungen

$$\left.\begin{array}{lll} \sum X_i = 0, & \sum Y_i = 0, & \sum Z_i = 0 \\ \sum (Z_i y_i - Y_i z_i) = 0, & \sum (X_i z_i - Z_i x_i) = 0, & \sum (Y_i x_i - X_i y_i) = 0 \end{array}\right\} \quad 4)$$

oder in Vektorform

$$\sum \mathfrak{Q}_i = 0, \quad \sum [\mathfrak{Q}_i \mathfrak{r}_i] = 0 \quad . . . . . . \quad 4a)$$

ergeben. In diesen Gleichgewichtsbedingungen tritt der Bezugspunkt x_0, y_0, z_0 bzw. $\mathfrak{r}_0$ nicht mehr auf, d. h. das Verschwinden der Gesamtkraft und des Gesamtmomentes ist unabhängig von der Lage des beliebig gewählten Bezugspunktes für die Vereinigung aller Einzelkräfte. In den Formeln 4a) erscheint als solcher der ebenfalls ganz willkürlich gewählte Anfangspunkt des Achsenkreuzes. Stehen mehrere starre Körper unter dem Einfluß äußerer Kräfte Q_i, die an verschiedenen Punkten derselben angreifen, miteinander derart in Wechselwirkung, daß sie aufeinander entweder Fernkräfte ausüben oder sich unmittelbar berühren, so treten zwischen ihnen stets entgegengesetzt gleiche innere Kräfte Q_i' paarweise auf derselben Richtungslinie auf, die sich somit für das Gesamtgebilde aufheben und darum aus der Vektorsumme der Kräfte und Momente herausfallen.

Daher gelten die obigen Gleichgewichtsbedingungen 4) nicht nur für einen Einzelkörper, sondern auch für eine miteinander in Wechselwirkung stehende Körpergruppe, sowie für beliebige Punkthaufen.

1. Beispiel. Verbinden wir eine Anzahl von Punkten im Raume, sog. Knoten, gelenkig durch starre Stäbe, so erhalten wir ein räumliches Fachwerk. Wie schon früher in der ebenen Mechanik (§ 39) bezeichnen wir die Zahl der Knoten mit k, die der Stäbe mit s und die Stablänge zwischen dem h-ten und i-ten Knoten mit l_{hi}. Alsdann ergibt sich die größte mögliche Stabzahl, wenn jeder Knoten mit jedem andern durch einen Stab verbunden ist, wie schon beim ebenen Fachwerk zu

$$s_{max} = \frac{k(k-1)}{2} \quad . . . . \quad 5)$$

Die Lage jedes Knotens ist nunmehr durch drei Abstände x_k, y_k, z_k von den

Achsenebenen bestimmt, also bestehen zwischen den $3k$-Abständen und der Stablänge l die Gleichungen

$$\left.\begin{array}{l}(x_1 - x_2)^2 + (y_1 - y_2)^2 + (z_1 - z_2)^2 = l_{12}^2 \\ \dots\dots\dots\dots \\ (x_h - x_i)^2 + (y_h - y_i)^2 + (z_h - z_i)^2 = l_{hi}^2 \\ \dots\dots\dots\dots \\ (x_{k-1} - x_k)^2 + (y_{k-1} - y_k)^2 + (z_{k-1} - z_k)^2 = l_{k-1,k}^2\end{array}\right\}, \quad \dots \quad 6)$$

deren Anzahl mit derjenigen s der vorhandenen Stäbe übereinstimmt. Soll das Fachwerk statisch bestimmt sein, so müssen die Stablängen zur Ermittlung der Lagenabstände ausreichen, wenn wir außerdem das ganze Gebilde festhalten. Dies aber geschieht durch Festhaltung eines Knotens mit drei Abständen und einer Ebene durch zwei in diesen Knoten zusammenlaufende Stäbe mit drei weiteren Bestimmungsstücken. Es bleiben also nur mehr $3k - 6$ Unbekannte in den s Gleichungen 6) übrig, so daß für die eindeutige Berechnung aller Unbekannten

$$s = 3k - 6 \quad \dots\dots\dots \quad 7)$$

sein muß. Dies ist zugleich die geringste, aber auch notwendige Stabzahl eines räumlichen Fachwerkes mit k Knoten.

Sollen zwei derartige Fachwerke mit k_1 bzw. k_2 Knoten und s_1, s_2 Stäben zu einem einzigen mit s Stäben vereinigt werden, so ist

$$\left.\begin{array}{l}s_1 = 3k_1 - 6, \qquad s_2 = 3k_2 - 6 \\ s = 3(k_1 + k_2) - 6 = s_1 + s_2 + 6\end{array}\right\}, \quad \dots\dots \quad 7\text{a})$$

d. h. die Vereinigung zweier statisch bestimmter Fachwerke zu einem einzigen erfordert die Hinzufügung von 6 Stäben. Ebenso müssen wir, um ein derartiges Fachwerk in zwei ebenfalls statisch bestimmte zu zerlegen, 6 Stäbe entfernen oder zerschneiden.

Fügen wir einem statisch bestimmten Fachwerk von $s_1 = 3k_1 - 6$ Stäben einen Knoten hinzu, so ist die neue Stabzahl s für $k_1 + 1$ Knoten

$$s = 3(k_1 + 1) - 6 = s_1 + 3, \quad \dots\dots \quad 7\text{b})$$

d. h. die eindeutige Verbindung eines Knotens mit dem Fachwerk kann nur durch drei Stäbe erreicht werden, die übrigens nicht in einer Ebene liegen dürfen.

2. Beispiel. Bezeichnet man die Achsenteile der am Knoten i angreifenden Außenkraft Q_i, welche auch ein Auflagerdruck sein kann, mit X_i, Y_i, Z_i, mit S_{hi} die Zug- oder Druckkraft in dem Stabe l_{hi} zwischen den Knoten h und i, so zerfällt die letztere in die Achsenanteile

$$S_{hi}\frac{x_h - x_i}{l_{hi}}, \qquad S_{hi}\frac{y_h - y_i}{l_{hi}}, \qquad S_{hi}\frac{z_h - z_i}{l_{hi}}.$$

Da nun an jedem Knoten die dort angreifende Außenkraft mit den als innere Kräfte aufzufassenden Stabkräften im Gleichgewicht stehen muß, so ergibt sich durch Summierung aller Stabkraftanteile der vom Knoten i ausgehenden Stäbe

$$X_i + \Sigma S_{hi}\frac{x_h - x_i}{l_{hi}} = 0, \quad Y_i + \Sigma S_{hi}\frac{y_h - y_i}{l_{hi}} = 0, \quad Z_i + \Sigma S_{hi}\frac{z_h - z_i}{l_{hi}} = 0. \qquad 8)$$

Diese drei Gleichungen lassen sich für jeden Knoten anschreiben, so daß wir im ganzen $3k$ derartiger Gleichgewichtsbedingungen haben. Diese sind indessen nicht ganz voneinander unabhängig, da auch die Außenkräfte Q_i einschließlich der Auflagekräfte unter sich im Gleichgewicht stehen, also die 6 Gleichungen 4) erfüllen. Es bleiben somit nur noch $3k - 6$ voneinander unabhängige Bedingungsgleichungen übrig, deren Anzahl somit mit derjenigen der für die statische Bestimmtheit des Fachwerkes notwendigen Stabzahl übereinstimmt.

Soll ein Fachwerk durch Auflagekräfte nur an Knoten festgehalten werden, so ist nur einer derselben zunächst durch drei Teilkräfte X_0, Y_0, Z_0 bestimmt.

Alsdann ist jeder andere Knoten um diesen noch auf einer Kugelfläche beweglich, woran er durch zwei weitere Kräfte gehindert werden kann, die in ihm die Kugel berühren. Nunmehr ist noch die Drehung um die Verbindungslinie der beiden Knoten möglich, welche durch eine außerhalb dieser Geraden, also an einem dritten Knoten angreifende Kraft aufgehoben werden kann. Ein Fachwerk wie überhaupt jeder starre Körper kann nur durch Auflagekräfte festgehalten werden, die sich auf drei nicht in einer Geraden liegende Punkte verteilen.

3. Beispiel. Von den räumlichen Fachwerken, welche ersichtlich in sehr verschiedener Weise zusammengesetzt werden können, zeichnet sich eine Gruppe besonders aus. Es sind dies Gebilde, die einen Innenraum derart einschließen, daß ihre Stäbe sämtlich Mantelflächen begrenzen, ohne den Innenraum selbst zu durchkreuzen. Solche Fachwerke, bei denen der Innenraum frei verfügbar ist, werden nach Föppl als Flechtwerke bezeichnet, zu ihnen gehören auch die sog. Fachwerkskuppeln. Man erkennt sofort, daß ein derartiges Gebilde als ein Polyeder aufgefaßt werden kann, dessen Ecken mit den Knoten und dessen Kanten mit den Stäben zusammenfallen. Wählt man darum für deren Zahl die schon oben benutzten Bezeichnungen und fügt noch die Zahl f der Flächen zwischen den Kanten hinzu, so gilt sofort für das Flechtwerk die bekannte Eulersche Polyederregel, nämlich

$$s = k + f - 2, \qquad \qquad 9)$$

die man leicht durch stufenweises Aufbauen eines Polyeders von einer Fläche ausgehend ableiten kann. Ist nun das Flechtwerk statisch bestimmt, so muß es auch die Bedingung 7) erfüllen, so daß wir auch an Stelle von 9) erhalten

$$2s = 3f, \quad 2k = f + 4, \qquad \qquad 9a)$$

Da nun sowohl die Stäbe wie auch die Knoten nur in ganzen Zahlen vorhanden sein können, so folgt aus 9a), daß die Stäbe eines statisch bestimmten Flechtwerkes nur eine gerade Zahl von Flächen einschließen können und daß die Stabzahl durch 3 teilbar sein muß. Diese Bedingung ist erfüllt, wenn das Flechtwerk aus lauter Stabdreiecken besteht, da hierbei jeder Stab zwei Flächen zugehört, während andererseits jede Fläche von drei Stäben umschlossen ist. Auf diese Weise erhält man z. B. ein Flechtwerk, wenn man die Oberfläche einer Kugel oder eines Ellipsoides durch eine Anzahl von Parallelkurven und Meridianlinien zerlegt, die Schnittpunkte als Knoten betrachtet und durch Stäbe in der Sehnenrichtung sowie einmal diagonal verbindet, Abb. 43. Will man von diesem Flechtwerk eine Hälfte als Kuppel benutzen, so muß man, um der statischen Bestimmtheit zu genügen, auch die als Grundlage dienende Schnittfläche durch Stäbe in Dreiecke zerlegen.

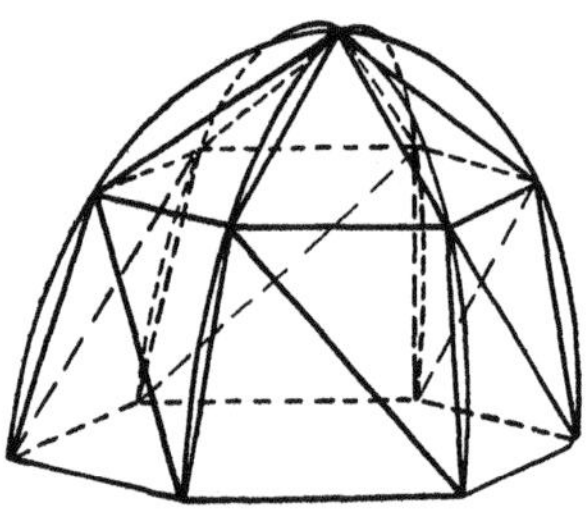

Abb. 43.

4. Beispiel. Wird der starre Körper an einem Punkte festgehalten, so erfährt er an dieser Stelle einen Auflagerdruck mit den Achsenanteilen X_0, Y_0, Z_0, aber kein Moment. Verschieben wir daher alle Außenkräfte nach dem Festpunkt, so erhalten wir als Gleichgewichtsbedingungen

$$\left.\begin{aligned} X_0 + \Sigma X = 0, \quad & Y_0 + \Sigma Y = 0, \quad & Z_0 + \Sigma Z = 0 \\ M_x = 0, \quad & M_y = 0, \quad & M_z = 0 \end{aligned}\right\}, \qquad 10)$$

aus denen sich die Stützdruckanteile X_0, Y_0, Z_0 eindeutig ergeben.

5. Beispiel. Besitzt der Körper eine feste Achse, die wir sogleich als z-Achse wählen, so können wir auf derselben zwei Körperpunkte, z. B. den

Anfang und den Punkt $z = c$ festhalten mit den Stützenteilen X_1, Y_1, Z_1, X_2, Y_2, Z_2, Abb. 44. Alsdann besteht Gleichgewicht für

$$\left.\begin{array}{lll} X_1 + X_2 + \Sigma X = 0, & Y_1 + Y_2 + \Sigma Y = 0, & Z_1 + Z_2 + \Sigma Z = 0 \\ M_x - Y_2 c = 0, & X_2 c + M_y = 0, & M_z = 0 \end{array}\right\} . \qquad 11)$$

Daraus berechnen sich die Anteile X_1, Y_1; X_2, Y_2, während die dritte Formel nur die Anteilsumme $Z_1 + Z_2$, nicht aber deren Einzelbeträge ergibt. Die Verteilung der Achsenanteile der Auflagekraft auf die Achsenpunkte bleibt also unbestimmt, während das Moment um die Achse verschwinden muß. Ist der Körper längs der Achse beweglich, so übt dieselbe keine Kräfte in ihrer Richtung aus, d. h. es wird mit $Z_1 = Z_2 = 0$ nach der dritten Formel 11) auch $\Sigma Z = 0$ als neue Gleichgewichtsbedingung.

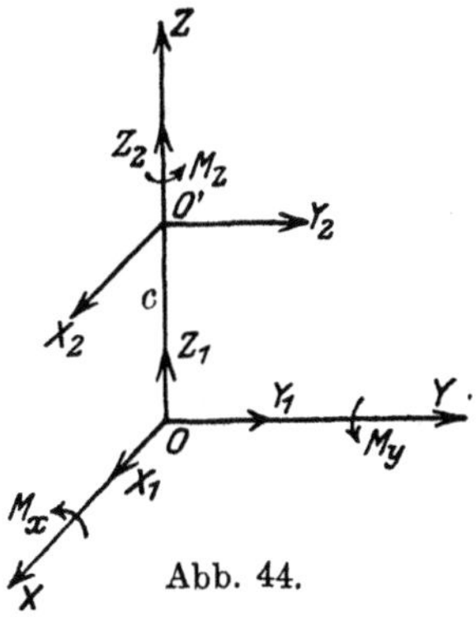

Abb. 44.

6. Beispiel. Berührt ein starrer Körper die feste xy-Ebene in den Punkten x_1, y_1; x_2, y_2; ... x_n, y_n, so müssen die der Ebene parallelen Anteile der äußeren Gesamtkraft und ebenso das um die Normale zur Ebene drehende Moment M_z verschwinden, so daß die Gleichgewichtsbedingungen für die Stützdrücke Z_1, Z_2 ... Z_n lauten

$$\left.\begin{array}{ll} \Sigma X = 0, \quad \Sigma Y = 0, & \Sigma Z + Z_1 + Z_2 + \cdots + Z_n = 0 \\ Z_1 x_1 + Z_2 x_2 + \cdots + Z_n x_n - M_y = 0, & Z_1 y_1 + Z_2 y_2 + \cdots + Z_n y_n + M_z = 0 \end{array}\right\} . \qquad 12)$$

Da die Stützendrücke Z_1, Z_2 ... Z_n nur in drei dieser Formeln auftreten, so sind auch nur drei derselben mit ebenso vielen Stützpunkten eindeutig bestimmt, während das Gleichgewicht bei mehr als drei Stützen statisch unbestimmt bleibt.

7. Beispiel. Wirkt auf den Körper nur sein im Schwerpunkt angreifendes Gewicht, so legen wir durch denselben die z-Achse und haben alsdann mit $\Sigma Z = -G$, $M_x = M_y = M_z = 0$ für die drei Auflagekräfte Z_1, Z_2, Z_3 an den drei Punkten x_1, y_1; x_2, y_2; x_3, y_3 auf der Ebene an Stelle von 12) die drei Formeln

$$Z_1 + Z_2 + Z_3 = G, \quad Z_1 x_1 + Z_2 x_2 + Z_3 x_3 = 0, \quad Z_1 y_1 + Z_2 y_2 + Z_3 y_3 = 0, \qquad 13)$$

also mit den Abkürzungen

$$x_2 y_3 - x_3 y_2 = F_1, \quad x_3 y_1 - x_1 y_3 = F_2, \quad x_1 y_2 - x_2 y_1 = F_3 \; . \; . \qquad 14)$$

für die doppelten Dreieckflächen der Stützen mit O, Abb. 45, und

$$F_1 + F_2 + F_3 = F \; . \; . \; . \; . \; . \; . \; . \qquad 14a)$$

für die doppelte Gesamtfläche des Stützdreiecks

$$Z_1 F = G F_1, \quad Z_2 F = G F_2, \quad Z_3 F = G F_3 \; . \; . \; . \qquad 13a)$$

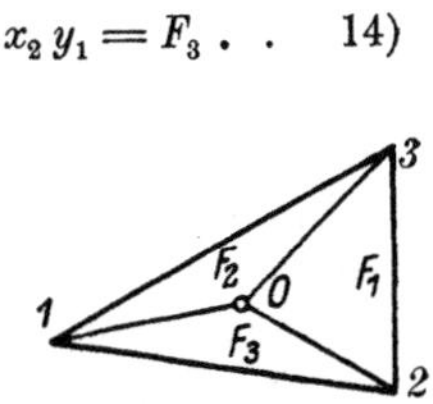

Abb. 45.

Das Vorzeichen der Flächen F hängt nur vom Umfahrungssinn ab. Es kehrt sich für eine Fläche z. B. F_1 um, wenn der Anfang 0 außerhalb der Dreiecksseite 23 liegt. Alsdann müßte der Körper, um nicht umzukippen, im Punkt 1 durch eine negative Auflagekraft niedergehalten werden. Das Gleichgewicht eines dreifach gestützten Körpers erfordert daher einen innerhalb des Stützdreiecks liegenden Durchstoßpunkt der Gewichtsrichtung.

V. Das Reibungsgleichgewicht.

§ 18. Das Reibungsgleichgewicht starrer Körper. Stützt sich ein starrer Körper mit dreien seiner Oberflächenpunkte auf eine feste Ebene, so sind nach den Lehren des § 17 die zur Ebene senkrechten Auflagerdrücke Z_1, Z_2, Z_3 durch die äußeren Kräfte und Momente eindeutig bestimmt, während die zur Ebene parallelen Kräfte, also auch das in dieselbe fallende Kräftepaar M_z, bei Wegfall der Reibung verschwinden. Bei rauher Körperoberfläche und Stützebene dagegen widersetzt sich die Reibung der Verschiebung der Auflagerpunkte so lange, als die dort angreifenden, der Ebene parallelen Außenkraftanteile die Werte $f_1 Z_1$, $f_2 Z_2$, $f_3 Z_3$ nicht übersteigen, wenn f_1, f_2, f_3 die den Berührungsstellen zugeordneten Reibungsziffern sind.

Im Grenzfalle des Beginnens oder des Aufhörens einer Bewegung seien α_1, α_2, α_3 die Neigungswinkel der obigen Reibungskräfte gegen die x-Achse eines in der Stützebene gelegenen Achsenkreuzes, in dem die Berührungspunkte die Abstände x_1, y_1; x_2, y_2; x_3, y_3 haben mögen. Dann genügen die Außenkräfte mit den Anteilen X, Y und dem Momente M_z' im Grenzfalle den Gleichgewichtsbedingungen:

$$\left.\begin{aligned} X &= f_1 Z_1 \cos\alpha_1 + f_2 Z_2 \cos\alpha_2 + f_3 Z_3 \cos\alpha_3 \\ Y &= f_1 Z_1 \sin\alpha_1 + f_2 Z_2 \sin\alpha_2 + f_3 Z_3 \sin\alpha_3 \\ M_z' &= f_1 Z_1 x_1 \sin\alpha_1 + f_2 Z_2 x_2 \sin\alpha_2 + f_3 Z_3 x_3 \sin\alpha_3 \\ &\quad - f_1 Z_1 y_1 \cos\alpha_1 - f_2 Z_2 y_2 \cos\alpha_2 - f_3 Z_3 y_3 \cos\alpha_3 \end{aligned}\right\}, \quad . \quad . \quad 1)$$

die zur Berechnung der noch unbekannten Neigungswinkel α gerade hinreichen, falls dieselben voneinander unabhängig sind. Da man durch Parallelverschiebung der Gesamtkraft $\sqrt{X^2 + Y^2}$ das in der Ebene liegende Kräftepaar M_z' zum Verschwinden bringen kann, so vereinfacht sich mit $M_z' = 0$ die dritte Formel 1), wenn wir den Anfang des Achsenkreuzes auf die Richtungslinie der Gesamtkraft verlegen.

Um zu prüfen, ob die Neigungswinkel α voneinander unabhängig sind, haben wir nur zu beachten, daß im Grenzfalle die Richtung der Reibungskraft an jeder Berührungsstelle der dort eintretenden Verschiebung ds entgegengesetzt ist. Diese Verschiebungen gehen nun so vor sich, daß die Entfernungen der Berührungspunkte, d. h. die Dreiecksseiten 1 2 3 keine Änderungen erleiden. Es müssen also die in die Richtung der Dreiecksseiten fallenden Verschiebungsanteile je zweier Berührungspunkte einander gleich sein. Bezeichnen wir die Neigungen der Seiten 23, 31, 12 gegen die x-Achse mit β_1, β_2, β_3, Abb. 46, so sind noch die Bedingungen

$$\begin{aligned} ds_2 \cos(\beta_1 - \alpha_2) &= ds_3 \cos(\beta_1 - \alpha_3) \\ ds_3 \cos(\beta_2 - \alpha_3) &= ds_1 \cos(\beta_2 - \alpha_1) \\ ds_1 \cos(\beta_3 - \alpha_1) &= ds_2 \cos(\beta_3 - \alpha_2) \end{aligned}$$

zu erfüllen, aus denen durch beidseitige Multiplikation unter Wegfall der Verschiebungen

$$\cos(\beta_1 - \alpha_2)\cos(\beta_2 - \alpha_3)\cos(\beta_3 - \alpha_1) = \cos(\beta_1 - \alpha_3)\cos(\beta_2 - \alpha_1)\cos(\beta_3 - \alpha_2) \quad . \; . \; . \; . \; . \; 2)$$

hervorgeht. Durch diese Beziehung sind die Neigungswinkel α der Reibungskräfte im Grenzfalle des Gleichgewichts miteinander verknüpft. Denkt man sich daher die drei Winkel α aus den vier Formeln 1) und 2) ausgeschaltet, was übrigens recht umständliche Rechnungen erfordert, so bleibt eine Bedingungsgleichung zwischen den äußeren Kräften X, Y, M_z' und den Reibungskräften $f_i\,Z_i$ übrig, von deren Erfüllung die Möglichkeit des Reibungsgleichgewichtes abhängt.

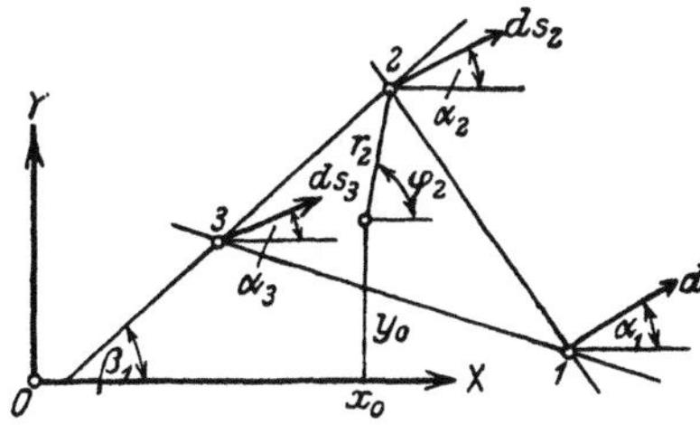

Abb. 46.

Das vorstehende Ergebnis wird noch klarer, wenn wir außer den Verschiebungen ds_i noch ihre Achsenanteile dx_i, dy_i einführen, also

$$\cos\alpha_i = \frac{dx_i}{ds_i}, \qquad \sin\alpha_i = \frac{dy_i}{ds_i} \quad . \; . \; . \; . \; . \; . \; . \; . \; . \; 3)$$

setzen. Bezeichnen wir dann in Abb. 46 noch den Durchstoßpunkt der äußeren Gesamtkraft $\sqrt{X^2 + Y^2 + Z^2}$ mit x_0, y_0, so gilt für einen der drei Berührungspunkte im Abstande r_i und der Achsenneigung φ_i, sowie bei gemeinsamer elementarer Verdrehung $d\varphi_i = d\varphi$ aller Berührungspunkte

$$\left.\begin{aligned} x_i &= x_0 + r_i\cos\varphi_i, \qquad y_i = y_0 + r_i\sin\varphi_i \\ dx_i &= dx_0 - r_i\,d\varphi\sin\varphi_i, \qquad dy_i = dy_0 + r_i\,d\varphi\cos\varphi_i \\ ds_i^2 &= dx_0^2 + dy_0^2 + r_i^2\,d\varphi^2 \\ &\quad + 2\,r_i\,d\varphi\,(dy_0\cos\varphi_i - dx_0\sin\varphi_i) \end{aligned}\right\} \; . \; . \; . \; 4)$$

Setzen wir die mittleren dieser Ausdrücke mit 3) in die Gleichgewichtsbedingungen 1) ein, so lauten dieselben, wenn wir das Moment um x_0, y_0, d. h. $M_z' - Yx_0 + Xy_0$ mit M_z bezeichnen,

$$\left.\begin{aligned} X &= \sum f_i Z_i \frac{dx_i}{ds_i} = \sum f_i Z_i \frac{dx_0 - r_i\,d\varphi\sin\varphi_i}{ds_i} \\ Y &= \sum f_i Z_i \frac{dy_i}{ds_i} = \sum f_i Z_i \frac{dy_0 + r_i\,d\varphi\cos\varphi_i}{ds_i} \\ M_z &= \sum (Y_i\cos\varphi_i - X_i\sin\varphi_i)\,r_i = \sum f_i Z_i\,r_i \frac{dy_0\cos\varphi_i - dx_0\sin\varphi_i + r_i\,d\varphi_i}{ds_i} \end{aligned}\right\} \; . \; . \; 5)$$

Da auf der rechten Seite dieser Formeln die drei Verschiebungen dx_0, dx_0, $d\varphi$ sowohl in den Zählern wie auch in den Nennern in gleicher Dimension auftreten, so dürfen wir mit einer derselben dividieren, so daß die rechten Seiten nur noch von den beiden Quotienten $dx_0 : d\varphi$ und $dy_0 : d\varphi$ abhängen. Durch Ausschalten derselben aus den drei Formeln 5) ergibt sich dann wieder die schon oben erwähnte Bedingungsgleichung zwischen X, Y, M_z und den Reibungskräften $f_i Z_i$ für die Möglichkeit des Gleichgewichts im Grenzfalle.

Erweitern wir schließlich die Formeln 5) der Reihe nach mit dx_0, dy_0, $d\varphi$ und addieren, so ergibt sich mit Rücksicht auf die letzte Gleichung 4)

$$X\,dx_0 + Y\,dy_0 + M_z\,d\varphi = \sum f_i Z_i\,ds_i = \sum (X_i\,dx_i + Y_i\,dy_i), \quad .\ 6)$$

also der Satz der virtuellen Arbeiten. Daraus erkennt man deutlich, daß das Gleichgewicht nur bestehen kann, solange

$$X\,dx_0 + Y\,dy_0 + M_z\,d\varphi \leqq \sum f_i Z_i\,ds_i \quad . \ . \ . \ . \ . \ . \ 6\text{a})$$

ist, da anderfalls der Arbeitsüberschuß der äußeren Kräfte Beschleunigungen zur Folge hat.

Wegen der allen Berührungspunkten gemeinsamen Verschiebungen dx_0, dy_0, $d\varphi$ dürfen wir an Stelle von 5) auch schreiben

$$\left.\begin{aligned} X &= dx_0 \sum \frac{f_i Z_i}{ds_i} - d\varphi \sum \frac{f_i Z_i r_i \sin\varphi_i}{ds_i} \\ Y &= dy_0 \sum \frac{f_i Z_i}{ds_i} + d\varphi \sum \frac{f_i Z_i r_i \cos\varphi_i}{ds_i} \\ M_z &= dy_0 \sum \frac{f_i Z_i r_i \cos\varphi_i}{ds_i} - dx_0 \sum \frac{f_i Z_i r_i \sin\varphi_i}{ds_i} + d\varphi \sum \frac{f_i Z_i r_i^2}{ds_i} \end{aligned}\right\} . \ 5\text{a})$$

Verschwindet nun im Sonderfalle der Außenkraftanteil in der Stützebene, liegt also die Gesamtkraft $\sum Z_i$ in der Zentralachse, so wird mit $X = 0$, $Y = 0$

$$\sum \frac{f_i Z_i r_i \sin\varphi_i}{ds_i} = \frac{dx_0}{d\varphi} \sum \frac{f_i Z_i}{ds_i}, \qquad \sum \frac{f_i Z_i r_i \cos\varphi_i}{ds_i} = -\frac{dy_0}{d\varphi} \sum \frac{f_i Z_i}{ds_i}$$

und nach Einsetzen in die Momentenformel 5a)

$$M_z = d\varphi \sum \frac{f_i Z_i r_i^2}{ds_i} - \frac{dx_0^2 + dy_0^2}{d\varphi} \sum \frac{f_i Z_i}{ds_i},$$

$$M_z\,d\varphi = \sum \frac{f_i Z_i (r_i^2\,d\varphi^2 - dx_0^2 - dy_0^2)}{ds_i}, \quad . \ . \ . \ . \ . \ . \ . \ . \ 7)$$

andererseits ist für diesen Fall nach Gl. 6)

$$M_z\,d\varphi = \sum f_i Z_i\,ds_i,$$

d. h. es ist wegen der dritten Formel 4)

$$dx_0 (dx_0 - r_i\,d\varphi \sin\varphi_i) + dy_0 (dy_0 + r_i\,d\varphi \cos\varphi_i) = 0, \quad . \ . \ 7\text{a})$$

oder

$$dx_0 \cos\alpha_i + dy_0 \sin\alpha_i = 0 \,. \quad . \ . \ . \ . \ . \ . \ . \ . \ 7\text{b})$$

Da nun die Neigungswinkel α_i der Reibungskräfte für jeden Berührungspunkt im allgemeinen verschiedene Werte besitzen, so kann 7a) bzw. 7b) nur bestehen, wenn gleichzeitig $dx_0 = 0$, $dy_0 = 0$ und daher $ds_i = r_i d\varphi$ wird, so daß sich die Gleichgewichtsbedingung 7) in diesem Falle auf

$$M_z \leqq \sum f_i Z_i r_i \quad \ldots \ldots \ldots \quad 8)$$

beschränkt. Rücken die drei Auflagerpunkte so nahe zusammen, daß man scheinbar eine Berührungsstelle des Körpers mit der Stützebene vor sich hat, so spricht man von einer Bohrreibung und schreibt an Stelle von 8) unter Einführung des genannten Normaldruckes $Z = \sum Z_i$, eines mittleren Halbmessers r_0 der Berührungsstelle und einer mittleren Gleitreibungsziffer f für das Bohrreibungsmoment

$$M_z \leqq f Z \cdot r_0 \cdot \quad \ldots \ldots \ldots \quad 8a)$$

Der sog. Bohrreibungsarm r_0 kann in jedem Falle nur auf dem Wege des Versuches gewonnen werden.

Verlangen wir andererseits, daß unter Wegfall des Momentes $M_z = 0$ nur eine Parallelverschiebung des Körpers auf einer Unterlage unter der Wirkung der Außenkraft X, Y gegen die Reibungswiderstände an den Auflagerpunkten möglich sein soll, so bedeutet dies die Gleichheit der Verschiebungen ds_i, d. h. deren Unabhängigkeit von r_i und φ_i. Das ist aber nach der dritten Formel 4) nur möglich, wenn

$$d\varphi = 0, \qquad ds_i^2 = dx_0^2 + dy_0^2 = ds_0^2 \quad \ldots \ldots \quad 4a)$$

wird, womit sich die Gleichungen 5a) vereinfachen in

$$\left.\begin{array}{c} X \leqq \dfrac{dx_0}{ds_0} \sum f_i Z_i = \cos\alpha \sum f_i Z_i \\ Y \leqq \dfrac{dy_0}{ds_0} \sum f_i Z_i = \sin\alpha \sum f_i Z_i \\ \sin\alpha \sum f_i Z_i r_i \cos\varphi_i - \cos\alpha \sum f_i Z_i r_i \sin\varphi_i = 0 \end{array}\right\} \quad \ldots \ldots \quad 9)$$

Da die letzte Bedingung für jede Richtung α der nunmehr parallelen Kräfte erfüllt sein soll, so zerfällt sie in

$$\sum f_i Z_i r_i \sin\varphi_i = 0, \qquad \sum f_i Z_i r_i \cos\varphi_i = 0, \quad \ldots \ldots \quad 9a)$$

wonach die Kraft X, Y durch den Mittelpunkt der Parallelkräfte $f_i Z_i$ hindurchgehen muß. Führen wir auch hier durch

$$\sum f_i Z_i = f \sum Z_i = f Z \quad \ldots \ldots \ldots \quad 10)$$

eine mittlere Reibungsziffer und den Gesamtdruck Z des Körpers auf die Stützebene ein, so wird die Gleichgewichtsbedingung mit $X^2 + Y^2 = R^2$

$$R \leqq f Z, \quad \ldots \ldots \ldots \ldots \quad 9b)$$

oder mit der Gesamtkraft Q und deren Neigung φ gegen die Normale der Stützebene, also $R = Q\sin\varphi$, $Z = Q\cos\varphi$

$$Q\sin\varphi \leqq f\,Q\cos\varphi\,, \qquad \operatorname{tg}\varphi \leqq f = \operatorname{tg}\varphi_0\,, \quad \ldots\ldots \quad 9\mathrm{c})$$

worin φ_0 den der Reibungsziffer f zugeordneten Reibungswinkel bedeutet. Es besteht demnach bei reinem Kraftangriff Gleichgewicht, solange der Kraftvektor innerhalb des mit dem Reibungswinkel um die Normale beschriebenen Umdrehungskegels des sog. Reibungskegels fällt.

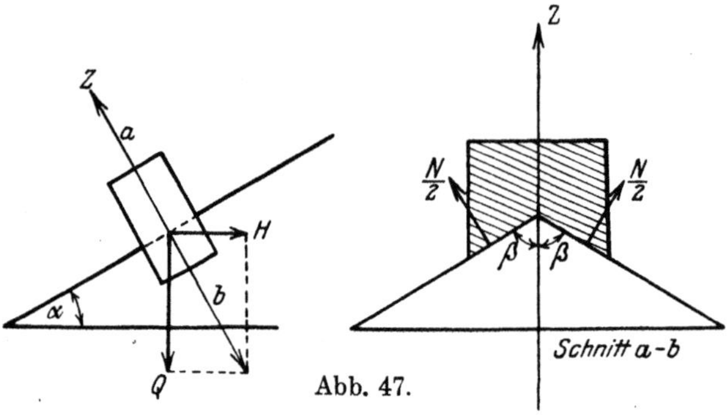

Abb. 47.

1. Beispiel. Stützt sich ein sattelförmiger Körper auf ein schräges Dach, Abb. 47, mit der Neigung α der Oberkante (First) gegen die Wagerechte und den Neigungen β der Seitenflächen gegen die Vertikalebene durch den First, so ist bei einem Normaldruck N gegen die Seitenflächen die Normalkraft zur Kante $Z = N\sin\beta$ und daher der Reibungswiderstand gegen eine Verschiebung auf dem Dach

$$f\,N = \frac{f\,Z}{\sin\beta}\,.$$

Wirkt nun auf den Körper eine Vertikalkraft Q und eine wagerechte Kraft H, die ihn entweder am Hinabgleiten hindert oder ein Heraufschieben bedingt, so entsteht daraus ein nach oben gerichteter Anteil $H\cos\alpha - Q\sin\alpha$, während senkrecht zur Kante der Anteil $Z = H\sin\alpha + Q\cos\alpha$ steht. Mithin besteht im Grenzfalle gerade Gleichgewicht, wenn

$$H\cos\alpha - Q\sin\alpha = \pm f\,N = \pm\frac{f}{\sin\beta}\,(H\sin\alpha + Q\cos\alpha)\,,$$

oder

$$H\left(\cos\alpha \mp \frac{f}{\sin\beta}\sin\alpha\right) = Q\left(\sin\alpha \pm \frac{f}{\sin\beta}\cos\alpha\right)$$

ist. Führen wir durch $\dfrac{f}{\sin\beta} = \operatorname{tg}\varphi_1 > \operatorname{tg}\varphi_0$ den Reibungswinkel ein, so wird daraus

$$H = Q\operatorname{tg}(\alpha \pm \varphi_1)\,, \quad \ldots\ldots \quad 11)$$

worin das obere Vorzeichen die wagerechte Kraft ergibt, die gerade noch ein Hinaufschieben ermöglicht, während sie mit dem andern Vorzeichen das Hinabgleiten verhindert. Daraus folgt, daß jedenfalls Gleichgewicht besteht, solange H innerhalb dieser Grenzen liegt, d. h.

$$Q\operatorname{tg}(\alpha - \varphi_1) \leqq H \leqq Q\operatorname{tg}(\alpha + \varphi_1) \quad \ldots\ldots \quad 11\mathrm{a})$$

bleibt. Wird im Sonderfalle $H = 0$, so besteht Gleichgewicht für

$$\operatorname{tg}(\alpha - \varphi_1) \leqq 0\,, \qquad \alpha \leqq \varphi_1 = \operatorname{arctg}\left(\frac{f}{\sin\beta}\right). \quad \ldots\ldots \quad 11\mathrm{b})$$

Alsdann kann der Körper unabhängig von der Vertikalbelastung Q nicht herabgleiten, weshalb man die Vorrichtung auch als selbstsperrend bezeichnet. Man übersieht ohne weiteres, daß mit $\beta = 90^0$ das schräge Dach in eine schiefe Ebene übergeht, deren Theorie schon in der Mechanik ebener Gebilde (§ 30) behandelt wurde.

2. Beispiel. Dagegen lassen sich die vorstehenden Ergebnisse sofort auf das Gleichgewicht von Muttern auf Schraubenspindeln anwenden, die wir uns durch Vereinigung einer gleichförmigen Drehung und axialen Verschiebung eines Dreiecks oder Rechtecks, in dessen Ebene die Achse liegt, erzeugt denken kann, wobei mit jedem Umlauf ein Gang entsteht. Auf diese Weise erhält man im ersten Falle eine scharfgängige, im letzteren eine flachgängige Schraube. Bezeichnet man den Winkel der schrägen Dreieckskanten gegen die Schraubenachse mit β, ihren mittleren Abstand von derselben mit r und den Axialabstand zweier einander entsprechender Punkte derselben Schraubenfläche, die sog. Ganghöhe, mit h, so ist

$$\operatorname{tg} \alpha = \frac{h}{2 \pi r}, \qquad \qquad 12)$$

die mit dem Abstand r veränderliche Steigung der Schraube. Folgen in der Ganghöhe zwei zusammengehörige Gänge aufeinander, so spricht man von einer eingängigen Schraube, im anderen Falle von einer mehrgängigen.

Ist Q die axiale Belastung der Schraube, so dürfen wir, falls die Abmessungen des erzeugenden Dreiecks oder Rechtecks klein gegen ihren Abstand von der Schraubenachse sind, dem Angriffspunkt der wagerechten Kraft H den mittleren Abstand r zuordnen, wodurch ein Kräftepaar $M = Hr$ um die Schraubenachse entsteht, die damit eine Zentralachse der Kräftegruppe bildet. Alsdann folgt aus 11a) durch Erweiterung mit r die Gleichgewichtsbedingung für die Schraube

$$Q\, r \operatorname{tg}(\alpha - \varphi_1) \leqq M \leqq Q\, r \operatorname{tg}(\alpha + \varphi_1) \qquad \qquad 13)$$

mit 11b) als Bedingung für die Selbstsperrung der Schraube unter einer beliebigen Axiallast.

Soll die Last Q durch das Moment gleichförmig gehoben, so ist der Wirkungsgrad der Schraube, d. i. das Verhältnis der gewonnenen zur aufgewendeten Arbeit unter Benutzung des Gleichheitszeichens in 13), sowie wegen 12)

$$\eta_1 = \frac{Q h}{2 \pi M} = \frac{h}{2 \pi r \operatorname{tg}(\alpha + \varphi_1)} = \frac{\operatorname{tg} \alpha}{\operatorname{tg}(\alpha + \varphi_1)} < 1 \qquad \qquad 13\text{a})$$

Soll dagegen durch Sinken der Last ein Drehmoment M überwunden werden, so ist der Wirkungsgrad nach 13) und 12)

$$\eta_2 = \frac{2 \pi M}{Q h} = \frac{\operatorname{tg}(\alpha - \varphi_1)}{\operatorname{tg} \alpha} < 1 \qquad \qquad 13\text{b})$$

Die vorstehenden Gleichungen gelten unmittelbar auch für die flachgängige Schraube, wenn darin mit $\beta = 90^0$, $\varphi_1 = \varphi_0$ gesetzt wird. Da stets $\varphi_1 > \varphi_0$, so ist der Wirkungsgrad der scharfgängigen Schraube stets geringer als der einer flachgängigen unter den gleichen Umständen. Daher eignet sich die letztere mehr für Kraftübertragung, die scharfe dagegen wegen ihrer größeren Selbstsperrung zur Herstellung haltbarer Verbindungen verschiedener Körper.

§ 19. Das Gleichgewicht lockerer Massen im Raume. Das Gleichgewicht lockerer Massen haben wir schon im ersten Teil (§ 54ff.) mit der Einschränkung behandelt, daß die möglichen Verschiebungen der einzelnen Punkte des Erdkörpers einer und derselben Ebene, der Bildebene parallel angesehen werden können. Der untersuchte Erdkörper war in diesem Falle ein gerades Prisma von beliebiger Länge senkrecht zu der in der Bildebene liegenden Grundfläche, durch deren Form und Begrenzung die einzelnen Gleichgewichtsfälle alsdann vollkommen bestimmt waren. Die Untersuchung selbst beruhte auf der durch die Erfahrung hinreichend bestätigten Annahme ebener Gleitflächen, deren Spuren in der Bildebene als Gerade erschienen.

Da es bisher noch nicht gelungen ist, auf Grund der an und für sich leicht aufzustellenden Gleichgewichtsbedingungen eines Elementes des Erdkörpers eine allgemeine Theorie des Gleichgewichts lockerer Massen mit endlicher räumlicher Ausdehnung aufzustellen, müssen wir uns auch hier auf die näherungsweise Behandlung einiger wichtiger Sonderfälle beschränken. Als ersten derselben betrachten wir das Gleichgewicht trockener Erd- oder Sandhaufen mit freier Oberfläche, die auf einer ebenen starren Unterlage ruhen. Ein an der Oberfläche befindliches Korn wird nur dann im Gleichgewichte verharren, wenn das dort herrschende Gefälle kleiner als die natürliche Reibungsziffer $f = \operatorname{tg} \varphi_0$ der Masse ist. Erreicht das Gefälle gerade diesen Wert, so wird das in der Gefällsrichtung in Bewegung gesetzte Korn gleichförmig und ohne Seitenabweichung, die nur durch eine in diesem Falle nicht vorhandene wagerechte Kraft hervorgerufen werden kann, abgleiten. Die diesem Grenzfalle entsprechende freie Oberfläche des Haufens trägt demnach eine Schar gerader Gefällslinien, deren gemeinsame Neigung gegen die wagerechte Ebene mit dem natürlichen Reibungs- oder Böschungswinkel φ_0 übereinstimmt. Die wagerechten Schnitte dieser sog. Böschungsfläche, ihre Niveau- oder Schichtlinien, werden daher von den Böschungsgeraden oder Berührungsstrahlen rechtwinklig geschnitten, was naturgemäß auch für den Schnitt mit der wagerechten Unterlage, ihre Grundlinie, gilt. Wegen der beständigen Neigung der Fläche ist der Abstand n zweier Schnittlinien mit dem Höhenunterschiede $z - z_1$, sowie derjenige n' ihrer Grundrisse

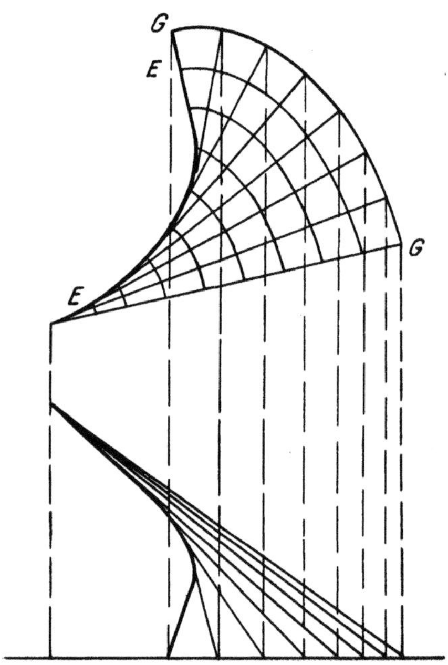

Abb. 48.

$$n = \frac{z - z_1}{\sin \varphi_0}, \quad n' = \frac{z - z_1}{\operatorname{tg} \varphi_0} \quad \text{. . . . . 1)}$$

Die Grundrisse der Schichtlinien der Böschungsfläche sind demnach ebene Kurven gleichen Abstandes, woraus sich eine bequeme Verzeichnung für jede vorgelegte Grundlinie GG durch Abtragen gleicher Abschnitte n' auf den Normalen ergibt, Abb. 48. Da die Normalen der Grundlinie deren Evoluten einhüllen, so kann die Böschungsfläche durch Abwicklung des rechtwinkligen Dreiecks mit der Gefällslinie als Hypotenuse von dem über der Evolute errichteten Zylinder erzeugt werden. Die Böschungsfläche ist somit eine abwickelbare Fläche.

Ist die Gleichung der Grundlinie

$$F(x_1, y_1) = 0 \quad . \; . \; . \; . \; . \; . \; . \; . \; . \; . \; 2)$$

gegeben, so folgt deren Neigungswinkel ϑ gegen die x-Achse aus

$$\frac{\partial F}{\partial x_1}\cos\vartheta + \frac{\partial F}{\partial y_1}\sin\vartheta = 0\,, \quad \sin^2\vartheta + \cos^2\vartheta = 1 \quad . \; . \; . \; 2\text{a})$$

$$\cos\vartheta\sqrt{\left(\frac{\partial F}{\partial x_1}\right)^2 + \left(\frac{\partial F}{\partial y_1}\right)^2} = \frac{\partial F}{\partial y_1}\,, \quad \sin\vartheta\sqrt{\left(\frac{\partial F}{\partial x_1}\right)^2 + \left(\frac{\partial F}{\partial y_1}\right)^2} = -\frac{\partial F}{\partial x_1}\,. \quad 2\text{b})$$

Für den Neigungswinkel ψ der Normalen gegen die x-Achse gilt ferner

$$\cos\psi\cos\vartheta + \sin\psi\sin\vartheta = \cos(\psi - \vartheta) = 0\,, \quad \psi - \vartheta = 90^0\,, \; . \; 3)$$

also

$$\sin\psi = \cos\vartheta\,, \quad \cos\psi = -\sin\vartheta \quad . \; . \; . \; . \; . \; . \; 3\text{a})$$

und nach Multiplikation mit 2b)

$$\sin\psi\sqrt{\left(\frac{\partial F}{\partial x_1}\right)^2 + \left(\frac{\partial F}{\partial y_1}\right)^2} = \frac{\partial F}{\partial y_1}\,, \quad \cos\psi\sqrt{\left(\frac{\partial F}{\partial x_1}\right)^2 + \left(\frac{\partial F}{\partial y_1}\right)^2} = \frac{\partial F}{\partial x_1}\,. \; 3\text{b})$$

Andererseits ist ein Punkt x, y auf der Normalen im Abstande n' vom Punkte x_1, y_1 der Grundlinie gegeben durch

$$x - x_1 = n'\cos\psi\,, \quad y - y_1 = n'\sin\psi \quad . \; . \; . \; . \; . \; . \; 4)$$

oder mit 1) für $z_1 = 0$ also $n'f = z$ nach Ausschaltung von ψ mit Hilfe von 3b)

$$\left.\begin{aligned}(x - x_1)f\sqrt{\left(\frac{\partial F}{\partial x_1}\right)^2 + \left(\frac{\partial F}{\partial y_1}\right)^2} = z\frac{\partial F}{\partial x_1}\\ (y - y_1)f\sqrt{\left(\frac{\partial F}{\partial x_1}\right)^2 + \left(\frac{\partial F}{\partial y_1}\right)^2} = z\frac{\partial F}{\partial y_1}\end{aligned}\right\} \; . \; . \; . \; . \; . \; . \; . \; 4\text{a})$$

Löst man diese beide Formeln nach x_1, y_1 auf und setzt die Wurzeln in die Gl. 2) der Grundlinie ein, so ergibt sich die Gleichung der gesuchten Böschungsfläche, die indessen nur ausnahmsweise eine bequeme Gestalt annimmt, wenn sie überhaupt in geschlossener Form angeschrieben werden kann. Man wird und kann sich darum auch meistens mit der oben angegebenen stets durchführbaren zeichnerischen Darstellung begnügen.

Nach der vorstehenden Theorie[1]) ergibt sich z. B. für eine rechteckige Grundfläche, Abb. 49, als Böschungsfläche ein Dach mit vier

---

[1]) Schilling: Über Böschungsflächen mit Kegelschnitten als Basiskurven. Z. f. ang. Math. u. Mech. 1923, S. 197.

gleich geneigten Seitenebenen, die sich in vier Eckkanten und einem First schneiden. Über einen Grundkreis würde man einen Kegel, über einer Grundellipse dagegen die in Abb. 50 für eine Hälfte im Grundriß verzeichnete Böschungsfläche erhalten, die sich an den Evolutenzylinder über $M_0 M_1$ anschließt. Da nun der über der Verbindungslinie der beiden Krümmungsmitten $M_1 M_2$ liegende, in der Abbildung links davon gezeichnete Teil der Böschungsfläche, dem auf der rechten Seite ein kongruenter entspricht, in der Luft schwebt, so hat dieser Teil keine praktische Bedeutung, und die zu beiden Seiten der Längsachse der Ellipse liegenden Hälften der Böschungsfläche begegnen sich in der Kante $M_1 M_2$. Da diese ersichtlich nicht mit einer Schichtlinie zusammenfällt, so liegt ihre Mitte höher als die Endpunkte.

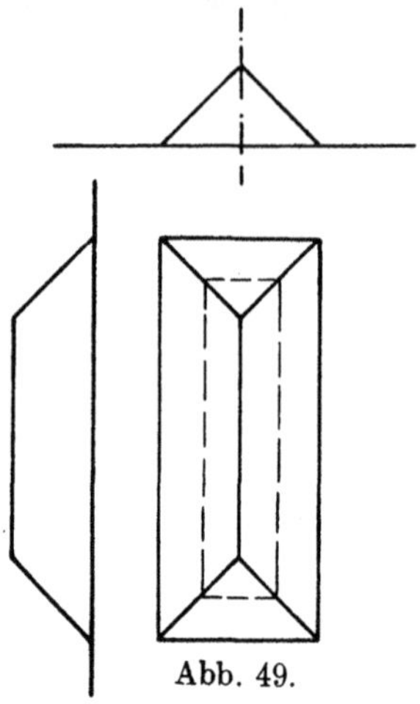

Abb. 49.

Die wirklichen Böschungsflächen zeigen nun nach sorgfältigen Versuchen von

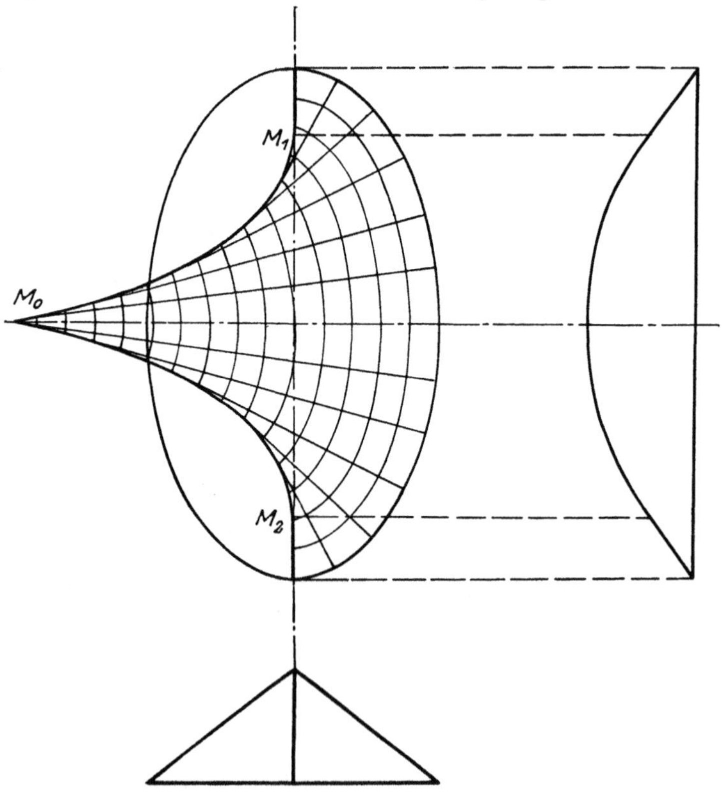

Abb. 50.

F. Auerbach[1]) gegenüber den auf dem obigen geometrischen Wege abgeleiteten mehrfach Abweichungen. Zunächst wurde festgestellt, daß auch bei geradlinigen Grundkurven die Neigung in der Nähe der Stützebene eine Vergrößerung erfährt, der bei Anlehnung des Sandkörpers an eine feste Wand eine Verkleinerung des Böschungswinkels entspricht, Abb. 51. Es hängt dies offenbar mit einer verminderten Beweglichkeit der Körner an der festen Wand, also einer Art Kraftwirkung derselben zusammen, die sich allerdings vorläufig jeder Berechnung entzieht. Weiterhin ergab sich bei konvexer Krümmung der Schichtlinien nach außen mit nach unten divergierenden Gefällslinien, wie bei der Ellipse, gegenüber der theoretischen eine flachere, nach oben zu abnehmende Böschung; während bei konkaver Krümmung der Schichtlinien nach außen mit nach unten konvergierenden Gefällslinien, z. B. auf der Innenseite eines Ringwalles sich eine gegenüber der natürlichen durchweg steilere, nach unten stark zunehmende Böschung einstellt. Der Grund hierfür kann nur in dem wagerechten Seitendruck p_s auf ein keilförmiges Element an der Oberfläche gesucht werden, der im ersten Falle einen Kraftanteil nach außen, im andern nach innen ergibt. Hat das Element, Abb. 52, die Seitenfläche dF, so ist bei einem Krümmungsarm r der Schichtlinie und einem Öffnungswinkel $d\psi$ und dem Raumgewicht γ der wagerechte Anteil und das Gewicht

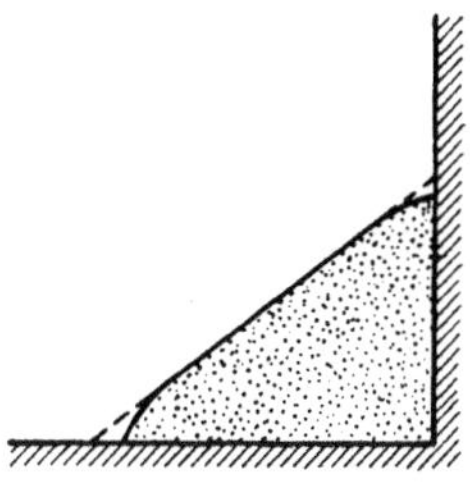

Abb. 51.

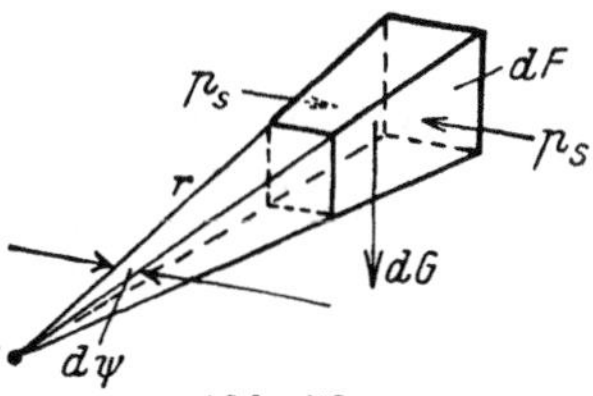

Abb. 52.

$$dH = p_s\, dF\, d\psi\,, \qquad dG = \gamma\, r\, d\psi\, dF\,. \quad . \quad 5)$$

Die Gleichgewichtsbedingung gegen Herabgleiten bei einer Neigung φ der Gefällslinie ist alsdann

$$dG \sin\varphi \pm dH \cos\varphi = f(dG \cos\varphi \mp dH \sin\varphi),$$

oder mit $f = \operatorname{tg}\varphi_0$

$$dH = \mp\, dG \operatorname{tg}(\varphi - \varphi_0)$$

und geht nach Einsetzen von 5) über in die Differentialgleichung der Böschungsfläche

$$\operatorname{tg}(\varphi - \varphi_0) = \mp \frac{p_s}{\gamma r}. \quad . \quad . \quad . \quad . \quad . \quad . \quad . \quad . \quad . \quad 6)$$

Behält nun der Seitendruck p_s überall endliche Werte bei, so verschwindet für $r = \infty$ die rechte Seite, und es wird hierfür im Einklang mit den Versuchsergebnissen $\varphi = \varphi_0$, während bei positivem Vorzeichen der rechten Seite für einen Trichter im Grenzfalle $r = 0$

[1]) Auerbach: Gleichgewichtsfiguren pulverförmiger Massen. Ann. d. Physik Bd. V, S. 170. 1909.

sich $\operatorname{tg}(\varphi - \varphi_0) = \infty$, $\varphi = 90 - \varphi_0$ ergibt. Andererseits zeigt die Erfahrung, daß die Spitze eines Sandkegels für $r = 0$ sich abrundet, daß also dort $\varphi = 0$ ist. Setzt man dies in Gl. 6 mit negativem Vorzeichen der rechten Seite ein, so folgt für diesen Grenzfall:

$$p_s = \gamma r \operatorname{tg} \varphi_0 . \qquad 6a)$$

Damit erhalten wir für die Meridianschnitte der nach außen und innen abfallenden Böschungsflächen die in Abb. 53 dargestellten Kurven AB und CD mit den Asymptoten A_0B_0 und C_0D_0, die sowohl jede für sich je einen Umdrehungssandkörper begrenzen, als auch gemeinsam einen sog. Ringwall vom Querschnitt EFG einschließen, und zwar in recht guter Übereinstimmung mit den Versuchen Auerbachs.

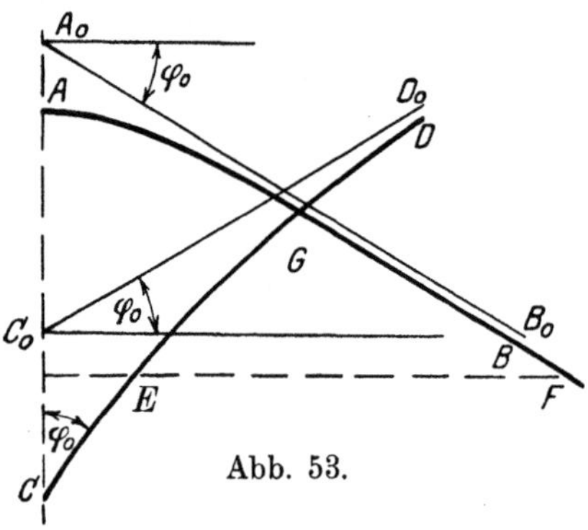

Abb. 53.

Ergänzend sei noch bemerkt, daß die Beziehung 6) auch für den Übertritt der Schichtlinien über Kanten, wie solche z. B. bei rechteckigen Grundflächen in Abb. 49 auftreten, gilt. Infolgedessen runden sich die Kanten stets etwas ab und verlaufen über ausspringende Ecken etwas flacher, über einspringende dagegen steiler, als es der rein-geometrischen ermittelten Form entspricht.

Die Integration der Differentialgleichung 6) der Böschungsfläche und damit die Ermittlung der Form derselben ist nun an die Kenntnis der Abhängigkeit des Seitendruckes p_s von der Lage r, z des zugehörigen Oberflächenpunktes geknüpft. Dieser Seitendruck ist aber nichts anderes als der Randwert des Druckes im Gefällsschnitt des Haufens, der im Sonderfall eines Umdrehungskörpers mit dem Meridianschnitt zusammenfällt. Bis jetzt ist es indessen noch nicht gelungen, die Verteilung des Druckes über diesen Schnitt zu ermitteln, dessen Gesamtwert offenbar mit dem aktiven Erddruck gegen diese Fläche übereinstimmt. Dieselbe Unsicherheit besteht auch über die Druckverteilung auf die ebene Unterlage eines Haufens. Denn schneidet man aus demselben einen senkrechten Elementarzylinder mit der Grundfläche dF, Abb. 54, heraus, so ist die darauf wirkende Normalkraft $dQ = p_z dF$ wegen der an den Seitenflächen angreifenden Reibungskräfte T und $T + dT$ nicht gleich dem Gewicht $dG = \gamma z dF$ der Säule, sondern

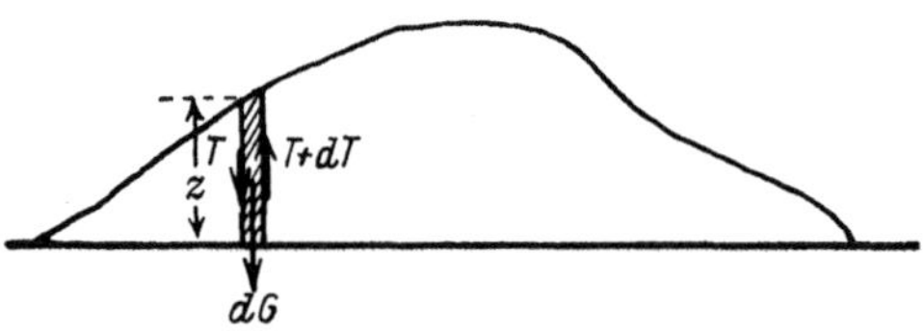

Abb. 54.

$$p_z dF = \gamma z dF - dT, \qquad 7)$$

während die Integration über die ganze Grundfläche, an deren freiem

Rande keine senkrechte Reibung wirkt, mit dem Gesamtinhalt V des Haufens:

$$\int p_z\,dF = \gamma \int z\,dF = \gamma V = G, \quad \ldots \ldots \quad 7\text{a})$$

d. h. die Übereinstimmung der Gesamtlast auf der Grundfläche mit dem Haufengewicht ergibt. Wenn man, wie es häufig in der Technik geschieht, kurzerhand $p_z = \gamma z$, d. h. den Druck auf die Grundfläche der darüber stehenden Höhe verhältnisgleich setzt, so gilt dies streng genommen nur für eine gleichmäßig dichte Schar unzusammenhängend auf der Grundfläche stehender senkrechter Säulen von verschiedenen Höhen.

Ist dagegen der Haufen seitlich durch senkrechte Wände begrenzt, so ergibt die Integration von 7) $Q = G - T$, oder

$$\int p_z\,dF = \gamma \int z\,dF - T, \quad \ldots \ldots \quad 7\text{b})$$

worin T die gesamte von der Seitenwand aufgenommene Reibung bedeutet.

Beispiel. Die letzte Formel erlaubt nun, eine wenigstens angenäherte Berechnung der Druckzunahme nach unten in einer senkrechten, durch eine feste Wand vom Umfang u eingeschlossenen Säule von wagerechter Oberfläche, Abb. 55, unter der Annahme, daß der auf die Wände wirkende Normaldruck p_u im gleichen Verhältnis mit dem mittleren Druck p auf die Grundfläche F wächst. Alsdann ist

$$p_u = \alpha p \quad \ldots \ldots \quad 8)$$

und mit einer Reibungsziffer f der lockeren Masse an der Wand die Reibung am Umfangselement $u\,dz$ der Wandfläche mit $\alpha f = f_0$

$$dT = f p_u u\,dz = \alpha f p u\,dz = f_0 p u\,dz. \quad 8\text{a})$$

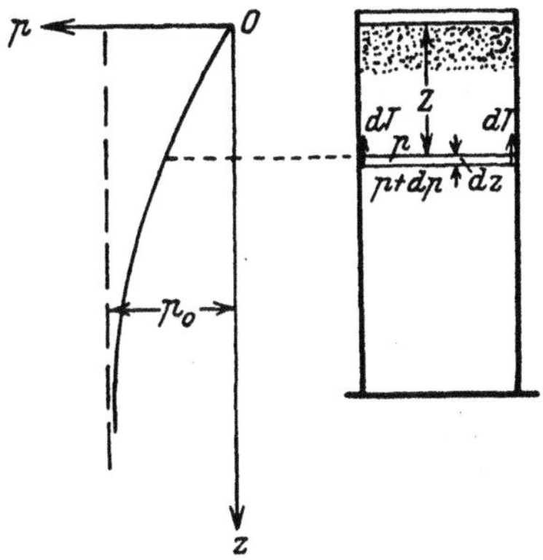

Abb. 55.

Mit dem Mittelwerte p des Druckes p_z geht 7b) aber über in

$$pF = \gamma z F - T$$

oder für die Druckzunahme dp mit der Senkung dz mit 8a)

$$F\,dp = \gamma F\,dz - dT = (\gamma F - f_0 u p)\,dz$$

$$\frac{dp}{\gamma F - f_0 u p} = \frac{dz}{F}.$$

Dies gibt integriert mit $p = 0$ für die ebene Oberfläche $z = 0$

$$p = \frac{\gamma F}{u f_0}\left(1 - e^{-\frac{u f_0}{F} z}\right), \quad \ldots \ldots \quad 9)$$

wonach der Druck im Einklang mit Beobachtungen an Getreidesilos sich mit wachsender Tiefe einem Grenzwert

$$p_0 = \frac{\gamma F}{u f_0} \quad \text{für} \quad z = \infty \quad \ldots \ldots \quad 9\text{a})$$

entsprechend einer freien Druckhöhe

$$z_0 = \frac{p_0}{\gamma} = \frac{F}{u f_0} \quad \ldots \ldots \quad 9\text{b})$$

nähert. Für sehr kleine Tiefen z ergibt sich aus 9) angenähert:

$$p = \gamma z \left(1 - \frac{u f_0}{F} z\right), \qquad \text{9c)}$$

also eine angenähert parabolische Änderung, die an der Oberfläche selbst in die lineare $p = \gamma z$ wie bei reibungslosen Flüssigkeiten übergeht.

Es wird somit bei zunehmender Tiefe ein immer größerer Teil des Zelleninhaltes vermöge der Reibung von den Wänden getragen.

§ 20. Verschiebungen im Innern lockerer Massen.

Verschiebungen im Innern lockerer Massen finden erfahrungsgemäß dadurch statt, daß parallele Schichten von Körnern mit sehr geringen Laufunterschieden aneinander hingleiten, wobei zwischen den einzelnen Schichten Reibungskräfte T zu überwinden sind, welche nach den Versuchen von Ch. Jacob (I. Teil § 30) dem dort herrschenden Druck p und dem Laufunterschiede Δv benachbarter Schichten verhältnisgleich anzusetzen sind. Daher ist für ein Element df der Berührungsfläche der Reibungswiderstand mit einer Erfahrungsziffer $\varkappa$

$$dT = \varkappa p \, dF \, \Delta v,$$

worin sich eine tangentiale Reibungsspannung

$$\tau = \frac{dT}{dF} = \varkappa p \Delta v = \varkappa p \frac{\Delta v}{\Delta n} \Delta n \qquad \text{1)}$$

ergibt, wenn wir noch die mit dem mittleren Korndurchmesser übereinstimmende Schichtdicke Δn einführen. Dafür dürfen wir aber mit der Abkürzung

$$\varkappa \Delta n = \mu, \qquad \text{2)}$$

sowie unter Einführung einer unendlich kleinen Schichtdicke dn schreiben

$$\tau = \mu p \frac{dv}{dn}. \qquad \text{1a)}$$

Es ist dies genau dasselbe Widerstandsgesetz, welches zuerst Newton für zähe Flüssigkeiten aufgestellt hat, bei denen nur der Beiwert μ nicht mehr merklich vom Drucke abhängt. Verschiebt sich nun ein Schichtelement von der Breite b, der Länge ds und der Dicke dn, also von dem Rauminhalt $dV = b\,ds\,dn$ und dem Gewicht $\gamma b\,ds\,dn$ in einer Neigung ϑ gegen die Wagerechte, so hat der in die Schichtrichtung entfallende Gewichtsanteil $\gamma\,dV \sin\vartheta$ nach Abb. 56 den Reibungswiderstand $(\tau + d\tau) b\,ds$ auf der Berührungsfläche mit der langsamer bewegten Schicht zu überwinden, während es in der andern Berührungsfläche durch die rascher bewegte Schicht eine treibende Kraft $\tau b\,ds$ derart erfährt, daß als Gesamtwiderstand $\frac{\partial \tau}{\partial n} b\,ds\,dn$ übrig bleibt. Außerdem aber wirkt in der Richtung der Verschiebung der Druck p auf den Schichtquerschnitt $b\,dn$, dem in entgegengesetzter

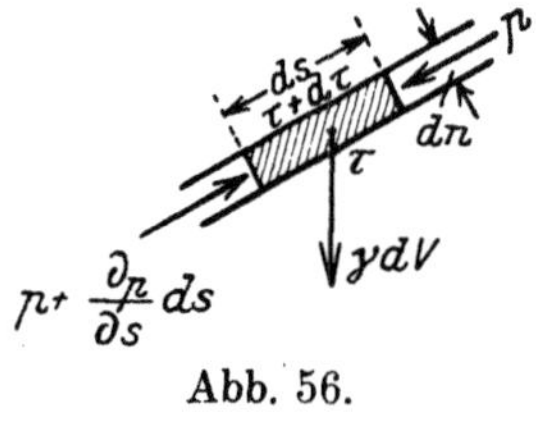

Abb. 56.

Richtung der Druck $p + \frac{\partial p}{\partial s} ds$ auf derselben Fläche entgegenwirkt, so daß also eine treibende Kraft $-\frac{\partial p}{\partial s} ds\, b\, dn$ übrig bleibt. Die Zusammenfassung aller dieser Kräfte am Element ergibt unter Weglassung der allen Gliedern gemeinsamen Schichtbreite b und Länge ds

$$\gamma\, dn \sin \vartheta - \frac{\partial p}{\partial s} dn = \frac{\partial \tau}{\partial n} dn,$$

oder

$$\gamma \sin \vartheta = \frac{\partial p}{\partial s} + \frac{\partial \tau}{\partial n}, \quad \ldots \ldots \ldots \quad 3)$$

wobei wir wegen der sehr geringen Laufbeträge deren Änderungen vernachlässigen und den ganzen Vorgang als einen statischen betrachten können. Die vorstehende Formel ist in der Tat die allgemeine Gleichgewichtsbedingung eines Körperelementes unter dem Einfluß eines stetig veränderlichen Normaldruckes p und einer Schubspannung τ. Sie geht für unsern Fall der Gleitreibung bei sehr kleinen Laufwerten v mit 1a) über in

$$\gamma \sin \vartheta = \frac{\partial p}{\partial s} + \mu p \frac{d^2 v}{dn^2} + \mu \frac{\partial p}{\partial n} \frac{dv}{dn} \quad \ldots \ldots \quad 3\text{a})$$

und läßt sich nur integrieren, wenn im Bereiche der Verschiebung die örtlichen Veränderungen des Druckes bekannt sind. Da dies gerade für lockere Massen, wie wir oben gesehen haben, im allgemeinen nicht zutrifft, so müssen wir uns auf den Fall beständigen Druckes p beschränken, der sich für größere Tiefen in einer von senkrechten Wänden umgebenen Säule als Grenzfall einstellt. Damit vereinfacht sich Gl. 3a) in

$$\gamma \sin \vartheta = \mu\, p_0 \frac{d^2 v}{dn^2}, \quad \ldots \ldots \quad 3\text{b})$$

so daß also in diesem Falle die **Laufänderung senkrecht zur Verschiebungsrichtung nur von deren Neigung gegen die Wagerechte, d. h. vom Gefälle der Bewegung abhängt.**

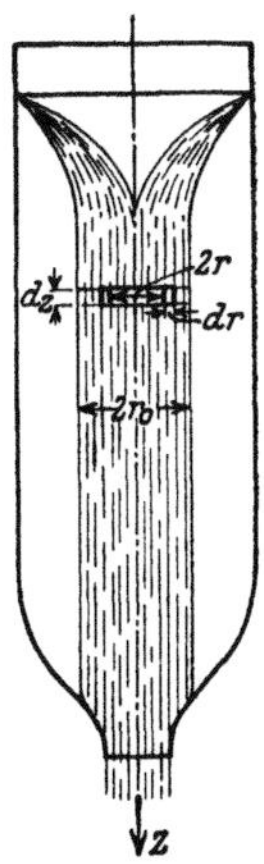

Abb. 57.

Beispiel. Als Beispiel betrachten wir den Fall einer Öffnung in der Mitte des meist konisch ausgeführten Bodens eines Silos, die gewöhnlich durch einen Schieber geschlossen ist. Bei Öffnung derselben verliert zunächst die unmittelbar darüber befindliche Säule ihre Stütze und gerät in Bewegung, an der sich allmählich mit nach außen abnehmenden Laufwerten ein ganzer Kern der lockeren Masse beteiligt. Die ursprünglich wagerechte Oberfläche erfährt dabei eine mittlere Einsenkung, bis sich im Beharrungszustande die nach innen geneigte Böschungsfläche nahezu eingestellt hat, die durch allmähliches Abgleiten ihrer Oberflächenteile nach der Mitte hin eine stetige Absenkung erleidet, Abb. 57.

Schneiden wir aus dem senkrechten bewegten Kern ein Element vom Halbmesser r, der Dicke dr und der Höhe dz heraus, so besteht die Gleichgewichtsbedingung

$$2\pi \gamma r\, dr\, dz = 2\pi\, d(\tau r)\, dz,$$

oder

$$d(\tau r) = \gamma r\, dr, \qquad \tau r = C + \frac{\gamma r^2}{2},$$

also, da für $r = 0$ die Schubspannung nicht beliebig groß sein kann, mit $C = 0$

$$\tau = \frac{\gamma r}{2} \quad \text{4)}$$

Verbinden wir dies mit 1a) unter Beachtung eines nach außen abnehmenden Laufwertes, setzen also $dn = -dr$, so wird mit

$$2 \mu p_0 dv = -\gamma r dr,$$

also mit $v = 0$ für den Kernhalbmesser r_0.

$$4 \mu p_0 v = \gamma (r_0^2 - r^2), \quad \text{5)}$$

d. h. eine parabolische Verteilung der Laufwerte über den Kernquerschnitt. Daraus folgt schließlich der mittlere Laufwert

$$v_m = \frac{2}{r_0^2} \int_0^{r_0} v r dr = \frac{\gamma r_0^2}{8 \mu p_0} \quad \text{5a)}$$

Wir erhalten also einen nahezu gleichförmigen Ausfluß der lockeren Masse aus der Bodenöffnung, eine durch neuerliche Erfahrungen an Getreidesilos vollauf bestätigte Tatsache, die schon seit Jahrhunderten der Verwendung der Sanduhren zugrunde liegt.

Drittes Buch.

Dynamik räumlicher Gebilde.

VI. Grundlagen der Dynamik.

§ 21. Die Bewegungsgleichungen räumlicher Gebilde. Bildet ein Massenpunkt den Bestandteil irgendeines räumlichen Gebildes, so ist er mit dessen anderen Massenpunkten durch Bedingungen verknüpft, welche den Zusammenhang zum Ausdruck bringen. Wirkt alsdann auf den betrachteten Punkt eine Außenkraft $\mathfrak{Q}$, so kann er derselben vermöge des erwähnten Zusammenhanges nicht uneingeschränkt folgen, so zwar, daß sein wirklicher Anlauf $\mathfrak{q}$ weder in die Richtung von $\mathfrak{Q}$ fällt, noch auch der für den freien Punkt gültigen Beziehung $\mathfrak{Q} = m\mathfrak{q}$ genügt. Die beiden Vektoren $\mathfrak{Q}$ und $-m\mathfrak{q}$ setzen sich vielmehr zu einer inneren Kraft $\mathfrak{Q}'$ geometrisch zusammen, die am Punkte m keinen Anlauf bedingt, was nur dadurch möglich ist, daß sie durch entsprechende andere innere Kräfte des ganzen Gebildes in ihrer Wirkung aufgehoben wird. Führen wir die Achsenanteile ein, so haben wir für die inneren Kräfte am Massenpunkt m

$$X_k' = X_k - m_k \ddot{x}_k, \quad Y_k' = Y_k - m_k \ddot{y}_k, \quad Z_k' = Z_k - m_k \ddot{z}_k \quad . \quad . \quad 1)$$

mit den Gleichgewichtsbedingungen für die gestrichenen Anteile, d. h.

$$\left.\begin{aligned} \sum X_k' &= 0, & \sum (Z_k' y_k - Y_k' z_k) &= 0 \\ \sum Y_k' &= 0, & \sum (X_k' z_k - Z_k' x_k) &= 0 \\ \sum Z_k' &= 0, & \sum (Y_k' x_k - X_k' y_k) &= 0 \end{aligned}\right\} . \quad . \quad . \quad . \quad . \quad 2)$$

Dafür dürfen wir in Vektorform mit dem Fahrstrahl $\mathfrak{r}$ vom willkürlichen Anfang O aus auch schreiben

$$\sum \mathfrak{Q}_k' = 0, \quad \sum [\mathfrak{r}_k \mathfrak{Q}_k'] = 0 \; . \quad . \quad . \quad . \quad . \quad . \quad . \quad 2\text{a})$$

Setzen wir die Ausdrücke 1) in die Gleichgewichtsbedingungen 2) ein, so nehmen diese die Form

$$\left.\begin{aligned} \sum X_k &= \sum m_k \ddot{x}_k, & \sum (Z_k y_k - Y_k z_k) &= \sum m_k (\ddot{z}_k y_k - \ddot{y}_k z_k) \\ \sum Y_k &= \sum m_k \ddot{y}_k, & \sum (X_k z_k - Z_k x_k) &= \sum m_k (\ddot{x}_k z_k - \ddot{z}_k x_k) \\ \sum Z_k &= \sum m_k \ddot{z}_k, & \sum (Y_k x_k - X_k y_k) &= \sum m_k (\ddot{y}_k x_k - \ddot{x}_k y_k) \end{aligned}\right\} . \quad 3)$$

Hierin stellen die linken Seiten der ersten Reihe die Achsenanteile X, Y, Z der Gesamtkraft dar, die wir uns nach Parallelverschiebung aller Einzelkräfte am Anfang O des Achsenkreuzes angreifend denken können, wodurch Kräftepaare geweckt werden, deren Moment zusammen die in der zweiten Reihe links stehenden Achsenanteile M_x, M_y, M_z besitzen. Dürfen wir außerdem noch die Massen m_k während der Bewegung als unveränderlich ansehen, was im allgemeinen zutreffen wird, so erhalten wir an Stelle von 3) mit

$$X = \sum X_k, \qquad Y = \sum Y_k, \qquad Z = \sum Z_k$$

$$\left.\begin{aligned} X &= \frac{d}{dt}\sum m_k \dot{x}_k, & M_x &= \frac{d}{dt}\sum m_k (\dot{z}_k y_k - \dot{y}_k z_k) \\ Y &= \frac{d}{dt}\sum m_k \dot{y}_k, & M_y &= \frac{d}{dt}\sum m_k (\dot{x}_k z_k - \dot{z}_k x_k) \\ Z &= \frac{d}{dt}\sum m_k \dot{z}_k, & M_z &= \frac{d}{dt}\sum m_k (\dot{y}_k x_k - \dot{x}_k y_k) \end{aligned}\right\} \quad . . . \quad 3\text{a})$$

Die Summen der rechten Seiten dieser Gleichungen sind aber als Produkte der Massen mit den Laufteilen und der vom Anfang auf letztere gefällten Lote nichts anderes als die Vektorteile der gesamten Bewegungsgröße bzw. des Gesamtmomentes der Bewegungsgrößen, die wir der Kürze halber als Prall und Drall mit den Buchstaben $\mathfrak{P}$ und $\mathfrak{D}$ bezeichnen wollen. An Stelle der Gleichungsgruppen 3) und 3a) dürfen wir auch in Vektorform schreiben

$$\left.\begin{aligned} &\mathfrak{P} = \sum \mathfrak{P}_k = \sum m \dot{\mathfrak{r}}_k, \qquad \mathfrak{D} = \sum \mathfrak{D}_k = \sum m_k [\mathfrak{r}_k \dot{\mathfrak{r}}_k] \\ &\mathfrak{Q} = \sum \mathfrak{Q}_k = \sum m_k \ddot{\mathfrak{r}}_k = \frac{d}{dt}\sum m_k \dot{\mathfrak{r}}_k = \dot{\mathfrak{P}} \\ &\mathfrak{M} = \sum [\mathfrak{r}_k \mathfrak{Q}_k] = \sum m_k [\mathfrak{r}_k \ddot{\mathfrak{r}}_k] = \frac{d}{dt}\sum m_k [\mathfrak{r}_k \dot{\mathfrak{r}}_k] = \dot{\mathfrak{D}} \end{aligned}\right\} \quad . . . \quad 3\text{b})$$

Die Drallanteile lassen sich nun nach den Darlegungen des § 3 noch weiter umformen unter Einführung der von den Fahrstrahlrissen r_x, r_y, r_z auf den Achsenebenen überstrichenen Flächen F_x, F_y, F_z, so zwar, daß

$$\left.\begin{aligned} M_x &= 2\frac{d}{dt}\sum m_k \frac{dF_{k_x}}{dt} = 2\frac{d^2}{dt^2}\sum m_k F_{k_x} \\ M_y &= 2\frac{d}{dt}\sum m_k \frac{dF_{k_y}}{dt} = 2\frac{d^2}{dt^2}\sum m_k F_{k_y} \\ M_z &= 2\frac{d}{dt}\sum m_k \frac{dF_{k_z}}{dt} = 2\frac{d^2}{dt^2}\sum m_k F_{k_z} \end{aligned}\right\} \quad . . . . . \quad 4)$$

Lassen sich nun alle Außenkräfte zu einer durch den willkürlich gewählten Anfangspunkt O gehenden Gesamtkraft vereinigen, so verschwindet das Gesamtmoment in bezug auf jede Achse durch O, und es bleibt mit $M_x = M_y = M_z = 0$, d. h. $\mathfrak{M} = 0$, $\mathfrak{D} =$ konst.

$$\frac{d}{dt}\sum m_k F_{k_x} = C_1, \quad \frac{d}{dt}\sum m_k F_{k_y} = C_2, \quad \frac{d}{dt}\sum m_k F_{k_y} = C_3, \qquad 4\text{a})$$

worin die drei an sich willkürlichen Festwerte C_1, C_2, C_3 durch die Anfangslagen und Anfangsläufe aller Einzelmassen, d. i. durch die Werte aller $x_k, y_k, z_k; \dot{x}_k, \dot{y}_k, \dot{z}_k$ zur Zeit $t=0$ bestimmt sind. Rechnen wir die überstrichenen Flächen außerdem von diesen Anfangslagen aus, so ergibt die weitere Integration von 4a)

$$\sum m_k F_{k_x} = C_1 t, \qquad \sum m_k F_{k_y} = C_2 t, \qquad \sum m_k F_{k_z} = C_3 t. \qquad 4b)$$

Da nun die vom Fahrstrahl eines Punktes überstrichene Fläche nach § 3 einen Drehvektor darstellt, so gilt dies auch von ihrem Produkt mit der skalaren Masse, so daß also die in 4b) links stehende Summe die Achsenanteile eines Vektors $\sum m_k \mathfrak{F}_k$ angeben. Mit den Richtungskosinus $\varkappa$, λ, μ dieses Vektors erhalten wir alsdann

$$\varkappa \sum m_k F_k = C_1 t, \qquad \lambda \sum m_k F_k = C_2 t, \qquad \mu \sum m_k F_k = C_3 t \qquad 4c)$$

oder

$$\sum m_k F_k = t\sqrt{C_1^2 + C_2^2 + C_3^2}, \qquad \varkappa : \lambda : \mu = C_1 : C_2 : C_3. \qquad 4d)$$

Dieser Vektor steht also senkrecht zu einer durch den Anfang hindurchgehenden Ebene, deren Gleichung

$$x\varkappa + y\lambda + z\gamma = 0 \quad . \; . \; . \; . \; . \; . \; . \; . \; . \quad 5)$$

oder

$$C_1 x + C_2 y + C_3 z = 0 \quad . \; . \; . \; . \; . \; . \; . \; . \; . \quad 5a)$$

die Zeit nicht mehr enthält, die also eine feste Lage im Raum bei der Bewegung aller Massenpunkte beibehält. Diese Ebene ist darum von Laplace als die unveränderliche (invariable) Ebene der bewegten Massengruppe bezeichnet. Das Ergebnis der vorstehenden Untersuchung können wir nun in den Satz zusammenfassen, daß im Falle des Verschwindens äußerer Momente oder der Möglichkeit der Zusammenfassung aller Außenkräfte zu einer Gesamtkraft der Gesamtdrall der Massengruppe bei der Bewegung seine Größe und Richtung dauernd beibehält, während die Summe der mit den Einzelmassen erweiterten Projektionen der von den Fahrstrahlen überstrichenen Flächen auf irgendeine feste Ebene mit der Zeit gleichförmig zunimmt. Diese Zunahme erreicht ihren Höchstwert für die unveränderliche Ebene wegen der Normalstellung des Drallvektors zu derselben.

Die unveränderliche Ebene mit der Drallrichtung bietet sich somit zwanglos als zweckmäßige Grundlage für ein Achsenkreuz dar, wenn wir auf ersterer noch irgendeine Richtung festlegen. Hierzu gelangen wir durch Einführung der Schwerpunktsabstände x_0, y_0, z_0 in die drei Kraftformeln 3a), die somit übergehen in:

$$X = \ddot{x}_0 \sum m_k, \qquad Y = \ddot{y}_0 \sum m_k, \qquad Z = \ddot{z}_0 \sum m_k. \; . \; . \; . \quad 6)$$

Hiernach bewegt sich der Schwerpunkt einer Massengruppe so, als wenn in ihm alle Einzelmassen mit den daran angreifenden Außenkräften vereinigt wären. Da nun die Laufrichtung des Schwerpunktes zu Beginn der Bewegung bekannt ist, so brauchen wir sie nur auf die unveränderliche Ebene zu projizieren, um in derselben eine geeignete Richtung zur Festlegung des Achsenkreuzes zu erhalten. Besonders einfach gestaltet sich diese Wahl beim Verschwinden aller Außenkräfte der Massengruppe, wonach sich aus 6)

$$\left.\begin{array}{lll} \ddot{x}_0 = 0, & \ddot{y}_0 = 0, & \ddot{z}_0 = 0 \\ \dot{x}_0 = c_1, & \dot{y}_0 = c_2, & \dot{z}_0 = c_3 \end{array}\right\}, \quad \ldots\ldots \quad 6a)$$

d. h. eine geradlinig-gleichförmige Schwerpunktsbewegung ergibt.

Der zuletzt besprochene Fall einer der Wirkung aller Außenkräfte entzogenen, also ganz auf sich angewiesenen (sog. isolierten) Massengruppe ist mit großer Annäherung in jedem Planetensystem, vor allem in dem zu unserer Sonne gehörigen verwirklicht. In der Tat hat auch Poisson hierfür die Projektion des gleichförmigen Schwerpunktslaufes auf die durch dessen Anfangslage hindurchgehende unveränderliche Ebene, die von derjenigen der Erdbahn (Ekliptik) nur wenig abweicht, zur Festlegung einer Achsenrichtung vorgeschlagen, da die hierzu gewöhnlich benutzte Schnittrichtung mit dem Erdäquator (die Knotenlinie), wie wir später sehen werden, zeitlichen Änderungen unterworfen ist.

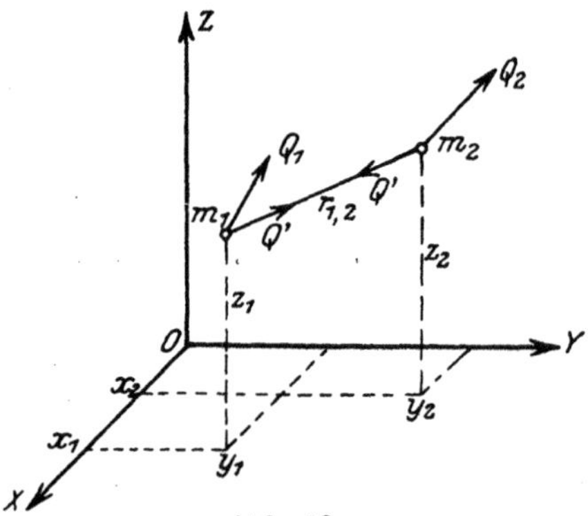

Abb. 58.

Beispiel. Es seien nach Abb. 58 zwei Massenpunkte m_1, m_2 mit dem augenblicklichen Abstande

$$r_{12} = \frac{x_2 - x_1}{\alpha} = \frac{y_2 - y_1}{\beta} = \frac{z_2 - z_1}{\gamma} \quad \ldots\ldots\ldots \quad 7)$$

mit α, β, γ als Richtungskosinus von r_{12} vorgelegt, zwischen denen in dieser Richtung eine Kraft $\pm Q'$ mit ihren Achsenteilen

$$X' = Q'\alpha, \qquad Y' = Q'\beta, \qquad Z' = Q'\gamma \quad \ldots\ldots\ldots \quad 7a)$$

wirken möge. Greifen dann noch an den beiden Massenpunkten die beiden Außenkräfte Q_1, Q_2 mit den entsprechenden Anteilen X_1, Y_1, Z_1; X_2, Y_2, Z_2 an, so bestehen zunächst für die Einzelmassen die Bewegungsformeln

$$\left.\begin{array}{lll} X_1 + X' = m_1\ddot{x}_1, & Y_1 + Y' = m_1\ddot{y}_1, & Z_1 + Z' = m_1\ddot{z}_1 \\ X_2 - X' = m_2\ddot{x}_2, & Y_2 - Y' = m_2\ddot{y}_2, & Z_2 - Z' = m_2\ddot{z}_2 \end{array}\right\} \quad \ldots \quad 8)$$

und nach Addition unter Einführung der Schwerpunktsabstände x_0, y_0, z_0

$$\left.\begin{array}{l} X_1 + X_2 = m_1\ddot{x}_1 + m_2\ddot{x}_2 = (m_1 + m_2)\,\ddot{x}_0 \\ Y_1 + Y_2 = m_1\ddot{y}_1 + m_2\ddot{y}_2 = (m_1 + m_2)\,\ddot{y}_0 \\ Z_1 + Z_2 = m_1\ddot{z}_1 + m_2\ddot{z}_2 = (m_1 + m_2)\,\ddot{z}_0 \end{array}\right\} \quad \ldots\ldots\ldots \quad 8a)$$

Bilden wir nunmehr die Momente der Kräfte 8) in bezug auf die einzelnen

Achsen, so erhalten wir z. B. für die z-Achse mit 7a)

$$\left.\begin{aligned} Y_1 x_1 - X_1 y_1 + Q'(x_1 \beta - y_1 \alpha) &= m_1 (\ddot{y}_1 x_1 - \ddot{x}_1 y_1) \\ Y_2 x_2 - X_2 y_2 - Q'(x_2 \beta - y_2 \alpha) &= m_2 (\ddot{y}_2 x_2 - \ddot{x}_2 y_2) \end{aligned}\right\} \quad . \; . \; . \; . \; . \quad 9)$$

und nach Addition unter Wegfall der Innenkraft

$$M_z = Y_1 x_1 - X_1 y_1 + Y_2 x_2 - X_2 y_2 = m_1 (\ddot{y}_1 x_1 - \ddot{x}_1 y_1) + m_2 (\ddot{y}_2 x_2 - \ddot{x}_2 y_2), \quad 9a)$$

zu denen dann noch zwei gleichgebaute Ausdrücke für die beiden andern Momentenanteile M_x, M_y hinzutreten. Man übersieht sofort, daß im Falle mehrerer Massenpunkte in jeder Verbindungslinie eine Zwischenkraft $\pm Q'_{12}$, $\pm Q'_{13}$ usw. wirkt, die sowohl bei der Summierung der Kraftanteile wie auch der Momente ganz wie vorstehend herausfällt.

Verschwindet das Moment der Außenkräfte für zwei Massenpunkte, so wird aus 9a)

$$\left.\begin{aligned} m_1 (\dot{y}_1 x_1 - \dot{x}_1 y_1) + m_2 (\dot{y}_2 x_2 - \dot{x}_2 y_2) &= 2\, C_3 \\ m_1 (\dot{z}_1 y_1 - \dot{y}_1 z_1) + m_2 (\dot{z}_2 y_2 - \dot{y}_2 z_2) &= 2\, C_1 \\ m_1 (\dot{x}_1 z_1 - \dot{z}_1 x_1) + m_2 (\dot{x}_2 z_2 - \dot{z}_2 x_2) &= 2\, C_2 \end{aligned}\right\}, \quad . \; . \; . \; . \; . \quad 9b)$$

womit zugleich die Gleichung der unveränderlichen Ebene 5a) gegeben ist, wenn wir für die x, y, z und $\dot{x}, \dot{y}, \dot{z}$ die als bekannt anzunehmenden Anfangswerte (für $t = 0$) einsetzen.

§ 22. Die Arbeitsgleichung räumlicher Gebilde. Die den Ausführungen des letzten Abschnittes zugrunde gelegten Gleichungen

$$X_k = X_k' + m_k \ddot{x}_k, \qquad Y_k = Y_k' + m \ddot{y}_k, \qquad Z_k = Z_k' + m \ddot{z}_k, \quad . \; . \quad 1)$$

für die wir auch in Vektorform

$$\mathfrak{Q}_k = \mathfrak{Q}_k' + m_k \ddot{\mathfrak{r}}_k \quad . \; . \; . \; . \; . \; . \; . \; . \; . \; . \quad 1a)$$

schreiben dürfen, besagen, daß an jedem Punkte eines räumlichen Gebildes die Gesamtheit der innern Kräfte $\mathfrak{Q}_k'$ mit der dort wirkenden Außenkraft $\mathfrak{Q}$ und der negativen Massenkraft $-m\ddot{\mathfrak{r}}_k$ im Gleichgewicht stehen.

Erweitern wir die Formeln 1) unter Einführung der Relativabstände ξ_k, η_k, ζ_k des Massenpunktes m_k in einem dem ursprünglichen parallelen Achsenkreuz durch den Schwerpunkt x_0, y_0, z_0 mit

$$dx_k = dx_0 + d\xi_k, \qquad dy_k = dy_0 + d\eta_k, \qquad dz_k = dz_0 + d\xi_k, \qquad 2)$$

so erhalten wir wegen $\ddot{x}_k dx_k = \dot{x}_k d\dot{x}_k$ usw. nach Addition

$$\begin{aligned} X_k dx_k + Y_k dy_k + Z_k dz_k &= X_k' dx_0 + Y_k' dy_0 + Z_k' dz_0 \\ &+ X_k' d\xi_k + Y_k' d\eta_k + Z_k' d\zeta_k \\ &+ m_k (\dot{x}_k d\dot{x}_k + \dot{y}_k d\dot{y}_k + \dot{z}_k d\dot{z}_k) \quad . \; . \; . \; . \; . \; . \; . \; . \; . \quad 3) \end{aligned}$$

Bilden wir die Summen aller dieser Ausdrücke und beachten, daß wegen des inneren Gleichgewichtes aller verlorenen Kräfte

$$\sum X_k' = \sum Y_k' = \sum Z_k' = 0$$

ist, so bleibt mit $\dot{x}_k^2 + \dot{y}_k^2 + \dot{z}_k^2 = v_k^2$

$$\begin{aligned} &\sum (X_k dx_k + Y_k dy_k + Z_k dz_k) \\ &= \sum (X_k' d\xi_k + Y_k' d\eta_k + Z_k' d\zeta_k) + \sum m_k v_k dv_k \quad . \; . \; . \quad 3a) \end{aligned}$$

Hierin stellt aber, da die Verschiebungsanteile $d\xi_k$, $d\eta_k$, $d\zeta_k$ der einzelnen Massen gegen den Schwerpunkt im allgemeinen nicht miteinander übereinstimmen, die erste Summe rechts die von den inneren Kräften geleistete innere Verschiebungsarbeit dar, die wir auch als Formänderungsarbeit bezeichnen. Wir erkennen also aus 3a), daß die Gesamtarbeit der Außenkräfte an einem räumlichen Gebilde zur Formänderung und zur Vergrößerung der Gesamtwucht dient.

Noch deutlicher wird dies, wenn wir die Verschiebungen im beweglichen Achsenkreuz ξ, η, ζ auf elementare Drehungen $d\varphi_x$, $d\varphi_y$, $d\varphi_z$ um die Achsen durch die Gleichungen

$$\left.\begin{array}{c} d\xi_k = \zeta_k d\varphi_{ky} - \eta_k d\varphi_{kz}, \quad d\eta_k = \xi_k d\varphi_{kz} - \zeta_k d\varphi_{kx}, \\ d\zeta_k = \eta_k d\varphi_{kx} - \xi_k d\varphi_{ky} \end{array}\right\} \quad . \; . \quad 4)$$

zurückführen. Damit geht die Formänderungsarbeit über in

$$\begin{aligned} &\Sigma(X_k' d\xi_k + Y_k' d\eta_k + Z_k' d\zeta_k) \\ &= \Sigma(Z_k' \eta_k - Y_k' \zeta_k) d\varphi_{kx} + \Sigma(X_k' \zeta_k - Z_k' \xi_k) d\varphi_{ky} \\ &+ \Sigma(Y_k' \xi_k - X_k' \eta_k) d\varphi_{kz}. \end{aligned}$$

Würden im Innern keine gegenseitigen Verschiebungen auftreten, so müßten die elementaren Verdrehungen $d\varphi_x$, $d\varphi_y$, $d\varphi_z$ allen Punkten gemein sein und könnten vor die Summe rechts gesetzt werden. Da nun wegen des Gleichgewichts der inneren Kräfte, deren Teilmomente bezogen auf ein beliebiges Achsenkreuz also auch auf ein solches durch den Schwerpunkt, verschwinden, so fiele mit

$$\Sigma(Z_k' \eta_k - Y_k' \zeta_k) = \Sigma(X_k' \zeta_k - Z_k' \xi_k) = \Sigma(Y_k' \xi_k - X_k' \eta_k) = 0$$

in diesem Falle eines starren Gebildes auch die ganze Formänderungsarbeit weg. Es bleibt dann in 3a)

$$\Sigma(Y_k dx_k + Y_k dy_k + Z_k dz_k) = \Sigma m_k v_k dv_k, \quad . \; . \; . \; . \quad 5)$$

d. h. die Gesamtarbeit der Außenkräfte an einem starren Gebilde dient nur zur Erhöhung der Gesamtwucht.

Wir können aber auch diese letzte Gleichung noch durch Zerlegung der Verschiebungen nach Gl. 2) umformen. Dann wird zunächst, wenn wir gleichzeitig die Anteile der Gesamtkraft

$$\Sigma X_k = X, \quad \Sigma Y_k = Y, \quad \Sigma Z_k = Z \quad . \; . \; . \; . \; . \quad 6)$$

einführen, aus der linken Seite von 5)

$$\begin{aligned} &\Sigma(X_k dx_k + Y_k dy_k + Z_k dz_k) \\ &= X dx_0 + Y dy_0 + Z dz_0 + \Sigma(X_k d\xi_k + Y_k d\eta_k + Z_k d\zeta_k) \quad . \; . \; . \quad 5a) \end{aligned}$$

Andererseits dürfen wir an Stelle von 2) nach Division mit dt auch schreiben

$$\dot{x}_k = \dot{x}_0 + \dot{\xi}_k, \quad \dot{y}_k = \dot{y}_0 + \dot{\eta}_k, \quad \dot{z}_k = \dot{z}_0 + \dot{\zeta}_k \quad . \; . \; . \quad 2a)$$

oder quadriert und addiert mit $\dot{\xi}_k^2 + \dot{\eta}_k^2 + \dot{\zeta}_k^2 = u_k^2$

$$v_k^2 = v_0^2 + 2(\dot{x}_0 \dot{\xi}_k + \dot{y}_0 \dot{\eta}_k + \dot{z}_0 \dot{\zeta}_k) + u_k^2 \quad . \quad . \quad . \quad . \quad . \quad 2\text{b})$$

Erweitern wir diesen Ausdruck mit m_k und summieren über alle Massen, so erhalten wir die doppelte Gesamtwucht

$$\sum m_k v_k^2 = v_0^2 \sum m_k + \sum m_k u_k^2 \\ + 2(\dot{x}_0 \sum m_k \dot{\xi}_k + \dot{y}_0 \sum m_k \dot{\eta}_k + \dot{z}_0 \sum m_k \dot{\zeta}_k).$$

Da aber für die Schwerachsen ξ, η, ζ die statischen Momente verschwinden, so gilt dies auch für die daraus nach der Zeit abgeleiteten Summen der letzten Klammer, und es bleibt

$$\sum m_k v_k^2 = v_0^2 \sum m_k + \sum m_k u_k^2, \quad . \quad . \quad . \quad . \quad . \quad . \quad 5\text{b})$$

so daß sich also die Gesamtwucht verteilt auf die der Fortbewegung des Schwerpunktes und die Drehung um denselben. Durch Einführung der Ausdrücke 5a) und 5b) zerfällt somit Gl. 5) in

$$\left.\begin{array}{r} X dx_0 + Y dy_0 + Z dz_0 \\ + \sum (X_k d\xi_k + Y_k d\eta_k + Z_k d\zeta_k) \end{array}\right\} = v_0 dv_0 \sum m_k + \sum m_k u_k du_k. \quad 7)$$

Da nun infolge des Gleichgewichts der Innenkräfte

$$X = \ddot{x}_0 \sum m_k, \quad Y = \ddot{y}_0 \sum m_k, \quad Z = \ddot{z}_0 \sum m_k,$$
$$X dx_0 + Y dy_0 + Z dz_0 = (\dot{x}_0 d\dot{x}_0 + \dot{y}_0 d\dot{y}_0 + \dot{z}_0 d\dot{z}_0) \sum m_k \\ = v_0 dv_0 \sum m_k \quad . \quad . \quad . \quad . \quad . \quad . \quad . \quad . \quad . \quad . \quad 6\text{a})$$

ist, so heben sich in 7) zunächst die entsprechenden Glieder weg, und es bleibt:

$$\sum (X_k d\xi_k + Y_k d\eta_k + Z_k d\zeta_k) = \sum m_k u_k du_k = \tfrac{1}{2} d \sum m_k u_k^2 \qquad 7\text{a})$$

als Arbeitsgleichung der Relativbewegung um den Schwerpunkt. Diese aber kann nach den Darlegungen des § 12 für den starren Körper stets als Drehung um eine augenblickliche Schwerachse aufgefaßt werden, so daß die Gesamtwucht eines starren Körpers sich auf das Fortschreiten der im Schwerpunkt vereinigten Gesamtmasse und die Drehung um eine augenblickliche Schwerachse verteilt.

Bezeichnen wir mit r_k den Abstand der Masse m_k von dieser Drehachse und mit ω den augenblicklichen, allen Punkten gemeinsamen Drehwert, so wird mit

$$u_k = r_k \omega, \qquad \sum m_k u_k^2 = \omega^2 \sum m_k r_k^2 \quad . \quad . \quad . \quad . \quad . \quad 8)$$

aus 7a)

$$\sum (X_k d\xi_k + Y_k d\eta_k + Z_k d\zeta_k) = \tfrac{1}{2} d(\omega^2 \sum m_k r_k^2), \quad . \quad . \quad 7\text{b})$$

worin die Summe das Trägheits- oder Schwungmoment um die augenblickliche Drehachse darstellt.

Beispiel. Die beiden im letzten Abschnitt betrachteten Massenpunkte m_1 und m_2, die längs ihrer Verbindungsgeraden in der Wechselwirkung $\pm Q'$ mit den Achsenanteilen $\pm X'$, $\pm Y'$, $\pm Z'$ stehen, hatten unter der Wirkung der Außenkräfte Q_1, Q_2 bzw. X_1, Y_1, Z_1; X_2, Y_2, Z_2 die Bewegungsgleichungen

$$\left.\begin{array}{lll} X_1 + X' = m_1 \ddot{x}_1, & Y_1 + Y' = m_1 \ddot{y}_1, & Z_1 + Z' = m_1 \ddot{z}_1 \\ X_2 - X' = m_2 \ddot{x}_2, & Y_2 - Y' = m_2 \ddot{y}_2, & Z_2 - Z' = m_2 \ddot{z}_2 \end{array}\right\} \quad . \; . \; . \; . \quad 9)$$

Erweitern wir dieselben mit den Achsenanteilen dx_1, dy_1, dz_1 bzw. dx_2, dy_2, dz_2 der Verschiebungen, so wird nach Addition

$$\begin{aligned} & X_1 dx_1 + Y_1 dy_1 + Z_1 dz_1 + X_2 dx_2 + Y_2 dy_2 + Z_2 dz_2 \\ & \quad + X' d(x_1 - x_2) + Y' d(y_1 - y_2) + Z' d(z_1 - z_2) \\ & \quad = m_1 v_1 dv_1 + m_2 v_2 dv_2, \quad \ldots \ldots \quad 9a) \end{aligned}$$

wenn $v_1^2 = \dot{x}_1^2 + \dot{y}_1^2 + \dot{z}_1^2$, $v_2^2 = \dot{x}_2^2 + \dot{y}_2^2 + \dot{z}_2^2$ gesetzt wird. Weiter ist, da die innere Kraft $\pm Q'$ in die Verbindungsgerade r_{12} fällt

$$X' = Q' \frac{x_2 - x_1}{r_{12}}, \qquad Y' = Q' \frac{y_2 - y_1}{r_{12}}, \qquad Z' = Q' \frac{z_2 - z_1}{r_{12}}, \quad . \; . \quad 10)$$

so daß also

$$\begin{aligned} & X' d(x_1 - x_2) + Y' d(y_1 - y_2) + Z' d(z_1 - z_2) \\ & \quad = -\frac{Q'}{r_{12}} [(x_1 - x_2) d(x_1 - x_2) + (y_1 - y_2) d(y_1 - y_2) \\ & \quad + (z_1 - z_2) d(z_1 - z_2)] = -Q' dr_{12} \end{aligned}$$

das Element der Formänderungsarbeit bedeutet. Daher dürfen wir an Stelle von 9a) auch schreiben

$$\Sigma (X dx + Y dy + Z dz) = -Q' dr_{12} + \Sigma m v dv, \quad . \; . \; . \; . \; . \quad 9b)$$

wonach die äußere Gesamtarbeit bei einer Bewegung der Massenpunkte in die Formänderungsarbeit und den Zuwachs der Wucht zerfällt.

Man übersieht sofort, daß im allgemeinsten Falle an Stelle von $Q' dr_{12}$ die Summe $\Sigma Q' dr$ über alle Verbindungsgeraden der Massenpunkte tritt, so daß der vorstehende Satz eine unbeschränkte Gültigkeit für jeden Punkthaufen besitzt. Im Falle des Gleichgewichts des Haufens finden weder gegenseitige Verschiebungen noch Änderungen der Geschwindigkeit statt, so daß der Haufen als eine starre Verbindung der Massenpunkte angesehen werden darf, für die alsdann

$$\Sigma (X dx + Y dy + Z dz) = 0 \quad . \; . \; . \; . \; . \; . \; . \; . \; . \quad 9c)$$

gilt. Dieselbe Überlegung kann sofort mit dem Ergebnis 9c) auf jeden formveränderlichen Körper im Gleichgewicht angewandt werden, der sich alsdann wie ein starrer verhält.

§ 23. Der Massenausgleich mehrkurbliger Maschinen. Gelegentlich der Untersuchung der zwangläufigen Bewegung eines Stabes, Teil I, § 68, haben wir als Bestandteile der Rückwirkung desselben auf das mit der Leitkurve verbundene Gestell auch die sog. Massendrücke kennen gelernt. Bei stationären Maschinen werden diese Kräfte gewöhnlich von dem aus einer schweren Stein- oder Betonmasse bestehenden Fundament aufgenommen bzw. durch dasselbe auf die Erde übertragen und so unschädlich gemacht. Anders liegt der Fall bei Maschinen, welche auf Fahrzeugen, also z. B. auf Lokomotiven oder Schiffen aufgestellt sind. Wirken auf ein solches System von außen keine Kräfte ein, bzw. heben sich die äußeren Kräfte vollständig gegenseitig auf, so wird sich der Gesamtschwerpunkt in irgendeiner Richtung, z. B. wagerecht gleichförmig vorwärts bewegen. Das schließt aber nicht aus, daß infolge der relativen Bewegung einzelner Maschinenteile gegen den Gesamtschwerpunkt des Systems auch der Schwerpunkt des Fahrzeugs und des an ihm befestigten Maschinengestells Relativbewegungen gegen den Gesamtschwerpunkt vollzieht. Ist das Fahrzeug ein starrer Körper, so werden diese Bewegungen in Verschiebungen und Drehungen der Gesamtmasse mit Ausnahme der relativ bewegten Maschinenteile bestehen; ist es dagegen elastisch, so treten dazu noch Schwingungen auf, welche im Falle von Resonanz äußerst heftig und für den Zusammenhang des Systems sogar gefährlich werden können.

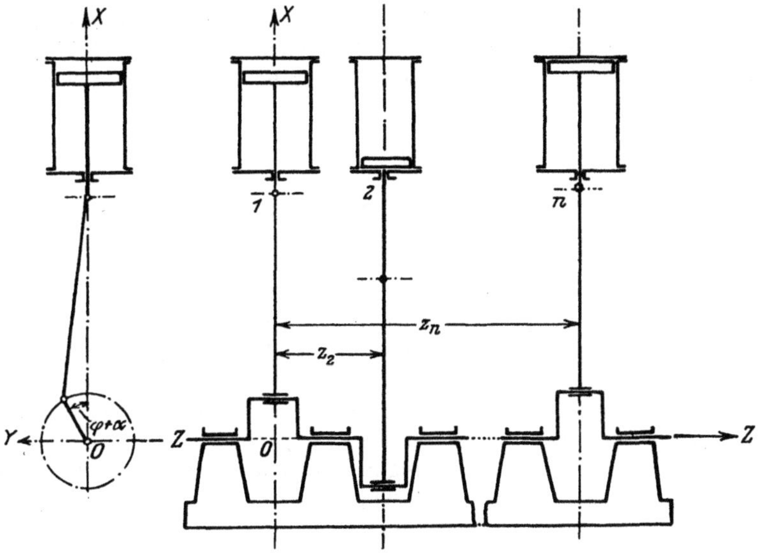

Abb. 59.

Allen diesen Schwierigkeiten geht man offenbar durch Festhaltung des Schwerpunktes der Maschine relativ zu dem des Fahrzeuges sowie durch Verhinderung von Änderungen des relativen Dralles aus dem Wege und bezeichnet eine Maschine, welche diese Forderungen erfüllt, als eine vollkommen ausgeglichene. Um zu beurteilen, welchen Bedingungen eine solche Maschine zu genügen hat, brauchen wir nur in den Formeln des d'Alembertschen Prinzips die Relativbewegungen der Maschinenteile gegen das Fahrzeug einzuführen. Die Maschine denken wir uns, da ein einzelnes Kurbelgetriebe offensichtlich nicht für sich ausgeglichen werden kann, aus einer Anzahl von Kurbeltrieben mit parallelen Bewegungsebenen und gemeinsamer Welle zusammengesetzt. Das Wellenmittel, Abb. 59, falle mit der z-Achse zusammen, ihren Schnittpunkt mit der Ebene des ersten Kurbelgetriebes wählen wir als Anfang, die innere Totlage desselben wie früher als x-Achse, senkrecht dazu die y-Achse. Weiterhin setzen wir in Übereinstimmung mit den weitaus meisten praktischen Ausführungen voraus, daß die Bewegungsrichtungen der lediglich hin- und hergehenden Teile aller Getriebe einander parallel seien, mithin, da sie sämtlich die Wellenachse schneiden, mit dieser in der Ebene XOZ liegen. Befindet sich nun die erste Kurbel in der inneren Totlage, so mögen die andern Kurbeln mit ihr die sog. Schränkungswinkel $\alpha_2, \alpha_3, \ldots, \alpha_n$ in der positiven Drehrichtung gemessen, bilden. Einem beliebigen Kurbelwinkel φ im ersten Getriebe gegen die Totlage entsprechen demnach bei starrer Welle die Winkel $\varphi + \alpha_2, \varphi + \alpha_3, \ldots, \varphi + \alpha_n$ für die andern Getriebe, so daß φ für das ganze System die gemeinsame unabhängige Veränderliche darstellt. Ebenso hat natürlich auch der Drehwert $\omega = \dot{\varphi}$ und Andrehwert $\dot{\omega} = \ddot{\varphi}$ in jedem Augenblick für alle Getriebe denselben Wert. Bezeichnen wir nun die Massendruckteile mit X, Y, Z, so haben wir mit den Schwerpunktsabständen x_0, y_0, z_0 der Gesamtmasse der bewegten Teile

$$\left.\begin{aligned} X &= \sum \int dm\,\ddot{x} = \ddot{x}_0 \sum m \\ Y &= \sum \int dm\,\ddot{y} = \ddot{y}_0 \sum m \\ Z &= \sum \int dm\,\ddot{z} = \ddot{z}_0 \sum m \end{aligned}\right\} \quad \ldots \ldots \quad 1)$$

Daraus erkennen wir schon in Übereinstimmung mit den vorstehenden Bemerkungen, daß die Massendrücke selbst verschwinden, wenn der gemeinsame Schwerpunkt der bewegten Teile seine Lage nicht ändert, d. h. daß mit dem Ausgleich der Massendrücke derjenige der Gewichtswirkungen notwendig verbunden ist. Für die z-Richtung, in der die Maschinenteile gegen ihr Gestell bzw. das Fahrzeug keine Relativbewegungen vollziehen, ist diese Bedingung ohne weiteres erfüllt, so daß wir uns um den Kraftanteil $Z = 0$ nicht weiter zu kümmern brauchen.

Ist nun m die Masse der Schubstange, m_1 diejenige der lediglich in der x-Richtung hin- und hergehenden Teile, m_0 diejenigen der rotierenden Teile des Getriebes mit dem Schränkungswinkel α, bedeuten ferner x', y' und x'', y'' die Achsenabstände des Kreuzkopfes und des Kurbelzapfens, l die Stangenlänge, r den Kurbelradius, s den Schwerpunktsabstand der Stange vom Kreuzkopf, s_0 denjenigen der Kurbel vom Wellenmittel dieses Getriebes, so haben wir nach § 69, Gl. 11), I. Teil für dasselbe:

$$\left.\begin{aligned} m\ddot{x}_0 &= \left(m_1 + \frac{l-s}{l}\,m\right)\ddot{x}' + \left(\frac{s_0}{r}\,m_0 + \frac{s}{l}\,m\right)\ddot{x}'' \\ m\ddot{y}_0 &= \phantom{\left(m_1 + \frac{l-s}{l}\,m\right)\ddot{x}' +{}} \left(\frac{s_0}{r}\,m_0 + \frac{s}{l}\,m\right)\ddot{y}'' \end{aligned}\right\} \quad \ldots \quad 2)$$

und nach den Gl. 1b) und 10) desselben Paragraphen angenähert mit $\varphi + \alpha$ statt φ unter Vernachlässigung aller Glieder mit höheren

Potenzen von $\frac{r}{l}$ und des Gliedes mit dem Produkt von $\frac{r}{l}$ und der ebenfalls kleinen Winkelbeschleunigung $\ddot{\varphi}$

$$\left.\begin{aligned} \ddot{x}' &= -r\dot{\varphi}^2\left[\cos(\varphi+\alpha)+\frac{r}{l}\cos 2(\varphi+\alpha)\right]-r\ddot{\varphi}\sin(\varphi+\alpha) \\ \ddot{y}' &= 0 \\ \ddot{x}'' &= -r\dot{\varphi}^2\cos(\varphi+\alpha)-r\ddot{\varphi}\sin(\varphi+\alpha) \\ \ddot{y}'' &= -r\dot{\varphi}^2\sin(\varphi+\alpha)+r\ddot{\varphi}\cos(\varphi+\alpha) \end{aligned}\right\} \quad 3)$$

Setzen wir nun abkürzungsweise

$$r\left(m_1+\frac{l-s}{l}m\right)=M', \qquad r\left(\frac{s_0}{r}m_0+\frac{s}{l}m\right)=M'' \quad . \; . \; . \quad 4)$$

und bezeichnen diese Werte als die **reduzierten Momente der hin- und hergehenden bzw. rotierenden Teile des Kurbelgetriebes**, so ergibt die Einführung von 3) in 2) für die Massendruckanteile des fraglichen Getriebes

$$\left.\begin{aligned} m\ddot{x}_0 &= -(M'+M'')\left[\dot{\varphi}^2\cos(\varphi+\alpha)+\ddot{\varphi}\sin(\varphi+\alpha)\right] \\ &\quad -M'\frac{r}{l}\dot{\varphi}^2\cos 2(\varphi+\alpha) \\ m\ddot{y}_0 &= -M''\left[\dot{\varphi}^2\sin(\varphi+\alpha)-\ddot{\varphi}\cos(\varphi+\alpha)\right] \end{aligned}\right\} \; . \; . \; . \quad 2\,\mathrm{a})$$

Daraus folgen schließlich die Massendrücke des ganzen Systems durch Summierung, wobei wir nach Auflösung der Winkelfunktionen die allen gemeinsamen Größen $\dot{\varphi}$, $\ddot{\varphi}$, $\cos\varphi$, $\sin\varphi$, $\cos 2\varphi$, $\sin 2\varphi$ vor die Summenzeichen setzen dürfen.

$$\left.\begin{aligned} X = &-\dot{\varphi}^2\cos\varphi\sum(M'+M'')\cos\alpha \\ &+\dot{\varphi}^2\sin\varphi\sum(M'+M'')\sin\alpha-\ddot{\varphi}\sin\varphi\sum(M'+M'')\cos\alpha \\ &-\ddot{\varphi}\cos\varphi\sum(M'+M'')\sin\alpha \\ &-\dot{\varphi}^2\cos 2\varphi\sum M'\frac{r}{l}\cos 2\alpha+\dot{\varphi}^2\sin 2\varphi\sum M'\frac{r}{l}\sin 2\alpha, \\ Y = &-(\dot{\varphi}^2\sin\varphi-\ddot{\varphi}\cos\varphi)\sum M''\cos\alpha \\ &-(\dot{\varphi}^2\cos\varphi+\ddot{\varphi}\sin\varphi)\sum M''\sin\alpha \end{aligned}\right\} \; . \quad 1\,\mathrm{a})$$

Diese Ausdrücke können aber für alle Kurbelwinkel φ bzw. alle möglichen Drehwerte ω nur verschwinden, wenn gleichzeitig

$$\begin{aligned} &\sum M'\cos\alpha = 0, && \sum M'\sin\alpha = 0 \\ &\sum M''\cos\alpha = 0, && \sum M''\sin\alpha = 0 \\ &\sum M'\frac{r}{l}\cos 2\alpha = 0, && \sum M'\frac{r}{l}\sin 2\alpha = 0 \end{aligned}$$

wird. Da nun praktisch das Verhältnis $r:l$ für alle Getriebe desselben Systems gleich groß gewählt wird, so können wir es in der dritten Gleichungsgruppe auch wegheben. Außerdem aber ist es üblich, die

Momente M'' der lediglich rotierenden Massen für sich durch Gegengewichte an den Kurbeln auszugleichen, so daß sich die Bedingungen für den Ausgleich der Massendrücke auf

$$\left.\begin{array}{ll}\sum M' \cos\alpha = 0, & \sum M' \sin\alpha = 0 \\ \sum M' \cos 2\alpha = 0, & \sum M' \sin 2\alpha = 0\end{array}\right\} \quad \ldots \ldots 5)$$

vereinfachen, worin nur noch die reduzierten Momente M' der hin- und hergehenden Teile vorkommen. Diese Bedingungsgleichungen sind erfüllt, wenn die beiden aus den reduzierten Momenten M' mit dem einfachen und doppelten zugehörigen Schränkungswinkeln gebildeten Polygone sich schließen.

Mit diesem einfachen Ergebnisse ist das Problem indessen noch nicht erschöpft, da die einzelnen Getriebe nicht in einer Ebene liegen, die Massenwirkungen also auch Momente zur Folge haben. Es sind dies nichts anderes als die zeitlichen Änderungen des Dralles, für die wir mit $\ddot{z} = 0$ auch schreiben können

$$\left.\begin{array}{l} M_x = \sum \int dm (z\ddot{y} - y\ddot{z}) = \sum \int z \cdot \ddot{y}\, dm \\ M_y = \sum \int dm (x\ddot{z} - z\ddot{x}) = - \sum \int z\ddot{x}\, dm \\ M_z = \sum \int dm (y\ddot{x} - x\ddot{y}) \end{array}\right\} \quad \ldots \ldots 6)$$

Sehen wir von der weiteren Verfolgung der dritten Gleichung 6) zunächst noch ab, so erkennen wir, daß wegen der Parallelität der Getriebeebenen die Abstände z für alle Teile eines einzelnen Getriebes denselben Wert haben, also auch an Stelle der ersten beiden Formeln 6) mit Rücksicht auf 1) für die Massendruckmomente um die x- und y-Achse

$$M_x = \sum z \int \ddot{y}\, dm = \sum m z \ddot{y}_0, \qquad M_y = - \sum z \int \ddot{x}\, dm = - \sum m z \ddot{x}_0$$

geschrieben werden darf. Die hierin vorkommenden Ausdrücke $m\ddot{y}_0$ und $m\ddot{x}_0$ haben wir aber schon in 2a) ermittelt; durch deren Einführung erhalten wir nach Herausnahme der allen Getrieben gemeinsamen Größen die den Formeln 1a) ganz analog gebauten Gleichungen

$$\left.\begin{array}{rl} M_x = & - (\dot{\varphi}^2 \sin\varphi - \ddot{\varphi}\cos\varphi) \sum M'' z \cos\alpha \\ & - (\dot{\varphi}^2 \cos\varphi + \ddot{\varphi}\sin\varphi) \sum M'' z \sin\alpha, \\ M_y = & \dot{\varphi}^2 \cos\varphi \sum (M' + M'') z \cos\alpha \\ & - \dot{\varphi}^2 \sin\varphi \sum (M' + M'') z \sin\alpha \\ & + \ddot{\varphi} \sin\varphi \sum (M' + M'') z \cos\alpha \\ & + \ddot{\varphi} \cos\varphi \sum (M' + M'') z \sin\alpha \\ & + \dot{\varphi}^2 \cos 2\varphi \sum M' \frac{r}{l} z \cos 2\alpha \\ & - \dot{\varphi}^2 \sin 2\varphi \sum M' \frac{r}{l} z \sin 2\alpha \end{array}\right\} \quad \ldots \ldots 6a)$$

Sollen auch die Momente verschwinden, so müssen, wenn die Verhältnisse $r:l$ wieder allen Getrieben gemeinsam und außerdem die rotierenden Massen für sich ausgeglichen sind, die Summen $\sum M'' z \cos\alpha$, $\sum M'' z \sin\alpha$ also identisch verschwinden, die weiteren Bedingungen

$$\left.\begin{array}{ll} \sum M' z \cos\alpha = 0, & \sum M' z \sin\alpha = 0 \\ \sum M' z \cos 2\alpha = 0, & \sum M' z \sin 2\alpha = 0 \end{array}\right\} \quad . \quad . \quad . \quad . \quad . \quad 7)$$

erfüllt sein, d. h. es müssen auch die aus den einfachen und doppelten Schränkungswinkeln gebildeten Polygone von den Produkten der reduzierten Momente und der Abstände der zugehörigen Getriebeebenen vom Anfang sich schließen. Sind die rotierenden Massen nicht in jedem Getriebe für sich, d. h. durch Gegengewichte ausgeglichen, so müssen auch für sie zwei Gleichungspaare

$$\left.\begin{array}{ll} \sum M'' \cos\alpha = 0, & \sum M'' \sin\alpha = 0, \\ \sum M'' z \cos\alpha = 0, & \sum M'' z \sin\alpha = 0 \end{array}\right\} \quad . \quad . \quad . \quad . \quad 8)$$

bestehen, welche ersichtlich wieder auf zwei geschlossene Polygone für die M'' und $M''z$ führen.

Die Gesamtheit der drei Gleichungsgruppen 5), 7) und 8) ergibt nun alle Bedingungen für den praktischen Massenausgleich einer mehrkurbligen Maschine, und zwar die Formeln mit den einfachen Schränkungswinkeln die Bedingungen des Ausgleichs erster Ordnung, diejenigen mit den doppelten den Ausgleich zweiter Ordnung. Zu Ausgleichsbedingungen noch höherer Ordnung würde man gelangen, wenn man in den Formeln für die Beschleunigungen im Kurbelgetriebe die Glieder mit weiteren Vielfachen des Kurbelwinkels beibehalten hätte. Da dieselben jedoch nur sehr kleine absolute Werte besitzen, so haben sie auch keine praktische Bedeutung. Früher hat man sogar ausschließlich die Erfüllung der Ausgleichsbedingungen erster Ordnung angestrebt und sich mit einer unvollkommenen, nur teilweisen Beseitigung der Massendrücke durch Gegengewichte ohne Rücksicht auf die Massendruckmomente z. B. bei Lokomotiven begnügt. Erst der moderne Schiffsmaschinenbau erforderte infolge der immer wachsenden Dimensionen der Schiffe, welche durch die zur Erreichung großer Geschwindigkeiten notwendigerweise rasch umlaufenden Maschinen in Schwingungen versetzt wurden, eine genauere Lösung, welche nach mannigfachen anderweitigen Versuchen dem deutschen Ingenieur Schlick 1893 (D.R.-Patent Nr. 80974) gelang und seitdem mit vollkommen praktischem Erfolge allgemein da Anwendung gefunden hat, wo man bei höchster Fahrtgeschwindigkeit auf größte Betriebssicherheit Wert legt. Im Gegensatz zu seinen Vorgängern gibt Schlick ohne Hinzufügung von Ausgleichgetrieben den Schränkungswinkeln, Getriebeständern und hin- und hergehenden Massen unter voller Wahrung der Festigkeit der Teile und der Manövrierfähigkeit des ganzen Systems einfach solche Werte, daß die Bedingungen 5) und 7) so weit als möglich erfüllt werden. Unter Manövrierfähigkeit ist hierbei die Möglichkeit des Anlaufes der Maschine von jeder Kurbelstellung aus zu verstehen, weshalb man auch das Zusammenfallen von Totlagen zweier Getriebe tunlichst vermeidet.

Bei der Anwendung der vorstehenden Theorie über den Massenausgleich ist zunächst zu beachten, daß die Gleichungen für die reduzierten Momente M und die Abstände z homogen sind, so daß nur die Verhältnisse dieser Größen miteinander in Beziehung treten. Bei n-Getrieben haben wir in den Formeln 5) und 7) demnach $n-1$ Verhältnisse $\frac{M_z'}{M_1'}$, $n-2$ Abstandsverhältnisse $\frac{z}{z_2}$ und schließlich $n-1$ Schränkungswinkel α, im ganzen also $3n-4$ Unbekannte in 8 Gleichungen. Daraus geht hervor, daß zur Erfüllung der Bedingungen 5) und 7) mindestens $n=4$ Getriebe notwendig sind, d. h. daß die Massenwirkungen von Zwei- und Dreikurbelmaschinen nicht ausgeglichen werden können.

1. Beispiel. In der Tat beziehen sich denn auch fast alle Untersuchungen über den Massenausgleich auf Vierkurbelmaschinen, welche sonach für den Dampfschiffsbetrieb die Hauptrolle spielen. Den 4 Bedingungen 8) für die rotierenden Massen genügt man nach dem Vorschlage von Schlick jetzt ausschließlich durch Anbringung zweier Gegengewichte an den beiden äußersten Kurbeln mit voller Strenge.

Setzen wir nunmehr abkürzungsweise die Verhältnisse

$$\left.\begin{array}{l} \frac{M_2'}{M_1'}=\mu_2, \quad \frac{M_3'}{M_1'}=\mu_3, \quad \frac{M_4'}{M_1'}=\mu_4 \\ \frac{z_3}{z_2}=\zeta_3, \quad \frac{z_4}{z_2}=\zeta_4 \end{array}\right\}, \quad \ldots \ldots \ldots \quad 9)$$

wobei sich die Indizes auf die entsprechenden Getriebe beziehen, so gehen die Ausgleichsbedingungen 5) und 7) für die Vierkurbelmaschine mit $\alpha_1=0$ und $z_1=0$ über in

$$\left.\begin{array}{r} 1+\mu_2\cos\alpha_2+\mu_3\cos\alpha_3+\mu_4\cos\alpha_4=0 \\ \mu_2\sin\alpha_2+\mu_3\sin\alpha_3+\mu_4\sin\alpha_4=0 \\ 1+\mu_2\cos 2\alpha_2+\mu_3\cos 2\alpha_3+\mu_4\cos 2\alpha_4=0 \\ \mu_2\sin 2\alpha_2+\mu_3\sin 2\alpha_3+\mu_4\sin 2\alpha_4=0 \end{array}\right\} \ldots \ldots \quad 5a)$$

$$\left.\begin{array}{r} \mu_2\cos\alpha_2+\mu_3\zeta_3\cos\alpha_3+\mu_4\zeta_4\cos\alpha_4=0 \\ \mu_2\sin\alpha_2+\mu_3\zeta_3\sin\alpha_3+\mu_4\zeta_4\sin\alpha_4=0 \\ \mu_2\cos 2\alpha_2+\mu_3\zeta_3\cos 2\alpha_3+\mu_4\zeta_4\cos 2\alpha_4=0 \\ \mu_2\sin 2\alpha_2+\mu_3\zeta_3\sin 2\alpha_3+\mu_4\zeta_4\sin 2\alpha_4=0 \end{array}\right\} \ldots \ldots \quad 7a)$$

Ziehen wir jetzt die zweite Gl. 5a) von der entsprechenden in 7a) ab, so erhalten wir

$$\mu_3(\zeta_3-1)\sin\alpha_3+\mu_4(\zeta_4-1)\sin\alpha_4=0 \quad \ldots \ldots \ldots \quad 10)$$

und weiterhin durch Entfernung von μ_2 aus der ersten und zweiten Gl. 7a)

$$\mu_3\zeta_3\sin(\alpha_3-\alpha_2)+\mu_4\zeta_4\sin(\alpha_4-\alpha_2)=0. \quad \ldots \ldots \ldots \quad 11)$$

Aus diesen Formeln folgt sofort mit Rücksicht auf 9)

$$\frac{z_3-z_2}{z_4-z_2}\cdot\frac{z_4}{z_3}=\frac{\sin\alpha_4\sin(\alpha_3-\alpha_2)}{\sin\alpha_3\sin(\alpha_4-\alpha_2)} \ldots \ldots \ldots \quad 12)$$

Diese von Prof. Schubert aufgedeckte Beziehung besagt, daß, wie in Abb. 60 angedeutet, die Endpunkte der auf einer Geraden abgetragenen Getriebeabstände auf den Verlängerungen der Radien im Kurbelkreise liegen.

Entfernen wir dagegen μ_2 aus den letzten beiden Gleichungen 7a), so folgt

$$\mu_3 \zeta_3 \sin 2(\alpha_3 - \alpha_2) + \mu_4 \zeta_4 \sin 2(\alpha_4 - \alpha_2) = 0 .$$

Diese Formel ist aber, da wegen der Manövrierfähigkeit der Maschine weder $\alpha_3 - \alpha_2$ noch auch $\alpha_4 - \alpha_2$ verschwinden dürfen, mit 11) nur verträglich, wenn

$$\cos(\alpha_3 - \alpha_2) = \cos(\alpha_4 - \alpha_2) ,$$

d. h. wenn $(\alpha_3 - \alpha_2) = \pm(\alpha_4 - \alpha_2)$ oder $\alpha_3 = \alpha_4$, bzw. $\alpha_3 + \alpha_4 = 2\alpha_2$ ist. Andererseits ergibt sich aber auch, wenn das Doppelverhältnis 12) auch für die Doppelwinkel gelten soll, wegen der letzteren Beziehung $\cos\alpha_3 = \cos\alpha_4$ oder $\alpha_3 = \pm\alpha_4$ und damit entweder $\alpha_3 = \alpha_4 = \alpha_2$ oder $\alpha_2 = 0$. Diese Beziehungen sind aber mit der Forderung, daß keine Totlagen zusammenfallen sollen, unverträglich,

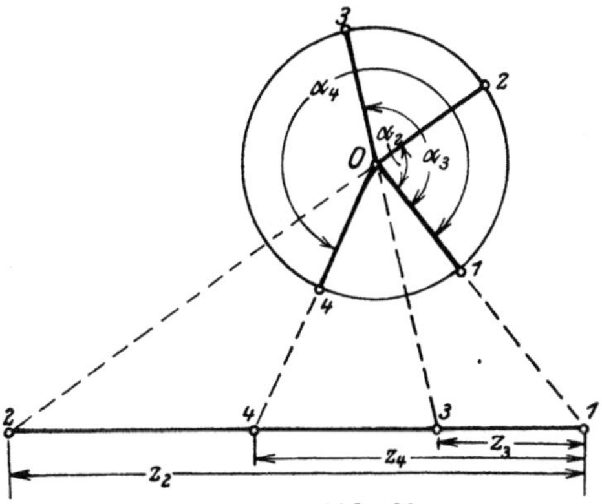

Abb. 60.

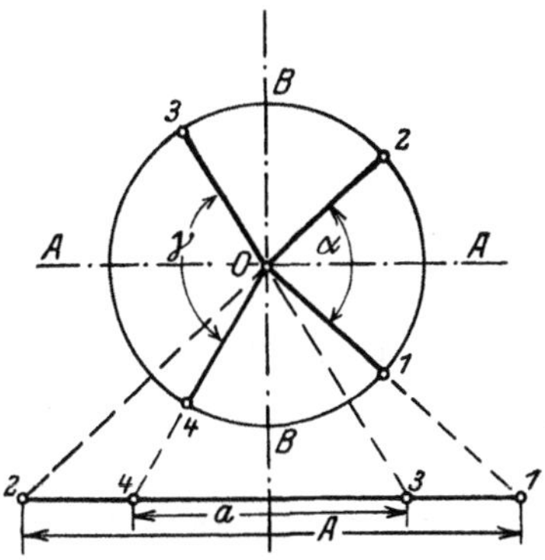

Abb. 61.

so daß die letzten beiden Bedingungsgleichungen 7a) für die Vierkurbelmaschine praktisch unerfüllbar werden, die Massendruckmomente zweiter Ordnung also nicht ausgeglichen werden können. Mit dieser ebenfalls von Schubert, sowie gleichzeitig von Knoller als notwendig erkannten Einschränkung wollen wir in aller Kürze noch den praktisch allein wichtigen Fall der symmetrischen Vierkurbelmaschine behandeln. Bei derselben sind die Kurbeln im Kurbelkreise symmetrisch zu einer Achse AA angeordnet, Abb. 61, woraus man sofort die symmetrische Verteilung der Getriebe um eine Achse BB erkennt. Setzen wir dementsprechend die Strecken

$$\left.\begin{aligned} z_2 &= A, & z_4 - z_3 &= a, \\ z_3 = z_2 - z_4 &= \frac{A-a}{2}, & z_4 = z_3 + a &= \frac{A+a}{2} \end{aligned}\right\} \quad \dots\dots \quad 13)$$

und die Winkel

$$\left.\begin{aligned} \alpha_2 &= \alpha, & \alpha_4 - \alpha_3 &= \gamma \\ \alpha_3 - \alpha_2 &= 180^0 - \frac{\alpha+\gamma}{2}, & \alpha_4 - \alpha_2 &= 180^0 - \frac{\alpha-\gamma}{2} \end{aligned}\right\}, \quad \dots \quad 14)$$

so vereinfacht sich 12) zunächst in

$$\frac{A+a}{A-a} = \pm \frac{\sin\frac{\alpha+\gamma}{2}}{\sin\frac{\alpha-\gamma}{2}} = \pm \frac{\sin\frac{\alpha}{2}\cos\frac{\gamma}{2} + \cos\frac{\alpha}{2}\sin\frac{\gamma}{2}}{\sin\frac{\alpha}{2}\cos\frac{\gamma}{2} - \cos\frac{\alpha}{2}\sin\frac{\gamma}{2}}$$

oder $$A \operatorname{tg} \frac{\gamma}{2} = a \operatorname{tg} \frac{\alpha}{2} \quad \text{bzw.} \quad a \operatorname{tg} \frac{\gamma}{2} = A \operatorname{tg} \frac{\alpha}{2} \quad \ldots \ldots \; 15)$$

eine Beziehung, welche man aus der Figur auch direkt hätte entnehmen können. Weiterhin erkennt man, ohne die Formeln 5a) erst zu Rate zu ziehen, schon aus der Figur, daß einerseits die beiden in 3 und 4 angreifenden reduzierten Momente M_3' und M_4', andererseits die in 1 und 2 angreifenden M_1' und M_2' einander gleich sein müssen, wenn die Maschine in jeder Lage im Gleichgewichte bleiben soll. Wir können somit in unsern Formeln

$$\mu_2 = 1, \qquad \mu_3 = \mu_4 = \mu \quad \ldots \ldots \; 16)$$

setzen und diejenigen herausgreifen, welche sich am bequemsten behandeln lassen. Es sind dies zweifellos die zweite und vierte Gl. 5a), welche mit 16) übergehen in

$$\left.\begin{aligned} \sin \alpha_2 + \mu (\sin \alpha_3 + \sin \alpha_4) = 0 \\ \sin 2\alpha_2 + \mu (\sin 2\alpha_3 + \sin 2\alpha_4) = 0 \end{aligned}\right\} \ldots \ldots \; 5b)$$

Durch Elimination von μ wird hieraus

$$2 \cos \alpha_2 (\sin \alpha_3 + \sin \alpha_4) = \sin 2\alpha_3 + \sin 2\alpha_4$$

oder $$2 \cos \alpha_2 \sin \frac{\alpha_3 + \alpha_4}{2} \cos \frac{\alpha_3 - \alpha_4}{2} = \sin (\alpha_3 + \alpha_4) \cos (\alpha_3 - \alpha_4)$$

und schließlich mit Rücksicht auf 14), d. h. unter Einführung von

$$\alpha_3 + \alpha_4 = 360^0 + \alpha, \qquad \alpha_3 - \alpha_4 = -\gamma, \ldots \ldots \; 14a)$$

sowie nach Auflösung von $\cos \alpha$ und $\cos \gamma$ in Funktionen der halben Winkel

$$\cos \frac{\alpha}{2} \cos \frac{\gamma}{2} = \frac{1}{2} \,. \quad \ldots \ldots \; 17)$$

Aus der ersten Formel 5b) erhalten wir endlich noch mit 14a)

$$\mu = - \frac{\sin \alpha_2}{\sin \alpha_3 + \sin \alpha_4} = \frac{\cos \frac{\alpha}{2}}{\cos \frac{\gamma}{2}} \,. \quad \ldots \ldots \; 18)$$

Auch diese Bedingung hätte man sofort als Gleichgewichtsbedingnng aus Abb. 61 ablesen können.

Für die Berechnung einer Schlickschen symmetrischen Vierkurbelmaschine stehen uns hiernach die drei Gleichungen 15), 17) und 18) zur Verfügung, in denen die vier Unbekannten

$$\frac{a}{A}, \quad \cos \frac{\alpha}{2}, \quad \cos \frac{\gamma}{2}, \quad \mu$$

vorkommen. Eine dieser Größen kann man also willkürlich festsetzen und wählt mit Rücksicht auf den verfügbaren Raum hierfür stets das Abstandsverhältnis $a : A$, aus denen sich die andern Werte dann eindeutig ergeben[1]).

Beispielsweise besitzen die hin- und hergehenden Teile der symmetrischen Maschinen des früheren Schnelldampfers „Deutschland" die folgenden Gewichte:

---

[1]) Bezüglich weiterer Ausführungen dieser Rechnungen verweise ich auf die Originalabhandlungen Schlicks in den „Transactions of the Institution of Naval Architects", auf meine Monographie „Dynamik der Kurbelgetriebe", Leipzig 1901, sowie Schuberts „Theorie des Schlickschen Massenausgleiches", Leipzig 1901, der ich das obige Beispiel entlehnt habe.

		Getriebenummer			
		1	2	3	4
Kolben, Stange und Kreuzkopf	$m_1 g =$	9130	9020	14084	14084 kg,
Schubstangenanteil	$\frac{s-l}{l} m g =$	2620	2730	2730	2730 kg,
also ist	$\frac{M' g}{r} =$	11750	11750	16814	16814 kg,
oder	$\mu =$	1	1	1,43	1,43.

Mit den Kurbelwinkeln $\alpha = 63^0 20'$, $\gamma = 107^0$, Abb. 62, erhalten wir weiter

$$\cos\frac{\alpha}{2} = 0{,}851, \quad \cos\frac{\gamma}{2} = 0{,}595,$$

$$\operatorname{tg}\frac{\alpha}{2} = 0{,}617, \quad \operatorname{tg}\frac{\gamma}{2} = 1{,}351.$$

Es ist mithin entsprechend Gl. 18)

$$\frac{\cos\frac{\alpha}{2}}{\cos\frac{\alpha}{2}} = \frac{0{,}851}{0{,}595} = 1{,}43 = \mu$$

und entsprechend Gl. 17)

$$\cos\frac{\alpha}{2}\cos\frac{\gamma}{2} = 0{,}506 \sim \frac{1}{2}.$$

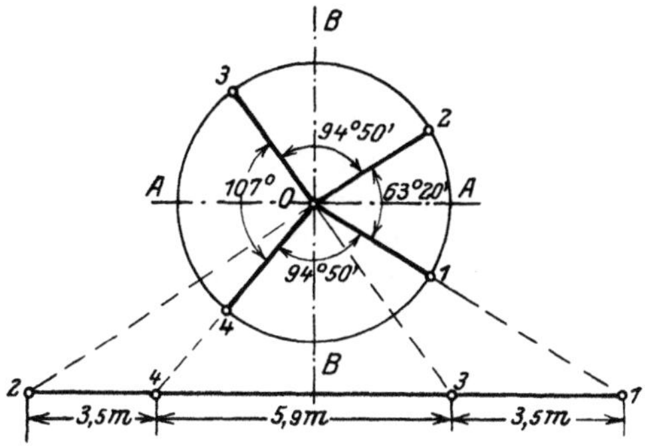

Abb. 62.

Schließlich ist mit $a = 5{,}9$ m und $A = 12{,}9$ m das Abstandsverhältnis

$$\frac{a}{A} = \frac{5{,}9}{12{,}9} = 0{,}457 = \frac{0{,}617}{1{,}351} = \frac{\operatorname{tg}\frac{\alpha}{2}}{\operatorname{tg}\frac{\gamma}{2}}$$

in Übereinstimmung mit Gl. 15). Die Maschinen dieses Schnelldampfers sind demnach als so weit ausgeglichen zu bezeichnen, als dies überhaupt praktisch durchführbar ist.

2. Beispiel. Hat man es wie bei Ölmaschinen mit einer Gruppe von Getrieben zu tun, die unter sich gleichgebaut sind, deren reduzierten Momente M' mithin sämtlich denselben Wert besitzen, so vereinfachen sich die Formeln 5) und 7) in

$$\left.\begin{array}{llll} \Sigma\cos\alpha = 0, & \Sigma\sin\alpha = 0, & \Sigma\cos 2\alpha = 0, & \Sigma\sin 2\alpha = 0 \\ \Sigma z\cos\alpha = 0, & \Sigma z\sin\alpha = 0, & \Sigma z\cos 2\alpha = 0, & \Sigma z\sin 2\alpha = 0 \end{array}\right\}. \quad 19)$$

Sie enthalten für n Getriebe $n-1$ Winkel und $n-2$ Abstandsverhältnisse $z : z_2$, zusammen also $2n-3$ Unbekannte, zu deren Berechnung 8 Gleichungen zur Verfügung stehen. Sollen diese gerade ausreichen, so muß $2n-3 = 8$, oder $2n = 11$ sein. Da andererseits n eine ganze Zahl ist, so bleibt als Mindestwert von Getrieben einer bis zur zweiten Ordnung vollkommen ausgeglichenen $n = 6$ übrig.

Eine solche 6 Kurbelmaschine kann man nun in zwei Dreikurbelmaschinen teilen und diese für sich in bezug auf die Massendrücke allein auszugleichen versuchen. Dann gelten zunächst für jede derselben die 4 Bedingungen der ersten Zeile

$$1 + \cos\alpha_2 + \cos\alpha_3 = 0, \qquad \sin\alpha_2 + \sin\alpha_3 = 0$$

$$1 + \cos 2\alpha_2 + \cos 2\alpha_3 = 0, \qquad \sin 2\alpha_2 + \sin 2\alpha_3 = 0$$

mit den Wurzeln

$$\cos\alpha_2 = \cos\alpha_3 = \cos 2\alpha_2 = \cos 2\alpha_3 = -\frac{1}{2}, \quad \alpha_2 = 120^0, \quad \alpha_3 = 240^0$$

ohne Rücksicht auf die Getriebeabstände, die mithin für eine Dreikurbelmaschine willkürlich angenommen werden können. Stellen wir alsdann die andere ganz gleich gebaute Maschine symmetrisch zu einer beliebigen Parallelebene derart auf, daß je zwei Getriebe mit gleichem Schränkungswinkel von derselben die gleichen Abstände z besitzen, so heben sich deren Massendruckmomente auf, und die in der zweiten Zeile 19) stehenden Bedingungen sind von selbst erfüllt. Zwei zu einer Ebene symmetrisch angeordnete Dreikurbelmaschinen mit gleichen Einzelgetrieben und gleichen Kurbelwinkeln ($\alpha = 120^0$) sind demnach in erster und zweiter Ordnung vollständig ausgeglichen.

§ 24. Der Ausgleich der Drehmomente mehrkurbliger Maschinen. Der im letzten Abschnitt behandelte Massenausgleich erstreckt sich auf die zur Maschinenwelle senkrechten Massendrücke und Massendruckmomente, nicht aber auf das Moment M_z um die Welle selbst, das durch die dritte Gl. 6) § 23 gegeben ist. Wir können dasselbe sogleich umformen im Anschluß an den Ausdruck 4b) § 68, Teil I, aus dem sich durch Summierung

$$M_z = \sum m'(\ddot{y}' x' - \ddot{x}' y') + \sum m''(\ddot{y}'' x'' - \ddot{x}'' y'') + \sum m(k^2 - s\,l)\,\ddot{\psi} \quad \ldots\ldots 1)$$

ergibt. Hierin bezieht sich das erste Glied auf die hin- und hergehenden Teile m', das zweite auf die am Kurbelzapfen rotierenden und das dritte Glied auf die Pendelung der Schubstange mit dem Winkel ψ gegen die Gleitbahn. Da die Richtung der letzteren durch das Wellenmittel hindurchgeht, so haben die hin- und hergehenden Teile keinen Hebelarm in bezug auf das Wellenmittel und üben darum auch kein Moment darauf aus. Es fällt mithin das erste Glied von 1) weg, während sich das zweite mit dem Anteil $m\,\frac{s}{l}$ der Schubstange und der rein rotierenden Masse m_0 mit dem Schwungarm k_0 bei einem gemeinsam Drehwert ω in

$$\sum m''(\ddot{y}'' x'' - \ddot{x}'' y'') = \dot{\omega}\left(m_0 k_0^2 + \sum m\,\frac{s}{l}\,r^2\right) \quad \ldots 1a)$$

vereinfacht. Da schließlich mit dem Kurbelwinkel φ und $\dot{\varphi} = \omega$ wegen der Kleinheit von ψ

$$l\sin\psi = r\sin\varphi, \qquad \dot{\psi} = \omega\,\frac{r}{l}\,\frac{\cos\varphi}{\cos\psi} \approx \omega\,\frac{r}{l}\cos\varphi$$

$$\ddot{\psi} = \frac{r}{l}(\dot{\omega}\cos\varphi - \omega^2\sin\varphi),$$

für ein Getriebe mit dem Schränkungswinkel α also

$$\ddot{\psi} = \frac{r}{l}(\dot{\omega}\cos(\varphi + \alpha) - \omega^2\sin(\varphi + \alpha)) \quad \ldots\ldots 1b)$$

ist, so erhalten wir nach Einsetzen in 1) unter gleichzeitiger Auflösung der Winkelfunktionen und Herausnahme des gemeinsamen Winkels φ der Anfangskurbel

$$M_z = \dot{\omega}\left(m_0 k_0^2 + \sum m \frac{s}{l} r^2\right)$$

$$-(\dot{\omega}\cos\varphi - \omega^2 \sin\varphi)\sum m\left(s - \frac{k^2}{l}\right) r\cos\alpha$$

$$+(\dot{\omega}\sin\varphi + \omega^2\cos\varphi)\sum m\left(s - \frac{k^2}{l}\right) r\sin\alpha \quad \ldots \ldots \quad 2)$$

Dieses Moment verschwindet nur, wenn dies für die einzelnen Bestandteile zutrifft, von denen wir zunächst die auf die Schubstange bezüglichen letzten beiden Glieder betrachten. Die hierfür maßgebenden Bedingungen

$$\sum m\left(s - \frac{k^2}{l}\right) r\cos\alpha = 0\,, \qquad \sum m\left(s - \frac{k^2}{l}\right) r\sin\alpha = 0 \quad \ldots \quad 3)$$

können nun auf doppelte Weise erfüllt werden. Einmal, wenn alle Schubstangen so gestaltet sind, daß ihre Zapfenabstände mit den Pendellängen übereinstimmen, wodurch die Klammerausdrücke unter den Summenzeichen in 3) für sich verschwinden, oder aber, wenn diese nicht verschwindenden Klammern für alle Stangen denselben Wert besitzen und bei gleichem Kurbelarm r

$$\sum m\cos\alpha = 0\,, \qquad \sum m\sin\alpha = 0 \quad \ldots \ldots \quad 3\text{a})$$

wird, d. h. wenn die Stangenmassen im gleichen Verhältnis stehen wie die an sich ausgeglichenen Getriebeteile. Ist durch eine solche Gestaltung und Bemessung der Schubstangen deren Einfluß auf das Drehmoment beseitigt, so bleibt für dieses nur noch der Betrag 1a) bzw.

$$M_z = \dot{\omega}\left(m_0 k_0^2 + \sum m \frac{s}{l} r^2\right) \quad \ldots \ldots \quad 2\text{a})$$

übrig, der nur noch von der Größe des Andrehwertes $\dot{\omega}$ abhängt und mit diesem verschwinden oder doch vermindert werden kann. Die Änderung des Drehwertes ω ergibt sich aber aus derjenigen der Wucht, die nach § 69, Teil I, Gl. 2b) für ein Getriebe angenähert in der Form

$$2J = r^2\omega^2\left[m_0\frac{k_0^2}{r^2} + m\frac{s}{l} + \frac{1}{2}\left(m_1 + m\frac{l-s}{l}\right)(1-\cos 2\varphi)\right] \,. \quad 4)$$

oder wegen Gl. 4) § 23

$$2J = \omega^2\left[m_0 k_0^2 + m\frac{s}{l} r^2 + \frac{1}{2} M' r (1 - \cos 2\varphi)\right] \quad \ldots \quad 4\text{a})$$

geschrieben werden kann. Haben wir es mit mehreren Getrieben zu tun, so wird mit $\varphi + \alpha$ an Stelle von φ, sowie nach Summierung unter Herausnahme der gemeinsamen Winkelgrößen

$$2J = \omega^2\left(m_0 k_0^2 + \sum m \frac{s}{l} r^2 + \frac{1}{2}\sum M' r\right)$$
$$- \frac{\omega^2}{2} r(\cos 2\varphi \sum M' \cos 2\alpha - \sin 2\varphi \sum M' \sin 2\alpha)\,. \quad 5)$$

Ist die Maschine in bezug auf die Massendrücke schon ausgeglichen, so verschwindet mit

$$\sum M' \cos 2\alpha = 0\,, \qquad \sum M' \sin 2\alpha = 0 \quad \ldots\ldots \quad 6)$$

der veränderliche Teil der Wucht 5), und es bleibt

$$2J = \omega^2\left(m_0 k_0^2 + \sum m \frac{s}{l} r^2 + \frac{1}{2}\sum M' r\right), \quad \ldots\ldots \quad 5a)$$

worin der Klammerausdruck sich nur durch das Glied $\frac{1}{2}\sum M' r$ von dem des freien Drehmomentes 2a) unterscheidet. Wir können demnach für beide Formeln unter Einführung der Abkürungen

$$\Theta_0 = m_0 k_0^2 + \sum m \frac{s}{l} r^2, \qquad \Theta_1 = \frac{1}{2}\sum M' r \quad \ldots\ldots \quad 7)$$

einfach schreiben

$$M_z = \dot{\omega}\, \Theta_0\,, \qquad 2J = \omega^2(\Theta_0 + \Theta_1) \quad \ldots\ldots \quad 8)$$

Nun ist die Änderung der Wucht bedingt durch den Arbeitsüberschuß der treibenden Kraft T und des Widerstandes W, die wir sogleich beide auf den Kurbelzapfen beziehen, so zwar, daß wir für eine Mehrkurbelmaschine haben.

$$(\omega^2 - \omega_0^2)(\Theta_0 + \Theta_1) = 2L = 2\int \sum (T - W)\, r\, d\varphi \quad \ldots \quad 9)$$

Daraus folgt durch Ableitung nach der Zeit:

$$\dot{\omega}(\Theta_0 + \Theta_1) = \sum (T - W)\, r\,, \quad \ldots\ldots \quad 9a)$$

d. h. bei ausgeglichenen Maschinen ist die Schwankung des Drehwertes dem äußeren Drehmomente verhältnisgleich. Da nun das Drehmoment der Kolbenmaschine mit dem Kurbelwinkel periodisch schwankt, so kann es stets durch eine periodische Reihe dargestellt werden. Insbesondere besitzt das Drehmoment einer einfachwirkenden Maschine je einen Höchst- und Kleinstwert, dasjenige einer doppeltwirkenden Maschine dagegen deren zwei, während jeder Umdrehung, dagegen eine Viertaktmaschine nur je eines auf zwei Umdrehungen. Man kann darum für die am meisten verbreitete doppeltwirkende Maschine in erster Annäherung setzen:

$$T = T_m(1 + b\cos 2\varphi + c\sin 2\varphi)\,, \quad \ldots\ldots \quad 10)$$

worin $T_m \approx W$ den mit dem beständigen Widerstand nahezu übereinstimmenden Mittelwert sowie b und c Beiwerte bedeuten, welche für alle Zylinder nahezu dieselbe Größe besitzen. Alsdann haben wir für eine Gruppe von Getrieben ein freies Drehmoment

$$\begin{aligned}\sum (T - W) r &= \sum T_m r (b \cos 2 (\varphi + \alpha) + c \sin 2 (\varphi + \alpha)) \\ &= (b \cos 2 \varphi + c \sin 2 \varphi) \sum T_m r \cos 2 \alpha \\ &+ (c \cos 2 \varphi - b \sin 2 \varphi) \sum T_m r \sin 2 \alpha . \quad . \quad . \quad . \quad . \quad 10a)\end{aligned}$$

Dieser Ausdruck verschwindet aber, wenn gleichzeitig

$$\sum T_m r \cos 2 \alpha = 0 , \qquad \sum T_m r \sin 2 \alpha = 0 , \quad . \quad . \quad . \quad . \quad 11)$$

ist, d. h. wenn die mittleren Drehmomente bzw. die Leistungen der einzelnen doppeltwirkenden Getriebe sich mit den doppelten Kurbelwinkeln zu einem geschlossenen Vieleck vereinigen lassen, so darf man die geringsten Schwankungen des Gesamtdrehmomentes und des Drehwertes, also die größte Gleichförmigkeit des Ganges erwarten.

Bei einfach wirkenden Maschinen tritt an Stelle von 11)

$$\sum T_m r \cos \alpha = 0 , \qquad \sum T_m r \sin \alpha = 0 , \quad . \quad . \quad . \quad . \quad . \quad 11a)$$

während bei Viertaktmaschinen mit einer Wirkung auf zwei Umläufen

$$\sum T_m r \cos \frac{\alpha}{2} = 0 , \qquad \sum T_m r \sin \frac{\alpha}{2} = 0 \quad . \quad . \quad . \quad . \quad . \quad 11b)$$

zu setzen wäre.

1. Beispiel. Nach der vorstehenden Regel hätte man z. B. für zwei beliebige gekoppelte Maschinen als geschlossenes Vieleck eine Strecke, die entgegengesetzt durchlaufen wird. Daraus folgt zunächst die Gleichheit der beiden Getriebeleistungen, und bei Viertaktmaschinen

$$1 + \cos \frac{\alpha_2}{2} = 0 , \qquad \sin \frac{\alpha_2}{2} = 0 , \qquad \alpha_2 = 2 \pi ,$$

d. h. parallele Kurbeln mit abwechselnder Wirkung der Zylinder. Für zwei einfachwirkende Maschinen hätte man

$$1 + \cos \alpha_2 = 0 , \qquad \sin \alpha_2 = 0 , \qquad \alpha_2 = \pi$$

also gegenüberstehende Kurbeln, und für zwei doppeltwirkende Maschinen

$$1 + \cos 2 \alpha_2 = 0 , \qquad \sin 2 \alpha_2 = 0 , \qquad \alpha_2 = \frac{\pi}{2}$$

eine Kurbelschränkung von 90°.

Demgegenüber führt eine Dreikurbelmaschine mit gleicher Arbeitsverteilung auf ein gleichseitiges Dreieck der Drehmomente, also auf Kurbelwinkel von 120°, und eine Vierkurbelmaschine mit gleicher Leistung entweder auf einen Rhombus, Abb. 63a, dem, da je zwei gegenüberliegende Seiten einander parallel und entgegengesetzt gerichtet sind, im Kurbelkreis, zwei einander einschließende rechte Winkel entsprechen, oder auf zwei unter dem Winkel 2α in sich zurücklaufende Gerade, Abb. 63b, mit zwei sich gegenüberliegenden rechten Winkeln im Kurbelkreis. In diesem Falle aber ist auch nach den Beziehungen des letzten Abschnittes $\alpha + \gamma = 180°$, also

$$\cos \frac{\alpha}{2} = \sin \frac{\gamma}{2} ,$$

mithin nach der Ausgleichformel 17), § 23

$$2 \cos \frac{\alpha}{2} \cos \frac{\gamma}{2} = 2 \sin \frac{\gamma}{2} \cos \frac{\gamma}{2} = \sin \gamma = 1$$

oder $\gamma = \alpha = 90^0$[1]). Da nun diese Kreuzstellung mit den Bedingungen des Massenausgleiches, wie man sofort aus dem Schubertschen Schaubild sowie aus Gl. 15) § 23 erkennt, mit $a = A$ auf das Zusammenfallen zweier Getriebe führt, so ist die gleiche Arbeitsverteilung der Vierkurbelmaschine dann mit dem Massenausgleich nicht vereinbar, wenn man auf größte Gleichförmigkeit des Ganges Wert legt.

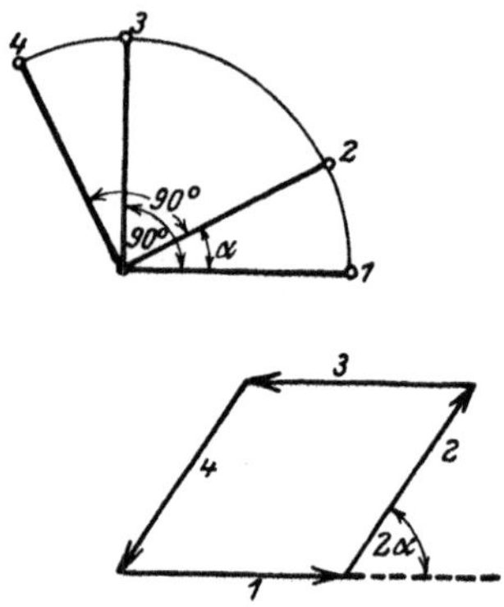

Abb. 63a.

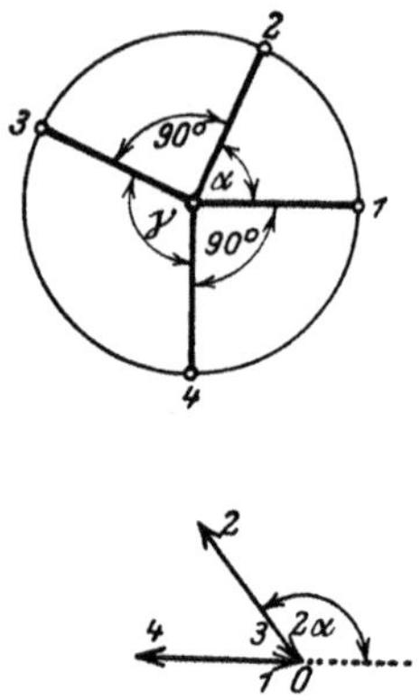

Abb. 63b.

2. Beispiel. Geht man dagegen vom Massenausgleich der Vierkurbelmaschine aus, so sind damit schon die Winkel α und γ durch die drei Formeln 15), 17) und 18) § 23 bestimmt. Zeichnet man mit diesen Winkeln und gleichen Kurbelarmen r in Abb. 64 das Vieleck der T_m, die wir jetzt mit T_1, T_2, T_3, T_4 bezeichnen wollen, so ergibt sich sofort die Arbeitsverteilung

$$\left.\begin{aligned} \frac{T_1}{T_4} = \frac{T_2}{T_3} = -\frac{\sin\gamma}{\cos\alpha} \\ T_1 = T_2, \quad T_3 = T_4 \end{aligned}\right\} \quad \ldots \ldots \ldots \ldots \quad 12)$$

Die höchste Gleichförmigkeit des Drehmomentes und damit des Ganges der Vierkurbelmaschine ist demnach recht wohl mit dem Schlickschen Massenaus-

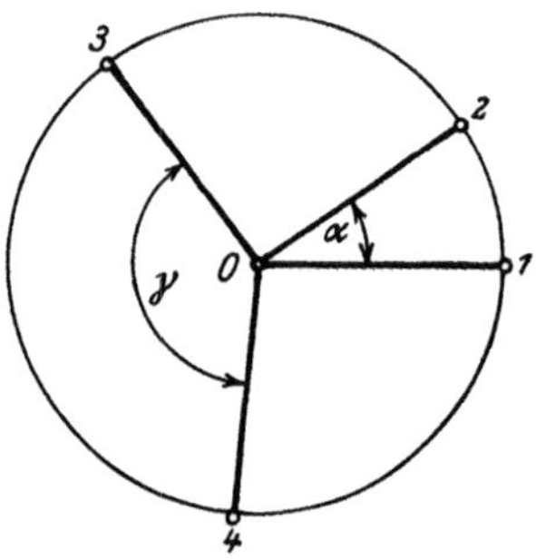

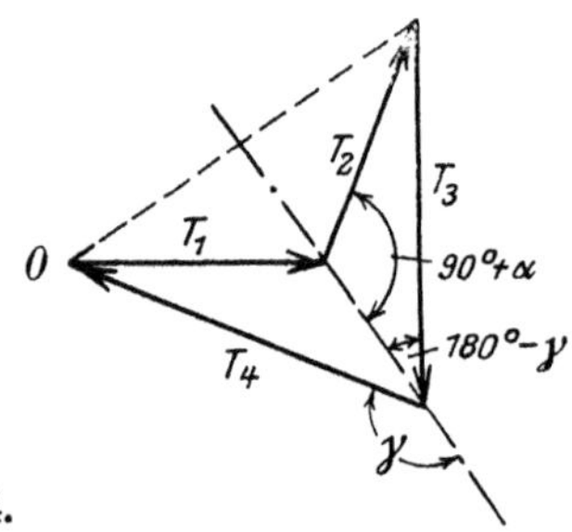

Abb. 64.

gleich erster und zweiter Ordnung vereinbar, wenn man auf gleiche Arbeitsverteilung verzichtet, diese vielmehr im Verhältnis der Massenverteilung auf die Getriebe wählt. In meiner schon angezogenen Schrift „Dynamik der Kurbelgetriebe“ habe ich einige Beispiele aus der Praxis angeführt, aus denen die Übereinstimmung der Ergebnisse der vorstehenden Theorie des Ausgleiches der Drehmomente mit der Erfahrung hervorgeht.

[1]) In Abb. 63b ist der besseren Übersicht wegen der Winkel $\alpha \neq 90^0$ gezeichnet worden.

§ 25. Die Schwung- und Schleudermomente starrer Körper. Das im § 22 für die Drehwucht des starren Körpers neben dem Drehwert als maßgebend erkannte Schwungmoment bezieht sich auf die augenblickliche Drehachse, deren Richtungskosinus gegen die Achsen des festen Kreuzes mit beständigem Anfang O wie in § 8 α, β, γ sein mögen. Alsdann ist der Abstand r eines beliebigen Körperpunktes x, y, z von dieser Achse, wie schon in § 12 bemerkt wurde, gegeben durch

$$r^2 = x^2 + y^2 + z^2 - (\alpha x + \beta y + \gamma z)^2 \quad \ldots \ldots \quad 1)$$

oder wegen $\alpha^2 + \beta^2 + \gamma^2 = 1$

$$r^2 = (y^2 + z^2)\alpha^2 + (z^2 + x^2)\beta^2 + (x^2 + y^2)\gamma^2$$
$$- 2yz\beta\gamma - 2zx\gamma\alpha - 2xy\alpha\beta \quad \ldots \ldots \quad 1a)$$

Erweitern wir diese Formel mit der im Punkte x, y, z befindlichen Masse m und summieren über den ganzen Körper, so folgt wegen der mit ihren Richtungswinkeln gemeinsamen Drehachse

$$\sum m r^2 = \alpha^2 \sum m(y^2 + z^2) + \beta^2 \sum m(z^2 + x^2) + \gamma^2 \sum m(x^2 + y^2)$$
$$- 2\beta\gamma \sum m y z - 2\gamma\alpha \sum m z x - 2\alpha\beta \sum m x y \quad \ldots \quad 2)$$

Setzen wir hierin der Abkürzung halber

$$\left.\begin{array}{lll} \sum m r^2 = \Theta, & \sum m(y^2 + z^2) = \Theta_x, & \sum m(z^2 + x^2) = \Theta_y, \\ & \sum m(x^2 + y^2) = \Theta_z & \\ \sum m y z = \Psi_x, & \sum m z x = \Psi_y, & \sum m x y = \Psi_z \end{array}\right\}, \quad . \ 3)$$

so erkennen wir, daß die vier ersten Ausdrücke 3) Schwungmomente um die augenblickliche Drehachse, sowie die drei Achsen des festen Kreuzes bedeuten, während wir die drei andern Ausdrücke wie schon im § 60 des ersten Teiles als Schleudermomente bezeichnen wollen. Aus 3) folgt ferner

$$\left.\begin{array}{l} \Theta_x + \Theta_y = \Theta_z + 2\sum m z^2 > \Theta_z \\ \Theta_y + \Theta_z = \Theta_x + 2\sum m x^2 > \Theta_x \\ \Theta_z + \Theta_x = \Theta_y + 2\sum m y^2 > \Theta_y \end{array}\right\}, \quad \ldots \ldots \quad 3a)$$

d. h. die Summe zweier Schwungmomente eines starren Körpers ist größer als das dritte, so daß ihre Beträge als Strecken sich stets zu einem Dreieck zusammensetzen lassen. Damit wird aus 2)

$$\Theta = \alpha^2 \Theta_x + \beta^2 \Theta_y + \gamma^2 \Theta_z$$
$$- 2[\beta\gamma \Psi_x + \gamma\alpha \Psi_y + \alpha\beta \Psi_z] \quad \ldots \ldots \quad 2a)$$

Da die Schwung- und Schleudermomente in bezug auf die Achsen des festen Kreuzes unabhängig von der Neigung der augenblicklichen Drehachse sind, so dürfen wir sie für den vorgelegten Körper als Festwerte ansehen und erkennen aus 2a) die alleinige Abhängigkeit des Schwungmomentes um die Drehachse von den Neigungswinkeln.

Es liegt nun sehr nahe, auch das Schleudermoment Ψ in bezug auf zwei zueinander senkrechte Achsen zu berechnen, von denen eine mit der Drehachse zusammenfallen möge, so daß die zweite die Richtung eines Abstandes r des Massenpunktes von derselben hat. Sind dann $\varkappa$, λ, μ die Richtungskosinus des Lotes r von P auf die Drehachse gegen die Achsen und l der Abstand vom Anfang des Kreuzes, so hat man nach Abb. 65

$$\left.\begin{array}{lll} l = \alpha x + \beta y + \gamma z, & r = \varkappa x + \lambda y + \mu z & \\ x = \varkappa r + \alpha l, & y = \lambda r + \beta l, & z = \mu r + \gamma l \end{array}\right\}, \quad . \quad . \quad . \quad 4)$$

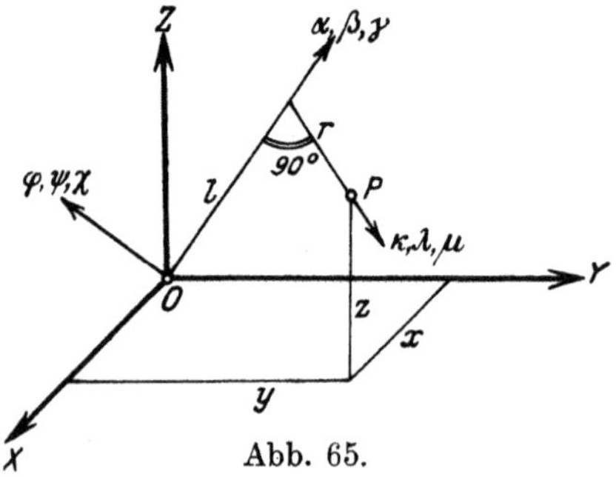

Abb. 65.

also nach Ausschaltung von r aus den beiden ersten Formeln der zweiten Zeile

$$l(\alpha\lambda - \beta\varkappa) = \lambda x - \varkappa y,$$

oder

$$r l(\alpha\lambda - \beta\varkappa) = r(\lambda x - \varkappa y).$$

Dafür haben wir aber auch nach erneuter Ausschaltung von r auf der rechten Seite

$$r l(\alpha\lambda - \beta\varkappa) = l(\alpha y - \beta x)$$

oder, da mit dem Richtungskosinus χ der Normalen der rl-Ebene gegen die z-Achse

$$\alpha\lambda - \beta\varkappa = \chi\sin(r, l) = \chi$$

mit Rücksicht auf die erste Formel 4)

$$r l\chi = (\alpha x + \beta y + \gamma z)(\alpha y - \beta x)$$

oder

$$r l\chi = x y(\alpha^2 - \beta^2) + (y^2 - x^2)\alpha\beta + (\alpha z y - \beta z x)\gamma \quad . \quad . \quad . \quad 4\text{a})$$

Erweitern wir diesen Ausdruck mit der Masse m und summieren über den ganzen Körper, so folgt mit $y^2 - x^2 = y^2 + z^2 - (z^2 + x^2)$ nach Einführung des Schleudermomentes für die rl-Ebene

$$\sum m r l = \Psi \quad . \quad . \quad . \quad . \quad . \quad . \quad . \quad . \quad . \quad . \quad 5)$$

und der Abkürzungen 3) unter Hinzufügung zweier gleichgebauter Formeln für die beiden andern Neigungen φ und ψ der Normalen zur rl-Ebene durch Reihenvertauschung

$$\left.\begin{array}{l} \Psi_\chi = (\Theta_x - \Theta_y)\alpha\beta + \Psi_z(\alpha^2 - \beta^2) + (\alpha\Psi_x - \beta\Psi_y)\gamma \\ \Psi_\varphi = (\Theta_y - \Theta_z)\beta\gamma + \Psi_x(\beta^2 - \gamma^2) + (\beta\Psi_y - \gamma\Psi_z)\alpha \\ \Psi_\psi = (\Theta_z - \Theta_x)\gamma\alpha + \Psi_y(\gamma^2 - \alpha^2) + (\gamma\Psi_z - \alpha\Psi_x)\beta \end{array}\right\}, \quad . \quad . \quad 4\text{b})$$

während sich Ψ selbst durch Ersetzen von r und l aus 4) zu

$$\begin{aligned} \Psi = \sum m(\alpha x + \beta y + \gamma z)(\varkappa x + \lambda y + \mu z) = \alpha\varkappa \sum m x^2 \\ + \beta\lambda \sum m y^2 + \gamma\mu \sum m z^2 \\ + (\beta\mu + \gamma\lambda)\Psi_x + (\gamma\varkappa + \alpha\mu)\Psi_y + (\alpha\lambda + \beta\varkappa)\Psi_z \end{aligned}$$

oder mit 3) und 3a) zu

$$\Psi = \Psi_x(\beta\mu + \gamma\lambda) + \Psi_y(\gamma\varkappa + \alpha\mu)$$
$$+ \Psi_z(\alpha\lambda + \beta\varkappa) - \alpha\varkappa\Theta_x - \beta\lambda\Theta_y - \gamma\mu\Theta_z \quad . \quad . \quad 5\text{a})$$

berechnet. Erweitert man die drei Formeln 4b) mit γ, α, β und addiert, so verschwinden beide Seiten identisch, da wegen der senkrechten Stellungen der Richtungen α, β, γ und φ, ψ, χ die Bedingungen

$$\alpha\varphi + \beta\psi + \gamma\chi = 0$$

erfüllt sind. Daraus geht hervor, daß die drei Formeln nicht voneinander unabhängig, sondern durch die vorstehende Bedingung miteinander verknüpft sind.

Da das Schwungmoment Θ nur von α, β, γ abhängt, so ist

$$d\Theta = \frac{\partial\Theta}{\partial\alpha}d\alpha + \frac{\partial\Theta}{\partial\beta}d\beta + \frac{\partial\Theta}{\partial\gamma}d\gamma \quad . \quad . \quad . \quad . \quad . \quad . \quad 6)$$

oder, da wegen $\alpha^2 + \beta^2 + \gamma^2 = 1$

$$\alpha\,d\alpha + \beta\,d\beta + \gamma\,d\gamma = 0$$

ist, auch

$$d\Theta = \left(\frac{\partial\Theta}{\partial\alpha}\gamma - \frac{\partial\Theta}{\partial\gamma}\alpha\right)\frac{d\alpha}{\gamma} + \left(\frac{\partial\Theta}{\partial\beta}\gamma - \frac{\partial\Theta}{\partial\gamma}\beta\right)\frac{d\beta}{\gamma} . \quad . \quad . \quad . \quad 6\text{a})$$

Führt man die hier angedeuteten partiellen Ableitungen an Gl. 2a) aus, so zeigt sich, daß die halben Unterschiede in den Klammern mit den Ausdrücken 4b) derart übereinstimmen, daß

$$\left.\begin{aligned} \frac{\partial\Theta}{\partial\beta}\gamma - \frac{\partial\Theta}{\partial\gamma}\beta &= 2\,\Psi_\varphi \\ \frac{\partial\Theta}{\partial\gamma}\alpha - \frac{\partial\Theta}{\partial\alpha}\gamma &= 2\,\Psi_\psi \\ \frac{\partial\Theta}{\partial\alpha}\beta - \frac{\partial\Theta}{\partial\beta}\alpha &= 2\,\Psi_\chi \end{aligned}\right\} \quad . \quad . \quad . \quad . \quad . \quad . \quad . \quad . \quad . \quad 7)$$

ist. Wir haben demnach auch an Stelle von 6a) unter Hinzufügung zweier gleichlautender Formeln

$$d\Theta = \frac{2\Psi}{\gamma}(\varphi\,d\beta - \psi\,d\alpha) = \frac{2\Psi}{\alpha}(\psi\,d\gamma - \chi\,d\beta)$$
$$= \frac{2\Psi}{\beta}(\chi\,d\alpha - \varphi\,d\gamma) . \quad . \quad . \quad . \quad 6\text{b})$$

Wird demnach $d\Theta = 0$ für einen Scheitelwert von Θ, so muß dafür, da jedenfalls zwei der drei Richtungskosinus α, β, γ willkürlich sind, und auch wegen $\varphi^2 + \psi^2 + \chi^2 = 1$ nicht alle drei Richtungskosinus φ, ψ, χ gleichzeitig verschwinden können, das Schleudermoment $\Psi = 0$ werden, d. h. einem Scheitelwerte des Schwungmomentes entspricht für eine durch die zugehörige Achse gehende Ebene das Verschwinden des Schleudermomentes.

Die Berechnung des Schleudermomentes für zwei zueinander senkrechte Achsen mit den Richtungen α, β, γ und $\varkappa$, λ, μ kann auch durch Erweitern der Gl. 7) der Reihe nach mit φ, ψ, χ und Addition geschehen, woraus

$$2\,\Psi = \frac{\partial \Theta}{\partial \alpha}(\beta\chi - \gamma\psi) + \frac{\partial \Theta}{\partial \beta}(\gamma\varphi - \alpha\chi) + \frac{\partial \Theta}{\partial \gamma}(\alpha\psi - \beta\varphi)$$

oder wegen der Bedeutung der Klammern

$$-2\,\Psi = \varkappa\frac{\partial \Theta}{\partial \alpha} + \lambda\frac{\partial \Theta}{\partial \beta} + \mu\frac{\partial \Theta}{\partial \gamma} \quad \ldots\ldots\ldots \quad 8)$$

und nach Einsetzen der partiellen Ableitungen aus 2a) die Gl. 5a) folgt, aus der man die Vertauschbarkeit der Richtungskosinus α, β, γ und $\varkappa, \lambda, \mu$ ohne weiteres erkennt. Das Verschwinden von Ψ führt mit Rücksicht auf die Bedingung der Normalstellung, d. i.

$$\alpha\varkappa + \beta\lambda + \gamma\mu = 0$$

auf die Formeln

$$\left.\begin{aligned}(\Theta_x - \Theta_y)\alpha\beta + \Psi_z(\alpha^2 - \beta^2) + (\alpha\Psi_x - \beta\Psi_y)\gamma = 0\\ (\Theta_y - \Theta_z)\beta\gamma + \Psi_x(\beta^2 - \gamma^2) + (\beta\Psi_y - \gamma\Psi_z)\alpha = 0\\ (\Theta_z - \Theta_x)\gamma\alpha + \Psi_y(\gamma^2 - \alpha^2) + (\gamma\Psi_z - \alpha\Psi_x)\beta = 0\end{aligned}\right\} \quad \ldots \quad 4c)$$

die auch mit $\Psi = 0$ unmittelbar aus 4b) hervorgehen. Aus diesen Gleichungen berechnen sich die Scheitelwerte von Θ mit den dem Verschwinden von Ψ zugeordneten Winkelgrößen α, β, γ, die wie in 5a) mit $\varkappa$, λ, μ vertauscht werden können, so daß die Wurzeln von 4c) für beide Winkelgrößen gelten. Bedeuten nun $\alpha_1, \beta_1, \gamma_1$; $\alpha_2, \beta_2, \gamma_2$; $\alpha_3, \beta_3, \gamma_3$ die Richtungskosinus eines rechtwinkligen Kreuzes, so folgt durch Einsetzen in die erste der drei Formeln 4c) und Summierung

$$\begin{aligned}(\Theta_x - \Theta_y)&(\alpha_1\beta_1 + \alpha_2\beta_2 + \alpha_3\beta_3)\\ &+ \Psi_z(\alpha_1^2 + \alpha_2^2 + \alpha_3^2 - \beta_1^2 - \beta_2^2 - \beta_3^2)\\ &+ \Psi_x(\alpha_1\gamma_1 + \alpha_2\gamma_2 + \alpha_3\gamma_3)\\ &- \Psi_y(\beta_1\gamma_1 + \beta_2\gamma_2 + \beta_3\gamma_3) = 0\,.\end{aligned}$$

In diesem Ausdruck verschwinden aber wegen der Senkrechtstellung der drei Achsen die Klammern mit den Richtungskosinus, vgl. auch Gl. 2) und 3) in § 8, so daß die Formeln 4c) in der Tat durch drei zueinander senkrechte Achsen erfüllt werden, für welche die Schwungmomente Scheitelwerte annehmen, während die zugehörigen drei Schleudermomente verschwinden. Diese drei Achsen bezeichnen wir als die Hauptachsen des Körpers mit den zugehörigen Hauptschwungmomenten Θ_a, Θ_b, Θ_c. Werden diese Hauptachsen von vornherein als Achsen gewählt, so erhalten wir für beliebige Achsen mit den Richtungskosinus $\alpha, \beta, \gamma; \varkappa, \lambda, \mu$ an Stelle der Gl. 2a) und 5a) für die zugehörigen Schwungmomente und das Schleudermoment

$$\left.\begin{aligned} \Theta_1 &= \alpha^2\,\Theta_a + \beta^2\,\Theta_b + \gamma^2\,\Theta_c \\ \Theta_2 &= \varkappa^2\,\Theta_a + \lambda^2\,\Theta_b + \mu^2\,\Theta_c \\ -\Psi &= \alpha\varkappa\,\Theta_a + \beta\lambda\,\Theta_b + \gamma\mu\,\Theta_c \end{aligned}\right\} \quad \ldots\ldots\ldots \quad 9)$$

Für $\Theta_a = \Theta_b = \Theta_c = \Theta_0$ wird hiernach $\Theta_1 = \Theta_2 = \Theta_0$ und $\Psi = 0$.

Da das Schleudermoment für je zwei Hauptachsen verschwindet, so muß es für je ein dazu geneigtes Achsenkreuz einen Scheitelwert annehmen, der sich aus der dritten Formel 9) mit $d\Psi = 0$ ergibt. Schreiben wir wegen

$$\begin{gathered} \alpha\varkappa + \beta\lambda + \gamma\mu = 0 \\ \alpha\,d\varkappa + \varkappa\,d\alpha + \beta\,d\lambda + \lambda\,d\beta + \gamma\,d\mu + \mu\,d\gamma = 0 \end{gathered}$$

an Stelle von 9)

$$\begin{aligned} \Psi &= (\Theta_a - \Theta_c)\,\alpha\varkappa + (\Theta_b - \Theta_c)\,\beta\lambda \\ d\Psi &= (\Theta_a - \Theta_c)(\alpha\,d\varkappa + \varkappa\,d\alpha) + (\Theta_b - \Theta_c)(\beta\,d\lambda + \lambda\,d\beta) = 0 \end{aligned}$$

oder, da die Unterschiede $\Theta_a - \Theta_c$ und $\Theta_b - \Theta_c$ im allgemeinen nicht verschwinden

$$\begin{aligned} \alpha\,d\varkappa + \varkappa\,d\alpha &= 0 \\ \beta\,d\lambda + \lambda\,d\beta &= 0. \end{aligned}$$

Schalten wir daraus mit Hilfe von

$$\begin{aligned} \alpha^2 + \beta^2 + \gamma^2 &= 1, \qquad \alpha\,d\alpha + \beta\,d\beta + \gamma\,d\gamma = 0 \\ \varkappa^2 + \lambda^2 + \mu^2 &= 1, \qquad \varkappa\,d\varkappa + \lambda\,d\lambda + \mu\,d\mu = 0 \end{aligned}$$

die Differentiale $d\gamma$, $d\mu$, $d\lambda$ aus, so erhalten wir die Bedingungen

$$\frac{\alpha}{\varkappa} = \frac{\beta}{\lambda} = -\frac{\gamma}{\mu}, \qquad \alpha^2 + \beta^2 = \gamma^2 = \mu^2 = \varkappa^2 + \lambda^2 = \frac{1}{2},$$

also für die drei Hauptebenen

$$\begin{array}{llllll} \alpha_1 = 0, & \beta_1 = \sqrt{\tfrac{1}{2}}, & \gamma_1 = \sqrt{\tfrac{1}{2}}, & \varkappa_1 = 0, & \lambda_1 = \sqrt{\tfrac{1}{2}}, & \mu_1 = -\sqrt{\tfrac{1}{2}}, \\ \alpha_2 = \sqrt{\tfrac{1}{2}}, & \beta_2 = 0, & \gamma_2 = \sqrt{\tfrac{1}{2}}, & \varkappa_2 = \sqrt{\tfrac{1}{2}}, & \lambda_2 = 0, & \mu_2 = -\sqrt{\tfrac{1}{2}}, \\ \alpha_3 = \sqrt{\tfrac{1}{2}}, & \beta_3 = \sqrt{\tfrac{1}{2}}, & \gamma_3 = 0, & \varkappa_3 = \sqrt{\tfrac{1}{2}}, & \lambda_3 = -\sqrt{\tfrac{1}{2}}, & \mu_3 = 0, \end{array}$$

d. h. Achsenkreuze, welche die Winkel der Hauptachsen in den Hauptebenen halbieren. Damit ergeben sich die gesuchten drei Scheitelwerte des Schleudermomentes

$$\Psi_1 = \tfrac{1}{2}(\Theta_b - \Theta_c), \qquad \Psi_2 = \tfrac{1}{2}(\Theta_a - \Theta_c), \qquad \Psi_3 = \tfrac{1}{2}(\Theta_a - \Theta_b) \;..\; 9\text{a})$$

Selbstverständlich gelten auch für die drei Hauptschwungmomente die drei Ungleichungen 3a), d. h. also

$$\Theta_a + \Theta_b \geqq \Theta_c, \qquad \Theta_b + \Theta_c \geqq \Theta_a, \qquad \Theta_c + \Theta_a \geqq \Theta_b, \;\ldots\; 3\text{b})$$

wobei im allgemeinen

$$\Theta_a > \Theta_b > \Theta_c \quad \ldots\ldots\ldots\ldots \quad 3\,c)$$

für ungleiche Schwungmomente vorausgesetzt werden mag.

Die vorstehenden Ergebnisse werden leicht verständlich, wenn wir in die Grundformel 2a) für die Schwung- und Schleudermomente setzen

$$\left.\begin{array}{llll} \Theta = m k^2, & \Theta_x = m k_x^2, & \Theta_y = m k_y^2, & \Theta_z = m k_z^2 \\ & \Psi_x = m k_2 k_3, & \Psi_y = m k_3 k_1, & \Psi_z = m k_1 k_2 \end{array}\right\}, \quad 10)$$

so zwar, daß

$$k_1^2 = \frac{\Psi_y \Psi_z}{m \Psi_x}, \qquad k_2^2 = \frac{\Psi_z \Psi_x}{m \Psi_y}, \qquad k_3^2 = \frac{\Psi_x \Psi_y}{m \Psi_z},$$

$$k_1^2 k_2^2 k_3^2 = \frac{\Psi_x \Psi_y \Psi_z}{m^3}, \quad \ldots\ldots\ldots \quad 10\,a)$$

Durch Division mit $m k^2$ erhalten wir alsdann aus 2a) die homogene Gleichung

$$\alpha^2 \frac{k_x^2}{k^2} + \beta^2 \frac{k_y^2}{k^2} + \gamma^2 \frac{k_z^2}{k^2} - 2\left(\beta\gamma \frac{k_2 k_3}{k^2} + \gamma\alpha \frac{k_3 k_1}{k^2} + \alpha\beta \frac{k_1 k_2}{k^2}\right) = 1, \quad 2\,b)$$

die mit

$$\left.\begin{array}{lll} \alpha = k\xi, & \beta = k\eta, & \gamma = k\zeta \\ 1 = k_x \xi_0, & 1 = k_y \eta_0, & 1 = k_z \zeta_0 \\ 1 = k_1 \xi_1, & 1 = k_2 \eta_1, & 1 = k_3 \zeta_1 \end{array}\right\}, \quad \ldots\ldots \quad 11)$$

also

$$1 = k(\alpha\xi + \beta\eta + \gamma\zeta) \quad \ldots\ldots\ldots \quad 11\,a)$$

die Form

$$\frac{\xi^2}{\xi_0^2} + \frac{\eta^2}{\eta_0^2} + \frac{\zeta^2}{\zeta_0^2} - 2\left(\frac{\eta\zeta}{\eta_1\zeta_1} + \frac{\zeta\xi}{\zeta_1\xi_1} + \frac{\xi\eta}{\xi_1\eta_1}\right) = 1 \quad \ldots \quad 12)$$

annimmt. Es ist dies offenbar die Mittelpunktsgleichung einer Fläche zweiten Grades mit den laufenden Abständen ξ, η, ζ und den Parametern $\xi_0, \eta_0, \zeta_0, \xi_1, \eta_1, \zeta_1$, deren Fahrstrahl $\alpha\xi + \beta\eta + \gamma\zeta$ nach 11a) den Kehrwert des Schwungarmes k für die gleichgerichtete Achse darstellt. Da der als endlich vorausgesetzte Körper eine geschlossene Oberfläche besitzt, so sind mit dem Schwungmoment auch die Schwungarme k, k_x, k_y, k_z endlich und können auch nicht verschwinden. Daher bleiben auch die veränderlichen Abstände ξ, η, ζ, sowie die Parameter ξ_0, η_0, ζ_0 überall endlich, während das mögliche Verschwinden der Arme k_1, k_2, k_3 der Schleudermomente das Verschwinden der zugehörigen Glieder in der Klammer bedingt. Daraus folgt aber, daß die durch 12) gegebene Fläche nur ein Ellipsoid sein kann, welches wir als Trägheits- oder Schwungellipsoid bezeichnen wollen. Die drei Achsen desselben fallen mit den drei Hauptachsen des Körpers zusammen und bestimmen die drei Hauptschwungarme k_a, k_b, k_c der Hauptträgheitsmomente

$$\Theta_a = m k_a^2, \qquad \Theta_b = m k_b^2, \qquad \Theta_c = m k_c^2, \quad \ldots\ldots \quad 10\,b)$$

während die zugehörigen Schleudermomente Ψ_a, Ψ_b, Ψ_c mit den zugehörigen Armen k_1, k_2, k_3 verschwinden. Daher lautet die Gleichung des Schwungellipsoides in bezug auf die drei Hauptachsen

$$k_a^2 \xi^2 + k_b^2 \eta^2 + k_c^2 \zeta^2 = 1 \quad . \; . \; . \; . \; . \; . \; . \; . \quad 12\text{a})$$

Die vorstehenden Entwicklungen gelten allgemein für einen beliebigen Anfangspunkt O des Achsenkreuzes. Führen wir durch die Formeln

$$x = x_0 + x', \qquad y = y_0 + y', \qquad z = z_0 + z' \quad . \; . \; . \quad 13)$$

die Schwerpunktsabstände x_0, y_0, z_0 und die relativen Abstände in einem zum vorgelegten parallelen Kreuz durch den Schwerpunkt ein, so wird wegen

$$\sum m x' = 0, \qquad \sum m y' = 0, \qquad \sum m z' = 0$$

d. h. wegen des Verschwindens der statischen Momente in bezug auf Schwerpunktsebenen, aus den Gleichungen 2) und 5a) für das Schwung- und Schleudermoment

$$\left.\begin{aligned} \Theta = {} & m\left[\alpha^2 (y_0^2 + z_0^2) + \beta^2 (z_0^2 + x_0^2) + \gamma^2 (x_0^2 + y_0^2)\right. \\ & \left. - 2\beta\gamma y_0 z_0 - 2\gamma\alpha z_0 x_0 - 2\alpha\beta x_0 y_0\right] \\ & + \alpha^2 \sum m (y'^2 + z'^2) + \beta^2 \sum m (z'^2 + x'^2) + \gamma^2 \sum m (x'^2 + y'^2) \\ & - 2\beta\gamma \sum m y' z' - 2\gamma\alpha \sum m z' x' - 2\alpha\beta \sum m x' y' \\ \Psi = {} & m(\alpha x_0 + \beta y_0 + \gamma z_0)(\varkappa x_0 + \lambda y_0 + \mu z_0) \\ & + \sum m (\alpha x' + \beta y' + \gamma z')(\varkappa x' + \lambda y' + \mu z') \end{aligned}\right\} . \; 14)$$

Setzen wir in die erste dieser Formeln

$$\alpha^2 (y_0^2 + z_0^2) = \alpha^2 (x_0^2 + y_0^2 + z_0^2) - \alpha^2 x_0^2 \text{ usw.}$$

und führen außerdem für die Schwung- und Schleudermomente im Schwerpunktskreuz die Abkürzungen

$$\left.\begin{aligned} \sum m (y'^2 + z'^2) = \Theta_x', \qquad \sum m (z'^2 + x'^2) = \Theta_y', \\ \sum m (x'^2 + y'^2) = \Theta_z' \\ \sum m y' z' = \Psi_x', \qquad \sum m z' x' = \Psi_y', \qquad \sum m x' y' = \Psi_z' \end{aligned}\right\} . \; . \; 15)$$

ein, so folgt mit

$$\left.\begin{aligned} x_0^2 + y_0^2 + z_0^2 - (\alpha x_0 + \beta y_0 + \gamma z_0)^2 = r_0^2 \\ \alpha x_0 + \beta y_0 + \gamma z_0 = l_0, \qquad \varkappa x_0 + \lambda y_0 + \mu z_0 = r_0 \end{aligned}\right\} . \; . \; . \quad 1\text{b})$$

schließlich

$$\left.\begin{aligned} \Theta = {} & m r_0^2 + \alpha^2 \Theta_x' + \beta^2 \Theta_y' + \gamma^2 \Theta_z' \\ & - 2\beta\gamma \Psi_x' - 2\gamma\alpha \Psi_y' - 2\alpha\beta \Psi_z' \\ \Psi = {} & m r_0 l_0 - \alpha\varkappa \Theta_x' - \beta\lambda \Theta_y' - \gamma\mu \Theta_z' \\ & + \Psi_x' (\beta\mu + \gamma\lambda) + \Psi_y' (\gamma\varkappa + \alpha\mu) + \Psi_z' (\alpha\lambda + \beta\varkappa) \end{aligned}\right\} . \; . \; 14\text{a})$$

Dafür dürfen wir auch kürzer schreiben, indem wir die Schwung- und Schleudermomente in bezug auf die Schwerpunktsachsen mit Θ' und Ψ' bezeichnen:

$$\Theta = m r_0^2 + \Theta' > \Theta', \qquad \Psi = m r_0 l_0 + \Psi', \quad . \quad . \quad 14\text{b})$$

so daß sich also wie in der Ebene die allgemeinen Schwung- und Schleudermomente aus den für ein Schwerpunktskreuz durch Hinzufügung der entsprechenden Momente der im Schwerpunkt vereinigt gedachten Gesamtmasse ergeben. Daraus folgt, daß die Schwungmomente für Schwerpunktsachsen gegenüber solchen für beliebige Parallelachsen Kleinstwerte darstellen.

Selbstverständlich gelten die früheren Darlegungen auch für das Schwerpunktskreuz. Insbesondere hat das demselben zugeordnete Schwungellipsoid, das sog. Zentralellipsoid, gegenüber allen andern Ellipsoiden die größten Abmessungen, die sich durch Parallelverschiebung des Achsenkreuzes beliebig verkleinern lassen, aber erst für einen im Unendlichen liegenden Anfang O verschwinden. Schließlich erkennt man aus der ersten Formel 14b), daß es stets möglich ist, durch Parallelverschiebung des Anfangspunktes das Schwungellipsoid in ein Umdrehungsellipsoid, ja sogar in eine Kugel überzuführen.

§ 26. Die Ermittlung statischer und Schwungmomente räumlicher Gebilde. Die Verfahren zur Berechnung der statischen und Schwungmomente räumlicher Gebilde schließen sich eng an die in § 60 des ersten Teiles für ebene Gebilde vorgetragenen an. Man hat dabei zu unterscheiden zwischen Momenten von Kurven und Oberflächen, die man sich in irgendeiner Weise gesetzmäßig mit Masse belegt denkt, und von Körpern, deren Rauminhalt stets von Masse erfüllt ist. Die Bestimmung auf analytischem Wege ist nur möglich, wenn einerseits die Gleichungen der Gebilde vorliegen und man andererseits das Gesetz der Massenverteilung kennt. Bei unstetiger Massenverteilung wird man das Gebilde an der Sprungstelle zweckmäßig trennen und die Momente der Bestandteile für sich bestimmen, aus deren Summierung sich alsdann das Gesamtmoment ergibt. Wir werden in der Folge nur den wichtigsten Fall der gleichförmigen Massenverteilung ins Auge fassen und die auf die Einheit der Länge, der Oberfläche und des Rauminhaltes entfallende Masse gleich 1 setzen, wodurch das Verfahren auf die geometrische Ermittlung der Schwerpunktsabstände und Schwungarme mit Hilfe der Integralrechnung zurückgeführt ist.

Hat insbesondere das Gebilde eine Symmetrieebene, so entspricht jedem Punkt desselben auf einer Seite ein solcher, auf der anderen Seite mit entgegengesetzt gleichem Abstand, wodurch sich deren statische und Schleudermomente aufheben. Daraus folgt, daß jede Symmetrieebene Träger des Schwerpunkts und eine Hauptebene des Gebildes ist. Bei doppelt symmetrischen Gebilden liegt deshalb der Schwerpunkt auf der Schnittgeraden der Symmetriebenen, die selbst mit der Normalebene durch den Schwerpunkt die drei Hauptebenen oder Hauptschnitte bilden. Daher ist bei Umdrehungsflächen oder -körpern jeder Meridianschnitt eine Hauptebene, während alle Schwungmomente in bezug auf Achsen, die zur Umdrehungsachse senkrecht stehen, übereinstimmen. Wir haben also in Gl. 9), § 25 mit $\Theta_a = \Theta_b$

$$\left.\begin{aligned} \Theta_1 &= \Theta_a(\alpha^2+\beta^2)+\gamma^2\,\Theta_c = \Theta_a + \gamma^2(\Theta_c-\Theta_a) \\ -\Psi &= \Theta_a(\alpha\varkappa+\beta\lambda)+\gamma\,\mu\,\Theta_c = \gamma\,\mu(\Theta_c-\Theta_a) \end{aligned}\right\} \quad . \; . \; . \quad 1)$$

Ist schließlich das Gebilde dreifach symmetrisch wie ein Würfel, eine Kugel usw., so stimmen alle drei Hauptschwungmomente miteinander überein, also ist mit $\Theta_a = \Theta_b = \Theta_c$ in Gl. 9) für jede Achse bzw. jedes senkrechte Achsenpaar

$$\Theta = \Theta_a, \qquad \Psi = 0, \quad . \; . \; . \; . \; . \; . \; . \; . \quad 1a)$$

d. h. das Schwungellipsoid dreifach symmetrischer Gebilde ist eine Kugel, und jede Schwerpunktsebene kann als Hauptebene angesehen werden.

Von der Ermittlung der Momente von Raumkurven können wir bei der rein mathematischen Bedeutung dieser Größen absehen und gehen sogleich auf die Umdrehungsflächen über, deren Erzeugende im Achsenschnitt die Gleichung $r = f(z)$ haben möge. Mit dem Bogenelement ds erhalten wir bei der Drehung um φ das Oberflächenelement $dF = \varphi \cdot r\,ds$, also mit dem Schwerpunktsabstand r_0 des Bogens s zwischen den Armen r_1 und r_2

$$F = \varphi \int_{r_1}^{r_2} r\,ds = \varphi\, r_0\, s. \quad . \; . \quad 2)$$

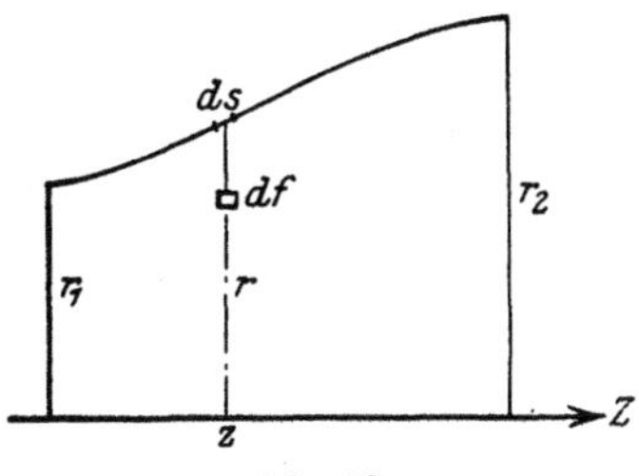

Abb. 66.

Der Inhalt der Umdrehungsfläche ist demnach gleich dem Produkt des erzeugenden Bogens mit seinem Schwerpunktsweg. Bedeutet ferner df das Flächenelement des Achsenschnittes im Abstande r, Abb. 66, so beschreibt dieses bei der Drehung um φ das Raumelement $dV = \varphi \cdot r\,df$, also ist mit dem Schwerpunktsabstand r_0' der Gesamtfläche f des Achsenschnittes

$$V = \varphi \int_{r_1}^{r_2} r\,df = \varphi\, r_0' f, \quad . \; . \; . \; . \; . \; . \; . \; . \quad 2a)$$

d. h. der Inhalt eines Umdrehungskörpers ist gleich dem Produkt des erzeugenden Achsenschnittes mit seinem Schwerpunktsweg. Die vorstehenden Sätze sind als die Guldinsche Regel für Umdrehungskörper bekannt. Da der Schwerpunkt bei voller Umdrehung, d. i. $\varphi = 2\pi$ auf der Achse liegt, so ist nur noch sein Abstand z_0 von einer festen Normalebene zu berechnen. Man erhält für die Oberfläche und den eingeschlossenen Raum unter Weglassung des gemeinsamen Beiwertes 2π mit dem Ebenenabstand z von ds bzw. df

$$z_0 r_0 s = \int_{r_1}^{r_2} z\, r\, ds, \qquad z_0 r_0 f = \int_{r_1}^{r_2} z\, r\, df. \quad . \quad . \quad . \quad . \quad . \quad 3)$$

Ebenso erhalten wir für die Schwungarme k_0 um die Drehachse der Oberfläche und des Körpers

$$k_0^2 r_0 s = \int_{r_1}^{r_2} r^3\, ds, \qquad k_0^2 r_0 f = \int_{r_1}^{r_2} r^3\, df, \quad . \quad . \quad . \quad . \quad . \quad 4)$$

sowie um eine dazu senkrechte Achse unter Benutzung des Schwungmomentes eines Kreises in bezug auf eine seiner Ebene im Abstand z vom Mittelpunkt parallelen Achse

$$k_1^2 r_0 s = \int_{r_1}^{r_2} r\left(z^2 + \frac{r^2}{2}\right) ds, \qquad k_1^2 r_0 f = \int_{r_1}^{r_2} r\left(z^2 + \frac{r^2}{2}\right) df. \quad . \quad . \quad 5)$$

Bei Ringquerschnitten gestaltet sich die Berechnung nach den Gl. 4) und 5) manchmal recht unbequem. Man gelangt hier rascher zum Ziele, wenn man unter Einführung des Schwerpunktsabstandes r_0 des Querschnittes von der Achse

$$r = r_0 + \eta \quad . \quad . \quad . \quad . \quad . \quad . \quad . \quad . \quad . \quad . \quad 6)$$

setzt. Damit wird das Integral in 4)

$$\int r^3\, df = r_0^3 f + 3 r_0^2 \int \eta\, df + 3 r_0 \int \eta^2\, df + \int \eta^3\, df.$$

Hierin verschwindet zunächst das statische Moment des Querschnittes in bezug auf die der Umdrehungsachse parallele Schwerachse und weiter auch das letzte Integral rechts für Querschnitte, die zu einer Schwerachse symmetrisch liegen. Es bleibt also für solche mit dem Schwungarm k um diese Achsen

$$k_0^2 r_0 f = \int r^3\, df = r_0^3 f + 3 r_0 \int \eta^2\, df = r_0^3 f + 3 r_0 k^2 f,$$

$$k_0^2 = r_0^2 + 3 k^2. \quad . \quad . \quad . \quad . \quad . \quad . \quad . \quad . \quad . \quad . \quad 4\,\mathrm{a})$$

Ebenso erhalten wir in 5) mit $df = dz \cdot d\eta$

$$\int r\left(z^2 + \frac{r^2}{2}\right) df = \int z^2 r\, df + \frac{1}{2}\int r^3\, df = \frac{1}{2}\int r^3\, df + r_0 \int z^2\, df + \int z^2\, dz \int \eta\, d\eta,$$

worin wieder das letzte Glied für symmetrisch zur parallelen Schwerachse gelegene Querschnitte verschwindet. Mit dem Schwungarm k_2 um die zur Umdrehungsachse normale Schwerachse, sowie mit 4a) erhält man alsdann

$$\int r\left(z^2 + \frac{r^2}{2}\right) df = \frac{f r_0}{2}(r_0^2 + 3 k^2) + f r_0 k_2^2,$$

also eingesetzt in 5)

$$k_1^2 = k_2^2 + \tfrac{1}{2}(r_0^2 + 3 k^2). \quad . \quad . \quad . \quad . \quad . \quad . \quad . \quad . \quad 5\,\mathrm{a})$$

Für beliebig gestaltete Körper setzt man am einfachsten

$$k_x^2 V = \Theta_x = \int (y^2 + z^2)\, dV = \int y^2\, dV + \int z^2\, dV \quad . \;.\; . \qquad 7)$$

usw. und berechnet die auf die Ebene des Achsenkreuzes bezogenen Schwungmomente mit Hilfe der Oberflächengleichung für sich.

1. Beispiel. Für einen Umdrehungskegel mit der Spitze im Anfang O, Abb. 67, dem halben Öffnungswinkel α und der Höhe $z = h$ ist

$$r = z \operatorname{tg} \alpha, \qquad ds \cos \alpha = dz, \qquad s \cos \alpha = h,$$

folglich ist die Oberfläche

$$F = 2\pi \int r\, ds = 2\pi \frac{\operatorname{tg} \alpha}{\cos \alpha} \int_0^h z\, dz = \pi h^2 \frac{\operatorname{tg} \alpha}{\cos \alpha} \quad . \quad 8)$$

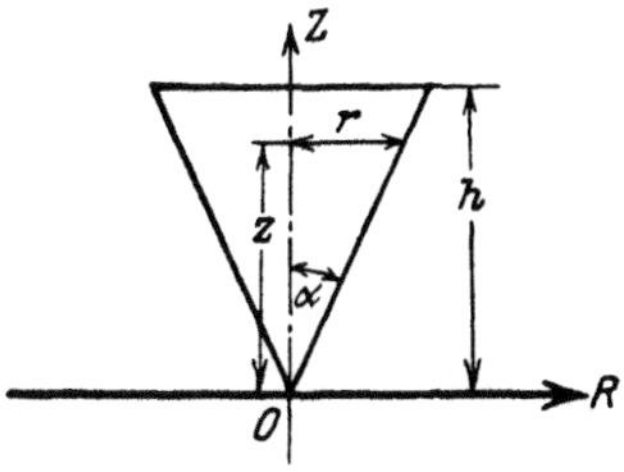

Abb. 67.

und das statische Moment in bezug auf eine Normalebene durch O mit dem Schwerpunktsabstand z_0 von O

$$F z_0 = 2\pi \int z \cdot r\, ds = 2\pi \frac{\operatorname{tg} \alpha}{\cos \alpha} \int_h^h z^2\, dz = \frac{2}{3} \pi h^3 \frac{\operatorname{tg} \alpha}{\cos \alpha}, \qquad z_0 = \frac{2}{3} h \; . \; . \quad 8\text{a})$$

Weiter ergeben sich die Schwungmomente für die Umdrehungsachse und eine durch O gehende dazu senkrechte Gerade zu

$$\left.\begin{aligned} k_0^2 F &= 2\pi \int r^3\, ds = 2\pi \frac{\operatorname{tg}^3 \alpha}{\cos \alpha} \int_0^h z^3\, dz = \frac{\pi h^4}{2} \frac{\operatorname{tg}^3 \alpha}{\cos \alpha}, \qquad k_0^2 = \frac{h^2 \operatorname{tg}^2 \alpha}{2} \\ k_1^2 F &= 2\pi \int r \left(z^2 + \frac{r^2}{2}\right) ds = \frac{\pi h^4}{2} \frac{\operatorname{tg} \alpha}{\cos \alpha} \left(1 + \frac{1}{2} \operatorname{tg}^2 \alpha\right), \qquad k_1^2 = \frac{h^2}{2} \left(1 + \frac{1}{2} \operatorname{tg}^2 \alpha\right) \end{aligned}\right\} 8\text{b})$$

2. Beispiel. Der Rauminhalt des vorstehenden Kegels ist

$$V = \pi \int r^2\, dz = \pi \operatorname{tg}^2 \alpha \int_0^h z^2\, dz = \frac{\pi h^3}{3} \operatorname{tg}^2 \alpha \quad . \; . \; . \; . \; . \; . \; . \; . \qquad 9)$$

mit dem Schwerpunktsabstand z_0 von O

$$z_0 = \frac{\pi}{V} \int z \cdot r^2\, dz = \frac{\pi h^4}{4 V} \operatorname{tg}^2 \alpha = \frac{3}{4} h \; . \; . \; . \; . \; . \; . \; . \; . \qquad 9\text{a})$$

Ebenso folgt für die Schwungarme in bezug auf die Umdrehungsachse und eine dazu senkrechte durch die Spitze mit $df = dr\, dz$

$$\left.\begin{aligned} k_0^2 &= \frac{2\pi}{V} \int_0^h dz \int_0^r r^3\, dr = \frac{\pi}{2V} \operatorname{tg}^4 \alpha \int_0^h z^4\, dz = \frac{\pi h^5}{10 V} \operatorname{tg}^4 \alpha = \frac{3}{10} h^2 \operatorname{tg}^2 \alpha \\ k_1^2 &= \frac{k_0^2}{2} + \frac{2\pi}{V} \int_0^h z^2\, dz \int_0^r r\, dr = \frac{3}{20} h^2 \operatorname{tg}^2 \alpha + \frac{\pi h^5}{5 V} \operatorname{tg}^2 \alpha = \frac{3}{20} h^2 (\operatorname{tg}^2 \alpha + 4) \end{aligned}\right\} . \quad 9\text{b})$$

3. Beispiel. Ein Kreisring mit rechteckigem Querschnitt, Abb. 68, von der axialen Breite h und den beiden Halbmessern $r_2 > r_1$ hat den Inhalt

$$V = 2\pi h \int_{r_1}^{r_2} r\,dr = \pi h\,(r_2^2 - r_1^2) \quad \ldots\ldots\ldots \quad 10)$$

und die Schwungarme um die Hauptachse sowie die dazu senkrechte Schwerachse

Abb. 68.

$$\left.\begin{aligned} k_0^2 &= \frac{2\pi h}{V}\int_{r_1}^{r_2} r^3\,dr = \frac{\pi h}{2V}(r_2^4 - r_1^4) = \frac{1}{2}(r_1^2 + r_2^2) \\ k_1^2 &= \frac{k_0^2}{2} + \frac{2\pi}{V}\int_{-\frac{h}{2}}^{+\frac{h}{2}} z^2\,dz \int_{r_1}^{r_2} r\,dr = \frac{r_1^2 + r_2^2}{4} + \frac{h^2}{12} \end{aligned}\right\} \quad \ldots 10\text{a})$$

Für $r_1 = 0$ ergeben sich daraus die Formeln für den Vollzylinder mit dem Halbmesser r_0 und der Höhe h.

4. Beispiel. Für einen Ring, dessen Querschnitt selbst wieder durch einen Kreisring mit dem Halbmesser $a_2 > a_1$ gebildet wird, Abb. 69, ist zunächst

$$f' = \pi\,(a_2^2 - a_1^2), \quad V = 2\pi r_0 f', \quad k^2 = k_2^2 = \tfrac{1}{4}(a_2^2 + a_1^2) \quad \ldots 11)$$

Dabei ergeben sich die Schwungarme k_0 und k_1 um die Umdrehungsachse OZ und die dazu senkrechte Achse OR nach 4a) und 5a)

$$\left.\begin{aligned} k_0^2 &= r_0^2 + \tfrac{3}{4}(a_1^2 + a_2^2) \\ k_1^2 &= \tfrac{1}{2}(r_0^2 + 5\,k_2) = \tfrac{1}{2}(r_0^2 + \tfrac{5}{4}(a_1^2 + a_2^2)) \end{aligned}\right\} \quad 11\text{a})$$

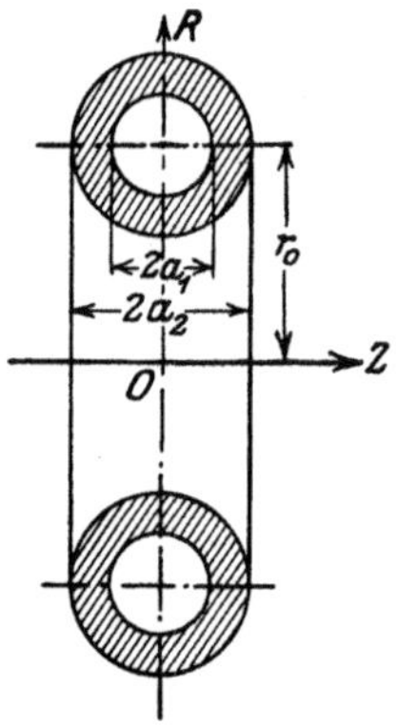

Abb. 69.

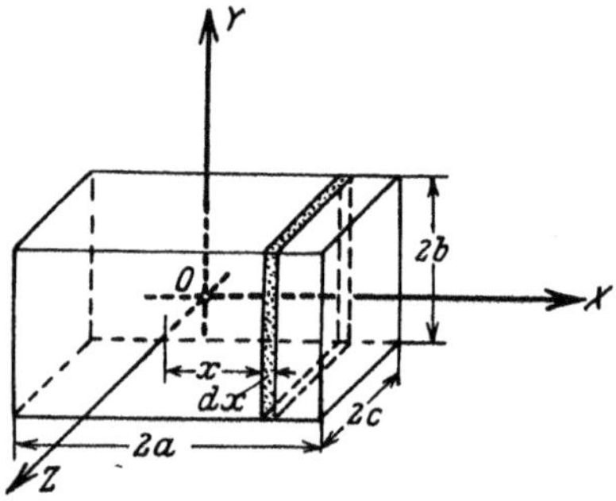

Abb. 70.

5. Beispiel. Für ein Rechtflach, Abb. 70, mit den Seitenlängen $2a, 2b, 2c$ parallel den Achsenrichtungen x, y, z haben wir mit dem Raumelement $dV = 4\,b\,c\,dx$

$$\int x^2\,dV = 4\,b\,c\int_{-a}^{+a} x^2\,dx = \frac{8}{3}a^3\,b\,c = \frac{a^2 V}{3},$$

und ebenso

$$\int y^2\,dV = \frac{b^2 V}{3}, \qquad \int z^2\,dV = \frac{c^2 V}{3},$$

also ist das eine Hauptschwungmoment

$$k_a^2 V = \Theta_a = \frac{b^2 + c^2}{3} V,$$

$$k_a^2 = \tfrac{1}{3}(b^2 + c^2), \qquad k_b^2 = \tfrac{1}{3}(c^2 + a^2), \qquad k_c^2 = \tfrac{1}{3}(a^2 + b^2) \quad . \; . \; . \quad 12)$$

6. Beispiel. Aus dem Ellipsoid, Abb. 71, mit den Halbachsen a, b, c schneiden wir im Achsenabstand x eine Scheibe von der Dicke dx parallel zur yz-Ebene heraus. Sind yz die beiden Achsen dieser Scheibe, so ist ihr Volumen $dV = \pi y z\, dx$, außerdem aber

$$\frac{y^2}{b^2} = 1 - \frac{x^2}{a^2} = \frac{z^2}{c^2} \quad . \; . \; . \; . \; . \; . \; . \; . \; . \; . \; . \; . \quad 13)$$

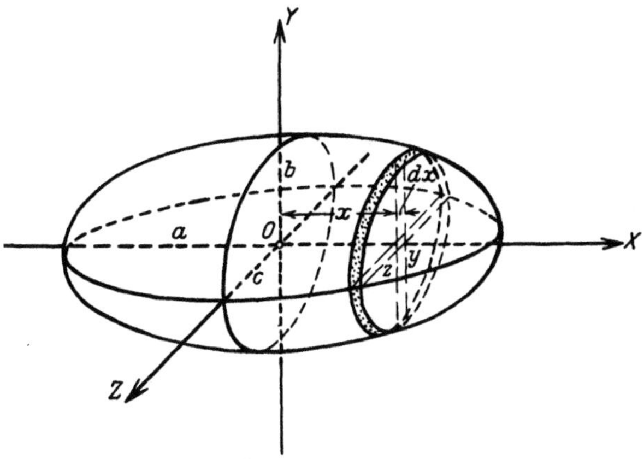

Abb. 71.

Daraus folgt der Rauminhalt des Ellipsoides zu

$$V = \pi \int_{-a}^{+a} y z\, dx = \pi b c \int_{-a}^{+a} \left(1 - \frac{x^2}{a^2}\right) dx = \frac{4}{3} \pi a b c \quad . \; . \; . \; . \; . \quad 13\text{a})$$

und

$$\int x^2\, dV = \pi \int_{-a}^{+a} y z x^2\, dx = \pi b c \int_{-a}^{+a} \left(x^2 - \frac{x^4}{a^2}\right) dx = \frac{4\pi}{15} a^3 b c = \frac{a^2 V}{5},$$

$$\int y^2\, dV = \frac{b^2 V}{5}, \qquad \int z^2\, dV = \frac{c^2 V}{5},$$

also für ein Hauptschwungmoment

$$k_a^2 V = \Theta_a = \frac{b^2 + c^2}{5} V,$$

$$k_a^2 = \tfrac{1}{5}(b^2 + c^2), \qquad k_b^2 = \tfrac{1}{5}(c^2 + a^2), \qquad k_c^2 = \tfrac{1}{5}(a^2 + b^2) \quad . \; . \; . \quad 12\text{b})$$

Für das Umdrehungsellipsoid mit $a = b$ wird

$$k_a^2 = k_b^2 = \tfrac{1}{5}(c^2 + a^2), \qquad k_c^2 = \tfrac{2}{5} a^2 \quad . \; . \; . \; . \; . \; . \; . \; . \quad 12\text{c})$$

und für die Kugel mit $a = b = c$ um einen beliebigen Durchmesser

$$k^2 = \frac{2}{5} a^2 \quad . \; . \; . \; . \; . \; . \; . \; . \; . \; . \; . \; . \; . \; . \quad 12\text{d})$$

§ 27. **Die Erdgestalt und der Erdanlauf.** Mit Hilfe der in den letzten Abschnitten entwickelten Eigenschaften des Schwungmomentes des starren Körpers sind wir nun in der Lage, den Zusammenhang zwischen der Gestalt des Erdkörpers und dem Anlauf der Schwere an einem Punkte ihrer Oberfläche zu ermitteln. Wir erinnern uns hierzu des Ausdruckes für die Anziehung eines Massenelementes dm auf die Masseneinheit im Abstande r

$$dq = + k \frac{dm}{r^2}$$

mit dem Potential

$$dU = -k\, dm \int \frac{dr}{r^2} = k \frac{dm}{r}.$$

Daraus folgt dann für die Anziehung einer beliebig verteilten Gesamtmasse das endliche Potential

$$U = k \int \frac{dm}{r}, \quad \ldots \ldots \ldots \quad 1)$$

welches offenbar mit der Arbeit übereinstimmt, die zur Entfernung der Masseneinheit ins Unendliche ($r = \infty$) gegen die Anziehung aufzuwenden wäre.

Dreht sich die Gesamtmasse, in unserem Falle der Erdball, um eine Achse mit dem Drehwert ω, so wirkt auf jedes ihrer Teile im Achsenabstand r' ein Fliehanlauf

$$q' = -r' \omega^2$$

mit dem Potential:

$$U' = \int r' \omega^2 dr' = \frac{r'^2 \omega^2}{2}. \quad \ldots \quad 2)$$

Wir erhalten somit für jeden Körperpunkt ein Gesamtpotential

$$W = k \int \frac{dm}{r} + \frac{r'^2 \omega^2}{2}, \quad \ldots \quad 3)$$

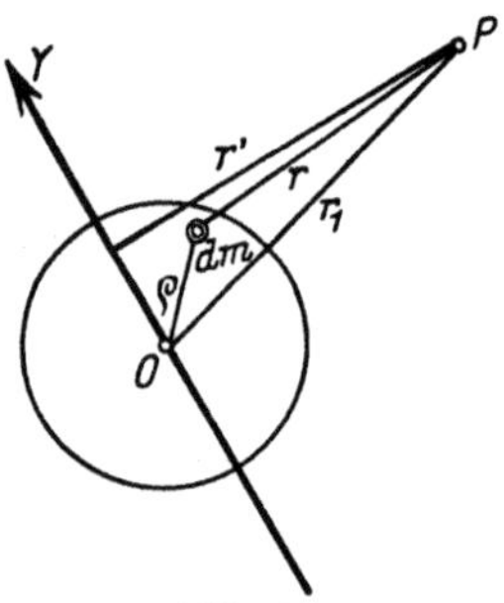

Abb. 72.

das zugleich die durch den Punkt hindurchgehende Schichtfläche angibt, auf welcher nach § 16 der aus der Schwere und Fliehkraft hervorgehende Gesamtanlauf senkrecht steht. Handelt es sich insbesondere um einen Oberflächenpunkt, so stellt 3) die Gleichung der Oberfläche selbst dar, aus der sich durch partielle Ableitung nach irgendeiner Richtung der zugehörige Anlaufteil ergibt.

Wir berechnen nun zunächst das Potential 1) der Schwere und bezeichnen zu diesem Zweck, Abb. 72, mit ϱ den Abstand des Massenelementes dm und mit r_1 den eines Außenpunktes P vom Körperschwerpunkte O, durch den die Drehachse YO gehen möge.

Dann ist
$$\left.\begin{aligned} r^2 &= r_1^{\,2} + \varrho^2 - 2\, r_1\, \varrho \cos(r_1, \varrho) \\ \frac{1}{r} &= \frac{1}{r_1}\left(1 - 2\,\frac{\varrho}{r_1}\cos(r_1, \varrho) + \frac{\varrho^2}{r_1^{\,2}}\right)^{-\frac{1}{2}} \end{aligned}\right\} \quad \ldots\ldots \quad 4)$$

Entwickeln wir diesen Ausdruck in eine Potenzreihe und behalten für $\varrho < r_1$ nur die zweiten Potenzen des echten Bruches $\varrho : r_1$ bei, so folgt
$$\frac{1}{r} = \frac{1}{r_1}\left[1 + \frac{\varrho}{r_1}\cos(r_1, \varrho) - \frac{1}{2}\frac{\varrho^2}{r_1^{\,2}}(1 - 3\cos^2(r_1, \varrho))\right] \quad . \; . \quad 4\,\mathrm{a})$$

Hierin ist aber mit den Abständen x_1, y_1, z_1 von P und x, y, z von dm in einem rechtwinkligen Kreuz durch O
$$\left.\begin{aligned} r_1^{\,2} = x_1^{\,2} + y_1^{\,2} + z_1^{\,2}, \qquad \varrho^2 = x^2 + y^2 + z^2 \\ r_1\, \varrho \cos(r_1, \varrho) = x\, x_1 + y\, y_1 + z\, z_1 \end{aligned}\right\}, \quad . \; . \; . \quad 5)$$

also
$$\frac{\varrho}{r_1}\cos(r_1, \varrho) = \frac{x\, x_1 + y\, y_1 + z\, z_1}{r_1^{\,2}}, \qquad \frac{\varrho^2}{r_1^{\,2}} = \frac{(x^2 + y^2 + z^2)(x_1^{\,2} + y_1^{\,2} + z_1^{\,2})}{r_1^{\,4}},$$
$$\frac{\varrho^2}{r_1^{\,2}}(3\cos^2(r_1, \varrho) - 1) =$$
$$= \frac{1}{r_1^{\,4}}[3\,(x\, x_1 + y\, y_1 + z\, z_1)^2 - (x^2 + y^2 + z^2)(x_1^{\,2} + y_1^{\,2} + z_1^{\,2})]$$

und nach Einsetzen in 4 a)
$$\frac{1}{r} = \frac{1}{r_1} + \frac{x\, x_1 + y\, y_1 + z\, z_1}{r_1^{\,3}} + \frac{3\, x_1\, y_1}{r_1^{\,5}}\, x\, y + \frac{3\, y_1\, z_1}{r_1^{\,5}}\, y\, z + \frac{3\, z_1\, x_1}{r_1^{\,5}}\, z\, x$$
$$+ \frac{x_1^{\,2}}{2\, r_1^{\,5}}(2\, x^2 - y^2 - z^2) + \frac{y_1^{\,2}}{2\, r_1^{\,5}}(2\, y^2 - z^2 - x^2) + \frac{z_1^{\,2}}{2\, r_1^{\,5}}(2\, z^2 - x^2 - y^2).$$

Erweitern wir diesen Ausdruck mit dm und integrieren über die Gesamtmasse, so verschwinden zunächst, da O mit dem Schwerpunkt zusammenfällt, alle statischen Momente $\int x\, dm$ usw., sowie unter Benutzung des Hauptachsenkreuzes die Schleudermomente $\int x\, y\, dm$ usw. Es bleibt daher nur mit den früheren Bezeichnungen für die Hauptschwungmomente
$$U = \frac{k\, m}{r_1} - \frac{k\, x_1^{\,2}}{2\, r_1^{\,5}}(2\,\Theta_a - \Theta_b - \Theta_c) - \frac{k\, y_1^{\,2}}{2\, r_1^{\,5}}(2\,\Theta_b - \Theta_c - \Theta_a)$$
$$- \frac{k\, z_1^{\,2}}{2\, r_1^{\,5}}(2\,\Theta_c - \Theta_a - \Theta_b) \quad \ldots\ldots\ldots \quad 1\,\mathrm{a})$$

Nun ist zweifellos die Erde mit großer Annäherung ein Umdrehungskörper um die Achse YOY, so zwar, daß $\Theta_a = \Theta_c = \Theta$ Schwungmomente um beliebige Äquatorachsen und $\Theta_b = \Theta_0$ das Schwungmoment um die Drehachse bedeutet. Liegt ferner der Punkt P selbst an der Erdoberfläche, so ist hierfür unter Einführung der geographischen Breite φ

$$y_1^2 = r_1^2 \sin^2\varphi, \qquad x_1^2 + z_1^2 = r_1^2 \cos^2\varphi, \quad . \quad . \quad . \quad 5\text{a})$$

womit sich 1a) vereinfacht in

$$U = \frac{k\,m}{r_1} + \frac{k(\Theta_0 - \Theta)}{2\,r_1^3}(1 - 3\sin^2\varphi). \quad . \quad . \quad . \quad . \quad 1\text{b})$$

Da für den Oberflächenpunkt weiterhin auch

$$r' = r_1 \cos\varphi \quad . \quad . \quad . \quad . \quad . \quad . \quad . \quad . \quad . \quad . \quad . \quad 5\text{b})$$

ist, so erhalten wir schließlich für das Gesamtpotential der Oberfläche unter gleichzeitiger Weglassung des Zeigers am Fahrstrahl r_1

$$W = \frac{k\,m}{r} + \frac{k(\Theta_0 - \Theta)}{2\,r^3}(1 - 3\sin^2\varphi) + \frac{r^2\,\omega^2}{2}\cos^2\varphi \quad . \quad . \quad . \quad 3\text{a})$$

Umgekehrt folgt daraus wegen der Beständigkeit von W längs der Oberfläche

$$r = \frac{k\,m}{W}\left[1 + \frac{\Theta_0 - \Theta}{2\,m\,r^2}(1 - 3\sin^2\varphi) + \frac{r^3\,\omega^2}{2\,k\,m}\cos^2\varphi\right], \quad . \quad 6)$$

oder nach Ersatz von r durch den Äquatorarm a in den kleinen Gliedern der Klammer

$$r = \frac{k\,m}{W}\left[1 + \frac{\Theta_0 - \Theta}{2\,m\,a^2}(1 - 3\sin^2\varphi) + \frac{a^3\,\omega^2}{2\,k\,m}\cos^2\varphi\right], \quad . \quad . \quad 6\text{a})$$

oder nach Herausnahme der beständigen Glieder hinreichend genau:

$$r = \frac{k\,m}{W}\left(1 + \frac{\Theta_0 - \Theta}{2\,m\,a^2} + \frac{a^3\,\omega^2}{2\,k\,m}\right)\left(1 - \left(\frac{3(\Theta_0 - \Theta)}{2\,m\,a^2} + \frac{a^3\,\omega^2}{2\,k\,m}\right)\sin^2\varphi\right). \quad 6\text{b})$$

Hierin ist der Äquatorarm a und der Polararm b entsprechend den Breiten $\varphi = 0$ und $\varphi = 90^0$ gegeben durch

$$a = \frac{k\,m}{W}\left(1 + \frac{\Theta_0 - \Theta}{2\,m\,a^2} + \frac{a^3\,\omega^2}{2\,k\,m}\right), \qquad b = \frac{k\,m}{W}\left(1 - \frac{\Theta_0 - \Theta}{m\,a^2}\right), \quad 7)$$

so daß wir an Stelle von 6a) bzw. 6b) für die Gleichung des Meridianschnittes auch kürzer schreiben dürfen

$$r = a\left(1 - \frac{a - b}{a}\sin^2\varphi\right). \quad . \quad . \quad . \quad . \quad . \quad . \quad . \quad 6\text{c})$$

Aus Gl. 3a) erhalten wir nun für den Erdanlauf in der Strahlrichtung und senkrecht dazu:

$$\left.\begin{aligned} g_r &= -\frac{\partial W}{\partial r} = \frac{k\,m}{r^2} + \frac{3\,k(\Theta_0 - \Theta)}{2\,r^4}(1 - 3\sin^2\varphi) - r\,\omega^2\cos^2\varphi \\ g_\varphi &= -\frac{\partial W}{r\,\partial\varphi} = \left(\frac{3\,k(\Theta_0 - \Theta)}{r^4} + r\,\omega^2\right)\sin\varphi\cos\varphi \end{aligned}\right\}. \quad 8)$$

Dafür dürfen wir auch unter Ersatz von r durch a in den kleinen Zusatzgliedern der ersten Gl. 8), sowie in dem an sich kleinen Seitenanteil g_φ schreiben:

$$\left.\begin{aligned} g_r &= \frac{k\,m}{r^2}\left(1 + \frac{3\,(\Theta_0 - \Theta)}{2\,m\,a^2}(1 - 3\sin^2\varphi) - \frac{a^3\,\omega^2}{k\,m}\cos^2\varphi\right) \\ g_\varphi &= \left(\frac{3\,k\,(\Theta_0 - \Theta)}{a^4} + a\,\omega^2\right)\sin\varphi\cos\varphi \end{aligned}\right\}, \quad . \quad 8\text{a})$$

woraus zunächst erhellt, daß der an sich kleine **Seitenanteil** g_φ **am Pol und Äquator verschwindet** und für die Breite $\varphi = 45^0$ seinen Höchstwert annimmt. Führen wir weiter in die erste Gl. 8a) den Wert 6a) für r ein, so wird

$$g_r = \frac{W^2}{k\,m}\left(1 + \frac{3\,(\Theta_0 - \Theta)}{2\,m\,a^2}(1 - 3\sin^2\varphi) - \frac{a^3\,\omega^2}{k\,m}\cos^2\varphi\right)$$
$$\left(1 + \frac{\Theta_0 - \Theta}{2\,m\,a^2}(1 - 3\sin^2\varphi) + \frac{a^3\,\omega^2}{2\,k\,m}\cos^2\varphi\right)^{-2},$$

oder nach Reihenentwicklung der letzten Klammer und Vernachlässigung der Potenzen und Produkte der kleinen Glieder in den Klammern angenähert

$$g_r = \frac{W^2}{km}\left(1 + \frac{\Theta_0 - \Theta}{2\,m\,a^2}(1 - 3\sin^2\varphi) - \frac{2\,a^3\,\omega^2}{k\,m}\cos^2\varphi\right), \quad . \quad 8\text{b})$$

oder nach Herausnahme der beständigen Glieder wie in 6b)

$$g_r = \frac{W^2}{k\,m}\left(1 + \frac{\Theta_0 - \Theta}{2\,m\,a^2} - \frac{2\,a^3\,\omega^2}{k\,m}\right)$$
$$\left(1 - \left[\frac{3\,(\Theta_0 - \Theta)}{2\,m\,a^2} - \frac{2\,a^3\,\omega^2}{k\,m}\right]\sin^2\varphi\right) . \; . \; . \; . \; . \; . \quad 8\text{c})$$

Hiernach ist der **Erdanlauf am Äquator und Pol**

$$g_a = \frac{W^2}{k\,m}\left(1 + \frac{\Theta_0 - \Theta}{2\,m\,a^2} - \frac{2\,a^3\,\omega^2}{k\,m}\right), \qquad g_b = \frac{W^2}{k\,m}\left(1 - \frac{\Theta_0 - \Theta}{m\,a^2}\right), \quad 9)$$

womit 8b) übergeht in

$$g_r = g_a\left(1 - \frac{g_a - g_b}{g_a}\sin^2\varphi\right) . \; . \; . \; . \; . \; . \; . \quad 8\text{d})$$

Da nun auf Grund des Vergleiches von 6b) und 6c) sowie von 8c) und 8d)

$$\frac{a-b}{a} = \frac{3}{2}\,\frac{\Theta_0 - \Theta}{m\,a^2} + \frac{a^3\,\omega^2}{2\,k\,m}, \qquad \frac{g_a - g_b}{g_a} = \frac{3}{2}\,\frac{\Theta_0 - \Theta}{m\,a^2} - \frac{2\,a^3\,\omega^2}{k\,m}$$

ist, so folgt durch Abzug:

$$\frac{g_b}{g_a} - \frac{b}{a} = \frac{5}{2}\,\frac{a^3\,\omega^2}{k\,m}, \; . \; . \; . \; . \; . \; . \; . \; . \; . \quad 10)$$

oder mit der Annäherung $k m = a^2 g_a$ hinreichend genau die Formel von Clairaut (1749)

$$\frac{g_b}{g_a} - \frac{b}{a} = \frac{5}{2} \frac{a \omega^2}{g_a}, \quad \ldots \ldots \ldots \quad 10a)$$

auf deren rechter Seite nur das Verhältnis des Fliehanlaufs zum Schwereanlauf am Äquator steht.

Wesentlich ist dabei, daß in der Formel 10) nur Oberflächenwerte auftreten, während die Massenverteilung innerhalb des Erdkörpers, abgesehen von der Achsensymmetrie, hierauf ohne Einfluß bleibt. Indessen ergibt sich auf Grund von Schweremessungen an der Erdoberfläche aus Gl. 8d) zunächst der Erdanlauf g_b am Pole, und damit nach der Formel 10a) von Clairaut das Verhältnis $b:a$ bzw. die Abplattung $\frac{a-b}{a}$ des Erdballes selbst.

Beispiel. Nach Helmert ergeben die Schweremessungen angenähert

$$g = 9{,}78\,(1 + 0{,}0053 \sin^2 \varphi),$$

also $\quad g_a = 9{,}78 \text{ m sec}^{-2}, \qquad g_b = 1{,}0053 \cdot g_a = 9{,}83 \text{ m sec}^{-2}.$

Daraus folgt mit

$$a = 6{,}37 \cdot 10^6\, m, \qquad \omega = 7{,}3 \cdot 10^{-5} \sec^{-1},$$

$$\frac{a\omega^2}{g_a} = 34{,}7 \cdot 10^{-4}$$

aus der Clairautschen Formel 10a)

$$\frac{b}{a} = 0{,}997, \qquad \frac{a-b}{a} \sim \frac{3}{1000}.$$

VII. Die Drehung starrer Körper.

§ 28. Die Drehung eines starren Körpers um eine feste Achse. In der Natur und der Technik ist die Drehung fester Körper um eine ihrer Achsen eine häufige Erscheinung. Wir haben schon früher (§ 12) gesehen, daß diese Drehung unabhängig von der Fortbewegung des Körperschwerpunktes verläuft und außerdem stets in drei zueinander senkrechte Drehungen zerlegt, bzw. aus ihnen zusammengesetzt werden kann. Hier handelt es sich um die dynamische Wirkung der Drehung infolge des Fliehanlaufes der einzelnen Körperbestandteile auf die Achse selbst, die wir uns, wie es den technischen Anwendungen in Kreisel- und Schwungrädern entspricht, als im Raume festgehalten denken wollen.

Die feste Achse möge durch den Anfang O im rechtwinkligen Kreuz gehen und gegen diesen die Richtungskosinus α, β, γ haben. Ein beliebiger Massenpunkt m mit den Abständen x, y, z liege auf einer Ebene mit dem Lot l vom Anfang und am Ende des Dreharms r mit den Richtungskosinus $\varkappa, \lambda, \mu$, so zwar, daß

$$\left.\begin{array}{lll} \alpha x + \beta y + \gamma z = l, & \varkappa x + \lambda y + \mu z = r & \\ x = \alpha l + \varkappa r, & y = \beta l + \lambda r, & z = \gamma l + \mu r \end{array}\right\} \quad \ldots \quad 1)$$

ist. Durch Drehung mit dem Drehwert ω wird alsdann ein Fliehanlauf $r\omega^2$ mit der Fliehkraft $mr\omega^2$ geweckt, deren Achsenanteile

$$X = \omega^2 mr\varkappa, \qquad Y = \omega^2 mr\lambda, \qquad Z = \omega^2 mr\mu \quad . \quad . \quad . \quad 2)$$

sind, woraus durch Summierung über den ganzen Körper wegen 1)

$$\left.\begin{aligned} \sum X &= \omega^2 \sum mr\varkappa = \omega^2 \sum mx - \omega^2 \alpha \sum ml \\ \sum Y &= \omega^2 \sum mr\lambda = \omega^2 \sum my - \omega^2 \beta \sum ml \\ \sum Z &= \omega^2 \sum mr\mu = \omega^2 \sum mz - \omega^2 \gamma \sum ml \end{aligned}\right\} \quad . \quad . \quad . \quad 2a)$$

hervorgeht. Bezeichnen wir nun die Schwerpunktsabstände des Körpers mit l_0, r_0 bzw. x_0, y_0, z_0 mit den Richtungskosinus $\varkappa_0, \lambda_0, \mu_0$, die ihrerseits den Gl. 1) genügen, so haben wir auch

$$\left.\begin{aligned} \sum ml &= \alpha \sum mx + \beta \sum my + \gamma \sum mz \\ ml_0 &= m(\alpha x_0 + \beta y_0 + \gamma z_0) \end{aligned}\right\} \quad . \quad . \quad . \quad . \quad . \quad 3)$$

und daher an Stelle von 2a) mit $\sum m = m$

$$\left.\begin{aligned} \sum X &= \omega^2 m(x_0 - \alpha l_0) = \omega^2 mr_0\varkappa_0 \\ \sum Y &= \omega^2 m(y_0 - \beta l_0) = \omega^2 mr_0\lambda_0 \\ \sum Z &= \omega^2 m(z_0 - \gamma l_0) = \omega^2 mr_0\mu_0 \end{aligned}\right\} \quad . \quad . \quad . \quad . \quad . \quad 2b)$$

Durch die Drehung des starren Körpers wird also eine Gesamtfliehkraft geweckt, die mit derjenigen der im Schwerpunkt vereinigten Gesamtmasse übereinstimmt. Die Fliehkraft verschwindet mit dem Schwerpunktsabstand r_0 von der Drehachse, d. h. wenn der Körperschwerpunkt auf der Drehachse selbst liegt.

Die Gleichung der augenblicklichen Richtungslinie der Fliehkraft ergibt sich aus der zweiten Zeile 1) durch Ausschalten von r zu

$$\frac{x - \alpha l_0}{\varkappa_0} = \frac{y - \beta l_0}{\lambda_0} = \frac{z - \gamma l_0}{\mu_0}, \quad . \quad . \quad . \quad . \quad . \quad . \quad 1a)$$

woraus hervorgeht, daß sie im allgemeinen nicht durch den Anfang des Achsenkreuzes hindurchgeht. Daraus folgt weiterhin, daß die Fliehkraft ein Moment

$$M_0 = \omega^2 mr_0 l_0 \quad . \quad . \quad . \quad . \quad . \quad . \quad . \quad . \quad . \quad . \quad 4)$$

um eine zu l_0 und r_0 senkrechte Achse durch den Anfang O besitzt mit den Richtungskosinus $\varphi_0, \psi_0, \chi_0$, so zwar, daß mit

$$\varphi = \beta\mu - \lambda\gamma, \qquad \psi = \gamma\varkappa - \mu\alpha, \qquad \chi = \alpha\lambda - \varkappa\beta \quad . \quad . \quad 1b)$$

die Achsenanteile von 4) sich zu

$$M_{0x} = \omega^2 mr_0 l_0 \varphi_0, \qquad M_{0y} = \omega^2 mr_0 l_0 \psi_0, \quad M_{0z} = \omega^2 mr_0 l_0 \chi_0 \quad . \quad 4a)$$

ergeben.

Andererseits übt jedes Massenteilchen m des Körpers bei der Drehung ein entsprechendes Moment derart aus, daß daraus ein Gesamtmoment M mit den Achsenanteilen

$$\left.\begin{aligned} M_x &= \sum(Zy - Yz) = \omega^2 \sum m r l(\beta\mu - \lambda\gamma) = \omega^2 \sum m r l \varphi \\ M_y &= \sum(Xz - Zx) = \omega^2 \sum m r l(\gamma\varkappa - \mu\alpha) = \omega^2 \sum m r l \psi \\ M_z &= \sum(Yx - Xy) = \omega^2 \sum m r l(\alpha\lambda - \varkappa\beta) = \omega^2 \sum m r l \chi \end{aligned}\right\}, \qquad 5)$$

woraus die Bedingung

$$\alpha M_x + \beta M_y + \gamma M_z = 0 \quad \ldots\ldots\ldots \quad 5a)$$

der Normalstellung zur Drehachse folgt.

Die unter dem Summenzeichen rechts der Formel 5) auftretenden Produkte $rl\varphi$ usw. haben wir aber schon in § 25 in Gl. 4a) durch die Winkelgrößen α, β, γ und die Punktabstänke x, y, z ausgedrückt und in 4b) ebenda die Summen selbst gebildet, die somit auch für unseren Fall sogleich gelten. Wir erhalten daher an Stelle von 5) allgemein mit den Schwungmomenten Θ_x, Θ_y, Θ_z des Körpers um die Achsen und den entsprechenden Schleudermomenten Ψ_x, Ψ_y, Ψ_z

$$\left.\begin{aligned} M_x &= \omega^2 [(\Theta_y - \Theta_z)\beta\gamma + \Psi_x(\beta^2 - \gamma^2) + \Psi_y\beta\alpha - \Psi_z\gamma\alpha] \\ M_y &= \omega^2 [(\Theta_z - \Theta_x)\gamma\alpha + \Psi_y(\gamma^2 - \alpha^2) + \Psi_z\gamma\beta - \Psi_x\alpha\beta] \\ M_z &= \omega^2 [(\Theta_x - \Theta_y)\alpha\beta + \Psi_z(\alpha^2 - \beta^2) + \Psi_x\alpha\gamma - \Psi_y\beta\gamma] \end{aligned}\right\}, \qquad 5b)$$

worin wir auch durch Zerlegung des Drehwertes in seine Achsenanteile

$$\alpha\omega = \omega_x, \qquad \beta\omega = \omega_y, \qquad \gamma\omega = \omega_z \quad \ldots\ldots \quad 6)$$

die Winkelgrößen α, β, γ ausschalten können.

Da die Lage des Achsenkreuzes willkürlich ist, so können wir dasselbe auch mit den Hauptachsen des Körpers zusammen fallen lassen. Alsdann verschwinden die Schleudermomente, während an Stelle der Θ_x, Θ_y, Θ_z die Hauptschwungmomente mit den zugehörigen Schwungarmen

$$\Theta_a = m k_a^2, \qquad \Theta_b = m k_b^2, \qquad \Theta_c = m k_c^2 \quad \ldots\ldots \quad 7)$$

treten. Damit wird aus 5b)

$$\left.\begin{aligned} M_x &= \omega^2 m (k_b^2 - k_c^2)\beta\gamma = m(k_b^2 - k_c^2)\omega_y\omega_z \\ M_y &= \omega^2 m (k_c^2 - k_a^2)\gamma\alpha = m(k_c^2 - k_a^2)\omega_z\omega_x \\ M_z &= \omega^2 m (k_a^2 - k_b^2)\alpha\beta = m(k_a^2 - k_b^2)\omega_x\omega_y \end{aligned}\right\}, \quad \ldots \quad 5c)$$

woraus wir erkennen, daß das Moment der Fliehkräfte des ganzen Körpers dann verschwindet, wenn die Drehachse mit einer der drei Hauptachsen zusammenfällt oder wenn alle drei Schwungarme übereinstimmen, das Schwungellipsoid also in eine Kugel ausartet.

Wir können aber auch das Moment der Fliehkräfte auf ein Schwerpunktskreuz dadurch beziehen, daß wir an Stelle von 5) setzen

$$M_x' = \sum[Z(y - y_0) - Y(z - z_0)] = \sum(Zy - Yz) - \sum(Zy_0 - Yz_0)$$

usw., worin das letzte Glied offenbar mit dem Achsenanteil M_{0x} des Momentes der Fliehkraft der im Schwerpunkt vereinigten Gesamtmasse in Gl. 4a) übereinstimmt. Damit erhalten wir die Zerlegung

$$M_x = M_x' + M_{0x}, \qquad M_y = M_y' + M_{0y}, \qquad M_z = M_z' + M_{0z}, \qquad 8)$$

oder

$$\left.\begin{aligned} M_x' &= \omega^2 m\,[(k_b^2 - k_c^2)\beta\gamma - r_0 l_0 \varphi_0] \\ M_y' &= \omega^2 m\,[(k_c^2 - k_a^2)\gamma\alpha - r_0 l_0 \psi_0] \\ M_z' &= \omega^2 m\,[(k_a^2 - k_b^2)\alpha\beta - r_0 l_0 \chi_0] \end{aligned}\right\} \quad \ldots\ldots 8a)$$

Verschwinden mit $r_0 = 0$, d. h. der Schwerpunktslage auf der Achse, also mit der statischen Auswuchtung, die zweiten Glieder dieses Ausdruckes, so wird $M' = M$ und das Schwungellipsoid zum Zentralellipsoid.

Dreht sich alsdann der Körper um eine seiner Hauptachsen, so üben die Fliehkräfte weder eine Gesamtkraft auf den Schwerpunkt noch auch ein Drehmoment auf den Körper aus, so daß die Drehachse keiner äußeren Stützung bedarf. Daher bezeichnet man allgemein die durch den Schwerpunkt gehenden Hauptachsen als die freien Achsen des Körpers.

Geht die Drehachse des Körpers dagegen nicht durch den Schwerpunkt und fällt auch nicht mit einer Hauptachse zusammen, so wird man zunächst eine Ausgleichsmasse m_0 in der zur Drehachse senkrechten Schwerpunktsebene im Abstande r_0' von dieser derart anbringen, daß

$$M_0 + \omega^2 m_0 r_0' l_0 = \omega^2 l_0 (m r_0 + m_0 r_0') = 0 \quad \ldots\ldots 9)$$

wird. Diese Ausgleichsmasse erscheint dann natürlich als neuer Körperbestandteil in den Formeln 5) bzw. 5c) und hebt wegen 9) in den Gleichungen 8a) die Glieder $r_0 l_0 \varphi_0$ usw. auf, so daß nurmehr die Momentenanteile 5c) auszuwuchten sind. Dies kann nur durch ein Kräftepaar geschehen, welches durch die Fliehkräfte zweier in zwei verschiedenen Normalebenen entgegengesetzt angebrachten Massen m_1 hervorgerufen wird. Nennen wir l_1 den Abstand dieser Ebenen, r_1 den Achsenabstand der beiden Massen m_1 in denselben und $\varphi_1, \psi_1, \chi_1$ die Richtungskosinus der Achsenebene $l_1 r_1$, Abb. 73, so ist die Auswuchtung vollständig, wenn

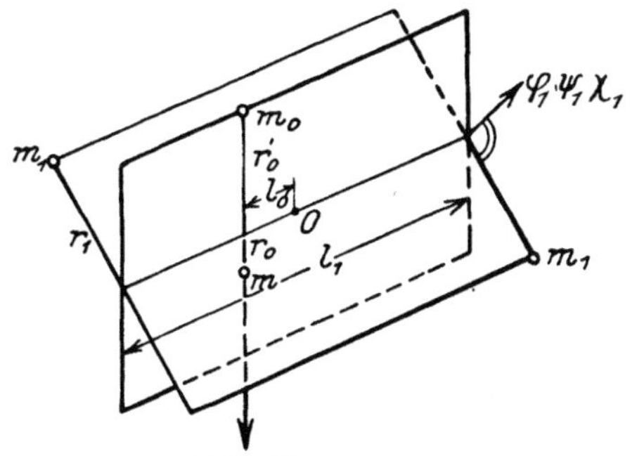

Abb. 73.

$$M_x + \omega^2 m_1 l_1 r_1 \varphi_1 = \omega^2 [m(k_b^2 - k_c^2)\beta\gamma + m_1 l_1 r_1 \varphi_1] = 0$$

usw. ist. Wir erhalten so zur Bestimmung des Schleudermomentes

$m_1 l_1 r_1$ und der drei Winkelgrößen $\varphi_1, \psi_1, \chi_1$ die Gleichungen

$$\left.\begin{aligned} m(k_b^2 - k_c^2)\beta\gamma &= -m_1 l_1 r_1 \varphi_1 \\ m(k_c^2 - k_a^2)\gamma\alpha &= -m_1 l_1 r_1 \psi_1 \\ m(k_a^2 - k_b^2)\alpha\beta &= -m_1 l_1 r_1 \chi_1 \end{aligned}\right\}, \quad \ldots \ldots \quad 9\mathrm{a})$$

wozu noch die Bedingung $\varphi_1^2 + \psi_1^2 + \chi_1^2 = 1$ tritt. In den Ergebnissen stecken alsdann die Hauptschwungmomente bzw. deren Schwungarme k mit ihren Neigungswinkeln α, β, γ gegen die Drehachse, die indessen sämtlich bei einem vorgelegten Körper auch dann nicht als bekannt vorausgesetzt dürfen können, wenn er äußerlich als Umdrehungskörper um die Drehachse hergestellt ist. Denn auch die genaueste Dreharbeit verbürgt schon wegen der niemals vorhandenen Gleichartigkeit des Baustoffes an allen Körperstellen nicht die Lage des Schwerpunktes auf der Drehachse und deren Parallelität mit einer Hauptachse des Körpers, so daß im allgemeinen stets eine unausgeglichene Fliehkraft $m r_0 \omega^2$ und ein Kräftepaar $m_1 l_1 r_1$ von unbekannter Größe und Lage im Raum übrig bleiben.

Die praktische Auswuchtung eines vorgelegten Drehkörpers, eines sog. Läufers, setzt demnach die versuchsmäßige Bestimmung der Lage der Einzelkraft bzw. des Körperschwerpunktes und der Ebene des Kräftepaares voraus. Dies ist für den Körperschwerpunkt möglich durch sog. Schwerpunktswagen[1]), auf denen das statische Moment des Körpers in bezug auf eine Normalebene zu seiner Drehachse nach dem Schwerpunktssatze und weiterhin die Lage der Achsenebene des Schwerpunktes durch langsames Drehen des auf Schneiden parallel zur Drehachse pendelnden Körpers ermittelt wird. Die so festgelegte zur Drehachse senkrechte Schwerlinie schneidet die Körperoberfläche in einem Punkt, an dem die Einzelkraft vermittels eines Gegengewichtes durch Probieren leicht ausgeglichen werden kann. Dieses Verfahren bezeichnet man, da es ohne Zuhilfenahme der Körperdrehung und damit der Fliehkraft nur auf der Übergewichtswirkung beruht, als die statische Auswuchtung.

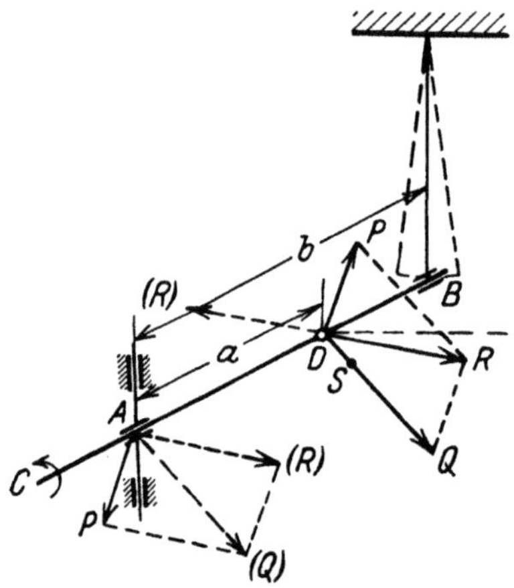

Abb. 74.

Das durch die Schräglage der Hauptachsen des Körpers zur Umdrehungsachse bedingte Kräftepaar wird dagegen erst durch die Umdrehung selbst geweckt und kann daher niemals auf statischem Wege ermittelt und ausgewuchtet werden. Hierzu verfährt man nach dem Vorschlage von Lawaczek[2]) folgendermaßen: Der auszuwuchtende Läufer wird in zwei Lagern A und B wagerecht gestützt, von denen das erstere um einen lotrechten Zapfen drehbar ist, während B an einer Blattfeder derart aufgehängt ist, daß es gegen die Federspannung wagerechte Schwingungen ausführen kann, Abb. 74. Durch

[1]) Hort, H.: Auswuchtfragen. Maschinenbau (Gestaltung) 1923, S. 271.

[2]) Lawaczek: Das Auswuchten schnell umlaufender Massen. Z. f. d. ges. Turbinenwesen 1911; vgl. auch Heymann: Schwingungsvorgänge beim Auswuchten schnell umlaufender Massen nach dem System Lawaczek. Dissertation Darmstadt 1916.

die in C vermittels einer biegsamen Welle eingeleitete Drehung des Körpers entsteht in demselben die Einzelkraft $Q = m r_0 \omega^2$ im Punkte D der Drehachse und das Kräftepaar $\pm P$ mit dem Moment $m_1 r_1 l_1 \omega^2 = Pa$, welches wir uns auch an den Enden A und D der Strecke $AD = a$ wirksam denken können. Dabei wird die eine Kraft P vom Lager A aufgenommen, während die andere sich in D mit der Einzelkraft Q zu einer Gesamtkraft R vereinigt, die mit einer Neigung ωt gegen die wagerechte Ebene in derselben eine Teilkraft $X = R \cos \omega t$ besitzt. Diese Teilkraft ruft nun Drehschwingungen des Körpers in der wagerechten Ebene um A hervor gegen die Federkraft $\alpha^2 x$, wenn x den Ausschlag des Lagers B bedeutet. Bezeichnen wir das Schwungmoment des Läufers um die lotrechte Achse mit Θ, den Drehwinkel mit φ, so ist wegen $b\varphi = x$ unter Einführung einer Dämpfung

$$\Theta(\ddot{\varphi} + 2\varepsilon\dot{\varphi}) + \alpha^2 b \varphi = 0.$$

Die Ausschläge selbst verlaufen ohne Dämpfung in gleicher Phase mit dem Antrieb X, wonach die größten Auslenkungen φ sogleich die Richtung von R und damit die Lage der Achsenebene durch R festlegen. Ist die Dämpfung merklich, so geht man mit der Drehzahl am besten bis zum Gleichklang mit der Eigenschwingung des Körpers an der Feder bei B, wobei der Phasenunterschied des Ausschlages gegen den Antrieb 90^0 beträgt (vgl. I, § 37). Zur Festlegung der gesuchten Richtung von R bedient man sich einer Aufzeichnung auf der freien Stirnseite der Welle durch eine Schreibvorrichtung. Läßt man die Welle erst in einem und dann im anderen Sinn umlaufen, so ergibt das ein Schaubild mit einer Symmetrieachse in der Richtung von R.

Nunmehr wird durch zwei in der Achsenebene von R angebrachte Massen m_2 das Kräftepaar $Ra = m_2 r_2 l_2 \omega^2$ ausgewuchtet, wodurch im Lager A eine neue Kraft entsteht, die in der Abbildung gestrichelt angedeutet ist und sich mit der dort noch vorhandenen Kraft P zu der Einzelkraft Q vereinigt. Diese Einzelkraft kommt erst zur Wirkung, wenn das Drehlager A etwa nach C verlegt wird, und hat dann wieder Schwingungen der oben geschilderten Art zur Folge, die durch eine neue Ermittlung der Achsenebene von Q und durch Anbringen eines Gegengewichtes bei A zu beseitigen sind. Durch Q und R ist schließlich auch die Ebene des Kräftepaares $\pm P$ bestimmt. Damit ist die Auswuchtung vollendet, und zwar einschließlich der Einzelkraft auf dynamischem Wege, der zweifellos auch für diese wegen ihrer Steigerung mit der Umlaufszahl viel wirksamer und genauer ist als das statische Verfahren.

§ 29. Der Drallvektor des starren Körpers. In § 21 Gl. 3a) haben wir für die Momententeile eines räumlichen Gebildes die Ausdrücke

$$M_x = \frac{d}{dt}\Sigma m(\dot{z}y - \dot{y}z), \qquad M_y = \frac{d}{dt}\Sigma m(\dot{x}z - \dot{z}x),$$
$$M_z = \frac{d}{dt}\Sigma m(\dot{y}x - \dot{x}y) \quad . \; . \; . \; . \; . \; . \; . \; . \quad 1)$$

abgeleitet und die darin auftretenden Summen als die Achsenanteile des **Drallvektors** $\mathfrak{D}$ mit dem Betrage D bezeichnet. Nennen wir dieselben D_x, D_y, D_z, so wird aus 1)

$$M_x = \dot{D}_x, \quad M_y = \dot{D}_y, \quad M_z = \dot{D}_z \quad . \; . \; . \; . \; . \; . \quad 1a)$$

Beschränken wir uns auf die Drehung eines starren Körpers, sehen also von dessen Fortbewegung zunächst einmal ab, so dürfen wir den Anfang des Achsenkreuzes in den Körperschwerpunkt verlegen und mit den Drehteilen $\omega_x, \omega_y, \omega_z$ um die Achse für die Laufteile an Stelle der Gl. 1) kürzer schreiben

$$\dot{x} = \omega_y z - \omega_z y, \quad \dot{y} = \omega_z x - \omega_x z, \quad \dot{z} = \omega_x y - \omega_y x. \quad . \quad 2)$$

Damit erhalten wir z. B. für den Drallanteil

$$D_x = \sum m(\dot{z}y - \dot{y}z) = \omega_x \sum m(y^2 + z^2) - \omega_y \sum mxy - \omega_z \sum mxz,$$

oder nach Einführung der Schwung- und Schleudermomente (§ 25) und Hinzufügung der anderen beiden Anteile

$$\left.\begin{aligned} D_x &= \omega_x \Theta_x - \omega_y \Psi_z - \omega_z \Psi_y \\ D_y &= \omega_y \Theta_y - \omega_z \Psi_x - \omega_x \Psi_z \\ D_z &= \omega_z \Theta_z - \omega_x \Psi_y - \omega_y \Psi_x \end{aligned}\right\}, \quad \ldots \ldots \quad 3)$$

oder unter Einführung der Richtungsgrößen α, β, γ der Drehachse durch

$$\omega_x = \alpha\omega, \qquad \omega_y = \beta\omega, \qquad \omega_z = \gamma\omega \quad \ldots \ldots \quad 2a)$$

auch

$$\left.\begin{aligned} D_x &= \omega(\alpha\Theta_x - \beta\Psi_z - \gamma\Psi_y) \\ D_y &= \omega(\beta\Theta_y - \gamma\Psi_x - \alpha\Psi_z) \\ D_z &= \omega(\gamma\Theta_z - \alpha\Psi_y - \beta\Psi_x) \end{aligned}\right\} \ldots \ldots \quad 3a)$$

Erweitern wir diese Ausdrücke der Reihe nach mit α, β, γ und addieren, so folgt

$$\begin{aligned} \alpha D_x + \beta D_y + \gamma D_z = {} & \omega(\alpha^2\Theta_x + \beta^2\Theta_y + \gamma^2\Theta_z) \\ & - 2\omega(\beta\gamma\Psi_x + \gamma\alpha\Psi_y + \alpha\beta\Psi_z) \end{aligned}$$

oder wegen Gl. 2a) § 25

$$\alpha D_x + \beta D_y + \gamma D_z = \omega\Theta \quad \ldots \ldots \quad 4)$$

und erhalten nach Erweiterung mit ω wegen 2a) unter Einführung der Drehwucht J des Körpers

$$\omega_x D_x + \omega_y D_y + \omega_z D_z = \omega^2\Theta = 2J, \quad \ldots \ldots \quad 4a)$$

d. h. der Übereinstimmung der doppelten Wucht mit dem skalaren Produkt des Dralles und des Drehvektors. Erweitern wir andererseits die drei Gleichungen 3a) der Reihe nach mit den Richtungsgrößen $\varkappa, \lambda, \mu$ eines zur Drehachse senkrechten Strahles, so wird mit Rücksicht auf Gl. 5a) § 25

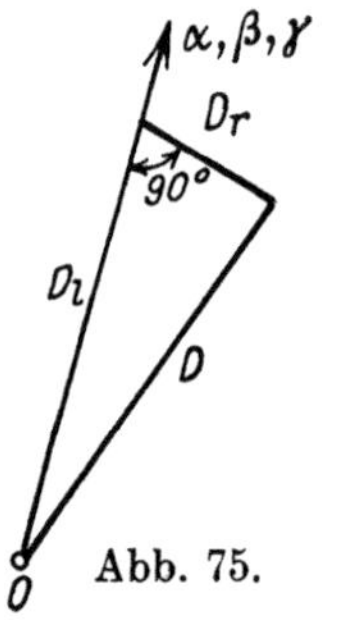

Abb. 75.

$$\varkappa D_x + \lambda D_y + \mu D_z = -\omega\Psi, \quad \ldots \quad 4b)$$

also ein im allgemeinen von Null verschiedener Wert. Daraus folgt, daß der Drallvektor im allgemeinen nicht mit dem Drehvektor bzw. der Drehachse zusammenfällt, sondern gegen dieselbe geneigt ist. Ein solches Zusammenfallen findet nur statt, wenn $\Psi = 0$ wird, d. h. wenn die Drehung um eine der drei Hauptachsen des Körpers erfolgt. Der Drallvektor $D = \sqrt{D_x^2 + D_y^2 + D_z^2}$ besteht demnach aus zwei Teilen, Abb. 75, von denen der eine, durch 4) gegebene, D_l in die Drehachse fällt, während der dazu senkrechte D_r sich aus

$$\begin{aligned} D_r^2 &= D_x^2 + D_y^2 + D_z^2 - (\alpha D_x + \beta D_y + \gamma D_z)^2 \\ D_r^2 &= (\gamma D_y - \beta D_z)^2 + (\alpha D_z - \gamma D_x)^2 + (\beta D_x - \alpha D_y)^2 \quad . \quad . \quad 5) \end{aligned}$$

berechnet. Durch Erweiterung mit ω^2 erhalten wir daraus wegen 2a)

$$\omega^2 D_r^2 = (\omega_z D_y - \omega_y D_z)^2 + (\omega_x D_z - \omega_z D_x)^2 + (\omega_y D_x - \omega_x D_y)^2, \quad 5\text{a)}$$

wonach ωD_r mit dem Vektorprodukt des Gesamtdralles D und dem Drehvektor übereinstimmt, was auch aus Abb. 75 unmittelbar entnommen werden kann. Die Bestandteile der rechten Seite 5a) ergeben sich aus 3) zu

$$\left.\begin{aligned}
\omega_z D_y - \omega_y D_z &= (\Theta_y - \Theta_z)\,\omega_y\,\omega_z + \Psi_x(\omega_y^2 - \omega_z^2) \\
&\qquad + \Psi_y\,\omega_x\omega_y - \Psi_z\,\omega_x\,\omega_z \\
\omega_x D_z - \omega_z D_x &= (\Theta_z - \Theta_x)\,\omega_z\,\omega_x + \Psi_y(\omega_z^2 - \omega_x^2) \\
&\qquad + \Psi_z\,\omega_y\,\omega_z - \Psi_x\,\omega_y\,\omega_x \\
\omega_y D_x - \omega_x D_y &= (\Theta_x - \Theta_y)\,\omega_x\omega_y + \Psi_z(\omega_x^2 - \omega_y^2) \\
&\qquad + \Psi_x\,\omega_z\,\omega_x - \Psi_y\,\omega_z\,\omega_y
\end{aligned}\right\} \quad 5\text{a)}$$

und stimmen ersichtlich mit den Teilmomenten 5b) § 28 überein, worauf wir im nächsten Abschnitt zurückkommen werden.

Die vorstehenden Ergebnisse lassen sich auch aus der Vektorform für den Drall Gl. 3b) § 21

$$\mathfrak{D} = \sum m\,[\mathfrak{r}\dot{\mathfrak{r}}] \quad \ldots\ldots\ldots\ldots \quad 6)$$

ableiten, in der wir den Strahl $\mathfrak{r}$ vom Anfang in einen Strahl $\mathfrak{l}$ in Richtung der Drehachse und den dazu senkrechten $\mathfrak{r}'$ zerlegen. Alsdann ist

$$\mathfrak{D} = \sum m\,[\mathfrak{r}'\dot{\mathfrak{r}}] + \sum m\,[\mathfrak{l}\dot{\mathfrak{r}}], \quad \ldots\ldots\ldots \quad 6\text{a)}$$

worin wir für den Umlauf $\dot{\mathfrak{r}}$ unter Einführung des Drehvektors $\mathfrak{w}$

$$\dot{\mathfrak{r}} = [\mathfrak{w}\mathfrak{r}] = [\mathfrak{w}\mathfrak{r}'] \quad \ldots\ldots\ldots\ldots \quad 7)$$

setzen dürfen. Damit wird aus 6a)

$$\mathfrak{D} = \sum m\,[\mathfrak{r}'[\mathfrak{w}\mathfrak{r}']] + \sum m\,[\mathfrak{l}\,[\mathfrak{w}\mathfrak{r}']],$$

oder nach Zerlegung der Doppelvektorprodukte

$$\mathfrak{D} = \sum m\,(\mathfrak{w}\cdot\mathfrak{r}'^2 - \mathfrak{r}'\cdot\mathfrak{w}\mathfrak{r}') + \sum m\,(\mathfrak{w}\cdot\mathfrak{l}\mathfrak{r}' - \mathfrak{r}'\cdot\mathfrak{l}\mathfrak{w}).$$

Hierin verschwinden aber wegen der Senkrechtstellung von $\mathfrak{l}$ und $\mathfrak{w}$ zu $\mathfrak{r}'$ die skalaren Produkte $\mathfrak{w}\mathfrak{r}'$ und $\mathfrak{l}\mathfrak{r}'$, und es bleibt

$$\mathfrak{D} = \sum m\mathfrak{w}\mathfrak{r}'^2 - \sum m\mathfrak{r}'\cdot\mathfrak{l}\mathfrak{w}$$

oder wegen

$$\mathfrak{r}'^2 = r^2, \qquad \mathfrak{l}\mathfrak{w} = l\,\omega$$

$$\mathfrak{D} = \mathfrak{w}\sum m r^2 - \frac{\mathfrak{r}'}{r}\,\omega\sum m r l = \mathfrak{w}\,\Theta - \frac{\mathfrak{r}'}{r}\,\omega\,\Psi, \quad \ldots \quad 8)$$

worin das letzte Glied rechts den zu $\mathfrak{w}$ senkrechten Drallanteil D_r in Übereinstimmung mit 4b) darstellt. Schreiben wir dafür

$$\mathfrak{D} = \mathfrak{w}\,\Theta + \mathfrak{D}_{\mathfrak{r}}, \quad \ldots\ldots\ldots\ldots \quad 8\text{a)}$$

so ist zunächst wegen der Normalstellung der Vektoren $\mathfrak{r}'$ und $\mathfrak{w}$

gegeneinander $\mathfrak{r}'\mathfrak{w} = 0$, also auch

$$\mathfrak{D}_{\mathfrak{r}}\mathfrak{w} = -\frac{\mathfrak{r}'\mathfrak{w}}{r}\omega\Psi = 0 \quad \text{. . . . . 8b)}$$

und daher wird aus 8a) durch skalare Erweiterung mit $\mathfrak{w}$

$$\mathfrak{D}\mathfrak{w} = \mathfrak{w}^2\Theta = \omega^2\Theta = 2J, \quad \text{. . . . . 8c)}$$

die Vektorform der Gl. 4a) für die Drehwucht des Körpers. Erweitern wir dagegen 8) bzw. 8a) vektoriell mit $\mathfrak{w}$, so erhalten wir mit $[\mathfrak{w}^2] = 0$

$$[\mathfrak{D}\mathfrak{w}] = [\mathfrak{D}_{\mathfrak{r}}\mathfrak{w}] = [\mathfrak{w}\mathfrak{r}']\frac{\omega}{r}\Psi \quad \text{. . . . . 8d)}$$

die Vektorform der Gl. 5a). Außerdem ist die doppelte Wucht

$$2J = \sum m\dot{\mathfrak{r}}^2 = \sum m[\mathfrak{w}\mathfrak{r}]^2 = \sum m(\mathfrak{w}^2\mathfrak{r}^2 - (\mathfrak{w}\mathfrak{r})^2),$$

worin das skalare Produkt $\mathfrak{w}\mathfrak{r} = \mathfrak{w}\mathfrak{l}$ ist. Daher hat man auch

$$2J = \sum m\mathfrak{w}^2(\mathfrak{r}^2 - \mathfrak{l}^2) = \mathfrak{w}^2\sum mr^2 = \omega^2\Theta$$

wie 8c).

Setzen wir in die Wuchtgleichung 4a) die Dallteile aus 3) ein, so erhalten wir für die **Drehwucht** den allgemeinen Ausdruck

$$\begin{aligned} 2J = {} & \omega_x^2\Theta_x + \omega_y^2\Theta_y + \omega_z^2\Theta_z \\ & - 2\Psi_x\omega_y\omega_z - 2\Psi_y\omega_z\omega_x - 2\Psi_z\omega_x\omega_y, \quad \text{. . . . . 9)} \end{aligned}$$

den wir auch durch Erweiterung der Formel 2a) § 25 für das Schwungmoment Θ mit ω^2 unter Beachtung von 2a) gewinnen konnten. Daraus folgt aber

$$\frac{\partial J}{\partial\omega_x} = \omega_x\Theta_x - \Psi_z\omega_y - \Psi_y\omega_z,$$

oder mit Rücksicht auf 3) unter Hinzufügung zweier weiterer Formeln, sowie der partiellen Ableitung von 4a)

$$\frac{\partial J}{\partial\omega_x} = D_x, \quad \frac{\partial J}{\partial\omega_y} = D_y, \quad \frac{\partial J}{\partial\omega_z} = D_z, \quad \frac{\partial J}{\partial\omega} = \omega\Theta = D_l, \quad \text{. 9a)}$$

so daß also die **Dallteile als partielle Ableitungen der Drehwucht** erscheinen.

Ebenso erhalten wir durch nochmalige Ableitung

$$\left.\begin{aligned} & \frac{\partial^2 J}{\partial\omega_x^2} = \frac{1}{2}\frac{\partial^2\Theta}{\partial\alpha^2} = \Theta_x, \quad \frac{\partial^2 J}{\partial\omega_y^2} = \frac{1}{2}\frac{\partial^2\Theta}{\partial\beta^2} = \Theta_y, \\ & \frac{\partial^2 J}{\partial\omega_z^2} = \frac{1}{2}\frac{\partial^2\Theta}{\partial\gamma^2} = \Theta_z, \\ & \frac{\partial^2 J}{\partial\omega_y\partial\omega_z} = \frac{1}{2}\frac{\partial^2\Theta}{\partial\beta\partial\gamma} = -\Psi_x, \quad \frac{\partial^2 J}{\partial\omega_z\partial\omega_x} = \frac{1}{2}\frac{\partial^2\Theta}{\partial\gamma\partial\alpha} = -\Psi_y, \\ & \frac{\partial^2 J}{\partial\omega_x\partial\omega_y} = \frac{1}{2}\frac{\partial\Theta}{\partial\alpha\partial\beta} = -\Psi_z \end{aligned}\right\}, \quad \text{9b)}$$

oder wegen 9a)

$$\left.\begin{array}{lll}\dfrac{\partial D_x}{\partial \omega_x}=\Theta_x, & \dfrac{\partial D_y}{\partial \omega_y}=\Theta_y, & \dfrac{\partial D_z}{\partial \omega_z}=\Theta_z \\[2ex] \dfrac{\partial D_z}{\partial \omega_y}=\dfrac{\partial D_y}{\partial \omega_z}=-\Psi_x, & \dfrac{\partial D_x}{\partial \omega_z}=\dfrac{\partial D_z}{\partial \omega_x}=-\Psi_y, & \dfrac{\partial D_y}{\partial \omega_x}=\dfrac{\partial D_x}{\partial \omega_y}=-\Psi_z\end{array}\right\} \quad 9c)$$

die Einzelschwung- und Schleudermomente um die Achsen. Diese Größen sind demnach, ähnlich wie die Vektoren selbst an bestimmte Achsen bzw. zueinander senkrechte Achsenpaare gebunden, ohne indessen mit deren Richtungssinn ihr Vorzeichen zu ändern. Andererseits sind sie vermöge ihrer Bildung durchaus als Skalare zu betrachten und können daher, was in den letzten Abschnitten mehrfach mit den Schwungmomenten geschehen ist, algebraisch addiert und subtrahiert werden. Man bezeichnet darum wohl nach den dem Vorgange von W. Voigt das Schwungmoment Θ als einen Tensor mit den durch zweimalige Ableitung nach derselben Richtung gewonnenen Tensorteilen erster Art Θ_x, Θ_y, Θ_z und den durch aufeinanderfolgende Ableitungen nach zwei zueinander normalen Richtungen erhaltenen Tensorteilen zweiter Art Ψ_x, Ψ_y, Ψ_z. Während, wie die Formeln 2a) und 5a) § 25 lehren, die Zusammensetzung von Tensorteilen erster und zweiter Art zu ebensolchen Gesamttensoren keine Schwierigkeiten bietet, ist im Gegensatz zu den Vektoren und der Achsenteile die Berechnung der Tensorteile aus den Gesamttensoren nicht auf demselben Wege, sondern nur durch das in 9b) angewandte Ableitungsverfahren möglich.

§ 30. Der Momentenvektor des starren Körpers. Zur Ermittlung des an einem starren Körper angreifenden Momentenvektors $\mathfrak{M}$ greifen wir auf die Grundformeln 1) bzw. 1a) des vorigen Abschnittes, d. i.

$$M_x=\dot{D}_x, \quad M_y=\dot{D}_y, \quad M_z=\dot{D}_z \quad \ldots \ldots \quad 1)$$

zurück, worin die Dralltteile durch Gl. 3) ebenda gegeben sind. Führen wir die Ableitung an der ersten Gl. 1) durch, so folgt

$$\dot{D}_x=\dot{\omega}_x\Theta_x-\dot{\omega}_y\Psi_z-\dot{\omega}_z\Psi_y+\omega_x\dot{\Theta}_x-\omega_y\dot{\Psi}_z-\omega_z\dot{\Psi}_y \quad \ldots \quad 1a)$$

Nun ist aber mit Rücksicht auf die Grundbeziehungen

$$\dot{x}=\omega_y z-\omega_z y, \quad \dot{y}=\omega_z x-\omega_x z, \quad \dot{z}=\omega_x y-\omega_y x \quad \ldots \quad 2)$$

wegen der Bedeutung der Schwung- und Schleudermomente

$$\Theta_x=\sum m(y^2+z^2), \qquad \Psi_z=\sum m\,x\,y \quad \text{usw.}$$

$$\left.\begin{array}{l}\dot{\Theta}_x=2\sum m(y\dot{y}+z\dot{z})=2\sum m(\omega_z xy-\omega_y xz) \\ \dot{\Psi}_z=\sum m(\dot{x}y+\dot{y}x)=\sum m(\omega_y zy-\omega_x zx+\omega_z(x^2-y^2))\end{array}\right\} \quad 3)$$

oder unter Herausnahme der Drehteile und Hinzufügung der anderen

Ausdrücke durch Reihenvertauschung der Zeiger x, y, z

$$\left.\begin{array}{c}\dot{\Theta}_x = 2(\omega_z \Psi_z - \omega_y \Psi_y), \quad \dot{\Theta}_y = 2(\omega_x \Psi_x - \omega_z \Psi_z), \\ \dot{\Theta}_z = 2(\omega_y \Psi_y - \omega_x \Psi_x)\end{array}\right\}, \qquad 3a)$$

$$\left.\begin{array}{l}\dot{\Psi}_x = \omega_x(\Theta_z - \Theta_y) + \omega_z \Psi_y - \omega_y \Psi_z \\ \dot{\Psi}_y = \omega_y(\Theta_x - \Theta_z) + \omega_x \Psi_z - \omega_z \Psi_x \\ \dot{\Psi}_z = \omega_z(\Theta_y - \Theta_x) + \omega_y \Psi_x - \omega_x \Psi_y\end{array}\right\}. \quad . \quad . \quad . \quad . \quad 3b)$$

Hierin ist

$$\dot{\Theta}_x + \dot{\Theta}_y + \dot{\Theta}_z = 2\frac{d}{dt}\sum m(x^2 + y^2 + z^2) = 0, \quad . \quad . \quad . \quad 3c)$$

da bei der reinen Drehung um den Anfang die Abstände $\sqrt{x^2 + y^2 + z^2}$ darin keine Änderung erleiden. Weiter folgt durch Einsetzen von 3a) und 3b) in 1a)

$$\begin{aligned}M_x = {} & \dot{\omega}_x \Theta_x - \dot{\omega}_y \Psi_z - \dot{\omega}_z \Psi_y \\ & + \omega_z \omega_y(\Theta_z - \Theta_y) + \Psi_x(\omega_z^2 - \omega_y^2) + \Psi_z \omega_x \omega_z - \Psi_y \omega_x \omega_y. \quad 4)\end{aligned}$$

Hierin kann für die zweite Zeile rechts nach Gl. 5a) § 29 auch $\omega_y D_z - \omega_z D_y$ geschrieben werden, während für die erste wegen 9b u. c) ebenda auch

$$\begin{aligned}& \frac{\partial^2 J}{\partial \omega_x^2}\dot{\omega}_x + \frac{\partial^2 J}{\partial \omega_x \partial \omega_y}\dot{\omega}_y + \frac{\partial^2 J}{\partial \omega_x \partial \omega_z}\dot{\omega}_z \\ & \qquad = \frac{\partial D_x}{\partial \omega_x}\frac{d\omega_x}{dt} + \frac{\partial D_x}{\partial \omega_y}\frac{d\omega_y}{dt} + \frac{\partial D_x}{\partial \omega_z}\frac{d\omega_z}{dt} = \frac{\partial D_x}{\partial t}\end{aligned}$$

geschrieben werden kann, wo die partielle Ableitung nach der Zeit sich nur auf die Drehwerte, nicht aber auf die von den Abständen x, y, z abhängigen Schwung- und Schleudermomente bezieht. Es handelt sich also hierbei um eine zeitliche Dralländerung im bewegten Körper im Gegensatz zu der mit dem Momentenanteil übereinstimmenden absoluten Dralländerung in bezug auf das feste Achsenkreuz. Somit erhalten wir an Stelle von 4) unter Hinzufügung zweier entsprechend gebauter Formeln

$$\left.\begin{array}{l}M_x = \dot{D}_x = \dfrac{\partial D_x}{\partial t} + D_z \omega_y - D_y \omega_z \\ M_y = \dot{D}_y = \dfrac{\partial D_y}{\partial t} + D_x \omega_z - D_z \omega_x \\ M_z = \dot{D}_z = \dfrac{\partial D_z}{\partial t} + D_y \omega_x - D_x \omega_y\end{array}\right\} \quad . \quad . \quad . \quad . \quad . \quad 4a)$$

oder in Vektorform:

$$\mathfrak{M} = \dot{\mathfrak{D}} = \frac{\partial \mathfrak{D}}{\partial t} + [\mathfrak{w}\,\mathfrak{D}], \quad . \quad . \quad . \quad . \quad . \quad . \quad . \quad 4b)$$

worin das Vektorprodukt auf der rechten Seite, dem wir schon im letzten Abschnitte Gl. 8d) begegnet sind, ein Zusatzmoment bedeutet, dessen Achse zur Ebene des augenblicklichen Drehvektors und des Drallvektors senkrecht steht.

Erweitern wir die Formeln 4a) mit den elementaren Drehwinkeln

$$d\varphi_x = \omega_x dt, \quad d\varphi_y = \omega_y dt, \quad d\varphi_z = \omega_z dt,$$

so ergibt die Addition nach § 16 links das Element der geleisteten äußeren Arbeit, die mit dem Zuwachs der Wucht übereinstimmen muß, so zwar, daß

$$dJ = M_x d\varphi_x + M_y d\varphi_y + M_z d\varphi_z = \omega_x dD_x + \omega_y dD_y + \omega_z dD_z. \quad 5)$$

Da nun die Wucht sowohl als Funktion der drei Drehteile ω_x, ω_y, ω_z, als auch als solche der Dralteile, die nach den Formeln 3) § 29 linear ineinander übergeführt werden können, anzusehen ist, so hat man auch an Stelle von 5)

$$dJ = \frac{\partial J}{\partial D_x} dD_x + \frac{\partial J}{\partial D_y} dD_y + \frac{\partial J}{\partial D_z} dD_z \quad . \; . \; . \; . \quad 5a)$$

oder

$$\omega_x = \frac{\partial J}{\partial D_x}, \quad \omega_y = \frac{\partial J}{\partial D_y}, \quad \omega_z = \frac{\partial J}{\partial D_z} \quad . \; . \; . \; . \; . \quad 5b)$$

Andererseits war aber die Drehwucht nach 4a) § 29

$$2J = \omega_x D_x + \omega_y D_y + \omega_z D_z, \quad . \; . \; . \; . \; . \; . \; . \quad 6)$$

$$2\,dJ = \omega_x dD_x + \omega_y dD_y + \omega_z dD_z + D_x d\omega_x + D_y d\omega_y + D_z d\omega_z, \quad 6a)$$

also wegen 5)

$$dJ = \omega_x dD_x + \omega_y dD_y + \omega_z dD_z = D_x d\omega_x + D_y d\omega_y + D_z d\omega_z, \quad 6b)$$

oder in Vektorform nach skalarer Erweiterung von 4b) mit $\mathfrak{w}$ wegen $\mathfrak{w}[\mathfrak{w}\mathfrak{D}] = 0$

$$\mathfrak{M}\mathfrak{w} = \dot{\mathfrak{D}}\mathfrak{w}. \quad . \; . \; . \; . \; . \; . \; . \; . \; . \; . \; . \quad 7)$$

Da nach Gl. 8c) § 29

$$2\,dJ = 2\,\mathfrak{M}\mathfrak{w}\,dt = \mathfrak{w}\,d\mathfrak{D} + \mathfrak{D}\,d\mathfrak{w}$$

ist, so erhalten wir auch

$$dJ = \mathfrak{M}\mathfrak{w}\,dt = \mathfrak{w}\,d\mathfrak{D} = \mathfrak{D}\,d\mathfrak{w} \quad . \; . \; . \; . \; . \; . \; . \quad 7a)$$

oder

$$\mathfrak{M}\mathfrak{w} = \frac{dJ}{dt} = \frac{1}{2}\frac{d}{dt}(\mathfrak{w}\mathfrak{D}). \quad . \; . \; . \; . \; . \; . \; . \; . \quad 7b)$$

Wir kehren nunmehr zur Momentenformel 4) in der analytischen Schreibweise zurück und vereinfachen sie durch Zusammenlegen des Achsenkreuzes x, y, z mit den Hauptachsen des starren Körpers. Alsdann verschwinden für dieselben die Schleudermomente, während an Stelle der Schwungmomente ihre Scheitelwerte, sowie für die Momente und Drehwerte diejenigen um die Hauptachsen also

$$\left.\begin{aligned} \Theta_x &= \Theta_a, & \Theta_y &= \Theta_b, & \Theta_z &= \Theta_c \\ M_x &= M_a, & M_y &= M_b, & M_z &= M_c \\ \omega_x &= \omega_a, & \omega_y &= \omega_b, & \omega_z &= \omega_c \end{aligned}\right\} \quad \ldots \ldots \quad 8)$$

treten, so daß wir nunmehr unter Hinzufügung der beiden andern Formeln für die Teilmomente um die Hauptachsen die zuerst von Euler aufgestellten Gleichungen

$$\left.\begin{aligned} M_a &= \Theta_a \dot\omega_a - (\Theta_b - \Theta_c)\,\omega_b\,\omega_c \\ M_b &= \Theta_b \dot\omega_b - (\Theta_c - \Theta_a)\,\omega_c\,\omega_a \\ M_c &= \Theta_c \dot\omega_c - (\Theta_a - \Theta_b)\,\omega_a\,\omega_b \end{aligned}\right\} \quad \ldots \ldots \quad 9)$$

erhalten, deren Vektorform sich nicht von Gl. 4b) unterscheidet. Dafür dürfen wir auch schreiben:

$$\frac{M_a - \Theta_a \dot\omega_a}{\Theta_c - \Theta_b}\,\omega_a = \frac{M_b - \Theta_b \dot\omega_b}{\Theta_a - \Theta_c}\,\omega_b = \frac{M_c - \Theta_c \dot\omega_c}{\Theta_b - \Theta_a}\,\omega_c = \omega_a\,\omega_b\,\omega_c. \quad 9a)$$

Die vorstehenden Eulerschen Gleichungen beziehen sich auf das im Körper selbst feste Hauptachsenkreuz; sie geben durch die Ausdrücke

$$\left.\begin{aligned} \omega^2 &= \omega_a^2 + \omega_b^2 + \omega_c^2, \\ \omega_a = \alpha\,\omega, \quad & \omega_b = \beta\,\omega, \quad \omega_c = \gamma\,\omega \end{aligned}\right\} \quad \ldots \ldots \quad 10)$$

den Betrag und die Neigung des Drehvektors gegen die Hauptachsen an, sagen aber nichts aus über die Lage des Körpers im Raum bzw. deren Änderung gegen ein festes Kreuz.

1. Beispiel. Wirken auf den Körper keine äußeren Momente, so vereinfachen sich die Eulerschen Gleichungen 9) in

$$\left.\begin{aligned} \Theta_a \dot\omega_a = (\Theta_b - \Theta_c)\,\omega_b\,\omega_c, \quad & \Theta_b \dot\omega_b = (\Theta_c - \Theta_a)\,\omega_c\,\omega_a, \\ \Theta_c \dot\omega_c &= (\Theta_a - \Theta_b)\,\omega_a\,\omega_b \end{aligned}\right\} \quad \ldots \quad 11)$$

und ergeben nach Erweiterung mit ω_a, ω_b, ω_c und Addition

$$\Theta_a\,\omega_a\,\dot\omega_a + \Theta_b\,\omega_b\,\dot\omega_b + \Theta_c\,\omega_c\,\dot\omega_c = \frac{dJ}{dt} = 0\,, \quad \ldots \ldots \quad 12)$$

d. h. eine unveränderliche Wucht. Erweitert man andererseits die Gl. 11) nacheinander mit $\Theta_a\,\omega_a$, $\Theta_b\,\omega_b$, $\Theta_c\,\omega_c$ und addiert, so folgt

$$\Theta_a^2\,\omega_a\,\dot\omega_a + \Theta_b^2\,\omega_b\,\dot\omega_b + \Theta_c^2\,\omega_c\,\dot\omega_c = 0 \quad \ldots \ldots \quad 12a)$$

oder

$$\Theta_a^2\,\omega_a^2 + \Theta_b\,\omega_b^2 + \Theta_c^2\,\omega_c^2 = D^2 = \text{konst.}$$

d. h. der Gesamtdrall bleibt ungeändert. Damit ist indessen nicht gesagt, daß jeder der einzelnen Drehteile ω_a, ω_b, ω_c unverändert bleibt. Denn wir erhalten in unserem Falle an Stelle von 9a)

$$\frac{\Theta_a\,\omega_a\,\dot\omega_a}{\Theta_b - \Theta_c} = \frac{\Theta_b\,\omega_b\,\dot\omega_b}{\Theta_c - \Theta_a} = \frac{\Theta_c\,\omega_c\,\dot\omega_c}{\Theta_a - \Theta_b} = \omega_a\,\omega_b\,\omega_c\,, \quad \ldots \ldots \quad 13)$$

oder integriert mit den Anfangswerten ω_1, ω_2, ω_3

$$\frac{\Theta_a\,(\omega_a^2 - \omega_1^2)}{\Theta_b - \Theta_c} = \frac{\Theta_b\,(\omega_b^2 - \omega_2^2)}{\Theta_c - \Theta_a} = \frac{\Theta_c\,(\omega_c^2 - \omega_3^2)}{\Theta_a - \Theta_b} \quad \ldots \ldots \quad 13a)$$

Hierin ist aber für $\Theta_a > \Theta_b > \Theta_c$

$$\Theta_a - \Theta_b > 0\,, \qquad \Theta_b - \Theta_c > 0\,, \qquad \Theta_c - \Theta_a < 0\,,$$

d. h. wenn zwei der beiden Drehteile zunehmen, so muß der dritte abnehmen. Würde man aus den Formeln 13a) und den Integralen von 12)

$$\Theta_a(\omega_a^2 - \omega_1^2) + \Theta_b(\omega_b^2 - \omega_2^2) + \Theta_c(\omega_c^2 - \omega_3^2) = 0 \quad . \; . \; . \quad 12a)$$

zwei der Klammern ausschalten, so erhielte man nur eine Identität $0 = 0$, so daß man zum Verfolg des Bewegungsvorgangs die Grundformeln 11) selbst integrieren muß.

Hierbei wollen wir voraussetzen, daß der Körper einen sehr großen Drehwert ω_c um die eine Achse, aber um die andern Achsen nur so kleine Drehwerte ω_a, ω_b besitzt, daß wir ihre Produkte vernachlässigen dürfen. Damit folgt aus der dritten Gleichung 11)

$$\Theta_c\dot{\omega}_c = 0\,, \qquad \omega_c = \omega_0\,, \quad . \; . \; . \; . \; . \; . \; . \; . \; . \; . \quad 14)$$

d. h. ein beständiger Drehwert um die Hauptachse, durch dessen Einführung die beiden andern Formeln 11) übergehen in

$$\Theta_a\dot{\omega}_a = (\Theta_b - \Theta_c)\,\omega_0\,\omega_b\,, \qquad \Theta_b\dot{\omega}_b = (\Theta_c - \Theta_a)\,\omega_0\,\omega_a$$

oder differenziert nach der Zeit t

$$\Theta_a\ddot{\omega}_a = (\Theta_b - \Theta_c)\,\omega_0\,\dot{\omega}_b\,, \qquad \Theta_b\ddot{\omega}_b = (\Theta_c - \Theta_a)\,\omega_0\,\dot{\omega}_a\,.$$

Schalten wir aus diesen vier Gleichungen die Andrehteile $\dot{\omega}_a$ und $\dot{\omega}_b$ aus, so bleibt

$$\frac{\ddot{\omega}_a}{\omega_a} = \frac{(\Theta_b - \Theta_c)(\Theta_c - \Theta_a)}{\Theta_a\,\Theta_b}\,\omega_0^2 = \frac{\ddot{\omega}_b}{\omega_b} \quad . \; . \; . \; . \; . \; . \; . \; . \quad 15)$$

Dies liefert eine Schwingungsleichung mit periodischen Änderungen von ω_a und ω_b, wenn der in der Mitte stehende Ausdruck negativ wird, d. h. wenn beide Klammern verschiedene Vorzeichen haben, also

$$\Theta_c < \Theta_a\,, \qquad \Theta_c < \Theta_b \quad \text{oder} \quad \Theta_c > \Theta_a\,, \qquad \Theta_c > \Theta_b \quad . \; . \; . \quad 15a)$$

ist. In dem Falle, daß das Schwungmoment um die ausgezeichnete Drehachse einen kleinsten oder größten Wert gegenüber den andern beiden Hauptschwungmomenten besitzt, sind mit den zugehörigen Drehteilen die entsprechenden Auslenkungen des Körpers periodisch, so daß die Drehung des Körpers als eine stabile anzusehen ist. Liegt dagegen mit

$$\Theta_a > \Theta_c > \Theta_b \quad \text{oder} \quad \Theta_a < \Theta_c < \Theta_b \quad . \; . \; . \; . \; . \; . \; . \quad 15b)$$

das Schwungmoment um die ausgezeichnete Drehachse in der Mitte zwischen den beiden andern Hauptschwungmomenten, so wird der in der Mitte von 15) stehende Ausdruck positiv, und die Drehteile ω_a und ω_b nehmen nach einer Exponentialfunktion dauernd zu. Hiermit ist aber eine Verschiebung des Drehvektors im Körper so lange verbunden, bis dieser mit der Achse des kleinsten oder größten Schwungmomentes zusammenfällt, so daß also die kräftefreie Drehung des Körpers um die Achse des mittleren Hauptschwungmomentes einen instabilen Bewegungszustand darstellt.

2. Beispiel. Haben wir es mit einem Umdrehungskörper um die c-Ache zu tun, so dürfen wir $\Theta_c = \Theta_0$ und $\Theta_a = \Theta_b = \Theta$ setzen, womit die Formeln 14) und 15) streng erfüllt sind, d. h. ein kräftefreier Umdrehungskörper dreht sich gleichförmig um seine geometrische Achse. Alsdann aber erhalten wir in 15)

$$\frac{\ddot{\omega}_a}{\omega_a} = \frac{\ddot{\omega}_b}{\omega_b} = -\frac{(\Theta - \Theta_0)^2}{\Theta^2}\,\omega_0^2 = -\alpha^2, \quad . \; . \; . \; . \; . \; . \quad 15c)$$

womit die Bedingungen 15a) von selbst erfüllt sind und nur je eine Schwingung um die a- und b-Achse übrig bleibt. Da beide Schwingungen die gleiche Dauer

$$t_0 = \frac{2\pi}{\alpha} = \pm\frac{2\pi}{\omega_0}\,\frac{\Theta}{\Theta - \Theta_0} \quad . \; . \; . \; . \; . \; . \; . \; . \; . \; . \quad 16)$$

besitzen, so setzen sie sich zu einer einzigen in einer Meridianebene zusammen, deren Lage und Ausschläge von den Anfangsbedingungen abhängen. Wir können demnach den Bewegungszustand des kräftefreien Umdrehungskörpers als stabile Schwingung der Drehachse in einer Meridianebene ansprechen, deren Dauer mit dem Unterschied der beiden Hauptschwungmomente abnimmt. Verschwindet dieser Unterschied mit der Ausartung des Schwungellipsoids zu einer Kugel, so wird $t_0 = \infty$, d. h. ein derartiger kräftefreier Körper wird sich beständig um eine beliebige Achse drehen.

3. Beispiel. Ein Magnetkompaß besteht aus einer Scheibe, der sog. Kompaßrose, die auf einer Spitze drehbar gelagert ist und einige parallele Magnetstäbe derart trägt, daß der Gesamtschwerpunkt um s unter dem Drehpunkt liegt, Abb. 76. Infolgedessen vollzieht die Kompaßrose nach ihrer Auslenkung aus der Ruhelage ähnliche Schwingungen wie ein sich selbst überlassenes Kugelpendel. Fassen wir sie als starren Körper auf, mit den Hauptschwungmomenten Θ_c um die Lotrechte sowie Θ_a und Θ_b um zwei hierzu normale, aber im Ruhezustande wagerechte Hauptachsen durch die Spitze, so gelten für die Bewegung die Eulerschen Gleichungen. Bezeichnen wir die kleinen Drehungswinkel um die Hauptachsen a, b, c mit φ_a, φ_b, φ_c, so zwar, daß $\dot\varphi_a = \omega_a$, $\dot\varphi_b = \omega_b$, $\dot\varphi_c = \omega_c$ ist, so sind die Momente des nur wenig ausgelenkten Gesamtgewichtes mg gegeben durch $-mgs\varphi_a$ und $-mgs\varphi_b$ und dasjenige des Erdmagnetismus auf die um φ_c ausgelenkte Rose durch $-M_1\varphi_c$. Wirkt außerdem auf die Rose infolge von Schlingervorgängen des Schiffes ein periodisches Moment $M_0 \sin\omega t$ mit wagerechter Achse, die gegen die Hauptachse a die Neigung φ besitzt, so erhalten wir insgesamt als äußere Momente um die Hauptachsen

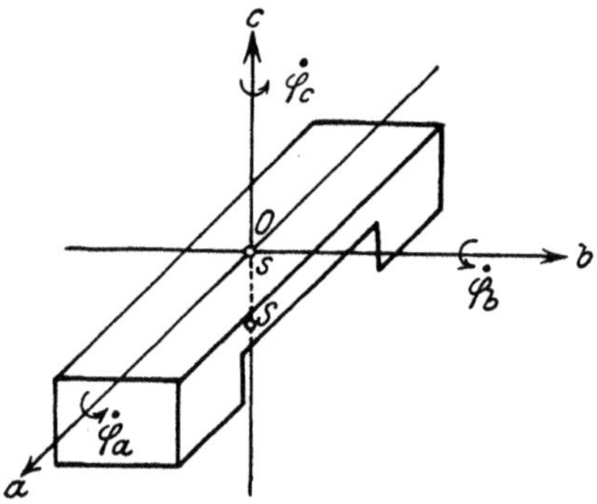

Abb. 76.

$$M_a = M_0 \sin\omega t \cos\varphi - mgs\varphi_a\,, \qquad M_b = M_0 \sin\omega t \sin\varphi - mgs\varphi_b\,,$$
$$M_c = -M_1\varphi_c\,,$$

und nach Einsetzen in die Eulerschen Gleichungen,

$$\left.\begin{aligned} M_0 \sin\omega t \cos\varphi - mgs\varphi_a &= \Theta_a\ddot\varphi_a - (\Theta_b - \Theta_c)\,\dot\varphi_c\dot\varphi_b \\ M_0 \sin\omega t \sin\varphi - mgs\varphi_b &= \Theta_b\ddot\varphi_b - (\Theta_c - \Theta_a)\,\dot\varphi_a\dot\varphi_c \\ -M_1\varphi_c &= \Theta_c\ddot\varphi_c - (\Theta_a - \Theta_b)\,\dot\varphi_b\dot\varphi_a \end{aligned}\right\} \quad . \; . \; . \; . \quad 17)$$

Aus der letzten dieser Formeln geht aber hervor, daß der Drehanlauf um die lotrechte Achse mit dem Produkt $\dot\varphi_a\dot\varphi_b$ der beiden Drehwerte um die wagerechten Hauptachsen wächst. Sind die letzteren mit den zugehörigen Auslenkungen nur klein, so wird in der letzten Formel $\ddot\varphi_c$, φ_c, sowie der hieraus abgeleitete Drehwert $\dot\varphi_c$ klein von zweiter Ordnung und die in den letzten Gliedern der beiden ersten Formeln auftretenden Produkte $\dot\varphi_a\dot\varphi_c$, $\dot\varphi_c\dot\varphi_b$ klein von dritter Ordnung. Vernachlässigen wir diese gegenüber den andern Gliedern, so bleibt:

$$\left.\begin{aligned} \Theta_a\ddot\varphi_a + mgs\varphi_a &= M_0 \sin\omega t \cos\varphi \\ \Theta_b\ddot\varphi_b + mgs\varphi_b &= M_0 \sin\omega t \sin\varphi \\ \Theta_c\ddot\varphi_c + M_1\varphi_c &= (\Theta_a - \Theta_b)\,\dot\varphi_a\dot\varphi_b \end{aligned}\right\} \quad . \; . \; . \; . \; . \; . \; . \; . \quad 17\text{a})$$

Wegen der Kleinheit des Drehwertes $\dot\varphi_c$ um die Lotrechte wird sich der Winkel φ des äußeren Momentes gegen die wagerechten Hauptachsen während der Periode $t_0 = \dfrac{2\pi}{\omega}$ des Zwanges kaum merklich ändern, so daß wir in den ersten Formeln 17a) φ zunächst als beständig ansehen dürfen. Dann erhalten wir mit den Abkürzungen

$$\left.\begin{array}{lll} \dfrac{m g s}{\Theta_a} = \omega_1^2, & \dfrac{m g s}{\Theta_b} = \omega_2^2, & \dfrac{M_1}{\Theta_0} = \omega_3^2 \\[2ex] \dfrac{M_0}{\Theta_a} = q_1, & \dfrac{M_0}{\Theta_b} = q_2, & \dfrac{\Theta_a - \Theta_b}{\Theta_c} = q_3 \end{array}\right\} \quad \ldots\ldots \quad 18)$$

die Differentialgleichungen erzwungener Schwingungen

$$\left.\begin{array}{c} \ddot{\varphi}_a + \omega_1^2 \varphi_a = q_1 \cos\varphi \sin\omega t, \qquad \ddot{\varphi}_b + \omega_2^2 \varphi_b = q_3 \sin\varphi \sin\omega t, \\ \ddot{\varphi}_c + \omega_3^2 \varphi_c = q_3 \dot{\varphi}_a \dot{\varphi}_b \end{array}\right\} \quad 17\text{b})$$

mit den Integralen

$$\varphi_a = \frac{q_1 \cos\varphi \sin\omega t}{\omega_1^2 - \omega^2}, \qquad \varphi_b = \frac{q_2 \sin\varphi \sin\omega t}{\omega_2^2 - \omega^2}, \quad \ldots\ldots \quad 19)$$

zu denen noch die freien Schwingungen in der Form $A_1 \cos\omega_1 t + B_1 \sin\omega_1 t$ hinzutreten. Da diese nur geringe Dauer $t_1 = 2\pi : \omega_1$ bzw. $t_2 = 2\pi : \omega_2$ gegenüber der Dauer t_0 des Zwanges besitzen, so treten sie nur als zusätzliche Erschütterungen auf und können für die langsame Drehung $\dot{\varphi}_c$ in der dritten Formel außer acht bleiben. Setzen wir also in diese die Ableitungen von 19) ein, so folgt mit $2\cos^2\omega t = 1 + \cos 2\omega t$

$$\ddot{\varphi}_c + \omega_3^2 \varphi_c = \frac{q_1 q_2 q_3 \, \omega^2 \sin\varphi \cos\varphi}{2(\omega_1^2 - \omega^2)(\omega_2^2 - \omega^2)} (1 + \cos 2\omega t) \quad \ldots. \quad 20)$$

mit dem erzwungenen Ausschlage

$$\varphi_c = \frac{q_1 q_2 q_3 \, \omega^2 \sin\varphi \cos\varphi}{2(\omega_1^2 - \omega^2)(\omega_2^2 - \omega^2)} \left(\frac{1}{\omega_3^2} + \frac{\cos 2\omega t}{\omega_3^2 - 4\omega^2}\right) \quad \ldots\ldots \quad 20\text{a})$$

Die Kompaßrose wird also unter der Wirkung eines störenden Momentes infolge der Schlingerbewegung des Schiffes Schwingungen um ihre lotrechte Achse vollziehen, deren Ruhelage von der statischen um so mehr abweicht, je mehr sich der Winkel φ des Zwangsmomentes gegen eine der wagerechten Hauptachsen dem Werte 45° nähert. Im Falle eines Gleichklangs, d. h. der Übereinstimmung des Drehwertes ω des Zwanges mit einem der Eigenwerte ω_1, ω_2, $\dfrac{\omega_3}{2}$, können die Schwingungsausschläge beliebig große Werte annehmen, der Kompaß also ganz unbrauchbar werden. Das kommt allerdings wegen der Kleinheit von ω gegen ω_1 und ω_2 nur für ω_3 in Frage, und kann durch Verkleinerung dieses Wertes bzw. Vergrößerung des Schwungmomentes Θ_c vermieden werden. Will man dagegen den Einfluß des Schlingerns auf die Bewegung des Kompasses ganz beseitigen, so bleibt nur die Beseitigung der rechten Seite der dritten Formel 17a) bzw. 17b) durch $\Theta_a = \Theta_b$ übrig, was auch in der Praxis durch scheibenförmige Ausbildung der Rose und Ausstattung derselben mit schweren Magnetstäben nach Abb. 77 geschieht.

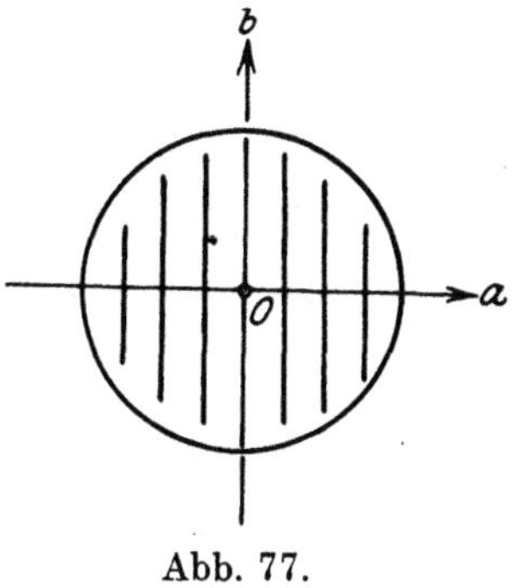

Abb. 77.

Würde es sich nur um eine auf der Spitze bewegliche Scheibe ohne Magnetausrüstung handeln, so würde an Stelle der dritten Formel 17b) bzw. 20)

$$\ddot{\varphi}_c = q_3 \dot{\varphi}_a \dot{\varphi}_b = \frac{q_1 q_2 q_3 \, \omega^2 \sin\varphi \cos\varphi}{2(\omega_1^2 - \omega^2)(\omega_2^2 - \omega^2)} (1 + \cos 2\omega t) \quad \ldots. \quad 21)$$

mit dem Integral

$$\dot{\varphi}_c = \dot{\varphi}_{c0} + \frac{q_1 q_2 q_3 \, \omega^2 \sin\varphi \cos\varphi}{2(\omega_1^2 - \omega^2)(\omega_2^2 - \omega^2)} \left(t + \frac{\sin 2\omega t}{2\omega}\right) \quad \ldots. \quad 21\text{a})$$

treten, also neben der erzwungenen Schwingung ein mit der Zeit wachsender Drehwert, so daß in diesem Falle überhaupt keine Ruhelage besteht.

§ 31. **Das Kegelfadenpendel.** Als Anwendung der Eulerschen Gleichungen betrachten wir die Drehung eines an einem masselosen Faden hängenden Körpers um das Lot OB durch den Festpunkt O des Fadens, Abb. 78. Die Länge des Fadens sei $OP = l$, der Schwerpunktsabstand des um die Meridianebene symmetrisch gestalteten Körpers vom Fadenende $PS = s$, die Neigung des Fadens OP und der Körperachse PS gegen das Lot φ und ϑ, der Fahrstrahl des Schwerpunktes $BS = r$ und dessen Tiefe unter dem Aufhängepunkt $OB = h$. Dann ist

$$r = l \sin\varphi + s \sin\vartheta, \qquad h = l \cos\varphi + s \cos\vartheta \quad . \; . \; . \; 1)$$

Auf den Körper wirkt nun außer dem im Schwerpunkt S angreifenden Gewicht mg im Falle der Drehung um das Lot mit dem Drehwert ω die Fliehkraft $mr\omega^2$, Abb. 79. In dem hier allein ins Auge gefaßten Fall des Drehungsgleichgewichtes werden beide Kräfte nach ihrer Parallelverschiebung in den Punkt P derart von der Fadenspannung aufgehoben, daß

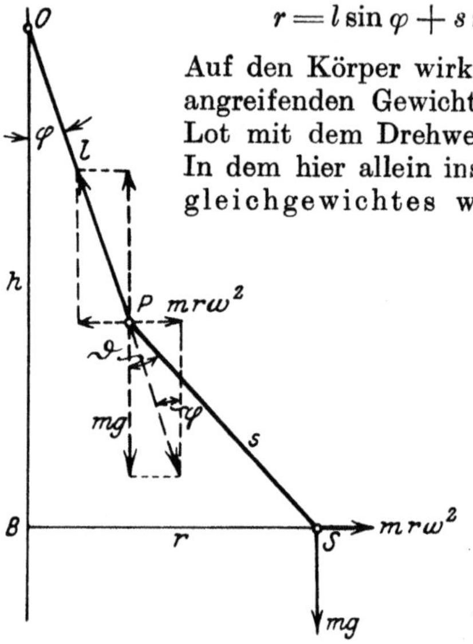

Abb. 78.

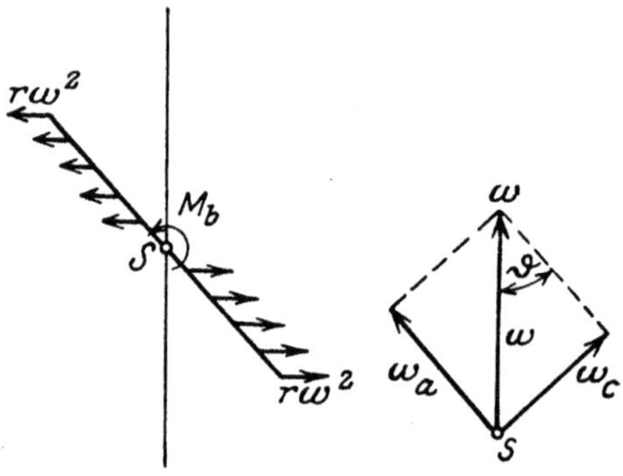

Abb. 79.

$$g \operatorname{tg}\varphi = r\omega^2, \quad . \; . \; . \; . \; . \; . \; . \; . \; . \; . \; . \; 2)$$

ist, während durch ihre Verschiebung ein Kräftepaar mit dem Moment

$$M = ms(\omega^2 r \cos\vartheta - g \sin\vartheta) \quad . \; . \; . \; . \; . \; . \; . \; 3)$$

im Sinne der Vergrößerung von ϑ geweckt wird. In gleichem Sinne wirkt nur das Moment der Fliehkraft am Körper, das sich nach Zerlegung des Drehwertes in die beiden Bestandteile

$$\omega_a = \omega \cos\vartheta, \qquad \omega_c = \omega \sin\vartheta$$

um die Körperachse PS und eine dazu im Meridianschnitte senkrechte Achse mit den zugehörigen Schwungmomenten

$$\Theta_a = ma^2 < \Theta_c = mc^2$$

nach der zweiten Gl. 9) § 30 mit $\dot{\omega}_b = 0$ zu

$$-M_b = (\Theta_c - \Theta_a)\,\omega_c \omega_a = \omega^2 m (c^2 - a^2) \sin\vartheta \cos\vartheta \; . \; . \; . \; . \quad 4)$$

berechnet. Bei gleichförmiger Drehung des Fadenpendels um OB bleiben die Winkel φ und ϑ ungeändert, so daß wir durch Verbinden von 3) und 4) erhalten:

$$\omega^2 (c^2 - a^2) \sin\vartheta \cos\vartheta = s(g \sin\vartheta - \omega^2 r \cos\vartheta)$$

oder nach Division mit $\omega^2 s \cos\vartheta$

$$r = \frac{g}{\omega^2} \operatorname{tg}\vartheta - \frac{c^2 - a^2}{s} \sin\vartheta \quad . \quad . \quad . \quad 5)$$

Ersetzen wir darin den Abstand r durch seinen Wert aus 1), so folgt:

$$l \sin\varphi = \frac{g}{\omega^2} \operatorname{tg}\vartheta - \frac{c^2 - a^2 + s^2}{s} \sin\vartheta \quad . \quad . \quad . \quad 5\text{a})$$

und ebenso aus 1) und 2)

$$s \sin\vartheta = \frac{g}{\omega^2} \operatorname{tg}\varphi - l \sin\varphi \quad . \quad . \quad . \quad 2\text{a})$$

Für diese beiden Formeln dürfen wir mit der Abkürzung

$$\frac{c^2 - a^2 + s^2}{s} = l_0 \quad . \quad . \quad . \quad 6)$$

schreiben

$$\left.\begin{aligned} \sin\varphi &= \frac{g}{l\,\omega^2} \operatorname{tg}\vartheta - \frac{l_0}{l} \sin\vartheta \\ \sin\vartheta &= \frac{g}{s\,\omega^2} \operatorname{tg}\varphi - \frac{l}{s} \sin\varphi \end{aligned}\right\}, \quad . \quad . \quad . \quad 7)$$

woraus durch Multiplikation miteinander

$$\sin\varphi \sin\vartheta \left[\left(\frac{g}{\omega^2 \cos\vartheta} - l_0\right)\left(\frac{g}{\omega^2 \cos\varphi} - l\right) - l s\right] = 0 \quad . \quad . \quad 7\text{a})$$

hervorgeht. Hiernach genügen zunächst $\varphi = \vartheta = 0$ und $\varphi = \vartheta = \pi$ der Gleichgewichtsbedingung, d. h. solche Lagen des Körpers, bei denen seine Achse PS in das Lot hineinfällt, wobei für Schwerpunktslagen oberhalb des Festpunktes O der Faden OP durch eine starre Gerade zu ersetzen ist. Den andern Lagen genügt die Gleichung:

$$\left(\frac{g}{\omega^2 \cos\vartheta} - l_0\right)\left(\frac{g}{\omega^2 \cos\varphi} - l\right) = l s \quad . \quad . \quad . \quad 8)$$

Wird hierin im Sonderfalle $s = 0$, d. h. fällt der Körperschwerpunkt in das Fadenende, so verliert die Neigung ϑ ihre Bedeutung, und die Auslenkung φ des mathematischen Kegelfadenpendels bestimmt sich aus

$$g = l\,\omega^2 \cos\varphi \quad . \quad . \quad . \quad 8\text{a})$$

ein Ergebnis, das wir schon als Sonderfall des Kugelfadenpendels (§ 6) kennen gelernt haben. Verschwindet umgekehrt l, d. h. ist das Pendel mit dem Punkte P seiner Hauptachse unmittelbar in O aufgehängt, so bleibt in 8) nur die erste Klammer

$$g = l_0 \omega^2 \cos\vartheta \quad \ldots\ldots\ldots \quad 8\text{b})$$

übrig, aus deren Vergleich mit 8a) sich l_0 als **reduzierte Pendellänge** des in Umdrehung befindlichen Körpers ergibt.

Zur Ermittlung der Gleichgewichtslagen außerhalb des Lotes durch O greifen wir wieder auf die letzten Formeln 7) zurück, aus denen für jeden Wert von ω zwei zueinander gehörige Werte von φ und ϑ durch Ausschaltung je eines derselben Winkel zu berechnen sind. Wenn auch die Ausschaltung selbst leicht gelingt, so führt sie doch auf eine Gleichung höheren Grades, deren weitere Behandlung große Schwierigkeiten bereitet. Wir wollen darum die Lösung auf zeichnerischem Wege versuchen und führen zu diesem Zwecke neben der Abkürzung

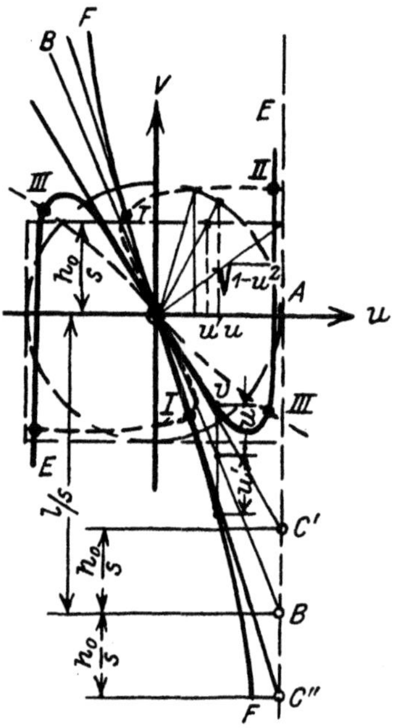

Abb. 80.

$$\frac{g}{\omega^2} = h_0 \quad \ldots\ldots \quad 9)$$

die Hilfsgrößen

$$\sin\varphi = u, \qquad \sin\vartheta = v \quad \ldots \quad 10)$$

als Abstände in einem Achsenkreuz ein, mit denen die Formel 7) in

$$\left.\begin{aligned} u &= \pm \frac{h_0}{l} \frac{v}{\sqrt{1-v^2}} - \frac{l_0}{l} v \\ v &= \pm \frac{h_0}{s} \frac{u}{\sqrt{1-u^2}} - \frac{l}{s} u \end{aligned}\right\} \quad . \; 11)$$

übergehen. Die hierdurch bestimmten Kurven bestehen, dem doppelten Vorzeichen der ersten Glieder rechts entsprechend, aus zwei Zweigen, die sich wegen der Zusammengehörigkeit des Wertepaares $u = 0$, $v = 0$ im Anfang O schneiden, Abb. 80. Wegen

$$\left.\begin{aligned} \frac{u}{v} &= \pm \frac{h_0}{l} \frac{1}{\sqrt{1-v^2}} - \frac{l_0}{l} \\ \frac{v}{u} &= \pm \frac{h_0}{s} \frac{1}{\sqrt{1-u^2}} - \frac{l}{s} \end{aligned}\right\} \quad \ldots\ldots \; 11\text{a})$$

und

$$\left.\begin{aligned} \frac{du}{dv} &= \pm \frac{h_0}{l} \frac{1}{(1-v^2)^{3/2}} - \frac{l_0}{l} \\ \frac{dv}{du} &= \pm \frac{h_0}{s} \frac{1}{(1-u^2)^{3/2}} - \frac{l}{s} \end{aligned}\right\} \quad \ldots\ldots \; 11\text{b})$$

wird aber für den Anfang $u = 0,\ v = 0$

$$\left.\begin{aligned} \left(\frac{u}{v}\right)_0 &= \left(\frac{du}{dv}\right)_0 = \frac{\pm h_0 - l_0}{l} \\ \left(\frac{v}{u}\right)_0 &= \left(\frac{dv}{du}\right)_0 = \frac{\pm h_0 - l}{s} \end{aligned}\right\} \quad \ldots\ldots \quad 11\text{c})$$

und für $u = \pm 1,\ v = \pm 1$

$$\left(\frac{u}{v}\right)_1 = \left(\frac{du}{dv}\right)_1 = \pm \infty, \quad \left(\frac{v}{u}\right)_1 = \left(\frac{dv}{du}\right)_1 = \pm \infty. \quad \ldots \quad 11\text{d})$$

Für $u^2 > 1$, $v^2 > 1$ werden die ersten Glieder der rechten Seite von 11), 11a) und 11b) imaginär, so daß also die Kurvenzweige die Grenzen $u = \pm 1$, $v = \pm 1$ nicht überschreiten können und sich ihnen asymptotisch nähern.

In Abb. 80 sind beide Zweige der zweiten Kurve 11) kräftig ausgezogen, indem zunächst für jedes u mit Hilfe des Einheitskreises um O und der Parallelen im Abstande $h_0 : s$ zur u-Achse die Strecke

$$u' = \frac{h_0}{s} \frac{u}{\sqrt{1 - u^2}}$$

gebildet wurde. Wird alsdann auf der Tangente an den Einheitskreis in A die Länge $l : s$ abgetragen, und B mit dem Anfang verbunden, so ergeben sich die einzelnen Kurvenpunkte beider Zweige EOE und FOF durch Vergrößerung und Verkleinerung der Ordinaten von OB um die Länge u'. Die Tangenten OC' und OC'' der beiden Kurvenzweige in O erhält man nach 11c) mit

$$BC' = BC'' = h_0 : s.$$

Trägt man unter Vertauschung der Achsen in derselben Weise mit den Längen $h_0 : l$ die erste Kurve 11) in die Abb. 80 gestrichelt ein, so stellen deren Schnitte mit der stark ausgezogenen Kurve die gesuchten Gleichgewichtslagen dar. Auf diese Weise ergeben sich im ganzen acht Schnitte einschließlich der schon oben besprochenen Nullagen. Da je zwei dieser Schnitte sich nur durch das Vorzeichen entsprechend der Symmetrie zur Drehachse unterscheiden, so erhalten wir abgesehen von den Nullagen im ganzen noch drei Gleichgewichtslagen, Abb. 81. Für die Stabilität derselben ist die Gesamtmacht des Körpers gegenüber benachbarten Lagen maßgebend, die sich aus der Hubarbeit und der Drehwucht zusammensetzt und sofort berechnen läßt. Diese Macht ist nun für die Lage I offenbar größer als für die Nullage O des lot-

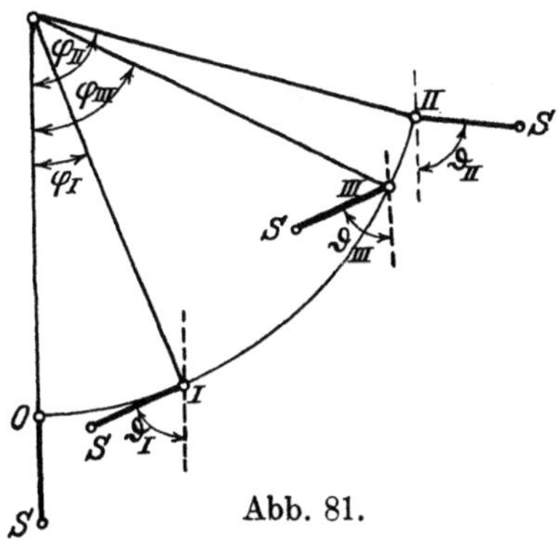

Abb. 81.

recht herabhängenden Pendels, weshalb dieses auch beim Andrehen in die Lage I übergeht, die sich damit als stabil gegenüber der labilen Nullage erweist. Andererseits ist auch die Macht der Lage II größer als von III, so daß bei kräftiger anfänglicher Auslenkung das Pendel sogleich die stabile Gleichgewichtslage II einnimmt. Schließlich sei noch bemerkt, daß die lotrechten Nullagen des Pendels mit der Schwerpunktslage oberhalb des Aufhängepunktes O stets als labil anzusehen sind.

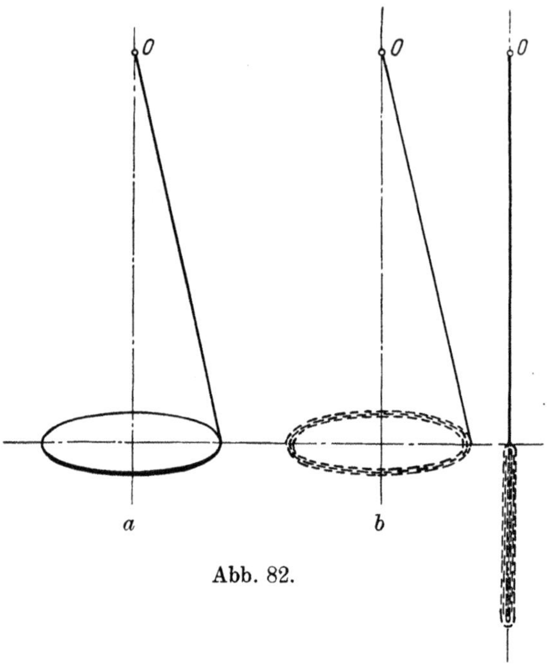

Abb. 82.

1. Beispiel: Das Ergebnis der vorstehenden Theorie kann leicht geprüft werden durch die Aufhängung beliebig gestalteter Körper an einem Faden, dessen Aufhängepunkt O an der Achse einer Schwungmaschine sich befindet. Wählt man z. B. eine K r e i s s c h e i b e, die am Ende eines Durchmessers aufgehängt ist, so stellt sich diese entsprechend der Lage I bald so ein, daß ihre Achse nahezu senkrecht steht, Abb. 82a, wobei sich mit steigendem Drehwert ω nach Gl. 2) der Schwerpunkt der lotrechten Drehachse näher rückt. Gibt man dem Faden dagegen von vornherein eine starke Auslenkung, so geht sie sofort in die stabile Lage II über, während die labile Lage III praktisch gar nicht zum Vorschein kommt. Ähnlich verhalten sich andere Körper, wie z. B. Kegel, Zylinder und beliebige Stäbe.

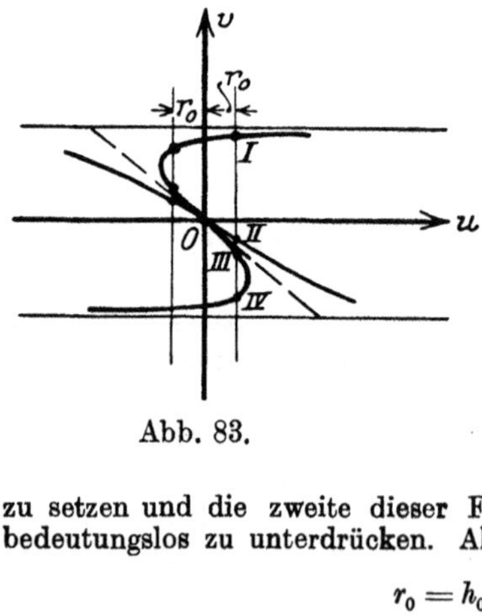

Abb. 83.

Besonders auffallend ist das Verhalten einer g e s c h l o s s e n e n K e t t e, die anfänglich schlaff herabhängend bei steigendem Drehwert nach kurzem Schleudern sich zu einem wagerechten Kreisring aufwindet, der dann ebenso rotiert, wie die feste Scheibe, Abb. 82b.

2. Beispiel: Denken wir uns den Faden OP ersetzt durch einen festen Arm a, so erhalten wir ein Kegelpendel, dessen Bewegung wir schon im § 6 im Anschluß an das Kugelpendel betrachtet haben. Um dessen Gleichgewichtslage abzuleiten, brauchen wir in der ersten Gl. 7) $l \sin \varphi = r_0$ zu setzen und die zweite dieser Formeln wegen der Beständigkeit von φ als bedeutungslos zu unterdrücken. Alsdann bleibt mit $g : \omega^2 = h_0$

$$r_0 = h_0 \operatorname{tg} \vartheta - l_0 \sin \vartheta \quad \ldots \ldots \ldots \ldots \quad 12)$$

oder an Stelle der ersten Gl. 11)

$$r_0 = h_0 \frac{v}{\sqrt{1-v^2}} - l_0 v \quad \ldots\ldots\ldots\ldots \quad 12\text{a})$$

Zeichnen wir die rechts stehende Funktion von v nach den oben angegeben Regeln in Abb. 83 auf und schneiden sie durch eine Parallele zur v-Achse im Abstande r_0, so erhalten wir ersichtlich 4 Schnittpunkte, die den im 3. Beispiel des § 6 Gl. 17) durch Schnitt der beiden Kurven

$$u = h_0 \operatorname{tg} \vartheta, \qquad u = r_0 + l_0 \sin \vartheta$$

gewonnenen vollkommen entsprechen. Die beiden Lagen *III* und *IV* werden in diesem Falle nur solange reell als r_0 absolut kleiner ist als der Höchstwert der rechten Seite von 12), dem der durch

$$l_0 \cos^3 \vartheta_0 = h_0 \quad \ldots\ldots\ldots\ldots\ldots \quad 13)$$

bestimmte Winkel zugehört und nach den Darlegungen des 3. Beispiels § 6 eine indifferente Gleichgewichtslage entspräche. Außerdem erkennt man, daß die dortige Gleichgewichtsbedingung 15) mit der vorstehenden Gl. 12) vollständig übereinstimmt, wenn wir in der ersteren die Länge l durch die reduzierte Pendellänge l_0 ersetzen.

§ 32. Die Regelung von Kraftmaschinen. Wir haben im zweiten Beispiel des letzten Abschnittes gesehen, daß ein körperliches Kegelpendel mit festem Aufhängepunkt im Abstande r_0 von der Drehachse für jeden Drehwert zwei stabile Gleichgewichtslagen besitzt, die uns auch schon im 3. Beispiel § 6 begegnet sind. Dort wurde auch schon erwähnt, daß sie zur Messung der Umlaufszahl selbst in sog. Tachometern mit offenem oder gekreuztem Gestänge benutzt werden. Wegen der großen Bedeutung derartiger Vorrichtungen für die Regelung der Umlaufszahl von Kraftmaschinen wollen wir zunächst die Schwingungen um die stabilen Ruhelagen ins Auge fassen.

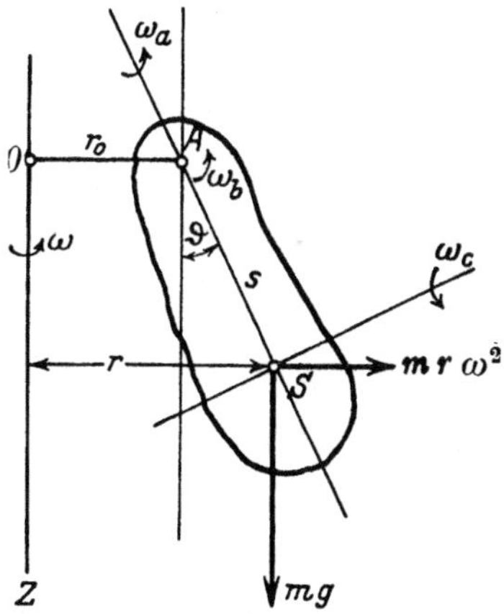

Abb. 84.

Bezeichnen wir wieder, Abb. 84, den Auslenkungswinkel der Schwerachse AS des Pendelkörpers mit dessen Lote mit ϑ, das Schwungmoment um die Schwerachse mit Θ_a, die Schwungmomente um die dazu senkrechten Schwerachsen senkrecht zur Meridianebene und in dieser mit Θ_b und Θ_c, so besteht für die Drehung in der Meridianebene um A die Eulersche Gleichung

$$(\Theta_b + ms^2)\dot{\omega}_b - (\Theta_c - \Theta_a)\,\omega_a\,\omega_c = M_b \quad \ldots\ldots \quad 1)$$

Hierin setzen wir zur Abkürzung unter Einführung der Schwungarme um den Schwerpunkt

$$\Theta_a = ma^2, \qquad \Theta_b = mb^2, \qquad \Theta_c = mc^2 \quad \ldots\ldots \quad 2)$$

und weiter mit dem Drehwert ω um die z-Achse im Anschluß an Abb. 79 § 31

$$\omega_a = \omega \cos \vartheta, \qquad \omega_c = \omega \sin \vartheta, \qquad \omega_b = \dot{\vartheta}, \quad \ldots\ldots \quad 3)$$

so daß wir an Stelle von 1) erhalten:

$$[(b^2+s^2)\ddot{\vartheta}-(c^2-a^2)\,\omega^2\sin\vartheta\cos\vartheta]\,m=M_b \quad \ldots\ldots 1\text{a})$$

Dieses Drehmoment ergibt sich aber auch andererseits durch die Parallelverschiebung des Körpergewichts mg und der Fliehkraft $mr\omega^2$ vom Schwerpunkt nach dem Aufhängungspunkt mit $r=r_0+$ $+s\sin\vartheta$ zu

$$M_b=m(r_0+s\sin\vartheta)\,s\,\omega^2\cos\vartheta-mg\,s\sin\vartheta, \qquad 4)$$

so daß wir durch Verbindung mit 1a) erhalten:

$$(b^2+s^2)\ddot{\vartheta}-(c^2-a^2+s^2)\,\omega^2\sin\vartheta\cos\vartheta$$
$$-r_0 s\omega^2\cos\vartheta+gs\sin\vartheta=0 \quad \ldots\ldots 1\text{b})$$

Dividieren wir mit s und führen durch die Abkürzungen

$$\frac{b^2+s^2}{s}=l, \qquad \frac{c^2+s^2-a^2}{s}=l_0 \quad \ldots\ldots 6)$$

die Pendellängen für die senkrecht zur Meridianebene und in dieser durch den Aufhängepunkt A gehenden Achsen ein, so lautet unsere Gleichung:

$$l\ddot{\vartheta}-\omega^2(r_0+l_0\sin\vartheta)\cos\vartheta+g\sin\vartheta=0. \quad \ldots\ldots 1\text{c})$$

Sie würde mit $l=l_0$ mit der Bewegungsgleichung 14b) § 6 des Kegelfadenpendels übereinstimmen, da für dieses entsprechend dem Massenpunkt die Schwungarme um den Schwerpunkt $a=b=c=0$ sind, womit $l=l_0=s$ wird. Jedenfalls erkennt man daraus, daß der stabile Schwingungsvorgang des Körperpendels um eine Ruhelage sich genau so abspielt wie der des Fadenpendels, so daß wir hierauf nicht weiter einzugehen brauchen.

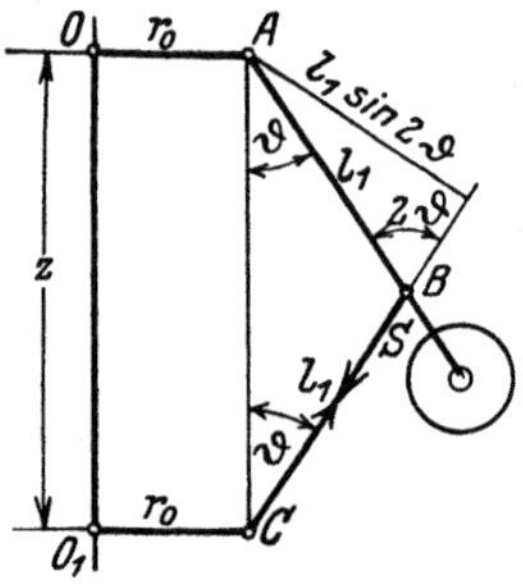

Abb. 85.

Nun bewegt sich aber der Pendelkörper, der, wie in Abb. 85 angedeutet ist, gewöhnlich aus einer schweren Kugel an einer Stange besteht, nicht frei, sondern ist im Punkte B durch eine weitere Stange mit einer auf der Achse $O\,O_1$ verschiebbaren Hülse verbunden, die entweder durch ein Gewicht $H_1=m_1 g$ oder eine Federkraft belastet ist und ihrer Verschiebung außerdem einen als Verstellungskraft bezeichneten axialen Widerstand Q entgegengesetzt, auf den wir später noch zurückkommen werden. Setzen wir der Einfachheit halber

$$O_1C=OA=r_0. \qquad AB=BC=l_1,$$

so können wir die Wirkung der Stange BC durch die in ihr wirkende Kraft S ersetzen, die mit dem Hebelarm $l_1\sin 2\vartheta$ auf den Pendelkörper ein Moment $Sl_1\sin 2\vartheta$ im Sinne der Verkleinerung des Winkels ϑ ausübt. Führen wir außerdem noch den Abstand

$OO_1 = AC = z$ der beiden Drehpunkte A und C ein, so besteht für die Hülsenbewegung die Gleichung;

$$G_1 + Q - S\cos\vartheta = m_1 \ddot{z}, \quad \ldots \quad 7)$$

während durch Hinzutritt des Momentes $S l_1 \sin 2\vartheta$ die mit lm erweiterte Gleichung 1c) übergeht in

$$ml^2 \ddot{\vartheta} = \omega^2 ml (r_0 + l_0 \sin\vartheta)\cos\vartheta - mgl\sin\vartheta - Sl_1 \sin 2\vartheta. \quad . \; 8)$$

Da nun nach Abb. 85

$$\left.\begin{array}{ll} z = 2 l_1 \cos\vartheta, & \dot{z} = -2 l_1 \dot{\vartheta}\sin\vartheta \\ \ddot{z} = -2 l_1 (\ddot{\vartheta}\sin\vartheta + \dot{\vartheta}^2\cos\vartheta) & \end{array}\right\} \quad \ldots \quad 9)$$

ist, so wird aus 7)

$$S\cos\vartheta = G_1 + Q + 2 l_1 m_1 (\ddot{\vartheta}\sin\vartheta + \dot{\vartheta}^2\cos\vartheta) \quad \ldots \; 7\text{a})$$

und nach Einsetzen in Gl. 8) wegen $\sin 2\vartheta = 2\sin\vartheta\cos\vartheta$

$$\begin{aligned} (ml^2 + 4 m_1 l_1^2 \sin^2\vartheta)\ddot{\vartheta} &= \omega^2 ml (r_0 + l_0\sin\vartheta)\cos\vartheta - \\ &- (Gl + 2(G_1 + Q) l_1)\sin\vartheta - 4 m_1 l_1^2 \dot{\vartheta}^2 \sin\vartheta\cos\vartheta. \; . \; 8\text{a}) \end{aligned}$$

Diese Differentialgleichung der Bewegung des Tachometers ist auch für beständige Werte von ω nicht integrabel. Es bleibt daher nur die Beschränkung auf kleine Ausschläge aus der statischen Ruhelage ϑ_0 übrig, die wir durch Einsetzen von

$$\sin\vartheta = \sin\vartheta_0 + \vartheta\cos\vartheta_0, \qquad \cos\vartheta = \cos\vartheta_0 - \vartheta\sin\vartheta_0 \quad . \; . \; 10)$$

und Vernachlässigung der Produkte $\vartheta\ddot{\vartheta}$ und $\dot{\vartheta}^2$ erhalten. Damit wird aus 8a)

$$\begin{aligned} (ml^2 + 4 m_1 l_1^2 \sin^2\vartheta_0)\ddot{\vartheta} &= \omega^2 ml (r_0 + l_0\sin\vartheta_0)\cos\vartheta_0 \\ &- (Gl + 2(G_1 + Q) l_1)\sin\vartheta_0 + \omega^2 ml (l_0\cos 2\vartheta_0 - r_0\sin\vartheta_0)\vartheta \\ &- (Gl + 2(G_1 + Q) l_1)\vartheta\cos\vartheta_0. \quad \ldots \quad 11) \end{aligned}$$

Da nun in den Gleichgewichtsanlagen ϑ_0 sowohl ϑ als auch auch $\ddot{\vartheta}$ verschwinden, so gilt hierfür bei unveränderlicher Verstellungskraft Q nach Größe und Richtung

$$(Gl + 2(G_1 + Q) l_1)\sin\vartheta_0 = \omega^2 ml (r_0 + l_0\sin\vartheta_0)\cos\vartheta_0 \quad . \; . \; 12)$$

eine Bedingung, die mit $G_1 + Q = 0$ wie leicht ersichtlich, mit Gl. 2) des letzten Abschnittes übereinstimmt. Aus ihr erkennt man die Möglichkeit der Anpassung des Tachometers an beliebige Drehwerte durch Änderung des Hülsengewichtes G_1. Wegen 12) vereinfacht sich die Formel 11) in

$$\begin{aligned} (ml^2 + 4 m_1 l_1^2 \sin^2\vartheta_0)\ddot{\vartheta} &= \omega^2 ml (l_0\cos 2\vartheta_0 - r_0\sin\vartheta_0)\vartheta \\ &- (Gl + 2(G_1 + Q) l_1)\vartheta\cos\vartheta_0 \quad . \; . \; 11\text{a}) \end{aligned}$$

und schließlich nach Ausschaltung der letzten Klammer rechts mit

Hilfe der Bedingungsgleichung 12) in

$$(ml^2 + 4\,m_1\,l_1^{\,2}\sin^2\vartheta_0)\,\ddot{\vartheta} + \omega^2\,ml\,\frac{r_0 + l_0\sin^3\vartheta_0}{\sin\vartheta_0}\,\vartheta = 0\,. \quad . \quad 11\,\text{b})$$

Das ist aber die Differentialgleichung einer einfachen Schwingung um die Ruhelage ϑ_0, solange der Bedingung

$$\frac{r_0}{\sin\vartheta_0} + l_0\sin^2\vartheta_0 > 0 \quad . \quad . \quad . \quad . \quad . \quad . \quad . \quad . \quad . \quad . \quad 13)$$

genügt ist. Diese trifft für $\sin\vartheta_0 > 0$, d. h. für Tachometer mit offenem Gestänge ohne weiteres zu und ist auch für solche mit $\sin\vartheta_0 < 0$ also gekreuztem Gestänge durch hinreichend große Werte von l_0 leicht zu erfüllen.

Dagegen ist mit der Kenntnis des Schwingungsvorganges das Wesen der Maschinenregelung noch gar nicht berührt, da diese auf dem Zusammenarbeiten des Tachometers und der Maschinen beruht, deren Drehwert zwar demjenigen der Tachometerspindel infolge starrer Kupplung verhältnisgleich ist, aber nicht als beständig angesehen werden kann. Wir setzen demgemäß mit einer kleinen Schwankung ε des Drehwertes

$$\left.\begin{aligned} \omega &= \omega_0 + \varepsilon \\ \omega^2 &= \omega_0^{\,2} + 2\,\omega_0\,\varepsilon \end{aligned}\right\} \quad . \quad . \quad . \quad . \quad . \quad . \quad . \quad . \quad . \quad 14)$$

und denken uns weiterhin in die als Stellzeug bezeichnete Verbindung der Tachometerhülse mit der von ihm betätigten Steuerung der Maschine einen sog. Katarakt, d. h. eine Bremsvorrichtung eingeschaltet, die als Dämpfung wirkt. Wir dürfen daher mit Rücksicht auf Gl. 9) für die Verstellkraft schreiben

$$Q = Q_0 - \mu\dot{z} = Q_0 + 2\,\mu l_1\,\dot{\vartheta}\sin\vartheta_0 \quad . \quad . \quad . \quad . \quad . \quad . \quad 15)$$

und erhalten nach Einführung der Ausdrücke 14) und 15) in Gl. 11) nach Vernachlässigung der kleinen Produkte $\vartheta\dot{\vartheta}$ und $\varepsilon\vartheta$

$$\begin{aligned} (ml^2 + 4\,m_1\,l_1^{\,2}\sin^2\vartheta_0)\,\ddot{\vartheta} &= ml\,(r_0 + l_0\sin\vartheta_0)\,(\omega_0^{\,2} + 2\,\omega_0\,\varepsilon)\cos\vartheta_0 \\ &- (Gl + 2\,(G_1 + Q_0)\,l_1)\sin\vartheta_0 + \omega_0^{\,2}\,ml\,(l_0\cos 2\,\vartheta_0 - r_0\sin\vartheta_0)\,\vartheta \\ &- (Gl + 2\,(G_1 + Q_0)\,l_1)\,\vartheta\cos\vartheta_0 - 4\,\mu\,l_1^{\,2}\,\dot{\vartheta}\sin^2\vartheta_0\,. \quad . \quad . \quad . \quad . \quad 11\,\text{c}) \end{aligned}$$

Da in den Gleichgewichtslagen $\vartheta = 0$, $\dot{\vartheta} = 0$, $\ddot{\vartheta} = 0$, $\varepsilon = 0$ ist, so gilt auch entsprechend 12)

$$(Gl + 2\,(G_1 + Q_0)\,l_1)\sin\vartheta_0 = \omega_0^{\,2}\,ml\,(r_0 + l_0\sin\vartheta_0)\cos\vartheta_0, \quad 12\,\text{a})$$

so daß wir unter gleichzeitiger Ausschaltung des Klammerausdruckes links aus der obigen Formel 11c) erhalten

$$\begin{aligned} (ml^2 + 4\,m_1\,l_1^{\,2}\sin^2\vartheta_0)\,\ddot{\vartheta} + 4\,\mu\,l_1^{\,2}\,\dot{\vartheta}\sin^2\vartheta_0 + \omega_0^{\,2}\,ml\,\frac{r_0 + l_0\sin^3\vartheta_0}{\sin\vartheta_0}\,\vartheta \\ = 2\,\omega_0\,\varepsilon\,ml\,(r_0 + l_0\sin\vartheta_0)\cos\vartheta_0\,. \quad . \quad . \quad . \quad 16) \end{aligned}$$

Es ist dies die Differentialgleichung einer erzwungenen

Schwingung mit Dämpfung, deren den Zwang darstellendes Störungsglied auf der rechten Seite durch die Schwingungen des Drehwertes des Tachometers und damit der Maschine selbst bedingt wird. Bezeichnen wir den Drehwert der Maschine mit ω', so ist nach Gl. 9a) § 24 mit einem Schwungmoment Θ_0 der umlaufenden Massen, sowie im Falle des Ausgleichs der nur hin- und hergehenden angenähert

$$(T-W)r=\dot{\omega}'\,\Theta_0=n\,\dot{\varepsilon}\,\Theta_0, \quad \ldots\ldots\ldots 17)$$

worin T die gesamte Drehkraft und W den Gesamtwiderstand am Kurbelarm r und n das Übersetzungsverhältnis der Maschinen- zur Reglerdrehzahl, bedeutet. Der Unterschied $T-W$ ist nun bei Kolbenkraftmaschinen im allgemeinen eine periodische Funktion des Drehwinkels φ der Kurbel, also angenähert auch der Zeit. Wir wollen hier indessen zunächst von den Schwankungen innerhalb eines Umlaufes der Maschine absehen und nur endliche Werte von $T-W$ unter dem Einfluß des Reglers zulassen. Dies wird durch das Stellzeug derartig bewirkt, daß bei sinkender Hülse, also zunehmendem z infolge des abnehmenden Drehwertes, der Unterschied $T-W$ wächst, um den Drehwert wieder zu heben. Wir dürfen somit mit einem Beiwert T_0 setzen:

$$(T-W)r=T_0(z-z_0)=-2\,T_0\,l_1\,\vartheta\sin\vartheta_0, \quad \ldots\ldots 18)$$

oder mit 17)

$$\dot{\varepsilon}=-2\,l_1\frac{T_0}{n\,\Theta_0}\,\vartheta\sin\vartheta_0 \ldots\ldots\ldots 19)$$

Die Einführung dieses Ausdruckes in die Schwingungsformel 16) erfordert also deren nochmalige Ableitung nach der Zeit, so daß wir schließlich erhalten:

$$\begin{aligned}(ml^2+4\,m_1\,l_1^2\sin^2\vartheta_0)\dddot{\vartheta}&+4\,\mu\,l_1^2\sin^2\vartheta_0\cdot\ddot{\vartheta}\\ &+\omega_0^2\,ml\frac{r_0+l_0\sin^3\vartheta_0}{\sin\vartheta_0}\dot{\vartheta}\\ &+2\,\omega_0\frac{m\,T_0\,ll_1}{n\,\Theta_0}(r_0+l_0\sin\vartheta_0)\sin 2\,\vartheta_0\cdot\vartheta=0 \quad \ldots\ldots 20)\end{aligned}$$

oder mit leicht verständlichen Abkürzungen für die beständigen Beiwerte der Veränderlichen ϑ und ihren Ableitungen

$$A_3\dddot{\vartheta}+A_2\ddot{\vartheta}+A_1\dot{\vartheta}+A_0\vartheta=0 \ldots\ldots\ldots 20\text{a})$$

Diese Differentialgleichung mit festen Beiwerten A wird befriedigt durch den Ansatz $\vartheta=Ce^{\varkappa t}$ und führt damit für den Beiwert $\varkappa$ auf die kubische Gleichung

$$A_3\varkappa^3+A_2\varkappa^2+A_1\varkappa+A_0=0 \ldots\ldots\ldots 20\text{b})$$

Sind die Beiwerte A, was in den meisten Fällen zutreffen dürfte, sämtlich positiv, so werden die Wurzeln von 20b) entweder alle reell und negativ, oder nur eine reell und negativ, während die beiden andern konjugiert komplex ausfallen. Im ersteren Falle nähert sich der Regler nach einer Störung durch Änderung des Drehwertes asymptotisch einer Ruhelage und dem zugehörigen Drehwert ω_0. Im anderen Falle haben wir mit

$$\varkappa_1 = -\varkappa, \qquad \varkappa_{2\,3} = \alpha \pm i\beta \quad . \quad . \quad . \quad . \quad . \quad . \quad . \quad 21)$$

als Lösung der Differentialgleichung

$$\vartheta = C_1 e^{-\varkappa t} + e^{\alpha t}(C_2 e^{i\beta t} + C_3 e^{-i\beta t})$$
$$\vartheta = C_1 e^{-\varkappa t} + B e^{\alpha t} \sin(\beta t + \delta). \quad . \quad . \quad . \quad . \quad . \quad . \quad . \quad 22)$$

Das erste Glied hierin verschwindet asymptotisch mit der Zeit, das zweite dagegen stellt eine Schwingung dar, deren Ausschläge unbegrenzt zu- oder abnehmen, je nachdem α positiv oder negativ ist. Die Bedingung, welche die Festwerte von 20a) hierfür zu erfüllen haben, ergibt sich aus den Beziehungen zwischen den Wurzeln von 20b), d. i.

$$\left.\begin{aligned} \varkappa_1 + \varkappa_2 + \varkappa_3 &= -\frac{A_2}{A_3} \quad \text{oder} \quad & 2\alpha - \varkappa &= -\frac{A_2}{A_3} \\ \varkappa_1\varkappa_2 + \varkappa_2\varkappa_3 + \varkappa_3\varkappa_1 &= +\frac{A_1}{A_3} \quad \text{oder} \quad & \alpha^2 + \beta^2 - 2\alpha\varkappa &= \frac{A_1}{A_3} \\ \varkappa_1\varkappa_2\varkappa_3 &= -\frac{A_0}{A_3} \quad \text{oder} \quad & (\alpha^2 + \beta^2)\varkappa &= \frac{A_0}{A_3} \end{aligned}\right\} . \quad 21a)$$

Multiplizieren wir die beiden ersten Gleichungen miteinander und addieren dazu die dritte, so folgt:

$$\frac{A_0 A_3 - A_1 A_2}{A_3^{\,2}} = 2\alpha\,[(\alpha - \varkappa)^2 + \beta^2] \quad . \quad . \quad . \quad . \quad . \quad 21b)$$

Hieraus erkennt man, daß α dasselbe Vorzeichen besitzt, wie der Unterschied $A_0 A_3 - A_1 A_2$, der unmittelbar aus dem Vergleich von 20) und 20a) berechnet werden kann. Da nun der Regler nur brauchbar ist, wenn nach der Störung seine Schwingungsausschläge mit der Zeit stetig abnehmen, so muß $\alpha < 0$ oder für durchweg positive A

$$A_0 A_3 < A_1 A_2 \quad . \quad . \quad . \quad . \quad . \quad . \quad . \quad . \quad . \quad . \quad 21c)$$

sein. Nur in diesem Falle ist der Regler brauchbar; die Regelung versagt dagegen vollständig, wenn etwa, was nur für gekreuzte Tachometer möglich ist, $A_1 \leqq 0$, oder mit $A_2 = 0$ das Dämpfungsglied verschwindet. Daraus folgt, daß **ein ungedämpfter Regler im allgemeinen unbrauchbar ist, daß man ihn aber durch Einschalten einer Ölbremse mit regelbarer Dämpfung zum ordnungsgemäßen Zusammenarbeiten mit der Maschine zwingen kann.**

Bei der Anwendung der vorstehenden, zuerst von **Wischnegrádsky** angestellten Untersuchung auf praktische Fälle, ist nicht zu übersehen, daß ihre Gültigkeit an die Formeln 17) bzw. 18) geknüpft ist. Diese aber trifft streng genommen nur für Maschinen zu, deren Drehmoment keinen periodischen Schwankungen unterliegt, also Dampf- und Wasserturbinen oder vollkommen ausgeglichene Mehrkurbelmaschinen, vgl. § 23. Für nicht ausgeglichene Kolbenmaschinen mit weniger als vier Kurbeltrieben gilt die Energieformel 4a) § 24, für die wir kürzer schreiben dürfen:

$$n^2(\omega^2-\omega_0^2)\,\Theta_0=n^2\,\Theta\,\omega_0^2(\cos 2\,n\,\omega_0\,t-1)+2\int(T-W)\,r\,d\varphi$$

oder mit 14)

$$2\,n^2\,\omega_0\,\varepsilon\,\Theta_0=n^2\,\Theta\,\omega_0^2(\cos 2\,n\,\omega_0\,t-1)+2\int(T-W)\,r\,d\varphi$$

und nach Ableitung nach der Zeit mit $\dot\varphi=\omega_0$

$$n^2\,\dot\varepsilon\,\Theta_0=(T-W)\,r-n^3\,\Theta\,\omega_0^2\sin 2\,n\,\omega_0\,t$$

oder

$$(T-W)\,r=n^2\,\dot\varepsilon\,\Theta_0+n^3\,\Theta\,\omega_0^2\sin 2\,n\,\omega_0\,t \quad \ldots\ldots\ldots \quad 17\text{a})$$

Verbinden wir diese Formel mit der Gl. 18), so erhalten wir an Stelle von 19)

$$\dot\varepsilon=-2\,l_1\frac{T_0}{n^2\,\Theta_0}\,\vartheta\sin\vartheta_0-n\,\omega_0^2\,\frac{\Theta}{\Theta_0}\sin 2\,n\,\omega_0\,t\,.$$

Die Einführung dieses Ausdruckes in die selbst noch einmal differenzierte Schwingungsgleichung 16) liefert alsdann mit den schon benutzten Abkürzungen für die Beiwerte

$$A_3\,\dddot\vartheta+A_2\,\ddot\vartheta+A_1\,\dot\vartheta+A_0\,\vartheta=C\sin 2\,n\,\omega_0\,t\,, \quad \ldots\ldots \quad 23)$$

worin

$$C=-2\,n\,\omega_0^3\,m\,l\,\frac{\Theta}{\Theta_0}(r_0+l_0\sin\vartheta_0)\cos\vartheta_0\,. \quad \ldots\ldots\ldots \quad 23\text{a})$$

gesetzt wurde. Wollte man noch genauer vorgehen, so müßte an Stelle des Störungsgliedes auf der rechten Seite von 23) eine periodische Reihe mit Vielfachen von $n\,\omega_0\,t$ stehen, deren höhere Glieder aber gegen das angeschriebene zurücktreten. Das allgemeine Integral von 23) ergibt alsdann eine Eigenschwingung von der Gestalt 22) und ein rein periodisches Glied, daß sich in leichten Zuckungen des Tachometers kund gibt, die nur im Falle des durch $\beta=2\,n\,\omega_0$ gekennzeichneten Gleichklangs der Schwingungsdauer des Reglers mit der halben Umdrehungsdauer der Maschine lästig werden.

§ 33. Die Bewegung und Stabilität der Freifahrzeuge. Unter frei beweglichen Fahrzeugen oder kürzer Freifahrzeugen wollen wir solche verstehen, die nicht an eine feste Bahn oder an eine vorgelegte Oberfläche gebunden sind, sondern unter dem Einfluß äußerer Kräfte und Momente als starre Körper betrachtet den sechs Freiheitsgraden folgen können. Dies trifft z. B. zu für Luftschiffe, Flugzeuge und Unterseeboote, einschließlich der Torpedos, nicht aber für Eisenbahnen oder Straßenfuhrwerke und Schiffe, die sich auf der festen oder flüssigen Erdoberfläche bewegen Von den Freifahrzeugen wird nun im allgemeinen ebenso wie von denen an die Erdoberfläche gebundenen die Einhaltung einer gegebenen Fahrtrichtung verlangt; nur kann diese beliebig gegen die Erdoberfläche geneigt sein. Außerdem aber sollen die Hauptachsen dieser Fahrzeuge im Bewegungszustand eine bestimmte Lage gegen die Fahrtrichtung und die Erdoberfläche einnehmen, die sich im Falle äußerer Störungen unter Vollzug gedämpfter Schwingungen von selbst wieder einstellt. Alsdann ist die Bewegung des Fahrzeuges stabil, während ein dauerndes Anwachsen etwaiger Lagenänderungen gegenüber dem Beharrungszustande das damit instabile Fahrzeug als gefährlich und für einen regelrechten Betrieb ungeeignet erscheinen läßt.

Wir betrachten zunächst die Vorwärtsbewegung des Fahrzeuges im Beharrungszustande mit lotrechter Symmetrieebene, Abb. 86. In dieser liegen alsdann zwei Hauptachsen x uud z, während die dazu normale y-Achse wagerecht sein möge. Die Bewegungsrichtung sei gegen die Längsachse x um den zunächst beständigen Winkel β geneigt, während die z-Achse mit der Senkrechten in der Symmetrieebene den Winkel ψ bildet. Alsdann wirkt in der Längsachse nach vorn der Schraubenschub S, in der Bewegungsrichtung, also um β dagegen geneigt, nach hinten der Widerstand W und senkrecht dazu nach oben der dynamische Auftrieb A, welche beide erfahrungsgemäß mit dem Quadrate des Laufes v wachsen. Senkrecht nach unten wirkt im Körperschwerpunkt das Gewicht G des Fahrzeugs und in entgegengesetzter Richtung, also nach oben, der hydrostatische Auftrieb A_0 im sog. Verdrängungsschwerpunkt, beide mit der Neigung ψ gegen die z-Achse. Die beiden Schwerpunkte mögen nun auf der z-Achse eines im Körper festgedachten Achsenkreuzes liegen und von dessen Ursprung die nach unten positiven Abstände s und s_0 haben, während der Schnittpunkt der dynamischen Kräfte W und A die Achsenabstände x_0, y_0 in der Symmetrieebene besitzen mögen. Alsdann bestehen im Beharrungszustand die drei Gleichgewichtsbedingungen in der Symmetrieebene:

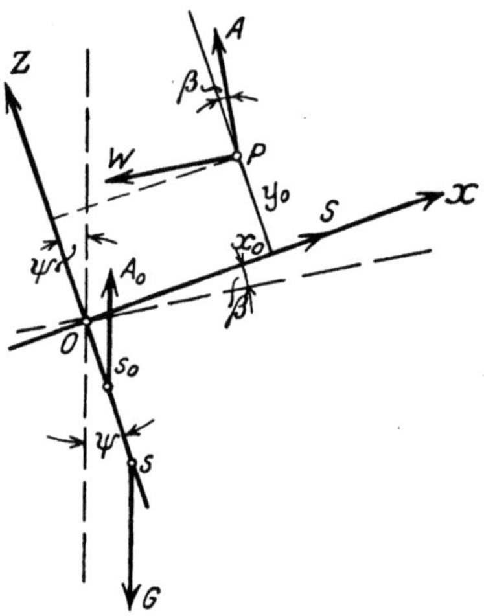

Abb. 86.

$$\left.\begin{aligned} \sum X &= S - W\cos\beta + A\sin\beta + (A_0 - G)\sin\psi = 0 \\ \sum Z &= \qquad W\sin\beta + A\cos\beta + (A_0 - G)\cos\psi = 0 \\ M_y &= W(x_0\sin\beta + y_0\cos\beta) + A(x_0\cos\beta - y_0\sin\beta) \\ &\qquad + (A s_0 - G s)\sin\psi = 0 \end{aligned}\right\} . \quad 1)$$

Mit Rücksicht auf die Sicherheit der Fahrgäste sind nur so kleine Neigungswinkel ψ und β zulässig, daß man

$$\cos\beta = \cos\psi = 1, \qquad \sin\beta = \beta, \qquad \sin\psi = \psi$$

setzen darf, womit die obenstehenden Gleichungen sich vereinfachen in

$$\left.\begin{aligned} S - W + A\beta + (A_0 - G)\psi &= 0 \\ W\beta + A + A_0 - G &= 0 \\ W(x_0\beta + y_0) + A(x_0 - y_0\beta) + (A s_0 - G s)\psi &= 0 \end{aligned}\right\} . \; . \; 1\text{a})$$

Hierin sind das Gewicht G und der statische Auftrieb A_0 unveränderlich, während mit zwei für jedes Freifahrzeug versuchsmäßig zu bestimmenden Beiwerten ζ_1 und ζ_2 hinreichend genau:

$$A = \zeta_1 v^2 \beta, \quad W = \zeta_2 v^2 \quad \ldots \ldots \ldots \quad 2)$$

anzusetzen ist, so daß wir an Stelle von 1a) auch haben

$$\left.\begin{aligned} S + (\zeta_1 \beta^2 - \zeta_2) v^2 + (A_0 - G)\psi &= 0 \\ (\zeta_1 + \zeta_2)\beta v^2 + A_0 - G &= 0 \\ [(\zeta_1 + \zeta_2) x_0 \beta - (\zeta_1 \beta^2 - \zeta_2) y_0] v^2 + (A_0 s_0 - G s)\psi &= 0 \end{aligned}\right\} \quad . \quad . \; 1\text{b})$$

In diesen drei Formeln treten die vier Veränderlichen S, v, ψ, β auf, von denen jeweils eine vorgelegt sein muß, um die drei andern zu berechnen. Ist insbesondere $S = 0$, so ergeben die Gl. 1b) die Bewegung beim Gleit- oder Segelflug, wobei stets zu beachten ist, daß unter v der Relativlauf des Fahrzeuges gegen die umgebende Luft, bzw. beim Tauchboot gegen das Wasser, nicht aber dessen Lauf gegen die feste Erdoberfläche zu verstehen ist.

Wir gehen nun zum allgemeinen Fall über, bei dem der Lauf v des Freifahrzeuges außer der im allgemeinen veränderlichen Neigung β gegen die xy-Ebene, noch eine Neigung α gegen die xz-Ebene besitzt, Abb. 87. Sind beide Winkel klein, so haben wir für die drei Achsenanteile des Laufes

$$v_x = v, \quad v_y = v\alpha, \quad v_z = -v\beta \quad 3)$$

und für einen veränderlichen Lauf mit der kleinen Schwankung u gegen den Mittelwert

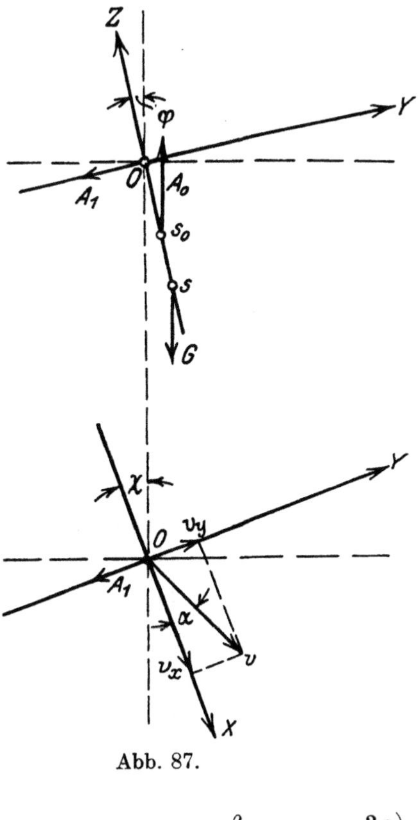

Abb. 87.

$$v = v_0 + u = v_x, \quad v_y = \alpha v_0, \quad v_z = -\beta v_0 \quad . \; . \; . \; 3\text{a})$$

mit einem Abtriebe

$$A_1 = \zeta_3 v_0 \cdot v_y = \zeta_3 v_0^2 \alpha \quad \ldots \ldots \ldots \quad 2\text{a})$$

in der y-Richtung.

Im allgemein Falle behält aber auch die y-Achse des Fahrzeuges ihre wagerechte Lage nicht bei, sondern erleidet Drehungen φ und χ um die x- und z-Achse, mit den Drehwerten $\dot{\varphi}$ und $\dot{\chi}$, zu denen noch der Drehwert $\dot{\psi}$ um die y-Achse selbst hinzutritt, der eine

Veränderung des Neigungswinkels ψ gegen das Lot zur Folge hat. Da weder die Fortbewegung gleichförmig erfolgt, noch die Drehwerte um die Achsen unveränderlich sein dürfen, was mit der Stabilität von vornherein unverträglich wäre, so befindet sich das Fahrzeug im allgemeinen nicht im Zustande des Gleichgewichts. Alsdann aber verschwinden weder die Kräfte 1) in den Achsenrichtungen x und z, noch das Moment M_y, es tritt vielmehr infolge der Schrägstellung noch ein Kraftanteil Y auf, der sich aus dem Abtrieb 2a) und einem Anteil $(A_0 - G)\varphi$ des statischen Auftriebes und des Gewichts zusammensetzt und ein Moment um die x-Achse vom Betrage $(A_0 s_0 - G s)\varphi$ bedingt. Dazu kommen ferner durch die verschiedenen Steuervorrichtungen Kräfte X', Y', Z' in den Achsenrichtungen und Momente M_x', M_y', M_z' und schließlich Dämpfungsmomente $2\varepsilon_1 \Theta_a \dot{\varphi}$, $2\varepsilon_2 \Theta_b \dot{\psi}$, $2\varepsilon_3 \Theta_c \dot{\chi}$ gegen die entsprechenden Drehungen mit den Drehwerten $\dot{\varphi}$, $\dot{\psi}$, $\dot{\chi}$ um die 3 Achsen. Von den Eulerschen Momenten, mit denen die Antriebsschraube auf Richtungsänderungen ihrer Achse antwortet, werde der Einfachheit halber zunächst abgesehen. Damit erhalten wir an Stelle der Formeln 1) bzw. 1b) die Gesamtkräfte und Momente

$$\left.\begin{aligned} X &= S + (\zeta_1 \beta^2 - \zeta_2) v^2 + (A_0 - G)\psi + X' \\ Y &= -\zeta_3 v_0^2 \alpha + (A_0 - G)\varphi + Y' \\ Z &= (\zeta_1 + \zeta_2) v^2 \beta + (A_0 - G) + Z' \end{aligned}\right\} \quad \ldots \ldots \quad 4)$$

$$\left.\begin{aligned} M_x &= (A_0 s_0 - G s)\varphi + M_x' - 2\varepsilon_1 \Theta_a \dot{\varphi} \\ M_y &= (A_0 s_0 - G s)\psi + M_y' - 2\varepsilon_2 \Theta_b \dot{\psi} \\ &\quad + [(\zeta_1 + \zeta_2) x_0 \beta - (\zeta_1 \beta^2 - \zeta_2) y_0] v^2 \\ M_z &= M_z' - 2\varepsilon_3 \Theta_c \dot{\chi} \end{aligned}\right\} \quad \ldots \ldots \quad 5)$$

Die Ruderkräfte X', Y', Z' werden durch willkürliche Schrägstellung der Ruderflächen bedingt, die im Beharrungszustand mit den Achsenebenen des Fahrzeuges zusammenfallen. Jede solche Fläche ergibt somit wie schon die Tragflächen eines Flugzeuges, einen Widerstand und einen Auftrieb, bzw. einen Abtrieb, die ihrerseits mit v^2 und dem Verdrehungswinkel wachsen. Da man im allgemeinen ein wagerechtes Höhensteuer, ein lotrechtes Seitensteuer und zwei wagerechte Verwindungsflächen (an den Tragflächenenden) hat, so setzt sich jeder der Kraftanteile X', Y', Z' und Momentenanteile M_x', M_y' M_z' aus drei Teilen zusammen. Nehmen wir der Einfachheit halber feste Auslenkungen aller Ruder an, so dürfen wir die Einzelbestandteile zusammenfassen und mit neuen Festwerten ζ', ζ'' schreiben

$$\left.\begin{aligned} X' &= \zeta_1' v^2, & Y' &= \zeta_2' v^2, & Z' &= \zeta_3' v^2 \\ M_x' &= \zeta_1'' s_1 v^2, & M_y' &= \zeta_2'' s_2 v^2, & M_z' &= \zeta_3'' s_3 v^2 \end{aligned}\right\}, \quad \ldots \quad 6)$$

worin s_1, s_2, s_3 die den Ruderauslenkungen entsprechenden Hebelarme bedeuten. Damit erhalten wir an Stelle von 4) und 5)

$$\left.\begin{aligned} X &= S + (\zeta_1 \beta^2 - \zeta_2 + \zeta_1') v^2 + (A_0 - G) \psi \\ Y &= (\zeta_2' - \zeta_3 \alpha) v^2 + (A_0 - G) \varphi \\ Z &= (\zeta_1 \beta + \zeta_2 \beta + \zeta_3') v^2 + (A_0 - G) \end{aligned}\right\} \quad \ldots \text{4a)}$$

$$\left.\begin{aligned} M_x &= (A_0 s_0 - G s) \varphi + \zeta_1'' s_1 v^2 - 2 \varepsilon_1 \Theta_a \dot{\varphi} \\ M_y &= (A_0 s_0 - G s) \psi + [(\zeta_1 + \zeta_2) x_0 \beta \\ &\quad - (\zeta_1 \beta^2 - \zeta_2) y_0 + \zeta_2'' s_2] v^2 - 2 \varepsilon_2 \Theta_b \dot{\psi} \\ M_z &= \zeta_3'' s_3 v^2 - 2 \varepsilon_3 \Theta_c \dot{\chi} \end{aligned}\right\} \quad \ldots \text{5a)}$$

Eine weitere Vereinfachung dieser Formel gewinnen wir dadurch, daß wir in ihnen nach 3a) $v = v_0 + u$ setzen und angesichts der Kleinheit von u die mit u^2 behafteten Glieder sowie die Produkte von u mit kleinen Winkeln vernachlässigen. Setzen wir außerdem noch für die beiden Winkel $\psi = \psi_0 + \psi'$ und $\beta = \beta_0 + \beta'$, wobei die mit dem Zeiger Null behafteten Größen dem Beharrungszustande entsprechen und daher den Formeln 1b) genügen, so bleibt:

$$\left.\begin{aligned} X &= (2 \zeta_1 \beta_0 \beta' + \zeta_1') v_0^2 - 2 (\zeta_2 - \zeta_1') v_0 u + (A_0 - G) \psi' \\ Y &= (\zeta_2' - \zeta_3 \alpha) v_0^2 + 2 \zeta_2' v_0 u + (A_0 - G) \varphi \\ Z &= (\zeta_1 + \zeta_2) \beta' v_0^2 + 2 \zeta_3' v_0 u + \zeta_3' v_0^2 \end{aligned}\right\} \quad \ldots \text{4b)}$$

$$\left.\begin{aligned} M_x &= \zeta_1'' s_1 v_0^2 + 2 \zeta_1'' s_1 v_0 u + (A_0 s_0 - G s) \varphi - 2 \varepsilon_1 \Theta_a \dot{\varphi} \\ M_y &= [(\zeta_1 + \zeta_2) x_0 \beta' - 2 \beta_0 \beta' \zeta_1 + \zeta_2'' s_2] v_0^2 \\ &\quad + 2 (\zeta_2 y_0 + \zeta_2'' s_2) v_0 u + (A_0 s_0 - G s) \psi' - 2 \varepsilon_2 \Theta_b \dot{\psi}' \\ M_z &= \zeta_3'' s_3 v_0^2 + 2 \zeta_3'' s_3 v_0 u - 2 \varepsilon_3 \Theta_c \dot{\chi} \end{aligned}\right\} \quad \ldots \text{5b)}$$

Die vorstehenden Ausdrücke, in denen außer beständigen Gliedern die sechs übrigens kleinen Veränderlichen $u, \alpha, \beta', \varphi, \psi', \chi$ auftreten, sind nun in die **Bewegungsgleichungen** des Freifahrzeugs einzuführen, welche wir ebenfalls in bezug auf das im Körper feste Hauptachsenkreuz x, y, z aufzustellen haben. Als Momentenformeln kommen hierfür offenbar die uns schon geläufigen Eulerschen Gleichungen in Frage, in denen nur die Produkte der Drehwerte $\omega_x, \omega_y, \omega_z$ als klein von zweiter Ordnung vernachlässigt werden dürfen. Von den Gleichungen für die Fortbewegung des Anfanges O des Achsenkreuzes leiten wir zunächst diejenige für die x-Richtung ab, der dann zwei ganz gleich gebaute für die andern Richtungen ent-

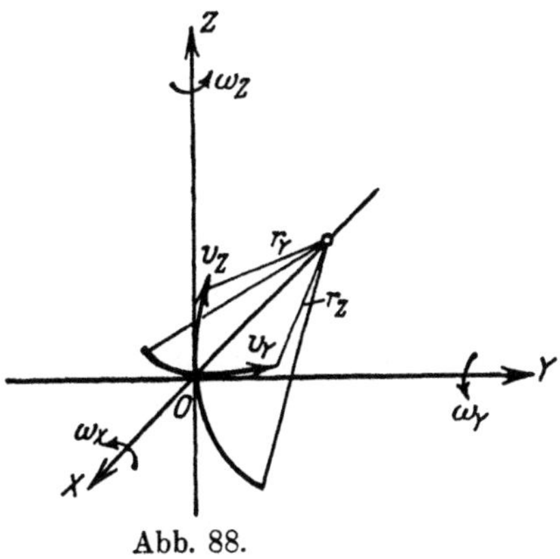

Abb. 88.

sprechen werden. Infolge der beiden Drehungen ω_y und ω_z um die y- und z-Achse sind, wie aus Abb. 88 ersichtlich, die beiden Laufteile v_y und v_z als Umlaufwerte auf zwei Kreisbogen vom Halbmesser r_y, r_z anzusehen, so zwar, daß

$$v_y = r_z\,\omega_z, \qquad v_z = -\,r_y\,\omega_y \quad \ldots\ldots\ldots \quad 7)$$

ist. Alsdann ist der Anlauf in der x-Richtung

$$\ddot{x} = \dot{v}_x - r_z\,\omega_z^{\,2} - r_y\,\omega_y^{\,2}$$

oder mit 7) unter Hinzufügung der beiden andern Anteile

$$\left.\begin{aligned} \ddot{x} &= \dot{v}_x - v_y\,\omega_z + v_z\,\omega_y \\ \ddot{y} &= \dot{v}_y - v_z\,\omega_x + v_x\,\omega_z \\ \ddot{z} &= \dot{v}_z - v_x\,\omega_y + v_y\,\omega_x \end{aligned}\right\} \quad \ldots\ldots\ldots\ldots \quad 7\,\mathrm{a})$$

Damit lauten die allgemeinen Bewegungsformeln des Freifahrzeugs, wie überhaupt jedes starren Körpers von der Masse m in bezug auf drei in ihm feste Hauptachsen

$$\left.\begin{aligned} X &= m(\dot{v}_x - v_y\,\omega_z + v_z\,\omega_y) \\ Y &= m(\dot{v}_y - v_z\,\omega_x + v_x\,\omega_z) \\ Z &= m(\dot{v}_z - v_x\,\omega_y + v_y\,\omega_x) \end{aligned}\right\} \quad \ldots\ldots\ldots \quad 8)$$

$$\left.\begin{aligned} M_x &= \Theta_a\,\dot{\omega}_x - (\Theta_b - \Theta_c)\,\omega_y\,\omega_z \\ M_y &= \Theta_b\,\dot{\omega}_y - (\Theta_c - \Theta_a)\,\omega_z\,\omega_x \\ M_z &= \Theta_c\,\dot{\omega}_z - (\Theta_a - \Theta_b)\,\omega_x\,\omega_y \end{aligned}\right\} \quad \ldots\ldots\ldots \quad 9)$$

Da nun nach 3a), sowie mit Rücksicht auf unsere Bezeichnungen der Drehwerte

$$\left.\begin{aligned} \dot{v}_x &= \dot{u}, & \dot{v}_y &= \dot{\alpha}\,v_0, & \dot{v}_z &= -\,\dot{\beta}'\,v_0 \\ \omega_x &= \dot{\varphi}, & \omega_y &= \dot{\psi}', & \omega_z &= \dot{\chi} \end{aligned}\right\} \quad \ldots\ldots \quad 3\,\mathrm{b})$$

ist, so vereinfachen sich die Bewegungsgleichungen nach Vernachlässigung der Produkte kleiner Größen in

$$X = m\,\dot{u}, \qquad Y = m\,v_0\,(\dot{\alpha} + \dot{\chi}), \quad Z = -\,m\,v_0\,(\dot{\beta}' + \dot{\psi}') \quad . . \ 8\,\mathrm{a})$$

$$M_x = \Theta_a\,\ddot{\varphi}, \ M_y = \Theta_b\,\ddot{\psi}', \qquad M_z = \Theta_c\,\ddot{\chi}. \quad \ldots\ldots \quad 9\,\mathrm{a})$$

Setzen wir diese Ausdrücke in Gl. 4b) und 5b) ein, so erhalten wir für die Störungsbewegungen eines Freifahrzeuges um seine Gleichgewichtslage eine für deren Berechnung gerade hinreichende Zahl von sechs linearen Differentialgleichungen, die sämtlich mehrere der Veränderlichen u, α, β', φ, ψ', χ enthalten. Dadurch erscheinen die Einzelbewegungen des Körpers, d. i. das Stoßen u, das Abtreiben αv_0, das Sacken $\beta' v_0$, sowie das Rollen φ in der Längsachse, das Kippen ψ um die Querachse und das Wanken χ um die Hochachse, miteinander gekoppelt. Durch die Untersuchung ist festzustellen, ob es sich um gekoppelte Schwingungen oder um asymptotische Bewegungen mit dauernd ab- oder zunehmenden Ausschlägen handelt. Im ersten Falle, sowie bei asymptotisch abnehmenden Ausschlägen ist das Fahrzeug stabil und brauchbar, bei dauernd zunehmenden dagegen instabil und praktisch unbrauchbar.

Beispiel. Wir betrachten als Sonderfall ein Flugzeug, das auf seiner Bahn mit vorgelegten Werten von v_0, β_0 und ψ_0, welche den Formeln 1b) des Beharrungszustandes genügen, bei nicht umgelegten Steuervorrichtungen einer kleinen Anfangsstörung zu Beginn der Zeitrechnung ausgesetzt war. Alsdann dürfen wir zunächst den statischen Auftrieb A_0 vernachlässigen und erhalten unter gleichzeitigem Wegfall der den Ruderwirkungen zugehörigen Festwerte ζ' und ζ'' aus der Verbindung von 8a), 9a) mit 4b) und 5b) die Gleichungsgruppe

$$\left.\begin{array}{l} m\dot{u} + 2\zeta_2 v_0 u + G\psi' - 2\zeta_1\beta_0 v_0^2\beta' = 0 \\ m v_0\dot{\alpha} + \zeta_3 v_0^2\alpha + G\varphi + m v_0\dot{\chi} = 0 \\ m v_0\dot{\beta}' + (\zeta_1+\zeta_2) v_0^2\beta' + m v_0\dot{\psi}' = 0 \\ \Theta_a\ddot{\varphi} + 2\varepsilon_1\Theta_a\dot{\varphi} + G s\varphi = 0 \\ \Theta_b\ddot{\psi}' + 2\varepsilon_2\Theta_b\dot{\psi}' + G s\psi' - 2\zeta_2 y_0 v_0 u - [(\zeta_1+\zeta_2)x_0 - 2\beta_0\zeta_1]\beta' v_0^2 = 0 \\ \Theta_c\ddot{\chi} + 2\varepsilon_3\Theta_c\dot{\chi} = 0 \end{array}\right\} \quad . \; 10)$$

mit durchweg positiven Festwerten vor den einzelnen Gliedern. Man übersieht sogleich, daß in der vierten und sechsten Formel nur je ein Drehwinkel auftritt, d. h. daß in unserem Falle sowohl das Rollen als auch das Wanken unabhängig von andern Bewegungen erfolgen. Aus der letzten Formel folgt mit den Anfangswerten χ_0 und $\dot{\chi}_0$

$$\dot{\chi} = \dot{\chi}_0 e^{-2\varepsilon_3 t}, \qquad \chi = \chi_0 + \frac{\dot{\chi}_0}{2\varepsilon_3}\left(1 - e^{-2\varepsilon_3 t}\right), \quad \ldots\ldots \quad 10\text{a})$$

also ein asymptotisches Abklingen des ursprünglichen Wankens. Weiter ergibt sich für positive Werte von s aus der vierten Formel für das Rollen entweder eine asymptotische Annäherung an die Ruhelage $\varphi = 0$, oder eine gedämpfte Schwingung, je nachdem

$$\varepsilon_1^2 \gtrless \frac{G s}{\Theta_a} \quad \ldots\ldots\ldots\ldots \quad 10\text{b})$$

ist. Setzt man die Integrale φ und χ in die zweite Formel 10) ein, so erhält man für den für die Seitenablenkung v_y maßgebenden Winkel α ein Integral, das sich mit 10a) entweder aus zwei asymptotisch abklingenden Gliedern oder aus einem solchen und einer gedämpften Schwingung zusammensetzt. Danach genügen also die Auslenkungen χ, φ und α den Bedingungen der Stabilität, und es bleiben nur noch die erste, dritte und fünfte Gleichung von 10) zur Bestimmung von u, ψ' und β' übrig. Schreiben wir diese mit abgekürzten Beiwerten in der Form

$$\left.\begin{array}{l} \dot{u} + a_1 u + g\psi' - b\beta' = 0 \\ \dot{\beta}' + a_2\beta' + \psi' = 0 \\ \ddot{\psi}' + 2\varepsilon_2\dot{\psi}' + \omega_2^2\psi - c u - d\beta' = 0 \end{array}\right\}, \quad \ldots\ldots\ldots \quad 11)$$

so können wir zwei der Veränderlichen ausschalten, indem wir z. B. aus der zweiten Gleichung ψ' in die dritte einsetzen und dann aus dieser u in die erste. Alsdann bleibt für β' die Differentialgleichung vierter Ordnung

$$\begin{array}{l} \ddddot{\beta}' + (a_2 + 2\varepsilon_2 + a_1)\dddot{\beta}' + (2\varepsilon_2(a_1+a_2) + a_1 a_2 + \omega_2^2)\ddot{\beta}' \\ \quad + (\omega_2^2(a_1+a_2) + 2\varepsilon_2 a_1 a_2 + c g + d)\dot{\beta}' \\ \quad + (g c a_2 + \omega_2^2 a_1 a_2 + b c + a_1 d)\beta' = 0, \quad \ldots\ldots\ldots \quad 12) \end{array}$$

welche in gleicher Form auch für die beiden andern Veränderlichen gültig ist und, solange die darin enthaltenen Beiwerte positiv bleiben, auf zwei sich überlagernde gedämpfte Schwingungen oder die Verbindung einer solchen mit einem aperiodisch abklingenden Ausschlag führt. In beiden Fällen ist die Stabilität gesichert. Anders liegt die Sache, wenn etwa durch höhere Lage des Körperschwerpunktes die Größe $\omega_2^2 = \frac{G s}{\Theta_b}$ negativ würde, das Fahrzeug also nicht mehr statisch stabil wäre. Solange hierdurch das Vorzeichen der Beiwerte von 12) nicht betroffen ist, bleibt auch die dynamische Stabilität gewahrt, so daß also die letztere nicht unbedingt an die statische Stabilität gebunden ist.

Wegen der Einzelheiten der Stabilitätsuntersuchung, insbesondere des Einflusses der Steuervorrichtungen, muß auf die Sonderschriften über diesen Gegenstand verwiesen werden, z. B. auf das umfassende Werk: Aerodynamik von Fuchs und Hopf, Berlin 1922.

§ 34. Die kräftefreie Drehung des starren Körpers. Wirken auf einen starren Körper keine äußeren Kräfte und demgemäß auch kein äußeres Moment, so kann nach den Ergebnissen der §§ 29 und 30 weder seine Wucht J, noch auch der Drallvektor $\mathfrak{D}$ eine Änderung erleiden. Wird außerdem ein Punkt des Körpers festgehalten, so beschränkt sich die Bewegung auf eine Drehung um diesen Punkt, durch den wir ein im Körper festes Kreuz mit drei zueinander senkrechten Hauptachsen legen wollen. Bezeichnen wir ferner, wie im § 30 die Hauptschwungmomente mit Θ_a, Θ_b, Θ_c, die augenblicklichen Drehteile um die Hauptachsen mit ω_a, ω_b, ω_c, so stellen

$$D_a = \Theta_a \omega_a, \quad D_b = \Theta_b \omega_b, \quad D_c = \Theta_c \omega_c \quad . \quad . \quad . \quad . \quad 1)$$

die zugehörigen Dallteile dar. Aus ihnen ergibt sich durch

$$D_a^2 + D_b^2 + D_c^2 = D^2 \quad . \quad . \quad . \quad . \quad . \quad . \quad . \quad . \quad . \quad 2)$$

der Betrag D des Drallvektors und nach Gl. 4a) § 29

$$D_a \omega_a + D_b \omega_b + D_c \omega_c = 2 J \quad . \quad . \quad . \quad . \quad . \quad . \quad . \quad 3)$$

die doppelte Drehwucht des Körpers. An Stelle dieser Formeln können wir auch mit 1) schreiben

$$\Theta_a^2 \omega_a^2 + \Theta_b^2 \omega_b^2 + \Theta_c^2 \omega_c^2 = D^2 \quad . \quad . \quad . \quad . \quad . \quad . \quad 2a)$$

$$\Theta_a \omega_a^2 + \Theta_b \omega_b^2 + \Theta_c \omega_c^2 = 2 J . \quad . \quad . \quad . \quad . \quad . \quad . \quad 3a)$$

Das sind aber, wenn wir die Drehteile ω_a, ω_b, ω_c als Abstände in den Hauptachsenrichtungen des im Körper festen Kreuzes auffassen, wegen der Beständigkeit der Werte D und $2J$ die Gleichungen zweier Ellipsoide, von denen wir das erste als das Drallellipsoid, das zweite, welches ersichtlich dem durch Gl. 12a) § 25 gegebenen Schwungellipsoid koaxial und ähnlich ist, nach seinem Entdecker als Poinsot-Ellipsoid bezeichnen wollen. Beide Ellipsoide schneiden sich in einer geschlossenen Raumkurve vierter Ordnung, dem geometrischen Orte der Endpunkte des Drehvektors $\mathfrak{w}$ mit dem Betrage

$$\omega = \sqrt{\omega_a^2 + \omega_b^2 + \omega_c^2} . \quad . \quad . \quad . \quad . \quad . \quad . \quad . \quad 1a)$$

Ist ferner δ der Winkel zwischen diesem Drehvektor und dem Drallvektor, so dürfen wir auch an Stelle von Gl. 3), deren linke Seite das skalare Produkt beider Vektoren darstellt, schreiben

$$D\,\omega\cos\delta = 2\,J\,, \qquad \text{3b)}$$

wonach der Betrag $\omega\cos\delta$ für die ganze Bewegung unverändert bleibt und als Lot vom festen Drehpunkt O des Körpers in der Drallrichtung auf eine im Raume feste Ebene angesehen werden kann, Abb. 89. Sind $\varkappa$, λ, μ die Richtungskosinus dieses Lotes im Hauptachsenkreuz des Körpers, so ist die Gleichung dieser Ebene

$$\omega_a\varkappa + \omega_b\lambda + \omega_c\mu = \omega\cos\delta = \frac{2\,J}{D}\,, \qquad \text{4)}$$

die mit

$$D\varkappa = D_a\,, \qquad D\lambda = D_b\,, \qquad D\mu = D_c \qquad \text{1b)}$$

wieder in die Form 3) übergeht. Andererseits aber ist die Gleichung der Berührungsebene des Poinsot-Ellipsoides 3a) im Punkte ω_a', ω_b', ω_c'

$$\Theta_a\,\omega_a\,\omega_a' + \Theta_b\,\omega_b\,\omega_b' + \Theta_c\,\omega_c\,\omega_c' = 2\,J \qquad \text{5)}$$

oder

$$D_a\,\omega_a' + D_b\,\omega_b' + D_b\,\omega_c' = 2\,J\,. \qquad \text{5a)}$$

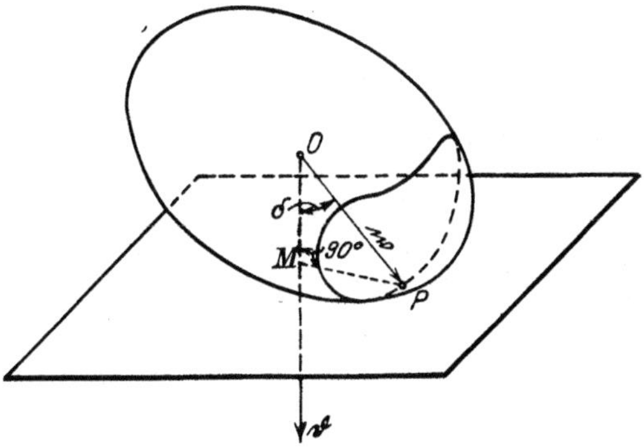

Abb. 89.

Das ist aber wieder die Gleichung unserer im Raume festen Ebene, welche somit das Poinsot-Ellipsoid im Endpunkte des Drehvektors berührt. Zerlegen wir uns den Drehvektor im Berührungspunkte P, Abb. 89, in einen zur festen Ebene senkrechten, dem Drall gleichläufigen Anteil $\omega\cos\delta$ und einen in die Ebene fallenden Anteil $\omega\sin\delta$, so entspricht der erstere einer Drehung um das Lot in P, der letztere einer reinen Rollbewegung, so daß ein Gleiten des Poinsot-Ellipsoides auf der festen Ebene nicht in Frage kommt. Wir haben also als Ergebnis der vorstehenden Untersuchung den Satz: Die kräftefreie Drehung eines starren Körpers um einen Festpunkt erfolgt mit beständiger Drehwucht und läßt sich durch das Abrollen des Poinsot-Ellipsoides ohne Gleiten auf einer festen, zum unveränderlichen Drallvektor senkrechten Ebene derart ersetzen, daß der veränderliche Drehvektor jeweils durch die Verbindung des festen Drehpoles mit dem Berührungspunkte dargestellt wird.

Die bei der Drehung aufeinander folgenden Lagen des Drehvektors, dessen Durchschnitt mit dem Poinsot-Ellipsoid wir als den beweglichen Pol, die zugehörige Kurve als die bewegliche Polbahn bezeichnen wollen, liegen nun auf einem Kegel mit der Spitze im festen Drehpunkt O. Die Gleichung dieses beweglichen Polbahnkegels erhalten wir aus der Verbindung von 2a) mit 3a) zu

$$\Theta_a(D^2 - 2J\Theta_a)\,\omega_a^2 + \Theta_b(D^2 - 2J\Theta_b)\,\omega_b^2 + \Theta_c(D^2 - 2J\Theta_c)\,\omega_c^2 = 0, \quad \ldots \quad 6)$$

woraus hervorgeht, daß wir es mit einem Kegel zweiter Ordnung, und zwar wegen der geschlossenen Polbahn mit einem elliptischen Kegel zu tun haben. Die Gestalt dieses Kegels und damit auch die der zugehörigen Polbahn hängt wesentlich von dem Verhältnis $D^2 : 2J$ ab, durch dessen Veränderung wir alsdann ein ganzes Büschel von Kegeln mit gemeinsamer Spitze in O erhalten. Dabei sind drei Sonderfälle hervorzuheben, für welche je eine der Klammern in 6) verschwinden. Wir erhalten also für

$$\left.\begin{array}{ll} D^2 = 2J\Theta_a, & \Theta_b(\Theta_a - \Theta_b)\,\omega_b^2 + \Theta_c(\Theta_a - \Theta_c)\,\omega_c^2 = 0 \\ D^2 = 2J\Theta_b, & \Theta_c(\Theta_b - \Theta_c)\,\omega_c^2 + \Theta_a(\Theta_b - \Theta_a)\,\omega_a^2 = 0 \\ D^2 = 2J\Theta_c, & \Theta_a(\Theta_c - \Theta_a)\,\omega_a^2 + \Theta_b(\Theta_c - \Theta_b)\,\omega_b^2 = 0 \end{array}\right\} \ldots \quad 6a)$$

Nehmen wir nun an, daß

$$0 < \Theta_a < \Theta_b < \Theta_c \quad \ldots\ldots\ldots \quad 1c)$$

ist, so bestehen die erste und dritte der Gleichungen aus je zwei Gliedern mit demselben Vorzeichen, sie sind demnach nur erfüllbar für $\omega_b = \omega_c = 0$, bzw. $\omega_a = \omega_b = 0$, d. h. es bleibt hierbei nur eine Drehung ω_a um die Achse des kleinsten, bzw. ω_c um die Achse des größten Schwungmomentes übrig. Die zweite Gl. 6a) führt dagegen auf

$$\frac{\omega_c}{\omega_a} = \pm\sqrt{\frac{\Theta_a(\Theta_b - \Theta_a)}{\Theta_c(\Theta_c - \Theta_b)}}, \quad \ldots\ldots \quad 6b)$$

also auf zwei sich in der Achse ω_b des mittleren Schwungmomentes schneidenden Ebenen. Diese elliptischen Ebenenschnitte teilen die ganze Oberfläche des Poinsot-Ellipsoides in vier Teile, innerhalb denen die geschlossenen Polbahnscharen spiegelbildlich zu den Hauptebenen derart verlaufen, daß sie die Achsen a und c des kleinsten und größten Schwungmomentes umlaufen. Die Durchstoßpunkte dieser beiden Achsen stellen demnach selbst Ausartungen der beiden Polbahnscharen dar und entsprechen der reinen Drehung um diese Achsen. Eine kleine Änderung des Dralles von den Werten $D = \sqrt{2J\Theta_a}$ bzw. $\sqrt{2J\Theta_c}$ wird demnach eine kleine Abweichung aus einer dieser Achsen, also eine Umkreisung derselben zur Folge haben. Dreht sich dagegen der Körper um die Achse b des mittleren Schwungmomentes, d. h. dem Schnitt der Ebenen 6b), so gerät der Pol bei einer kleinen Abweichung aus dieser Lage sofort in eine der vier Oberflächenbereiche der Polbahnen um die beiden andern Hauptachsen und wird daher dauernd auf einer derselben weiter wandern, Abb. 90. Daraus folgt aber im Einklang mit dem ersten Beispiel des § 30, daß die Hauptachsen des starren Körpers zwar freie Achsen desselben bilden, daß aber nur die Drehungen um die Achsen des größten und kleinsten Schwungmomentes stabil verlaufen, während die Drehung um die mittlere Hauptachse instabil ist.

Die Form der Polbahnen erkennt man am besten aus ihren Rissen auf die Hauptebenen, die sich durch Ausschaltung je eines der Drehteile ω_a, ω_b, ω_c aus den Grundformeln 2a) und 3a) ergeben wie folgt

$$\left.\begin{aligned} \Theta_b(\Theta_b-\Theta_a)\,\omega_b^2+\Theta_c(\Theta_c-\Theta_a)\,\omega_c^2 &= D^2-2\,J\Theta_a \\ \Theta_c(\Theta_c-\Theta_b)\,\omega_c^2-\Theta_a(\Theta_b-\Theta_a)\,\omega_a^2 &= D^2-2\,J\Theta_b \\ \Theta_a(\Theta_c-\Theta_a)\,\omega_a^2+\Theta_b(\Theta_c-\Theta_b)\,\omega_b^2 &= 2\,J\Theta_c-D^2 \end{aligned}\right\}, \quad . \quad . \quad 7)$$

wobei wir die Glieder schon so geordnet haben, daß alle Beiwerte der ω^2 mit Rücksicht auf 1c) positiv ausfallen. Die erste und dritte dieser Formeln geben aber nur dann reelle elliptische Risse in der bc und ab-Ebene, wenn die Bedingung

$$2\,J\Theta_c \geqq D^2 \geqq 2\,J\Theta_a \quad . \quad 7a)$$

erfüllt ist. Demgegenüber sind die durch die zweite Gl. 7) bestimmten hyperbolischen Risse der ac-Ebene unabhängig vom Vorzeichen der rechten Seite stets reell und besitzen als Asymptotenpaar die Risse der beiden ebenen Polbahnen 6b). Von den Polbahnrissen erscheinen übrigens nur stets die eine Schar als Vollellipsen, während die andere Schar durch Ellipsenbogen dargestellt wird, die ihre Hohlseite dem Mittelpunkte des Gesamtbildes zuwenden, während die Hyperbelbogen in der ac-Ebene durch den Umriß des Ellipsoides begrenzt werden, Abb 91.

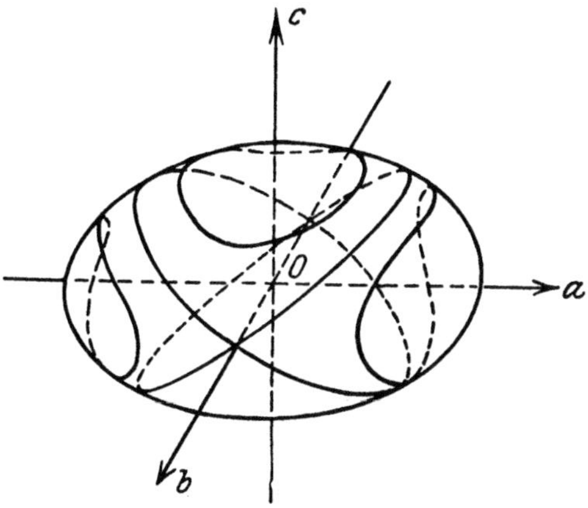

Abb. 90.

Die feste Polbahn, d. h. der geometrische Ort des Berührungspunktes P auf der festen Ebene zeigt einen viel verwickelteren Lauf als die bewegliche Polbahn auf dem Poinsot-Ellipsoid. Da indessen die letztere geschlossen ist, so erkennt man aus Abb. 89, daß der Vektor OP bei der Bewegung zwischen einem Höchst- und einem Kleinstwert schwanken muß, dem alsdann bei beständiger Länge des Lotes OM ein Höchst- und Kleinstwert des sog. Polstrahls MP entspricht. Die feste Polbahn wird demnach zwischen zwei sog. Grenzkreisen auf der festen Ebene hin- und herlaufen. Die Gestalt der festen Polbahn, die durch Verbindung aller ihrer Punkte mit O einen festen Polbahnkegel bestimmt, ist naturgemäß bedingt durch die ihr entsprechende bewegliche Polbahn auf dem Poinsot-Ellipsoid. Diese aber verläuft in Abb. 90 um die a-Achse oder die c-Achse, je nachdem in der zweiten Gl. 7)

$$D^2 \lesseqgtr 2\,J\,\Theta_b \quad \ldots \ldots \ldots \quad 7\,\mathrm{b})$$

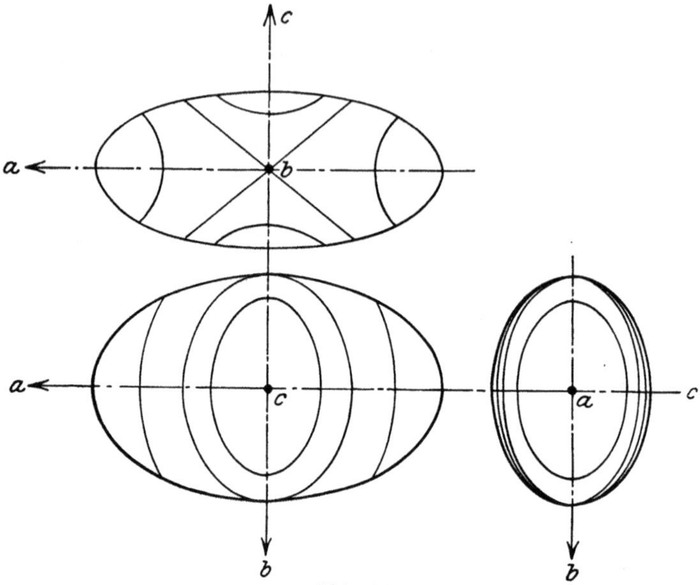

Abb. 91.

ist. Im ersteren Fall rollt der bewegliche Polbahnkegel auf dem festen derart ab, daß beide Kegel sich von außen mit ihrer Wölbung berühren, Abb. 92, im zweiten dagegen umhüllt der bewegliche Polbahnkegel den festen, wobei die Berührung auf der Hohlseite des

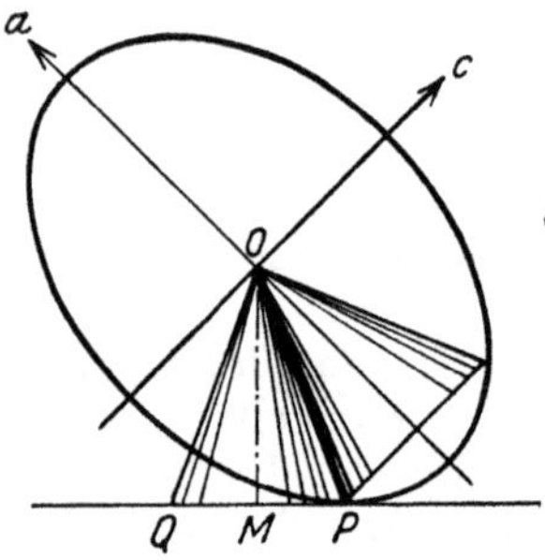

Abb. 92.

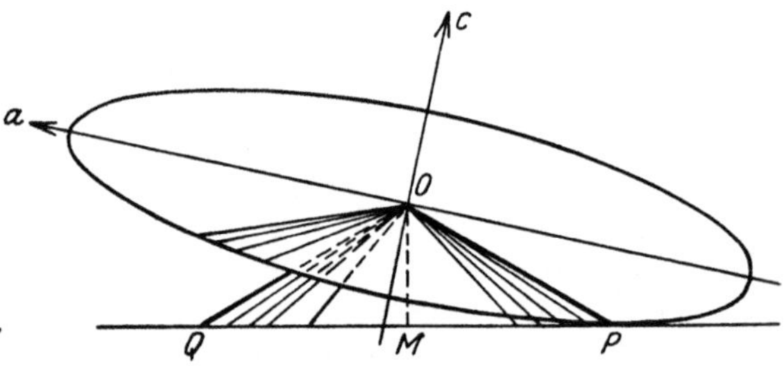

Abb. 93.

ersteren erfolgt, Abb. 93. Man spricht deshalb auch nach Maßgabe der entsprechenden Abrollung von Kreisen in der Ebene von einer epizyklischen und perizyklischen Abrollung des Poinsot-Ellipsoides auf der unveränderlichen Ebene. Im Übergangsfalle haben wir ein Abrollen der Ebenen 6b) auf dem festen Polbahnkegel, das etwa der Kreisevolvente entspricht, wobei der innere Grenzkreis in den nur asymptotisch erreichbaren Punkt M ausartet.

In den Abb. 94 bis 96 sind die drei festen Polbahnen nach H. Graßmann (Z. Math. Phys. 1903), der hierfür sehr anschauliche Modelle entworfen hat, verzeichnet. Daraus erkennt man deutlich, daß die festen Polbahnen spiegelbildlich um den Durchmesser angeordnet sind, die mit Ausnahme des Übergangsfalles mit jedem Umlauf ihre Lage ändern. Im Übergangsfalle erhalten wir eine in den Punkt M asymptotisch mündende Doppelspirale.

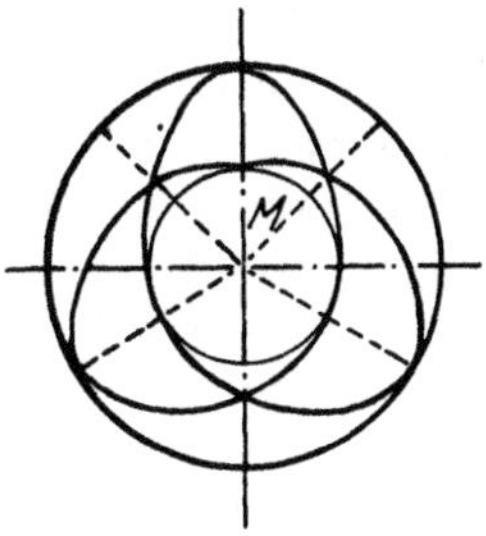

Abb. 94.

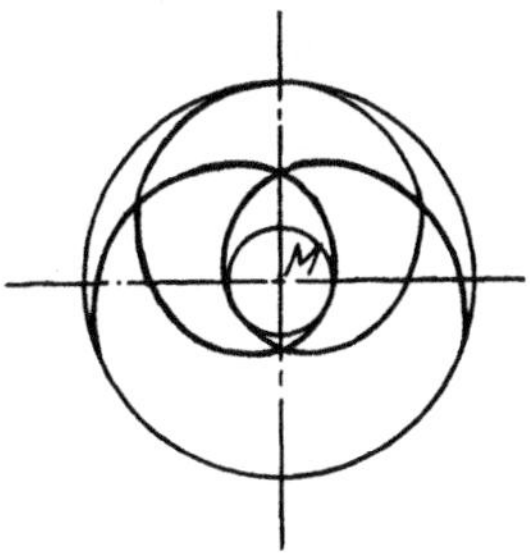

Abb. 95.

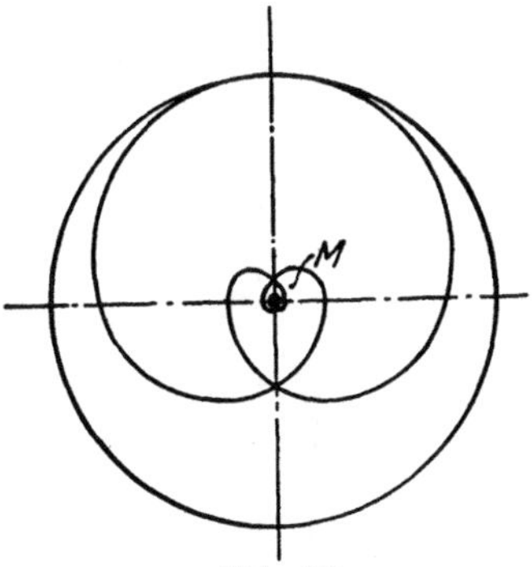

Abb. 96.

Artet das Poinsot-Ellipsoid und das ihm ähnliche Schwungellipsoid zu einem Umdrehungskörper aus, so werden alle Polbahnen Kreise mit zugeordneten Umdrehungskegeln, die auf ähnlichen in der vorgeschriebenen Art abrollen. Wir erkennen ohne irgendwelche Rechnung, daß für ein gestrecktes Umdrehungsellipsoid der bewegliche Kegel epizykloidisch auf dem festen Kegel gleichförmig abrollt, wobei die mit der des Ellipsoides zusammenfallende Achse in gleichem Sinne mit dem Drehvektor und Drallvektor in diesem bewegt. Ist dagegen das Poinsot-Ellipsoid abgeplattet, so besitzt der bewegliche Polbahnkegel eine größere Öffnung als der feste und wälzt sich auf diesem perizykloidisch ab, wobei die eine Achse entgegen der Eigendrehung und dem Drallvektor diesen umkreist. Die gleichförmige Drehung der beweglichen Achse bezeichnet man als eine reguläre Präzession und spricht wegen des Drehsinns bei der epizykloidischen und perizykloidischen Bewegung von einer vorschreitenden und rückläufigen Präzession.

Die vorstehende Untersuchung der kräftefreien Bewegung beschränkte sich nur auf die Beschreibung der Bewegung ohne Berücksichtigung ihres zeitlichen Verlaufes. Diese erfordert die Integration der Eulerschen Momentenformeln, die mit Hilfe elliptischer Funktionen für die kräftefreie Drehung durchführbar ist, ihrer geringen praktischen Bedeutung halber aber hier übergangen werden kann. Wir verweisen hierfür auf die Theorie des Kreisels von Klein und Sommerfeld (1910), sowie auf das handliche Buch „Der Kreisel“ von Grammel (1920).

§ 35. Umformung der Bewegungsgleichungen des starren Körpers. Das mit dem Körper sich drehende Hauptachsenkreuz eignet sich als Grundlage für die Bewegungsvorgänge nicht mehr, wenn die Stellung des Körpers im Raume in ihrer Abhängigkeit von der Zeit ermittelt werden soll. Für solche Fälle hat schon Euler selbst die Einführung dreier Winkel vorgeschlagen, zu denen man auf folgende Weise gelangt. Man denkt sich zunächst in Abb. 97 das Hauptachsenkreuz $Oabc$ mit einem im Raum festen Kreuz $Oxyz$ zusammenfallend und legt in dasselbe die Einheitskugel mit dem Anfang O und den Schnittpunkten X, Y, Z auf den festen Achsen. Durch eine Drehung ψ um die z-Achse gelangt der Punkt X nach D, durch eine darauffolgende Drehung ϑ der Hauptachse OZ um ihre ursprüngliche Lage in der Ebene OZD gelangt der Endpunkt dieser Achse in die Lage C und D nach E. Schließlich erteilt man noch dem Hauptachsenkreuz die Drehung φ um OC, wodurch E nach A gelangt. Durch diese aufeinanderfolgenden Drehungen ist die dritte Hauptachse von ihrer ur-

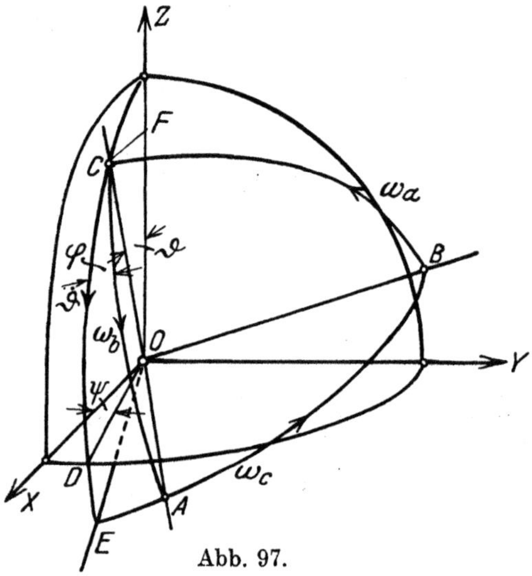

Abb. 97.

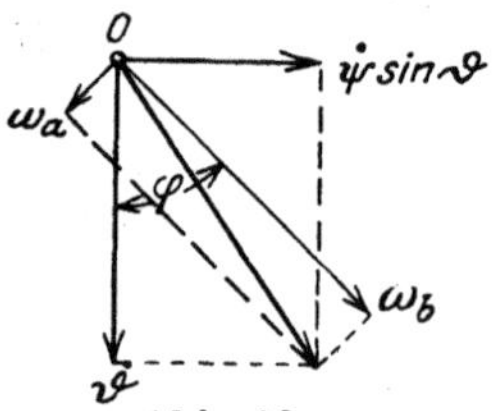

Abb. 98.

sprünglichen Lage OY in die Lage OB übergegangen, so daß die Kugelecke jetzt die schräge Stellung $OABC$ im festen Kreuz $OXYZ$ einnimmt. Den einzelnen Drehwerten ω_a, ω_b, ω_c um die Hauptachsen entsprechen alsdann, da der Kugelarm die Länge 1 besitzt, gleich große Laufwerte, die wir sogleich auf den den zugehörigen Drehpolen gegenüberliegenden Seiten des rechtwinkligen Kugeldreiecks ABC eintragen können. Alsdann setzt sich der Gesamtlauf des Punktes C nach Abb. 98 einmal zusammen aus den beiden zueinander senkrechten Anteilen ω_a und ω_b, andererseits aber auch aus $\dot{\vartheta}$ und dem Umlauf $\dot{\psi}\sin\vartheta$ am Arm $CF = \sin\vartheta$. Außerdem aber besteht der Drehwert ω_c der Hauptachse OC aus ihrer Eigendrehung $\dot{\varphi}$ und dem Anteil $\dot{\psi}\cos\vartheta$ des Drehwertes $\dot{\psi}$ um die feste z-Achse. Wir erhalten somit die Gleichungen

$$\left.\begin{aligned}\omega_a &= \dot{\vartheta}\sin\varphi - \dot{\psi}\sin\vartheta\cos\varphi\\ \omega_b &= \dot{\vartheta}\cos\varphi + \dot{\psi}\sin\vartheta\sin\varphi\\ \omega_c &= \dot{\varphi} + \dot{\psi}\cos\vartheta\end{aligned}\right\}\quad \dots\dots\dots \quad 1)$$

und daraus durch Ableitung nach der Zeit

$$\left.\begin{aligned}\dot\omega_a &= (\ddot\vartheta + \dot\psi\,\dot\varphi\sin\vartheta)\sin\varphi + (\dot\vartheta\,\dot\varphi - \dot\psi\,\dot\vartheta\cos\vartheta - \ddot\psi\sin\vartheta)\cos\varphi\\ \dot\omega_b &= (\ddot\vartheta + \dot\psi\,\dot\varphi\sin\vartheta)\cos\varphi - (\dot\vartheta\,\dot\varphi - \dot\psi\,\dot\vartheta\cos\vartheta - \ddot\psi\sin\vartheta)\sin\varphi\\ \dot\omega_c &= \ddot\varphi + \ddot\psi\cos\vartheta - \dot\psi\,\dot\vartheta\sin\vartheta\end{aligned}\right\} \quad 1\,\mathrm{a})$$

und nach Multiplikation der Drehteile 1) miteinander

$$\left.\begin{aligned}\omega_a\,\omega_b &= (\dot\vartheta^2 - \dot\psi^2\sin^2\vartheta)\sin\varphi\cos\varphi - \dot\vartheta\,\dot\psi\,(\cos^2\varphi - \sin^2\varphi)\sin\vartheta\\ \omega_b\,\omega_c &= (\dot\varphi + \dot\psi\cos\vartheta)(\dot\vartheta\cos\varphi + \dot\psi\sin\vartheta\sin\varphi)\\ \omega_c\,\omega_a &= (\dot\varphi + \dot\psi\cos\vartheta)(\dot\vartheta\sin\varphi - \dot\psi\sin\vartheta\cos\varphi)\end{aligned}\right\} \quad 1\,\mathrm{b})$$

Quadrieren und addieren wir die Gl. 1), so folgt für den Gesamtdrehwert

$$\omega^2 = \dot\vartheta^2 + \dot\psi^2 + \dot\varphi^2 + 2\,\dot\varphi\,\dot\psi\cos\vartheta\,. \quad . \quad . \quad . \quad . \quad . \quad 1\,\mathrm{c})$$

Daraus erkennt man im Anschluß an Abb. 99 die Lage des zugehörigen Drehvektors $\mathfrak{w}$, der sich aus den drei Drehteilen $\dot\psi$ in der festen z-Richtung, $\dot\varphi$ in der Richtung der dagegen um ϑ geneigten Hauptachse OC und dem zu beiden Richtungen senkrechten $\dot\vartheta$ zusammensetzt. Zerlegt man dann noch $\dot\psi$ in der Ebene ZOC in den Hauptachsenanteil $\dot\psi\cos\vartheta$ und einen dazu senkrechten Anteil

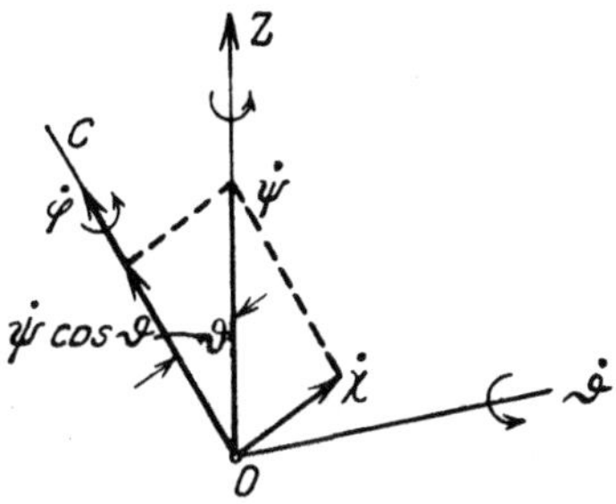

Abb. 99.

$$\dot\psi\sin\vartheta = \dot\chi\,, \quad . \quad . \quad . \quad . \quad . \quad . \quad . \quad . \quad . \quad . \quad 2)$$

der damit auch auf $\dot\vartheta$ normal steht, so erkennt man, daß an Stelle der ersten beiden Formeln 1) auch

$$\omega_a = \dot\vartheta\sin\varphi - \dot\chi\cos\varphi\,, \qquad \omega_b = \dot\vartheta\cos\varphi + \dot\chi\sin\varphi \quad . \quad . \quad 3)$$

geschrieben werden darf, während der dritte Anteil ω_c in der Richtung OC auf $\dot\vartheta$ und $\dot\chi$ senkrecht steht und darum unverändert übernommen werden kann. Durch Ableitung von 3) folgt alsdann an Stelle von 1 a)

$$\left.\begin{aligned}\dot\omega_a &= (\ddot\vartheta + \dot\chi\,\dot\varphi)\sin\varphi - (\ddot\chi - \dot\vartheta\,\dot\varphi)\cos\varphi\\ \dot\omega_b &= (\ddot\vartheta + \dot\chi\,\dot\varphi)\cos\varphi + (\ddot\chi - \dot\vartheta\,\dot\varphi)\sin\varphi\end{aligned}\right\}, \quad . \quad . \quad . \quad . \quad 3\,\mathrm{a})$$

während wir für 1 b) und 1 c) erhalten

$$\left.\begin{aligned}\omega_a\,\omega_b &= (\dot\vartheta^2 - \dot\chi^2)\sin\varphi\cos\varphi - \dot\vartheta\,\dot\chi\,(\cos^2\varphi - \sin^2\varphi)\\ \omega_b\,\omega_c &= \omega_c\,(\dot\vartheta\cos\varphi + \dot\chi\sin\varphi)\\ \omega_c\,\omega_a &= \omega_c\,(\dot\vartheta\sin\varphi - \dot\chi\cos\varphi)\end{aligned}\right\}, \quad . \quad 3\,\mathrm{b})$$

$$\omega^2 = \dot\vartheta^2 + \dot\chi^2 + \omega_c^2\,. \quad . \quad . \quad . \quad . \quad . \quad . \quad . \quad . \quad . \quad 3\,\mathrm{c})$$

Zur Ausschaltung des der Gruppe $\dot\vartheta$, $\dot\chi$, ω_c fremden Drehteiles $\dot\varphi$ aus 3a) dient alsdann die aus 2) und der dritten Gl. 1) folgende Beziehung

$$\dot\varphi = \omega_c - \dot\chi \operatorname{ctg} \vartheta \,. \qquad 2\text{a})$$

Wir gehen nun zunächst zur Berechnung der Dra lltei le um die den Drehteilen $\dot\vartheta$, $\dot\chi$ zugeordneten Achsen über und bedienen uns dazu der beiden Formeln 3), welche offenbar für beliebige Vektorteile in diesen Richtungen gelten. Sie lauten für unsern Fall

$$D_a = D_\vartheta \sin\varphi - D_\chi \cos\varphi\,, \qquad D_b = D_\vartheta \cos\varphi + D_\chi \sin\varphi \quad . \qquad 4)$$

und ergeben nach Einsetzen von

$$\left.\begin{aligned} D_a &= \Theta_a\,\omega_a = \Theta_a(\dot\vartheta\sin\varphi - \dot\chi\cos\varphi) \\ D_b &= \Theta_b\,\omega_b = \Theta_b(\dot\vartheta\cos\varphi + \dot\chi\sin\varphi) \end{aligned}\right\}, \qquad 4\text{a})$$

$$\left.\begin{aligned} D_\vartheta &= (\Theta_b\cos^2\varphi + \Theta_a\sin^2\varphi)\,\dot\vartheta + (\Theta_b - \Theta_a)\,\dot\chi\sin\varphi\cos\varphi \\ D_\chi &= (\Theta_b\sin^2\varphi + \Theta_a\cos^2\varphi)\,\dot\chi + (\Theta_b - \Theta_a)\,\dot\vartheta\sin\varphi\cos\varphi \end{aligned}\right\}, \qquad 4\text{b})$$

wozu noch der dritte noch nicht umgeformte Dra llteil $D_c = \Theta_c\,\omega_c$ tritt. Außerdem aber wollen wir noch den Drallanteil um die feste z-Achse ermitteln, der sich nach Abb. 99 einfach zu

$$D_z = D_\chi \sin\vartheta + D_c\cos\vartheta\,,$$

also nach 4b) zu

$$D_z = [(\Theta_b\sin^2\varphi + \Theta_a\cos^2\varphi)\,\dot\chi + (\Theta_b - \Theta_a)\,\dot\vartheta\sin\varphi\cos\varphi]\sin\vartheta + \Theta_c\,\omega_c\cos\vartheta \qquad 4\text{c})$$

berechnet. Die letzten Ergebnisse hätten wir auch aus der Gleichung für die Wucht des Körpers

$$\begin{aligned} 2J &= \Theta_a\,\omega_a^2 + \Theta_b\,\omega_b^2 + \Theta_c\,\omega_c^2 \\ &= \Theta_a(\dot\vartheta\sin\varphi - \dot\chi\cos\varphi)^2 + \Theta_b(\dot\vartheta\cos\varphi + \dot\chi\sin\varphi)^2 + \Theta_c\,\omega_c^2 \,. \end{aligned} \qquad 5)$$

durch partielle Ableitung nach den Drehteilen, d. h. aus

$$D_\vartheta = \frac{\partial J}{\partial\dot\vartheta}, \qquad D_\chi = \frac{\partial J}{\partial\dot\chi}, \qquad D_c = \frac{\partial J}{\partial\omega_c} \qquad 6)$$

erhalten, während man zur Berechnung von

$$D_z = \frac{\partial J}{\partial\dot\psi} \qquad 6\text{a})$$

der Wuchtformel mit 2) und der dritten Gl. 1) die Gestalt

$$2J = \Theta_a(\dot\vartheta\sin\varphi - \dot\psi\sin\vartheta\cos\varphi)^2 + \Theta_b(\dot\vartheta\cos\varphi + \dot\psi\sin\vartheta\sin\varphi)^2 + \Theta_c(\dot\varphi + \dot\psi\cos\vartheta)^2 \qquad 5\text{a})$$

geben muß, um durch partielle Ableitung nach $\dot\psi$ die Gl. 4c) zu gewinnen.

Ebenso wie für die Drehteile und die Dra llteile erhalten wir endlich für die Momente

$$\left.\begin{array}{ll} M_a = M_\vartheta \sin\varphi - M_\chi \cos\varphi, & M_b = M_\vartheta \cos\varphi + M_\chi \sin\varphi \\ M_\vartheta = M_b \cos\varphi + M_a \sin\varphi, & M_\chi = M_b \sin\varphi - M_a \cos\varphi \end{array}\right\}, \qquad 7)$$

worin für M_a, M_b und M_c die Eulerschen Formeln 9) § 30

$$\left.\begin{array}{l} M_a = \Theta_a \dot{\omega}_a - (\Theta_b - \Theta_c)\,\omega_b \omega_c \\ M_b = \Theta_b \dot{\omega}_b - (\Theta_c - \Theta_a)\,\omega_c \omega_a \\ M_c = \Theta_c \dot{\omega}_c - (\Theta_a - \Theta_b)\,\omega_a \omega_b \end{array}\right\}, \quad . \; . \; . \; . \; . \qquad 8)$$

um die mit dem Körper beweglichen Hauptachsen gelten. Setzen wir in diese die Ausdrücke 3a) und 3b) ein, so wird

$$\left.\begin{array}{l} M_a = [\Theta_a(\ddot{\vartheta} + \dot{\chi}\dot{\varphi}) - (\Theta_b - \Theta_c)\,\omega_c \dot{\chi}] \sin\varphi \\ \qquad - [\Theta_a(\ddot{\chi} - \dot{\vartheta}\dot{\varphi}) + (\Theta_b - \Theta_c)\,\omega_c \dot{\vartheta}] \cos\varphi \\ M_b = [\Theta_b(\ddot{\vartheta} + \dot{\chi}\dot{\varphi}) + (\Theta_c - \Theta_a)\,\omega_c \dot{\chi}] \cos\varphi \\ \qquad + [\Theta_b(\ddot{\chi} - \dot{\vartheta}\dot{\varphi}) - (\Theta_c - \Theta_a)\,\omega_c \dot{\vartheta}] \sin\varphi \\ M_c = \Theta_c \dot{\omega}_c - (\Theta_a - \Theta_b)[(\dot{\vartheta}^2 - \dot{\chi}^2)\sin\varphi\cos\varphi - \dot{\vartheta}\dot{\chi}(\cos^2\varphi - \sin^2\varphi)] \end{array}\right\} \qquad 8\text{a})$$

und nach Einführung in 7), wobei M_c ungeändert bleibt,

$$\left.\begin{array}{l} M_\vartheta = (\Theta_b \cos^2\varphi + \Theta_a \sin^2\varphi)(\ddot{\vartheta} + \dot{\chi}\dot{\varphi}) \\ \qquad + (\Theta_c - \Theta_a \cos^2\varphi - \Theta_b \sin^2\varphi)\,\omega_c \dot{\chi} \\ \qquad + (\Theta_b - \Theta_a)(\ddot{\chi} - \dot{\vartheta}\dot{\varphi} - \omega_c \dot{\vartheta}) \sin\varphi\cos\varphi \\ M_\chi = (\Theta_b \sin^2\varphi + \Theta_a \cos^2\varphi)(\ddot{\chi} - \dot{\vartheta}\dot{\varphi}) \\ \qquad - (\Theta_c - \Theta_a \sin^2\varphi - \Theta_b \cos^2\varphi)\,\omega_c \dot{\vartheta} \\ \qquad + (\Theta_b - \Theta_a)(\ddot{\vartheta} + \dot{\chi}\dot{\varphi} + \omega_c \dot{\chi}) \sin\varphi\cos\varphi \end{array}\right\}. \; . \; . \qquad 8\text{b})$$

Ferner erhalten wir durch zeitliche Ableitung des Dralltelles 4c)

$$\begin{array}{l} \dfrac{dD_z}{dt} = [(\Theta_b \sin^2\varphi + \Theta_a \cos^2\varphi)\,\ddot{\chi} + (\Theta_b - \Theta_a)(\ddot{\vartheta} + 2\,\dot{\chi}\dot{\varphi})\sin\varphi\cos\varphi]\sin\vartheta \\ \qquad + [(\Theta_b - \Theta_a)\,\dot{\vartheta}\dot{\varphi}(\cos^2\varphi - \sin^2\varphi) - \Theta_c \omega_c \dot{\vartheta}] \sin\vartheta \\ \qquad + [\Theta_c \dot{\omega}_c + (\Theta_b - \Theta_a)\,\dot{\vartheta}^2 \sin\varphi\cos\varphi \\ \qquad + (\Theta_b \sin^2\varphi + \Theta_a \cos^2\varphi)\,\dot{\chi}\dot{\vartheta}] \cos\vartheta . \; . \; . \; . \; . \; . \; . \; . \; . \; . \qquad 8) \end{array}$$

Wegen $\dot{\varphi} = \omega_c - \dot{\psi}\cos\vartheta$, also

$$\dot{\varphi}\sin\vartheta = \omega_c \sin\vartheta - \dot{\psi}\sin\vartheta\cos\vartheta = \omega_c \sin\vartheta - \dot{\chi}\cos\vartheta$$

lassen sich aber die beiden damit behafteten Glieder dieses Ausdruckes unter Beachtung von

$$(\Theta_b - \Theta_a)(\cos^2\varphi - \sin^2\varphi) = \Theta_b \cos^2\varphi + \Theta_a \sin^2\varphi - (\Theta_b \sin^2\varphi + \Theta_a \cos^2\varphi)$$

derart zerlegen, daß man nach Ordnung der Glieder schließlich durch Vergleich mit 8a) und 8b) erhält

$$\frac{dD_z}{dt} = M_\chi \sin\vartheta + M_c \cos\vartheta = M_z, \quad . \; . \; . \; . \; . \qquad 9)$$

d. h., daß das **Moment um die feste Achse sich als zeitliche Ableitung aus dem zugehörigen Dallteil berechnet.** Dieser Satz gilt nicht für bewegliche Achsen, also z. B. für das mit dem Körper verknüpfte Hauptachsenkreuz, wie schon aus dem Vergleich der Eulerschen Momentenformeln und den zugehörigen Dallteilen hervorgeht.

Besonders einfach und übersichtlich gestalten sich die vorstehenden Ergebnisse für den Fall der Übereinstimmung der Schwungmomente Θ_a und Θ_b, d. h. für den Fall eines Umdrehungs-Schwungellipsoides um die Achse OC. Alsdann spielt nämlich der Drehwinkel φ um die Hauptachse keine Rolle mehr und muß daher aus den Bewegungsgleichungen eines solchen, gewöhnlich als Kreisel bezeichneten Körpers herausfallen. Schreiben wir hierfür

$$\Theta_c = \Theta_0, \qquad \Theta_a = \Theta_b = \Theta, \qquad \omega_c = \omega, \quad . \quad . \quad . \quad . \qquad 10)$$

so ergeben sich die Dallteile nach 4b) und 4c)

$$\left.\begin{array}{l} D_\vartheta = \Theta\,\dot\vartheta, \qquad D_\chi = \Theta\,\dot\chi = \Theta\,\dot\psi\sin\vartheta, \qquad D_\varphi = D_c = \Theta_0\,\omega \\ D_z = \Theta\,\dot\chi\sin\vartheta + \Theta_0\,\omega\cos\vartheta = \Theta\,\dot\psi\sin^2\vartheta + \Theta_0\,\omega\cos\vartheta \end{array}\right\} \qquad 11)$$

und die Momente nach 8a) und 8b) mit Rücksicht auf die dritte Formel 1), d. i. $\dot\varphi = \omega - \dot\psi\cos\vartheta$

$$\left.\begin{array}{l} M_\vartheta = \Theta(\ddot\vartheta + \dot\chi\dot\varphi) + (\Theta_0 - \Theta)\,\omega\,\dot\chi = \Theta\,\ddot\vartheta + (\Theta_0\,\omega - \Theta\,\dot\psi\cos\vartheta)\,\dot\chi \\ M_\chi = \Theta(\ddot\chi - \dot\vartheta\dot\varphi) - (\Theta_0 - \Theta)\,\omega\,\dot\vartheta = \Theta\,\ddot\chi - (\Theta_0\,\omega - \Theta\,\dot\psi\cos\vartheta)\,\dot\vartheta \\ M_c = \Theta_0\,\dot\omega \\ M_z = \dot D_z = (\Theta\,\ddot\chi - \Theta_0\,\omega\,\dot\vartheta)\sin\vartheta + (\Theta_0\,\dot\omega + \Theta\,\dot\chi\,\dot\vartheta)\cos\vartheta \end{array}\right\}. \qquad 12)$$

Wegen $\qquad \dot\chi = \dot\psi\sin\vartheta, \qquad \ddot\chi = \ddot\psi\sin\vartheta + \dot\psi\,\dot\vartheta\cos\vartheta \quad . \quad . \quad . \quad . \qquad 2\,\mathrm{b})$

dürfen wir aber dafür auch schreiben

$$\left.\begin{array}{l} M_\vartheta = \Theta(\ddot\vartheta - \dot\psi^2\sin\vartheta\cos\vartheta) + \Theta_0\,\omega\,\dot\psi\sin\vartheta \\ M_\chi = \Theta(\ddot\psi\sin\vartheta + 2\,\dot\psi\,\dot\vartheta\cos\vartheta) - \Theta_0\,\omega\,\dot\vartheta \\ M_z = \Theta(\ddot\psi\sin\vartheta + 2\,\dot\psi\,\dot\vartheta\cos\vartheta)\sin\vartheta + \Theta_0(\dot\omega\cos\vartheta - \omega\,\dot\vartheta\sin\vartheta) \end{array}\right\}. \qquad 12\,\mathrm{a})$$

Schließlich wird aus der Wuchtformel 5)

$$2\,J = \Theta(\dot\vartheta^2 + \dot\chi^2) + \Theta_0\,\omega^2 = \Theta(\dot\vartheta^2 + \dot\psi^2\sin^2\vartheta) + \Theta_0\,\omega^2. \qquad 13)$$

Bemerkenswert erscheint, daß in allen diesen Gleichungen als Veränderliche nur noch der Winkel ϑ mit seinen Ableitungen und die Drehwerte $\dot\psi$ und $\dot\omega$ auftreten, zu deren Ermittlung dann auch drei Formeln genügen. Da in den meisten praktischen Fällen $M_c = 0$, also ω beständig wird, so bleibt nur mehr die Bestimmung von ϑ und $\dot\psi$ übrig. Hierzu kann man sich ebensowohl der beiden Momentenformeln 12), oder auch z. B. für verschwindendes M_z, also beständigem Dallteil D_z der zugehörigen Gl. 11) und der Wuchtformel bedienen. Mit derartigen Aufgaben werden wir uns in den folgenden Abschnitten eingehend zu beschäftigen haben.

Viertes Buch.

Die Kreiselbewegung.

VIII. Freie Kreisel.

§ 36. Unmittelbare Ableitung der Kreiselgleichungen. Unter einem Kreisel wollen wir im Einklang mit dem Sprachgebrauch einen Umdrehungskörper oder genauer gesprochen einen Körper mit zwei übereinstimmenden Hauptschwungarmen verstehen, dessen Schwungellipsoid somit ein Umdrehungsellipsoid ist. Die Drehungsformeln eines solchen Körpers haben wir schon aus denen des allgemeinen starren Körpers mit drei verschiedenen Hauptschwungarmen am Schluß des letzten Abschnittes gewonnen, wollen sie aber unabhängig davon hier nochmals auf einfachem Wege unmittelbar ableiten.

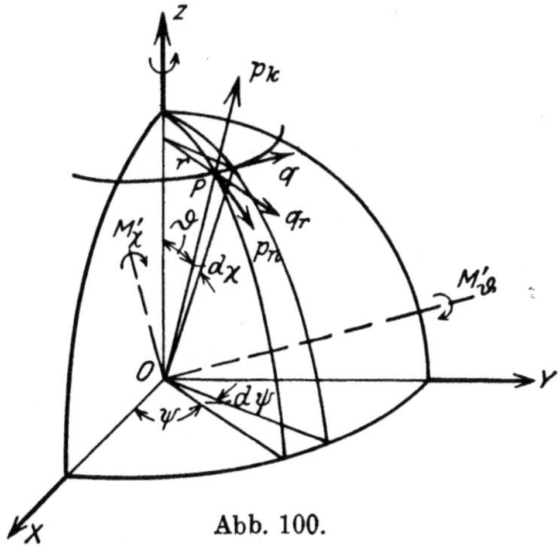

Abb. 100.

Die ausgezeichnete Achse des Kreisels wollen wir in der Folge kurz als seine Drehachse bezeichnen und uns den Körper selbst an einem Punkte O derselben festgehalten denken. Sehen wir vorläufig von der Eigendrehung um diese Achse ab, so können wir uns den Körper durch einen Massenpunkt m im Abstande des Schwungarmes $OP = k$ um eine zu OP senkrechte Achse durch O ersetzt denken. Legen wir dann durch O ein festes Achsenkreuz $OXYZ$, Abb. 100, so zerfällt die elementare Bewegung der Körpermasse m auf der Kugel um O in eine Drehung $d\psi$ auf dem Breitenkreis um OZ bei unverändertem Abstand r und einer Drehung in der Achsenebene POZ um $d\vartheta$ bei beständigem Abstand k von O, wobei ψ der Winkel der Ebenen POZ und XOZ und ϑ die Neigung der Drehachse OP gegen OZ bedeutet.

Da die beiden elementaren Drehungen im Breitenkreise um $d\psi$ und in der Achsenebene um $d\vartheta$ als ebene aufzufassen sind, so verlaufen sie unter der Wirkung je eines Strahlanlaufes q_r, p_k und eines Drehanlaufes q_u, p_u nach § 9, Teil I, so zwar, daß

$$\left.\begin{array}{ll} q_r = \ddot{r} - r\dot{\psi}^2, & q_u = r\ddot{\psi} + 2\dot{r}\dot{\psi} \\ p_k = \ddot{k} - k\dot{\vartheta}^2, & p_u = k\ddot{\vartheta} + 2\dot{k}\dot{\vartheta} \end{array}\right\} \quad \ldots\ldots \quad 1)$$

Hierin verschwinden zunächst wegen der Beständigkeit von k die zugehörigen Ableitungen $\dot{k}$ und $\ddot{k}$, außerdem aber während der Drehung $d\psi$ im Breitenkreis der Anlaufteil $\ddot{r}$, so daß nur noch

$$\left.\begin{array}{ll} q_r = -r\dot{\psi}^2, & q_u = r\ddot{\psi} + 2\dot{r}\dot{\psi} \\ p_k = -k\dot{\vartheta}^2, & p_u = k\ddot{\vartheta} \end{array}\right\} \quad \ldots\ldots \quad 1\text{a})$$

übrig bleiben, von denen überdies p_k vom Festpunkt O aufgenommen wird und darum wirkungslos ist. Da schließlich noch

$$r = k\sin\vartheta, \qquad \dot{r} = k\dot{\vartheta}\cos\vartheta \quad \ldots\ldots\ldots \quad 2)$$

ist, so bleiben für unsere Elementardrehungen nur noch die Anlaufteile

$$q_r = -k\dot{\psi}^2\sin\vartheta, \qquad p_u = k\ddot{\vartheta}, \qquad q_u = k(\ddot{\psi}\sin\vartheta + 2\dot{\vartheta}\dot{\psi}\cos\vartheta). \quad 1\text{b})$$

Legen wir nun durch O zwei zueinander senkrechte Achsen in den Tangentenrichtungen der Elementardrehungen in P, d. h. gleichläufig mit q_u und p_u, so haben in bezug auf diese die vorstehenden Anlaufteile die Hebelarme $k\cos\vartheta$ und k. Mithin erhalten wir für die Drehung des Körpers die Momentenformeln für zwei zur Körperachse OP normale Achsen, die darum ebenfalls Hauptachsen des Kreisels darstellen,

$$\left.\begin{array}{l} M'_\vartheta = mk(q_r\cos\vartheta + p_u) = mk^2(\ddot{\vartheta} - \dot{\psi}^2\sin\vartheta\cos\vartheta) \\ M'_\chi = mk\,q_u = mk^2(\ddot{\psi}\sin\vartheta + 2\dot{\vartheta}\dot{\psi}\cos\vartheta) \end{array}\right\} \quad \ldots \quad 3)$$

Hierin haben wir dem einen Moment den Zeiger χ gegeben, da es eine Drehung der Achse OP um den Elementarwinkel

$$d\chi = d\psi\sin\vartheta \quad \ldots\ldots\ldots\ldots \quad 4)$$

in der zu p_u senkrechten Ebene durch OP zur Folge hat.

Denken wir uns nun den Kreisel mit dem Drehwert ω um die Drehachse OP umlaufend, so besitzt er mit dem zugehörigen Schwungarm k_0 einen Drallanteil

$$D_0 = m k_0^2\,\omega, \quad \ldots\ldots\ldots\ldots \quad 5)$$

zu dessen Erhöhung ein Moment

$$M_0 = \dot{D}_0 = m k_0^2\,\dot{\omega} \quad \ldots\ldots\ldots\ldots \quad 6)$$

erforderlich ist. Tragen wir den Drall D_0 in Abb. 101 als Vektor in der Richtung OP auf, so werden durch die beiden obigen Elementardrehungen um $d\psi$ und $d\vartheta$ zwei Drallelemente $D_0\sin\vartheta\,d\psi$ und $D_0\,d\vartheta$ geweckt, die ihrerseits als Ableitungen zweier gleichgerichteter Momente M''_ϑ und M''_χ derart aufzufassen sind, daß mit Rücksicht auf den durch die Vektorrichtung gegebenen Drehsinn

$$D_0 \sin\vartheta\, d\psi = M''_\vartheta\, dt, \qquad D_0\, d\vartheta = -M''_\chi\, dt$$

oder

$$\left.\begin{aligned} M''_\vartheta &= D_0\, \dot\psi \sin\vartheta = m k_0^2\, \omega\, \dot\psi \sin\vartheta \\ M''_\chi &= -D_0\, \dot\vartheta = -m k_0^2\, \omega\, \dot\vartheta \end{aligned}\right\} \quad \ldots\ldots \quad 7)$$

ist. Diese Momente drehen nach Abb. 101 um dieselben Achsen wie die Momente 3) und sind daher mit diesen durch algebraische Summierung zu vereinigen. Dadurch entstehen die gesuchten Gesamtmomente

$$M'_\vartheta + M''_\vartheta = M_\vartheta$$
$$M'_\chi + M''_\chi = M_\chi,$$

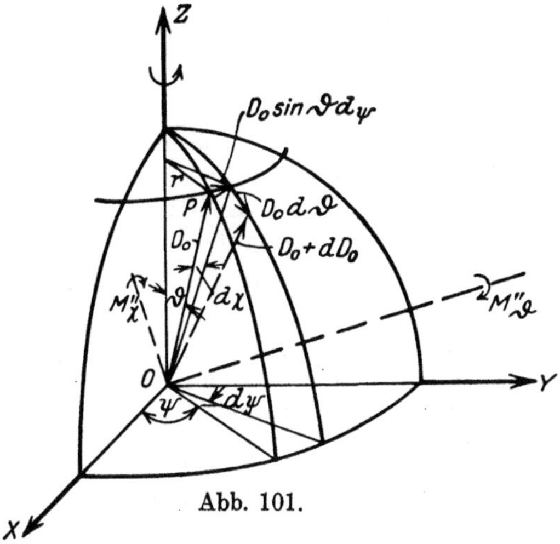

Abb. 101.

woraus unter Einführung der beiden Schwungmomente

$$m k^2 = \Theta, \quad m k_0^2 = \Theta_0, \quad 8)$$

sowie unter Hinzufügung von 6) die Bewegungsgleichungen des Kreisels in der endgültigen Form

$$\left.\begin{aligned} M_\vartheta &= \Theta(\ddot\vartheta - \dot\psi^2 \sin\vartheta\cos\vartheta) + \Theta_0\, \omega\, \dot\psi \sin\vartheta \\ M_\chi &= \Theta(\ddot\psi \sin\vartheta + 2\dot\vartheta\,\dot\psi\cos\vartheta) - \Theta_0\, \omega\, \dot\vartheta \\ M_0 &= \Theta_0\, \dot\omega \end{aligned}\right\} \quad \ldots \quad 9)$$

hervorgehen. Daraus folgt weiterhin das Moment um die feste z-Achse

$$M_z = M_\chi \sin\vartheta + M_0 \cos\vartheta$$
$$= \Theta(\ddot\psi \sin^2\vartheta + 2\dot\vartheta\,\dot\psi \sin\vartheta\cos\vartheta) - \Theta_0(\omega\,\dot\vartheta\sin\vartheta - \dot\omega\cos\vartheta)$$
$$M_z = \frac{d}{dt}(\Theta\,\dot\psi\sin^2\vartheta + \Theta_0\,\omega\cos\vartheta) = \dot D_z, \quad \ldots\ldots\ldots \quad 9a)$$

wobei
$$\Theta\,\dot\psi\sin^2\vartheta + \Theta_0\,\omega\cos\vartheta = D_z \quad \ldots\ldots \quad 10)$$

den Drall um die z-Achse bedeutet.

Erweitern wir schließlich die Gleichungen 9) der Reihe nach mit $d\vartheta$, $d\chi = d\psi\sin\vartheta$ und $\omega\, dt$ und addieren, so ergibt sich die Arbeitsformel

$$M_\vartheta\, d\vartheta + M_\chi\, d\chi + M_0\,\omega\, dt = \frac{\Theta}{2} d[\dot\vartheta^2 + \dot\psi^2\sin^2\vartheta] + \frac{\Theta_0}{2} d(\omega^2), \quad 11)$$

deren rechte Seite das Element der Drehwucht gegeben durch

$$2\,dJ = d[\Theta(\dot\vartheta^2 + \dot\psi^2\sin^2\vartheta) + \Theta_0\,\omega^2] \quad \ldots\ldots \quad 11a)$$

darstellt. Hieraus erhalten wir schließlich noch die **Dralltteile** um die drei Momentenachsen

$$D_\vartheta = \frac{\partial J}{\partial \dot\vartheta} = \Theta\,\dot\vartheta, \quad D_\chi = \frac{\partial J}{\partial \dot\chi} = \Theta\,\dot\chi = \Theta\dot\psi\sin\vartheta, \quad D_0 = \frac{\partial J}{\partial \omega} = \Theta_0\,\omega \qquad 10\text{a})$$

in voller Übereinstimmung mit den Schlußergebnissen des § 35. Da die Drallformel 10) und die Arbeitsgleichung 11) unmittelbar aus den Momentengleichungen 9) abgeleitet wurden, so sind sie den ersten beiden derselben gleichwertig und dürfen unbedenklich als Ersatz für sie benutzt werden. Es ist dies besonders dann am Platze, wenn kein Moment um die feste z-Achse wirkt und daher der Drall D_z als Festwert erscheint, der aus den Anfangsbedingungen der Bewegung hervorgeht. Mit der in praktischen Fällen meist sofort angebbaren Arbeit der äußeren Kräfte erhalten wir aus 10) und 11) demnach sogleich zwei Integrale der Bewegungsgleichungen, in denen nur noch die Drehteile $\dot\vartheta$, $\dot\psi$, ω, nicht aber die Andrehteile $\ddot\vartheta$, $\ddot\psi$ und $\dot\omega$ auftreten.

Für manche Zwecke ist es bequem, an Stelle der Drehung um die z-Achse die Drehung $d\chi$ der Körperachse auf dem Breitenkreis durch die Gleichungen

$$\left.\begin{aligned} d\psi\sin\vartheta = d\chi, \qquad \dot\psi\sin\vartheta = \dot\chi \\ \ddot\psi\sin\vartheta + \dot\psi\,\dot\vartheta\cos\vartheta = \ddot\chi \end{aligned}\right\} \quad \ldots\ldots \quad 12)$$

einzuführen. Damit erhalten wir an Stelle von 9) und 9a)

$$\left.\begin{aligned} M_\vartheta &= \Theta\,(\ddot\vartheta - \dot\chi^2\operatorname{ctg}\vartheta) + \Theta_0\,\omega\,\dot\chi \\ M_\chi &= \Theta\,(\ddot\chi + \dot\chi\,\dot\vartheta\operatorname{ctg}\vartheta) - \Theta_0\,\omega\,\dot\vartheta \\ M_z &= \Theta\,(\ddot\chi + \dot\chi\,\dot\vartheta\operatorname{ctg}\vartheta)\sin\vartheta + \Theta_0\,(\dot\omega\cos\vartheta - \omega\,\dot\vartheta\sin\vartheta) \end{aligned}\right\}, \qquad 13)$$

während $M_0 = \Theta_0\,\dot\omega$ wieder ungeändert bleibt.

Für **kleine Auslenkungen** ϑ der Kreiselachse aus der festen z-Achse erhalten wir mit

$$\sin\vartheta = \vartheta, \qquad \cos\vartheta = 1,$$

sowie unter Vernachlässigung der Produkte $\dot\psi^2$, $\dot\psi\,\dot\vartheta$, $\dot\vartheta\,\vartheta$, ϑ^2 aus 9) und 9a)

$$\left.\begin{aligned} M_\vartheta = \Theta\,\ddot\vartheta + \Theta_0\,\omega\,\dot\psi\,\vartheta, \qquad M_\chi = \Theta\,\ddot\psi\,\vartheta - \Theta_0\,\omega\,\dot\vartheta \\ M_z = M_0 = \Theta_0\,\dot\omega \end{aligned}\right\} \ldots \quad 9\text{c})$$

oder mit 12) und $\ddot\psi\,\vartheta = \ddot\chi$

$$\left.\begin{aligned} M_\vartheta = \Theta\,\ddot\vartheta + \Theta_0\,\omega\,\dot\chi, \qquad M_\chi = \Theta\,\ddot\chi - \Theta_0\,\omega\,\dot\vartheta \\ M_z = M_0 = \Theta_0\,\dot\omega \end{aligned}\right\} \ldots\ldots \quad 13\text{a})$$

Die Achsen der Momente M_ϑ und M_χ liegen in einer zur Kreiselachse senkrechten Ebene, die um denselben Winkel ϑ gegen die feste xy-Ebene geneigt sind wie die Kreiselachse gegen die feste z-Achse.

Beispiel. Für einen kräftefreien Kreisel, d. h. einen nur in seinem Schwerpunkt gestützten Umdrehungskörper, vereinfachen sich die ersten Formeln 9) in

$$\left.\begin{aligned} \Theta\,\ddot{\vartheta} - \dot{\psi}\sin\vartheta\,(\Theta\,\dot{\psi}\cos\vartheta - \Theta_0\,\omega) &= 0 \\ \Theta\,\ddot{\psi}\sin\vartheta + \dot{\vartheta}\,(2\,\Theta\dot{\psi}\cos\vartheta - \Theta_0\,\omega) &= 0 \end{aligned}\right\}, \quad . \; . \; . \; . \; . \; . \; . \quad 14)$$

während aus der dritten Gleichung $\dot{\omega} = 0$, also eine gleichförmige Achsendrehung, folgt. Die vorstehenden Gleichungen sind offenbar für beliebige Werte von ω und ϑ erfüllt, wenn mit

$$\dot{\psi} = \dot{\vartheta} = 0, \qquad \ddot{\psi} = \ddot{\vartheta} = 0 \quad . \; . \; . \; . \; . \; . \; . \; . \; . \quad 14a)$$

die Kreiselachse ihre beliebige Richtung im Raume nicht ändert. Fällt nun die Kreiselachse einen Augenblick mit der z-Achse zusammen, so ist dort nach Einführung in 14)

$$\vartheta = 0, \qquad \ddot{\vartheta} = 0, \qquad \dot{\vartheta} = 0, \quad . \; . \; . \; . \; . \; . \; . \; . \; . \quad 14b)$$

d. h. es besteht kein Anlaß für eine Lagenänderung der mit einer festen Achse zusammenfallenden Kreiselachse, um die somit eine stabile Drehung stattfindet. Da hierbei $\dot{\psi}$ und ω sich einfach addieren und die Lage der festen z-Achse ganz willkürlich ist, so führen die Bedingungen 14a) und 14b) auf dasselbe hinaus.

Verschwindet dagegen ϑ nicht, sondern nur $\dot{\vartheta} = 0$, $\ddot{\vartheta} = 0$, so wird nach der zweiten Gl. 14) $\dot{\psi}$ beständig und muß nach der ersten Gleichung die Bedingung

$$\Theta\,\dot{\psi}\cos\vartheta = \Theta_0\,\omega \quad . \quad 14c)$$

erfüllen. Es ist das die Bedingung für das Abrollen des Schwungellipsoides auf der unveränderlichen Ebene, bzw. des beweglichen Polbahnkegels auf dem festen, was wir schon in § 34 als Kreiskegel für den Fall eines Umdrehungskörpers erkannt haben, wobei die Kreiselachse eine sog. reguläre Präzession $\dot{\psi}$ vollzieht.

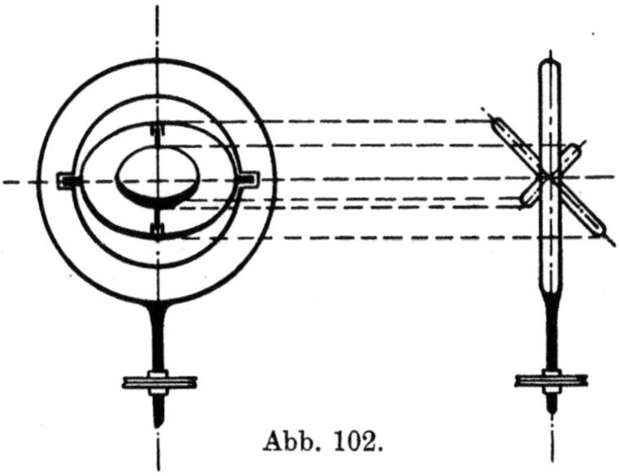

Abb. 102.

Ist bei beliebig gewähltem Drehwert $\dot{\psi}$, der allerdings ohne Wirkung eines Momentes M_χ nicht aufrecht erhalten werden kann, eines etwa kardanisch aufgehängten sog. Bohnenbergerschen Kreisels, Abb. 102, die Präzessionsbedingung 14c) nicht erfüllt, so bleibt nur die Lage 14b) übrig, in die der Kreisel alsdann auch übergeht. Für kleine Auslenkungen ϑ aus derselben kann man auch an Stelle der ersten Gl. 14) schreiben:

$$\Theta\,\ddot{\vartheta} + \dot{\psi}\,(\Theta_0\,\omega - \Theta\,\dot{\psi})\,\vartheta = 0, \quad . \; . \; . \; . \; . \; . \; . \; . \; . \quad 15)$$

woraus sich eine Schwingung um die Lage $\vartheta = 0$ ergibt, solange $\Theta_0\,\omega > \Theta\,\dot{\psi}$ ist. Im andern Falle würde einfach ein Umschlagen des Kreisels erfolgen, das auch bei Vorzeichenwechsel von $\dot{\psi}$ bzw. ω eintritt. Man erkennt daraus das Bestreben der Kreiselachse, sich in eine feste Drehachse einzustellen, wobei die Kreiselwucht einen Höchstwert annimmt.

§ 37. Das Kreiselpendel. Unter einem Kreiselpendel verstehen wir einen Kreisel, der sich um einen festgehaltenen Punkt O der Körperachse im Abstande s vom Körperschwerpunkt S unter dem Einfluß seines Gewichtes G bewegt, wobei jeder seiner Punkte an einer Kugelfläche um O gebunden ist, Abb. 103. Da um die z-Achse kein Moment wirkt, so ist der zugehörige Drall unveränderlich und durch die Anfangsbedingungen gegeben. Als äußere Arbeit kommt nur die des Gewichtes G bei einer Senkung um $dh = s\,d\,(\cos\vartheta)$ in Betracht, so daß wir nach der Gl. 10) und 11) des letzten Abschnittes mit zwei Festwerten C und D erhalten:

$$\left.\begin{aligned} &\Theta\,\dot\psi\sin^2\vartheta + \Theta_0\,\omega\cos\vartheta = D \\ &\Theta\,(\dot\vartheta^2 + \dot\psi^2\sin^2\vartheta) + \Theta_0\,\omega^2 = C - 2\,G s\cos\vartheta \end{aligned}\right\} \quad . \quad . \quad . \quad . \qquad 1)$$

Da um die Körperachse ebenfalls kein Drehmoment wirkt, wenigstens solange wir von Widerstandskräften absehen, so ist $\dot\omega = 0$ und der Eigendrehwert ω um die Körperachse beständig. Der Sinn dieser Drehung ist durch Übereinstimmung mit den Drehungen im festen Achsenkreuz bei der Deckung der Kreiselachse mit der positiven x-, y-, z-Achse gegeben und soll für alle Lagen des Kreisels gelten. Zur Bestimmung der Festwerte C und D setzen wir nun fest, daß die Bewegung mit dem Auslenkungswinkel ϑ_1 und den Drehwerten $\dot\vartheta_1 = 0$ und $\dot\psi_1$ beginnen möge. Damit wird aus 1)

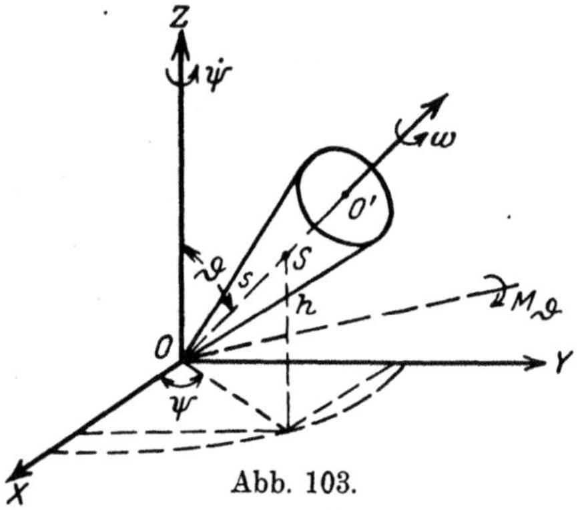

Abb. 103.

$$\left.\begin{aligned} &\Theta\,(\dot\psi\sin^2\vartheta - \dot\psi_1\sin^2\vartheta_1) = \Theta_0\,\omega\,(\cos\vartheta_1 - \cos\vartheta) \\ &\Theta\,(\dot\vartheta^2 + \dot\psi^2\sin^2\vartheta - \dot\psi_1^2\sin^2\vartheta_1) = 2\,G s\,(\cos\vartheta_1 - \cos\vartheta) \end{aligned}\right\} \quad . \qquad 1a)$$

und nach Ausschaltung von $\dot\psi$

$$\left.\begin{aligned} \dot\vartheta^2 = \frac{\cos\vartheta_1 - \cos\vartheta}{\sin^2\vartheta}\Big[&\frac{2\,G s}{\Theta}\sin^2\vartheta - 2\,\dot\psi_1\,\omega\,\frac{\Theta_0}{\Theta}\sin^2\vartheta_1 \\ &+ \dot\psi_1^2\sin^2\vartheta_1\,(\cos\vartheta_1 + \cos\vartheta) - \frac{\Theta_0^2\,\omega^2}{\Theta^2}(\cos\vartheta_1 - \cos\vartheta)\Big] \end{aligned}\right\} \quad . \quad . \quad . \qquad 2)$$

Verschwindet hierin ω, so stimmen, wenn wir noch

$$G = mg, \quad \Theta = mk^2, \quad \Theta_0 = mk_0^2, \quad k^2 : s = l, \quad \dot\psi_1 = \omega_1 \qquad 3)$$

einführen, die vorstehenden Gleichungen mit denen für das Kugelpendel 4) und 4a) in § 6 vollständig überein, so daß dieses den Grenzfall des Kreisels ohne Achsendrehung darstellt.

Der Drehwert $\dot\vartheta$ verschwindet nun nicht nur für ϑ_1 laut Voraussetzung, sondern auch noch mit der großen Klammer in 2), woraus für den zugehörigen Winkel ϑ die quadratische Gleichung

$$\left.\begin{aligned} &\cos^2\vartheta - \frac{\Theta}{2\,G s}\left(\dot\psi_1^2\sin^2\vartheta_1 + \frac{\Theta_0^2\,\omega^2}{\Theta^2}\right)\cos\vartheta \\ &= 1 + \frac{\Theta}{2\,G s}\left[\left(\dot\psi_1^2\sin^2\vartheta_1 - \frac{\Theta_0^2\,\omega^2}{\Theta^2}\right)\cos\vartheta_1 - 2\,\dot\psi_1\,\omega\,\frac{\Theta_0}{\Theta}\sin^2\vartheta_1\right] \end{aligned}\right\} \quad . \qquad 2a)$$

hervorgeht, deren Wurzeln wenig übersichtlich sind. Wir wollen uns darum auf die Erörterung zweier Grenzfälle beschränken, die sich aus dem Überwiegen des Drallwertes $\Theta_0\,\omega$ gegen $\Theta\,\dot\psi_1 \sin\vartheta_1 = \Theta\,\dot\chi_1$, oder umgekehrt ergeben. Diese beiden Fälle entsprechen etwa einer schweren Scheibe bzw. einem schweren Ring und einem schlanken Kegel. Im ersten Falle $\Theta_0\,\omega \gg \Theta\,\dot\psi_1 \sin\vartheta_1$ dürfen wir die Glieder mit $\dot\psi_1^2$ in 2a) vernachlässigen und erhalten damit

$$\cos\vartheta = \frac{\Theta_0^2\,\omega^2}{4\,G s\,\Theta} \pm \sqrt{1 + \left(\frac{\Theta_0^2\,\omega^2}{4\,G s\,\Theta}\right)^2 - \frac{\Theta_0^2\,\omega^2}{2\,G s\,\Theta}\cos\vartheta_1 - \frac{\dot\psi_1\,\omega\,\Theta_0}{G s}\sin^2\vartheta_1}\,. \quad 4)$$

Hierin ist offenbar der Ausdruck unter der Wurzel wegen des Überwiegens des zweiten Gliedes positiv; dann aber würde das positive Vorzeichen aus 4) einen mit ω^2 beliebig über 1 wachsenden Wert ergeben, der keinen Sinn hat. Es bleibt also nur das negative Vorzeichen übrig; betrachtet man außerdem die andern Glieder unter der Wurzel als klein gegen das zweite rein quadratische, so ergibt sich für die gesuchte zweite Wurzel

$$\cos\vartheta_2 = \cos\vartheta_1 - \frac{2\,G s\,\Theta}{\Theta_0^2\,\omega^2} + \frac{2\,\Theta\,\dot\psi_1}{\Theta_0\,\omega}\sin^2\vartheta_1 \quad \ldots\ldots \quad 4\text{a})$$

und für den Sonderfall $\dot\psi_1 = 0$, bei dem der Kreisel mit Eigendrehung aus einer Ruhelage ϑ_1 losgelassen wird,

$$\cos\vartheta_1 - \cos\vartheta_2 = \frac{2\,G s\,\Theta}{\Theta_0^2\,\omega^2} \quad \ldots\ldots\ldots \quad 4\text{b})$$

Im zweiten Fall $\Theta_0\,\omega \ll \Theta\,\dot\psi_1$ vernachlässigen wir die mit ω^2 behafteten Glieder in 2a) und erhalten alsdann für die Wurzel

$$\left.\begin{array}{l} \cos\vartheta = \dfrac{\Theta\,\dot\psi_1^2 \sin^2\vartheta_1}{4\,G s} \pm \\ \pm\sqrt{1 + \left[\left(\dfrac{\Theta\,\dot\psi_1^2}{4\,G s}\right)^2 \sin^2\vartheta_1 + \dfrac{\Theta\,\dot\psi_1^2}{2\,G s}\cos\vartheta_1 - \dfrac{\dot\psi_1\,\omega\,\Theta_0}{G s}\right]\sin^2\vartheta_1} \end{array}\right\}, \quad . \quad 5)$$

worin wiederum wegen des Überwiegens des zweiten rein quadratischen Gliedes gegen die andern nur das negative Zeichen einen Sinn hat und auf die Näherungslösung

$$\cos\vartheta_1 - \cos\vartheta_2 = -\frac{2\,G s}{\Theta\,\dot\psi_1^2 \sin^2\vartheta_1} + \frac{2\,\omega\,\Theta_0}{\Theta\,\dot\psi_1} \quad \ldots\ldots \quad 5\text{a})$$

führt. Mit $\omega = 0$ würde man wieder zu dem Kugelpendel zurückgelangen, mit dem das Kreiselpendel nach den vorstehenden Ergebnissen die Bewegung zwischen zwei den Winkeln ϑ_1 und ϑ_2 entsprechenden Grenzkreisen gemein hat. Nur liegt die Mittellage derselben beim Kugelpendel stets unter dem Stützpunkt O, beim Kreiselpendel aber nur für sehr kleine Drehwerte ω, während für große ω nach Gl. 4a) der Höhenunterschied und damit der Abstand der Grenzkreise sogar beliebig klein werden kann.

Auf das Kreiselpendel wird nun lediglich das Moment

$$M_\vartheta = Gs\sin\vartheta = \Theta(\ddot\vartheta - \dot\psi^2\sin\vartheta\cos\vartheta) + \Theta_0\,\omega\,\dot\psi\sin\vartheta, \quad . \quad . \quad 6)$$

aber kein dazu senkrechtes Moment ausgeübt. Daher wird aus der zweiten Momentenformel 9) § 36 für unseren Fall mit $M_\chi = 0$

$$\Theta(\ddot\psi\sin\vartheta + 2\,\dot\vartheta\,\dot\psi\cos\vartheta) = \Theta_0\,\omega\,\dot\vartheta \quad . \quad . \quad . \quad . \quad . \quad . \quad 7)$$

und für $\dot\vartheta = 0$, $\ddot\psi = 0$, d. h. der Drehwert $\dot\psi$ nimmt an den Grenzkreisen Scheitelwerte an. Der Betrag von $\dot\psi$ selbst ergibt sich aus der ersten Gleichung 1a) zu

$$\dot\psi = \dot\psi_1\frac{\sin^2\vartheta_1}{\sin^2\vartheta} + \frac{\Theta_0\,\omega}{\Theta}\,\frac{(\cos\vartheta_1 - \cos\vartheta)}{\sin^2\vartheta}, \quad . \quad . \quad . \quad . \quad 8)$$

worin $\cos\vartheta_1 - \cos\vartheta > 0$, solange ϑ_1 dem oberen Grenzkreise zugehört. Da auch $\sin^2\vartheta > 0$ ist, so kann $\dot\psi$ nur dann negativ werden oder sein Vorzeichen wechseln, wenn der Anfangswert $\dot\psi_1 < 0$ ist, d. h. die Drehung der Achsenebene SOZ in Abb. 103 der Eigendrehung ω des Kreisels um die Körperachse entgegenläuft.

Um festzustellen, unter welchen Bedingungen die beiden Grenzkreise zusammenfallen, setzen wir in Gl. 2a) $\vartheta = \vartheta_1$, woraus sich

$$Gs - \dot\psi_1\,\omega\,\Theta_0 + \Theta\,\dot\psi_1^2\cos\vartheta_1 = 0 \quad . \quad . \quad . \quad . \quad . \quad . \quad 9)$$

ergibt, eine Bedingung, die wir auch aus der Momentengleichung 6) mit $\ddot\vartheta = 0$ und $\vartheta = \vartheta_1$ erhalten hätten. Die Auflösung von 9) liefert die beiden Wurzeln

$$\dot\psi_1 = \frac{\Theta_0\,\omega}{2\,\Theta\cos\vartheta_1} \pm \sqrt{\left(\frac{\Theta_0\,\omega}{2\,\Theta\cos\vartheta_1}\right)^2 - \frac{Gs}{\Theta\cos\vartheta_1}}, \quad . \quad . \quad . \quad 9a)$$

also im allgemeinen zwei Werte einer regulären Präzession, die nur so lange reell ausfallen, als

$$\Theta_0^2\,\omega^2 \geqq 4\,Gs\,\Theta\cos\vartheta_1 \quad . \quad . \quad . \quad . \quad . \quad . \quad . \quad . \quad . \quad 9b)$$

wird. Die Ungleichung ist stets erfüllt für $\cos\vartheta_1 < 0$, d. h. solange der obere Grenzkreis unterhalb des Stützpunktes O liegt, sowie für eine schnelle Eigendrehung ω des Kreisels, also ein starkes Überwiegen des ersten Gliedes unter der Wurzel von 9a) gegen das zweite. In diesem Falle erhalten wir die beiden Näherungswerte

$$\dot\psi_1 = \frac{\Theta_0\,\omega}{2\,\Theta\cos\vartheta_1} \pm \left(\frac{\Theta_0\,\omega}{2\,\Theta\cos\vartheta_1} - \frac{Gs}{\Theta_0\,\omega}\right),$$

oder

$$\dot\psi_1 = \frac{\Theta_0\,\omega}{\Theta\cos\vartheta_1} - \frac{Gs}{\Theta_0\,\omega}, \quad \dot\psi_2 = \frac{Gs}{\Theta_0\,\omega}, \quad . \quad . \quad . \quad . \quad . \quad . \quad . \quad . \quad 9c)$$

von denen der erste der raschen Präzession positiv oder negativ sein kann, während der zweite der langsamen Präzession stets positiv ist. Im Falle des Gleichheitszeichens von 9b) ist stets

$$\cos\vartheta_1 = \frac{\Theta_0^2\,\omega^2}{2\,Gs\,\Theta} > 0, \quad . \quad . \quad . \quad . \quad . \quad . \quad . \quad . \quad . \quad 9d)$$

und die Wurzeln von 9) fallen zusammen in dem Wert

$$\dot{\psi}_0 = \frac{\Theta_0\,\omega}{2\,\Theta\cos\vartheta_1} = \frac{G\,s}{\Theta_0\,\omega} > 0, \qquad 10)$$

der allerdings nur so lange reell ist, als mit $\cos\vartheta_1 < 1$

$$\Theta_0^2\,\omega^2 \leqq 2\,G\,s\,\Theta \qquad 10a)$$

bleibt. Diese Bedingung ist offenbar nur für kleine Eigendrehungen ω des Kreisels erfüllbar und liefert damit eine positive rasche Präzession.

Schließlich entsteht noch die Frage nach dem **Bewegungsverlauf, wenn einer der beiden Grenzkreise zu einem Punkte der festen z-Achse zusammenschrumpft.** Trifft dies für den **oberen Grenzkreis** zu, so haben wir aus Gl. 8) u. 2) mit $\vartheta_1 = 0$

$$\dot{\psi} = \frac{\Theta_0\,\omega}{\Theta(1+\cos\vartheta)}, \quad \dot{\vartheta}^2 = (1-\cos\vartheta)\left(\frac{2\,G\,s}{\Theta} - \frac{\Theta_0^2\,\omega^2}{\Theta^2(1+\cos\vartheta)}\right). \qquad 11)$$

Für die Grenzkreise wird dann mit $\dot{\vartheta} = 0$

$$(1-\cos\vartheta)\left(\frac{2\,G\,s}{\Theta} - \frac{\Theta_0^2\,\omega^2}{\Theta^2(1+\cos\vartheta)}\right) = 0$$

also
$$\cos\vartheta_1 = 1\,; \quad \cos\vartheta_2 = \frac{\Theta_0^2\,\omega^2}{2\,G\,s\,\Theta} - 1. \qquad 11a)$$

Die erste dieser Wurzeln deutet die Möglichkeit der aufrechten Drehung des Kreisels um eine mit dem festen Lot zusammenfallende Körperachse an, für welche der Drehwert $\dot{\psi}$ den Sinn verliert. Der zweite dagegen gibt für eine Auslenkung aus der oberen Stellung die Lage des Grenzkreises an, für den die Ausdrücke 11) übergehen in:

$$\dot{\psi}_2 = \frac{2\,G\,s}{\Theta_0\,\omega}, \quad \dot{\vartheta}^2 = 0. \qquad 11b)$$

Schrumpft dagegen der **untere Grenzkreis** zu einem Punkt zusammen, so gilt $\vartheta_2 = \pi$, $\cos\vartheta_2 = -1$, $\sin\vartheta_2 = 0$. Damit wird aus 2a) mit $\vartheta = \vartheta_2$

$$\Theta^2\,\dot{\psi}_1^2\sin^2\vartheta_1(1-\cos\vartheta_1) + \Theta_0^2\,\omega^2(1+\cos\vartheta_1) + 2\,\dot{\psi}_1\,\Theta_0\,\Theta\,\omega\sin^2\vartheta_1 = 0$$

$$[\Theta\,\dot{\psi}_1(1-\cos\vartheta_1) + \Theta_0\,\omega]^2 = 0,$$

woraus
$$\dot{\psi}_1 = \frac{\Theta_0\,\omega}{\Theta(\cos\vartheta_1 - 1)} < 0, \qquad 12)$$

also ein negativer Drehwert $\dot{\psi}_1$ am oberen Grenzkreis hervorgeht, solange $\omega \neq 0$ ist. Für $\omega = 0$ wird auch $\dot{\psi}_1 = 0$ entsprechend einer reinen Pendelschwingung auf einem Grenzkreis.

I. Nunmehr macht es keine Schwierigkeit, den Bewegungsvorgang der Kreiselachse für verschiedene Werte von ω und $\dot{\psi}_1$ von einer vorgelegten

Anfangsstellung ϑ_1 und $\dot{\vartheta}_1 = 0$, also vom oberen Grenzkreis aus, zu verfolgen, ohne daß es notwendig wird, die Ausgangsgleichungen 1) zu integrieren. Diese mit Hilfe elliptischer Funktionen durchführbare Integration ist aber für die Ermittlung des zeitlichen Verlaufs der Bewegung unerläßlich. Wegen der geringen praktischen Bedeutung derselben wollen wir die ziemlich umständliche Rechnung weglassen und verweisen den Leser in dieser Hinsicht auf die schon angeführten Werke von Klein und Sommmerfeld, sowie von Grammel über die Theorie des Kreisels. Wir beginnen mit $\dot{\psi}_1 = 0$, d. h. mit dem Aufsetzen des Kreisels ohne Anfangspräzession. Damit ergibt die Ausschaltung von $\cos\vartheta_1 - \cos\vartheta$ aus den beiden Formeln 1a)

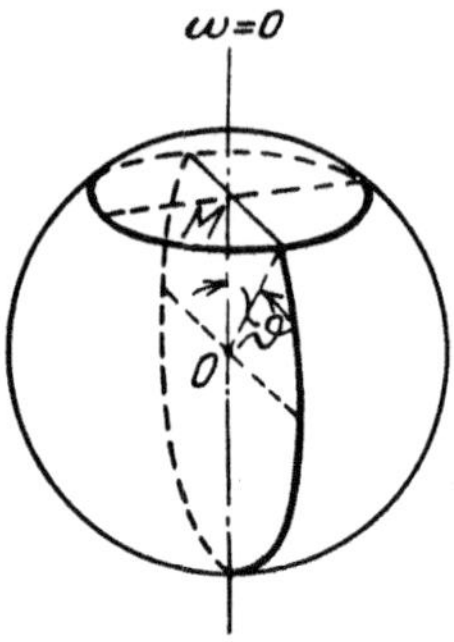

Abb. 104a.

$$\left(\frac{2\,G s}{\Theta_0\,\omega\,\dot{\psi}} - 1\right)\sin^2\vartheta = \left(\frac{\dot{\vartheta}}{\dot{\psi}}\right)^2 = \left(\frac{d\vartheta}{d\psi}\right)^2, \quad . \ 13)$$

oder für

$$\vartheta = \vartheta_1, \quad \dot{\psi} = \dot{\psi}_1 = 0, \quad \frac{d\vartheta}{d\psi} = \infty,$$

so daß die Bahn des Durchstoßpunktes der Kreiselachse auf der Einheitskugel, Abb. 104a—c, zum oberen Grenzkreis senkrecht steht, also dort eine Spitze besitzt. Am unteren Grenzkreis ist laut Voraussetzung $\dot{\vartheta}_2 = 0$, also auch $d\vartheta : d\psi = 0$, woraus eine Berührung dieses Grenzkreises folgt. Nur im Sonderfalle $\omega = 0$ erhalten wir mit $\vartheta_2 = \pi$ die schon oben erwähnte Pendelschwingung auf einem Grenzkreise. Außer-

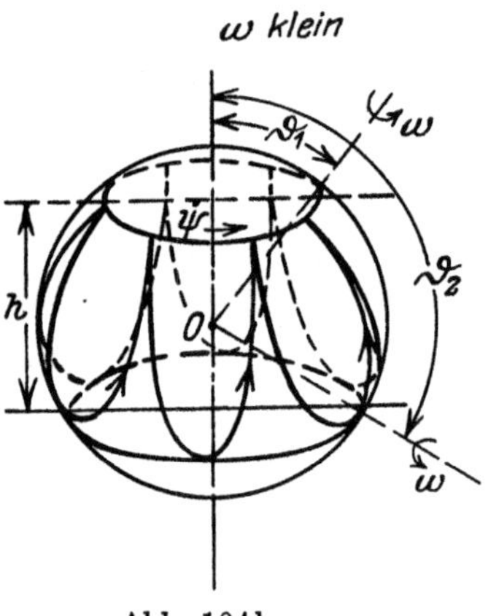

Abb. 104b.

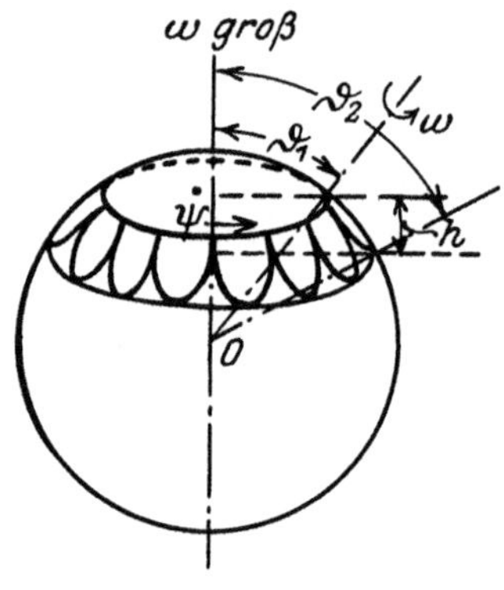

Abb. 104c.

dem aber folgt aus 4b) eine schnelle Abnahme des durch $\cos\vartheta_1 - \cos\vartheta_2$ gegebenen lotrechten Abstandes der beiden Grenzkreise mit wachsendem ω, so daß wir den in den Abb. 104a—c dargestellten Verlauf der im allgemeinen nicht geschlossenen Bahnkurve erhalten. Für den unteren Grenzkreis erhält man durch Division der beiden Grundformeln 1a) mit $\dot{\vartheta} = 0$, $\dot{\psi}_1 = 0$ den positiven Grenzwert 11b) für $\dot{\psi}_2$, dem dann angenähert ein Mittelwert

$$\dot{\psi}_m = \frac{G s}{\Theta_0\,\omega} \quad . \ . \ . \ . \ . \ . \ . \ . \ . \ . \ . \ . \ . \ 13a)$$

entspricht, den wir schon in 10) als langsame Präzession für schnelle Eigendrehung ω erkannt haben. Wir erhalten also in diesem Falle eine durch kleine Erzitterungen, sog. Nutationen, gestörte Kreisbewegung der Kreiselachse, die man nach dem Vorschlag von Klein und Sommerfeld als pseudoreguläre Präzession bezeichnet.

II. Erteilen wir der Kreiselachse in der oberen Lage ϑ_1 eine positive Anfangspräzession $\dot{\psi}_1 > 0$, so ist damit nach 8) auch das positive Vorzeichen aller Werte von $\dot{\psi}$ während der ganzen Bewegung festgelegt. Für $\omega = 0$ geht das Kreiselpendel in das schon in § 6 besprochene Kugelpendel über, bei dem die aufeinanderfolgenden Berührungen der beiden Grenzkreise einer Drehung der Achsenebene ZOS um $\psi > \pi$ entsprechen. Da nun hierfür nach 8) $\dot{\psi} \sin^2\vartheta = \dot{\psi}_1 \sin^2\vartheta_1$ ist, so wird durch die Eigendrehung ω

$$\dot{\psi} = \dot{\psi}_1 \frac{\sin^2\vartheta_1}{\sin^2\vartheta} + \frac{\Theta_0\,\omega}{\Theta}\,\frac{\cos\vartheta_1 - \cos\vartheta}{\sin^2\vartheta} > \dot{\psi}_1 \frac{\sin^2\vartheta_1}{\sin^2\vartheta},$$

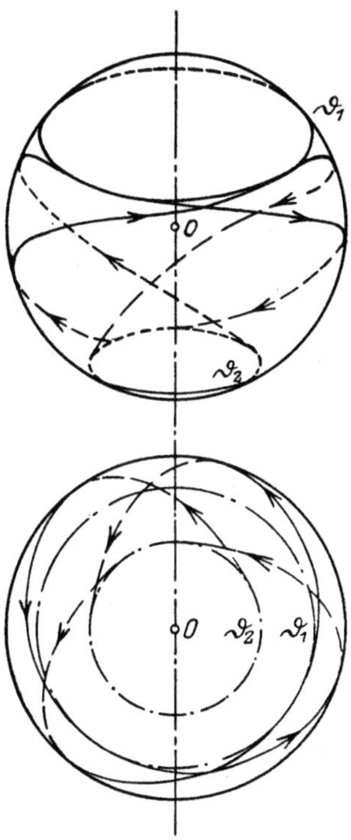

Abb. 105.

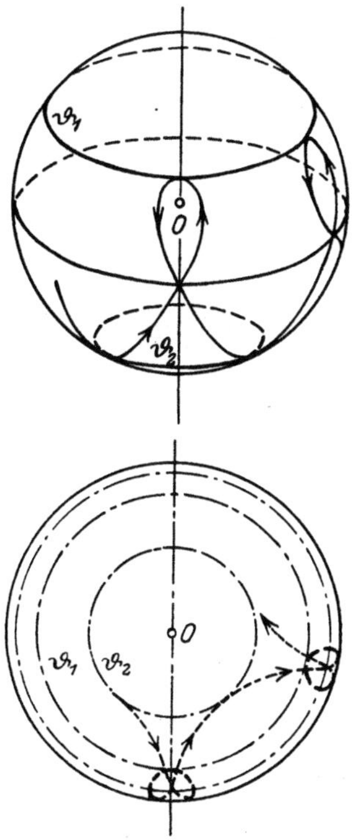

Abb. 106.

d. h. die Achsenebene des Kreiselpendels mit positiver Präzession rückt rascher vor als die des Kugelpendels, wobei sich die Bewegungen beider grundsätzlich nicht unterscheiden. In Abb. 105 ist die Bahnkurve auf der Einheitskugel mit dem dazugehörigen Grundriß für den Fall der Grenzkreise $\vartheta_1 < \frac{\pi}{2}$, $\vartheta_2 > \frac{\pi}{2}$ dargestellt. Als Grenzfall erhalten wir für eine hohe Eigendrehung die langsame reguläre Präzession $\dot{\psi}_1$, welche durch die zweite Wurzel Gl. 9a) gegeben ist.

III. Ist schließlich die Anfangspräzession $\dot{\psi} < 0$, so wird $\dot{\psi}$ nach Gl. 8) zunächst wachsen und über $\dot{\psi} = 0$ positive Werte annehmen, woraus sich die in Abb. 106 dargestellte Schleifenbildung der Bahnkurve auf der Kugel ergibt. Die Doppelpunkte der Bahnkurven liegen natürlich wieder auf einem

Kreise; außerdem aber berühren die Bahnkurven in diesem Falle im Gegensatz zu dem vorigen beide Grenzkreise mit der gewölbten Seite, wie am deutlichsten aus dem Grundriß zu Abb. 106 ersichtlich ist. Als Sonderfall gehört hierher der in Abb. 107 dargestellte Durchgang der Kreiselachse durch den tiefsten Punkt, in den der untere Grundkreis ausgeartet ist, wobei die Anfangspräzession der Bedingung 12) genügen muß. Steigern wir den Absolutbetrag der negativen Anfangspräzession über diesen Wert hinaus, so tritt der untere Grundkreis wieder auf und wird, wie aus dem Grundkriß Abb. 108 hervorgeht, von der Hohlseite der Bahnkurve wie im Falle II, aber mit verkehrtem Umlaufssinn berührt. Schließlich erhalten wir als Grenzfall die **negative reguläre Präzession** nach der ersten Gl. 9c), die wegen der Bedingung 9b) nur für $\cos\vartheta_1 < 0$, also eine Schwerpunktslage unter dem Stützpunkt möglich ist.

IV. In den beiden Fällen der **regulären Präzession**, die stets an die Bedingung 9) geknüpft sind, haben wir es nur noch mit den beiden beständigen Drehwerten ω_0 der Eigendrehung des Körpers um seine Achse, die man wohl auch als **Kreiselung** bezeichnen kann, und $\dot\psi$ der Drehung der Achsen-

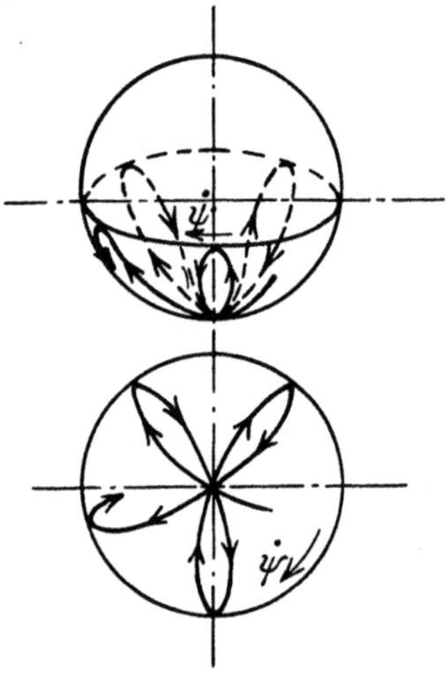

Abb. 107.

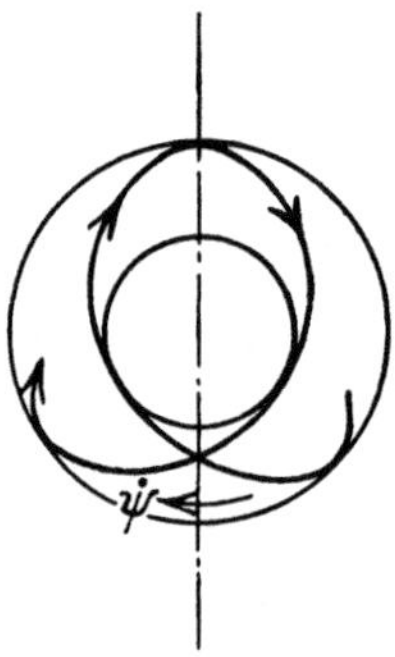

Abb. 108.

ebene um das Lot durch den Stützpunkt zu tun. Setzen wir beide in die Achsenebene selbst fallenden Drehwerte zu einer Gesamtdrehung ω_r mit der Neigung φ gegen die Kreiselachse OS, so gilt nach Abb. 109

$$\dot\psi_1 \sin(\vartheta_1 - \varphi) = \omega_0 \sin\varphi \qquad 14)$$

oder

$$\operatorname{tg}\varphi = \frac{\dot\psi_1 \sin\vartheta_1}{\omega_0 + \dot\psi_1 \cos\vartheta_1} = \frac{\dot\psi_1 \sin\vartheta_1}{\omega}, \qquad 14a)$$

worin der Nenner den Gesamtdrehwert um die Kreiselachse darstellt. Erweitern wir Gl. 14) mit dem Abstand $OP = l$ eines beliebigen Punktes auf der Achse ω_r von O, Abb. 109, und fällen die Lote r und r_1 von P auf die Kreiselachse OS und die Lotrechte OZ, nämlich

$$r = l\sin\varphi, \quad r_1 = l\sin(\vartheta_1 - \varphi), \qquad 15)$$

so geht mit diesen Gl. 14) über in

$$\omega_0 r = \dot\psi_1 r_1 . \qquad 14b)$$

Das besagt aber, daß die beiden Kreise mit den Halbmessern r und r_1, deren Achsen die Neigung ϑ_1 haben, aufeinander abrollen. An Stelle dieser Kreise können wir auch die zugeordneten Kreiskegel mit der gemeinsamen Spitze O

aufeinander abrollen lassen, Abb. 110, wobei die Berührungsgerade OP jeweils mit dem Gesamtdrehwert ω_r zusammenfällt. Es sind das wieder die schon in § 34 besprochenen festen und beweglichen Polbahnkegel. Man übersieht, daß beim aufrechten Kreisel $\left(\vartheta_1 < \frac{\pi}{2}\right)$ das Abrollen auf der Außenseite des festen Kegels mit positiver Präzession erfolgt, während bei hängendem Kreisel $\left(\vartheta_1 > \frac{\pi}{2}\right)$ der bewegliche Kegel auf dem Innenmantel des festen rollt, wodurch eine negative Präzession der Kreiselachse um das Lot OZ im Einklang mit II und III bedingt ist.

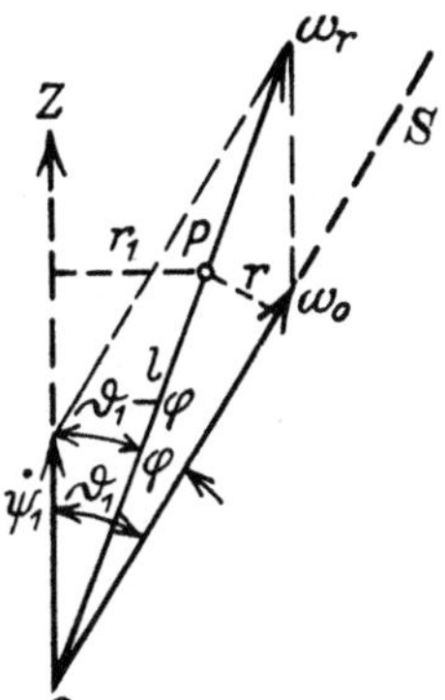

Abb. 109.

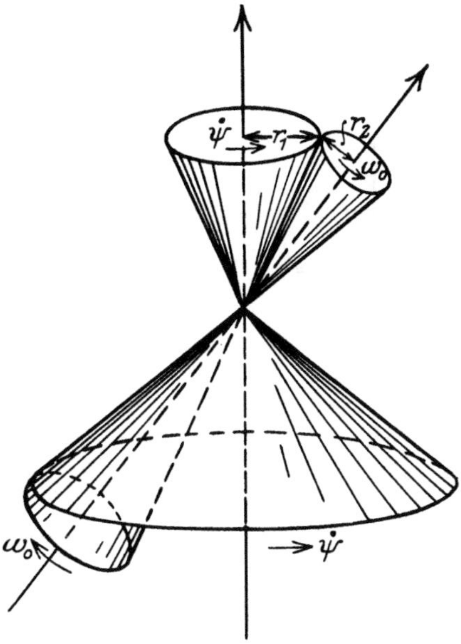

Abb. 110.

§ 38. Widerstandskräfte am Kreiselpendel. Bei der Untersuchung der Drehung des Kreiselpendels im letzten Abschnitt haben wir alle Bewegungswiderstände außer acht gelassen und dürfen daher nicht erwarten, daß unsere Ergebnisse mit der Erfahrung vollkommen übereinstimmen. Wir wollen daher unsere Betrachtung nach dieser Richtung ergänzen, uns aber dabei auf das Verhalten des aufrechten Kreisels, dessen Schwerpunkt dauernd oberhalb des Stützpunktes bleibt, beschränken, da dieser vermöge seiner großen Verbreitung als Spielzeug zu einfachen Versuchen besonders geeignet erscheint. Steht dieser nur dem Moment der Schwerkraft unterworfene Kreisel mit einer abgerundeten Spitze in einer Vertiefung der Unterlage, einer sog. Pfanne, so ist der Fall des festen Drehpunktes im Sinne unserer bisherigen Darstellung trotz der Möglichkeit einer begrenzten Bewegung der Spitze in der Pfanne ziemlich genau verwirklicht.

I. In diesem Falle stellt sich der Bewegung nur der Luftwiderstand entgegen, der einerseits durch Mitnahme der die umlaufende

Kreiseloberfläche berührenden Luftschicht die Eigendrehungswucht vermindert, andererseits aber auch die Bewegungen der Kreiselachse in wagerechter und senkrechter Richtung hemmt. Zur Vereinfachung der Betrachtung wollen wir uns an dieser Stelle auf rasch umlaufende Kreisel beschränken, bei dem die senkrechten Bewegungen, die sog. Nutation gegen die wagerechte Präzession merklich zurücktritt, so daß wir nur den Einfluß der Widerstände auf die letztere zu beachten brauchen. Im übrigen soll über die Abhängigkeit des Luftwiderstandes von der Geschwindigkeit hier keine Annahme gemacht werden, da es uns, wie schon in § 37, nur auf die Erklärung des tatsächlichen Verhaltens, nicht aber auf eine genaue Ermittelung des zeitlichen Ablaufes der durch den Widerstand gestörten Bewegung ankommt. Alsdann genügt die Annahme eines Momentes der Oberflächenreibung

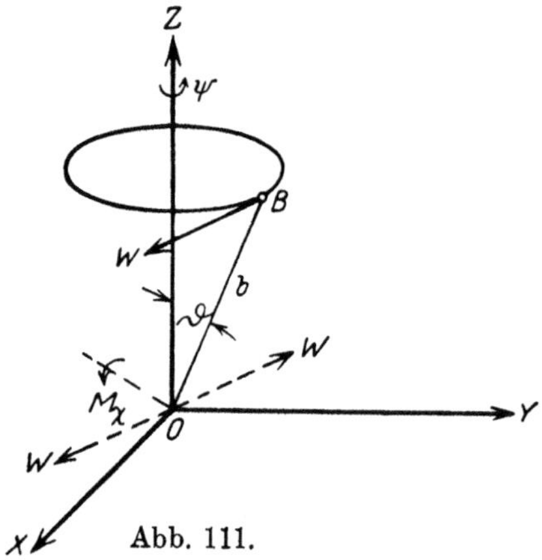

Abb. 111.

$$M_0 = -\Theta_0 \dot{\omega} \quad . \quad . \quad . \quad 1)$$

zur Verminderung der Kreiselung ω, während der Widerstand W gegen die Präzession $\dot{\psi}$ im Abstande $OB = b$ vom Stützpunkt O an der Achse und senkrecht zu ihr angreifen möge, Abb. 111. Verlegen wir W nach dem Stützpunkt O selbst, so wird dadurch ein rückwärts drehendes Moment M_χ geweckt, so zwar, daß mit $\dot{\psi} \sin \vartheta = \dot{\chi}$ und dem Schwerpunktsabstand s angenähert

$$W = -ms\ddot{\chi}, \qquad M_\chi = -Wb \quad . \quad . \quad . \quad . \quad . \quad . \quad . \quad 2)$$

anzusetzen ist. Führen wir diese Ausdrücke in die entsprechende Momentenformel 13) § 36

$$\Theta(\ddot{\chi} + \dot{\chi}\dot{\vartheta}\operatorname{ctg}\vartheta) - \Theta_0 \omega \dot{\vartheta} = M_\chi$$

ein, so folgt

$$(\Theta_0 \omega - \Theta \dot{\chi} \operatorname{ctg} \vartheta)\dot{\vartheta} = \Theta \ddot{\chi} - M_\chi = Wb - \frac{\Theta W}{ms} \quad . \quad . \quad . \quad 3)$$

oder unter Einführung des Schwungarmes k um die Querachse durch die Spitze mit der zugehörigen Pendellänge l vermittels der Beziehungen

$$\Theta = mk^2, \qquad k^2 = ls \quad . \quad . \quad . \quad . \quad . \quad . \quad . \quad 4)$$

$$(\Theta_0 \omega - \Theta \dot{\chi} \operatorname{ctg} \vartheta)\dot{\vartheta} = W\left(b - \frac{k^2}{s}\right) = W(b - l), \quad . \quad . \quad . \quad 5)$$

oder

$$(\Theta_0 \omega \sin \vartheta - \Theta \dot{\chi} \cos \vartheta)\dot{\vartheta} = W(b - l) \sin \vartheta \quad . \quad . \quad . \quad . \quad 5a)$$

Hierin ist aber, wie aus Abb. 112 hervorgeht, die Klammer der linken Seite der zur z-Achse lotrechte, also wagerechte Drallanteil D_{xy}, der für rasche Kreiselung ω insbesondere dann positiv ist, wenn das Schwungmoment Θ_0 um die Kreiselachse dasjenige Θ wesentlich übertrifft. Das Vorzeichen der rechten Seite hängt dagegen mit dem Unterschied $b - l$ in der Hauptsache von der Gestalt des Kreisels ab, welche den Abstand b des Kraftangriffs und die Pendellänge l bedingt. Gewöhnlich nimmt man an, daß die Richtung von W durch den Schwerpunkt des größten zur Bewegungsrichtung senkrechten Querschnittes, in unserm Falle also des Achsenschnittes hindurchgeht. Das trifft indessen nach sorgfältigen Versuchen von Kummer (Abhandlungen der Berliner Akademie 1875) nicht zu, nach denen vielmehr der Luftwiderstand von Umdrehungskörpern senkrecht zu ihrer Achse diese in der Nähe des Raumschwerpunktes schneidet.

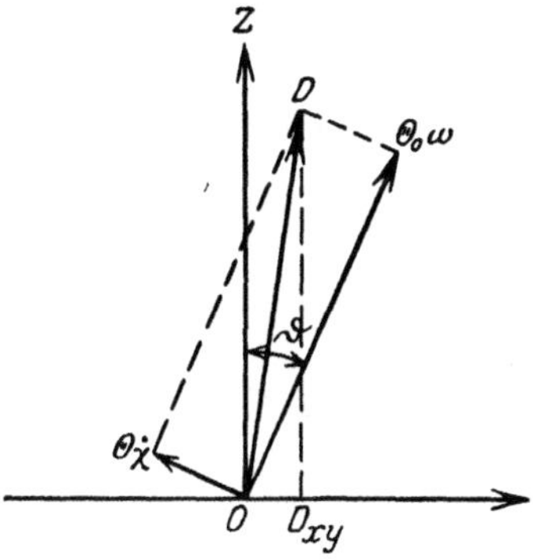

Abb. 112.

Setzen wir demgemäß $b = s$, so wird mit dem Schwungarm k_1 für eine Schwerachse

$$b - l = s - \frac{k^2}{s} = s - \frac{k_1^2 + s^2}{s} = -\frac{k_1^2}{s} < 0, \quad . \quad . \quad . \quad . \qquad 6)$$

womit sich aus 5a) für einen rasch umlaufenden Kreisel $\dot{\vartheta} < 0$ also ein Aufrichten durch den Luftwiderstand ergibt, während infolge des alsdann negativen Dralles D_{xy} langsam sich drehende Kreisel durch den Luftwiderstand umgeworfen werden.

II. Außer dem Luftwiderstand unterliegt der Pendelkreisel aber auch noch dem Einfluß der Reibung an der niemals mathematisch scharfen, sondern stets etwas abgerundeten Spitze. Wir wollen diese in roher Annäherung als eine kleine Halbkugel vom Halbmesser a voraussetzen und erhalten so im Anschluß an Abb. 113 mit der Reibungsziffer f des Kreisels auf der als eben angenommenen Unterlage an der Berührungsstelle eine Reibungskraft R mit einem Moment M_0' um die Kreiselachse

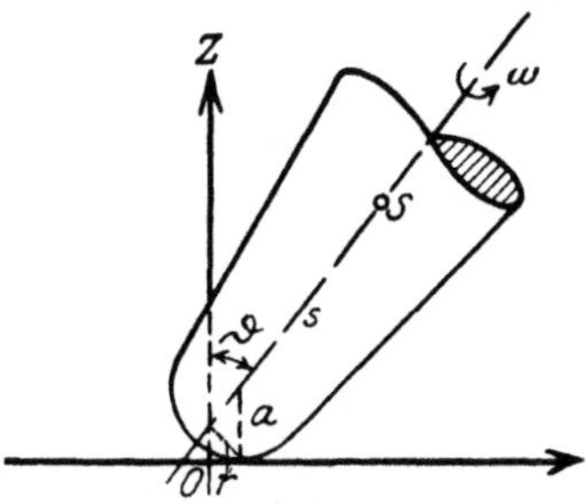

Abb. 113.

$$R = fG, \qquad M_0' = fGa \sin\vartheta, \quad . \quad . \quad . \quad . \quad . \quad . \quad . \qquad 7)$$

durch welches, wie schon durch 1) die Kreiselwucht vermindert wird. Verlegen wir den Reibungswiderstand R nach dem Körperschwerpunkt, so wirkt er dort zunächst verzögernd auf die Präzession und ruft weiterhin nach Abb. 114 ein positives Moment M_χ' hervor, so zwar, daß analog 2)

$$R = -ms\ddot{\chi}, \qquad M_\chi' = Rs \quad . \; . \; . \; . \; . \; . \; . \; . \; 7\text{a})$$

Führen wir diese Ausdrücke in die Momentenformel ein, so wird daraus

$$(\Theta_0\,\omega - \Theta\dot{\chi}\,\mathrm{ctg}\,\vartheta)\,\dot{\vartheta} = -Rs - \frac{\Theta R}{ms}$$

oder wegen 4)

$$(\Theta_0\,\omega\sin\vartheta - \Theta\dot{\chi}\cos\vartheta)\,\dot{\vartheta} = -R\left(s + \frac{k^2}{s}\right)\sin\vartheta, \quad . \; . \; . \quad 8)$$

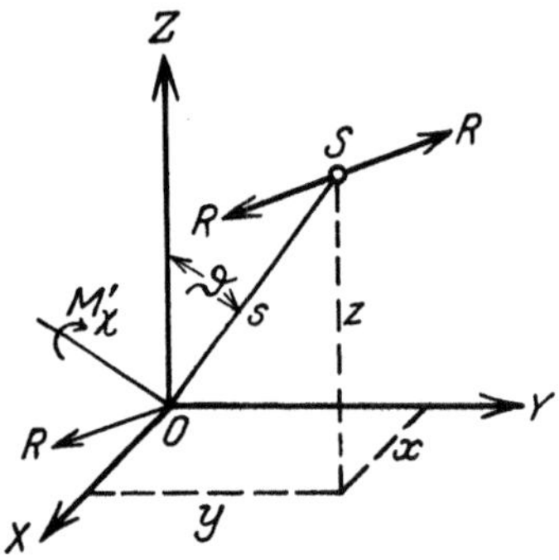

Abb. 114.

woraus sich wie schon beim Luftwiderstand wieder ein **Aufrichten** des **rasch umlaufenden und ein Umfall des langsam sich drehenden Kreisels ergibt.**

Da nun auch die anfänglich rasche Kreiselung ω durch die Momente 1) und 7) des Luftwiderstandes und der Reibung abnimmt, andererseits aber auch $\sin\vartheta$ beim Aufrichten kleiner wird, während $\cos\vartheta$ zunimmt, so wird, noch bevor die Kreiselachse in die lotrechte Stellung gekommen ist, der Klammerausdruck der linken Seite der Gleichungen 5a) und 8) und damit auch $\dot{\vartheta}$ das Vorzeichen wechseln. Bei dieser Vergrößerung der Neigung ϑ artet die Präzession in ein Schleudern aus, bis die Kreiseloberfläche die Unterlage berührt, auf der der Kreisel dann schließlich mit dem Reste seines Dralles fortrollt. Derartige mit Gleiten verbundene Rollbewegungen vollzieht aber auch lange vor dem Umfallen die abgerundete Kreiselspitze auf der Unterlage, vermöge deren der Kreisel, falls er nicht in einer Pfanne festgehalten wird, eine ziemlich rasche Fortbewegung aufweist. Hierher gehören auch die verwickelten Erscheinungen beim Aufrichten eines hartgekochten, um eine beliebige Achse in Umdrehung versetzten Eies auf wagerechter Unterlage, welche L. Föppl in seiner Habilitationsschrift (Göttingen 1914) eingehend theoretisch und versuchsmäßig behandelt hat.

III. Bewegt sich ein stabförmiger Körper durch die Luft, so wird seine Längsachse nur dann dauernd die Schwerpunktsbahn berühren, wenn die Widerstandsrichtung die Achse hinter dem Schwerpunkt schneidet. Diese Stabilität der Bewegung trifft im allgemeinen für die mittels Bogen abgeschossenen Pfeile mit scharfer Spitze zu und kann überdies durch Anbringung von Seitenflächen, Federn, am hinteren Ende noch beliebig erhöht werden. Dagegen wurde von Kummer a. a. O. festgestellt, daß der Luftwiderstand die Achse langgestreckter Umdrehungskörper nur bei seitlicher Bewegung durch die Luft angenähert im Raumschwerpunkt trifft, bei geringer Neigung aber immer weiter nach dem Vorderende wandert. Da nun die Pfeilform mit leichtem Schaft für die jetzt gebräuchlichen Hohlgeschosse aus Festigkeitsrücksichten ausgeschlossen ist, außerdem aber ihr Schwerpunkt nicht so weit nach der Spitze zu verschoben werden kann, daß er stets vor dem Angriffspunkte des Widerstandes liegt, so bleibt nur die Stabilisierung durch Kreiselung um die Längsachse vermittels schraubenförmiger Züge in den Schußrohren übrig.

Alsdann kann das Geschoß in seiner Bahn, Abb. 115, als ein im Schwerpunkt gestütztes Kreiselpendel betrachtet werden, dessen Achse die augenblickliche, meist kleine Neigung ϑ gegen die Bahntangente im Schwerpunkt besitzt, die zugleich die Richtung des Luftwiderstandes W angibt. Mit dem Abstand z seines Angriffspunktes auf der Achse vom Schwerpunkt ruft derselbe ein Moment

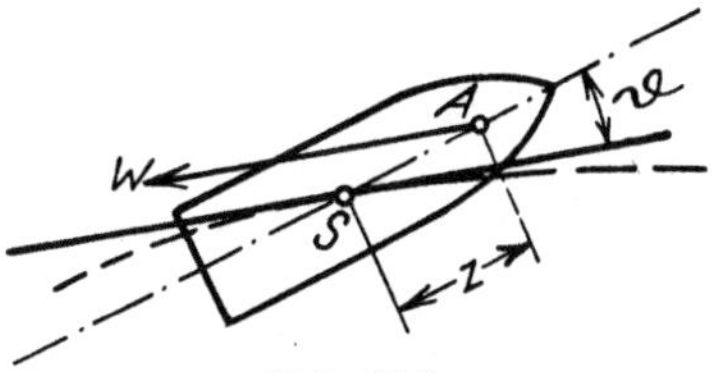

Abb. 115.

$$M_\vartheta = W z \sin\vartheta \quad \text{9)}$$

im Sinne der Vergrößerung von ϑ ebenso hervor, wie das Gewicht des aufrechten Pendelkreisels. Wir können demnach die früheren Ansätze unter Ersatz von Gs durch Wz auch für unsern Fall verwenden und haben nur zu beachten, daß jetzt weder W noch auch z vom Winkel ϑ unabhängig sind. Sehen wir weiter zunächst von der Schwächung der Kreiselung ω und der Präzession $\dot\psi$ um die Bahntangente durch Zusatzwiderstände, auf die wir noch zurückkommen, ab, so benutzen wir am einfachsten die erste Gl. 9) des § 36, nämlich

$$\Theta(\ddot\vartheta - \dot\psi^2 \sin\vartheta\cos\vartheta) + \Theta_0\,\omega\,\dot\psi\sin\vartheta = M_\vartheta, \quad \text{10)}$$

die mit $\ddot\vartheta = 0$ und

$$M_\vartheta = W z \sin\vartheta \quad \text{10a)}$$

übergeht in

$$\dot\psi^2\,\Theta\cos\vartheta - \dot\psi\,\Theta_0\,\omega + W z = 0 \quad \text{11)}$$

Daraus ergeben sich die beiden Wurzeln

$$\dot\psi = \frac{\Theta_0\,\omega}{2\,\Theta\cos\vartheta} \pm \sqrt{\frac{\Theta_0^2\,\omega^2}{4\,\Theta^2\cos^2\vartheta} - \frac{W z}{\Theta\cos\vartheta}}, \quad \text{11a)}$$

von denen aber nur die mit dem negativen Vorzeichen eine praktische Bedeutung hat. Für die Wurzel selbst erhalten wir aus Gl. 11) angenähert für große ω durch Vernachlässigung von $\dot\psi^2$

$$\dot\psi = \frac{W z}{\Theta_0\,\omega}, \quad \text{12)}$$

wobei jedenfalls die Bedingung der Reellität der Wurzel in 11a)

$$\Theta_0^2\,\omega^2 > 4\,\Theta\,W z\cos\vartheta$$

zu erfüllen ist. Da diese auch für den Zusammenfall der Geschoßachse mit der Flugbahntangente, also $\vartheta = 0$ gelten muß, so muß

$$\Theta_0^2 \omega^2 > 4\,\Theta W z \quad \ldots\ldots\ldots\ldots 11b)$$

sein, worin für W und z die größten überhaupt auftretenden Werte einzusetzen sind.

Nachdem wir so die Bedingung für die Stabilität des Geschosses in seiner Bahn kennen gelernt haben, ist noch die Frage nach dem Einfluß der Bewegungswiderstände zu erörtern, welche sich der Kreiselung ω und der Präzession entgegenstellen. Diese stimmen aber mit dem unter I. betrachteten Luftwiderstand am aufrechten Kreisel überein, so daß wir das dortige Ergebnis Gl. 5a) auf das Geschoß übertragen können, wenn wir uns dieses in zwei im Schwerpunkt gestützte und durch den Schwerpunktsquerschnitt getrennte aufrechte Kreisel zerlegt denken. Der Bewegungswiderstand ist alsdann mit $l > b$ bestrebt, beide Teilkreisel aufzurichten, d. h. einmal vorhandene Abweichungen ϑ der Geschoßachse von der Flugbahntangente zu verkleinern, solange die Klammer der linken Seite von 5a) positiv bleibt.

Die vorstehenden Betrachtungen verlieren allerdings ihre Gültigkeit für sehr rasche Änderungen von ϑ und damit verbundene größere Drehwerte $\dot{\vartheta}$, wie sie am Scheitel sehr steiler Flugbahnen von Minenwerfern gelegentlich auftreten. Alsdann kann es vorkommen, daß die Geschoßachse ihre aufrechte Stellung auch beim Niedergang beibehält und auf den Boden aufschlägt. Im allgemeinen wird indessen die größte Abweichung beim Verlassen des Rohres auftreten und längs der Bahn infolge des Widerstandes gegen die Präzession stetig abnehmen. Der Aufriß der Bahn der Geschoßspitze in der Normalebene zur Flugbahn ist alsdann eine sich dem Durchstoßpunkt der Tangenten asymptotisch nähernde Spirale. Da der erste Halbbogen derselben bei sog. Rechtsdrall auf der rechten Seite nach vorn gesehen verläuft, so gilt dies auch für die mittlere Lage der Spitze längs der ganzen Bahn, womit dann ein seitlicher Abtrieb, die sog. Rechtsabweichung der Geschosse, verbunden ist.

Beispiel. Zur Prüfung der Stabilität setzen wir für ein Geschoß

$$\Theta = m k^2, \qquad \Theta_0 = m k_0^2, \qquad W = m \dot{v}$$

und erhalten so an Stelle von 11b) und 12)

$$\omega^2 > \frac{4 k^2 z}{k_0^4} \dot{v}, \qquad \dot{\psi} = \frac{z \dot{v}}{k_0^2 \omega} \quad \ldots\ldots\ldots\ldots 12a)$$

Nun sei für ein Vollgeschoß vom Halbmesser r etwa

$$2 k_0^2 = r^2, \qquad k^2 = 4 k_0^2 = 2 r^2, \qquad z = r,$$

also

$$\omega^2 > \frac{32 \dot{v}}{r}, \qquad \dot{\psi} = \frac{2 \dot{v}}{r \omega} \quad \ldots\ldots\ldots\ldots 12b)$$

Daraus ergibt sich mit $r = 0{,}4$ cm entsprechend einem spitzen Gewehrgeschoß, bei dem nach Versuchen von Cranz einem Anfangslauf von $v = 400\ \text{msec}^{-1}$ eine Verzögerung $\dot{v} = 750\ \text{msec}^{-2} = 75000\ \text{cmsec}^{-2}$ entspricht

$$\omega^2 > 6000000\ \text{sec}^{-2}, \qquad \omega > 2450\ \text{sec}^{-1}, \qquad \dot{\psi} = 153\ \text{sec}^{-1}$$

mit Umlaufszahlen in der Sekunde

$$n_0 = \frac{\omega}{2\pi} = 390\,\mathrm{sec}^{-1}, \qquad n_1 = \frac{\dot\psi}{2\pi} = 24{,}4\,\mathrm{sec}^{-1},$$

während in Wirklichkeit $\omega = 20000\,\mathrm{sec}^{-1}$, also $n_0 = 3200\,\mathrm{sec}^{-1}$, $\dot\psi = 1{,}9\,\mathrm{sec}^{-1}$, $n_2 = 0{,}3\,\mathrm{sec}^{-1}$ erreicht wird. Daraus geht hervor, daß die Stabilität der Gewehrgeschosse durch die rasche Kreiselung bei sehr langsamer Präzession vollkommen gesichert ist.

§ 39. Die Präzession der Erdachse. Der Erdkörper darf nach genauen Messungen mit großer Annäherung als ein an den Polen abgeplattetes Umdrehungsellipsoid betrachtet werden, dessen Achse gegen diejenige der Bahnebene um die Sonne eine beständige Neigung von $\vartheta = 23^0\,27'$ aufweist. Außerdem aber haben astronomische Feststellungen eine positive Präzession der Erdachse mit einer Umlaufszeit von etwa 26000 Jahren ergeben, die zuerst von Newton auf die Wirkung eines Anziehungsmomentes der Sonne auf den durch die Abweichung von der Kugelgestalt bedingten Äquatorwulst zurückgeführt wurde. Die Erde verhält sich demnach wie ein im Schwerpunkt gestützter Kreisel unter der Wirkung eines Momentes M_ϑ entsprechend der Formel

$$\Theta(\ddot\vartheta - \dot\psi^2 \sin\vartheta\cos\vartheta) + \Theta_0\,\omega\,\dot\psi\sin\vartheta = M_\vartheta, \quad \ldots \quad 1)$$

in der wir bei ungeänderter Achsenneigung $\ddot\vartheta = 0$ zu setzen haben und infolge der gegen die tägliche Achsendrehung ω langsamen Präzession $\dot\psi$ deren Quadrat unbedenklich vernachlässigt werden darf. Alsdann vereinfacht sich Gl. 1) in

$$\Theta_0\,\omega\,\dot\psi\sin\vartheta = M_\vartheta, \quad \ldots \ldots \quad 1\mathrm{a})$$

woraus sich die Präzession bei bekanntem Moment leicht berechnen läßt.

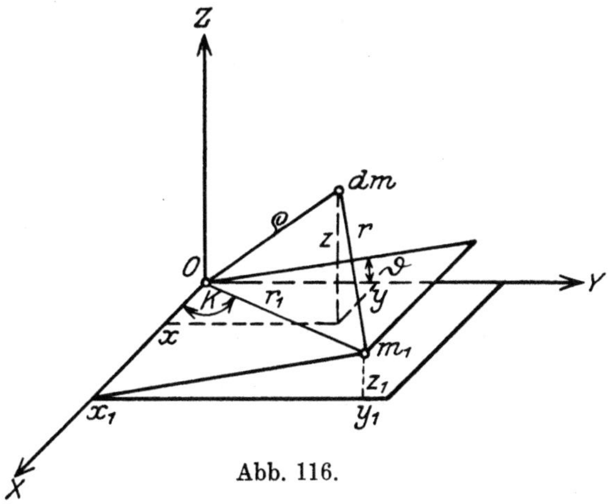

Abb. 116.

Zur Ermittlung des Anziehungsmomentes M_ϑ eines in großer Entfernung r_1 vom Erdmittelpunkt befindlichen Weltkörpers von der Masse m_1 denken wir uns, da die fortschreitende Bewegung der Erde in ihrer Bahn auf die Drehungen ω und $\dot{\psi}$ ohne Einfluß ist, die Erde festgehalten und den anziehenden Körper in einer Ebene durch die Erdmitte um dieselbe bewegt. Mit der Erde sei ferner ein Achsenkreuz fest verbunden, dessen z-Achse mit der Umdrehungsachse zusammenfällt, während die x-Achse den Schnitt der Äquatorebene mit der Bahn der fernen Masse m_1 bilden möge, Abb. 116. In diesem Kreuze seien x_1, y_1, z_1 die zu r_1 mit den Neigungswinkeln $\varkappa, \lambda, \mu$ gehörenden Abstände von m_1, während ein Massenelement dm des Erdkörpers sich im Punkte x, y, z in der Entfernung ϱ von O befinden möge. Ist dann r der Abstand von m_1 und dm, so wirkt in dessen Richtung eine Anziehung mit den Achsenteilen

$$\left.\begin{aligned} dX &= k\frac{m_1\,dm}{r^2}\cos(r,x) = k\frac{m_1\,dm}{r^3}(r_1\cos\varkappa - x) \\ dY &= k\frac{m_1\,dm}{r^2}\cos(r,y) = k\frac{m_1\,dm}{r^3}(r_1\cos\lambda - y) \\ dZ &= k\frac{m_1\,dm}{r^2}\cos(r,z) = k\frac{m_1\,dm}{r^3}(r_1\cos\mu - z) \end{aligned}\right\} \quad . \quad . \quad 2)$$

und den Teilmomenten um die Achsen

$$\left.\begin{aligned} dM_x &= y\,dZ - z\,dY = kr_1\frac{m_1\,dm}{r^3}(y\cos\mu - z\cos\lambda) \\ dM_y &= z\,dX - x\,dZ = kr_1\frac{m_1\,dm}{r^3}(z\cos\varkappa - x\cos\mu) \\ dM_z &= x\,dY - y\,dX = kr_1\frac{m_1\,dm}{r^3}(x\cos\lambda - y\cos\varkappa) \end{aligned}\right\}, \quad . \quad 3)$$

worin k den Gaußschen Weltwert der allgemeinen Schwere bedeutet, der sich aus dem Erdanlauf g am Pol mit dem Polabstand b zu

$$k = \frac{g\,b^2}{m} \quad . \quad . \quad . \quad . \quad . \quad . \quad . \quad . \quad . \quad . \quad . \quad 4)$$

berechnet. Für den von Punkt zu Punkt veränderlichen Abstand r haben wir ferner

$$r^2 = r_1^{\,2} + \varrho^2 - 2\,r_1\,\varrho\cos(r_1,\varrho) = r_1^{\,2}\left(1 + \frac{\varrho^2}{r_1^{\,2}} - \frac{2\,\varrho}{r_1}\cos(r_1,\varrho)\right) \quad 5)$$

oder wegen der Kleinheit des Bruches $\varrho : r_1$ hinreichend genau

$$r^2 = r_1^{\,2}\left(1 - \frac{2\,\varrho}{r_1}\cos(r_1,\varrho)\right), \qquad \frac{1}{r^3} = \frac{1}{r_1^{\,3}}\left(1 + \frac{3\,\varrho}{r_1}\cos(r,\varrho)\right)$$

oder auch wegen

$$\varrho\cos(r_1,\varrho) = x\cos\varkappa + y\cos\lambda + z\cos\mu \quad . \quad . \quad . \quad . \quad . \quad . \quad . \quad . \quad . \quad 5a)$$

$$\frac{1}{r^3} = \frac{1}{r_1^{\,3}}\left[1 + \frac{3}{r_1}(x\cos\varkappa + y\cos\lambda + z\cos\mu)\right] \quad . \quad . \quad . \quad . \quad 5b)$$

Damit erhalten wir für die erste Formel 3)

$$
\begin{aligned}
dM_x = & k\frac{m_1\,dm}{r_1^2}(y\cos\mu - z\cos\lambda) \\
& + 3\,k\frac{m_1\,dm}{r_1^3}(yx\cos\varkappa\cos\mu + y^2\cos\lambda\cos\mu + yz\cos^2\mu) \\
& - 3\,k\frac{m_1\,dm}{r_1^3}(zx\cos\varkappa\cos\lambda + zy\cos^2\lambda + z^2\cos\lambda\cos\mu).
\end{aligned}
$$

Integrieren wir nunmehr über die ganze Erdmasse m, so dürfen wir die hierbei beständigen Richtungsgrößen $\cos\varkappa$, $\cos\lambda$, $\cos\mu$ des Abstandes r_1 vor die Integralzeichen setzen und erhalten, da die statischen und Schleudermomente für die Hauptachsen x, y, z durch den Erdschwerpunkt O verschwinden,

$$M_x = \frac{3\,km_1}{r_1^3}\cos\lambda\cos\mu\int(y^2 - z^2)\,dm$$

oder nach Einführung der Hauptschwungmomente

$$\int\Theta_a = (y^2 + z^2)\,dm, \quad \Theta_b = \int(z^2 + x^2)\,dm, \quad \Theta_c = \int(x^2 + y^2)\,dm \qquad 6)$$

unter Hinzufügung der beiden anderen gleichgebauten Ausdrücke

$$\left.\begin{aligned}
M_x &= \frac{3\,km_1}{r_1^3}(\Theta_c - \Theta_b)\cos\lambda\cos\mu \\
M_y &= \frac{3\,km_1}{r_1^3}(\Theta_a - \Theta_c)\cos\mu\cos\varkappa \\
M_z &= \frac{3\,km_1}{r_1^3}(\Theta_b - \Theta_a)\cos\varkappa\cos\lambda
\end{aligned}\right\} \quad \ldots\ldots\; 3\text{a})$$

Betrachten wir die Erde als Umdrehungskörper um die z-Achse, so ist

$$\Theta_c = \Theta_0, \quad \Theta_a = \Theta_b = \Theta \quad \ldots\ldots\; 6\text{a})$$

und nach Einführung des Neigungswinkels ϑ der Bahnebene gegen den Äquator, sowie mit Rücksicht darauf, daß $\varkappa$ die Auslenkung von r_1 aus der sog. Knotenlinie OX darstellt, womit

$$\cos\lambda = \sin\varkappa\cos\vartheta, \quad \cos\mu = \sin\varkappa\sin\vartheta \quad \ldots\ldots\; 7)$$

wird, unter Wegfall von $M_z = 0$

$$\left.\begin{aligned}
M_x &= \frac{3\,km_1}{r_1^3}(\Theta_0 - \Theta)\sin^2\varkappa\cos\vartheta\sin\vartheta \\
M_y &= \frac{3\,km_1}{r_1^3}(\Theta - \Theta_0)\cos\varkappa\sin\varkappa\sin\vartheta
\end{aligned}\right\} \quad \ldots\ldots\; 3\text{b})$$

Der Winkel $\varkappa$ des Fahrstrahles r_1, den wir unter der Annahme einer Kreisbahn als beständig betrachten, ändert sich mit der Zeit, und zwar im Verhältnis zu der Neigung ϑ der Bahnebene sehr rasch.

Die Folge davon ist natürlich eine periodische Schwankung der beiden Teilmomente 3b), so zwar, daß beide in der kurzen Zeit eines Umlaufs zwei Höchst- und Kleinstwerte annehmen, die für M_y entgegengesetztes Vorzeichen haben. Die Gesamtdrehung erhalten wir damit durch Bildung der Mittelwerte über den ganzen Umlauf und finden, daß wegen

$$\frac{1}{2\pi}\int_0^{2\pi} \sin^2 \varkappa \, d\varkappa = \frac{1}{2}, \qquad \frac{1}{2\pi}\int_0^{2\pi} \sin \varkappa \cos \varkappa \, d\varkappa = 0$$

der Mittelwert von M_y verschwindet, während derjenige von M_x, den wir nunmehr mit M_ϑ bezeichnen wollen, mit 4) sich zu

$$M_\vartheta = \frac{3}{2} k \frac{m_1}{r_1^3} (\Theta_0 - \Theta) \cos\vartheta \sin\vartheta = \frac{3}{2} \frac{m_1 g b^2}{m r_1^3} (\Theta_0 - \Theta) \cos\vartheta \sin\vartheta \quad 8)$$

ergibt. Zu demselben Ergebnis wären wir auch durch die Annahme einer gleichförmigen Verteilung der Masse m_1 des umlaufenden Weltkörpers längs seiner scheinbaren Kreisbahn gelangt. Vertauschen wir nunmehr das Ergebnis 8) mit Gl. 1a), so folgt

$$\dot\psi = \frac{3}{2} \frac{m_1 g b^2}{m r_1^3} \frac{\Theta_0 - \Theta}{\Theta_0 \omega} \cos\vartheta \quad \ldots\ldots\ldots \quad 9)$$

oder, da nach § 27 mit dem Äquatorhalbmesser a und der sog. numerischen Exzentrizität ε der Achsenellipse

$$\frac{\Theta_0 - \Theta}{\Theta_0} = \frac{a^2 - b^2}{2a^2} = \frac{\varepsilon^2}{2} \quad \ldots\ldots\ldots \quad 10)$$

zu setzen ist,

$$\dot\psi = \frac{3}{4} \frac{\varepsilon^2}{\omega} \frac{g}{r_1} \left(\frac{b}{r_1}\right)^2 \frac{m_1}{m} \cos\vartheta \quad \ldots\ldots\ldots \quad 9a)$$

Sind mehrere Weltkörper $m_1, m_2, m_3, \ldots$ usw. mit den Bahnneigungen $\vartheta_1, \vartheta_2, \vartheta_3, \ldots$ und den mittleren Entfernungen $r_1, r_2, r_3, \ldots$ vorhanden, so tritt an Stelle dieser Gleichung

$$\dot\psi = \frac{3}{4} \frac{\varepsilon^2 b^2 g}{\omega m} \sum \frac{m_1 \cos\vartheta_1}{r_1^3} \quad \ldots\ldots\ldots \quad 9b)$$

Beispiel. Für die Präzession der Erdachse kommen nur die Sonne und der Mond, erstere wegen ihrer überragenden Masse, letztere wegen seiner großen Nähe in Betracht. Die Neigung der Ekliptik ist, d. h. der scheinbaren Sonnenbahn gegen den Erdäquator $\vartheta = 23^0\,27'$ und $\cos\vartheta = 0{,}92$ hinreichend genau als unveränderlich anzusehen, während die Mondbahn gegen die wahre Erdbahnebene zwar eine mittlere Neigung von etwa 5^0 aufweist, sich aber mit dieser Neigung in etwa 18,5 Jahren einmal um die Normale zur Erdbahnebene dreht. Daher darf die vorstehende Erdbahnneigung auch als mittlere Neigung der Mondbahn um so mehr angesehen werden, als die Dauer ihrer Schwankung von 18,5 Jahren immer noch als klein gegen die zu erwartende Präzessionsdauer gelten kann.

Nun ist für die Erde

$$\omega = 0{,}000073, \qquad g = 9{,}81\ \mathrm{msec}^{-2}, \qquad \varepsilon = 0{,}082$$

und weiterhin für die Sonne

$$r_1 = 150 \cdot 10^6\ \mathrm{km} = 150 \cdot 10^9\ \mathrm{m} = 23\,700\ b, \qquad m_1 : m = 333\,000$$

und für den Mond

$$r_2 = 382 \cdot 10^3\ \mathrm{km} = 382 \cdot 10^6\ \mathrm{m} = 60\ b, \qquad m_2 : m = 0{,}0125,$$

also nach 9b)

$$\dot{\psi} = \frac{3}{4} g \frac{\varepsilon^2 \cos\vartheta}{\omega} \left(\frac{1}{r_1} \left(\frac{b}{r_1}\right)^2 \frac{m_1}{m} + \frac{1}{r_2} \left(\frac{b}{r_2}\right)^2 \frac{m_2}{m} \right) = \frac{\pi}{4} 10^{-11}$$

entsprechend einer Präzessionsdauer von $t = 8 \cdot 10^{11}$ sec $= 25100$ Jahren in guter Übereinstimmung mit astronomischen Feststellungen.

IX. Rollkreisel und Pendelkreisel.

§ 40. Kollergänge und Pendelmühlen. Unter einem Rollkreisel möge ein Drehkörper verstanden sein, der längs eines Parallelkreises seiner Oberfläche vermöge einer Drehung um die in einem Punkt O festgehaltene Körperachse auf einer ebenfalls festen Leitkurve rollt ohne zu gleiten. Wir wollen uns sogleich auf den praktisch allein wichtigen Fall beschränken, daß diese feste Leitkurve ein Kreis ist, dessen Mittelpunkt ebenfalls durch O hindurchgeht, Abb. 117. Beide aufeinander abrollende Kreise bilden demnach die bewegliche und feste Polbahn der Bewegung und bestimmen mit dem Festpunkte O zwei entsprechende Kreiskegel, die sich beim Abrollen längs einer Mantelgeraden, der augenblicklichen Drehachse des bewegten Kegels, berühren.

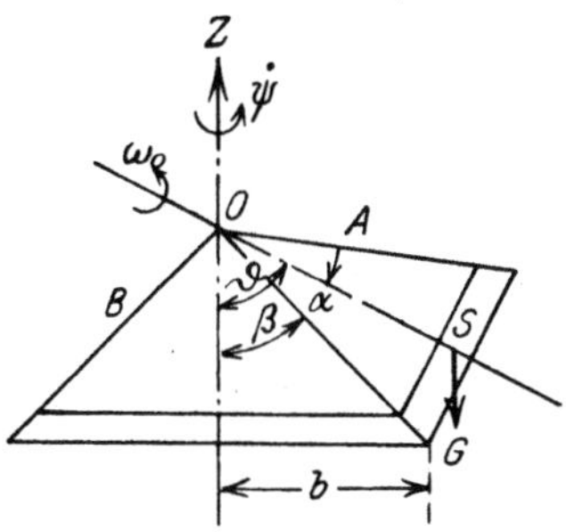

Abb. 117.

Bezeichnen wir den halben Öffnungswinkel des Rollkegels mit α, den des Leitkegels mit β und die Neigung der Kegelachsen gegeneinander mit ϑ, so haben wir drei Fälle zu unterscheiden. Im ersten wichtigsten Falle, Abb. 117, rollt der bewegliche Kegel A auf dem Außenmantel des festen B, so daß $\vartheta = \alpha + \beta$ ist; man spricht alsdann von einer epizyklischen Bewegung. Im zweiten Falle des Abrollens von A auf dem Innenmantel von B, Abb. 118, heißt die Bewegung mit $\vartheta = \beta - \alpha$ hypozyklisch und im dritten Falle der Umfassung des festen Kegels B durch den beweglichen A, Abb. 119, mit $\vartheta = \alpha - \beta$ perizyklisch. Man übersieht sogleich, daß im ersten und dritten Falle die Präzession des beweglichen Kegels positiv, also vorwärts, im zweiten Falle dagegen negativ, also rückwärts gerichtet ist, was aus den Pfeilen der Abbildungen deutlich hervorgeht. Weiter haben wir schon am Schlusse des § 37 erkannt, daß mit den Halbmessern r und r_1 zweier Berührungskreise auf A und B

$$r : r_1 = \sin\alpha : \sin\beta, \qquad r\,\omega_0 = r_1 \dot{\psi},$$

also
$$\omega_0 \sin\alpha = \dot\psi \sin\beta \quad \ldots\ldots\ldots\ldots \quad 1)$$
ist, worin ω_0 die reine Achsendrehung des Rollkreisels bedeutet, die mit der gesamten Kreiselung durch
$$\omega = \omega_0 + \dot\psi \cos\vartheta \quad \ldots\ldots\ldots\ldots \quad 2)$$
zusammenhängt. Die Bewegungsgleichungen 9) § 36
$$\left.\begin{aligned} M_\vartheta &= \Theta\,(\ddot\vartheta - \dot\psi^2 \sin\vartheta\cos\vartheta) + \Theta_0\,\omega\,\dot\psi\sin\vartheta \\ M_\chi &= \Theta\,(\ddot\psi\sin\vartheta + 2\,\dot\vartheta\,\dot\psi\cos\vartheta) - \Theta_0\,\omega\,\dot\vartheta \\ M_0 &= \Theta_0\,\dot\omega = \Theta_0\,(\dot\omega_0 + \ddot\psi\cos\vartheta - \dot\psi\,\dot\vartheta\sin\vartheta) \end{aligned}\right\} \quad \ldots \quad 3)$$
vereinfachen sich wegen der Beständigkeit des Winkels ϑ mit $\dot\vartheta = 0$, $\ddot\vartheta = 0$ in
$$\left.\begin{aligned} M_\vartheta &= \Theta_0\,\omega\dot\psi\sin\vartheta - \Theta\,\dot\psi^2\sin\vartheta\cos\vartheta \\ M_\chi &= \Theta\,\ddot\psi\sin\vartheta, \qquad M_0 = \Theta_0\,(\dot\omega_0 + \ddot\psi\cos\vartheta) \end{aligned}\right\} \quad \ldots\ldots \quad 3\text{a})$$

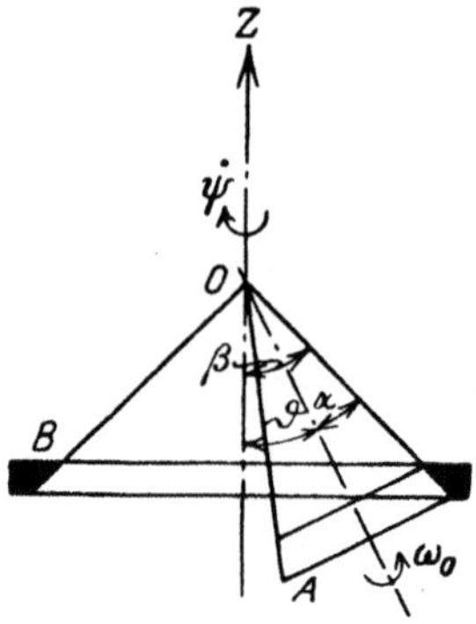

Abb. 118.

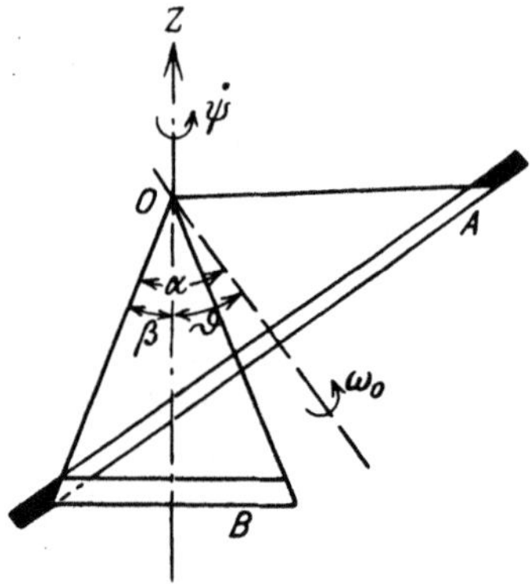

Abb. 119.

Im Beharrungszustande verschwinden mit $\dot\omega_0 = 0$, $\ddot\psi = 0$ die beiden letzten Formeln, und es bleibt nur die erste übrig, die mit 2) in
$$M_\vartheta = (\Theta_0 - \Theta)\,\dot\psi^2\sin\vartheta\cos\vartheta + \Theta_0\,\omega_0\,\dot\psi\sin\vartheta \quad \ldots\ldots \quad 4)$$
übergeht. Entfernen wir noch daraus die Eigendrehung ω_0 mit Hilfe von 1), so bleibt
$$M_\vartheta = \dot\psi^2\sin\vartheta\left[(\Theta_0 - \Theta)\cos\vartheta + \Theta_0\,\frac{\sin\beta}{\sin\alpha}\right] \quad \ldots\ldots \quad 4\text{a})$$
und nach Ausschaltung von $\beta = \vartheta - \alpha$ für die epizyklische Bewegung, Abb. 117:
$$M_\vartheta = \dot\psi^2\sin\vartheta\,[\Theta_0\,\mathrm{ctg}\,\alpha\sin\vartheta - \Theta\cos\vartheta]\,. \quad \ldots\ldots \quad 4\text{b})$$
Dieses Moment ist zum Abheben des Rollkreisels von der Führungsbahn zu überwinden und kann deshalb unmittelbar als das Moment

des **Bahndruckes** in bezug auf den Drehpunkt O angesprochen werden. Es ist ersichtlich

$$M_\vartheta \gtreqless 0 \quad \text{für} \quad \operatorname{tg}\vartheta \gtreqless \frac{\Theta}{\Theta_0}\operatorname{tg}\alpha \, . \quad . \quad . \quad . \quad . \quad . \quad . \quad . \quad 5)$$

Da nach Abb. 117 für epizyklische Bewegung $\vartheta = \alpha + \beta$ wird, so ist jedenfalls das Kreiselmoment $M_\vartheta > 0$ für $\Theta_0 > \Theta$, wobei Θ sich auf eine durch den Festpunkt O gehende wagerechte Hauptachse des Rollkreisels A bezieht. Führen wir ferner noch den Schwerpunktsabstand $OS = s$ des Rollkörpers vom Festpunkt O ein, so erhalten wir in bezug auf diesen noch ein Gewichtsmoment $Gs \sin\vartheta$, also ein **Gesamtmoment**

$$M = Gs \sin\vartheta + M_\vartheta$$

$$M = [Gs + \dot\psi^2(\Theta_0 \operatorname{ctg}\alpha \sin\vartheta - \Theta\cos\vartheta)]\sin\vartheta, \quad . \quad . \quad . \quad 6)$$

welches für $M_\vartheta > 0$ größer als das Gewichtsmoment ausfällt. Handelt es sich, wie bei sog. **Kollergängen**, Abb. 120, um die Erzielung eines möglichst starken Druckes eines vorgelegten Rollkörpers auf die Unterlage, so erhalten wir aus $dM : d\vartheta = 0$ für den zugehörigen Neigungswinkel ϑ_1 die Gleichung

$$Gs\cos\vartheta_1 + \dot\psi^2(\Theta_0 \operatorname{ctg}\alpha \sin 2\vartheta_1 - \Theta\cos 2\vartheta_1) = 0. \quad . \quad . \quad 7)$$

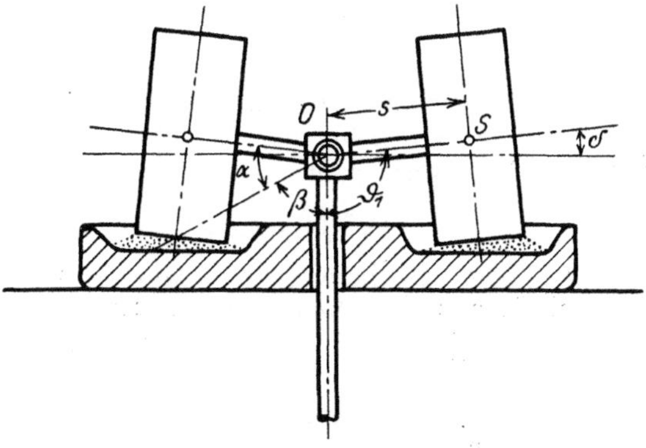

Abb. 120.

Da dieselbe in $\sin\vartheta$ vom vierten Grade recht unübersichtlich ist, so schlägt R. **Grammel**, der das Wesen des Kollerganges zuerst richtig erkannt und behandelt hat (Z. V. d. I. 1917), einfach die Ermittlung des günstigsten Winkels ϑ_1 aus der zeichnerischen Darstellung von 6) vor. Auch ohne dieselbe erkennt man ein Anwachsen von M mit $\sin\vartheta_1$ von $\vartheta_1 = 0$ ab, dem nur eine schwächer werdende Verringerung durch das Glied $-\Theta\cos\vartheta_1$ bei $\vartheta_1 = 90^0$ gegenübersteht. **Der Höchstwert** von M ist also in der Nähe von $\vartheta_1 = 90^0$ zu erwarten und kann dann mit $\vartheta_1 = 90^0 + \delta$ für kleine Werte von δ aus 7) auf dem Näherungswege ermittelt werden. Setzen wir demgemäß

$$\cos\vartheta_1 = -\delta, \qquad \sin 2\vartheta_1 = -2\delta, \qquad \cos 2\vartheta_1 = -1, \qquad \sin\vartheta_1 = 1,$$

so wird aus 7)

$$\delta(Gs + 2\dot\psi^2\Theta_0 \operatorname{ctg}\alpha) = \dot\psi^2\Theta \quad . \quad . \quad . \quad . \quad . \quad . \quad . \quad 7\text{a})$$

und aus 6)

$$M_1 = Gs + \dot\psi^2\Theta_0 \operatorname{ctg}\alpha + \dot\psi^2\Theta\delta$$

oder mit 7a)

$$M_1 = \frac{(Gs + \dot{\psi}^2 \Theta_0 \operatorname{ctg} \alpha)(Gs + 2\dot{\psi}^2 \Theta_0 \operatorname{ctg} \alpha) + \dot{\psi}^4 \Theta^2}{Gs + 2\dot{\psi}^2 \Theta_0 \operatorname{ctg} \alpha} \quad . . . 6a)$$

Aus diesem Moment berechnet sich dann nach Abb. 117 mit dem

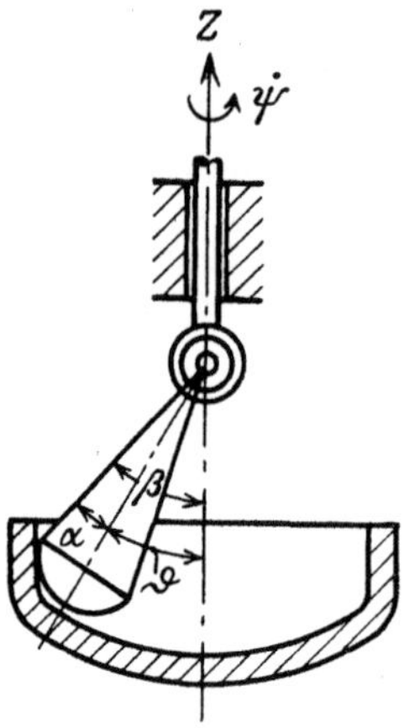

Abb. 121.

Hebelarm $b = s\frac{\sin(\vartheta - \alpha)}{\cos\alpha}$ der Gesamtdruck

$$P = \frac{M_1}{b} = \frac{M_1 \cos\alpha}{s \sin(\vartheta - \alpha)} \quad . . . 6b)$$

des Kollerganges auf die wagerechte Unterlage.

Haben wir es dagegen mit der Hypozyklodenbewegung nach Abb. 118 zu tun, wie sie in sog. Pendelmühlen, Abb. 121, angenähert verwirklicht ist, so gelten wegen $\beta = \vartheta + \alpha$ die vorstehenden Formeln für M_ϑ mit umgekehrten Vorzeichen des Winkels α. Wir erhalten also für das Kreiselmoment des Läufers an Stelle von 4b)

$$M_\vartheta = -\dot{\psi}^2 \sin\vartheta (\Theta_0 \operatorname{ctg}\alpha \sin\vartheta + \Theta\cos\vartheta) \quad 8)$$

und das Gesamtmoment in bezug auf den Pol O

$$M = [\dot{\psi}^2(\Theta_0 \operatorname{ctg}\alpha \sin\vartheta + \Theta\cos\vartheta) - Gs]\sin\vartheta \quad . . . 8a)$$

mit umgekehrtem Drehsinn wie das Moment 6). Dasselbe ergibt nur so lange einen für den Betrieb notwendigen positiven Bahndruck, als der Drehwert $\dot{\psi}$ die Bedingung

$$\dot{\psi}^2(\Theta_0 \operatorname{ctg}\alpha \sin\vartheta + \Theta\cos\vartheta) > Gs \quad . . . . 8b)$$

erfüllt. Der Höchstwert des Momentes 8a) ergibt sich für einen Winkel ϑ_2 aus der Bedingung $dM : d\vartheta = 0$, d. h.

$$\dot{\psi}^2(\Theta_0 \operatorname{ctg}\alpha \sin 2\vartheta_2 + \Theta\cos 2\vartheta_2) = Gs\cos\vartheta_2 . \quad . . . 9)$$

Aus der Verzeichnung der Abhängigkeit 8a) des Momentes M von ϑ erkennt man, daß zwei solche Höchstwerte bestehen, von denen der erste in der Nähe von $\vartheta = 45^0$, der zweite dagegen bei $\vartheta = 225^0$ liegt und darum praktisch bedeutungslos ist. Für den ersten haben wir mit $\vartheta_2 = 45^0 + \delta$ und

$$\sin\vartheta_2 = \frac{\sqrt{2}}{2}(1+\delta) = 0{,}707(1+\delta), \qquad \cos\vartheta_2 = \frac{\sqrt{2}}{2}(1-\delta) = 0{,}707(1-\delta)$$

$$\sin 2\vartheta_2 = 1, \qquad \cos 2\vartheta_2 = -2\delta$$

aus 9)

$$\dot{\psi}^2\Theta_0 \operatorname{ctg}\alpha - 0{,}707\,Gs = (2\dot{\psi}^2\Theta - 0{,}707\,Gs)\delta . \quad . . . 9a)$$

Ebenso wird aus 8a)

$$M = \frac{\dot{\psi}^2}{2}(\Theta_0 \operatorname{ctg}\alpha - \Theta_0 \operatorname{ctg}\alpha \cos 2\vartheta + \Theta \sin 2\vartheta) - Gs\sin\vartheta \quad . 8c)$$

und angenähert für den Höchstwert

$$M_2 = \frac{\dot\psi^2}{2}(\Theta_0 \operatorname{ctg}\alpha + 2\,\Theta_0\,\delta \operatorname{ctg}\alpha + \Theta) - 0{,}707\,Gs\,(1+\delta)$$

$$M_2 = \frac{\dot\psi^2}{2}(\Theta_0 \operatorname{ctg}\alpha + \Theta) - 0{,}707\,Gs + (\dot\psi^2\Theta_0 \operatorname{ctg}\alpha - 0{,}707\,Gs)\,\delta \quad 10)$$

oder mit 9a)

$$M_2 = \frac{\dot\psi^2}{2}(\Theta_0 \operatorname{ctg}\alpha + \Theta) - 0{,}707\,Gs + \frac{(\dot\psi^2\Theta_0 \operatorname{ctg}\alpha - 0{,}707\,Gs)^2}{2\,\dot\psi^2\Theta - 0{,}707\,Gs}. \quad 10a)$$

Die praktisch ausgeführten Pendelmühlen erhalten übrigens ihren Antrieb gewöhnlich durch ein Hookesches Gelenk von der stehenden Achse aus, wodurch die Drehwerte ω_0 und $\dot\psi$ ohne Rücksicht auf die hier nicht erfüllte Gl. 1) miteinander verknüpft sind (vgl. § 12 1. Beispiel). Es ist einleuchtend, daß die vorstehende Entwicklung für diese Anordnung, bei der offenbar auf das Gleiten des beweglichen Kreisels an der festen Wand aus praktischen Gründen im Gegensatz zu unserer Annahme des reinen Rollens Wert gelegt wird, auch nicht angenähert mehr zutrifft.

1. Beispiel. In der Technik sind für Zerkleinerungsarbeiten bisher nur Kollergänge mit zylindrischen Walzen, Abb. 120, in Gebrauch, für die daher $\vartheta = 90^0$ und der Hebelarm $b = s$ ist. Damit wird aus 6) mit dem polaren Trägheitsarm k_0 der Walze um ihre Achse

$$\left.\begin{aligned} M &= Gs + \dot\psi^2\,\Theta_0 \operatorname{ctg}\alpha = G\left(s + \frac{k_0^2\,\dot\psi^2}{g}\operatorname{ctg}\alpha\right) \\ P &= G + \frac{\dot\psi^2\,\Theta_0}{s}\operatorname{ctg}\alpha = G\left(1 + \frac{k_0^2\,\dot\psi^2}{s\,g}\operatorname{ctg}\alpha\right) \end{aligned}\right\} \quad \ldots\ldots\ 11)$$

Haben wir es mit einer Vollwalze vom Halbmesser a zu tun, für die $a^2 = 2\,k_0^2$ ist, so wird z. B. mit $s = a$ und $\alpha = 45^0$, also $\operatorname{ctg}\alpha = 1$,

$$P = G\left(1 + \frac{a\,\dot\psi^2}{2\,g}\right) \quad \ldots\ldots\ 11a)$$

Demnach wird also mit einem Drehwert der Walze im Betrage

$$\dot\psi = \sqrt{\frac{2\,g}{a}} \quad \ldots\ldots\ 11b)$$

eine Verdoppelung der Gewichtswirkung durch das Kreiselmoment erreicht. Für $a = 0{,}5\,m$ ist dieser Wert $\dot\psi = 6{,}27$ entsprechend 60 Umdrehungen in der Minute des Kollerganges.

Die hier ermittelte Druckwirkung setzt natürlich eine derart gelenkige Führung der Läuferachse voraus, daß diese sich nicht nur entsprechend dem untergeschobenen Mahlgut heben und senken, sondern auch unter Änderung des Winkels ϑ drehen kann. Andernfalls kommt keine nennenswerte Kreiselwirkung auf das Mahlgut zustande, sondern nur ein unverändertes Biegungsmoment in der lotrechten Antriebsachse OZ.

2. Beispiel. Die vorstehenden Überlegungen gelten auch für das Kreiselmoment einer Wagenachse beim Durchfahren eines Bogens vom Halbmesser r. Mit dem Lauf v und dem Radhalbmesser a hat man bei reinem Rollen

$$a\,\omega_0 = r\,\dot\psi = v, \quad \ldots\ldots\ 12)$$

also nach der ersten Gl. 3) mit $\vartheta = 90^0$ $\ddot\vartheta = 0$, $\omega = \omega_0$

$$M_\vartheta = \Theta_0\,\omega_0\,\dot\psi = \frac{G}{g}\,\frac{k_0^2\,v^2}{a\,r} \quad \ldots\ldots\ 12a)$$

Man übersieht leicht, daß dieses Moment auch bei großer Fahrtgeschwindigkeit und mäßigen Halbmessers r und a nicht ausreicht, um das innere Rad vom Boden, bzw. der Schiene abzuheben, auch wenn es nicht durch das Wagengewicht belastet wäre.

§ 41. Schwingungen von Rollkreiseln. Als Rollkreisel im weiteren Sinne wollen wir solche Umdrehungskörper bezeichnen, deren fortschreitende Bewegung auf gerader oder krummer Bahn im geraden Verhältnis zum Drehwert ω um die Körperachse steht. Diese Körperachse möge im Beharrungszustande wagerecht sein, um diese Lage aber kleine Schwingungen vollziehen, denen dann auch solche um eine lotrechte Achse entsprechen. Es fragt sich alsdann, ob die Gesamtbewegung eines derartigen Rollkreisels und des mit ihm verbundenen Körpers, z. B. eines Fahrzeuges, stabil verläuft oder nicht. Zur Untersuchung dieses Vorganges greifen wir auf die am Schlusse des § 36 entwickelten Gleichungen 13a) für kleine Kreiselschwingungen

$$M_\vartheta = \Theta\ddot{\vartheta} + \Theta_0\,\omega\,\dot{\chi}, \qquad M_\chi = \Theta\ddot{\chi} - \Theta_0\,\omega\,\dot{\vartheta} \quad . \; . \; . \quad 1)$$

zurück, zu denen noch mit $M_z = M_0 = 0$ die Beständigkeit des Drehwertes ω um die Hauptachse tritt. Hierin bedeuten ϑ die kleine Auslenkung der Achse aus ihrer wagerechten Ruhelage, gemessen in einer lotrechten Ebene, $\dot{\chi}$ den Drehwert um eine zur Umdrehungsachse senkrechte Achse, die bei kleinem ϑ nahezu lotrecht steht, so daß $\dot{\chi}$ merklich mit der Präzession der Hauptsache übereinstimmt. Weiter ist zu beachten, daß in den beiden Formeln 1) das Schwungmoment Θ sich auf solche Achsen bezieht, die sich in der Umdrehungsachse schneiden und zu ihr senkrecht stehen. Im Falle der Verbindung des Rollkreisels mit einem Fahrzeug wird aber die Gesamtdrehung des ersteren sich im allgemeinen um Achsen vollziehen, die sich außerhalb der Drehachse schneiden und denen somit verschiedene Schwungmomente Θ' und Θ'' zugeordnet sind. Wir haben daher im allgemeinen an Stelle der Formeln 1)

$$\left.\begin{aligned} M_\vartheta &= \Theta'\ddot{\vartheta} + \Theta_0\,\omega\,\dot{\chi}, \\ M_\chi &= \Theta''\ddot{\chi} - \Theta_0\,\omega\,\dot{\vartheta}, \end{aligned}\right\} \quad . \; . \; . \quad 1a)$$

worin nunmehr M_ϑ und M_χ die zwischen dem Kreisel und dem Fahrzeug wirkenden Momente bedeuten.

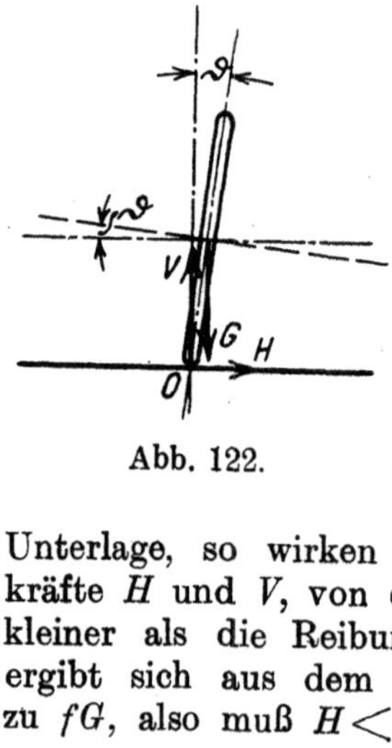

Abb. 122.

I. Wir betrachten als ersten Fall die Bewegung eines Rades, Abb. 122, auf ebener wagerechter Unterlage und vernachlässigen die Bohrreibung des Rades bei einer Drehung um eine ganz oder nahezu lotrechte Achse. Ist dann O der Stützpunkt des Rades auf der Unterlage, so wirken dort die wagerechten und lotrechten Stützkräfte H und V, von denen die erste, damit das Rad nicht gleitet, kleiner als die Reibung auf der Unterlage sein muß. Diese aber ergibt sich aus dem Radgewicht $G = mg$ und der Reibungsziffer zu fG, also muß $H < fG$ sein. Bei der Auslenkung ϑ der Radebene aus dem Lote ist $v = r_0 \dot{\vartheta}$ der Lauf des Schwerpunktes mit den wagerechten und senkrechten Anteilen

$$v_x = r_0 \dot{\vartheta} \cos\vartheta \sim r_0 \dot{\vartheta}, \qquad v_y = r_0 \dot{\vartheta} \sin\vartheta \approx r_0 \dot{\vartheta} \vartheta \approx 0,$$

von denen der letzte vernachlässigt werden darf. Daher lauten die Bewegungsgleichungen des Schwerpunktes

$$H = m_0 \dot{v}_x = m_0 r_0 \ddot{\vartheta}, \qquad V - G = m_0 \dot{v}_y \approx 0, \quad . \quad . \quad . \quad 2)$$

woraus die angenäherte Übereinstimmung von $V = G$ erhellt. Für die Momente haben wir mit dem Radarm r_0, sowie unter Vernachlässigung der Bohrreibung

$$M_\vartheta = G r_0 \vartheta = m_0 g r_0 \vartheta, \qquad M_\chi = 0 \quad . \quad . \quad . \quad . \quad . \quad 3)$$

und, wenn Θ das Schwungmoment um einen Raddurchmesser bedeutet,

$$\Theta' = \Theta + m_0 r_0^2, \qquad \Theta'' = \Theta, \quad . \quad . \quad . \quad . \quad . \quad . \quad 3\text{a})$$

also nach Einsetzen in die Momentenformeln 1a)

$$(\Theta + m_0 r_0^2) \ddot{\vartheta} + \Theta_0 \omega \dot{\chi} = m_0 g r_0 \vartheta, \qquad \Theta \ddot{\chi} = \Theta_0 \omega \dot{\vartheta}. \quad . \quad . \quad 4)$$

Hiervon ist die letzte Formel sofort integrabel und liefert mit den Anfangsbedingungen $\dot{\chi} = 0$ für $\vartheta = 0$, d. h. für ein aufrechtes Rollen des Rades im Beharrungszustande

$$\Theta \dot{\chi} = \Theta_0 \omega \vartheta, \quad . \quad . \quad . \quad . \quad . \quad . \quad . \quad . \quad . \quad . \quad . \quad 4\text{a})$$

womit der Drehwert $\dot{\chi}$ aus der ersten Formel 4) ausgeschaltet werden kann. Alsdann geht diese über in

$$\Theta (\Theta + m_0 r_0^2) \ddot{\vartheta} + (\Theta_0^2 \omega^2 - m_0 g r_0 \Theta) \vartheta = 0, \quad . \quad . \quad . \quad 4\text{b})$$

oder mit

$$\Theta_0 = m_0 k_0^2, \qquad \Theta = m_0 k^2, \quad . \quad . \quad . \quad . \quad . \quad . \quad . \quad 3\text{b})$$

$$\ddot{\vartheta} + \frac{k_0^4 \omega^2 - k^2 r_0 g}{k^4 + k^2 r_0^2} \vartheta = 0. \quad . \quad . \quad . \quad . \quad . \quad . \quad . \quad . \quad 4\text{c})$$

Das ist aber die Gleichung einer einfachen freien Schwingung der Radebene um ein Lot von der Dauer

$$t_0 = 2\pi \sqrt{\frac{k^4 + k^2 r_0^2}{k_0^4 \omega^2 - k^2 r_0 g}}, \quad . \quad . \quad . \quad . \quad . \quad . \quad . \quad . \quad 5)$$

die nur so lange reell ist, als

$$k_0^4 \omega^2 > k^2 r_0 g \quad . \quad . \quad . \quad . \quad . \quad . \quad . \quad . \quad . \quad 5\text{a})$$

ist. Ist diese Bedingung durch den Drehwert ω erfüllt, so ist die Bewegung des Rades stabil, andernfalls wird der Beiwert von ϑ in 4c) negativ, und damit wächst ϑ selbst von einer beliebig kleinen Anfangsauslenkung unbegrenzt an, d. h. das instabile Rad fällt um.

Verhindert man etwa durch Führung des Rades in einer Schiene die Schwankung $\dot{\chi}$ um eine lotrechte Achse, so verliert die zweite Gleichung 1a) und 4) ihren Sinn, und die erste Gleichung 4) geht mit $\dot{\chi} = 0$ und 3), 3a) u. 3b) über in

$$(k^2 + r_0^2) \ddot{\vartheta} = r_0 g \vartheta, \quad . \quad . \quad . \quad . \quad . \quad . \quad . \quad . \quad . \quad . \quad 6)$$

die man auch aus 4c) mit $\omega = 0$ erhalten hätte. Auch diese Gleichung führt auf eine asymptotische Bewegung mit unbegrenzter Zunahme der anfänglichen Auslenkung, also auf ein Umfallen des Rades. Die vorstehende Betrachtung bildete zugleich die Grundlage für die Theorie des Fahrrades, welches darum die Schienen von Straßenbahnen sorgfältig vermeiden muß.

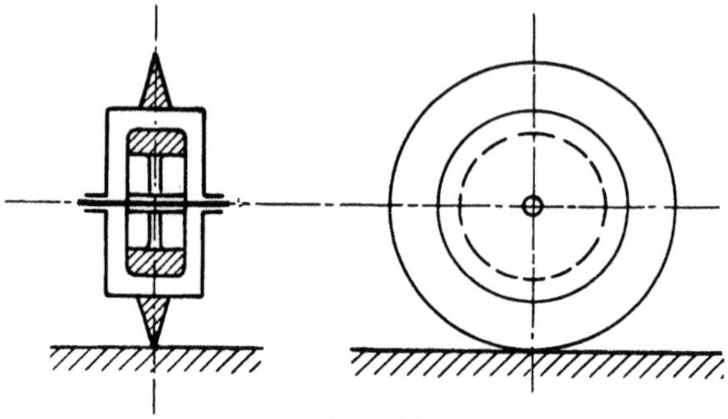

Abb. 123.

1. Beispiel. Ebenso läßt sich damit auch das Verhalten des von W. Thomson (Lord Kelvin) angegebenen Kapselkreisels, Abb. 123, mit wagerechter Achse, dessen Gehäuse mit einer Schneide auf der Unterlage ruht, erklären. In diesem Falle ist mit der Kreiselmasse m_0, derjenigen des Gehäuses m und dem Schwungarm k_1 um die lotrechte Achse, sowie mit dem Arm s der Schneide

$$\left.\begin{array}{ll} M_\vartheta = (m_0 + m)\, s g \vartheta, & M_\chi = 0 \\ \Theta' = m_0 (k^2 + s^2) + m (k_1^2 + s^2), & \Theta'' = m_0 k^2 + m k_1^2 \end{array}\right\}, \quad . \; . \; . \quad 7)$$

und damit wird aus 1a)

$$\left.\begin{array}{r} [m_0 (k^2 + s^2) + m (k_1^2 + s^2)]\, \ddot\vartheta + \Theta_0 \omega \dot\chi = (m_0 + m)\, s g \vartheta \\ (m_0 k^2 + m k_1^2)\, \ddot\chi = \Theta_0 \omega \dot\vartheta \end{array}\right\} \quad . \; . \quad 7\mathrm{a})$$

Auch hier ergibt die Integration der zweiten Gleichung mit der Grenzbedingung $\dot\chi = 0$ für $\vartheta = 0$

$$(m_0 k^2 + m k_1^2)\, \dot\chi = \Theta_0 \omega \vartheta$$

und nach Einsetzen in die erste Formel 7a) mit $\Theta_0 = m k_0^2$

$$\begin{array}{l} [m_0 (k^2 + s^2) + m (k_1^2 + s^2)]\,(m_0 k^2 + m k_1^2)\, \ddot\vartheta \\ \qquad + [m_0^2 k_0^4 \omega^2 - (m_0 + m)(m_0 k^2 + m k_1^2)\, s g]\, \vartheta = 0, \quad . \; . \; . \quad 7\mathrm{b}) \end{array}$$

eine Gleichung, die sich nur durch die Beiwerte, nicht aber im Wesen von 4b) unterscheidet und darum, wie diese auf eine stabile Schwingung oder ein asymptotisches Umfallen führt, je nachdem

$$m_0^2 k_0^4 \omega^2 \gtrless (m_0 + m)(m_0 k^2 + m k_1^2)\, s g \quad . \; . \; . \; . \; . \; . \; . \quad 7\mathrm{c})$$

ist. Beim Fahrrad tritt an Stelle des Gehäuses die Belastung durch den Fahrer, der durch Anpassung an die kleinen Seitenschwankungen die Stabilität noch zu erhöhen vermag, so daß das Rad auch bei langsamem Anfahren nicht umzufallen braucht.

II. Als Treibvorrichtung von Schiffen benutzt man entweder Schaufelräder an den Seiten oder Schrauben am Heck, für Luftfahrzeuge dagegen nur Schrauben am Kopf, die sämtlich infolge ihrer Umdrehung mit den damit verbundenen Massen als Rollkreisel angesehen werden können, deren im Beharrungszustande wagerechte Achsen durch die Roll- oder Stampfbewegungen des Schiffes die Auslenkung ϑ erfahren. Außerdem wirkt auf das Schiff selbst noch im allgemeinen das Rudermoment M_r um eine lotrechte Achse, dem dann in bezug auf den Rollkreisel das Moment M_χ entspricht. Wir bezeichnen nun mit m_0 die gesamte Kreiselmasse und setzen ihre Schwungmomente um die Schwerachsen

$$\Theta_0 = m_0 k_0^2, \qquad \Theta = m_0 k^2, \quad \ldots \ldots \quad 8)$$

ferner die beiden Schwungmomente des Schiffes von der Masse m um die Längs- und Querachse durch dessen Schwerpunkt, der als allgemeiner Drehpunkt zu gelten hat

$$\Theta_1 = m k_1^2, \qquad \Theta_2 = m k_2^2. \quad \ldots \ldots \quad 8a)$$

Außerdem sei s der Abstand des Schiffsschwerpunktes von der Kreiselachse und h_1, h_2 die sog. Metazenterhöhen für Roll- bzw. Stampfbewegungen, die für das aufrichtende Moment des Schiffes ausschlaggebend sind. Alsdann ist in unseren Gleichungen 1a)

$$\Theta' = m_0 (k^2 + s^2) + m k_1^2, \qquad \Theta'' = m_0 k^2 + m k_2^2 \quad \ldots \quad 8b)$$

und für Schaufelräder mit Rollschwingungen des Schiffes

$$\left.\begin{aligned} M_\vartheta &= -mg h_1 \vartheta \\ M_r &= M_\chi \end{aligned}\right\}, \quad \ldots \ldots \quad 8c)$$

während man für das Schraubenfahrzeug mit Stampfbewegung nur die Zeiger 1 und 2 miteinander zu vertauschen hat. Damit wird aus 1a)

$$\left.\begin{aligned} [m_0 (k^2 + s^2) + m k_1^2]\, \ddot\vartheta + m_0 k_0^2 \omega \dot\chi + m g h_1 \vartheta = 0 \\ (m_0 k^2 + m k_2^2)\, \ddot\chi - m_0 k_0^2 \omega \dot\vartheta = M_r \end{aligned}\right\}, \quad \ldots \quad 9)$$

woraus man zunächst den mit $\dot\vartheta$ wechselnden Einfluß der Kreiselbewegung auf das Rudermoment M_r erkennt. Fährt das Schiff ohne Ruderauslage geradeaus, so verschwindet M_r, und wir erhalten, wie schon oben aus der Integration der zweiten Formel 9) mit den Anfangsbedingungen $\vartheta = 0$ für $\dot\chi = 0$ für den Beharrungszustand

$$(m_0 k^2 + m k_2^2)\, \dot\chi = m_0 k_0^2 \omega \vartheta \quad \ldots \ldots \quad 9a)$$

und nach Einsetzen in die erste Gleichung 9)

$$[m_0 (k^2 + s^2) + m k_1^2] (m_0 k^2 + m k_2^2)\, \ddot\vartheta \\ + [m g h_1 (m_0 k^2 + m k_2^2) + m_0^2 k_0^4 \omega^2]\, \vartheta = 0. \quad . \quad 9b)$$

Hieraus folgt aber so lange eine stabile Schwingung des Schiffes, als der Beiwert von ϑ positiv ist, was wegen der stets positiven Metazenterhöhe h_1 praktisch immer zutrifft. Außerdem erhellt, daß durch den Hinzutritt der Kreiselwirkung, die im Gliede $m_0^2 k_0^4 \omega^2$ der zweiten Kammer steht, die Stabilität der Schwingung noch erhöht wird. Dividieren wir die ganze Gleichung 9b) mit $m_0 k^2 + m k_2^2$, so lautet der Beiwert von ϑ

$$m g h_1 \left[1 + \frac{m_0^2 k_0^4 \omega^2}{m g h_1 (m_0 k^2 + m k_2^2)}\right] = G h_1 \left[1 + \frac{G_0^2 k_0^4 \omega^2}{g (G_0 k^2 + G k_2^2) G h_1}\right], \quad 9c)$$

wenn wir statt der Massen m_0 und m die Gewichte G_0 und G des Kreisels und des Schiffes einführen. Aus der überwiegenden Größe des Schiffsgewichtes G gegenüber dem des Kreisels G_0 erkennt man schon, daß die Kreiselwirkung der Schaufelräder und ebenso auch die der Schraube angesichts ihres mäßigen Dralles auf die Gesamtschwingung in 9b) nur ganz unbedeutend sein kann. Aus demselben Grunde wird auch der Drehwert $\dot{\chi}$ nach Gleichung 9a) verschwindend klein und kann in der ersten Gleichung 1a) für die Berechnung des Momentes M_ϑ vernachlässigt werden, während der Andrehwert $\ddot{\chi}$ als maßgebend für das Moment M_χ in Gleichung 8c) nicht unterdrückt werden darf. Wir erhalten somit an Stelle von 9b) die einfachere Gleichung

$$[m_0 (k^2 + s^2) + m k_1^2] \ddot{\vartheta} + m g h_1 \vartheta = 0 \quad . \; . \; . \; . \quad 10)$$

mit der Dauer der Rollschwingung

$$t_0 = 2\pi \sqrt{\frac{m_0 (k^2 + s^2) + m k_1^2}{m g h_1}} = \frac{2\pi}{\alpha} \quad . \; . \; . \; . \; . \quad 10a)$$

Bei einem vorgelegten größten Ausschlage ϑ_0 dürfen wir dann für die Rollschwingung schreiben

$$\vartheta = \vartheta_0 \sin \alpha t, \qquad \ddot{\vartheta} = -\alpha^2 \vartheta_0 \sin \alpha t, \quad . \; . \; . \; . \quad 11)$$

und damit wird aus 9a)

$$\dot{\chi} = \frac{m_0 k_0^2 \omega \vartheta_0 \sin \alpha t}{m_0 k^2 + m k_2^2}, \qquad \ddot{\chi} = \frac{m_0 k_0^2 \omega \alpha \vartheta_0 \cos \alpha t}{m_0 k^2 + m k_2^2} \quad . \; . \quad 11a)$$

Mit $M_r = 0$, d. h. für die geradlinige Fortbewegung des Schiffes ohne Ruderwirkung ergibt sich damit

$$\left.\begin{aligned} M'_\vartheta &= m k_1^2 \ddot{\vartheta} - m g h_1 \vartheta = m \vartheta_0 (\alpha^2 k_1^2 - g h_1) \sin \alpha t \\ M'_\chi &= m k_2^2 \ddot{\chi} = -\frac{m m_0 k_0^2 k_2^2 \omega \alpha \vartheta_0 \cos \alpha t}{m_0 k^2 + m k_2^2} \end{aligned}\right\} \quad . \; . \quad 12)$$

für die beiden Momentenanteile, mit denen der Antriebskreisel auf das Schiff wirkt.

2. Beispiel. Für einen Kanalraddampfer von der Wasserverdrängung $G = 2000$ t, der Länge $l = 100$ m, der Breite $b = 12$ m wird etwa $k_1 = 5$ m, $k_2 \approx 0{,}25\, l = 25$ m, die Metazenterhöhe für Rollschwingungen $h_1 = 0{,}5$ m, während das Räderpaar ein Gewicht von $G_0 = 40$ t, bei einem Halbmesser $r_0 = 3{,}4$ m und einer Radbreite von $b_0 = 4$ m besitzt, dem $k_0 = 3$ m, $k = 8$ m, $s = 2$ m mit einer Umlaufszahl von $n = 40$ i. d. Min., also $\omega \approx 4$ entsprechen möge. Dann ist der Ausdruck 9c)

$$G h_1 \left(1 + \frac{40^2 \cdot 3^4 \cdot 4^2}{9{,}81\,(40 \cdot 8^2 + 2000 \cdot 25^2)\, 2000 \cdot 0{,}5}\right) = G h_1 (1 + 1{,}7 \cdot 10^{-4}),$$

so daß in der Tat der Einfluß der Kreiselwirkung auf die Schiffsschwingung verschwindet. Weiter ist nach 10a)

$$t_0 = 2\pi\sqrt{5{,}38} = 2\pi\cdot 2{,}32 = 14{,}57 \text{ Sek.},$$

$$\alpha = 1 : 2{,}32 = 0{,}431, \qquad \alpha^2 = 1 : 5{,}38 = 0{,}186$$

und für $\vartheta_0 = 10^0 = \pi : 18$ aus 11a) und 12)

$$\dot{\chi} = 1{,}97\cdot 10^{-4} \sin\alpha t, \qquad \ddot{\chi} = 0{,}849\cdot 10^{-4} \cos\alpha t,$$

$$M_\vartheta = -8{,}9^{\text{mt}} \sin\alpha t, \qquad M_\chi = -10{,}8^{\text{mt}} \cos\alpha t.$$

Hieraus folgen mit einem gemeinsamen Lagerabstand von 12 m die größten Lagerdruckanteile im Betrage von

$$P_\vartheta = 7{,}42 \text{ t} = 7420 \text{ kg}, \qquad P_\chi = 0{,}90 \text{ t} = 900 \text{ kg}.$$

Die entsprechende Behandlung des Schraubenschiffes bietet angesichts der Vertauschung der Zeiger 1 und 2 in den vorstehenden Formeln nichts Neues, so daß die Durchrechnung eines Zahlenbeispiels hierfür unterbleiben kann.

§ 42. Ungedämpfte Schwingungen des Pendelkreisels. Ein starres, um eine wagerechte Achse drehbares Pendel, welches nach Abb. 124 in der Schwingungsebene eine zur Schwerachse senkrechte Achse trägt, um die ein Rahmen mit einem in der Ruhelage lotrecht

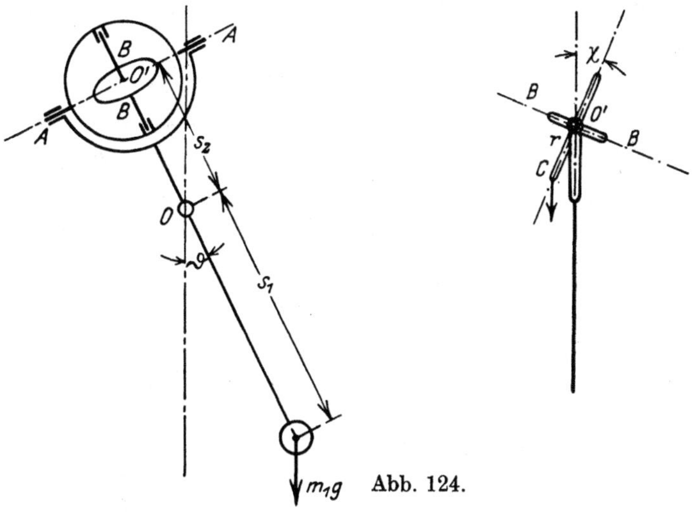

Abb. 124.

sich drehenden Kreisel schwingen kann, wollen wir in der Folge als ein Pendelkreisel bezeichnen. Ein solcher Pendelkreisel besitzt, wie das schon in § 37 besprochene Kreiselpendel zwei Freiheitsgrade, entsprechend den zueinander lotrechten Ausschlägen ϑ des Pendels um seine feste Achse und χ des Kreiselrahmens um die mit dem Pendel selbst bewegliche Achse.

Für die Kreiselbewegung ist zu beachten, daß einmal der Schwerpunkt im allgemeinen nicht in die Drehachse des Kreiselrahmens fällt und daß außerdem auch der Rahmen an den Schwingungen χ teilnimmt. Es bedeute nun Θ das Schwungmoment des reinen Kreiselkörpers von der Masse m_0 um seine Durchmesserachse, m_2 die Rahmenmasse mit den Schwungarmen k_2 und k_1 um die Achse AA und eine dazu senkrechte BB, ferner r und s_2 die Schwerpunktsabstände des Rahmens und des Kreisels von AA und vom Drehpunkt O des Pendels. Alsdann sind die in den Kreiselgleichungen

$$\Theta' \ddot{\vartheta} + \Theta_0 \omega \dot{\chi} = M_\vartheta, \qquad \Theta'' \ddot{\chi} - \Theta_0 \omega \dot{\vartheta} = M_\chi \quad . \; . \; . \quad 1)$$

für kleine Ausschläge eingehenden Schwungmomente mit dem Schwungmoment Θ_1 des Pendels selbst um O gegeben durch

$$\Theta' = \Theta_1 + \Theta + m_2 k_1^2 + (m_0 + m_2) s_2^2, \quad \Theta'' = \Theta + m_0 r^2 + m_2 k_2^2, \quad 2)$$

während mit dem Schwerpunktsabstand s_1 des Pendels mit der Masse m_1 sich ergibt

$$-M_\vartheta = m_1 g s_1 \vartheta, \qquad -M_\chi = (m_0 + m_2) g r \chi \, . \quad . \; . \; . \quad 3)$$

Verbinden wir diese Formeln mit 1), so erhalten wir

$$\left.\begin{array}{r} \Theta' \ddot{\vartheta} + \Theta_0 \omega \dot{\chi} + m_1 g s_1 \vartheta = 0 \\ \Theta'' \ddot{\chi} - \Theta_0 \omega \dot{\vartheta} + (m_0 + m_2) g r \chi = 0 \end{array}\right\}, \quad . \; . \; . \; . \quad 1\mathrm{a})$$

und nach Erweiterung mit $d\vartheta$ bzw. $d\chi$ sowie Addition, wobei die Kreiselglieder $\pm \Theta_0 \omega \dot{\chi} \dot{\vartheta} \, dt$ sich aufheben, wegen $\ddot{\vartheta} \, d\vartheta = \dot{\vartheta} \, d\dot{\vartheta}$ und $\ddot{\chi} \, d\chi = \dot{\chi} \, d\dot{\chi}$

$$\Theta' \dot{\vartheta} \, d\dot{\vartheta} + \Theta'' \dot{\chi} \, d\dot{\chi} + m_1 g s_1 \vartheta \, d\vartheta + (m_0 + m_2) g r \chi \, d\chi = 0 . \quad . \quad 4)$$

Daraus folgt durch Integration bei beständigem ω die Arbeitsgleichung

$$\Theta' \dot{\vartheta}^2 + \Theta'' \dot{\chi}^2 + m_1 g s_1 \vartheta^2 + (m_0 + m_2) g r \chi^2 = C, \quad . \; . \; . \quad 4\mathrm{a})$$

in der die ersten beiden Glieder die Gesamtwucht und die letzten den gesamten Drang des Pendelkreisels bedeuten, deren Summe, d. i. die Gesamtmacht des Pendelkreisels, während der Bewegung sich nicht ändert.

Für 1a) können wir auch mit den Abkürzungen

$$\left.\begin{array}{ll} \dfrac{m_1 g s_1}{\Theta'} = \alpha_1^2, & \dfrac{(m_0 + m_2) g r}{\Theta''} = \alpha_2^2 \\[2ex] \dfrac{\Theta_0 \omega}{\Theta'} = \omega_1, & \dfrac{\Theta_0 \omega}{\Theta''} = \omega_2 \end{array}\right\} \quad . \; . \; . \; . \quad 5)$$

schreiben:

$$\vartheta + \alpha_1^2 \ddot{\vartheta} = -\omega_1 \dot{\chi}, \qquad \ddot{\chi} + \alpha_2^2 \chi = \omega_2 \dot{\vartheta} . \quad . \; . \; . \; . \quad 1\mathrm{b})$$

Das sind aber die Differentialgleichungen der miteinander durch die rechts stehenden Glieder gekoppelten zueinander senkrechten Schwingungen des Pendelkörpers und des Kreiselrahmens, denen offenbar wegen der durchweg beständigen Beiwerte die Ansätze

$$\vartheta = A e^{xt}, \qquad \chi = B e^{xt} \quad . \; . \; . \; . \; . \; . \; . \; . \quad 6)$$

genügen, in denen A und B willkürliche Festwerte darstellen, während x noch zu bestimmen ist. Nach Einsetzen von 6) in 1b) erhalten wir unter Wegheben des gemeinsamen nicht verschwindenden Faktors e^{xt}

$$A(x^2 + \alpha_1^2) = -\omega_1 x B, \qquad B(x^2 + \alpha_2^2) = \omega_2 x A, \quad . \; . \quad 6\mathrm{a})$$

und nach Multiplikation bzw. Division dieser Ausdrücke beiderseitig miteinander

$$\left.\begin{array}{l}(x^2+\alpha_1^2)(x^2+\alpha_2^2)+\omega_1\,\omega_2\,x^2=0\\ A^2\,\omega_2\,(x^2+\alpha_1^2)+B^2\,\omega_1\,(x^2+\alpha_2^2)=0\end{array}\right\}\quad\text{6b)}$$

Schreiben wir für die erste dieser Gleichungen

$$x^4+(\alpha_1^2+\alpha_2^2+\omega_1\,\omega_2)\,x^2+\alpha_1^2\,\alpha_2^2=0,\quad\text{6c)}$$

so erkennen wir, daß ihre Wurzeln

$$x^2=-\frac{\alpha_1^2+\alpha_2^2+\omega_1\,\omega_2}{2}\pm\sqrt{\frac{(\alpha_1^2+\alpha_2^2+\omega_1\,\omega_2)^2}{4}-\alpha_1^2\,\alpha_2^2}\quad\text{7)}$$

nur so lange reell sind, als

$$(\alpha_1^2+\alpha_2^2+\omega_1\,\omega_2)^2\geqq 4\,\alpha_1^2\,\alpha_2^2\quad\text{7a)}$$

oder

$$(\alpha_1^2-\alpha_2^2)^2+2\,(\alpha_1^2+\alpha_2^2)\,\omega_1\,\omega_2+\omega_1^2\,\omega_2^2>0\quad\text{7b)}$$

ist. Da ω_1 und ω_2 mit ω selbst nur positiv sein können, so ist diese Bedingung stets erfüllt, wenn mit unter dem Drehzapfen liegenden Schwerpunkten des Pendels und Kreiselrahmens, also positiven s_1 und r, nach Gleichung 5) auch α_1^2 und α_2^2 positiv sind, oder aber mit $s_1<0$ entgegengesetzte Vorzeichen besitzen, woraus $\alpha_1^2\,\alpha_2^2<0$ hervorgeht. Sind dagegen mit oben liegenden Schwerpunkten α_1^2 und α_2^2 beide negativ, so kann die linke Seite von 7a) verschwinden, während rechts $\alpha_1^2\,\alpha_2^2>0$ bleibt, so daß in diesem Falle die Wurzeln 7) nicht reell zu sein brauchen. Dies wird vielmehr erst durch einen Drehwert $\omega>0$ erzielt, welcher der Bedingung 7a) genügt, während für $\omega=0$ die Wurzeln von 7) mit $-\alpha_1^2$ bzw. $-\alpha_2^2$ übereinstimmen, entsprechend zwei voneinander unabhängigen Schwingungen des Pendels und des Kreiselrahmens nach Gleichung 1b) mit $\omega_1=\omega_2=0$.

Schreiben wir nunmehr an Stelle von 7)

$$\left.\begin{array}{lll}x^2=-\alpha^2\pm(\alpha^2+\beta^2) & \text{für} & \alpha_1^2\,\alpha_2^2<0\\ x^2=-\alpha^2\pm(\alpha^2-\beta^2) & \text{für} & \alpha_1^2\,\alpha_2^2>0\end{array}\right\},\quad\text{7c)}$$

so erkennen wir, daß im ersteren Falle von den beiden Wurzeln

$$x_1^2=\beta^2,\qquad x_2^2=-(2\,\alpha^2+\beta^2)$$

die erste positiv und demnach $x_1=\pm\beta$ reell ausfällt, was nach dem Ansatz 6) auf beliebig anwachsende Ausschläge von der alsdann instabilen Ruhelage aus führt. Daraus folgt ohne weiteres die völlige Unbrauchbarkeit dieser Anordnung, so daß wir nurmehr Pendelkreisel zu untersuchen haben, deren beide Schwerpunkte gleichzeitig unter oder über dem Drehzapfen liegen.

I. Im Falle positiver α_1^2 und α_2^2 entsprechend der Anordnung Abb. 124 sind die beiden Wurzeln nach der zweiten Gleichung 7c)

$$x_1^2=-\beta^2,\qquad x_2^2=-(2\,\alpha^2-\beta^2)=-\delta^2$$

negativ, mithin

$$x_1=\pm i\beta,\qquad x_2=\pm i\delta.\quad\text{8)}$$

Wir erhalten daher als vollständige Integrale von 1b)

$$\left.\begin{aligned}\vartheta &= A_1 e^{+i\beta t} + A_2 e^{-i\beta t} + A_3 e^{+i\delta t} + A_4 e^{-i\delta t}\\ \chi &= B_1 e^{+i\beta t} + B_2 e^{-i\beta t} + B_3 e^{+i\delta t} + B_4 e^{-i\delta t}\end{aligned}\right\}, \quad . \; . \; . \; 8\text{a})$$

worin die untereinander stehenden Beiwerte durch die zweite Gleichung 6b) miteinander verknüpft sind, so daß in Wirklichkeit nur vier willkürliche Festwerte als Ergebnis der Integration der beiden Gleichungen 1b) übrig bleiben. Für die zweite Gleichung 6b) dürfen wir nun mit 8) schreiben

$$\frac{B^2}{A^2} = -\frac{\omega_2}{\omega_1} \cdot \frac{\beta^2 - \alpha_1^2}{\beta^2 - \alpha_2^2}. \quad . \; . \; . \; . \; . \; . \; . \; . \; . \; 9)$$

Andererseits folgt aus 6c) mit 8)

$$\beta^2 + \delta^2 = \alpha_1^2 + \alpha_2^2 + \omega_1 \omega_2, \qquad \beta^2 \delta^2 = \alpha_1^2 \alpha_2^2, \quad . \; . \; 8\text{b})$$

woraus

$$\beta^2 - \alpha_1^2 + \frac{\alpha_1^2 \alpha_2^2}{\beta^2} - \alpha_2^2 = \omega_1 \omega_2,$$

$$(\beta^2 - \alpha_1^2)(\beta^2 - \alpha_2^2) = \beta^2 \omega_1 \omega_2,$$

$$\frac{\beta^2 - \alpha_1^2}{\beta^2 - \alpha_2^2} = \frac{\beta^2 \omega_1 \omega_2}{(\beta^2 - \alpha_2^2)^2} > 0. \quad . \; . \; . \; . \; . \; . \; . \; . \; . \; 9\text{a})$$

hervorgeht. Damit wird aus 9)

$$\frac{B^2}{A^2} = -\frac{\omega_2^2 \beta^2}{(\beta^2 - \alpha_2^2)^2}, \qquad \frac{B}{A} = \pm i \frac{\omega_2 \beta}{\beta^2 - \alpha_2^2} \quad . \; . \; . \; . \; 9\text{b})$$

also ein imaginäres Verhältnis $B:A$. Führen wir dies und die zugehörige Beziehung mit δ in die zweite Gl. 8a) ein, so erhalten wir

$$\chi = \frac{i\omega_2 \beta}{\beta^2 - \alpha_2^2}(A_1 e^{i\beta t} - A_2 e^{-i\beta t}) + \frac{i\omega_2 \delta}{\delta^2 - \alpha_2^2}(A_3 e^{i\delta t} - A_4 e^{-i\delta t}). \quad 8\text{c})$$

Ersetzen wir schließlich die Exponentialausdrücke nach dem Moivreschen Lehrsatz durch Kreisfunktionen, also

$$e^{\pm i\beta t} = \cos\beta t \pm i \sin\beta t$$

und schreiben gleichzeitig

$$A_1 + A_2 = C_1, \qquad (A_1 - A_2)i = C_2,$$

$$A_3 + A_4 = C_3, \qquad (A_3 - A_4)i = C_4,$$

so nehmen die Integrale 8a) bzw. 8c) die Formen an

$$\left.\begin{aligned}\vartheta &= C_1 \cos\beta t + C_2 \sin\beta t + C_3 \cos\delta t + C_4 \sin\delta t\\ \chi &= \frac{\omega_2 \beta}{\beta^2 - \alpha_2^2}(C_2 \cos\beta t - C_1 \sin\beta t)\\ &\quad + \frac{\omega_2 \delta}{\delta^2 - \alpha_2^2}(C_4 \cos\delta t - C_3 \sin\delta t)\end{aligned}\right\} \; . \; . \; . \; 8\text{d})$$

Weiter folgt aus 9a), daß sowohl $\beta^2 - \alpha_1^2$, als auch $\beta^2 - \alpha_2^2$ dasselbe Vorzeichen haben, was wegen der zweiten Gl. 8b) auch für die Unterschiede $\delta^2 - \alpha_1^2$ und $\delta^2 - \alpha_2^2$ gilt. Ist demnach die Wurzel $\delta^2 > \alpha_1^2$, $\delta^2 > \alpha_2^2$, so ist nach 8b)

$$\frac{\beta^2}{\alpha_1^2} = \frac{\alpha_2^2}{\delta^2} < 1, \qquad \frac{\beta^2}{\alpha_2^2} = \frac{\alpha_1^2}{\delta^2} < 1$$

oder

$$\beta^2 < \alpha_1^2, \qquad \beta^2 < \alpha_2^2.$$

Es vollziehen daher sowohl das Pendel wie auch der darauf befindliche Kreiselrahmen je zwei sich überlagernde Schwingungen, von denen die eine rascher, die andere langsamer abläuft als die freien Schwingungen der beiden nicht gekoppelten Körper. Aus dieser Überlagerung gehen bei mäßigen Unterschieden von β und δ Schwebungen hervor. Für große Umlaufszahlen ω des Kreisels überwiegt das Produkt $\omega_1 \omega_2$ nach 5) bei weitem die Größen α_1^2 und α_2^2, so daß man für die beiden Wurzeln 7) und 8) auch angenähert schreiben kann

$$\left.\begin{aligned} \delta^2 &= \alpha_1^2 + \alpha_2^2 + \omega_1 \omega_2 - \frac{\alpha_1^2 \alpha_2^2}{\alpha_1^2 + \alpha_2^2 + \omega_1 \omega_2}, \\ \beta^2 &= \frac{\alpha_1^2 \alpha_2^2}{\alpha_1^2 + \alpha_2^2 + \omega_1 \omega_2} \end{aligned}\right\} \quad . \; . \; . \quad 10)$$

mit den zugehörigen Schwingungsdauern

$$\left.\begin{aligned} t_1 &= \frac{2\pi}{\beta} = 2\pi \frac{\sqrt{\alpha_1^2 + \alpha_2^2 + \omega_1 \omega_2}}{\alpha_1 \alpha_2}, \\ t_2 &= \frac{2\pi}{\delta} \approx \frac{2\pi}{\sqrt{\alpha_1^2 + \alpha_2^2 + \omega_1 \omega_2}} \end{aligned}\right\}, \quad . \; . \; . \; . \quad 10a)$$

die sich schließlich mit immer weiter wachsendem ω den Grenzwerten

$$t_1 = 2\pi \frac{\sqrt{\omega_1 \omega_2}}{\alpha_1 \alpha_2}, \qquad t_2 = \frac{2\pi}{\sqrt{\omega_1 \omega_2}}$$

oder mit Rücksicht auf 5)

$$t_1 = \frac{2\pi \Theta_0 \omega}{g\sqrt{m_1 s_1 (m_0 + m_2) r}}, \qquad t_2 = \frac{2\pi \sqrt{\Theta' \Theta''}}{\Theta_0 \omega} \quad . \; . \; . \; . \quad 10b)$$

nähern. Von den diesen beiden Schwingungsdauern zugehörigen Bewegungen werden nun die kürzeren mit t_2 sich nur mehr als Erzitterungen geltend machen, während die langsamen mit t_1 der beiden senkrecht zueinander schwingenden Körper von oben gesehen sich zu einer elliptischen Bahn zusammensetzen. Beachtet man nur diese Schwingung und sieht von den Erzitterungen ab, so bedingt die Verbindung des Pendels mit dem Kreiselrahmen jedenfalls eine beträchtliche Vergrößerung der Schwingungsdauer.

Wir haben nun noch den Fall zu erörtern, daß in Gl. 7) beide Wurzeln zusammenfallen, d. h. daß mit

$$\left.\begin{array}{c}(\alpha_1^2+\alpha_2^2+\omega_1\omega_2)^2=4\alpha_1^2\alpha_2^2, \qquad \omega_1\omega_2=-(\alpha_1\pm\alpha_2)^2,\\ x_{12}^2=\pm\alpha_1\alpha_2\end{array}\right\}, \qquad 11)$$

also

$$\beta^2=\delta^2=\alpha_1\alpha_2 \; . \; . \; . \; . \; . \; . \; . \; . \; . \; . \; . \qquad 11a)$$

Damit lassen sich aber nicht etwa in 8d) die Glieder mit $\cos\beta t$, $\cos\delta t$ usw. zu je einem vereinigen; vielmehr hat man vorher mit einem kleinen Betrage ε zu setzen $\delta=\beta+\varepsilon$, also

$$\begin{aligned}C_1\cos\beta t+C_3\cos\delta t&=C_1\cos\beta t+C_3\cos(\beta+\varepsilon)t\\&=(C_1+C_3)\cos\beta t-C_3\,\varepsilon t\sin\beta t,\\C_2\sin\beta t+C_4\sin\delta t&=C_2\sin\beta t+C_4\sin(\beta+\varepsilon)t\\&=(C_2+C_4)\sin\beta t+C_4\,\varepsilon t\cos\beta t.\end{aligned}$$

Hierin sind nun die Produkte $C_3\varepsilon$ und $C_4\varepsilon$ für verschwindendes ε als neue willkürliche Beiwerte zu verstehen, und man erhält schließlich mit $C_1+C_3=D_1$, $C_2+C_4=D_2$, $C_4\varepsilon=D_3$, $C_3\varepsilon=D_4$ an Stelle von 8d)

$$\left.\begin{aligned}\vartheta&=D_1\cos\beta t+D_2\sin\beta t+t(D_3\cos\beta t+D_4\sin\beta t)\\ \chi&=\frac{\omega_2\beta}{\beta^2-\alpha_2^2}(D_2\cos\beta t-D_1\sin\beta t)\\&\quad-\frac{\omega_2\beta t}{\beta^2-\alpha_2^2}(D_4\cos\beta t+D_3\sin\beta t)\end{aligned}\right\}. \qquad 11b)$$

Die hierin mit der Zeit t behafteten Glieder deuten auf ein dauerndes Anwachsen der Ausschläge des Pendels und des Kreiselrahmens, die sich dabei schließlich überschlagen und daher sogar die obere Ruhelage durchlaufen können.

II. Damit sind wir schon in den zweiten Fall negativer α_1^2 und α_2^2 infolge oberhalb der Drehzapfen liegender Schwerpunkte des Pendels und des Kreiselrahmens eingetreten. Für diesen schreiben wir an Stelle von 7) übersichtlicher

$$x^2=-\frac{\omega_1\omega_2-\alpha_1^2-\alpha_2^2}{2}\pm\sqrt{\frac{(\omega_1\omega_2-\alpha_1^2-\alpha_2^2)^2}{4}-\alpha_1^2\alpha_2^2} \qquad 12)$$

und erhalten stabile Schwingungen um die instabile Ruhelage, solange dieser Ausdruck negativ reell bleibt. Dies trifft aber zu, wenn absolut

$$\omega_1\omega_2>(\alpha_1+\alpha_2)^2>\alpha_1^2+\alpha_2^2 \; . \; . \; . \; . \; . \; . \qquad 12a)$$

ist, oder nach Gl. 5) mit $m_1 g=G_1$, $m_0 G=G_0$, $m_2 g=G_2$

$$\Theta_0\omega>\sqrt{\Theta'' G_1 s_1}+\sqrt{\Theta'(G_0+G_2)r} \; . \; . \; . \; . \; . \qquad 12b)$$

Alsdann gestaltet sich die Behandlung genau wie im Falle I und führt auch auf dieselben sich überlagernden beiden Schwingungen mit Schwebungen, bzw. zu je einer langsamen Hauptschwingung des

Pendels und des Kreisels von gleicher Dauer und zusätzlichen Erzitterungen. Ebenso ergeben sich auch in diesem Falle beim Zusammenfall zweier Wurzeln von x^2 Ausschläge, die nach Gl. 11b) neben rein periodischen Gliedern auch solche mit zeitlich wachsendem Beiwerte besitzen, was zum Überschlagen führen kann. Sieht man von diesem Ausnahmefall ab, so bewirkt der an sich nicht stabile Kreisel eine Stabilisierung des ebenfalls nicht stabilen Pendels, wovon Brennan in seinem Vorschlage einer Einschienenbahn Gebrauch machte.

§ 43. Gedämpfte Schwingungen des Pendelkreisels. Nachdem wir im vorigen Abschnitt erkannt haben, daß die freien Schwingungen eines Pendelkreisels unter Erhaltung der Gesamtmacht zu einer langsamen Hauptschwingung beider Bestandteile und darüber gelagerten Erzitterungen bzw. zu Schwebungserscheinungen führen, die sich dauernd wiederholen, wollen wir nunmehr den Einfluß der naturgemäßen oder künstlichen Bewegungswiderstände durch Einführung je eines Dämpfungsgliedes in die Grundformeln 1a) § 42 berücksichtigen. Mit den stets positiven Dämpfungsziffern ε_1 und ε_2 haben wir alsdann

$$\left.\begin{aligned} \Theta'(\ddot{\vartheta}+2\varepsilon_1\dot{\vartheta})+m_1 g s_1\vartheta &= -\Theta_0\omega\dot{\chi} \\ \Theta''(\ddot{\chi}+2\varepsilon_2\dot{\chi})+(m_0+m_2)gr\chi &= +\Theta_0\omega\dot{\vartheta} \end{aligned}\right\} \quad . \; . \; . \quad 1)$$

und daraus durch Erweiterung mit $d\vartheta$ und $d\chi$ sowie Addition und Integration

$$\Theta'\dot{\vartheta}^2+\Theta''\dot{\chi}^2+m_1 g s_1\vartheta^2+(m_0+m_2)gr\chi^2$$
$$=C_0-4\Theta'\varepsilon_1\int\dot{\vartheta}^2dt-4\Theta''\varepsilon_2\int\dot{\chi}^2dt \quad . \; . \; . \quad 2)$$

Die Gesamtmacht des Pendelkreisels wird hiernach durch die Dämpfungsglieder mit der Zeit stetig und bis zur Unmerklichkeit vermindert.

Benutzen wir wieder die Abkürzungen 5) § 42, so vereinfacht sich 1) in

$$\left.\begin{aligned} \ddot{\vartheta}+2\varepsilon_1\dot{\vartheta}+\alpha_1^2\vartheta &= -\omega_1\dot{\chi} \\ \ddot{\chi}+2\varepsilon_2\dot{\chi}+\alpha_2^2\chi &= +\omega_2\dot{\vartheta} \end{aligned}\right\}, \quad . \; . \; . \; . \; . \; . \quad 1\,\text{a})$$

worin $\varepsilon_1, \varepsilon_2, \omega_1, \omega_2$ stets positiv sind, während α_1^2 und $\alpha_2^2 \gtrless 0$, je nach der Schwerpunktslage der beiden gekoppelten Körper unter oder über ihrem Drehzapfen sein können. Wir wollen der Einfachheit halber auch hier, wie schon im letzten Abschnitt, voraussetzen, daß α_1^2 und α_2^2 jedenfalls beide dasselbe Vorzeichen besitzen. Setzen wir dann wie früher

$$\vartheta = A e^{xt}, \qquad \chi = B e^{xt} \quad . \; . \; . \; . \; . \; . \; . \; . \quad 3)$$

in 1a) ein, so wird daraus nach Wegheben der nicht verschwindenden Potenz e^{xt}

$$\left.\begin{aligned} A(x^2+2\varepsilon_1 x+\alpha_1^2) &= -B\omega_1 x \\ B(x^2+2\varepsilon_2 x+\alpha_2^2) &= +A\omega_2 x \end{aligned}\right\} \quad . \; . \; . \; . \; . \quad 3\,\text{a})$$

oder nach Multiplikation und Division

$$\left.\begin{aligned} (x^2 + 2\,\varepsilon_1 x + \alpha_1^{\,2})(x^2 + 2\,\varepsilon_2 x + \alpha_2^{\,2}) + \omega_1\omega_2 x^2 = 0 \\ A^2\omega_2(x^2 + 2\,\varepsilon_1 x + \alpha_1^{\,2}) = -B^2\omega_1(x^2 + 2\,\varepsilon_2 x + \alpha_2^{\,2}) \end{aligned}\right\}. \qquad 3\text{b)}$$

Schreiben wir die erste dieser Formeln

$$\begin{aligned} x^4 + 2\,(\varepsilon_1 + \varepsilon_2)\,x^3 + (\omega_1\omega_2 + 4\,\varepsilon_1\varepsilon_2 + \alpha_1^{\,2} + \alpha_2^{\,2})\,x^2 \\ + 2\,(\varepsilon_1\alpha_2^{\,2} + \varepsilon_2\alpha_1^{\,2})\,x + \alpha_1^{\,2}\alpha_2^{\,2} = 0 \end{aligned} \quad \ldots\ldots\ldots \quad 3\text{c)}$$

und verlangen, daß auch für negative $\alpha_1^{\,2}$, $\alpha_2^{\,2}$ jedenfalls

$$\omega_1\omega_2 + 4\,\varepsilon_1\varepsilon_2 + \alpha_1^{\,2} + \alpha_2^{\,2} > 0$$

ist, so haben wir es mit einer Gleichung vierten Grades in x zu tun, deren allgemeine Lösung zwar in geschlossener Form angebbar, aber recht unübersichtlich ist. Wir wollen darum Gl. 3c) in die beiden Ausdrücke

$$\left.\begin{aligned} x^4 + (\omega_1\omega_2 + 4\,\varepsilon_1\varepsilon_2 + \alpha_1^{\,2} + \alpha_2^{\,2})\,x^2 + \alpha_1^{\,2}\alpha_2^{\,2} = y \\ -2\,(\varepsilon_1 + \varepsilon_2)\,x^3 - 2\,(\varepsilon_1\alpha_2^{\,2} + \varepsilon_2\alpha_1^{\,2})\,x = y \end{aligned}\right\} \ldots \quad 3\text{d)}$$

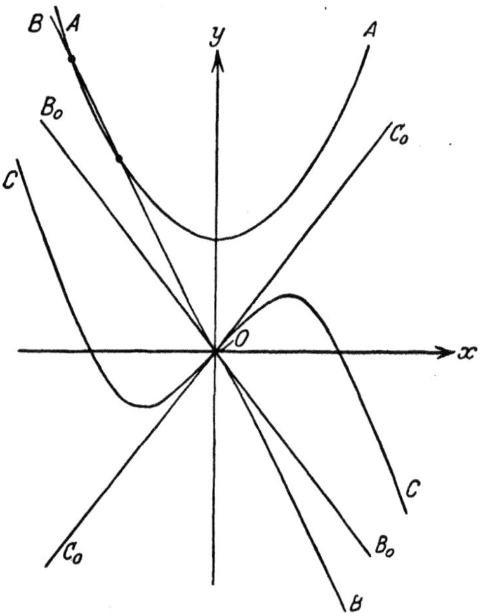

Abb. 125.

zerlegen, deren erster als biquadratische Gleichung eine zur y-Achse symmetrische Kurve AA auf der positiven Seite der y-Achse darstellt, während die durch die zweite Gleichung gekennzeichnete Kurve dritter Ordnung, Abbildung 125, den Verlauf BOB oder COC mit den Tangenten B_0OB_0 bzw. C_0OC_0 in O hat, je nachdem mit $\left.\begin{matrix}\alpha_1^{\,2}\\ \alpha_2^{\,2}\end{matrix}\right\} \gtrless 0$ auch $\varepsilon_1\alpha_2^{\,2} + \varepsilon_2\alpha_1^{\,2} \gtrless 0$ ist. Da nun die Schnitte der Kurven AA und BOB bzw. COC reellen Wurzeln zugehören, so erkennt man, daß im ersteren Falle positiver $\alpha_1^{\,2}$ und $\alpha_2^{\,2}$ nur zwei reelle negative Wurzeln möglich sind, die bei der Berührung der Kurven zusammenfallen. Die beiden andern Wurzeln von 3c) sind dann konjugiert komplex. Für negative $\alpha_1^{\,2}$ und $\alpha_2^{\,2}$ sind sowohl je zwei positive als auch negative reelle Schnitte der Kurve COC und AA möglich. Schneiden sich die Kurven überhaupt nicht, was bei kleinen Werten von ε_1 und ε_2, also schwacher Dämpfung stets zu erwarten ist, so haben wir es nur mit zwei Paaren konjugiert komplexer Wurzeln von 1a) zu tun. Wir werden darum beide Fälle schwacher und starker Dämpfung gesondert behandeln.

I. Die natürliche Dämpfung des Pendels ist stets als schwach anzusehen, während diejenige des Kreiselrahmens durch Einschaltung einer Bremsvorrichtung geregelt werden kann. Ist auch die Kreiseldämpfung schwach, so können wir für kleine ε_1 und ε_2 an Stelle von 3c) unter Weglassung des Produktes $\varepsilon_1 \varepsilon_2$ schreiben

$$\begin{aligned} &x^4 + (\omega_1 \omega_2 + \alpha_1^2 + \alpha_2^2) x^2 + \alpha_1^2 \alpha_2^2 \\ &\quad = -2(\varepsilon_1 + \varepsilon_2) x^3 - 2(\varepsilon_1 \alpha_2^2 + \varepsilon_2 \alpha_1^2) x \quad \ldots \ldots \quad 4) \end{aligned}$$

und die rechte Seite als Fehlerglied auffassen, welches zu den Wurzeln der Gleichung nur einen kleinen Beitrag μ liefert. Bezeichnen wir die schon im letzten Abschnitt Gl. 7) ermittelte, rein imaginäre Wurzel der gleich Null gesetzten linken Seite von 4) mit $\varkappa$, so dürfen wir für die gesuchte Wurzel angenähert setzen

$$x = \varkappa - \mu \quad \ldots \ldots \ldots \ldots \quad 4\text{a})$$

Führen wir diesen Ansatz auf der linken Seite von 4) derart ein, daß wir die höheren Potenzen von μ vernachlässigen und setzen ferner im Fehlerglied der rechten Seite von 4) $x = \varkappa$, schreiben also

$$\begin{aligned} &\varkappa^4 - 4\varkappa^3 \mu + (\omega_1 \omega_2 + \alpha_1^2 + \alpha_2^2)(\varkappa^2 - 2\varkappa\mu) + \alpha_1^2 \alpha_2^2 \\ &\quad = -2(\varepsilon_1 + \varepsilon_2) \varkappa^3 - 2(\varepsilon_1 \alpha_2^2 + \varepsilon_2 \alpha_1^2) \varkappa, \end{aligned}$$

so folgt wegen

$$\varkappa^4 + (\omega_1 \omega_2 + \alpha_1^2 + \alpha_2^2) \varkappa^2 + \alpha_1^2 \alpha_2^2 = 0 \quad \ldots \ldots \quad 4\text{b})$$

nach Voraussetzung

$$\mu = \frac{(\varepsilon_1 + \varepsilon_2) \varkappa^2 + \varepsilon_1 \alpha_2^2 + \varepsilon_2 \alpha_1^2}{2\varkappa^2 + \omega_1 \omega_2 + \alpha_1^2 + \alpha_2^2} \quad \ldots \ldots \quad 4\text{c})$$

Sind nun wieder die rein imaginären Wurzeln von 4b)

$$\varkappa_1 = \pm i\beta, \qquad \varkappa_2 = \pm i\delta, \quad \ldots \ldots \quad 5)$$

wobei nach dem vorigen Abschnitt

$$\delta^2 > \begin{Bmatrix} \alpha_1^2 \\ \alpha_2^2 \end{Bmatrix} > \beta^2 \quad \ldots \ldots \ldots \quad 5\text{a})$$

ist, so dürfen wir wegen 4b), d. h. mit $2\varkappa^4 + (\omega_1 \omega_2 + \alpha_1^2 + \alpha_2^2)\varkappa^2 = \varkappa^4 - \alpha_1^2 \alpha_2^2$ an Stelle von 4c) auch schreiben

$$\mu = \varkappa^2 \frac{(\varkappa^2 + \alpha_2^2)\varepsilon_1 + (\varkappa^2 + \alpha_1^2)\varepsilon_2}{\varkappa^4 - \alpha_1^2 \alpha_2^2} \quad \ldots \ldots \quad 5\text{b})$$

oder wegen 5) und 5a)

$$\left.\begin{aligned} \mu_1 &= -\beta^2 \frac{(\alpha_2^2 - \beta^2)\varepsilon_1 + (\alpha_1^2 - \beta^2)\varepsilon_2}{\beta^4 - \alpha_1^2 \alpha_2^2} \\ &= \beta^2 \frac{(\alpha_2^2 - \beta^2)\varepsilon_1 + (\alpha_1^2 - \beta^2)\varepsilon_2}{\alpha_1^2 \alpha_2^2 - \beta^4} > 0 \\ \mu_2 &= -\delta^2 \frac{(\alpha_2^2 - \delta^2)\varepsilon_1 + (\alpha_1^2 - \delta^2)\varepsilon_2}{\delta^4 - \alpha_1^2 \alpha_2^2} \\ &= \delta^2 \frac{(\delta^2 - \alpha_2^2)\varepsilon_1 + (\delta^2 - \alpha_1^2)\varepsilon_2}{\delta^4 - \alpha_1^2 \alpha_2^2} > 0 \end{aligned}\right\} \quad \ldots \ldots \quad 6)$$

Wir erhalten somit an Stelle von 4a) die konjugiert komplexen Wurzelpaare

$$x_{12} = -\mu_1 \pm i\beta, \quad x_{34} = -\mu_2 \pm i\delta \quad . \quad . \quad . \quad . \quad . \quad 6\text{a})$$

mit negativen reellen Bestandteilen. Da ferner die Exponentialglieder mit rein imaginären Exponenten sich stets in reelle Kreisfunktionen umwandeln lassen, so lauten die Lösungen der Formeln 1a) für schwache Dämpfung

$$\left.\begin{aligned} \vartheta &= e^{-\mu_1 t}(A_1 \cos\beta t + A_2 \sin\beta t) + e^{-\mu_2 t}(A_3 \cos\delta t + A_4 \sin\delta t) \\ \chi &= e^{-\mu_1 t}(B_1 \cos\beta t + B_2 \sin\beta t) + e^{-\mu_2 t}(B_3 \cos\delta t + B_4 \sin\delta t) \end{aligned}\right\}, \quad 6\text{b})$$

worin die Beiwerte B sich aus A nach der zweiten Gleichung 3b) mit den zugehörigen Wurzeln x derart berechnen, daß im ganzen nurmehr vier willkürliche Integrationskonstante übrig bleiben. Diese ergeben sich dann aus den Anfangsausschlägen und Anfangsdrehwerten der beiden gekoppelten Körper.

II. Bei sehr starker Dämpfung ergeben sich die reellen Wurzeln der Gl. 3c) unmittelbar aus dem Schnitt der beiden Kurven AA mit BOB bzw. COC. Um das komplexe Wurzelpaar zu ermitteln, schreiben wir an Stelle von 3c)

$$(\varepsilon_1 + \varepsilon_2)x + (\varepsilon_1\alpha_2^2 + \varepsilon_2\alpha_1^2)\frac{1}{x} + \frac{1}{2}\left[x^2 + (\omega_1\omega_2 + 4\,\varepsilon_1\varepsilon_2 + \alpha_1^2 + \alpha_2^2) + \frac{\alpha_1^2\alpha_2^2}{x^2}\right] = 0 \quad . \quad . \quad 7)$$

und betrachten wegen der überwiegenden Größe der beiden ersten Glieder das dritte als Fehlerglied. Unterdrücken wir dieses zunächst, so folgt angenähert

$$x^2 = -\frac{\varepsilon_1\alpha_2^2 + \varepsilon_2\alpha_1^2}{\varepsilon_1 + \varepsilon_2} \gtrless 0 \quad \text{für} \quad \left.\begin{matrix}\alpha_1^2 \\ \alpha_2^2\end{matrix}\right\} \lesseqgtr 0. \quad . \quad . \quad . \quad 7\text{a})$$

Führen wir dieses Ergebnis in das dritte Glied von 7) ein, so erhalten wir nach einigen Zusammenziehungen

$$(\varepsilon_1 + \varepsilon_2)x + (\varepsilon_1\alpha_2^2 + \varepsilon_2\alpha_1^2)\frac{1}{x} + \frac{1}{2}\left[\omega_1\omega_2 + \varepsilon_1\varepsilon_2\left(4 + \frac{(\alpha_2^2 - \alpha_1^2)^2}{(\varepsilon_1 + \varepsilon_2)(\varepsilon_1\alpha_2^2 + \varepsilon_2\alpha_1^2)}\right)\right] = 0. \quad 7\text{b})$$

Diese quadratische Gleichung für x liefert nur dann komplexe Wurzeln, wenn

$$\left[\omega_1\omega_2 + \varepsilon_1\varepsilon_2\left(4 + \frac{(\alpha_2^2 - \alpha_1^2)^2}{(\varepsilon_1 + \varepsilon_2)(\varepsilon_1\alpha_2^2 + \varepsilon_2\alpha_1^2)}\right)\right]^2 < 16\,(\varepsilon_1 + \varepsilon_2)(\varepsilon_1\alpha_2^2 + \varepsilon_2\alpha_1^2) \quad . \quad . \quad . \quad . \quad . \quad . \quad . \quad 7\text{c})$$

ist, wodurch die Stärke der Dämpfung im Vergleich mit dem Einfluß der im Produkt $\omega_1\omega_2$ steckenden Kreiselwirkung geradezu gekennzeichnet ist. Bei starker Dämpfung ist überdies der im dritten Glied von 7b) auftretende Bruch klein gegen 4 und darum dieses ganze

Glied jedenfalls positiv. Alsdann aber ist der reelle Teil der komplexen Wurzeln von 7b) stets negativ, so daß wir erhalten

$$x = -\mu_0 \pm i\varkappa_0, \quad \ldots \ldots \ldots \quad 8)$$

während die graphisch ermittelten reellen Wurzeln

$$\left.\begin{matrix}\varkappa_1\\ \varkappa_2\end{matrix}\right\} \lesseqgtr 0, \quad \text{für} \left.\begin{matrix}\alpha_1^2\\ \alpha_2^2\end{matrix}\right\} \gtreqless 0 \quad \ldots \ldots \quad 8\text{a})$$

sind. Dann haben die Lösungen der Grundformeln 1a) die Gestalt

$$\left.\begin{aligned}\vartheta &= A_1 e^{\varkappa_1 t} + A_2 e^{\varkappa_2 t} + e^{-\mu_0 t}(A_3 \cos\varkappa_0 t + A_4 \sin\varkappa_0 t)\\ \chi &= B_1 e^{\varkappa_1 t} + B_2 e^{\varkappa_2 t} + e^{-\mu_0 t}(B_3 \cos\varkappa_0 t + B_4 \sin\varkappa_0 t)\end{aligned}\right\} \quad . . \; 8\text{b})$$

und stellen die Überlagerung je einer gedämpften Schwingung mit asymptotisch zu- oder abnehmenden Ausschlägen dar, je nachdem die reellen Wurzeln $\varkappa_1$ und $\varkappa_2$ beide positiv oder negativ ausfallen, während α_1^2 und α_2^2 das umgekehrte Vorzeichen besitzen.

1. Beispiel. Als Anwendung der vorstehenden Theorie des Pendelkreisels betrachten wir den von O. Schlick vorgeschlagenen Schiffskreisel, Abb. 126, zur Dämpfung und Verzögerung der Schiffsschwingungen. Hierbei wird in das beim Rollen um die Längsachse als Pendel aufzufassende Schiff ein Kreiselrahmen RR eingehängt, der um ein zur wagerechten Schiffsquerachse paralleles Zapfenpaar AA drehbar ist und einem in der Ruhelage um eine lotrechte Achse BB laufenden Kreisel K eine Schwingung in der lotrechten Längsebene des Schiffes erlaubt. Die Kreiselschwingung kann durch einen Flüssigkeitswiderstand beliebig gebremst werden. Als Schwerpunktsabstand des Schiffes vom Drehpunkt ist alsdann die sog. Metazenterhöhe zu betrachten, während alle andern Bezeichnungen des Pendelkreisels ohne weiteres gültig bleiben.

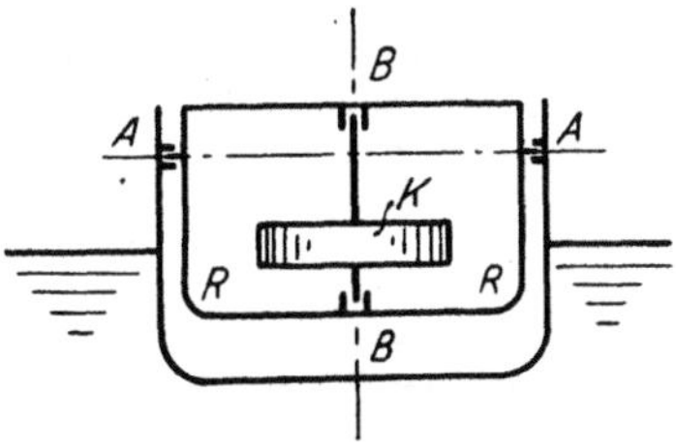

Abb. 126.

Wir setzen nun ein Schiff von $m_1 g = 6000$ t Wasserverdrängung mit einem Schwungmoment von $\Theta' = 15 \cdot 10^6$ mkgsec² und einer Metazenterhöhe $s_1 = 0{,}5$ m voraus. Der Kreisel habe mit Rahmen ein Gewicht von $(m_0 + m_2)\,g = 10$ t, einen Schwerpunktsabstand $r = 0{,}5$ m von einem wagerechten Drehzapfen, sein Schwungmoment in bezug auf diesen Zapfen sei $\Theta'' = 3000$ mkgsec², in bezug auf die Kreiselachse $\Theta_0 = 4000$ mkgsec². Mit einem Drehwert von $\omega = 100\ \text{sec}^{-1}$ entsprechend einer Umlaufszahl von rd. 1000 i. d. Min. folgt dann ein Drall von $\Theta_0\,\omega = 400000$ mkgsec. Damit berechnen sich zunächst die Festwerte

$$\alpha_1^2 = \frac{m_1 g s_1}{\Theta'} = 0{,}2, \qquad \alpha_2^2 = \frac{(m_0 + m_2)\,g\,r}{\Theta''} = 1{,}66, \qquad \alpha_1^2\alpha_2^2 = 0{,}333,$$

$$\omega_1 = \frac{\Theta_0\,\omega}{\Theta'} = 0{,}0267, \qquad \omega_2 = \frac{\Theta_0\,\omega}{\Theta''} = 133{,}3, \qquad \omega_1\omega_2 = 3{,}56\,.$$

Die ungedämpften, voneinander unabhängigen Schwingungszeiten des Schiffes und des Kreiselrahmens sind hiernach

$$t_1 = \frac{2\pi}{\alpha_1} = 14 \text{ sec}, \qquad t_2 = \frac{2\pi}{\alpha_2} = 4{,}87 \text{ sec},$$

während Gl. 4b) lautet

$$\varkappa^4 + 5{,}42\,\varkappa^2 + 0{,}333 = 0$$

und die Wurzeln

$$\varkappa_1^2 = -0{,}062 = -\beta^2, \qquad \varkappa_2^2 = -5{,}358 = -\delta^2$$

besitzt. Diese genügen in der Tat der Bedingung 5a) und ergeben dämpfungsfreie Schwingungszeiten

$$t_1' = \frac{2\pi}{\beta} = \frac{2\pi}{0{,}249} = 25{,}22 \text{ sec} > t_1, \qquad t_2' = \frac{2\pi}{\delta} = \frac{2\pi}{2{,}315} = 2{,}71 \text{ sec} < t_2 .$$

Vernachlässigen wir nun die Dämpfung des Schiffes, setzen also $\varepsilon_1 = 0$ und nehmen an, daß für die Kreiselbremse

$$\Theta'' \varepsilon_2 = 900 \text{ mkgsec} \quad \text{oder} \quad \varepsilon_2 = 0{,}3 \text{ sec}^{-1}$$

ist, so folgt nach Gl. 6)

$$\mu_1 = \beta^2 \varepsilon_2 \frac{\alpha_1^2 - \beta^2}{\alpha_1^2 \alpha_2^2 - \beta^4} = 0{,}00779,$$

$$\mu_2 = \delta^2 \varepsilon_2 \frac{\delta^2 - \alpha_1^2}{\delta^4 - \alpha_1^2 \alpha_2^2} = 0{,}292,$$

woraus sich

$$e^{-\mu_1 t_1'} = e^{-0{,}1963} = 0{,}822, \qquad e^{-\mu_2 t_2'} = e^{-0{,}791} = 0{,}454,$$

d. h. eine viel stärkere Abnahme der kurzen Schwingung (t_2') gegenüber derjenigen mit längerer Dauer ergibt.

Erhöhen wir nun unter Beibehaltung von $\varepsilon_1 = 0$ die Bremsung des Kreisels auf das Dreißigfache

$$\Theta'' \varepsilon_2 = 27000 \text{ mkgsec} \quad \text{oder} \quad \varepsilon_2 = 9 \text{ sec}^{-1},$$

so erkennt man aus der Aufzeichnung des Kurvenbildes sofort, daß von den beiden reellen negativen Wurzeln der zugehörigen Gleichung 3c)

$$x^4 + 18x^3 + 5{,}42x^2 + 3{,}6x + 0{,}333 = 0$$

die eine sehr groß, die andere sehr klein ist. Man gewinnt sie in erster Annäherung durch die beiden Ansätze

$$x^4 + 18x^3 = 0 \quad \text{zu} \quad x_1 = -18,$$

$$3{,}6x + 0{,}333 = 0 \quad \text{zu} \quad x_2 = -0{,}092$$

und kann diese Lösungen durch Einsetzen von $x_1 + \delta_1$ bzw. $x_2 + \delta_2$ in die obige Gleichung mit Unterdrückung der Potenzen δ noch verbessern, was im vorliegenden Falle nur eine bedeutungslose Verbesserung liefert.

Für die Ermittlung der komplexen Wurzeln berechnen wir zunächst aus Gl. 7a) den Wert

$$x^2 = -\alpha_1^2 = -0{,}2$$

und erhalten durch Einsetzen desselben in das Fehlerglied von 7)

$$x^2 + 0{,}197x + 0{,}2 = 0,$$

also

$$x = -0{,}1 \pm i\sqrt{0{,}19} = -0{,}1 \pm 0{,}436\,i .$$

Man übersieht, daß der imaginäre Bestandteil sich nur wenig von der Größe α_1 unterscheidet, d. h. daß die Schwingungsdauer des Schiffes bei starker Kreiselbremsung sich nur unmerklich ändert und daß außerdem wegen der Kleinheit des negativen reellen Teiles die zugehörige Schwingung selbst nur sehr schwach gedämpft erscheint. Es ist nämlich mit $0{,}436 \approx \alpha_1$

$$\vartheta = A_1 e^{-0{,}092t} + A_2 e^{-18t} + e^{-0{,}1t}(A_3 \cos \alpha_1 t + A_4 \sin \alpha_1 t).$$

Daraus erhellt unzweifelhaft die Unzweckmäßigkeit einer zu starken Kreiselbremsung, die einem Festhalten des Kreisels und damit einem Ausschalten der Kreiselwirkung nahekommt.

2. Beispiel. Im vorstehenden Beispiel wurde stillschweigend vorausgesetzt, daß das als Pendelkreisel anzusprechende Schiff nur um eine wagerechte Längsachse drehbar ist. Es ist aber, wie nach einem Vortrag von Skutsch (Z. V. d. I. 1908, S. 464) von Berger bemerkt wurde, auch die Möglichkeit einer Drehbewegung des Schiffes um eine wagerechte Querachse, ein sog. Stampfen, möglich, die durch die Rückwirkung der Bremsung des Kreiselrahmens periodisch erregt werden kann, indessen wegen der damit verbundenen Dämpfung des Schiffes keine große Ausschläge zeitigen dürfte. Es wäre deshalb kaum nötig, diese Wirkung durch Anordnung zweier gegenläufiger Kreisel aufzuheben, wenn nicht, worauf Schuler (a. a. O. 1924, S. 1224) aufmerksam macht, noch eine Schiffsdrehung um eine lotrechte Achse, das sog. Gieren des Schiffes, hinzukäme. Bezeichnet man den hierdurch bedingten Ausschlag des Schiffes in der Schwimmebene mit ψ, den zugehörigen Drehwert mit $\dot{\psi}$, so hat diese Bewegung beim Kreiselausschlag χ ein Kreiselmoment $\Theta_0 \omega \dot{\psi} \sin\chi$ senkrecht zu $\omega \sin\chi$ und $\dot{\psi}$, also in der Querachse des Schiffes zur Folge, welches je nach dem Vorzeichen von ω zum aufrichtenden Momente $(m_0 + m_2) r$ des Kreisels hinzutritt oder davon abzuziehen ist. Dadurch geht aber die langsame Schwingungsdauer t_1 des Kreisels und des Schiffes nach Gl. 10b) § 42 über in

$$t_1 = \frac{2\pi \Theta_0 \omega}{\sqrt{m_1 s_1 [(m_0 + m_2) r \pm \Theta_0 \omega \dot{\psi} \sin\chi]}} \quad . \; . \; . \; . \; . \; . \; . \quad 9)$$

und kann, je nachdem $(m_0 + m_2) r \gtrless \Theta_0 \omega \dot{\psi} \sin\chi$ wird, unendlich oder imaginär werden. Das erstere bedeutet eine unerwünschte Festhaltung des Schiffes in schräger Lage, das zweite ein Überschlagen des Kreisels mit beliebig wachsendem Schiffsausschlag, also einen instabilen Zustand, der unter allen Umständen zu vermeiden ist. Schuler schlägt daher vor, die beiden gegenläufigen Kreisel miteinander derart zu koppeln, daß sich die neuen Kreiselmomente infolge entgegengesetzt gleicher Kreiselausschläge aufheben, was am einfachsten nach Abbildung 127 durch Kegelräder auf den wagerechten Zapfen der Kreiselrahmen bewirkt werden kann.

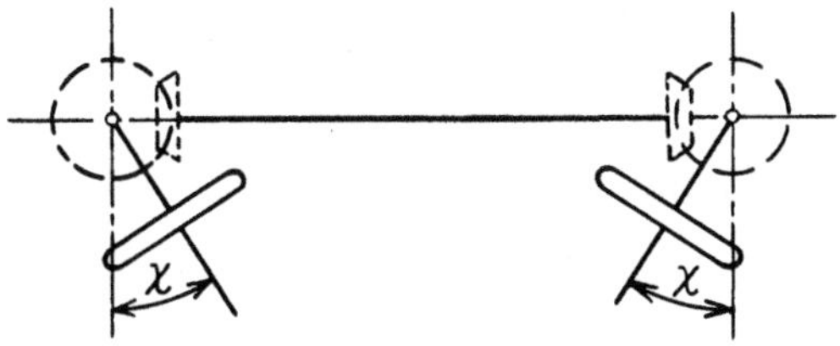

Abb. 127.

§ 44. Erzwungene Schwingungen des Pendelkreisels.

Der Fall der erzwungenen Schwingung eines Pendelkreisels ist verwirklicht in den Rollbewegungen eines Kreiselschiffes im Wellengange. Unter Beibehaltung der Bezeichnungen der beiden letzten Abschnitte gilt hierfür die zweite auf den Kreisel bezügliche Gl. 1) § 43, während wir für das Schiff mit dem äußern Moment M allgemein

$$\Theta' \ddot{\vartheta} + \Theta_0 \omega \dot{\chi} + M = 0 \quad . \; . \; . \; . \; . \; . \; . \quad 1)$$

ansetzen dürfen. Dieses Moment setzt sich zusammen aus dem durch die Schiffsneigung ϑ geweckten Betrage M' und einem Reibungsmoment M'' der Schiffswandung gegen das umgebende Wasser, während wir vom Einfluß der wellenbildenden Verdrängungsänderung, die mit dem Quadrate des Drehwertes wächst, ihrer Kleinheit wegen absehen wollen. Alsdann bleibt für das Reibungsmoment M'' nur ein mit dem Drehwert linear wachsender Betrag übrig, der im Anschluß an Abb. 128 mit der Neigung ψ der Wellennormale

$$M'' = 2\,\varepsilon_1\, \Theta' (\dot{\vartheta} - \dot{\psi}) \quad . \; . \; . \; . \; . \; . \; . \; . \; . \quad 2)$$

geschrieben werden kann. Das aufrichtende Moment M' dagegen rührt einerseits vom Kräftepaar des Schiffsgewichtes und des gleich großen Auftriebes her, von denen das eine im Schiffsschwerpunkt S_0, das letztere dagegen in dem um s auf der Schwimmachse darüber liegenden Verdrängungsschwerpunkt S angreift, woraus ein Moment $m_1 g s \vartheta$ hervorgeht. Dazu kommt noch der Überschuß des Auftriebes des in Abb. 128 schraffierten Keilkörpers, dessen Betrag sich aus dem Raumgewicht γ des Wassers und der Fläche F der Schwimmebene mit ihrem Schwungarm k um ihre Längsachse (senkrecht zur Bildebene) unter Berücksichtigung des Keilwinkels $(\vartheta - \psi)$ zu $F k^2 \gamma (\vartheta - \psi)$ berechnet. Somit ist das ganze aufrichtende Moment

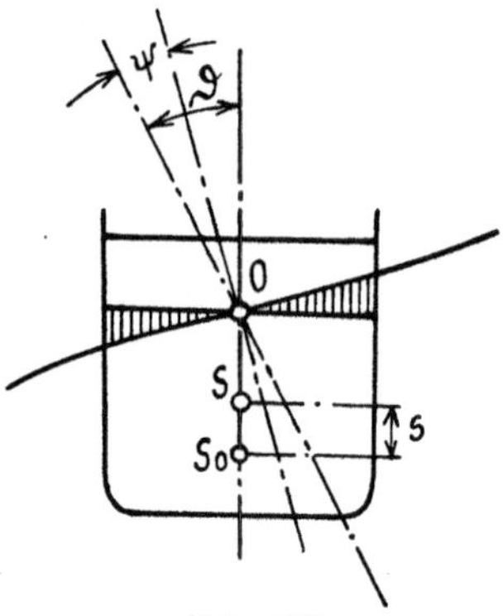

Abb. 128.

$$M' = m_1 g s \vartheta + F k^2 \gamma (\vartheta - \psi)$$

oder unter Einführung der sog. Metazenterhöhe s_1

$$M' = m_1 g s_1 \vartheta - F k^2 \gamma \psi \quad . \quad . \quad . \quad . \quad . \quad . \quad . \quad . \quad 3)$$

Durch Vereinigung von 2) und 3) folgt alsdann das ganze äußere Moment

$$M = M' + M'' = m_1 g s_1 \vartheta - F k^2 \gamma \psi + 2 \varepsilon_1 \Theta' (\dot{\vartheta} - \dot{\psi}) \quad . \quad . \quad . \quad 4)$$

und nach Einführung in 1)

$$\Theta' (\ddot{\vartheta} + 2 \varepsilon_1 \dot{\vartheta}) + m_1 g s_1 \vartheta + \Theta_0 \omega \dot{\chi} = F k^2 \gamma \psi + 2 \varepsilon_1 \Theta' \dot{\psi} \quad . \quad . \quad . \quad . \quad . \quad . \quad . \quad 1a)$$

Nun ändert sich die Neigung der Wellenfläche an einer und derselben Stelle mit großer Annäherung rein periodisch, so daß wir mit

$$\psi = \psi_0 \sin \eta t, \qquad \dot{\psi} = \psi_0 \eta \cos \eta t \quad . \quad . \quad . \quad . \quad . \quad . \quad 5)$$

für die rechte Seite von 1a)

$$F k^2 \gamma \psi + 2 \varepsilon_1 \Theta' \dot{\psi} = F k^2 \gamma \psi_0 \sin \eta t + 2 \varepsilon_1 \Theta' \psi_0 \eta \cos \eta t$$

schreiben dürfen. Setzen wir dann noch

$$\frac{F k^2 \gamma \psi_0}{\Theta'} = \psi_1, \qquad 2 \varepsilon_1 \psi_0 \eta = \psi_2 \quad . \quad . \quad . \quad . \quad . \quad . \quad . \quad 6)$$

und führen die Abkürzungen 5) § 42 ein, so lauten unter Hinzunahme der zweiten Gl. 1a) des letzten Abschnittes die Formeln für die erzwungenen Schwingungen des Schiffes mit Kreisel

$$\left.\begin{aligned} \ddot{\vartheta} + 2 \varepsilon_1 \dot{\vartheta} + \alpha_1^2 \vartheta + \omega_1 \dot{\chi} &= \psi_1 \sin \eta t + \psi_2 \cos \eta t \\ \ddot{\chi} + 2 \varepsilon_2 \dot{\chi} + \alpha_2^2 \chi - \omega_2 \dot{\vartheta} &= 0 \end{aligned}\right\} \quad . \quad . \quad . \quad . \quad 7)$$

Ihnen genügen die Ansätze

$$\vartheta = A_1 \cos \eta t + A_2 \sin \eta t, \qquad \chi = B_1 \cos \eta t + B_2 \sin \eta t, \quad . \quad . \quad 8)$$

während wir die darüber gelagerten freien Schwingungen nach ihrer ausführlichen Besprechung im vorigen Abschnitt außer acht lassen wollen, da sie im Laufe der Zeit durch die Dämpfung abklingen. Führen wir die Ausdrücke 8) in 7) ein, so ergibt der Vergleich der Beiwerte von $\cos \eta t$ und $\sin \eta t$ die Bedingungen

$$\left.\begin{aligned} (\alpha_1^2 - \eta^2) A_1 + 2\eta \varepsilon_1 A_2 + \eta \omega_1 B_2 &= \psi_2 \\ (\alpha_1^2 - \eta^2) A_2 - 2\eta \varepsilon_1 A_1 - \eta \omega_1 B_1 &= \psi_1 \\ (\alpha_2^2 - \eta^2) B_1 + 2\eta \varepsilon_2 B_2 - \eta \omega_2 A_2 &= 0 \\ (\alpha_2^2 - \eta^2) B_2 - 2\eta \varepsilon_2 B_1 + \eta \omega_2 A_1 &= 0 \end{aligned}\right\}, \quad \ldots \quad 8\text{a})$$

woraus mit

$$A_1^2 + A_2^2 = A_0^2, \qquad B_1^2 + B_2^2 = B_0^2, \qquad \psi_1^2 + \psi_2^2 = \psi'^2 \quad . \quad . \quad 9)$$

durch Quadrieren und Addieren folgt

$$\left.\begin{aligned} [(\alpha_1^2 - \eta^2)^2 + 4\eta^2 \varepsilon_1^2] A_0^2 &= \psi'^2 + \eta^2 \omega_1^2 B_0^2 \\ &\quad - 2\eta \omega_1 (\psi_2 B_2 - \psi_1 B_1) \\ [(\alpha_2^2 - \eta^2)^2 + 4\eta^2 \varepsilon_2^2] B_0^2 &= \eta^2 \omega_2^2 A_0^2 \end{aligned}\right\} . \quad . \quad . \quad . \quad 9\text{a})$$

Danach sind die erzwungenen Schwingungsausschläge des Schiffes und des Kreiselrahmens einander verhältnisgleich. Wenn auch die Berechnung der Einzelwerte A und B mit 8a) keine grundsätzlichen Schwierigkeiten bietet, so sind doch die Ergebnisse wenig übersichtlich und ungeeignet für die weitere Erörterung. Dagegen erkennt man leicht aus den beiden letzten Gleichungen 8a), daß mit

$$\alpha_2^2 = \eta^2 \quad \text{und} \quad \varepsilon_2 = 0, \qquad A_1 = A_2 = 0 \quad . \quad . \quad . \quad . \quad 9\text{b})$$

und damit aus den ersten Gleichungen

$$\eta \omega_1 B_2 = \psi_2, \qquad -\eta \omega_1 B_1 = \psi_1 \quad . \quad . \quad . \quad . \quad . \quad . \quad 9\text{c})$$

wird. Im Falle der Resonanz der gänzlich ungedämpften Kreiselschwingungen mit den Wasserwellen treten danach überhaupt keine erwungenen Schiffsschwingungen auf, sondern nur solche des Kreisels

$$\chi = \frac{\psi_2 \sin \eta t - \psi_1 \cos \eta t}{\eta \omega_1} = \frac{\psi'}{\eta \omega_1} \sin(\eta t + \zeta), \quad . \quad . \quad . \quad . \quad 9\text{d})$$

welche ersichtlich für hohe Werte von ω_1, entsprechend großen Drehwerten ω des Kreisels in engen Grenzen gehalten werden können. Die Resonanzbedingung $\alpha_2^2 = \eta^2$ wird sich allerdings angesichts der Veränderlichkeit der Schwingungsdauer der Wasserwellen nur angenähert erfüllen lassen, so daß man immer kleine Schiffsausschläge in Kauf nehmen muß. Dazu treten natürlich noch die freien Schwingungen auf, deren völliges Abklingen infolge der nur schwachen Dämpfung ε_1 nicht mit Sicherheit erwartet werden kann.

Die durch Gl. 9c) und 9d) gegebene Kreiselschwingung erhält man auch, wenn in den ersten beiden Gleichungen 8a) $\alpha_1^2 = \eta^2$ und

$\varepsilon_1 = 0$ gesetzt wird, d. h. im Falle des Gleichklangs der ungedämpften Schiffsschwingung mit den Wellen. Alsdann folgt aus den letzten Gl. 8a)

$$\left.\begin{aligned} A_1 &= -\frac{\alpha_2^2 - \eta^2}{\eta^2 \omega_1 \omega_2}\psi_2 - \frac{2\varepsilon_2}{\eta\omega_1\omega_2}\psi_1, \\ A_2 &= -\frac{\alpha_2^2 - \eta^2}{\eta^2 \omega_1 \omega_2}\psi_1 + \frac{2\varepsilon_2}{\eta\omega_1\omega_2}\psi_2 \end{aligned}\right\} \quad . \; . \; . \; . \; . \; 9\mathrm{e})$$

und daraus der Schiffsausschlag

$$A_0^2 = A_1^2 + A_2^2 = \frac{(\alpha_2^2 - \eta^2)^2 + 4\varepsilon_2^2\eta^2}{\eta^4\omega_1^2\omega_2^2}\psi'^2, \quad . \; . \; . \; 9\mathrm{f})$$

der offenbar wieder mit $\alpha_2^2 = \eta^2$ und $\varepsilon_2 = 0$ verschwinden würde. Der Kreisel wirkt demnach gerade dann am sichersten, wenn durch Resonanz zwischen Wellengang und Schiff dessen Stabilität am meisten gefährdet erscheint. Aus alledem erkennt man das gänzlich verschiedene Verhalten des Kreiselschiffes bei freien und erzwungenen Schwingungen. Angesichts der z. T. nur geringen praktischen Bedeutung dieser Anordnung sei für weitere Einzelheiten auf Sonderschriften verwiesen[1]).

X. Richtkreisel.

§ 45. Geradlaufkreisel. Das bei der Richtungsänderung der Kreiselachse auftretende Kreiselmoment kann offenbar auch zur Betätigung einer Vorrichtung zur Beseitigung der Ursache dieser Richtungsänderung benutzt werden. Handelt es sich um ein Luft- oder Wasserfahrzeug, so dient der in diesen angebrachte Kreisel alsdann durch Betätigung eines Steuers zur Aufrechterhaltung der durch äußere, nicht vorher zu sehende Einflüsse (z. B. Strömungen, Wind) gestörten Bewegungsrichtung.

Hierzu eignet sich am besten der im Beispiel zu § 36 schon behandelte Bohnenbergersche Kreisel, Abb. 129, mit zwei Rahmen, von denen der äußere um lotrechte Zapfen drehbare im ungestörten Zustande in der Querschnittsebene des Fahrzeugs, der um wagerechte Zapfen drehbare Rahmen dagegen wagerecht liegen möge, so daß die ungestörte Kreiselachse die Fahrtrichtung anzeigt. Sind dann wieder ϑ und χ die kleinen Auslenkungen der Achse aus der Ruhelage in der lot- und wagerechten Ebene, so gelten die Gleichungen

$$\Theta'\ddot{\vartheta} + \Theta_0\omega\dot{\chi} = M_\vartheta, \qquad \Theta''\ddot{\chi} - \Theta_0\omega\dot{\vartheta} = M_\chi . \; . \; . \; . \; 1)$$

Hierin bedeutet Θ' das Schwungmoment des Kreisels mit dem inneren Ring um die wagerechte Querachse AA, Θ'' das Schwungmoment des Kreisels mit beiden Ringen um die lotrechte Achse BB, beide bezogen auf die Ruhelage, da die kleinen Auslenkungen nur eben-

[1]) Z. B. Klein und Sommerfeld: Theorie des Kreisels. S. 794ff. Leipzig 1910; oder Grammel: Der Kreisel. S. 326 ff. Braunschweig 1920.

solche Änderungen der Schwungmomente bedingen, deren Produkte mit den Drehwerten $\dot{\vartheta}$ und $\dot{\chi}$ der Achsenauslenkung als klein von zweiter Ordnung zu vernachlässigen sind. Θ_0 sei das Schwungmoment des Kreisels selbst um seine Achse CC und ω der zugehörige Drehwert, den wir während der Bewegung als unveränderlich ansehen wollen, was im allgemeinen die Verbindung mit einer Antriebsvorrichtung zur Überwindung der Widerstände voraussetzt. Ist nun solche, die z. B. durch Ausbildung des Kreisels als Läufer eines Elektromotors erreicht werden kann, nicht vorhanden, so gelten die folgenden Betrachtungen nur für eine verhältnismäßig kurze Zeit, innerhalb derer von der Abnahme des Drehwertes durch die immer vorhandenen Bewegungswiderstände abgesehen werden darf.

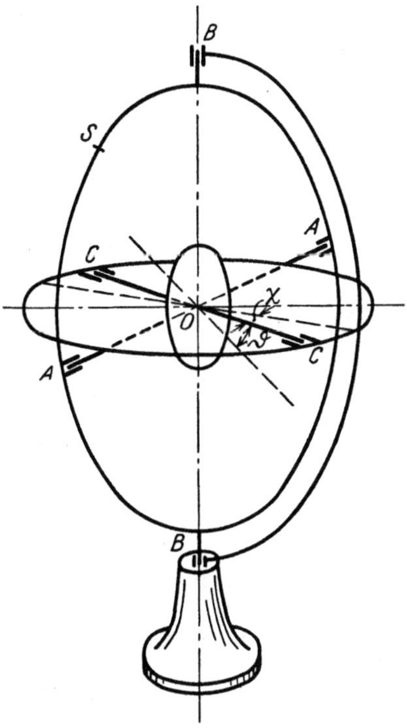

Abb. 129.

Soll nun der Kreisel seitliche Abweichungen des Fahrzeuges, die am häufigsten zu erwarten sind, ausgleichen, so muß er Gelegenheit zur Übertragung seiner eigenen relativen Auslenkung χ gegen das Fahrzeug auf dessen Steuer haben. Dazu dient ein Stift S am Außenring, Abb. 129, der vermittels einer Zugstange z. B. das Ventil der Steuermaschine öffnet oder schließt. Da hierbei wesentlich Gleitreibungen zu überwinden sind, so wird bei der Bewegung ein nahezu gleichförmiges Drehmoment $M_\chi = M$ geweckt. Will man außerdem noch das Höhen- und Tiefensteuer betätigen, so kann dies nur durch einen Stift am Innenring eines zweiten, vom ersten ganz unabhängigen Kreisels geschehen, da andernfalls durch einen einzigen Kreisel beide Bewegungen miteinander verknüpft, d. h. unter Beseitigung einer Abweichung die andere erst hervorgerufen würde.

Die Einwirkung eines Stiftes auf ein Ventil zur Krafteinschaltung ist außerdem notwendig, da der unvermittelte Angriff am Steuer Kräfte und Momente erfordert, die der Kreisel trotz hoher Umlaufszahl nicht zu überwinden vermag. Vernachlässigen wir dann noch die kleine Zapfenreibung der Kreiselrahmen, die durch sorgfältige Ausführung und gute Schmierung sehr weit herabgezogen werden kann, so vereinfachen sich unsere Gleichungen 1) in

$$\Theta' \ddot{\vartheta} + \Theta_0 \omega \dot{\chi} = 0, \qquad \Theta'' \ddot{\chi} - \Theta_0 \omega \dot{\vartheta} = M \quad . \quad . \quad . \quad . \quad 1\text{a})$$

Die Integration der ersten Gleichung ergibt mit der Bedingung, daß die Bewegung zur Zeit $t=0$ aus der Ruhelage beginnt, für welche $\chi=0$ und $\dot{\vartheta}=0$ ist,

$$\Theta' \dot{\vartheta} = -\Theta_0 \omega \chi, \quad \ldots \quad 2)$$

womit die zweite Formel übergeht in

$$\ddot{\chi} + \frac{\Theta_0^2 \omega^2}{\Theta' \Theta''} \chi = \frac{M}{\Theta''} \quad \ldots \quad 3)$$

Dafür dürfen wir mit den Abkürzungen

$$\frac{\Theta_0^2 \omega^2}{\Theta' \Theta''} = \alpha^2, \qquad \frac{M \Theta'}{\Theta_0^2 \omega^2} = \chi_0 \quad \ldots \quad 4)$$

auch schreiben

$$\ddot{\chi} + \alpha^2 (\chi - \chi_0) = 0 \quad \ldots \quad 3a)$$

mit dem Integral

$$\left.\begin{aligned} \chi &= \chi_0 + A \cos \alpha t + B \sin \alpha t \\ \dot{\chi} &= \alpha (B \cos \alpha t - A \sin \alpha t) \end{aligned}\right\} \quad \ldots \quad 5)$$

Nun besteht die Anfangsbedingung für $\chi=0$, $\dot{\chi}=0$ für $t=0$, d. h. $B=0$ und $A=-\chi_0$, so daß wir unter Hinzunahme von Gl. 2) mit der Bedingung $\vartheta=0$ für $t=0$ auch haben

$$\left.\begin{aligned} \chi &= \chi_0 (1 - \cos \alpha t) = \frac{M \Theta'}{\Theta_0^2 \omega^2} (1 - \cos \alpha t) \\ \vartheta &= \frac{\Theta_0 \omega}{\Theta'} \chi_0 \left(\frac{\sin \alpha t}{\alpha} - t\right) = \frac{M}{\Theta_0 \omega} \left(\frac{\sin \alpha t}{\alpha} - t\right) \end{aligned}\right\} \quad \ldots \quad 6)$$

Der äußere Ring vollzieht also unter der Wirkung des Momentes M eine einfache wagerechte Schwingung um die Zapfen BB, während der Innenring mit dem Kreisel außer der einfachen Schwingung um die Zapfen AA noch eine gleichförmig wachsende Auslenkung annimmt. Die gemeinsame Schwingungsdauer ist

$$t_0 = \frac{2\pi}{\alpha} = \frac{2\pi \sqrt{\Theta' \Theta''}}{\Theta_0 \omega} \quad \ldots \quad 6a)$$

Beispiel. Wir betrachten die Obrysche Geradlaufvorrichtung eines Torpedos, der mit einem mittleren Lauf von $c=15\ \text{msec}^{-1}$ einen Weg von etwa 600 m bis zum Ziele zurücklegt, wozu er $t=40$ sec braucht. Der meist durch eine starke Feder aufgezogene und mit $\omega=1000$, also etwa 10000 Drehungen in der Minute in Umlauf versetzte Kreisel habe ein Gewicht von $G_0=0{,}785$ kg und bei einem Halbmesser von 38 mm einen Trägheitsarm von $k=30\ \text{mm}=0{,}03$ m um die Drehachse CC, mithin ein Schwungmoment $\Theta_0=72\cdot 10^{-6}\ \text{mkgsec}^2$. Das Schwungmoment des Kreisels mit Innenring um die wagrechte Querachse AA werde zu $\Theta'=50\cdot 10^{-6}$, das des Kreisels mit beiden Ringen um die senkrechte Achse BB zu $\Theta''=60\cdot 10^{-6}\ \text{mkgsec}^2$ geschätzt; das Reibungsmoment der Übertragung auf $M=1\ \text{cmg}=10^{-5}$ mkg. Danach ergibt sich die gemeinsame Schwingungsdauer für die Auslenkungen ϑ und χ zu

$$t_0 = \frac{2\pi\sqrt{30}}{7200} = 4{,}8\cdot 10^{-3}\ \text{sec}.$$

Weiter sind die größten Auslenkungen

$$\chi_0 = \frac{M\Theta'}{\Theta_0^2\,\omega^2} = 9{,}6\cdot 10^{-8} = 0{,}0198'', \qquad \vartheta_0 = \frac{\Theta_0\,\omega}{\Theta'\,\alpha}\,\chi_0 = 10{,}5\cdot 10^{-8} = 0{,}0217''$$

und bei einer Fahrzeit von $t = 40$ sec der mit der Zeit wachsende Ausschlag der Kreiselachse in der lotrechten Ebene

$$\vartheta_1 = \frac{M\,t}{\Theta_0\,\omega} = 5{,}55\cdot 10^{-3} = 0{,}318^0 = 19{,}1'.$$

Wir erhalten demnach so kleine Ausschläge mit entsprechend kurzer Schwingungsdauer, daß die Kreiselachse ihre Lage praktisch im Raume beibehält und das Steuerventil um einen der wagerechten Relativdrehung des Außenringes gegen den Torpedokörper verhältnisgleichen Betrag öffnet oder schließt. Die vorstehende Rechnung gilt übrigens nur für eine Bewegungsrichtung, da bei der Hubumkehr der Schwingung das Reibungsmoment sein Vorzeichen ändert, also für den Rückgang negativ anzusetzen ist, wie wir das schon bei der Untersuchung der ebenen Reibungsschwingungen (I. Teil § 33) gesehen haben.

§ 46. Die Richtkreisel von Foucault und Föppl. I. Das schon in § 36 erkannte Bestreben eines kräftefreien Kreisels der Parallelstellung seiner geometrischen Achse mit derjenigen eines dagegen geneigten Drehvektors wird sich naturgemäß auch an der Oberfläche des gleichförmig umlaufenden Erdballs geltend machen. Darauf gründete Foucault 1852 den Versuch mit einem Kreisel, dessen Achse in einem Rahmen um zwei wagerechte Zapfen in der Meridianebene drehbar war. Wir erreichen das am einfachsten durch die in Abb. 130 dargestellte Aufhängung der Zapfen AB des Kreiselrahmens an zwei Paaren von Fäden MA, NA, MB, NB an zwei Punkten M und N der Meridianebene $MNOS$, in der die Gerade NOS durch die Kreiselmitte parallel zur Erdachse verlaufen möge. Ist dann ϑ der augenblickliche Winkel der Kreiselachse mit dieser Geraden $\omega_0 = 0{,}000073$ der Drehwert der Erde in der Richtung dieser Geraden, ω die beständige Kreiselung, so dürfen wir in den Kreiselformeln 9) § 36

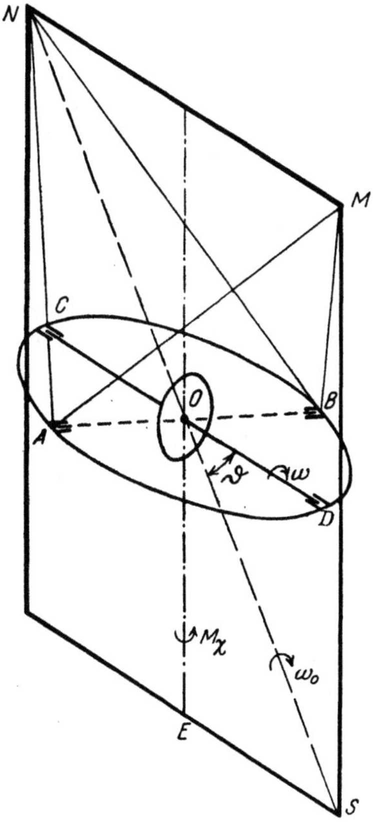

Abb. 130.

$$\left.\begin{aligned} M_\vartheta &= \Theta(\ddot{\vartheta} - \dot{\psi}^2 \sin\vartheta\cos\vartheta) + \Theta_0\,\omega\,\dot{\psi}\sin\vartheta \\ M_\chi &= \Theta(\ddot{\psi}\sin\vartheta + 2\,\dot{\vartheta}\,\dot{\psi}\cos\vartheta) - \Theta_0\,\omega\,\dot{\vartheta} \end{aligned}\right\} \quad \ldots\ldots 1)$$

zunächst $\dot{\psi} = \omega_0$ setzen und das Quadrat von $\dot{\psi}^2 = \omega_0^2$ wegen der Kleinheit von ω_0 und ebenso das Produkt $\dot{\vartheta} \cdot \dot{\psi}$ vernachlässigen, während $\ddot{\psi}$ wegen der Beständigkeit von ω_0 ohnehin wegfällt. Es bleibt also nur

$$M_\vartheta = \Theta \ddot{\vartheta} + \Theta_0 \omega \omega_0 \sin \vartheta \qquad M_\chi = -\Theta_0 \omega \dot{\vartheta} \quad . \quad . \quad . \quad . \quad 1\,a)$$

Hierin kann das Moment M_ϑ, da in der Meridianebene keine äußeren Kräfte wirken, nur vom Zapfenwiderstand herrühren, der teilweise als Gleitreibung beständig, zum andern Teil bei geschmiertem Zapfen mit $\dot{\vartheta}$ veränderlich ist. Setzen wir demgemäß mit den Festwerten α und ε

$$M_\vartheta = -\Theta (\alpha + 2 \varepsilon \dot{\vartheta}), \quad . \quad . \quad . \quad . \quad . \quad . \quad . \quad . \quad . \quad . \quad 2)$$

so wird aus der ersten Formel 1a)

$$\ddot{\vartheta} + 2 \varepsilon \dot{\vartheta} + \frac{\Theta_0 \omega \omega_0}{\Theta} \sin \vartheta + \alpha = 0, \quad . \quad . \quad . \quad . \quad . \quad . \quad 3)$$

während die zweite Gl. 1a) unverändert bleibt und zur Berechnung von M_χ dient. Dieses Moment dreht um eine zur Kreiselachse senkrechte Gerade in der Meridianebene und ruft in den Zapfen A und B Kräfte hervor, welche von den Fadenspannungen aufgenommen werden.

Um sich über den Ablauf der durch 3) dargestellten Bewegung eine Vorstellung zu bilden, braucht man nur zu beachten, daß der Vorgang jedenfalls langsamer verläuft, als die ungedämpfte und reibungsfreie Schwingung. Bei einer Mittellage ϑ_0 und einer kleinen Auslenkung ϑ', derart, daß $\vartheta = \vartheta_0 + \vartheta'$ und $\sin \vartheta = \sin \vartheta_0 + \vartheta' \cos \vartheta_0$ ist, erhalten wir dann aus 3) mit $\varepsilon = \alpha = 0$

$$\Theta \ddot{\vartheta}' + \Theta_0 \omega \omega_0 \cos \vartheta_0 (\vartheta' + tg\, \vartheta_0) = 0 \quad . \quad . \quad . \quad . \quad . \quad . \quad 3\,a)$$

mit der Schwingungsdauer

$$t_0 = 2 \pi \sqrt{\frac{\Theta}{\Theta_0 \omega \omega_0 \cos \vartheta_0}} . \quad . \quad . \quad . \quad . \quad . \quad . \quad . \quad 3\,b)$$

Für endliche Ausschläge ohne Dämpfung und Reibung gilt andererseits

$$\Theta \ddot{\vartheta} + \Theta_0 \omega \omega_0 \sin \vartheta = 0 \quad . \quad . \quad . \quad . \quad . \quad . \quad . \quad . \quad 4)$$

und nach Erweiterung mit $d\vartheta$ wegen $\ddot{\vartheta} d\vartheta = \dot{\vartheta} d \dot{\vartheta}$ nach Integration mit den Anfangswerten ϑ_0 für $\dot{\vartheta} = 0$

$$\Theta \dot{\vartheta}^2 = 2 \Theta_0 \omega \omega_0 (\cos \vartheta - \cos \vartheta_0) \quad . \quad . \quad . \quad . \quad . \quad . \quad 4\,a)$$

Daraus folgt der größte Drehwert $\dot{\vartheta}_1$ für $\vartheta = 0$, $\cos \vartheta = 1$

$$\Theta \dot{\vartheta}_1^2 = 2 \Theta_0 \omega \omega_0 (1 - \cos \vartheta_0) = 4 \Theta_0 \omega \omega_0 \sin^2 \frac{\vartheta_0}{2}$$

$$\dot{\vartheta}_1 = 2 \sin \frac{\vartheta_0}{2} \sqrt{\frac{\Theta_0 \omega \omega_0}{\Theta}} . \quad . \quad . \quad . \quad . \quad . \quad . \quad . \quad . \quad . \quad . \quad 4\,b)$$

Beispiel. Haben wir es mit einem Kreisel von $G_0 = 9{,}81$ kg Gewicht und einem Schwungarm $k_0 = 10$ cm $= 0{,}1$ m um seine Drehachse zu tun, so ist

$$\Theta_0 = \frac{G_0}{g} k_0^2 = 0{,}01 \text{ mkgsec}^2.$$

Weiter sei mit Rücksicht auf den Rahmen $\Theta = 2\,\Theta_0$ und $\omega = 200 \text{ sec}^{-1}$ entsprechend rund 2000 Umläufen in der Minute. Dann ist das größte Kreiselmoment

$$\Theta_0\, \omega\, \omega_0 = 0{,}000146 \text{ mkg} = 14{,}6 \text{ cmg},$$

die widerstandsfreie Schwingungsdauer für unendlich kleine Ausschläge in einer Breite von $\vartheta_0 = 50^0$ mit $\cos \vartheta_0 = 0{,}643$, $\sin \frac{\vartheta_0}{2} = 0{,}4226$

$$t_0 = \frac{2\pi}{\sqrt{0{,}0047}} = 90 \text{ sec}$$

und der größte Drehwert beim Durchgang der Kreiselachse durch die Parallele zur Erdachse

$$\dot{\vartheta}_1 = 0{,}845 \sqrt{0{,}0073} = 0{,}072 \text{ sec}^{-1}.$$

Das in Gl. 1a) wirksame Kreiselmoment ist alsdann in dieser Breite bei wagerechtem Kreiselrahmen

$$\Theta_0\, \omega\, \omega_0 \sin \vartheta_0 = 14{,}6 \cdot 0{,}766 = 11{,}2 \text{ cmg},$$

dürfte also kaum zur Überwindung der Zapfenwiderstände ausreichen. Daraus erklärt sich in der Tat das Versagen des Foucaultschen Kreisels, der nur eine schwache Neigung zur Parallelrichtung der Kreiselachse an die Erdachse zeigte. Eine Vergrößerung des Momentes wäre nur durch eine beträchtliche Erhöhung der Kreiselung ω zu erwarten, die dem französischen Forscher damals nicht zu Gebote stand.

II. An Stelle der Drehung in seiner senkrechten Ebene kann man auch nach einem weiteren Vorschlage von Foucault nur eine wagerechte Drehung der Kreiselachse zulassen, was am einfachsten durch deren Aufhängung an zwei möglichst langen Fäden NC und MD in der Meridianebene, Abb. 131 erreicht wird. Ist ϑ die kleine wagerechte Auslenkung der Kreiselachse CD von der halben Länge $OC = OD = a$, ferner μ die Abweichung der Fäden von der Länge l aus der lotrechten Ruhelage, so gilt

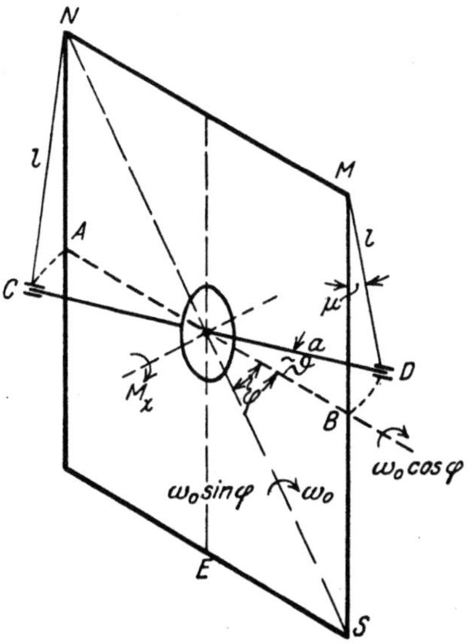

Abb. 131.

$$l\,\mu = a\,\vartheta \quad \ldots\ldots\ldots\ldots\ldots \quad 5)$$

Außerdem aber hat bei der Drehung um ϑ eine kleine Hebung h des Kreiselgewichtes G stattgefunden, der nach dem Satze der virtuellen Verschiebungen ein Moment M_ϑ derart entspricht, daß

$$M_\vartheta\, d\vartheta + G\, dh = 0$$

ist. Hierin hat man

$$h = l\,(1 - \cos\mu), \qquad dh = l \sin\mu\, d\mu$$

also nach 5)

$$\frac{dh}{d\vartheta} = \frac{dh}{d\mu}\frac{d\mu}{d\vartheta} = a \sin\mu \approx a\mu = \frac{a^2}{l}\vartheta$$

$$M_\vartheta = -G\frac{a^2}{l}\vartheta\,. \qquad \qquad 6\text{a})$$

Dieser Ausdruck ist in die erste Kreiselgleichung 1) einzuführen. Da ferner die Achse der Erddrehung ω_0 die mit der geographischen Breite φ übereinstimmende Neigung von NS gegen die wagerechte Gerade AOB besitzt, so zerfällt ω_0 in den wagerechten Anteil $\omega_0 \cos\varphi$ in der Richtung AB und den lotrechten $\omega_0 \sin\varphi$ in der Richtung OE. Die letztere erteilt der ganzen Vorrichtung d. h. dem Kreisel mit seiner Aufhängung eine Drehung um das Lot, vergrößert also lediglich den Drehwert $\dot\vartheta$. Wir haben also in unsern Formeln 1)

$$\dot\psi = \omega_0 \cos\varphi, \qquad \dot\vartheta + \omega_0 \sin\varphi \text{ an Stelle von } \dot\vartheta \quad . \; . \; . \; . \quad 7)$$

zu setzen und erhalten mit $\ddot\psi = 0$, sowie unter Vernachlässigung von $\dot\psi^2$ und des Produktes $\dot\psi\dot\vartheta$, sowie nach Einführung von 6 a) für kleine Auslenkungen ϑ,

$$\left.\begin{aligned} &\Theta\ddot\vartheta + \left(G\frac{a^2}{l} + \Theta_0\,\omega\,\omega_0 \cos\varphi\right)\vartheta = 0 \\ &M_\chi + \Theta_0\,\omega\,(\dot\vartheta + \omega_0 \sin\varphi) = 0 \end{aligned}\right\} \quad . \; . \; . \; . \; . \; . \quad 8)$$

Die erste dieser Formeln liefert wieder eine Schwingung der Kreiselachse um die Meridianebene von der Dauer

$$t_0 = \frac{2\pi\sqrt{\Theta}}{\sqrt{G\dfrac{a^2}{l} + \Theta_0\,\omega\,\omega_0 \cos\varphi}}, \quad . \; . \; . \; . \; . \; . \quad 8\text{a})$$

die zweite dagegen ein Drehmoment, welches durch die Fadenspannungen aufgenommen wird.

Die Berechnung des Erddrehwertes ω_0 aus der Schwingungsdauer wird einmal durch die hier nicht berücksichtigte Dämpfung, dann aber durch das Überwiegen des Aufhängemomentes 6a) gegenüber dem Kreiselmoment $\Theta\,\omega\,\omega_0\,\vartheta \cos\varphi$, welches sich stets als Unterschied größerer Werte ergibt, beeinträchtigt. Das geht besonders deutlich aus Versuchen von A. Föppl mit zwei Schwungrädern von je 30 kg Gewicht und 0,5 m Durchmesser hervor, die mit einem dazwischen angeordneten elektrischen Antriebsmotor an drei dünnen 6 m langen Drähten hängen, deren Befestigungspunkte am Motorgehäuse und an der Decke des Versuchsraumes ein gleichseitiges Dreieck von 6 cm Seitenlänge bildeten. Föppl konnte im wesentlichen nur feststellen, daß sich die ausgelenkte Kreiselachse bis auf einen durch Versuchsfehler gerechtfertigten Ausschlag wieder in den Meridian einstellte.

Wurde dagegen die Kreiselachse von vorn herein senkrecht zum Meridian, also ost-westlich gestellt, so nimmt, wenn wir die Auslenkung aus dieser Lage mit $\vartheta' = 90^0 - \vartheta$, $\sin\vartheta' = \vartheta'$, $\cos\vartheta' = 1$ bezeichnen und wieder ω_0^2 vernachlässigen, die erste Gl. 1) die Form

$$\Theta\ddot{\vartheta}' + G\frac{a^2}{l}\vartheta' + \Theta_0\,\omega\,\omega_0\cos\varphi = 0 \quad . \quad . \quad . \quad . \quad . \quad . \quad . \quad . \quad . \quad 9)$$

an, woraus sich eine durch das Verschwinden des Anlaufgliedes $\Theta\ddot{\vartheta}'$ gekennzeichnete Ruhelage

$$\vartheta_0' = -\frac{\Theta_0\,l\,\omega\,\omega_0\cos\varphi}{G\,a^2} \quad . \quad . \quad . \quad . \quad . \quad . \quad . \quad . \quad . \quad . \quad . \quad 9\text{a})$$

ergibt. Da nun in der Föpplschen Vorrichtung das Gesamtgewicht $G = 100$ kg und das Schwungmoment um die Drehachse $\Theta_0 = 0{,}267$ mkgsec² betrug, während der Abstand der Aufhängepunkte der Drähte von der Dreiecksmitte $a = 3{,}464$ cm war, so folgt mit $a^2 = 12$ cm² $= 0{,}0012$ m², $\omega = 200$ sek^{-1}, $l = 6$ m in der geographischen Breite von München $\varphi = 48^0\,8'$, $\cos\varphi = 0{,}6674$

$$\frac{G\,a^2}{l} = 0{,}02 \text{ mkg}, \qquad \Theta_0\,\omega\,\omega_0\cos\varphi = 0{,}0026$$

also nach 9a)

$$\vartheta_0' = -0{,}13 \approx 7^0\,27'$$

in vortrefflicher Übereinstimmung mit Föppls Versuchen. Der hieraus rückwärts berechnete Drehwert ω_0 der Erde stimmt alsdann mit dem astronomisch bestimmten bis auf zwei Hundertstel überein.

§ 47. Der Kreiselkompaß. Will man den Kreisel zur Festlegung der Nordsüdrichtung auf einem Fahrzeuge benutzen, so sind die im vorigen Abschnitt besprochenen Aufhängevorrichtungen nicht mehr brauchbar, ganz abgesehen von der störenden Überdeckung des Kreiselmomentes durch das Moment der Fadenspannungen. Wir müssen dem Kreisel vielmehr die volle Drehungsmöglichkeit um einen festen Punkt mit drei Freiheitsgraden geben, was am einfachsten durch die in Abb. 132 dargestellte Aufhängung der Achse an zwei im Festpunkte zusammenlaufenden Fäden AC und BC erreicht wird. Bei dem Kreiselkompaß von Anschütz hängt der als Drehstrommotor ausgebildete Kreisel an einem Schwimmer, der zugleich die Kompaßrose trägt und in einem Quecksilbergefäß, welches seinerseits kardanisch aufgehängt ist, sich um einen Festpunkt beliebig zu drehen vermag. Dabei ist die Schwingung der Kreiselachse um eine Parallele durch den Aufhängepunkt ohne praktische Bedeutung, da sie nur eine schwache Veränderlichkeit der stets sehr großen Kreiselung ω bedingt.

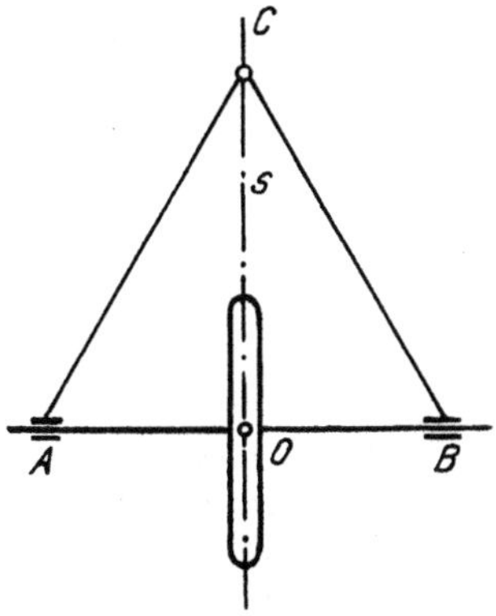

Abb. 132.

Denken wir uns der Einfachheit halber den Schwerpunkt festgehalten, so haben wir nur bei der Aufstellung der Bewegungsgleichungen für die Drehung ϑ um die zur Meridianebene senkrechte Achse das Schwungmoment Θ' um eine Parallele hierzu durch C zu benutzen und erhalten für kleine lotrechte und wagerechte Auslenkungen ϑ und χ

$$\Theta' \ddot{\vartheta} + \Theta_0 \omega \dot{\chi} = M_\vartheta, \qquad \Theta \ddot{\chi} - \Theta_0 \omega \dot{\vartheta} = M_\chi . \quad . \quad . \quad . \qquad 1)$$

Weiterhin erkennt man aus Abb. 133, worin $ONMS$ die durch die Kreiselmitte O gehende Aufrißebene mit der Parallelen NS zur Erdachse und DE die wagerechte Ruhelage der Kreiselachse in der Meridianebene darstellen, die um den Winkel χ gegen die Aufrißebene geneigt ist. Aufriß und Grundriß des ausgelenkten Kreisels sind in Abb. 134 der Deutlichkeit halber nochmals herausgezeichnet. Aus Abb. 133 ist auch ersichtlich, daß der Drehvektor ω_0 der Erde gegen die Wagerechte DE um die geographische Breite φ geneigt ist, so daß wie schon im letzten Abschnitt ω_0 in den Wagerechtanteil $\omega_0 \cos\varphi$ in der Richtung DE und in den lotrechten Teil

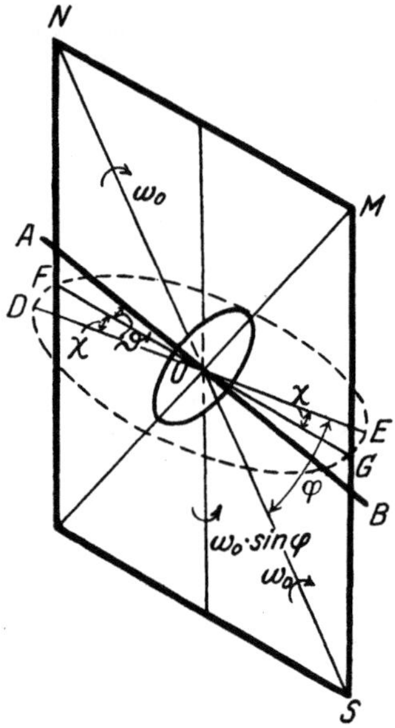

Abb. 133.

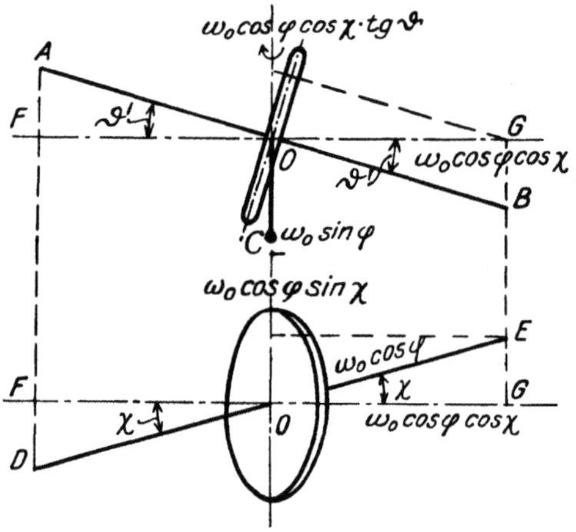

Abb. 134.

$\omega_0 \sin\varphi$ zerfällt. Der erstere liefert nach Abb. 134 die beiden Teile $\omega_0 \cos\varphi \cos\chi \approx \omega_0 \cos\varphi$ in der Richtung OG des Achsengrundrisses und $\omega_0 \cos\varphi \sin\chi \approx \omega_0 \chi \cos\varphi$ um eine dazu lotrechte Achse in der wagerechten Ebene, um welche eben die Drehung ϑ stattfindet. Der Drehwert $\dot{\vartheta}$ in Gl. 1) wird also um diesen Betrag mit Rücksicht auf den Drehsinn vermindert, so daß an seiner Stelle mit Rücksicht auf die Erddrehung

$$\dot{\vartheta} - \omega_0 \chi \cos\varphi$$

zu setzen ist. Andererseits tritt zu der Drehung $\dot{\chi}$ um die lotrechte Achse der Anteil $\omega_0 \sin\varphi$ der Erddrehung und, wie aus dem Aufriß Abb. 134 hervorgeht, in entgegengesetzter Richtung der Anteil $\omega_0 \cos\varphi \cos\chi \operatorname{tg}\vartheta \approx \omega_0 \vartheta \cos\varphi$, so daß an Stelle von $\dot{\chi}$

$$\dot{\chi} - \omega_0 \sin\varphi + \omega_0 \vartheta \cos\varphi$$

tritt. Da der in die Kreiselachse fallende Anteil $\omega_0 \cos\varphi \cos\chi$ der Erddrehung auf den sehr hohen Betrag ω der Kreiselung ohne merklichen Einfluß ist, so dürfen wir an Stelle von 1) unter Weglassung der Zusätze von $\dot\vartheta$ und $\dot\chi$ in den nicht mit der hohen Kreiselung ω behafteten Anlaufgliedern $\Theta'\ddot\vartheta$ und $\Theta\ddot\chi$ nunmehr schreiben

$$\left.\begin{aligned} M_\vartheta &= \Theta'\ddot\vartheta + \Theta_0\,\omega\,(\dot\chi - \omega_0 \sin\varphi + \omega_0\,\vartheta\cos\varphi) \\ M_\chi &= \Theta\,\ddot\chi - \Theta_0\,\omega\,(\dot\vartheta - \omega_0\,\chi\cos\varphi) \end{aligned}\right\} \quad . \;.\;. \quad 1\,\mathrm{a})$$

Hierin ist unter Vernachlässigung der Dämpfung mit dem Schwerpunktsabstand $OC = s$ des Kreiselgewichtes G vom Drehpunkt C

$$M_\vartheta = -G\,s\,\vartheta\,, \qquad M_\chi = 0\,, \quad . \;.\;.\;.\;.\;.\;. \quad 2)$$

womit unsere Formeln 1a) übergehen in

$$\left.\begin{aligned} &\Theta'\ddot\vartheta + G\,s\,\vartheta + \Theta_0\,\omega\,(\dot\chi - \omega_0\sin\varphi + \omega_0\,\vartheta\cos\varphi) = 0 \\ &\Theta\,\ddot\chi - \Theta_0\,\omega\,(\dot\vartheta - \omega_0\,\chi\cos\varphi) = 0 \end{aligned}\right\}. \quad 1\,\mathrm{b})$$

Die erste dieser Gleichungen können wir auch in der Form schreiben

$$\Theta'\ddot\vartheta + (G s + \Theta_0\,\omega\,\omega_0 \cos\varphi)\left(\vartheta - \frac{\Theta_0\,\omega\,\omega_0 \sin\varphi}{G s + \Theta_0\,\omega\,\omega_0\cos\varphi}\right) + \Theta_0\,\omega\,\dot\chi = 0 \quad 1\,\mathrm{c})$$

und setzen wegen der Unveränderlichkeit der Beiwerte

$$\vartheta - \frac{\Theta_0\,\omega\,\omega_0\sin\varphi}{G\,s + \Theta_0\,\omega\,\omega_0\cos\varphi} = A\,e^{xt}\,, \qquad \chi = B\,e^{xt}. \quad . \;.\;. \quad 3)$$

Daraus erhalten wir für x die beiden Gleichungen

$$\left.\begin{aligned} A\,[\Theta' x^2 + G\,s + \Theta_0\,\omega\,\omega_0\cos\varphi] &= -B\,\Theta_0\,\omega\,x \\ B\,[\Theta\,x^2 + \Theta_0\,\omega\,\omega_0\cos\varphi] &= +A\,\Theta_0\,\omega\,x \end{aligned}\right\} \quad . \;.\;. \quad 3\,\mathrm{a})$$

und nach Multiplikation miteinander unter Wegheben von AB

$$[\Theta' x^2 + G\,s + \Theta_0\,\omega\,\omega_0\cos\varphi]\,(\Theta\,x^2 + \Theta_0\,\omega\,\omega_0\cos\varphi) + \Theta_0^2\,\omega^2 x^2 = 0$$

oder

$$\begin{aligned} &\Theta'\,\Theta\,x^4 + (G\,s\,\Theta + \Theta_0^2\,\omega^2 + \Theta_0\,(\Theta + \Theta')\,\omega\,\omega_0\cos\varphi)\,x^2 \\ &\qquad + (G\,s + \Theta_0\,\omega\,\omega_0\cos\varphi)\,\Theta_0\,\omega\,\omega_0\cos\varphi = 0\,. \quad . \;.\;. \quad 3\,\mathrm{b}) \end{aligned}$$

Hierin ist nun wegen der überwiegenden Kreiselung ω mit der Kleinheit der Erddrehung ω_0

$$\left.\begin{aligned} \Theta_0^2\,\omega^2 &\gg (G\,s + \Theta_0\,\omega\,\omega_0\cos\varphi)\,\Theta + \Theta_0\,\Theta'\,\omega\,\omega_0\cos\varphi \\ G s &\gg \Theta_0\,\omega\,\omega_0\cos\varphi \end{aligned}\right\}, \quad . \quad 3\,\mathrm{c})$$

so daß wir an Stelle von 3b) hinreichend genau schreiben dürfen

$$\Theta'\,\Theta\,x^4 + \Theta_0^2\,\omega^2 x^2 + G\,s\,\Theta_0\,\omega\,\omega_0\cos\varphi = 0\,, \quad . \;.\;. \quad 4)$$

daraus ergeben sich alsdann die beiden Wurzeln

$$x^2 = -\frac{\Theta_0^2\,\omega^2}{2\,\Theta'\,\Theta} \pm \sqrt{\left(\frac{\Theta_0^2\,\omega^2}{2\,\Theta'\,\Theta}\right)^2 - \frac{G\,s\,\Theta_0\,\omega\,\omega_0\cos\varphi}{\Theta\,\Theta'}}, \quad . \; . \qquad 4\text{a})$$

oder wegen 3c)

$$x^2 = -\frac{\Theta_0^2\,\omega^2}{2\,\Theta\,\Theta'}\left[1 \pm \left(1 - \frac{2\,G\,s\,\Theta'\,\Theta\,\omega_0\cos\varphi}{\Theta_0^3\,\omega^3}\right)\right],$$

d. h.

$$-x_1^2 = \frac{\Theta_0^2\,\omega^2}{\Theta\,\Theta'} = \varkappa_1^2, \qquad -x_2^2 = \frac{G\,s\,\omega_0\cos\varphi}{\Theta_0\,\omega} = \varkappa_2^2. \qquad 4\text{b})$$

Wir erhalten also für die Bewegung der Kreiselachse in senkrechter und wagerechter Richtung je zwei sich überlagernde Schwingungen mit den Dauern

$$t_1 = 2\,\pi\,\frac{\sqrt{\Theta\,\Theta'}}{\Theta_0\,\omega}, \qquad t_2 = 2\,\pi\sqrt{\frac{\Theta_0\,\omega}{G\,s\,\omega_0\cos\varphi}}, \quad . \; . \; . \; . \qquad 5)$$

von denen die erste offenbar sehr kurz, die zweite dagegen sehr lang ausfällt. Außerdem erkenen wir aus 3), daß die allerdings nicht sehr wesentliche senkrechte Schwingung um eine Mittellage verläuft, die rsich mit Rücksicht auf 3c) zu

$$\vartheta_0 = \frac{\Theta_0\,\omega\,\omega_0\sin\varphi}{G\,s} \quad . \; . \; . \; . \; . \; . \; . \; . \qquad 5\text{a})$$

ergibt. Es ist dies auf der Nordhalbkugel eine **Erhebung des Nordendes der Kreiselachse**, welche dem Bestreben nach Pa- allelstellung zur Erdachse entspricht. Wir haben also allgemein

$$\left.\begin{aligned} \vartheta &= \vartheta_0 + A_1\cos\varkappa_1 t + A_2\sin\varkappa_1 t + A_3\cos\varkappa_2 t + A_4\sin\varkappa_2 t \\ \chi &= B_1\cos\varkappa_1 t + B_2\sin\varkappa_1 t + B_3\cos\varkappa_2 t + B_4\sin\varkappa_4 t \end{aligned}\right\}, \qquad 5\text{b})$$

worin das Verhältnis der Beiwerte $A:B$ sich aus der Division der Formeln 3a) durcheinander für jeden zugehörigen Wert von x bzw. $\varkappa$ berechnet.

Beispiel. Wir setzen nunmehr ein Kreiselgewicht $G_0 = 4{,}9$ kg mit einem Schwungarm $k_0 = \sqrt{30} = 5{,}48$ cm um die Körperachse voraus, woraus sich das zugehörige Schwungmoment $\Theta_0 = 15\cdot 10^{-4}$ mkgsec² ergibt. Mit der Kreiselung $\omega = 2000$, also rund 20000 Uml./Min., wird dann der Kreiseldrall

$$\Theta_0\,\omega = 15\cdot 2000\cdot 10^{-4} = 3 \text{ mkgsec}.$$

Das aufrichtende Moment $G\,s$ entspreche einem Übergewicht von 1,5 kg am Hebelarm 10 cm $= 0{,}1$ m, also ist $G\,s = 0{,}15$ mkg. Für die geographische Breite von $\varphi = 49^0\,30'$ ist dann $\cos\varphi = 0{,}65$, $\sin\varphi = 0{,}76$ und daher mit der Erddrehung $\omega_0 = 0{,}000073\ \text{sec}^{-1}$

$$G\,s\,\omega_0\cos\varphi = 7{,}1\cdot 10^{-6}.$$

Weiter ist das Gesamtgewicht des Kreisels mit seiner Aufhängung $G = 24{,}5$ kg mit einem Schwungarm $k = 14\text{ cm} = 0{,}14\text{ m} = \sqrt{0{,}02}$ um die lotrechte Achse, also

$$\Theta' = \frac{24{,}5}{9{,}81}\,0{,}02 = 5\cdot 10^{-2}\ \text{mkgsec}^2,$$

während das Schwungmoment um eine wagerechte Achse durch den Drehpunkt

$$\Theta = 2{,}6 \cdot 10^{-2} \text{ mkgsec}^2,$$

also auf etwas mehr als die Hälfte von Θ geschätzt werde. Dann ist

$$\Theta_0^2 \omega^2 = 9, \qquad \Theta G s = 3{,}5 \cdot 10^{-3}, \qquad \Theta \Theta' = 1{,}3 \cdot 10^{-3},$$

so daß wir die letzten beiden Beträge gegen $\Theta_0^2 \omega^2$ unbedenklich vernachlässigen können. Schließlich erhalten wir für die Schwingungsdauern

$$t_1 = 0{,}075 \text{ sec}, \qquad t_2 \doteq 4080 \text{ sec} = 68 \text{ min}.$$

Die Kreiselachse vollzieht also sowohl in der wagerechten, wie auch in der lotrechten Ebene je eine sehr langsame und eine sehr rasche Schwingung, von denen die letztere nur als eine sehr schwache Erzitterung fühlbar wird. Die Mittellage der lotrechten Schwingung ist schließlich nach 5a)

$$\vartheta_0 = 1{,}11 \cdot 10^{-3} = 3' 49'',$$

also praktisch unmerklich.

Will man von den nur kleinen Erzitterungen von der Dauer t_1, die nach 5) von dem Produkt $\Theta \Theta'$ abhängt, ganz absehen, so genügt es, in unseren Formeln 1b) die mit Θ und Θ' behafteten Glieder wegzulassen, womit 4) übergeht in

$$\Theta_0 \omega x^2 + G s \omega_0 \cos\varphi = 0$$

und schon ohne weiteres die unter 4b) angeführte Wurzel x_2^2 mit t_2 ergibt.

Es liegt natürlich auf der Hand, daß die Schwingungen des Kreisels und seiner Aufhängevorrichtungen in Wirklichkeit gedämpft verlaufen, was man durch Hinzufügung von Dämpfungsgliedern in den Grundformeln, bzw. durch Hinzufügung eines Faktors $e^{-\varepsilon t}$ zu der allein übrig bleibenden langen Schwingung zu berücksichtigen hätte.

§ 48. Fahrtstörungen des Kreiselkompasses. I. Der Untersuchung des letzten Abschnittes lag die stillschweigende Voraussetzung zugrunde, daß der Aufhängepunkt des Kompaßkreisels endweder ruht oder doch sich nur geradlinig gleichförmig im Raume fortbewegt. Befindet sich der Kreisel auf einem Fahrzeug, welches an der Erdoberfläche mit dem beständigen Laufe v in einer gegen den Nordmeridian um das Azimut ψ geneigten Richtung fortschreitet, so können wir diese Bewegung in die beiden Teile $v\cos\psi$ in der Nordrichtung und $v\sin\psi$ in der Westostrichtung zerlegen und erhalten daraus durch Dividieren mit dem Erdhalbmesser a zwei Drehwerte

$$\omega' = \frac{v\cos\psi}{a}, \qquad \omega'' = \frac{v\sin\psi}{a}, \quad \ldots\ldots \quad 1)$$

von denen der letztere wie eine Vergrößerung oder Verkleinerung der Erddrehung ω_0 wirkt und praktisch ohne Bedeutung ist. Der erste dagegen verändert den Drehwert $\dot\vartheta$ in der zweiten Gl. 1a) des vorigen Abschnittes und wirkt daher auf den Kreisel wie die Drehung des Meridians um den kleinen Winkel χ', so zwar, daß

$$\omega_0 \chi' \cos\varphi = \omega' = \frac{v\cos\psi}{a}, \qquad \chi' = \frac{v\cos\psi}{a\,\omega_0\cos\varphi}, \quad \ldots \quad 1\text{a})$$

worin der Erdumlauf am Äquator $a\,\omega_0 = 465 \text{ msec}^{-1}$ beträgt. Dieser sog. Fahrtfaktor χ' läßt sich hiernach leicht für verschiedene Breiten und Schiffsläufe berechnen und erreicht in hohen Breiten bei großem Lauf recht erhebliche Werte. In unmittelbarer Um-

16*

gebung des Poles wird mit $\cos\varphi = 0$ der Kompaß überhaupt unbrauchbar.

II. Betrachten wir den Kreiselkompaß mit seiner Aufhängung, d. i. Kreisel mit Schwimmer und Rose als **Pendel**, so entspricht der Schwingungsdauer 5) § 47 mit $G = m g$

$$t_0 = 2\pi \sqrt{\frac{\Theta_0 \omega}{g\, m\, s\, \omega_0 \cos\varphi}} = 2\pi \sqrt{\frac{l}{g}} \quad \dots\dots \quad 2)$$

eine Pendellänge

$$l = \frac{\Theta_0 \omega}{m\, s\, \omega_0 \cos\varphi}, \quad \dots\dots\dots \quad 2a)$$

die ersichtlich mit der geographischen Breite zunimmt und am Pol ∞ wird. Man könnte dieser Veränderlichkeit bei vorgelegten Abmessungen nur durch eine mit der Breite veränderliche Kreiselung $\omega = \omega_1 \cos\varphi$ begegnen, was indessen praktisch großen Schwierigkeiten begegnen würde. Unterliegt nun das mit dem Kompaß ausgerüstete Fahrzeug einem wagerechten Anlauf q mit dem Azimut ψ, so ergibt dieser mit dem Schwerpunktsabstand s ein Moment $m s q \cos\psi$ als Zusatz zu dem Moment M_ϑ in der ersten Gl. 1 a) des letzten Abschnittes. Dadurch aber erfährt nach dieser Formel der lotrechte Drehwert $\dot{\chi}$ nur einen kleinen Zusatz $\dot{\chi}''$ derart, daß

$$\Theta_0 \omega \dot{\chi}'' = m s q \cos\psi \quad \dots\dots \quad 3)$$

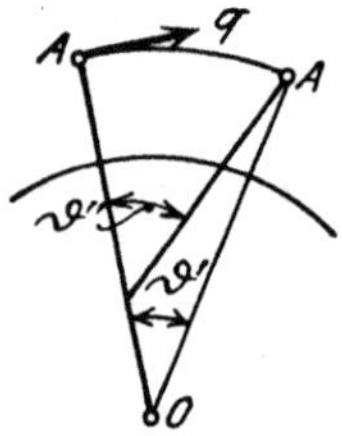

Abb. 135.

oder wegen 2 a)

$$\dot{\chi}'' = \frac{m s}{\Theta_0 \omega} q \cos\psi = \frac{q \cos\psi}{l\, \omega_0 \cos\varphi} \quad \dots \quad 3a)$$

wird. Andererseits ergibt sich aus 1 a) für kleine χ' durch Ableitung nach der Zeit mit $\dot{v} = q$

$$\dot{\chi}' = \frac{q \cos\psi}{a\, \omega_0 \cos\varphi} \quad \dots\dots \quad 1b)$$

oder

$$\dot{\chi}' a = \dot{\chi}'' l. \quad \dots\dots\dots \quad 3b)$$

Verlangen wir nun, **daß bei Laufänderungen der Kompaßkreisel in die dem augenblicklichen Lauf zugehörige Lage stetig und ohne Schwingungen übergeht**, so ist mit $\dot{\chi}' = \dot{\chi}''$ die Bedingung $l = a$, d. h. die **Übereinstimmung der Pendellänge mit dem Erdhalbmesser zu erfüllen**, was einer Schwingungsdauer von $t = 84$ min entspricht. Dieser von Grammel (Der Kreisel, S. 204) ausgesprochene Satz ist nur der Sonderfall eines allgemeineren von M. Schuler (Phys. Z. 1923, S. 344), der sich auf Pendel jeder Art bezieht, dessen Aufhängepunkt A einem der Erdoberfläche parallelen Anlauf q unterliegt, Abb. 135. Für ein solches Pendel gilt mit der Auslenkung ϑ''

$$\Theta \ddot{\vartheta}'' = q m s, \quad \dots\dots\dots \quad 4)$$

während der dem Aufhängepunkt zugeordnete Erdhalbmesser $AO = a$ in der Schwingungsebene den Bogen ϑ' mit dem durch

$$q = a\ddot{\vartheta}' \quad \ldots\ldots\ldots\ldots \quad 5)$$

gegebenen Drehanlauf $\ddot{\vartheta}'$ zurücklegt. Sollte nun das Pendel hierbei im Lote bleiben, so muß mit $\vartheta' = \vartheta''$ für alle lotrechten Schwingungsebenen

$$a = \frac{\Theta}{m s} = l \quad \ldots\ldots\ldots\ldots \quad 5\text{a})$$

sein. Ein Pendel wird also dann durch wagerechte Anläufe seiner Aufhängung an der Erdoberfläche nicht aus der lotrechten Ruhelage gebracht, wenn sein Schwungmoment um alle wagerechten Achsen einen und denselben durch Übereinstimmung der Pendellänge mit dem Erdhalbmesser gegebenen Wert besitzt.

III. Wirkt auf ein mit Kreiselkompaß ausgerüstetes Fahrzeug ein wagerechter periodischer Anlauf q mit dem Azimut ψ, so entsteht wieder ein Moment mqs mit den beiden Anteilen $mqs\cos\psi$ und $mqs\sin\psi$ um die wagerechte Südnord- und Westostachse durch den Aufhängepunkt, von denen die erstere mit der Kreiselachse zusammenfällt, die letztere aber in der Ruhelage auf dieser senkrecht steht. Der Kreiselkompaß hat nun als Pendel betrachtet in bezug auf die beiden wagerechten Achsen zwei verschiedene Schwungmomente, von denen nur das letzte mit dem statischen Werte Θ'' übereinstimmt, während das erstere infolge der Kreiselung ω vom Betrage

$$l' m s = \frac{\Theta_0 \omega}{\omega_0 \cos\varphi} \qquad \text{gegenüber} \qquad l'' m s = \Theta''$$

abgesehen von seiner Veränderlichkeit mit der geographischen Breite so wesentlich dynamisch ist, daß der statische Teil in Gl. 1a) § 47 vernachlässigt werden konnte.

Die durch den periodischen Anlauf $q = q_0 \sin\alpha t$ erzwungenen Schwingungen um die beiden wagerechten Achsen ergeben nun, wie aus dem dritten Beispiel § 30 ersichtlich, wegen der Verschiedenheit der Schwungmomente bzw. Pendellängen eine Zusatzschwingung $\chi'' = \chi_0 + \chi_1 \cos 2\alpha t$ um die lotrechte Achse mit einer von der Südnordrichtung um χ_0 abweichenden Mittellage, die als Schlingerfehler bezeichnet wird und die Brauchbarkeit des Kreiselkompasses wesentlich bedroht.

Da es nun unmöglich ist, das Schwungmoment um die Südnordachse durch Änderung der Massen oder Abmessungen des Schwimmers dem dynamischen nennenswert anzugleichen, so bleibt nichts als die Hinzufügung von Hilfskreiseln übrig. Auf Grund dieser Erkenntnis hat Schuler als Mitarbeiter der Firma Anschütz & Co. den Dreikreiselkompaß ausgebildet, dessen Schwimmer neben dem Hauptrichtkreisel K_1 zwei dazu geneigte Hilfskreisel K_2, K_3 trägt, deren Achsen im Ruhezustande sämtlich in der wagerechten Ebene liegen und nach

Abb. 136 in dieser gegen das Moment einer Federkraft F kleine entgegengesetzt gleiche Drehungen vollziehen können. Ist dann β die Achsenneigung der Hilfskreisel vom gleichen Drall $\Theta_0\,\omega$ wie der Hauptkreisel, so ist der gesamte Kreiseldrall für die Schwingung um die Ostwestrichtung $\Theta_0\,\omega\,(1+2\cos\beta)$ und dasjenige für die Südnordrichtung $2\,\Theta_0\,\omega\sin\beta$. Da für die Schwingungen um die erste Achse die Gesamtdrehung $\dot\chi$ des Schwimmers, für die zweite Achse aber nur die von der Federkraft F bedingte Änderung $\dot\beta$ der Hilfskreisel in Frage kommt, so ist mit den entsprechenden Kreiselmomenten $\Theta_0\,\omega\,\dot\chi\,(1+2\cos\beta)$ und $2\,\Theta_0\,\omega\,\dot\beta\sin\beta$ jedenfalls keine Übereinstimmung der beiden Schwungmomente, sondern nur eine so starke Vergrößerung desjenigen um die Nordsüdachse zu erwarten, daß der Schlingerfehler in engen Grenzen bleibt.

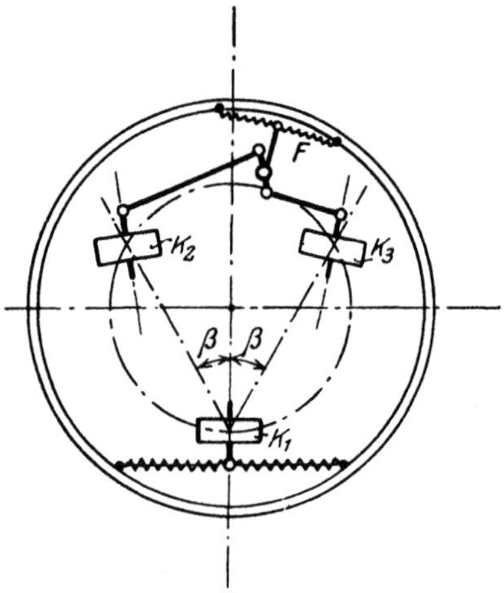

Abb. 136.

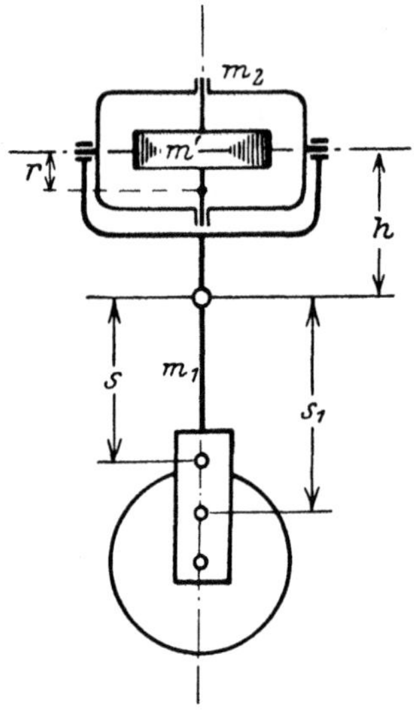

Abb. 137.

Im Gegensatz hierzu schlug O. Martienssen (Z. Instumentenk. 1919, S. 165) vor, den Schwimmer durch einen Kreisel mit lotrechter, in der Meridianebene drehbaren Achse gegen Schwingungen um die Nordsüdachse zu stabilisieren, ihn also in ein Pendelkreisel umzubauen, Abb. 137. Bezeichnen wir den Drall des neuen Kreisels von der Masse m' mit $\Theta_0'\,\omega_1$, die Rahmenmasse mit m_2, den Schwerpunktsabstand beider von der wagerechten Drehachse des Rahmens mit r, so ist nach Gl. 10b) § 42 die zugehörige Schwingungsdauer t_1 und Pendellänge l_1

$$t_1 = \frac{2\,\pi\,\Theta_0'\,\omega_1}{g\sqrt{m_1\,s_1\,(m'+m_2)\,r}} = 2\,\pi\sqrt{\frac{l_1}{g}}, \quad \ldots\ldots \quad 7)$$

also

$$l_1 = \frac{\Theta_0'^2\,\omega_1^2}{g\,m_1\,s_1\,(m'+m_2)\,r}. \quad \ldots\ldots\ldots \quad 7\,a)$$

Durch Hinzufügung des Stabilisierungskreisels wird aber auch das statische Moment $m s$ in 2a) derart geändert werden, daß man jetzt mit dem Abstand h der Rahmenachse vom Aufhängepunkt nach Abb. 137

$$\left.\begin{aligned} m s &= m_1 s_1 - (m' + m_2)(h - r) \\ m &= m_1 + m' + m_2 \end{aligned}\right\} \quad \ldots\ldots \quad 8)$$

zu schreiben hat, wo $m_1 s_1$ das statische Moment des Einkreiselkompasses allein bedeutet. Wird nunmehr eine vollständige Beseitigung des Schlingerfehlers beabsichtigt, so hat man nur die Pendellängen 2a) und 7a) für beide Schwingungsrichtungen gleich zu setzen, woraus die Bedingung

$$\frac{\Theta_0'^2 \omega_1^2}{g m_1 s_1 (m' + m_2) r} = \frac{\Theta_0 \omega}{m s \omega_0 \cos\varphi} \quad \ldots\ldots \quad 9)$$

hervorgeht, die offenbar nur für eine bestimmte Breite φ zu erfüllen ist.

Mit dieser grundsätzlichen Darlegung wollen wir uns begnügen und verweisen für das eingehende Studium der Theorie beider Kreiselarten außer den vorstehend angeführten Schriften noch auf die Drucksachen der Firma Anschütz & Co. und die Arbeiten von M. Schuler in der Z. ang. Math. Mech. 1922.

Fünftes Buch.

Allgemeine Dynamik.

XI. Die Variationssätze der Mechanik.

§ 49. Lagranges Gleichungen erster Art. Nach dem in § 21 dargelegten Satz von D'Alembert heben sich die inneren Kräfte eines beliebigen Gebildes gegenseitig auf und erfüllen damit die Bedingungen des Gleichgewichtes. Die Achsenanteile einer solchen Innenkraft Q_i' an einem Massenpunkt m_i mit den Abständen x_i, y_i, z_i sind alsdann, wenn X_i, Y_i, Z_i diejenigen der dort angreifenden Außenkraft Q_i bedeuten,

$$X_i' = X_i - m_i \ddot{x}_i, \quad Y_i' = Y_i - m_i \ddot{y}_i, \quad Z_i' = Z_i - m_i \ddot{z}_i \quad . \quad . \quad 1)$$

und leisten bei einer unendlich kleinen möglichen (virtuellen) Verschiebung δx_i, δy_i, δz_i keine Arbeit, so zwar, daß

$$\Sigma (X_i' \delta x_i + Y_i' \delta y_i + Z_i' \delta z_i) = 0 \quad . \quad . \quad . \quad . \quad . \quad . \quad 2)$$

oder wegen 1)

$$\Sigma [(X_i - m\ddot{x}_i) \delta x_i + (Y_i - m\ddot{y}_i) \delta y_i + (Z_i - m\ddot{z}_i) \delta z_i] = 0 \qquad 2\text{a})$$

ist. Durch diese zuerst von Lagrange angegebene Formulierung des Satzes von D'Alembert sind die Bewegungsvorgänge aller räumlichen Gebilde auf Gleichgewichtszustände zurückgeführt. Umgekehrt lassen sich durch Zerlegung der allgemeinen Verschiebungen δx_i, δy_i, δz_i in solche eines beliebigen Punktes δx_0, δy_0, δz_0 und Drehungen um denselben wieder die früher aufgestellten Kraft- und Momentengleichungen ableiten, womit nur die Gleichwertigkeit der verschiedenen Formulierungen dargetan ist.

Im allgemeinen werden nun die n Massenpunkte des betrachteten Gebildes nicht nur durch ihren Zusammenhang, sondern auch durch äußere Bedingungen an der freien Bewegung gehindert sein. Diese Bedingungen seien durch k Gleichungen zwischen den Achsenabständen

$$\left.\begin{array}{l} f_1(x_1, y_1, z_1;\ x_2, y_2, z_2;\ldots) = 0 \\ f_2(x_1, y_1, z_1;\ x_2, y_2, z_2;\ldots) = 0 \\ \cdots\cdots\cdots\cdots\cdots\cdots \\ f_k(x_1, y_1, z_1;\ x_2, y_2, z_2;\ldots) = 0 \end{array}\right\} \quad . \quad . \quad . \quad . \quad . \quad . \quad 3)$$

gegeben, während die Zahl der Kraftanteile X_i, Y_i, Z_i an den n Massenpunkten offenbar $3n$ ist. Gehen in jede der Bedingungen 3) nur die Achsenabstände eines der Massenpunkte ein, so stellen sie Oberflächen dar, an welche die Bewegung des Punktes geknüpft ist. Sind dagegen unter den Gleichungen zwei enthalten, in denen nur die Achsenabstände eines und desselben Punktes auftreten, so bestimmen diese eine Raumkurve als Führung des zugehörigen Massenpunktes. Hat andererseits eine der Bedingungsgleichungen die Gestalt

$$(x_1 - x_2)^2 + (y_1 - y_2)^2 + (z_1 - z_2)^2 - l_{12}^2 = 0,$$

worin l_{12} unveränderlich ist, so besagt dies, daß die Massen m_1, m_2 durch eine starre Gerade miteinander verbunden sind. Wir erkennen also, daß durch die Formeln 3) der allgemeinste Fall einer gezwungenen Bewegung gegeben ist, für die wir in den bisherigen Darstellungen schon mehrere Beispiele kennen gelernt haben. Mit Hilfe der k Gleichungen 3) können nun ebenso viele Veränderliche x_i, y_i, z_i durch die übrigen $3n - k$ ausgedrückt werden.

Hierzu möge das ganze Gebilde eine unendlich kleine Verschiebung erfahren, wodurch sich die Achsenabstände der Einzelpunkte m_i um δx_i, δy_i, δz_i ändern. Diese $3n$ Verschiebungsanteile genügen alsdann den aus 3) durch partielle Ableitung gewonnenen k Gleichungen

$$\left.\begin{aligned} \frac{\partial f_1}{\partial x_1}\delta x_1 + \frac{\partial f_1}{\partial y_1}\delta y_1 + \frac{\partial f_1}{\partial z_1}\delta z_1 + \frac{\partial f_1}{\partial x_2}\delta x_2 + \cdots &= 0 \\ \frac{\partial f_2}{\partial x_1}\delta x_1 + \frac{\partial f_2}{\partial y_1}\delta y_1 + \frac{\partial f_2}{\delta z_1}\delta z_1 + \frac{\partial f_2}{\partial x_2}\delta x_2 + \cdots &= 0 \\ \text{usw.}, & \end{aligned}\right\} \quad . \quad . \quad . \quad 3\text{a})$$

welche die Ausschaltung von k Verschiebungen in 2a) ermöglichen. Die noch übrigen $3n-k$ sind alsdann vollkommen willkürlich, so daß die mit ihnen behafteten Einzelausdrücke in 2a) für sich verschwinden, woraus ebenso viele Bewegungsgleichungen hervorgehen, die dann mit den k Bedingungen 3) zusammen zur Berechnung aller $3n$ Achsenabstände x_i, y_i, z_i genügen. Man übersieht ohne weiteres, daß dieses Verfahren sich im allgemeinen sehr unbequem und zeitraubend gestaltet und daher nur in den einfachsten Fällen bisher angewandt wurde.

Lagrange hat darum an Stelle der unmittelbaren Ausschaltung der Verschiebungen die Gleichungen 3a) mit zunächst noch unbekannten Beiwerten, sog. Multiplikatoren $\lambda_1, \lambda_2 \ldots \lambda_k$, erweitert und der Grundgleichung 2a) derart hinzugefügt, daß diese übergeht in

$$\left.\begin{aligned} &\sum\left(X_i - m_i\ddot{x}_i + \lambda_1\frac{\partial f_1}{\partial x_i} + \lambda_2\frac{\partial f_2}{\partial x_i} + \cdots + \lambda_k\frac{\partial f_k}{\partial x_i}\right)\delta x_i \\ &+ \sum\left(Y_i - m_i\ddot{y}_i + \lambda_1\frac{\partial f_1}{\partial y_i} + \lambda_2\frac{\partial f_2}{\partial y_i} + \cdots + \lambda_k\frac{\partial f_k}{\partial y_i}\right)\delta y_i \\ &+ \sum\left(Z_i - m_i\ddot{z}_i + \lambda_1\frac{\partial f_1}{\partial z_i} + \lambda_2\frac{\partial f_2}{\partial z_i} + \cdots + \lambda_k\frac{\partial f_k}{\partial z_i}\right)\delta z_i = 0 \end{aligned}\right\} \quad . \quad 2\text{b})$$

Über die k Beiwerte λ verfügen wir nun derart, daß ebenso viele Klammerausdrücke in 2b) verschwinden. Die übrigbleibenden $3n - k$

derartiger Ausdrücke sind dann mit Verschiebungen δx_i, δy_i, δz_i behaftet, welche an keine äußeren Bedingungen mehr geknüpft ganz willkürlich angenommen werden dürfen. Dann aber kann 2b) nur noch bestehen, wenn auch die mit diesen willkürlichen Verschiebungen behafteten Klammern, d. h. im Verein mit den schon zur Berechnung der λ notwendigerweise gleich Null gesetzten, alle Klammerausdrücke verschwinden. Daraus folgt, daß ganz allgemein Gl. 2b) in $3n$ Gleichungen bzw. ebenso viele Gleichungsgruppen

$$\left.\begin{aligned} X_i - m_i \ddot{x}_i + \lambda_1 \frac{\partial f_1}{\partial x_i} + \lambda_2 \frac{\partial f_2}{\partial x_i} + \cdots + \lambda_k \frac{\partial f_k}{\partial x_i} = 0 \\ Y_i - m_i \ddot{y}_i + \lambda_1 \frac{\partial f_1}{\partial y_i} + \lambda_2 \frac{\partial f_2}{\partial y_i} + \cdots + \lambda_k \frac{\partial f_k}{\partial y_i} = 0 \\ Z_i - m_i \ddot{z}_i + \lambda_1 \frac{\partial f_1}{\partial z_i} + \lambda_2 \frac{\partial f_2}{\partial z_i} + \cdots + \lambda_k \frac{\partial f_k}{\partial z_i} = 0 \end{aligned}\right\} \quad . \; . \; . \quad 4)$$

zerfällt wie Massenpunkte m_i vorhanden sind. In diesen Lagrangeschen Gleichungen erster Art bedeuten, wie ein Vergleich mit 1) ergibt, die mit den λ behafteten Zusatzglieder die negativen Anteile X_i', Y_i', Z_i' der Zwangskräfte, denen die einzelnen Massenpunkte durch ihre Verbindung untereinander, sowie durch äußere Bedingungen unterworfen sind. Zu den $3n$ Gleichungen 4) treten dann noch die k Bedingungen 3), welche insgesamt zur Berechnung der k Beiwerte λ_i und der $3n$ Achsenabstände x_i, y_i, z_i in ihrer Abhängigkeit von der Zeit t genügen.

Man erkennt leicht, daß die Ausführung dieser Rechnungen bzw. die Ausschaltung der Beiwerte λ_i wiederum sich recht umständlich und zeitraubend gestaltet, so daß durch dieses Verfahren trotz der Anschaulichkeit der Gleichungen 4) die Lösung nur in den einfachsten Fällen praktisch durchführbar ist.

§ 50. Lagranges Gleichungen zweiter Art. Neben den im vorigen Abschnitt entwickelten Bewegungsgleichungen, welche den auf ein Gebilde ausgeübten Zwang in allgemeinster Form zum Ausdruck bringen, hat Lagrange noch eine zweite Art von Gleichungen aufgestellt in Anknüpfung an den entgegengesetzten Begriff der Freiheitsgrade der Bewegung, dem wir bisher öfters begegnet sind. Einem jeden Freiheitsgrade entspricht eine unabhängige Veränderliche, z. B. einer der Achsenabstände x, y, z eines bewegten Punktes, die Länge des Bogens auf einer vorgelegten Kurve, der Winkel eines Fahrstrahls gegen eine Anfangslage u. a. m. Besitzt also das Gebilde k Freiheitsgrade, so mögen die entsprechenden unabhängigen Veränderlichen (allgemeine Koordinaten) $q_1, q_2 \ldots q_k$ mit den Achsenabständen eines Punktes durch die Beziehungen

$$\left.\begin{aligned} x_i = \varphi_i(t, q_1, q_2 \ldots q_k) \\ y_i = \psi_i(t, q_1, q_2 \ldots q_k) \\ z_i = \chi_i(t, q_1, q_2 \ldots q_k) \end{aligned}\right\} \text{ oder vektoriell } \mathfrak{r}_i = \mathfrak{r}_i(t, q_1, q_2 \ldots q_k) \quad . \quad 1)$$

verknüpft sein. Hieraus folgt mit $dq = \dot{q}\,dt$ der Lauf

$$\dot{\mathfrak{r}}_i = \frac{\partial \mathfrak{r}_i}{\partial t} + \frac{\partial \mathfrak{r}_i}{\partial q_1}\dot{q}_1 + \frac{\partial \mathfrak{r}_i}{\partial q_2}\dot{q}_2 + \cdots + \frac{\partial \mathfrak{r}_i}{\partial q_k}\dot{q}_k \quad . \quad . \quad . \quad . \quad 1\text{a})$$

und, da in den Ableitungen

$$\frac{\partial \mathfrak{r}_i}{\partial t}, \quad \frac{\partial \mathfrak{r}_i}{\partial q_i}, \quad \frac{\partial \mathfrak{r}_i}{\partial q_2}, \ldots, \quad \frac{\partial \mathfrak{r}_i}{\partial q_k}$$

jedenfalls keine der Größen $\dot{q}_1, \dot{q}_2, \ldots \dot{q}_k$ vorkommen,

$$\frac{\partial \dot{\mathfrak{r}}_i}{\partial \dot{q}_1} = \frac{\partial \mathfrak{r}_i}{\partial q_1}, \quad \frac{\partial \dot{\mathfrak{r}}_i}{\partial \dot{q}_2} = \frac{\partial \mathfrak{r}_i}{\partial q_2}, \ldots, \quad \frac{\partial \dot{\mathfrak{r}}_i}{\partial \dot{q}_k} = \frac{\partial \mathfrak{r}_i}{\partial q_k} \quad . \quad . \quad . \quad . \quad . \quad . \quad 2)$$

Außerdem ergibt sich aus 1a) durch partielle Ableitung nach q_1

$$\frac{\partial \dot{\mathfrak{r}}_i}{\partial q_1} = \frac{\partial}{\partial q_1}\left(\frac{d\mathfrak{r}_i}{dt}\right) = \frac{\partial^2 \mathfrak{r}_i}{\partial t\,\partial q_1} + \frac{\partial^2 \mathfrak{r}_i}{\partial q_1^2}\dot{q}_1 + \frac{\partial^2 \mathfrak{r}_i}{\partial q_2\,\partial q_1}\dot{q}_2 + \cdots$$
$$+ \frac{\partial^2 \mathfrak{r}_i}{\partial q_k\,\partial q_1}\dot{q}_k = \frac{d}{dt}\left(\frac{\partial \mathfrak{r}_i}{\partial q_1}\right) \quad . \quad . \quad . \quad . \quad . \quad . \quad . \quad . \quad . \quad . \quad . \quad . \quad . \quad 3)$$

Nach diesen Vorbemerkungen betrachten wir die durch

$$2\,J = \sum m_i \dot{\mathfrak{r}}_i^2 = \sum m_i (\dot{x}_i^2 + \dot{y}_i^2 + \dot{z}_i^2) \quad . \quad . \quad . \quad . \quad . \quad 4)$$

gegebene Wucht des Gebildes, welche nach Ersatz des Abstandes $\dot{\mathfrak{r}}_i$ bzw. seiner Achsenanteile x_i, y_i, z_i durch Gl. 1) und 1a) als eine Funktion der unabhängigen Veränderlichen $t, q_1, q_2 \ldots q_k$ und deren Ableitungen anzusehen ist. Alsdann liefert die partielle Ableitung nach $\dot{q}$

$$\frac{\partial J}{\partial \dot{q}} = \sum m_i \dot{\mathfrak{r}}_i \frac{\partial \dot{\mathfrak{r}}_i}{\partial \dot{q}} = \sum m_i \left(\dot{x}_i \frac{\partial \dot{x}_i}{\partial \dot{q}} + \dot{y}_i \frac{\partial \dot{y}_i}{\partial \dot{q}} + \dot{z}_i \frac{\partial \dot{z}_i}{\partial \dot{q}}\right) \quad . \quad . \quad 5)$$

oder wegen 2)

$$\frac{\partial J}{\partial \dot{q}} = \sum m_i \dot{\mathfrak{r}} \frac{\partial \mathfrak{r}_i}{\partial q} = \sum m_i \left(\dot{x}_i \frac{\partial x_i}{\partial q} + \dot{y}_i \frac{\partial y_i}{\partial q} + \dot{z}_i \frac{\partial z_i}{\partial q}\right) \quad . \quad . \quad 5\text{a})$$

Durch eine weitere totale Ableitung nach der Zeit erhalten wir

$$\frac{d}{dt}\left(\frac{\partial J}{\partial \dot{q}}\right) = \sum m_i \ddot{\mathfrak{r}} \frac{\partial \mathfrak{r}_i}{\partial q} + \sum m_i \dot{\mathfrak{r}}_i \frac{d}{dt}\left(\frac{\partial \mathfrak{r}_i}{\partial q}\right)$$
$$= \sum m_i \left(\ddot{x}_i \frac{\partial x_i}{\partial q} + \ddot{y}_i \frac{\partial y_i}{\partial q} + \ddot{z}_i \frac{\partial z_i}{\partial q}\right)$$
$$+ \sum m_i \left[\dot{x}_i \frac{d}{dt}\left(\frac{\partial x_i}{\partial q}\right) + \dot{y}_i \frac{d}{dt}\left(\frac{\partial y_i}{\partial q}\right) + \dot{z}_i \frac{d}{dt}\left(\frac{\partial z_i}{\partial q}\right)\right] \quad . \quad . \quad 6)$$

oder mit Rücksicht auf 3)

$$\frac{d}{dt}\left(\frac{\partial J}{\partial \dot{q}}\right) = \sum m_i \ddot{\mathfrak{r}}_i \frac{\partial \mathfrak{r}_i}{\partial q} + \sum m_i \dot{\mathfrak{r}}_i \frac{\partial \dot{\mathfrak{r}}_i}{\partial q}$$
$$= \sum m_i \left(\ddot{x}_i \frac{\partial x_i}{\partial q} + \ddot{y}_i \frac{\partial y_i}{\partial q} + \ddot{z}_i \frac{\partial z_i}{\partial q}\right)$$
$$+ \sum m_i \left(\dot{x}_i \frac{\partial \dot{x}_i}{\partial q} + \dot{y}_i \frac{\partial \dot{y}_i}{\partial q} + \dot{z}_i \frac{\partial \dot{z}_i}{\partial q}\right) \quad . \quad . \quad . \quad . \quad . \quad . \quad . \quad . \quad 6\text{a})$$

Hierin ist aber das letzte Glied rechts wegen 4)

$$\Sigma m_i \mathfrak{r}_i \frac{\partial \dot{\mathfrak{r}}_i}{\partial q} = \Sigma m_i \left(\dot{x}_i \frac{\partial \dot{x}_i}{\partial q} + \dot{y}_i \frac{\partial \dot{y}_i}{\partial q} + \dot{z}_i \frac{\partial \dot{z}_i}{\partial q} \right) = \frac{\partial J}{\partial q}, \quad \ldots \quad 4\mathrm{a})$$

so daß wir an Stelle von 6a) auch schreiben dürfen

$$\frac{d}{dt}\left(\frac{\partial J}{\partial \dot{q}}\right) - \frac{\partial J}{\partial q} = \Sigma m_i \ddot{\mathfrak{r}}_i \frac{\partial \mathfrak{r}_i}{\partial q} = \Sigma m_i \left(\ddot{x}_i \frac{\partial x_i}{\partial q} + \ddot{y}_i \frac{\partial y_i}{\partial q} + \ddot{z}_i \frac{\partial z_i}{\partial q} \right) \quad . . \quad 6\mathrm{b})$$

Die rechte Seite dieser Gleichung läßt sich nun weiterhin mit Hilfe der Lagrangeschen Form des Satzes von D'Alembert 2) bzw. 2a) des vorigen Abschnittes umgestalten. Setzen wir nämlich in die Gleichung

$$\Sigma (\mathfrak{Q}_i - m_i \ddot{\mathfrak{r}}_i) \delta \mathfrak{r}_i = 0 \quad \ldots \ldots \quad 7)$$

nach unseren Formeln 1) bzw. 1a)

$$\delta \mathfrak{r}_i = \frac{\partial \mathfrak{r}_i}{\partial t} \delta t + \frac{\partial \mathfrak{r}_i}{\partial q_1} \delta q_1 + \cdots + \frac{\partial \mathfrak{r}_i}{\partial q_k} \delta q_k, \quad \ldots \ldots \quad 1\mathrm{b})$$

so wird daraus

$$\delta t\, \Sigma \left(\mathfrak{Q}_i \frac{\partial \mathfrak{r}_i}{\partial t} - m_i \ddot{\mathfrak{r}}_i \frac{\partial \mathfrak{r}_i}{\partial t} \right) + \Sigma \delta q\, \Sigma \left(\mathfrak{Q}_i \frac{\partial \mathfrak{r}_i}{\partial q} - m_i \ddot{\mathfrak{r}}_i \frac{\partial \mathfrak{r}_i}{\partial q} \right) = 0, \quad . . \quad 7\mathrm{a})$$

worin die zweite Doppelsumme sich über alle n Massenpunkte m_i und alle k Veränderlichen q erstreckt. Da diese nun nach Voraussetzung voneinander unabhängig, ihre Variationen δq ebenso wie auch δt willkürlich sind, so müssen die damit behafteten Klammerausdrücke für sich verschwinden, woraus sich dann

$$\Sigma \mathfrak{Q}_i \frac{\partial \mathfrak{r}_i}{\partial q} = \Sigma m_i \ddot{\mathfrak{r}}_i \frac{\partial \mathfrak{r}_i}{\partial q} \quad \ldots \ldots \quad 8)$$

oder in gewöhnlicher Schreibweise

$$\Sigma \left(X_i \frac{\partial x_i}{\partial q} + Y_i \frac{\partial y_i}{\partial q} + Z_i \frac{\partial z_i}{\partial q} \right) = \Sigma m_i \left(\ddot{x}_i \frac{\partial x_i}{\partial q} + \ddot{y}_i \frac{\partial y_i}{\partial q} + \ddot{z}_i \frac{\partial z_i}{\partial q} \right) \quad . . \quad 8\mathrm{a})$$

ergibt. Die linke Seite dieser Gleichung ist aber nichts anderes als die partielle Ableitung der von den äußeren Kräften am Gebilde geleisteten Arbeit nach der Veränderlichen q, an deren Stelle, wie aus 7a) ersichtlich, auch die Zeit selbst treten kann. Die Möglichkeit einer solchen partiellen Ableitung setzt nun voraus, daß die Arbeit selbst eine Funktion der Veränderlichen t und q bzw. der Achsenabstände x, y, z der einzelnen Massenpunkte ist. Alsdann besteht in diesem Kraftfelde ein der Arbeit entgegengesetzt gleiches Potential (Drang) U so zwar, daß seine Ableitungen nach den Achsenabständen

$$\frac{\partial U}{\partial x_i} = -X_i \text{ usw.} \qquad \text{oder} \qquad \frac{\partial U}{\partial \mathfrak{r}_i} = -\mathfrak{Q}_i \quad \ldots \ldots \quad 8\mathrm{b})$$

die negativen entsprechenden Kraftanteile ergeben, und

$$\Sigma \mathfrak{Q}_i \frac{\partial \mathfrak{r}_i}{\partial q} = \Sigma \left(X_i \frac{\partial x_i}{\partial q} + Y_i \frac{\partial y_i}{\partial q} + Z_i \frac{\partial z_i}{\partial q} \right) = -\frac{\partial U}{\partial q} \quad \ldots \quad 8\mathrm{c})$$

ist. Führen wir diesen Ausdruck an Stelle der rechten Seite von 6b) ein, so wird daraus

$$\frac{d}{dt}\left(\frac{\partial J}{\partial \dot q}\right) - \frac{\partial J}{\partial q} + \frac{\partial U}{\partial q} = 0 \quad \ldots\ldots\ldots \quad 9)$$

Solcher Lagrangescher Gleichungen zweiter Art lassen sich nun ebenso viele aufstellen als das fragliche Gebilde Freiheitsgrade besitzt. Man kann sie noch durch Einführung des Unterschiedes H der Wucht und des Dranges

$$J - U = H \quad \ldots\ldots\ldots\ldots \quad 10)$$

vereinfachen, worin der Drang U als Funktion der Lage nur von den Veränderlichen t und q, nicht aber von den Ableitungen abhängt, so daß jedenfalls $\partial U : \partial \dot q = 0$ ist. Alsdann ergibt die Verbindung von 9) und 10)

$$\frac{d}{dt}\left(\frac{\partial H}{\partial \dot q}\right) - \frac{\partial H}{\partial q} = 0 \quad \ldots\ldots\ldots\ldots \quad 9\text{a})$$

Der Wert dieser Formulierung beruht namentlich in der meist leichten Ermittlung der Ausdrücke für den Drang und die Wucht in den für ein bestimmtes Problem gerade geeigneten unabhängigen Veränderlichen. Die Einführung dieser Ausdrücke in 9) und 10) liefert alsdann sofort die Bewegungsgleichungen für alle Freiheitsgrade des Gebildes.

Zum Schlusse wollen wir noch die Anwendbarkeit der Lagrangeschen Gleichung 9) auf Gebilde mit veränderlicher Masse prüfen, und zwar unter der Voraussetzung einer stetigen und stoßfreien Aufnahme oder Abgabe der Masse während der Bewegung. Alsdann besagt die Arbeitsgleichung wegen $2\,dJ = (m + dm)(\dot{\mathfrak{r}} + d\dot{\mathfrak{r}})^2 - m\dot{\mathfrak{r}}^2$

$$\sum \mathfrak{Q}_i\, d\mathfrak{r}_i = dJ = \frac{1}{2}\sum d(m_i \dot{\mathfrak{r}}_i^2) = \sum m_i \dot{\mathfrak{r}}_i\, d\dot{\mathfrak{r}}_i + \frac{1}{2}\sum \dot{\mathfrak{r}}_i^2\, dm_i, \quad . \ 11)$$

daß bei der Aufnahme eines ursprünglich ruhenden Massenelementes die entsprechende Wucht aufzuwenden ist und bei der Abgabe wieder gewonnen wird. Mit $\sum \mathfrak{Q}_i\, d\mathfrak{r}_i = -dU$ und $\dot{\mathfrak{r}}\, d\dot{\mathfrak{r}} = \ddot{\mathfrak{r}}\, d\mathfrak{r}$ wird aber aus 11)

$$\left.\begin{aligned} -\frac{\partial U}{\partial q} &= \sum m_i \ddot{\mathfrak{r}}_i \frac{\partial \mathfrak{r}_i}{\partial q} + \frac{1}{2}\sum \dot{\mathfrak{r}}_i^2 \frac{\partial m_i}{\partial q} \\ \frac{\partial J}{\partial q} &= \sum m_i \dot{\mathfrak{r}}_i \frac{\partial \dot{\mathfrak{r}}_i}{\partial q} + \frac{1}{2}\sum \dot{\mathfrak{r}}_i^2 \frac{\partial m_i}{\partial q} \end{aligned}\right\} \quad \ldots\ldots \quad 12)$$

Andererseits gilt auch in diesem Falle Gl. 5) und 5a), wenn die Masse nicht von den Ableitungen $\dot q$ abhängig ist. Aus 5a) folgt ferner:

$$\frac{d}{dt}\left(\frac{\partial J}{\partial \dot q}\right) = \sum m_i \ddot{\mathfrak{r}}_i \frac{\partial \mathfrak{r}_i}{\partial q} + \sum m_i \dot{\mathfrak{r}}_i \frac{\partial \dot{\mathfrak{r}}_i}{\partial q} + \sum \frac{dm}{dt}\dot{\mathfrak{r}}_i \frac{\partial \mathfrak{r}_i}{\partial q}, \quad \ldots \ 13)$$

also nach Vereinigung mit 12)

$$\frac{d}{dt}\left(\frac{\partial J}{\partial \dot q}\right) - \frac{\partial J}{\partial q} + \frac{\partial U}{\partial q} = \sum\left(\dot{\mathfrak{r}}_i \frac{dm_i}{dt}\frac{\partial \mathfrak{r}_i}{\partial q} - \dot{\mathfrak{r}}_i^2 \frac{\partial m_i}{\partial q}\right) \quad \ldots \quad 13\text{a})$$

Der Klammerausdruck unter der Summe der rechten Seite verschwindet aber nur dann, wenn die Masse m von $\mathfrak{r}$ abhängig ist, denn mit $m = f(\mathfrak{r})$ ist

$$\frac{dm_i}{dt} = \frac{dm_i}{d\mathfrak{r}_i}\dot{\mathfrak{r}}_i, \qquad \frac{\partial m_i}{\partial q} = \frac{dm_i}{d\mathfrak{r}_i}\frac{\partial \mathfrak{r}_i}{\partial q},$$

also

$$\frac{dm_i}{dt}\cdot\frac{\partial \mathfrak{r}_i}{\partial q} = \frac{dm_i}{d\mathfrak{r}_i}\frac{\partial \mathfrak{r}_i}{\partial q}\dot{\mathfrak{r}}_i = \dot{\mathfrak{r}}_i\frac{\partial m_i}{\partial q}.$$

Die Lagrangeschen Gleichungen zweiter Art gelten hiernach auch im Falle eines Gebildes, dessen Massen und Außenkräfte mit der Lage im Raum stetig veränderlich sind, so daß die Trennung und Vereinigung stoßfrei verläuft. Einige Beispiele hierfür haben wir schon in § 59 der Mechanik ebener Gebilde kennen gelernt, wo uns auch die entsprechenden Lagrangeschen Gleichungen begegneten. Findet die Vereinigung des Gebildes mit der hinzutretenden Masse infolge verschiedener Geschwindigkeiten stoßweise, also unter Arbeitsverlusten statt, so gelten hierfür die Gesetze des unelastischen Stoßes, die bereits im ersten Teile §§ 75 bis 77 behandelt wurden[1]).

1. Beispiel. Ein in der Ebene bewegter Massenpunkt m habe im Abstand r vom Anfang O den Strahllauf $\dot{r}$ mit dem Drehwert $\dot{\varphi}$ des Strahles. Dann ist seine doppelte Wucht

$$2J = m(\dot{r}^2 + r^2\dot{\varphi}^2), \qquad \text{14)}$$

also

$$\frac{\partial J}{\partial \dot{r}} = m\dot{r}, \quad \frac{\partial J}{\partial r} = mr\dot{\varphi}^2, \quad \frac{\partial J}{\partial \dot{\varphi}} = mr^2\dot{\varphi}, \quad \frac{\partial J}{\partial \varphi} = 0$$

$$\frac{d}{dt}\left(\frac{\partial J}{\partial \dot{r}}\right) = m\ddot{r}, \quad \frac{d}{dt}\left(\frac{\partial J}{\partial \dot{\varphi}}\right) = m\frac{d}{dt}(r^2\dot{\varphi}) = m(r^2\ddot{\varphi} + 2r\dot{r}\dot{\varphi})$$

und daher die Strahlkraft Q und das Drehmoment M mit den zugehörigen Anläufen q_r und q_u

$$\left.\begin{aligned} Q &= mq_r = \frac{d}{dt}\left(\frac{\partial J}{\partial \dot{r}}\right) - \frac{\partial J}{\partial r} = m(\ddot{r} - r\dot{\varphi}^2) \\ M &= mq_u r = \frac{d}{dt}\left(\frac{\partial J}{\partial \dot{\varphi}}\right) - \frac{\partial J}{\partial \varphi} = m\frac{d}{dt}(r^2\dot{\varphi}) \end{aligned}\right\} \qquad \text{14a)}$$

entsprechend den zwei Freiheitsgraden der Bewegung von m.

2. Beispiel. Sind x, y die Achsenabstände des Schwerpunktes einer Scheibe von der Masse m und dem polaren Schwungarm k_0 um den Schwerpunkt, so ist die doppelte Wucht bei der ebenen Bewegung mit dem Drehwert $\omega = \dot{\varphi}$

$$2J = m(\dot{x}^2 + \dot{y}^2 + k_0^2\omega^2), \qquad \text{15)}$$

also

$$\frac{\partial J}{\partial \dot{x}} = m\dot{x}, \quad \frac{\partial J}{\partial \dot{y}} = m\dot{y}, \quad \frac{\partial J}{\partial \dot{\varphi}} = mk_0^2\dot{\varphi}$$

$$\frac{\partial J}{\partial x} = 0, \quad \frac{\partial J}{\partial y} = 0, \quad \frac{\partial J}{\partial \varphi} = 0,$$

[1]) Vgl. hierzu: Federhofer, Prof. Dr. K.: Dynamik sich ändernder Massen. Mitt. V. d. I. 1922, H. 6 u. 7.

woraus die Bewegungsgleichungen für die drei Freiheitsgrade

$$\left.\begin{array}{l} X = \frac{d}{dt}\left(\frac{\partial J}{\partial \dot{x}}\right) - \frac{\partial J}{\partial x} = m\ddot{x}, \qquad Y = \frac{d}{dt}\left(\frac{\partial J}{\partial \dot{y}}\right) - \frac{\partial J}{\partial y} = m\ddot{y} \\ M = \frac{d}{dt}\left(\frac{\partial J}{\partial \dot{\varphi}}\right) - \frac{\partial J}{\partial \varphi} = m\,k_0^2\ddot{\varphi} \end{array}\right\} \quad . \; . \; 15\text{a)}$$

hervorgehen.

3. Beispiel. In Gl. 2c) § 69 des ersten Teiles haben wir für die doppelte Wucht eines Kurbeltriebes mit dem Kurbelwinkel φ gegen die innere Totlage die Näherungsformel

$$2\,J = r^2\,\dot{\varphi}^2\,(m' - m''\cos 2\,\varphi) \quad . \; . \; . \; . \; . \; . \; . \; . \; . \; . \; 16)$$

erhalten, in der m' die auf den Kurbelzapfen bezogene sich nur drehende Masse, m'' die entsprechende hin- und hergehende Masse bedeutete. Die Bewegung hat offenbar nur einen Freiheitsgrad φ, für den wir erhalten

$$\frac{\partial J}{\partial \dot{\varphi}} = r^2\,\dot{\varphi}\,(m' - m''\cos 2\,\varphi), \qquad \frac{\partial J}{\partial \varphi} = m''\,r^2\,\dot{\varphi}^2\sin 2\,\varphi,$$

womit sich das an der Kurbel wirkende äußere Moment M, d. h. der Unterschied des treibenden Momentes $T \cdot r$ und des Widerstandes Wr zuzüglich desjenigen der Gewichtswirkung $\Sigma\, m\, g\,\frac{dy}{d\varphi}$

$$\left.\begin{array}{l} M = (T - W)\,r - g\,\Sigma\, m\,\frac{dy}{d\varphi} \\ M = \frac{d}{dt}\left(\frac{\partial J}{\partial \dot{\varphi}}\right) - \frac{\partial J}{\partial \varphi} = r^2\ddot{\varphi}\,(m' - m''\cos 2\,\varphi) + m''\,r^2\,\dot{\varphi}^2\sin 2\,\varphi \end{array}\right\} \quad . \; . \; 16\text{a)}$$

ergibt. Daraus folgt weiter die Bedingung für die den Scheitelwerten von $\dot{\varphi}$ zugehörigen Stellungen φ mit $\ddot{\varphi} = 0$

$$T - W = m''\,r\,\dot{\varphi}^2\sin 2\varphi + \frac{g}{r}\,\Sigma\, m\,\frac{dy}{d\varphi} \quad . \; . \; . \; . \; . \; . \; . \; . \; 16\text{b)}$$

entsprechend Gl. 6 § 69, I, worin y die Höhenlage des Schwerpunktes jeder Einzelmasse über der Kurbelmitte bedeutet.

4. Beispiel. Das in § 6 behandelte Kugelfadenpendel hat vermöge seiner Drehung φ um eine lotrechte und einer Drehung ϑ in der Ebene durch den Massenpunkt m und das Lot durch den Aufhängepunkt bei der Pendellänge l die doppelte Wucht

$$2\,J = m\,l^2\,(\dot{\vartheta}^2 + \dot{\varphi}^2\sin^2\vartheta) \quad . \; . \; . \; . \; . \; . \; . \; . \; . \; . \; 17)$$

Daraus folgt

$$\frac{\partial J}{\partial \dot{\vartheta}} = m\,l^2\,\dot{\vartheta}, \qquad \frac{\partial J}{\partial \vartheta} = m\,l^2\dot{\varphi}^2\,\sin\vartheta\,\cos\vartheta,$$

$$\frac{\partial J}{\partial \dot{\varphi}} = m\,l^2\dot{\varphi}\,\sin^2\vartheta, \qquad \frac{\partial J}{\partial \varphi} = 0.$$

Andererseits ist das Potential der allein wirksamen Schwerkraft mg nur abhängig von der Tiefe z des Massenpunktes unter dem Aufhängepunkt, also

$$U = U_0 - mgz = U_0 - mgl\cos\vartheta \quad . \; . \; . \; . \; . \; . \; . \; . \; . \; 18)$$

$$\frac{\partial U}{\partial \vartheta} = mgl\sin\vartheta, \qquad \frac{\partial U}{\partial \varphi} = 0.$$

Damit ergeben die Lagrangeschen Gleichungen unter Wegheben der Masse

$$l\,(\ddot{\vartheta} - \dot{\varphi}^2\sin\vartheta\,\cos\vartheta) + g\sin\vartheta = 0, \qquad \frac{d}{dt}(\dot{\varphi}\,\sin^2\vartheta) = 0, \quad . \; . \; . \; . \; 17\text{a)}$$

woraus

$$\dot{\varphi}\,\sin^2\vartheta = C_1 \quad . \; . \; . \; . \; . \; . \; . \; . \; . \; . \; . \; . \; 17\text{b)}$$

und nach Einsetzen in die erste Gl. 17a)

$$\ddot{\vartheta} - C_1^2 \frac{\cos\vartheta}{\sin^3\vartheta} + \frac{g}{l}\sin\vartheta = 0$$

sich ergibt. Erweitern wir diese Formel mit $d\vartheta$ und integrieren, so folgt

$$\dot{\vartheta}^2 + \frac{C_1^2}{\sin^2\vartheta} - \frac{2g}{l}\cos\vartheta = C_2,$$

oder mit 17b)

$$l^2(\dot{\vartheta}^2 + \dot{\varphi}^2\sin^2\vartheta) = 2gl\cos\vartheta + l^2 C_2, \quad \ldots \ldots \ldots 17\text{c})$$

d. h. die Arbeitsformel, die wir auch unmittelbar aus der Verbindung von 17) mit dem Potentialausdruck hätten ableiten können, und die mit 17b) zusammen die Bewegung vollständig wiedergibt.

5. Beispiel. Das in I. § 65 besprochene Doppelpendel der Massen m_1, m_2 mit den Schwerpunktsabständen s_1, s_2 vom festen und bewegten Drehpunkt, deren Abstand r sein möge, während die Schwungarme um diese Drehpunkte k_1 und k_2, die den beiden Freiheitsgraden entsprechenden Ausschläge der Schwerlinien aus dem Lote φ_1 und φ_2 sind, besitzt die doppelte Wucht

$$2J = m_1 k_1^2 \dot{\varphi}_1^2 + m_2(\dot{x}_2^2 + \dot{y}_2^2) + m_2(k_2^2 - s^2)\dot{\varphi}_2^2, \quad \ldots \ldots 19)$$

wenn

$$x_2 = r\sin\varphi_1 + s_2\sin\varphi_2, \qquad y_2 = r\cos\varphi_1 + s_2\cos\varphi_2$$

die Schwerpunktsabstände der zweiten Masse m_2 von der lotrechten und wagerechten Achse bedeuten. Durch Einführung der letzten wird aus 19)

$$2J = (m_1 k_1^2 + m_2 r^2)\dot{\varphi}_1^2 + m_2 k_2^2 \dot{\varphi}_2^2 + 2 m_2 r s_2 \dot{\varphi}_1 \dot{\varphi}_2 \cos(\varphi_1 - \varphi_2) \quad . 19\text{a})$$

Daraus folgt

$$\frac{\partial J}{\partial \dot{\varphi}_1} = (m_1 k_1^2 + m_2 r^2)\dot{\varphi}_1 + m_2 r s_2 \dot{\varphi}_2 \cos(\varphi_1 - \varphi_2), \quad \frac{\partial J}{\partial \varphi_1} = -m_2 r s_2 \dot{\varphi}_1 \dot{\varphi}_2 \sin(\varphi_1 - \varphi_2)$$

$$\frac{\partial J}{\partial \dot{\varphi}_2} = m_2 k_2^2 \dot{\varphi}_2 + m_2 r s_2 \dot{\varphi}_1 \cos(\varphi_1 - \varphi_2), \qquad \frac{\partial J}{\partial \varphi_2} = m_2 r s_2 \dot{\varphi}_1 \dot{\varphi}_2 \sin(\varphi_1 - \varphi_2).$$

Andererseits ist der Drang

$$U = U_0 - (m_1 s_1 + m_2 r) g\cos\varphi_1 - m_2 g s_2 \cos\varphi_2, \quad \ldots \ldots 20)$$

also

$$\frac{\partial U}{\partial \varphi_1} = (m_1 s_1 + m_2 r) g\sin\varphi_1, \qquad \frac{\partial U}{\partial \varphi_2} = m_2 g s_2 \sin\varphi_2.$$

Setzen wir die Ableitungen von 19a) und 20) in die Lagrangeschen Gleichungen ein, so ergeben sich die beiden Bewegungsformeln 4) § 65 des I. Teiles

$$\left.\begin{aligned} &\ddot{\varphi}_1(m_1 k_1^2 + m_2 r^2) + (m_1 s_1 + m_2 r) g\sin\varphi_1 \\ &\qquad + m_2 s_2 r[\ddot{\varphi}_2\cos(\varphi_1 - \varphi_2) + \dot{\varphi}_2^2\sin(\varphi_1 - \varphi_2)] = 0 \\ &\ddot{\varphi}_2 m_2 k_2^2 + m_2 s_2 g\sin\varphi_2 \\ &\qquad + m_2 s_2 r[\ddot{\varphi}_1\cos(\varphi_1 - \varphi_2) - \dot{\varphi}_1^2\sin(\varphi_1 - \varphi_2)] = 0 \end{aligned}\right\}, \quad 21)$$

die sich, wie auch a. a. O. gezeigt wurde, nicht streng integrieren lassen.

§ 51. Neue Ableitung der Bewegungsgleichungen des starren Körpers. Angesichts der großen Wichtigkeit der Bewegung des starren Körpers wollen wir die sie beherrschenden Gleichungen, die wir schon im Kap. VII aufgestellt haben, hier nochmals mit Hilfe der Lagrangeschen Gleichungen für die einzelnen Freiheitsgrade ableiten. Der Körper habe die drei Hauptschwungmomente Θ_a, Θ_b, Θ_c in bezug auf drei im Schwerpunkt x, y, z sich schneidende Hauptachsen und um diese die Drehwerte $\omega_a, \omega_b, \omega_c$. Dann ist bei einer Gesamtmasse m die doppelte Wucht

$$2J = m(\dot{x}^2 + \dot{y}^2 + \dot{z}^2) + \Theta_a \omega_a^2 + \Theta_b \omega_b^2 + \Theta_c \omega_c^2 \quad \ldots \quad 1)$$

Daraus ergeben sich sofort die Prallteile der Fortbewegung des Schwerpunktes

$$\frac{\partial J}{\partial \dot{x}} = m\dot{x}, \qquad \frac{\partial J}{\partial \dot{y}} = m\dot{y}, \qquad \frac{\partial J}{\partial \dot{z}} = m\dot{z} \quad \ldots \quad 1a)$$

und wegen

$$\frac{\partial J}{\partial x} = \frac{\partial J}{\partial y} = \frac{\partial J}{\partial z} = 0 \quad \ldots \quad 1b)$$

die zugehörigen Kraftformeln

$$X = m\ddot{x}, \qquad Y = m\ddot{y}, \qquad Z = m\ddot{z} \quad \ldots \quad 1c)$$

Die Fortbewegung des Schwerpunktes unter dem Einfluß der nach demselben verschobenen Außenkräfte erfolgt somit ganz unabhängig von der Drehung. Diese aber ist in der Gleichung 1) auf die im Körper festen Hauptachsen bezogen, die selbst durch die Drehung ihre Lage ändern. Es ist daher notwendig, an ihre Stelle wie in § 35 raumfeste Achsen einzuführen, in denen wir die Hauptachse OC mit der Eigendrehung $\dot{\varphi}$ beibehalten und ihr die Neigung ϑ gegen die raumfeste Z-Achse erteilen, während die Ebene ZOC mit der festen Ebene ZOX den Winkel ψ bildet. Alsdann bestehen mit $\dot{\psi} \sin \vartheta = \dot{\chi}$ die in § 35 unter 1) abgeleiteten Gleichungen

$$\left.\begin{aligned} \omega_a &= \dot{\vartheta} \sin \varphi - \dot{\psi} \sin \vartheta \cos \varphi = \dot{\vartheta} \sin \varphi - \dot{\chi} \cos \varphi \\ \omega_b &= \dot{\vartheta} \cos \varphi + \dot{\psi} \sin \vartheta \sin \varphi = \dot{\vartheta} \cos \varphi + \dot{\chi} \sin \varphi \\ \omega_c &= \dot{\varphi} + \dot{\psi} \cos \vartheta \end{aligned}\right\}, \quad \ldots \quad 2)$$

von denen die letzte offenbar die einfachste ist. Wir erhalten damit

$$\left.\begin{aligned} &\frac{\partial \omega_c}{\partial \varphi} = 0, \qquad \frac{\partial \omega_a}{\partial \varphi} = \dot{\vartheta} \cos \varphi + \dot{\chi} \sin \varphi = \omega_b, \; \frac{\partial \omega_a}{\partial \dot{\varphi}} = 0 \\ &\frac{\partial \omega_c}{\partial \dot{\varphi}} = 1, \qquad \frac{\partial \omega_b}{\partial \varphi} = -\dot{\vartheta} \sin \varphi + \dot{\chi} \cos \varphi = -\omega_a, \; \frac{\partial \omega_a}{\partial \dot{\varphi}} = 0 \end{aligned}\right\}, \quad 2a)$$

also

$$\frac{\partial J}{\partial \dot{\varphi}} = \Theta_c \omega_c \frac{\partial \omega_c}{\partial \dot{\varphi}} = \Theta_c \omega_c, \qquad \frac{d}{dt}\left(\frac{\partial J}{\partial \dot{\varphi}}\right) = \Theta_c \frac{d\omega_c}{dt}$$

$$\frac{\partial J}{\partial \varphi} = \Theta_a \omega_a \frac{\partial \omega_a}{\partial \varphi} + \Theta_b \omega_b \frac{\partial \omega_b}{\partial \varphi} = (\Theta_a - \Theta_b)\,\omega_a \omega_b,$$

und daraus das Moment um die Hauptachse OC

$$M_\varphi = M_c = \Theta_c \frac{d\omega_c}{dt} - (\Theta_a - \Theta_b)\,\omega_a \omega_b \quad \ldots \quad 3)$$

Das ist aber schon eine der früher abgeleiteten Eulerschen Gleichungen der Drehung um die Hauptachsen, aus der die beiden ersten durch Reihenvertauschung der Zeiger a, b, c sofort hervorgehen, ohne daß es einer besonderen weiteren Rechnung bedarf.

Ziemlich einfach gestaltet sich auch die Berechnung des Momentes $M_z = M_\psi$ um die feste z-Achse, da in den Formeln 2) der Eulersche Winkel ψ als solcher nicht vorkommt. Mit

$$\left.\begin{aligned} &\frac{\partial \omega_a}{\partial \dot{\psi}} = -\sin\vartheta\cos\varphi, \quad \frac{\partial \omega_b}{\partial \dot{\psi}} = \sin\vartheta\sin\varphi, \quad \frac{\partial \omega_c}{\partial \dot{\psi}} = \cos\vartheta, \\ &\frac{\partial \omega_a}{\partial \psi} = \frac{\partial \omega_b}{\partial \psi} = \frac{\partial \omega_c}{\partial \psi} = 0 \end{aligned}\right\} \quad . \quad 2\text{b})$$

erhalten wir zunächst den Drallteil

$$D_z = \frac{\partial J}{\partial \dot{\psi}} = \Theta_a\,\omega_a \frac{\partial \omega_a}{\partial \dot{\psi}} + \Theta_b\,\omega_b \frac{\partial \omega_b}{\partial \dot{\psi}} + \Theta_c\,\omega_c \frac{\partial \omega_c}{\partial \dot{\psi}}$$

$$\begin{aligned} D_z = {} & (\Theta_b \sin^2\varphi + \Theta_a \cos^2\varphi)\,\dot{\psi}\sin^2\vartheta \\ & + (\Theta_b - \Theta_a)\,\dot{\vartheta}\sin\vartheta\sin\varphi\cos\varphi + \Theta_c\,\omega_c\cos\vartheta \quad . \; . \; . \quad 4) \end{aligned}$$

in Übereinstimmung mit Gleichung 4c) § 35, aus der sich dann wegen $\partial J : \partial\psi = 0$ ohne weiteres das Moment $M_\psi = M_z = dD_z : dt$ wie in Gleichung 8c) § 35 berechnet.

Etwas umständlicher gestaltet sich dagegen die Ermittlung des Momentes M_ϑ, da der Winkel ϑ selbst in allen drei Formeln 2) auftritt. Es ist

$$\left.\begin{aligned} &\frac{\partial \omega_a}{\partial \dot{\vartheta}} = \sin\varphi, \quad \frac{\partial \omega_b}{\partial \dot{\vartheta}} = \cos\varphi, \quad \frac{\partial \omega_c}{\partial \dot{\vartheta}} = 0 \\ &\frac{\partial \omega_a}{\partial \vartheta} = -\dot{\psi}\cos\vartheta\cos\varphi = (\dot{\varphi} - \omega_c)\cos\varphi \\ &\frac{\partial \omega_b}{\partial \vartheta} = \dot{\psi}\cos\vartheta\sin\varphi = (\omega_c - \dot{\varphi})\sin\varphi \\ &\frac{\partial \omega_c}{\partial \vartheta} = -\dot{\psi}\sin\vartheta = -\dot{\chi} \end{aligned}\right\} \quad . \; . \; . \quad 2\text{c})$$

und damit

$$\begin{aligned} \frac{\partial J}{\partial \dot{\vartheta}} &= \Theta_a\,\omega_a \frac{\partial \omega_a}{\partial \dot{\vartheta}} + \Theta_b\,\omega_b \frac{\partial \omega_b}{\partial \dot{\vartheta}} + \Theta_c\,\omega_c \frac{\partial \omega_c}{\partial \dot{\vartheta}} \\ &= (\Theta_b\cos^2\varphi + \Theta_a\sin^2\varphi)\,\dot{\vartheta} + (\Theta_b - \Theta_a)\sin\varphi\cos\varphi\,\dot{\psi}\sin\vartheta \\ &= (\Theta_b\cos^2\varphi + \Theta_a\sin^2\varphi)\,\dot{\vartheta} + (\Theta_b - \Theta_a)\,\dot{\chi}\sin\varphi\cos\varphi \end{aligned}$$

$$\begin{aligned} \frac{\partial J}{\partial \vartheta} &= \Theta_a\,\omega_a \frac{\partial \omega_a}{\partial \vartheta} + \Theta_b\,\omega_b \frac{\partial \omega_b}{\partial \vartheta} + \Theta_c\,\omega_c \frac{\partial \omega_c}{\partial \vartheta} \\ &= (\Theta_b\,\omega_b\sin\varphi - \Theta_a\,\omega_a\cos\varphi)(\omega_c - \dot{\varphi}) - \Theta_c\,\omega_c\,\dot{\chi} \\ &= (\Theta_b\sin^2\varphi + \Theta_a\cos^2\varphi)\,\dot{\chi}\,(\omega_c - \dot{\varphi}) \\ &\quad + (\Theta_b - \Theta_a)\,\dot{\vartheta}\,(\omega_c - \dot{\varphi})\sin\varphi\cos\varphi - \Theta_c\,\omega_c\,\dot{\chi} \end{aligned}$$

$$\begin{aligned} \frac{d}{dt}\left(\frac{\partial J}{\partial \dot{\vartheta}}\right) = {} & (\Theta_b\cos^2\varphi + \Theta_a\sin^2\varphi)\,\ddot{\vartheta} \\ & + (\Theta_b - \Theta_a)\,[(\ddot{\chi} - 2\,\dot{\vartheta}\,\dot{\varphi})\sin\varphi\cos\varphi + \dot{\chi}\,\dot{\varphi}\cos 2\,\varphi]\,. \end{aligned}$$

Setzen wir hierin

$$(\Theta_b - \Theta_a)\cos 2\varphi = (\Theta_b - \Theta_a)(\cos^2\varphi - \sin^2\varphi)$$
$$= \Theta_b \cos^2\varphi + \Theta_a \sin^2\varphi - (\Theta_b \sin^2\varphi + \Theta_a \cos^2\varphi),$$

so folgt

$$M_\vartheta = \frac{d}{dt}\left(\frac{\partial J}{\partial \dot\vartheta}\right) - \frac{\partial J}{\partial \vartheta} = (\Theta_b \cos^2\varphi + \Theta_a \sin^2\varphi)(\ddot\vartheta + \dot\chi\dot\varphi)$$
$$+ (\Theta_c - \Theta_a \cos^2\varphi - \Theta_b \sin^2\varphi)\,\omega_c\,\dot\chi \quad \ldots\ldots\ldots \quad 5)$$
$$+ (\Theta_b - \Theta_a)(\ddot\chi - \dot\vartheta\dot\varphi - \dot\vartheta\,\omega_c)\sin\varphi\cos\varphi\,.$$

im Einklang mit der ersten Gleichung 8b) § 35. Aus den vorstehenden Formeln ergeben sich schließlich die Kreiselgleichungen mit $\Theta_a = \Theta_b$, $\Theta_c = \Theta_0$ genau wie am Schlusse des § 35.

§ 52. Die Sätze von Hamilton und Gauß. Schreiben wir in der Lagrangeschen Form des Satzes von D'Alembert

$$\sum(\mathfrak{Q} - m\ddot{\mathfrak{r}})\,\delta\mathfrak{r} = 0\,, \quad \ldots\ldots\ldots \quad 1)$$

in der $\delta\mathfrak{r}$ Verschiebungen bedeuten, die innerhalb der Bewegungsmöglichkeiten willkürlich angenommen werden konnen

$$\ddot{\mathfrak{r}}\,\delta\mathfrak{r} = \frac{d}{dt}(\dot{\mathfrak{r}}\,\delta\mathfrak{r}) - \dot{\mathfrak{r}}\,\delta\dot{\mathfrak{r}} = \frac{d}{dt}(\dot{\mathfrak{r}}\,\delta\mathfrak{r}) - \frac{1}{2}\,\delta(\dot{\mathfrak{r}}^2),$$

so erhalten wir

$$\sum\left(\mathfrak{Q}\,\delta\mathfrak{r} + \delta\left(\frac{m\dot{\mathfrak{r}}^2}{2}\right)\right) = \frac{d}{dt}\sum m\dot{\mathfrak{r}}\,\delta\mathfrak{r}\,, \quad \ldots\ldots \quad 1\mathrm{a})$$

oder nach Einführung des Dranges U und der Wucht J

$$\delta J - \delta U = \frac{d}{dt}\sum m\dot{\mathfrak{r}}\,\delta\mathfrak{r}\,. \quad \ldots\ldots\ldots \quad 1\mathrm{b})$$

Nach Erweiterung mit dt sowie Integration zwischen den Zeitpunkten t_1 und t_2, denen bestimmte Grenzlagen $\mathfrak{r}_1$ und $\mathfrak{r}_2$ der einzelnen Massenpunkte des ganzen Gebildes zugeordnet sind, wird daraus

$$\delta\int_{t_1}^{t_2}(J - U)\,dt = \sum(m\dot{\mathfrak{r}}\,\delta\mathfrak{r})_{t_1}^{t_2} = \sum m(\dot{\mathfrak{r}}_2\,\delta\mathfrak{r}_2 - \dot{\mathfrak{r}}_1\,\delta\mathfrak{r}_1).$$

Hierin verschwinden aber die Verschiebungen $\delta\mathfrak{r}_1$ und $\delta\mathfrak{r}_2$ wegen der vorgelegten Werte von $\mathfrak{r}_1$ und $\mathfrak{r}_2$ in den Grenzlagen und damit die ganze rechte Seite der Gleichung, die sich also vereinfacht in

$$\delta\int_{t_1}^{t_2}(J - U)\,dt = \delta\int_{t_1}^{t_2} H\,dt = 0\,, \quad \ldots\ldots \quad 2)$$

wenn wir, wie schon im vorletzten Abschnitt den Unterschied H der Wucht und des Dranges einführen, den man wohl auch als Lagrangesche Funktion bezeichnet. Diese zuerst von Hamilton 1834 aufgestellte Gleichung 2) kennzeichnet das Zeitintegral über den Unterschied von Wucht und Drang als einen Scheitelwert, und zwar einen Kleinstwert, da der Unterschied $J - U$ durch passende Wahl des Überganges aus der Anfangs- in die Endlage beliebig vergrößert werden kann. Verläuft insbesondere die Bewegung widerstandsfrei, so ist die Gesamtmacht

$$J + U = W \quad \ldots\ldots\ldots\ldots \quad 3)$$

unveränderlich, so daß mit

$$J - U = 2J - W$$

wegen $\delta W = 0$ Gleichung 2) sich vereinfacht in

$$2\,\delta\int_{t_1}^{t_2} J\,dt = \delta\int_{t_1}^{t_2} \sum m\,\dot{\mathfrak{r}}^2\,dt = \delta\int_{t_1}^{t_2} \sum m\,\dot{\mathfrak{r}}\,d\mathfrak{r} = 0 \quad . \quad . \quad . \quad . \qquad 2\text{b})$$

Hierin bezeichnet man das Zeitintegral der Wucht, das mit dem doppelten Wegintegral des Pralls übereinstimmt, als die Wirkung, die somit bei der Bewegung des Gebildes zwischen zwei Grenzlagen einen Kleinstwert annimmt.

Die Verwendung der Gleichung 2) setzt nun die Kenntnis der Bedingungen für ihren Bestand voraus, welche von der Größe H zu erfüllen sind. Zu deren Ermittlung wollen wir zunächst voraussetzen, daß H nur eine Funktion der Veränderlichen t, q, $\dot{q}$ ist und daß den beiden Zeitgrenzen t_1, t_2 des Integrals 2) die Lagenwerte q_1, q_2 zugeordnet sind. Wir denken uns nun diese Werte in ein Achsenkreuz Abb. 138 eingetragen und die Endpunkte durch eine Kurve verbunden, welche den noch unbekannten Zusammenhang zwischen q und t darstellt. Fügen wir dann noch eine zweite, der ersten unendlich benachbarte Kurve zwischen den gleichen Endpunkten hinzu, so stellt die sog. Variation δq den Zuwachs von q beim Übergang von der ersten zur zweiten Kurve dar, welcher von dem Differential oder Element dq beim Fortschritt auf der ersten Kurve um dt streng zu unterscheiden ist. Der Variation δq entspricht natürlich auch eine Änderung der Ableitung $\dot{q}$ um $\delta\dot{q}$, sowie der Funktion H um δH, während die Zeit nach Abb. 138 davon unberührt bleibt.

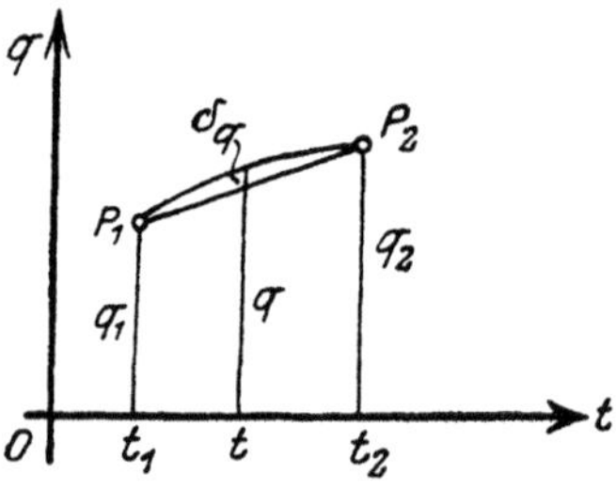

Abb. 138.

Mithin ist

$$\delta\int_{t_1}^{t_2} H\,dt = \int_{t_1}^{t_2} (H + \delta H)\,dt - \int_{t_1}^{t_2} H\,dt, \quad . \quad . \quad . \quad . \quad . \qquad 4)$$

oder wegen

$$\delta H = H(t, q + \delta q, \dot{q} + \delta\dot{q}) - H(t, q, \dot{q}),$$

$$\delta H = \frac{\partial H}{\partial q}\,\delta q + \frac{\partial H}{\partial \dot{q}}\,\delta\dot{q},$$

$$\delta\dot{q} = \frac{\delta\,dq}{dt} = \frac{d(q + \delta q) - dq}{dt} = \frac{d\,\delta q}{dt}, \qquad \delta\dot{q}\,dt = d\,\delta q,$$

mithin

$$\delta\int_{t_1}^{t_2} H\,dt = \int_{t_1}^{t_2} \left(\frac{\partial H}{\partial q}\,\delta q + \frac{\partial H}{\partial \dot{q}}\,\delta\dot{q}\right) dt$$

$$\delta\int_{t_1}^{t_2} H\,dt = \int_{t_1}^{t_2} \frac{\partial H}{\partial q}\,\delta q\,dt + \int_{t_1}^{t_2} \frac{\partial H}{\partial \dot{q}}\,d\,\delta q \quad . \quad . \quad . \quad . \quad . \quad . \qquad 4\text{a})$$

Nun ist nach partieller Zerlegung

$$\frac{\partial H}{\partial \dot q}\, d\,\delta q = d\left(\frac{\partial H}{\partial \dot q}\,\delta q\right) - d\left(\frac{\partial H}{\partial \dot q}\right)\delta q$$
$$= d\left(\frac{\partial H}{\partial \dot q}\,\delta q\right) - \frac{d}{dt}\left(\frac{\partial H}{\partial \dot q}\right)\delta q\, dt\,;$$

also eingesetzt in 4a)

$$\delta\int_{t_1}^{t_2} H\,dt = \int_{t_1}^{t_2}\frac{\partial H}{\partial q}\,\delta q\,dt + \left(\frac{\partial H}{\partial \dot q}\,\delta q\right)_{t_1}^{t_2} - \int_{t_1}^{t_2}\frac{d}{dt}\left(\frac{\partial H}{\partial \dot q}\right)\delta q\,dt\,.$$

Darin verschwindet aber das Mittelglied rechts mit den Variationen $\delta q_1 = \delta q_2 = 0$ an den Endpunkten der Kurve Abb. 138, so daß nur noch übrig bleibt

$$\delta\int_{t_1}^{t_2} H\,dt = \int_{t_1}^{t_2}\left[\frac{\partial H}{\partial q} - \frac{d}{dt}\left(\frac{\partial H}{\partial \dot q}\right)\right]\delta q\,dt\,. \quad \ldots\ldots \quad 4\text{b)}$$

Damit nun die Variation des Integrals links nach Gl. 2) auf dem ganzen Integrationswege verschwindet, auf dem δq bis auf die Endpunkte beliebige Werte annehmen kann, so muß der Integrand rechts verschwinden, d. h. es ist für den Scheitelwert des Zeitintegrals von H die Bedingung

$$\frac{\partial H}{\partial q} - \frac{d}{dt}\left(\frac{\partial H}{\partial \dot q}\right) = 0 \quad \ldots\ldots\ldots \quad 5\text{)}$$

zu erfüllen, die offenbar mit der Lagrangeschen Gleichung für den Freiheitsgrad q übereinstimmt.

Hätten wir mehrere Freiheitsgrade q mit den zugehörigen Ableitungen $\dot q$, so würde die obige Schlußweise auch ebenso viele Bedingungsgleichungen 5) ergeben. Der Satz von Hamilton führt also wieder auf die Lagrangeschen Gleichungen zweiter Art, welche geradezu die Bedingungen für seine Gültigkeit darstellen.

Wir greifen nun noch einmal auf den Satz von D'Alembert Gleichung 1) zurück und geben ihr die Form

$$\sum m\left(\ddot{\mathfrak r} - \frac{\mathfrak Q}{m}\right)\delta\mathfrak r = \sum m(\ddot{\mathfrak r} - \mathfrak q)\,\delta\mathfrak r = 0\,, \quad \ldots\ldots \quad 1\text{c)}$$

worin $\mathfrak q$ den von der Außenkraft der Masse m erteilten Anlauf bedeutet, während $\ddot{\mathfrak r}$ der infolge der Verbindung der Massen im Gebilde wirkliche Anlauf ist. Die in einer kurzen Zeit t alsdann eintretende wirkliche Verschiebung aus der Anfangslage $\mathfrak r_1$ können wir alsdann setzen

$$\mathfrak r - \mathfrak r_1 = \dot{\mathfrak r}_1\,t + \frac{\ddot{\mathfrak r}}{2}\,t^2 \quad \ldots\ldots\ldots \quad 6\text{)}$$

und ihre Variation, da $\dot{\mathfrak r}_1$ durch den Anfangszustand der Bewegung vorgeschrieben ist.

$$\delta\mathfrak r = \frac{t^2}{2}\,\delta\ddot{\mathfrak r}\,. \quad \ldots\ldots\ldots \quad 6\text{a)}$$

Nun ist aber auch die Außenkraft $\mathfrak{Q}$ vorgelegt und mit ihr bei unveränderlicher Masse m ihr Anlauf $\mathfrak{q}$, so daß wir mit $\delta\mathfrak{q} = 0$ an Stelle von 6a) schreiben dürfen

$$\delta\mathfrak{r} = \frac{t^2}{2}\,\delta(\ddot{\mathfrak{r}} - \mathfrak{q}) . \qquad \text{6b)}$$

Damit aber geht unter Weglassung des allen Gliedern gemeinsamen Beiwertes $t^2:2$ Gleichung 1c) über in

$$\sum m(\ddot{\mathfrak{r}} - \mathfrak{q})\,\delta(\ddot{\mathfrak{r}} - \mathfrak{q}) = 0$$

oder

$$\delta\sum m(\ddot{\mathfrak{r}} - \mathfrak{q})^2 = \delta\sum m\left(\ddot{\mathfrak{r}} - \frac{\mathfrak{Q}}{m}\right)^2 = 0 . \qquad \text{7)}$$

Hierin ist aber der Unterschied

$$\ddot{\mathfrak{r}} - \mathfrak{q} = \mathfrak{q}'$$

nichts anderes als der von den inneren oder Verbindungskräften herrührende Zwangsanlauf, den wir nach Gauß kurz als Zwang ansprechen wollen. Gleichung 7), welche aussagt, daß die Quadratsummen der Abweichungen der wirklich eintretenden von der freien Bewegung mit Rücksicht auf die Massen einen Kleinstwert annimmt, wird darum auch, wenn auch nicht ganz zutreffend, als der Gaußsche Satz des kleinsten Zwanges bezeichnet. Er lautet in gewöhnlicher Schreibweise

$$\delta\sum m[(\ddot{x} - q_x)^2 + (\ddot{y} - q_y)^2 + (\ddot{z} - q_z)^2] = 0 \qquad \text{7a)}$$

und stimmt formal mit dem ebenfalls von Gauß stammenden Satze des Kleinstwertes der Summe der Fehlerquadrate bei Beobachtungen überein, wobei den Massen die sog. Gewichte der verschiedenwertigen Beobachtungen entsprechen.

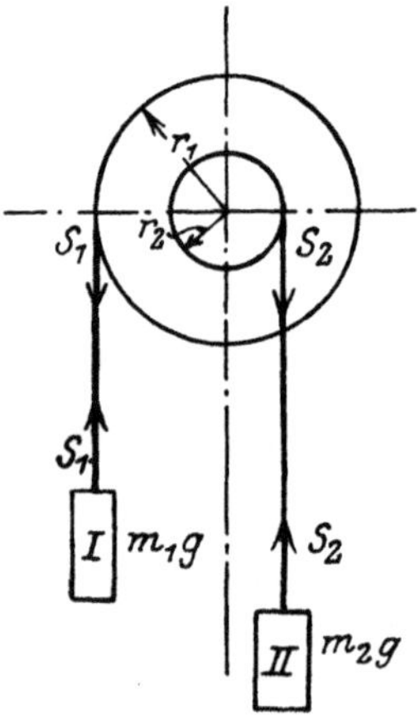

Abb. 139.

Beispiel. Wir betrachten die Drehung $\dot{\varphi}$ einer Rolle mit dem Schwungmoment $m_0 k_0^2$ mit zwei daran an Fäden hängenden Massen m_1 und m_2 an den Hebelarmen r_1 und r_2 in einer wagerechten Achse, Abb. 139, wobei $v_1 = r_1\dot{\varphi}$, $-v_2 = r_2\dot{\varphi}$ ist. Wir fragen nach der Bewegungsgleichung dieses Gebildes, das offenbar nur einen Freiheitsgrad besitzt.

Nach dem Satze von D'Alembert führen wir die Fadenspannungen S_1 und S_2 ein und erhalten damit die Gleichungen

$$\left.\begin{array}{l} m_1 g - S_1 = m_1\dot{v}_1 = m_1 r_1\ddot{\varphi}, \qquad S_2 - m_2 g = -m_2\dot{v}_2 = m_2 r_2\ddot{\varphi} \\ S_1 r_1 - S_2 r_2 = m_0 k_0^2\ddot{\varphi} \end{array}\right\} , \qquad \text{8)}$$

also nach Ausschalten von S_1 und S_2

$$(m_1 r_1 - m_2 r_2)\,g = (m_1 r_1^2 + m_2 r_2^2 + m_0 k_0^2)\,\ddot{\varphi} . \qquad \text{8a)}$$

Für die Anwendung der Gleichungen von Lagrange gehen wir von der doppelten Wucht des Gebildes aus, nämlich

$$\left.\begin{array}{l} 2J = (m_1 r_1^2 + m_2 r_2^2 + m_0 k_0^2)\,\dot{\varphi}^2 \\ \dfrac{d}{dt}\left(\dfrac{\partial J}{\partial\dot{\varphi}}\right) = (m_1 r_1^2 + m_2 r_2^2 + m_0 k_0^2)\,\ddot{\varphi}, \qquad \dfrac{\partial J}{\partial\varphi} = 0 \end{array}\right\} \qquad \text{9)}$$

Setzen wir den Ausdruck

$$\frac{d}{dt}\left(\frac{\partial J}{\partial \dot{\varphi}}\right) - \frac{\partial J}{\partial \varphi} = (m_1 r_1^2 + m_2 r_2^2 + m_0 k_0^2)\, \ddot{\varphi}$$

gleich dem Moment $(m_1 r_1 - m_2 r_2)\, g$ der beiden Gewichte, so erhalten wir wieder die Bewegungsgleichung 8a).

Nach dem Satze des kleinsten Zwanges haben wir g als äußeren Anlauf und als wahre Anlaufwerte $\dot{v}_1 = r_1 \ddot{\varphi}$, $-\dot{v}_2 = r_2 \ddot{\varphi}$, also ist

$$\delta\,[m_1 (r_1 \ddot{\varphi} - g)^2 + m_2 (r_2 \ddot{\varphi} + g)^2 + m_0 k_0^2 \ddot{\varphi}^2] = 0 \quad \ldots\ldots \quad 10)$$

oder

$$m_1 r_1 (r_1 \ddot{\varphi} - g) + m_2 r_2 (r_2 \ddot{\varphi} + g) + m_0 k_0^2 \ddot{\varphi} = 0$$

in Übereinstimmung mit der Bewegungsgleichung 8a), die wir somit auf drei verschiedene Weisen gewonnen haben.

XII. Statistische Mechanik.

§ 53. Die ungeordnete Bewegung einer Menge. Wir haben uns bisher nur mit der freien oder gezwungenen Bewegung einzelner starrer Körper oder Verbindungen solcher beschäftigt, die sich nach Vorgabe der an ihnen angreifenden Kräfte in ihrem ganzen Ablaufe rechnerisch verfolgen ließen. Einen derartigen Vorgang können wir darum als eine durchaus geordnete Bewegung bezeichnen. Im Gegensatz dazu steht eine sehr große Menge sehr kleiner Körper, die mit verschiedenem Lauf nach Größe und Richtung durcheinanderschwirren und durch ihren Prall auf die das Ganze umschließenden festen Wände einen Druck ausüben. Diese ungeordnete Bewegung sei nun an die Bedingung geknüpft, daß durch sie die Massenverteilung der Menge innerhalb des von ihr eingenommenen Raumes keine äußerlich merkbare Änderung erfährt. Da hierbei die Einzelbestandteile sich nur wenig von gewissen Lagen entfernen, so verläuft die Bewegung wie eine große Zahl kleiner Schwingungen, von der sie sich vor allem dadurch unterscheidet, daß über den Zusammenhang der Einzelkörper, sowie über die an ihnen wirkenden Kräfte keine Annahme gemacht zu werden braucht.

Es sei nun $\mathfrak{P}(X, Y, Z)$ eine solche Kraft, m die Masse eines solchen Teilkörpers in der Lage $\mathfrak{r}\,(x, y, z)$, dann ist

$$\mathfrak{P} = m\ddot{\mathfrak{r}}, \qquad X = m\ddot{x}, \qquad Y = m\ddot{y}, \qquad Z = m\ddot{z}, \quad \ldots \quad 1)$$

und nach Erweiterung mit $\mathfrak{r}$

$$\mathfrak{P}\mathfrak{r} = m\,\mathfrak{r}\ddot{\mathfrak{r}} = m\left[\frac{d(\mathfrak{r}\dot{\mathfrak{r}})}{dt} - \dot{\mathfrak{r}}^2\right] = \frac{m}{2}\frac{d^2(\mathfrak{r}^2)}{dt^2} - \dot{\mathfrak{r}}^2 m \quad \ldots \quad 1\text{a})$$

oder

$$(\mathfrak{P}\mathfrak{r} + m\dot{\mathfrak{r}}^2)\, dt = \frac{m}{2}\, d\left(\frac{d(\mathfrak{r}^2)}{dt}\right) \quad \ldots\ldots \quad 1\text{b})$$

Integrieren wir über einen Zeitabschnitt von $t = 0$ bis t und dividieren mit t, so wird daraus

$$\frac{1}{t}\int_0^t \mathfrak{P}\mathfrak{r}\, dt + \frac{m}{t}\int_0^t \dot{\mathfrak{r}}^2\, dt = \frac{m}{2t}\left[\frac{d(\mathfrak{r}^2)}{dt} - \left(\frac{d(\mathfrak{r}^2)}{dt}\right)_0\right] \quad \ldots \quad 1\text{c})$$

Im Falle einer Schwingungsbewegung eines Teilchens verschwindet die rechte Seite, wenn t mit der Schwingungsdauer übereinstimmt, bei unregelmäßigen oder rasch verlaufenden Bewegungen dagegen braucht man nur, da der Unterschied in der Klammer rechts innerhalb gewisser Grenzen bleibt, die Zeit genügend groß zu wählen, um das ganze Glied vernachlässigen zu dürfen. Alsdann aber bleibt nur die linke Seite übrig, deren Einzelglieder

$$\left.\begin{aligned} \frac{1}{t}\int_0^t \mathfrak{P}\mathfrak{r}\,dt &= (\mathfrak{P}\mathfrak{r}) = (Xx + Yy + Zz) \\ \frac{1}{t}\int_0^t \dot{\mathfrak{r}}^2\,dt &= w^2 = (\dot{x}^2 + \dot{y}^2 + \dot{z}^2) \end{aligned}\right\} \quad \ldots\ldots \quad 2)$$

Mittelwerte über die Zeit t darstellen. Mit diesen haben wir daher

$$-mw^2 = (\mathfrak{P}\mathfrak{r}) = (Xx + Yy + Zz) \quad \ldots\ldots \quad 3)$$

oder für N Einzelkörper von derselben Masse

$$Nmw^2 = -\sum(Xx + Yy + Zz) \quad \ldots\ldots \quad 3\text{a})$$

Den halben Wert der rechten Seite dieser Gleichung bezeichnet man nun nach Clausius (1870) als das Virial der ungeordneten Menge, welches demnach gleich der Wucht ist. Für die Berechnung des Virials ist zu beachten, daß die auf die Einzelmassen wirkenden Kräfte im allgemeinen in zwei Teile zerfallen, nämlich in äußere und innere Kräfte der ganzen Menge. Zu den äußeren gehört außer dem Gewicht vor allem der auf die Oberfläche vermittels der die Menge umschließenden Wände ausgeübte Flächendruck p, zu den inneren die zwischen den Körpern selbst wirksamen Kräfte. Sind die Abmessungen der Körper klein gegen ihre mittleren Abstände, so dürfen wir die zwischen ihnen wirkenden Innenkräfte vernachlässigen. Dasselbe gilt vom Gewicht, wenn die Wucht der ganzen Menge sehr groß ist gegenüber der Hubarbeit beim Durchfallen des größten lotrechten Abstandes zweier Oberflächenteile.

Alsdann bleibt nur noch der äußere Druck p übrig, der den Stößen der Körper gegen die feste Wand das Gleichgewicht hält und wegen der Unabhängigkeit der Einzelbewegungen voneinander auch unabhängig von der Richtung ist und überall denselben Wert besitzt. Wir haben demnach

$$-\sum Xx = \iint px\,dy\,dz = p\iiint dx\,dy\,dz = pV,$$

wenn V den ganzen, von der Körpermenge eingenommenen Raum bedeutet. Da die beiden andern Glieder des Virials in 3a) denselben Wert besitzen, so geht diese Gleichung über in

$$Nmw^2 = 3pV, \quad \ldots\ldots \quad 4)$$

wofür wir unter Einführung der von der Gewichtseinheit der Menge eingenommenen Raumes v durch

$$V = Gv = Nmgv \quad \text{5)}$$

auch schreiben können

$$p \cdot v = \frac{w^2}{3g} \quad \text{4a)}$$

Diese zuerst von Krönig (1856), wenn auch auf anderem Wege abgeleitete Formel stimmt nun mit dem auf Grund umfassender Versuche von Boyle, Mariotte und Gay-Lussac aufgestellten Gasgesetz

$$pv = RT \quad \text{6)}$$

überein, wonach die absolute Temperatur eines Gases dem mittleren Laufquadrat der frei beweglich gedachten selbständigen Einzelteile, der sog. Molekeln, verhältnisgleich ist. Die Richtigkeit der Auffassung der Gase als einer großen in ungeordneter Bewegung befindlichen Menge von Molekeln, die schon auf Daniel Bernoulli (1637) zurückgeht, wird auch gestützt durch die Erzitterungen kleiner in Gase frei schwebender Körperchen, die an den sog. Sonnenstäubchen unmittelbar beobachtet werden können. Da nun beim Durcheinanderschwirren die Moleküle zusammenstoßen, so würden Stoßverluste auftreten, wenn sie nicht als vollkommen elastische Körper angesehen werden dürften.

Wir wollen nunmehr voraussetzen, daß die ungeordnete bewegte Menge, die wir von jetzt ab kurz als ein Gas bezeichnen wollen, aus zwei verschiedenartigen Molekülarten besteht, also eine Mischung zweier Gase darstellt. Alsdann erhalten wir durch einfache Wiederholung der früheren Schlußweise für die N_1 Moleküle von der Masse m_1 und die N_2 Moleküle von der Masse m_2 an Stelle von 4)

$$3pV = N_1 m_1 w_1^2 + N_2 m_2 w_2^2, \quad \text{4b)}$$

worin w_1^2 und w_2^2 die den beiden Molekülarten entsprechenden mittleren Laufquadrate bedeuten. Soll nun dieses Gemisch im Einklang mit der Erfahrung seinen Zustand nicht ändern, so darf insgesamt kein Wuchtaustausch zwischen beiden Molekülarten stattfinden. Dies ist aber nach den Stoßgesetzen nur dann möglich, wenn die Mittelwuchten der Moleküle beider Arten übereinstimmen. Da dies auch für die Temperaturen beider Gase zutrifft, so ist die Mittelwucht der einzelnen Molekeln und nicht nur ihr Laufquadrat als Maß der Temperatur anzusprechen, so daß wir für das Temperaturgleichgewicht mehrerer Gase mit einem allgemeinen Beiwert α die Bedingung

$$m_1 w_1^2 = m_2 w_2^2 = \cdots = m_i w_i^2 = 2\alpha T \quad \text{7)}$$

erhalten. Weiter folgt daraus, daß im absoluten Nullpunkt ($T = 0$) die Gesamtmoleküle sich in Ruhe befinden, also auch keinen Druck p mehr auf die Wände ausüben, ohne daß der von ihnen eingenommene Raum alsdann zu verschwinden braucht.

Denken wir uns weiter unter dem Druck p in demselben Raum V nacheinander verschiedene Gasarten von gleicher Temperatur eingeschlossen, so haben wir

$$3\,p\,V = N_1\,m_1\,w_1^2 = N_2\,m_2\,w_2^2 = \cdots = N_i\,m_i\,w_i^2 \quad . \quad . \quad . \quad 8)$$

oder wegen 7)

$$N_1 = N_2 = \cdots N_i \quad . \quad . \quad . \quad . \quad . \quad . \quad . \quad . \quad . \quad 8a)$$

d. h. in demselben Raum befinden sich bei gleicher Temperatur und gleichem Druck immer gleich viele Moleküle beliebiger Gasarten. Dieser Satz wurde zuerst von Avogadro (1811) als Annahme unabhängig von der Vorstellung der ungeordneten Bewegung, aus der sich die kinetische Gastheorie entwickelt hat, ausgesprochen und bildet seitdem eine der wichtigsten Grundlagen der allgemeinen Chemie.

Enthält der Raum V gleichzeitig mehrere Gasarten im Temperaturgleichgewicht, so durchdringen sich diese naturgemäß so vollständig, daß jedes Einzelgas den ganzen Raum ausfüllt. Wir haben demnach die Verallgemeinerung von 4b)

$$3\,p\,V = N_1\,m_1\,w_1^2 + N_2\,m_2\,w_2^2 + \cdots + N_i\,m_i\,w_i^2 \quad . \quad . \quad . \quad . \quad 4c)$$

Andererseits besitzt aber jedes Einzelgas im Raum einen Teildruck, der sich nach 4) berechnet zu

$$3\,p_1\,V = N_1\,m_1\,w_1^2, \qquad 3\,p_2\,V = N_2\,m_2\,w_2^2 \text{ usw.,}$$

womit 4c) übergeht in die von Dalton (1801) durch Versuche gewonnene Beziehung

$$p = p_1 + p_2 + \cdots + p_i \quad . \quad . \quad . \quad . \quad . \quad . \quad . \quad . \quad 9)$$

d. h. der Gesamtdruck eines Gasgemisches ist gleich der Summe der Teildrücke der einzelnen Bestandteile.

Führen wir noch in Gl. 4a) an Stelle des Gewichtsraums v das Raumgewicht γ durch $v\,\gamma = 1$ ein, so wird daraus

$$\frac{m\,g}{\gamma} = \frac{m\,w^2}{3\,p}, \quad . \quad . \quad . \quad . \quad . \quad . \quad . \quad . \quad . \quad . \quad . \quad 4d)$$

oder für mehrere Gase bei demselben Druck und derselben Temperatur wegen 7)

$$\frac{m_1\,g}{\gamma_1} = \frac{m_2\,g}{\gamma_2} = \cdots = \frac{m_i\,g}{\gamma_i} \quad . \quad . \quad . \quad . \quad . \quad . \quad . \quad . \quad 10)$$

Da nun $m\,g$ das Gewicht eines Moleküls angibt, so erkennen wir, daß das sog. Molekulargewicht dem Raumgewicht des Gases unter sonst gleichen Umständen verhältnisgleich ist. Da die Molekulargewichte der unmittelbaren Messung nicht zugänglich sind, so ist man übereingekommen, das halbe Raumgewicht des Wasserstoffes, des leichtesten Gases, als Einheit zu wählen, so daß also die chemischen Molekulargewichte nur Verhältniswerte darstellen.

1. Beispiel. Verbinden wir die Gl. 4a) mit 6), so erhalten wir

$$w^2 = 3\,g\,R\,T\,, \qquad \qquad 11)$$

woraus sich bei bekannten Werten von R für jedes Gas der Mittellauf der zugehörigen Moleküle berechnen läßt. So ist bei $T = 273^0$, d. h. 0^0 C

$$w^2 = 8034\,R\,, \qquad w = 89{,}65\sqrt{R}\,, \qquad \qquad 11a)$$

also für

Wasserstoff	(H_2)	$R = 420{,}0$,	$w = 1837$ m/sec
Stickstoff	(N_2)	$R = 30{,}2$,	$w = 493$ „
Sauerstoff	(O_2)	$R = 26{,}5$,	$w = 463$ „
Luft		$R = 29{,}3$,	$w = 485$ „

2. Beispiel. Da in der ungeordneten Menge keine Bewegung bevorzugt ist, so sind die mittleren Laufteilquadrate in den Achsenrichtungen eines beliebigen Kreuzes

$$\dot{x}^2 = \dot{y}^2 = \dot{z}^2 = u^2\,; \qquad 3\,u^2 = w^2 \qquad \qquad 12)$$

zu setzen, woraus sich nach Einführung in 4)

$$N\,m\,u^2 = p\,V\,, \qquad \qquad 13)$$

oder

$$u^2 = g\,p\,v = g\,R\,T \qquad \qquad 13a)$$

ergibt. Der hieraus folgende Wert von u wurde bereits von Newton als Lauf des Schalles in einem Gase angesprochen, was indessen den Versuchsergebnissen nicht entsprach. Denn für Luft erhält man für $T = 273^0$ aus 13a) $u = 280$ m/sec gegenüber dem Versuchswerte von 334 m/sec. Es liegt dies einfach an der Nichtbeachtung der beim Schall in Gasen auftretenden Verdichtung, die, ohne daß u^2 sich zu ändern braucht, mit einer periodischen Schwankung des Druckes p und der Molekelzahl N in der Schallrichtung verbunden ist. Wir haben also an Stelle von 13) in dem betrachteten unveränderlichen Raume V

$$m\,u^2\,d\,N = V\,d\,p\,,$$

oder, da

$$V\gamma = N\,m\,g\,, \qquad m\,g\,d\,N = V\,d\gamma$$

ist, schließlich

$$u^2 = g\,\frac{d\,p}{d\,\gamma} \qquad \qquad 14)$$

eine Formel, die zuerst von Laplace auf anderen Wege für den Schallauf abgeleitet wurde.

3. Beispiel. Befindet sich ein Gas unter hohem Druck, so dürfen weder der von den Molekeln eingenommene Raum V' gegenüber dem Gesamtraum V des Körpers, noch auch die zwischen den Molekeln wirkenden Kräfte vernachlässigt werden. Das Virial zerfällt alsdann in einen innern und einen äußern Bestandteil, von denen der letztere wieder mit $p\,V$ übereinstimmt, während wir dem innern durch einen Zusatz p' zum Oberflächendruck p gerecht werden. Andererseits ist aber für die freie Bewegung der Moleküle nur noch der Raum $V - V'$ verfügbar, so daß wir unter Ersatz von p und V durch $p + p'$ und $V - V'$ an Stelle von 4) erhalten

$$N\,m\,w^2 = 3\,(p + p')\,(V - V')$$

oder unter Einführung der Temperatur durch 11), d. h. $w^2 = 3\,g\,R\,T$ und $V - V' = G\,(v - v')$, $G = N\,m\,g$

$$(p + p')\,(v - v') = R\,T \quad \ldots\ldots\ldots\ldots \quad 15)$$

In dieser zuerst von Hirn (1865) und van der Waals (1873) angegebenen Zustandsgleichung kann v' durch den von dem verflüssigten Gas eingenommenen Raum der Gewichtseinheit bestimmt werden, während p' mit der Oberflächenspannung dieser Flüssigkeit eng zusammenhängt. In der Tat umfaßt nach van der Waals Gl. 15) den Gas- und Flüssigkeitszustand mit den Übergangsformen der überhitzten und gesättigten Dämpfe.

§ 54. Die Wärme als Bewegungserscheinung. Aus dem im letzten Abschnitt erkannten beständigen Verhältnis der mittleren Molekularwucht zur absoluten Temperatur eines ruhenden Gases folgt unmittelbar, daß eine Temperaturänderung $T_2 - T_1$ eines Gasgewichtes $G = N\,m\,g$

$$\frac{N\,m}{2}\,(w_2{}^2 - w_1{}^2) = N\,\alpha\,(T_2 - T_1) = W \quad \ldots\ldots \quad 1)$$

eine Arbeitsaufnahme oder Abgabe erfordert, die wir allgemein als fühlbare Wärme zu bezeichnen pflegen. Der Erfahrungstatsache, daß gleiche Gewichte verschiedener Körper bei derselben Temperaturänderung die Aufnahme oder Abgabe verschiedener Arbeitsmengen erfordern, wird man durch Einführung eines dem Körper eigentümlichen Beiwertes, der sog. spez. Wärme gerecht und schreibt demzufolge in sog. Wärmeeinheiten

$$G\,c\,(T_2 - T_1) = N\,m\,g\,c\,(T_2 - T_1) = Q \quad \ldots\ldots \quad 2)$$

Die Gleichwertigkeit der so gekennzeichneten Wärme Q und der entsprechenden Arbeit W bedingt alsdann ein beständiges Verhältnis A, den sog. Wärmewert der Arbeit, so zwar, daß

$$Q = A\,W \quad \ldots\ldots\ldots\ldots \quad 3)$$

ist.

Benutzen wir als Arbeitseinheit das Meterkilogramm, als Wärmeeinheit die zur Temperaturerhöhung von 1 kg Wasser bei etwa 15° C um 1° erforderliche Wärme, die sog. Kilogrammkalorie (kcal), so ist auf Grund zahlreicher Versuche

$$1 \text{ kcal} = 427 \text{ mkg} = 418{,}9 \text{ Joule}.$$

Setzen wir nun die Ausdrücke 1) und 2) für W und Q in die Formel 3) ein, so folgt unter Wegfall von N

$$c\,m\,g = A\,\alpha, \quad \ldots\ldots\ldots\ldots \quad 4)$$

also, da A und α allgemein gültige Festwerte bedeuten, die Unabhängigkeit des Produktes der spezifischen Wärme c und des Molekulargewichtes, der sog. Molekularwärme von den Körpereigenschaften.

Bei der Aufstellung der Gl. 1) wurde stillschweigend angenommen, daß die gesamte Arbeits- oder Wärmezufuhr zur Änderung der Temperatur, nicht aber zur Leistung irgendwelcher äußeren Arbeit seitens des betrachteten Körpers verwendet wird, die sich in einer Ausdehnung oder Zusammenziehung des von ihm eingenommenen Raumes gegen einen Oberflächendruck p kundgeben würde. Der Körper ist also als raumbeständig gedacht oder in einem unausdehnbaren Gefäß eingeschlossen, weshalb man von einer spezifischen Wärme bei konstantem Volumen spricht.

Als raumbeständig an sich können nur vor allem im Gegensatz zu den Gasen die festen Körper gelten, deren Molekeln offenbar nicht mehr frei beweglich sind. Da sie indessen mit Gasen in Wärmeaustausch treten und auch im Temperaturgleichgewicht stehen können, so müssen bei ihnen noch kleinere Bestandteile, d. h. die Atome selbst eine, wenn auch durch die Bindung beschränkte Beweglichkeit um bestimmte Lagen besitzen, der dann auch eine mittlere Wucht zukommt. Die Temperatur der festen Körper ist alsdann dieser Wucht der Atombewegungen verhältnisgleich, so daß bei ihnen auch das Produkt der spezifischen Wärme mit dem Atomgewicht, die sog. Atomwärme von den Körpereigenschaften unabhängig ist. Dieser Schluß wird durch das schon 1889 von Dulong und Petit aufgestellte Gesetz bestätigt und von F. Neumann (1834) auf die Molekularwärme fester Verbindungen ausgedehnt, die nichts anderes als eine Menge verschiedener Atome darstellen. Ist deren Zahl und Masse N_1, m_1; N_2, m_2 usf., so folgt mit den spezifischen Wärmen c_1, c_2 der Einzelbestandteile und c der Gesamtmasse

$$\begin{aligned} Q &= (N_1 m_1 c_1 + N_2 m_2 c_2 + \cdots + N_i m_i c_i)\, g\,(T_2 - T_1) \\ &= (N_1 m_1 + N_2 m_2 + \cdots + N_i m_i)\, c\, g\,(T_2 - T_1) \quad \ldots \quad 5) \end{aligned}$$

oder im Einklang mit dem Neumannschen Erfahrungssatze

$$c \sum N m = \sum N m c \quad \ldots\ldots\ldots \quad 6)$$

Die Genauigkeit dieser Ergebnisse ist übrigens nicht sehr groß, da in festen Körpern infolge der geringen Abstände der Atome voneinander die zwischen ihnen wirksamen Kräfte nicht mehr zu vernachlässigen sind und innere Arbeiten bedingen, welche in unseren Ansätzen nicht erscheinen.

Führen wir nun einem Gas Wärme derart zu, daß es sich dabei etwa unter Vorschub eines Kolbens in einem Zylinder gegen den beständigen Luftdruck p um $V_2 - V_1$ auszudehnen vermag, so ist hierzu eine Arbeit $p(V_2 - V_1)$ nötig, die neben der Temperaturzunahme von der zugeführten Wärme zu leisten ist. Drücken wir diesen Vorgang durch einen Zeiger p der zugeführten und spezifischen Wärme aus, so erhalten wir

$$Q_p = G\, c_p\,(T_2 - T_1) = A\,\frac{N m}{2}\,(w_2^2 - w_1^2) + A\, p\,(V_2 - V_1), \quad . \quad 7)$$

während ohne Raumausdehnung mit dem Zeiger v

$$Q_v = G\, c_v\,(T_2 - T_1) = A\,\frac{N m}{2}\,(w_2^2 - w_1^2) \quad \ldots\ldots \quad 2\text{a})$$

gilt. Mit Rücksicht auf die Gasgleichung 4) § 53 dürfen wir aber an Stelle von 7) auch schreiben

$$Q_p = G c_p (T_2 - T_1) = A \frac{N m}{2} (w_2^2 - w_1^2)\left(1 + \frac{2}{3}\right), \quad . \quad . \quad . \quad 7\text{a})$$

so daß sich nach Division mit 2a) das Verhältnis der beiden spezifischen Wärmen für konstanten Druck und konstantes Volumen eines Gases

$$\frac{c_p}{c_v} = 1 + \frac{2}{3} = \frac{5}{3} = 1{,}667 \quad . \quad . \quad . \quad . \quad . \quad . \quad . \quad 8)$$

ergibt. Der Versuch hat nun gezeigt, daß diese Beziehung für einatomige Gase, wie Quecksilber und Joddampf mit großer Genauigkeit zutrifft, während für mehratomige Gase ein kleineres Verhältnis besteht. Es ist dies offenbar in der Beweglichkeit der Atome im Molekularverbande begründet, welches bei Temperaturänderungen einen erheblichen Teil der zugeführten Wärme als Änderung der Atomwucht aufnimmt, die indessen nicht in der Gasgleichung zum Ausdruck gelangt, obwohl auch sie der Temperatur verhältnisgleich sein wird. Daher ist der Anteil der Arbeit $A p (V_2 - V_1)$ in diesem Falle kleiner als bei einatomigen Gasen, woraus sich auch das kleinere Verhältnis $c_p : c_v$ erklärt.

Im Grenzfalle des festen Körpers kann die von der Raumdehnung bedingte Außenarbeit gegenüber der Erwärmung überhaupt vernachlässigt werden, so daß hier $c_p = c_v$ gesetzt werden darf. Aus diesen Darlegungen geht hervor, daß für alle Körper sich das Verhältnis der beiden spezifischen Wärmen in den Grenzen

$$1 < \frac{c_p}{c_v} < \frac{5}{3} \quad . \quad . \quad . \quad . \quad . \quad . \quad . \quad . \quad . \quad . \quad 9)$$

bewegen muß, was sich ebenfalls mit der Erfahrung deckt.

Zieht man übrigens die Gleichungen 7) und 2a) voneinander ab, so wird mit Rücksicht auf Gl. 6) § 53, d. h. $p V = G R T$

$$c_p - c_v = A R \quad . \quad . \quad . \quad . \quad . \quad . \quad . \quad . \quad . \quad 10)$$

eine Beziehung, welche nach dem Vorgange von R. Mayer, dem man den Satz von der Gleichwertigkeit von Wärme und Arbeit verdankt, eine zuverlässige Berechnung des Wärmewertes A der Arbeit gestattet.

Den bisherigen Untersuchungen lag die Voraussetzung zugrunde, daß der in seiner ganzen Masse gleichmäßig temperierte Körper als solcher in Ruhe verharrt, so daß durch Änderung seines Molekulargewichtes und Atomgewichtes infolge von Wärmezufuhr oder Abfuhr bei gleichzeitiger äußerer Arbeitsleistung der Gesamtschwerpunkt keine Verschiebung erfährt.

Findet nun eine derartige Schwerpunktsverschiebung statt, hat also die Gesamtmasse einen Lauf $\mathfrak{u}$ in irgendeiner Richtung, so ist beim Schwerpunktsabstand $\mathfrak{r}$ eines Teilatoms m dessen Gesamtlauf $\mathfrak{r}+\mathfrak{u}$ und die doppelte Gesamtwucht

$$2\,J=\sum m(\dot{\mathfrak{r}}+\mathfrak{u})^2=\sum m\,\dot{\mathfrak{r}}^2+\mathfrak{u}^2\sum m+2\,\mathfrak{u}\sum m\,\dot{\mathfrak{r}}\,. \quad . \quad . \quad 11)$$

Da nun das statische Moment in bezug auf den Schwerpunkt verschwindet, also $\sum m\,\mathfrak{r}=0$ ist, so ist auch dessen Ableitung, d. h. die zugehörige Bewegungsgröße $\sum m\,\dot{\mathfrak{r}}=0$, und 11) vereinfacht sich in

$$2\,J=\sum m\,\dot{\mathfrak{r}}^2+\mathfrak{u}^2\sum m=\sum m\,w^2+\mathfrak{u}^2\sum m\,, \quad . \quad . \quad . \quad 11\,\mathrm{a})$$

worin das erste Glied der vereinigten Molekular- und Atomwucht entspricht, für die wir nach 2a) setzen können

$$A\sum m\,w^2=2\,G\,c_v\,T\,. \quad . \quad . \quad . \quad . \quad . \quad . \quad . \quad . \quad . \quad 2\,\mathrm{b})$$

Wird nun bei der Bewegung durch Ausdehnung des Körpers um dV gegen den Oberflächendruck p die Druckarbeit dL geleistet, gleichzeitig der Gesamtlauf u um du vermehrt, die Temperatur um dT erhöht, und das ganze Körpergewicht $g\sum m=G$ um dh gehoben, so ist hierfür die Wärmezufuhr

$$'dQ=G\,c_v\,dT+A\left(dL+\frac{G}{g}\,u\,du+G\,dh\right)$$

oder

$$dQ=G\left[c_v\,dT+A\left(\frac{dL}{G}+\frac{u\,du}{g}+dh\right)\right] \quad . \quad . \quad . \quad . \quad . \quad 12)$$

nötig. Zu dieser Arbeitsgleichung tritt noch das als Zustandsgleichung anzusprechende Gasgesetz 6) § 53

$$p\,v=R\,T \quad . \quad . \quad . \quad . \quad . \quad . \quad . \quad . \quad . \quad . \quad . \quad 13)$$

und im Falle der Strömung die rein mechanische Bewegungsgleichung eines Massenelementes des Körpers, welches im Raumelement dV derart verteilt gedacht werden kann, daß

$$g\,dm=\gamma\,dV=\gamma\,dF\,ds \quad . \quad . \quad . \quad . \quad 14)$$

ist, wenn dF den Querschnitt des Elementes senkrecht zu seiner Länge ds in der Bewegungsrichtung bedeutet. Entspricht dieser Länge ein Höhenunterschied dh, so besteht unter der Wirkung des in die Richtung ds fallenden Anteils des Erdanlaufs g und der Druckzunahme im Anschluß an Abb. 140 die Bewegungsgleichung

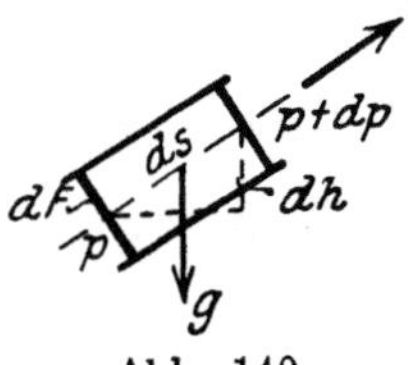

Abb. 140.

$$-g\,\frac{dh}{ds}\,dm-dF\,dp=dm\,\frac{du}{dt}\,,$$

oder mit 14) und $ds = u\,dt$

$$-\gamma\,dh - dp = \frac{\gamma}{g}\,u\,du\,,$$

oder wegen $\gamma v = 1$

$$-g\,(dh + v\,dp) = u\,du \quad \text{. . . . . 15)}$$

Die Strömung des Körpers vollzieht sich nun derart, daß die einzelnen Massenelemente nebeneinander herlaufende Bahnen beschreiben, die sich nicht kreuzen können. Legen wir in diesen Strom eine geschlossene Kurve, so schließen die derselben zugehörigen Stromlinien eine Stromröhre ein, deren ebene Querschnitte im allgemeinen örtliche und zeitliche Änderungen erfahren. Ist der Querschnitt klein, so werden sich die Laufwerte u in diesem nur so wenig unterscheiden, daß wir mit einem Mittelwerte rechnen können. Alsdann tritt in das Raumelement $F\,ds$, Abb. 141, in die Fläche F in der Zeiteinheit das Gewicht $\gamma \cdot u\,F$ ein, auf der gegenüberliegenden Fläche das Gewicht $F\gamma u + \frac{\partial (F\gamma u)}{\partial s}\,ds$ aus, woraus ein Überschuß von $-\frac{\partial (F\gamma u)}{\partial s}\,ds$ folgt, welcher das Gewicht des Elementes $\gamma F\,ds$ um $\frac{\partial (F\gamma)}{\partial t}\,dt\,ds$ in dem Zeitelemente dt, also in der Zeiteinheit um $\frac{\partial (F\gamma)}{\partial t}\,ds$ vermehrt. Die Gleichstellung beider Beträge ergibt die sog. Kontinuitätsgleichung

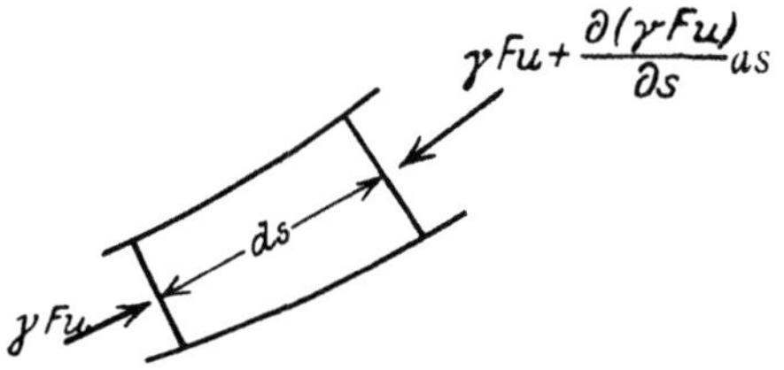

Abb. 141.

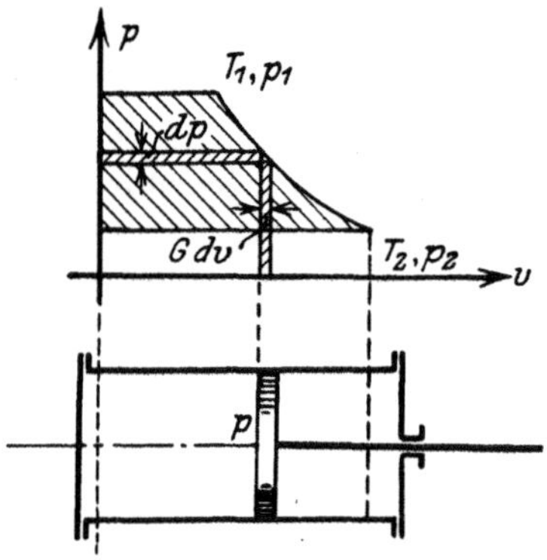

Abb. 142.

$$\frac{\partial (F\gamma u)}{\partial s} + \frac{\partial (F\gamma)}{\partial t} = 0 \quad \text{. . . . . 16)}$$

1. Beispiel. Ist ein Gasgewicht G in einem Zylinder, Abb. 142 mit einem axial verschiebbaren Kolben vom Querschnitt F eingeschlossen, auf dem eine dem Gasdruck $F p$ jederzeit gleich große Außenkraft ruht, so ist die Druckarbeit $dL = p\,dV = G\,p\,dv$. Vollzieht sich die Bewegung nur langsam und ohne nennenswerte Änderung der Schwerpunktslage, so dürfen wir sowohl u als auch dh vernachlässigen und erhalten an Stelle von 12)

$$dQ = G\,(c_v\,dT + A\,p\,dv) \quad \text{. . . . . 12a)}$$

Geht durch die Zylinderwand keine Wärme, so wird daraus mit $dQ = 0$, sowie unter Ersatz von T durch die Gasgleichung 13)

$$c_v\, d(p\,v) + A\,R\,p\,dv = 0$$

oder mit $c_v + A\,R = c_p$

$$c_v\, v\, dp + c_p\, p\, dv = 0\,, \qquad c_v\, \frac{dp}{p} + c_p\, \frac{dv}{v} = 0\,,$$

mit dem Integrale

$$p^{c_v}\, v^{c_p} = p_0^{\,c_v}\, v_0^{\,c_p}\,,$$

wofür man auch mit $c_p : c_v = \varkappa$

$$p\, v^{\varkappa} = p_0\, v_0^{\,\varkappa} \quad \ldots\ldots\ldots\ldots \quad 17)$$

schreibt. Es ist dies die Gleichung der sog. Adiabate des Gases, für die wir auch mit der Gasgleichung 13) schreiben dürfen

$$T\, v^{\varkappa-1} = T_0\, v_0^{\,\varkappa-1}\,, \qquad T^{\varkappa}\, p^{1-\varkappa} = T_0^{\,\varkappa}\, p_0^{\,1-\varkappa} \quad \ldots\ldots \quad 17\text{a}$$

2. Beispiel. Unter dem Wärmeinhalt oder der Gesamtmacht eines Körpers versteht man die ganze Wärme- und Arbeitszufuhr, um die Gewichtseinheit vom absoluten Nullpunkt in den augenblicklichen Zustand zu versetzen, der durch zwei der drei Veränderlichen p, v, T gegeben ist. Da eine Druckerhöhung beim absoluten Nullpunkt ohne Raumänderung keine Arbeit erfordert, so kann die Gesamtzufuhr bei beständigem Drucke p bis zur Zustandstemperatur T erfolgen. Also ist der gesamte Wärmeinhalt der Gewichtseinheit

$$i = \int c_v\, dT + A\, p\, v = \int c_p\, dT\,,$$

also für Gase wegen der Beständigkeit von c_v und c_p

$$i = c_p\, T \quad \ldots\ldots\ldots\ldots \quad 18)$$

Füllen wir demnach den Zylinder, Abb. 142, mit einem Gase vom Wärmeinhalt i_1 und entnehmen ihm dieselbe Menge mit dem Inhalte i_2, so ist dazu eine äußere Wärme und Arbeitszufuhr

$$A\,L + Q = G\,(i_2 - i_1) = G\,c_p\,(T_2 - T_1) \quad \ldots\ldots \quad 18\text{a})$$

unabhängig vom Drucke notwendig. Verläuft die entsprechende Zustandsänderung adiabatisch, so bleibt mit $Q = 0$ nur eine Arbeitsgleichung

$$L = \frac{G\,c_p}{A}\, T_1 \left(\frac{T_2}{T_1} - 1\right) = \frac{G\,c_p\,p_1\,v_1}{A\,R} \left(\frac{T_2}{T_1} - 1\right)$$

oder wegen $A\,R = c_p - c_v$ und 17a)

$$L = \frac{G\,\varkappa\,p_1\,v_1}{\varkappa - 1} \left[\left(\frac{p_2}{p_1}\right)^{\frac{\varkappa-1}{\varkappa}} - 1\right] \quad \ldots\ldots\ldots \quad 19)$$

Zu demselben Ergebnis wären wir gelangt durch die Ermittlung der Arbeitsfläche in Abb. 142 nach der Gleichung

$$L = G \int_{p_1}^{p_2} v\, dp$$

unter Benutzung der Adiabatenformel 17).

3. Beispiel. Um die Druck- und Temperaturänderung in der Lufthülle der Erde mit der Höhe h über den Erdboden zu ermitteln, denken wir uns eine Menge G kg in eine dehnbare Blase derart eingeschlossen, daß ihr Druck stets mit dem Außendruck übereinstimmt. Dann ist der Wert der Druckarbeit beim Aufsteigen der Blase gleich der Verdrängungsarbeit, also

$dL = G\,d(pv)$. Da ferner der Blaseninhalt in jeder Höhe den dieser entsprechenden Zustand haben soll, so kann auch kein Wärmeaustausch zwischen beiden beim Aufsteigen stattfinden, auch wenn die Bewegung beliebig langsam erfolgt. Vernachlässigen wir demgemäß den Lauf u, so erhalten wir aus 12) mit $dQ = 0$

$$c_v\,dT + A\,[d(pv) + dh] = 0\,,$$

oder

$$c_p\,(T_2 - T_1) = A\,(h_1 - h_2) \quad \ldots\ldots\ldots\ldots \quad 20)$$

Wir erhalten also eine wie im vorigen Beispiel adiabatische Zustandsänderung, die unmittelbar zur Hubarbeit verwendet wird.

4. Beispiel. Lassen wir ein Gas durch eine Mündung ohne Wärmezufuhr wagerecht und gleichförmig ausströmen, so wird die Änderung der Wucht durch diejenige des Wärmeinhaltes derart bestritten, daß

$$c_p\,(T_1 - T_2) = A\,\frac{u_2^2 - u_1^2}{2\,g} \quad \ldots\ldots\ldots\ldots \quad 21)$$

wird. Die Druckarbeit ist hierbei der Unterschied der Verdrängungsarbeit $d\,(pv)$ wie im 3. Beispiel. Da in 21) die linke Seite nichts anderes als die von 1 kg aufgenommene Außenarbeit bedeutet, so dürfen wir mit 19) auch schreiben

$$u_2^2 - u_1^2 = \frac{2\,g\,\varkappa\,p_1\,v_1}{\varkappa - 1}\left(1 - \left(\frac{p_2}{p_1}\right)^{\frac{\varkappa - 1}{\varkappa}}\right) \quad \ldots\ldots \quad 21\text{a})$$

Findet das Ausströmen ohne merkbare Laufänderung statt, was durch ein sog. Drosselventil oder einen durchlässigen Pfropfen erreicht werden kann, so ist mit $u_2^2 - u_1^2 = 0$ auch $T_1 = T_2$, d. h. der Drosselvorgang eines Gases verläuft ohne Temperaturänderung.

§ 55. Die Laufverteilung im ruhenden Gase. Von den in einem scheinbar ruhenden Gase durcheinander schwirrenden Molekeln wird im allgemeinen jede in einem Zeitpunkte einen andern Laufvektor besitzen, dessen Betrag zwischen 0 und ∞ jeden beliebigen Wert bei einer ebenso beliebigen Richtung annehmen kann. Um die Verteilung dieser Laufvektoren auf die sehr große Gesamtzahl der N Molekeln in der Raumeinheit festzustellen, denken wir uns den Laufvektor in seine drei Achsenanteile $\dot{x}, \dot{y}, \dot{z}$ zerlegt, die wir als Abstände in einem gleichnamigen Achsenkreuz ansehen können.

Von der Gesamtzahl der Molekeln wird immer ein Bruchteil $f(\dot{x})\,d\dot{x}$ Laufteile zwischen $\dot{x}$ und $\dot{x} + d\dot{x}$ in der einen Richtung haben. Die Zahl der Molekeln, welche außerdem noch Laufteile zwischen $\dot{y}$ und $\dot{y} + d\dot{y}$ senkrecht zu $\dot{x}$ besitzt, wird alsdann $f(\dot{x})\,d\dot{x} \cdot f(\dot{y})\,d\dot{y}$ sein, da keine der beiden Richtungen einen Vorzug vor der andern hat. Schließlich wird die Molekelzahl mit den Laufteilen zwischen $\dot{x}, \dot{y}, \dot{z}$ und $\dot{x} + d\dot{x}$, $\dot{y} + d\dot{y}$, $\dot{z} + d\dot{z}$ bzw. mit den Laufvektoren zwischen $\dot{\mathfrak{r}}$ und $d\dot{\mathfrak{r}}$ durch das Produkt $N\,f(\dot{x})\,f(\dot{y})\,f(\dot{z})\,d\dot{x}\,d\dot{y}\,d\dot{z}$ dargestellt, worin f eine Funktion ist, von der wir vorläufig nur wissen, daß die Summe der Bruchteile $f(\dot{x})\,d\dot{x}$ über alle Werte die Einheit ergeben muß, also daß

$$\int_{-\infty}^{+\infty} f(\dot{x})\,d\dot{x} = \int_{-\infty}^{+\infty} f(\dot{y})\,d\dot{y} = \int_{-\infty}^{+\infty} f(\dot{z})\,d\dot{z} = 1 \quad \ldots\ldots \quad 1)$$

ist, während $d\dot{x}\,d\dot{y}\,d\dot{z} = dV$ ein Raumelement im Achsenkreuz $\dot{x}, \dot{y}, \dot{z}$ bedeutet.

Legen wir nun durch den Anfang O ein neues Kreuz, dessen eine Achse mit der Richtung des Laufes $\dot{\mathfrak{r}}$ selbst zusammenfällt, so ist in diesem Kreuz das oben gewonnene Produkt $f(\sqrt{\dot{x}^2+\dot{y}^2+\dot{z}^2})\cdot f(0)$, $f(0)\,dV$, da die beiden andern Achsenabstände des Raumelementes dV verschwinden und keine Richtung bevorzugt werden darf. Mithin erhalten wir für die Bestimmung der Funktion f die Bedingungsgliechung

$$f(\dot{x})\,f(\dot{y})\,f(\dot{z}) = f(\sqrt{\dot{x}^2+\dot{y}^2+\dot{z}^2})\,f^2(0) \quad \ldots\ldots \quad 2)$$

oder mit $\dot{x}=\dot{y}=\dot{z}$ bzw. mit $\dot{y}=\dot{x}$, $\dot{z}=0$

$$f^3(\dot{x}) = f^2(0)\,f(\dot{x}\sqrt{3}), \qquad f^2(\dot{x}) = f(0)\,f(\dot{x}\sqrt{2}). \quad \ldots \quad 2\text{a})$$

Dies gibt logarithmiert

$$3\,\lg n\, f(\dot{x}) = 2\,\lg n\, f(0) + \lg n\, f(\dot{x}\sqrt{3})$$
$$2\,\lg n\, f(\dot{x}) = \lg n\, f(0) + \lg n\, f(\dot{x}\sqrt{2})$$

und nach zweimaliger Ableitung

$$\frac{d^2 \lg n\, f(\dot{x})}{d\dot{x}^2} = \frac{d^2 \lg n\, f(\dot{x}\sqrt{3})}{d\dot{x}^2} = \frac{d^2 \lg n\, f(\dot{x}\sqrt{2})}{d\dot{x}^2}, \quad \ldots \quad 2\text{b})$$

was nur möglich ist, wenn diese drei Ausdrücke von $\dot{x}$ selbst unabhängig, also einem und demselben Festwert 2α gleich sind. Also ist

$$\frac{d^2 \lg n\, f(\dot{x})}{d\dot{x}^2} = 2\alpha, \qquad \frac{d \lg n\, f(\dot{x})}{d\dot{x}} = 2\alpha\dot{x} + \beta, \qquad \lg n\, f(\dot{x}) = \alpha\dot{x}^2 + \beta\dot{x} + \gamma$$
$$f(\dot{x}) = e^{\alpha\dot{x}^2+\beta\dot{x}+\gamma} = C\,e^{\alpha\dot{x}^2+\beta\dot{x}},$$

was mit 2a) wiederum nur für $\beta = 0$ verträglich ist. Beachten wir noch, daß $f(\dot{x})$ für beliebig anwachsende Absolutwerte von $\dot{x}$ sich dem Grenzwerte Null nähern muß, so dürfen wir schließlich mit $\alpha c^2 = -1$ schreiben

$$f(\dot{x}) = C\,e^{-\frac{\dot{x}^2}{c^2}}, \quad \ldots\ldots\ldots\ldots \quad 3)$$

worin C und c^2 noch zu bestimmende Festwerte bedeuten. Zu ihrer Berechnung greifen wir auf Gl. 1) zurück und erhalten mit $\dot{x} = c\,\xi$

$$\int_{-\infty}^{+\infty} f(\dot{x})\,d\dot{x} = c\,C\int_{-\infty}^{+\infty} e^{-\xi^2}\,d\xi = C\,c\,S = 1. \quad \ldots\ldots \quad 3\text{a})$$

Das hierin auftretende bestimmte Integral S ergibt sich durch Zerlegung des Doppelintegrals

$$\int_{-\infty}^{+\infty}\int_{-\infty}^{+\infty} e^{-(\xi^2+\eta^2)}\,d\xi\,d\eta = \int_{-\infty}^{+\infty} e^{-\eta^2}\,d\eta \int_{-\infty}^{+\infty} e^{-\xi^2}\,d\xi = \int_{-\infty}^{+\infty} e^{-\eta^2}\,d\eta\; S = S^2. \quad 3\text{b})$$

Setzen wir

$$\xi = \varrho\cos\varphi, \qquad \eta = \varrho\sin\varphi, \qquad \text{also} \qquad \xi^2+\eta^2 = \varrho^2$$

und ersetzen das Flächenelement $d\xi\, d\eta$ entsprechend den Polarkoordinaten durch $\varrho\, d\varrho\, d\varphi$, so wird

$$\int_{-\infty}^{+\infty}\int_{-\infty}^{+\infty} e^{-(\xi^2+\eta^2)}\, d\xi\, d\eta = \int_{0}^{+\infty}\int_{-\frac{\pi}{2}}^{+\frac{\pi}{2}} e^{-\varrho^2}\, \varrho\, d\varrho\, d\varphi = \pi \int_{0}^{+\infty} e^{-\varrho^2}\, d(\varrho^2) = \pi\,,$$

also $S^2 = \pi$ und nach Einsetzen in 3a) und 3)

$$C\, c\sqrt{\pi} = 1, \qquad f(\dot{x}) = \frac{1}{c\sqrt{\pi}}\, e^{-\frac{\dot{x}^2}{c^2}}, \quad \ldots \ldots \quad 3\text{c})$$

so daß nur noch der Beiwert c zu bestimmen ist.

Mit 3c) ergibt sich nunmehr die Molekelzahl mit Laufwerten zwischen $\dot{\mathfrak{r}}\,(\dot{x}, \dot{y}, \dot{z})$ und $\dot{\mathfrak{r}} + d\dot{\mathfrak{r}}\,(\dot{x} + d\dot{x},\ \dot{y} + d\dot{y},\ \dot{z} + d\dot{z})$ und $d\dot{x}\, d\dot{y}\, d\dot{z} = dV$ zu

$$dN = N \cdot f(\dot{x})\, f(\dot{y})\, f(\dot{z})\, d\dot{x}\, d\dot{y}\, d\dot{z} = \frac{N \cdot e^{-\frac{\dot{x}^2+\dot{y}^2+\dot{z}^2}{c^2}}}{c^3\, \pi^{3/2}}\, dV$$

oder auch mit

$$\dot{x}^2 + \dot{y}^2 + \dot{z}^2 = \dot{\mathfrak{r}}^2 = \dot{r}^2, \qquad dV = \dot{r}^2\, d\dot{r}\, d\omega, \quad \ldots \quad 4)$$

worin $\dot{r}$ den Betrag des Laufvektors $\dot{\mathfrak{r}}$ und $d\omega$ das Element der Einheitskugelfläche bedeuten

$$dN = \frac{N e^{-\frac{\dot{r}^2}{c^2}}}{c^2\, \pi^{3/2}}\, \dot{r}^2\, d\dot{r}\, d\omega\,.$$

Durch Integration dieses Ausdruckes über ω von 0 bis 4π, d. h. über die ganze Einheitsfläche schalten wir aber den Einfluß der verschiedenen Laufrichtungen aus und erhalten für die Molekelzahl mit den Laufwerten zwischen $\dot{r}$ und $\dot{r} + d\dot{r}$

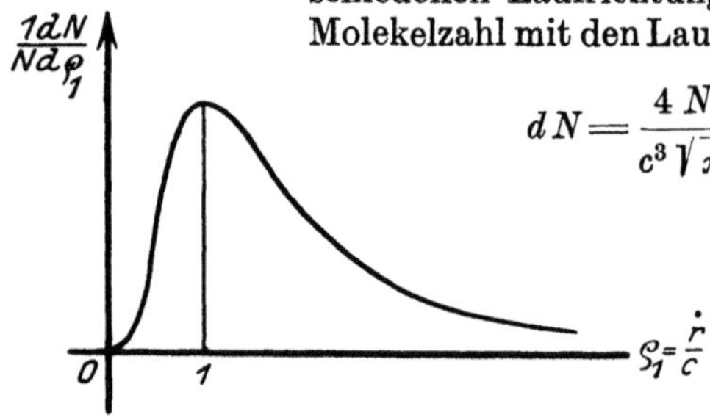

Abb. 143.

$$dN = \frac{4\, N}{c^3\sqrt{\pi}}\, e^{-\frac{\dot{r}^2}{c^2}}\, \dot{r}^2\, d\dot{r} \quad \ldots \ldots \quad 5)$$

oder mit $\dot{r} = c\varrho_1$

$$\frac{1}{N}\frac{dN}{d\varrho_1} = \frac{4}{\sqrt{\pi}}\, e^{-\varrho_1^2}\, \varrho_1^2 \quad . \quad 5\text{a})$$

Diesen Ausdruck, der auch die wahrscheinlichste Verteilung der Fehler bei einer sehr großen Zahl von Beobachtungen angibt und durch Abb. 143 dargestellt ist, bezeichnet man als das Maxwellsche Verteilungsgesetz der Molekelgeschwindigkeiten. Er verschwindet für $\varrho_1 = 0$ und $\varrho_1 = \infty$, d. h. für $\dot{r} = 0$ und $\dot{r} = \infty$ und hat einen Höchstwert für

$$\frac{d}{d\varrho_1^2}\left(\frac{dN}{d\varrho_1}\right) = \frac{4}{\sqrt{\pi}}\, N e^{-\varrho_1^2}(1 - \varrho_1^2) = 0, \quad \text{entspr.} \quad \varrho_1 = 1, \quad \dot{r} = c, \quad 5\text{b})$$

so daß also der bisher noch unbestimmte Beiwert c denjenigen Laufwert angibt, von dem die meisten Molekeln nur wenig abweichen. Es fragt sich nur noch, wie dieser ausgezeichnete Wert c bzw. c^2 mit dem mittleren Laufquadrat w^2 des § 53 zusammenhängt. Zur Beantwortung dieser Frage müssen wir die Gesamtwucht der Gasmenge bilden, die sich aus

$$J = \int \frac{m \dot{r}^2}{2} \, dN = \frac{2\,N m}{c^3 \sqrt{\pi}} \int_0^\infty e^{-\frac{\dot{r}^2}{c^2}} \dot{r}^4 \, d\dot{r} = \frac{N m}{2} w^2 \quad \ldots \quad 6)$$

ergibt. Setzen wir im Integral $c = 1 : \alpha$, so folgt

$$\frac{4}{\sqrt{\pi}} \int_0^\infty e^{-\alpha^2 \dot{r}^2} \dot{r}^4 \, d\dot{r} = w^2 c^3 \quad \ldots \ldots \ldots \quad 6\text{a})$$

Zur Berechnung des hierin auftretenden Integrals erinnern wir uns, daß nach 3 b)

$$S = \int_{-\infty}^{+\infty} e^{-\xi^2} \, d\xi = \sqrt{\pi}, \qquad \text{also} \qquad \int_0^\infty e^{-\xi^2} \, d\xi = \frac{\sqrt{\pi}}{2}$$

war. Schreiben wir darin $\xi = \alpha \dot{r}$, so ist

$$\int_0^\infty e^{-\alpha^2 \dot{r}^2} \, d\dot{r} = \frac{\sqrt{\pi}}{2\alpha}$$

nach zweimaligem Differenzieren nach α

$$\int_0^\infty e^{-\alpha^2 \dot{r}^2} \dot{r}^2 \, d\dot{r} = \frac{\sqrt{\pi}}{4\alpha^3}, \qquad \int_0^\infty e^{-\alpha^2 \dot{r}^2} \dot{r}^4 \, d\dot{r} = \frac{3\sqrt{\pi}}{8\alpha^5} = \frac{3}{8} c^5 \sqrt{\pi}.$$

Dies gibt eingesetzt in 6a) schließlich

$$\tfrac{3}{2} c^2 = w^2 \qquad \text{oder} \qquad c^2 = \tfrac{2}{3} w^2 \quad \ldots \ldots \ldots \quad 7)$$

Daraus geht hervor, daß der am häufigsten auftretende Lauf nicht mit dem mittleren zusammenfällt, sondern erheblich darunter liegt.

Die im Gas durcheinander schwirrenden Molekeln werden sich nun gegenseitig stoßen und dabei einen Austausch ihrer Wucht erfahren. Die Zahl der Stöße sowohl wie auch der zwischen zweien derselben zurückgelegte freie Weg ist nun abhängig einerseits von der Gesamtzahl N der Molekeln im Raum V, dann von ihrer eigenen Ausdehnung und schließlich vom Relativlauf der Molekeln gegeneinander. Wir wollen diesen unter der vereinfachenden Annahme eines gleichen Laufes w aller Molekeln, der sich als Wurzel aus dem mittleren Laufquadrat berechnet, zu ermitteln suchen.

Ist alsdann φ der Winkel zwischen den Bewegungsrichtungen zweier Molekeln, so ist der Relativlauf als Basis des gleichschenkeligen Dreiecks mit den Seiten w und dem Winkel φ, Abb. 144,

$$w' = 2\,w \sin\frac{\varphi}{2} \quad \text{8)}$$

Um den Mittelwert von w' zu finden, beschreiben wir um die Spitze O des Dreiecks mit dem Arm w eine Kugel, auf deren Oberfläche die Enden aller Laufvektoren w gleichförmig verteilt angenommen werden können. Alsdann ist der mittlere Relativlauf nichts anderes als die mittlere Entfernung des Endes P eines dieser Vektoren von allen andern, d. h. der mittlere Abstand der ganzen Kugeloberfläche $4\pi w^2$ von einem ihrer Punkte.

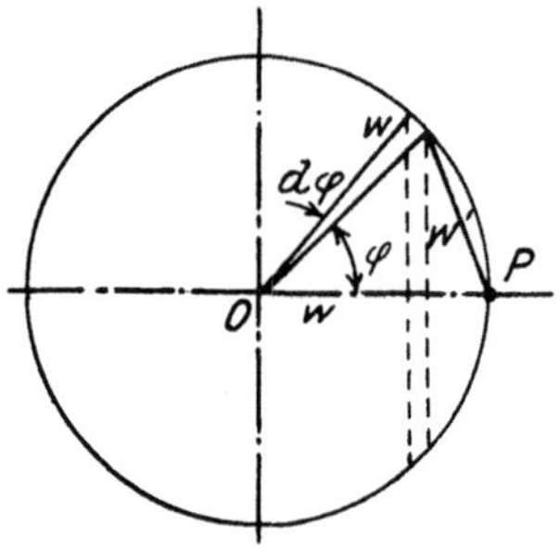

Abb. 144.

Wählen wir als zu φ zugehöriges Oberflächenelement $d\Omega$ den Betrag von der Öffnung $d\varphi$, so ist

$$d\Omega = 2\pi w^2 \sin\varphi\, d\varphi = 4\pi w^2 \sin\frac{\varphi}{2}\cos\frac{\varphi}{2}\, d\varphi,$$

also

$$w'\, d\Omega = 8\pi w^3 \sin^2\frac{\varphi}{2}\cos\frac{\varphi}{2}\, d\varphi = \frac{16}{3}\pi w^3\, d\left(\sin\frac{\varphi}{2}\right)^3.$$

Daraus folgt alsdann der mittlere Relativlauf

$$w_r = \frac{1}{4\pi w^2}\int_0^\pi w'\, d\Omega = \frac{4}{3} w \quad \text{9)}$$

Dürfen wir die Molekeln als elastische Kugeln ansehen vom Durchmesser s, so ist dies auch der Zentralabstand zweier sich gerade berührender Molekeln. Denken wir uns nun alle Molekeln punktförmig und in Ruhe bis auf eine, die mit dem mittleren Relativlauf w_r fortschreitet, so müssen wir dieser den Halbmesser s zuschreiben, um die gleiche Stoßzahl zu erhalten wie zwischen lauter Molekeln vom Halbmesser $\frac{1}{2}s$. Da nun die bewegte Molekel mit dem Radius s in der Sekunde den Raum $\pi s^2 w_r$ überstreicht, so stößt sie in dieser Zeit mit allen darin befindlichen Molekeln zusammen. Deren Zahl ist aber, wenn wir wieder mit N die Molekelzahl der Raumeinheit bezeichnen

$$Z = N\pi s^2 w_r = \tfrac{4}{3}\pi N s^2 w \quad \text{10)}$$

Teilen wir dann noch den in der Zeiteinheit von einer Molekel zurückgelegten Weg, d. i. den absoluten Mittellauf w durch seine Stoßzahl, so erhalten wir mit 10) die mittlere freie Weglänge

$$l = \frac{w}{Z} = \frac{3}{4\pi N s^2} \quad \text{11)}$$

Hiernach ist das Produkt $N l$ unmittelbar durch die Abmessungen der Molekel selbst gegeben. Da andrerseits die Molekelzahl N in der Raumeinheit für alle Gase nach dem Satze von Avogadro dieselbe ist, so muß auch das Produkt $s^2 l$, d. h. der von einer Molekel frei durchstrichene Raum für alle Gase von gleichem Druck und gleicher Temperatur derselbe sein. Bezeichnen wir nun den Raum, den die N Molekeln bei höchster Verdichtung, also in flüssigem Zustande einnehmen, mit V_0, so ist

$$V_0 = \frac{4}{3} \pi N \left(\frac{s}{2}\right)^3 \quad \text{12)}$$

oder in Verbindung mit 11)

$$s = 8 V_0 l. \quad \text{13)}$$

Hierin ist, da sich N auf die Raumeinheit bezieht, V_0 eine reine Zahl, nämlich das Verhältnis des Flüssigkeitsraumes zur Raumeinheit, so daß in der Tat auf beiden Seiten von 13) je eine Länge steht. Die Benutzung der letzten beiden Formeln wird vorläufig dadurch erschwert, daß der Betrag von V_0 nur der Größenordnung bekannt ist, jedenfalls aber nicht mit dem Verhältnis des Gewichtsraumes der Flüssigkeit und des Gases genau übereinstimmt.

§ 56. Wärmeleitung und Reibung der Gase. Hat die der Temperatur verhältnisgleiche mittlere Molekularwucht in einer Gasmasse nicht überall denselben Wert, so findet durch die Molekularstöße ein Ausgleich derart statt, daß die Schichten von höherer Wucht an solche von niederer Wucht Wärme abgeben. Zur Verfolgung dieses als Wärmeleitung bezeichneten Vorganges denken wir uns in einem Gas, dessen Temperatur nur in der x-Richtung veränderlich sein möge, senkrecht hierzu eine Ebene vom Flächeninhalt F, durch welche Gasmoleküle von beiden Seiten hindurchtreten. Ist wieder N die Molekelzahl der Raumeinheit, so befinden sich $N F dx$ Moleküle in einer Schicht von der Höhe dx über der Grundfläche. Da die doppelte Mittelwucht in einer Richtung

$$N m u^2 = \tfrac{1}{3} N m w^2$$

ist, so dürfen wir annehmen, daß sich ein Drittel der Moleküle mit mit dem Mittellauf w senkrecht zur Grundfläche, und zwar zu gleichen Teilen auf dieselbe zu wie von ihr weg bewegen. Nennen wir wieder l die mittlere Weglänge zwischen zwei Zusammenstößen, so ist die zum Zurücklegen dieses Weges notwendige Zeit t gegeben durch

$$l = w t \quad \text{1)}$$

und wir erhalten die Zahl der in der Zeiteinheit aus der Schicht durch die Grundfläche hindurchtretenden Molekeln zu

$$\frac{N F dx}{3 t} = \frac{N F w}{3 l} dx$$

mit einer mittleren Wucht

$$dJ = \frac{NFw}{3l}dx\,\frac{mw^2}{2} = \frac{NFmw^3}{6l}dx \quad \ldots\ldots \quad 2)$$

Ist nun T_0 die Temperatur in der Schicht F, so haben wir in einem kleinen Abstand x davon nach dem Taylorschen Satz die Temperatur

$$T = T_0 + \frac{\partial T}{\partial x}x = T_0\left(1 + \frac{x}{T_0}\frac{\partial T}{\partial x}\right), \quad \ldots\ldots \quad 3)$$

worin wegen der kinetischen Auffassung der Temperatur mit den entsprechenden Mittelläufen w_0 und w

$$T w_0^2 = T_0 w^2 \quad \ldots\ldots \quad 4)$$

zu setzen ist. Mithin ist

$$\frac{T}{T_0} = \left(\frac{w}{w_0}\right)^2 = 1 + \frac{x}{T_0}\frac{\partial T}{\partial x}$$

und nach Einsetzen in 2)

$$dJ = \frac{NFm}{6l}w_0^3\left(1 + \frac{x}{T_0}\frac{\partial T}{\partial x}\right)^{3/2}dx,$$

oder wegen der Kleinheit von x angenähert

$$dJ = \frac{NFm}{6l}w_0^3\left(1 + \frac{3}{2}\frac{x}{T_0}\frac{\partial T}{\partial x}\right)dx. \quad \ldots\ldots \quad 2a)$$

Auf dem Wege von $x = 0$ bis $x = l$ erhalten wir demnach einen Wuchtzuwachs der Molekeln im Betrage

$$\frac{NFm}{6l}w_0^3\left(1 + \frac{3}{2}\frac{l}{T_0}\frac{\partial T}{\partial x}\right)dx - \frac{NFm}{6l}w_0^3\,dx = \frac{NFmw_0^3}{4}\frac{\partial T}{T_0\,\partial x}dx.$$

Fassen wir nunmehr durch Integration über die Schicht von $x = 0$ bis l alle Molekeln zusammen, welche bis zur mittleren Weglänge von F entfernt sind und daher noch innerhalb der Zeit t die Fläche durchschreiten müssen, so ist deren Wucht

$$J = \frac{NFm}{4T_0}w_0^3\,l\frac{\partial T}{\partial x}. \quad \ldots\ldots \quad 5)$$

Der Wärmewert dieses Betrages ist demnach die durch die Fläche F hindurchtretende Wärme

$$Q = F\left(A\frac{Nmw_0^3\,l}{4T_0}\right)\frac{\partial T}{\partial x} = Fk\frac{\partial T}{\partial x} \quad \ldots\ldots \quad 5a)$$

mit der Wärmeleitzahl

$$k = A\frac{Nmw_0^3\,l}{4T_0}. \quad \ldots\ldots \quad 6)$$

Nun ist nach Gl. 11 § 53

$$w_0^2 = 3\,g\,R\,T_0, \quad \ldots\ldots\ldots \quad 7)$$

also mit $N m g = \gamma$

$$k = \tfrac{3}{4} A R \gamma w_0 l = \tfrac{3}{4}(c_p - c_v)\gamma w_0 l. \quad \ldots\ldots \quad 6a)$$

Da nun die Wärmeleitzahl ebenso aus Versuchen für eine Reihe von Gasen bekannt ist wie die Gaskonstante, das Raumgewicht γ und schließlich w_0 aus 7), so bietet 6a) die Möglichkeit einer Berechnung der mittleren Weglänge l. Aus dieser folgt dann nach Loschmidt (1865) mit Hilfe von Gl. 13) des vorigen Abschnittes der obere Grenzwert des Moleküldurchmessers s und schließlich aus 12) ebenda die Molekelzahl in der Raumeinheit, die nach dem Satze von Avogadro Gl. 8) § 53 für gleichen Druck und gleiche Temperatur allen Gasen gemein ist.

Bewegt sich nun ein Gas derart in einer bestimmten Richtung, daß einander und zur Stromrichtung parallele Schichten nicht denselben Laufwert u besitzen, so werden durch eine Trennungsfläche F fortwährend Moleküle übertreten, die, von der rascher strömenden Seite kommend, die langsame Schicht beschleunigen, während die umgekehrt übertretenden die rascher strömende Schicht verzögern. Beim Zurücklegen der Weglänge $x = l$ ändert demnach ein Molekül seine Bewegungsgröße in der Stromrichtung u senkrecht zu x

$$m\left(u + \frac{\partial u}{\partial x} l\right) - m u = m \frac{\partial u}{\partial x} l,$$

also ist bei der oben ermittelten aus der Schicht $F dx$ übertretenden Zahl $\frac{N F w}{3 l} dx$ Molekeln in der Zeiteinheit die Änderung der Bewegungsgröße in derselben Zeit, d. i. die dazu erforderliche Kraft

$$d Q_r = \frac{N F w}{3 l} dx \cdot m \frac{\partial u}{\partial x} l = \frac{N F m w}{3} \frac{\partial u}{\partial x} dx$$

oder nach Integration über die Schichtdicke von $x = 0$ bis l

$$Q_r = \frac{N F m w l}{3} \frac{\partial u}{\partial x} = F \cdot \eta \frac{\partial u}{\partial x}. \quad \ldots\ldots\ldots \quad 8)$$

Dies ist aber nichts anderes als die zwischen den beiden Nachbarschichten in der Berührungsstelle F wirkende Reibung, der im Einklang mit der Erfahrung eine Schubspannung

$$\tau = \frac{Q_r}{F} = \eta \frac{\partial u}{\partial x} \quad \ldots\ldots\ldots \quad 8a)$$

entspricht, welche dem Laufgefälle senkrecht zur Stromrichtung verhältnisgleich ist.

Die darin auftretende Reibungsziffer

$$\eta = \frac{N m w l}{3} = \frac{\gamma w l}{3 g} \quad \ldots \ldots \ldots \ldots \quad 9)$$

kann, wie aus dem Vergleich von 6a) hervorgeht, auch in der Form

$$\eta = \frac{4 k}{9 g A R} \quad \ldots \ldots \ldots \ldots \quad 9a)$$

geschrieben werden, ist also der Wärmeleitzahl verhältnisgleich. Weiter erkennt man, da nach Gl. 11) § 55 das Produkt $N l$ nur von dem Moleküldurchmesser abhängt, also für ein und dasselbe Gas beständig ist, daß sowohl die Wärmeleitzahl als auch die Reibungsziffer der Gase dem mittleren Molekellauf und damit der Wurzel aus der absoluten Temperatur verhältnisgleich sind.

1. Beispiel. Da die Reibungsziffer für zahlreiche Gase durch Versuche bekannt ist, und der Mittellauf schon früher bestimmt wurde, so bietet Gl. 9) die Möglichkeit einer einfachen Berechnung der mittleren Weglänge und der Stoßzahl Z aus Gl. 11) § 55. Wir erhalten so bei 15° C und 760 mm Quecksilbersäule die folgende Tafel:

Stoff	$\gamma \cdot 10^3$ g/cm³	$w \cdot 10^{-2}$ cm/sec	$\eta \cdot 10^8$	$l \cdot 10^5$ cm	$Z \cdot 10^{-8}$
Wasserstoff	0,0827	1837	8,56	1,658	110,8
Stickstoff	1,151	493	17,02	0,887	55,9
Sauerstoff	1,312	463	17,33	0,826	55,9

Die Wärmeleitzahl berechnet sich für dieselben Körper aus der Reibungsziffer nach 9a) und ergibt mit $AR = c_p - c_v$ die in der folgenden Tafel zusammengestellten Werte

Stoff	$c_p - c_v$	$\frac{9}{4} g A R$	$k \cdot 10^5$	$k \cdot 10^5$ beob.
Wasserstoff	1,00	22,1	18,91	38,7
Stickstoff	0,071	1,57	2,67	5,1
Sauerstoff	0,062	1,37	2,35	5,5

Des Vergleiches halber sind die beobachteten Werte von k hinzugefügt, welche nahezu doppelt so groß ausfallen als die berechneten. Daraus geht hervor, daß die entwickelte Theorie der Wärmeleitung noch unvollkommen ist.

2. Beispiel. Bei der langsamen Strömung eines Gases längs einer ebenen freien Oberfläche werden vermöge deren Rauhigkeit und der Anziehung der dichten Körpermasse auf die Gasmoleküle diese an der Oberfläche derart haften, daß sich eine dünne Grenzschicht bildet, deren Vorhandensein von Prandtl neuerdings versuchsmäßig nachgewiesen wurde. In dieser Grenzschicht ändert sich der Lauf u nahezu verhältnisgleich dem Abstande x von der Oberfläche so zwar, daß man mit der Schichtdicke h und dem ungestörten Stromlauf u_1 des Gases

$$\frac{\partial u}{\partial x} = \frac{u}{x} = \frac{u_1}{h} \quad \ldots \ldots \ldots \ldots \quad 10)$$

zu setzen hat. Damit aber geht die Reibungskraft 8) über in

$$Q_r = F\eta\frac{u_1}{h}, \quad \ldots \ldots \ldots \ldots \quad 10\text{a)}$$

wird also dessen Stromlauf u_1 selbst verhältnisgleich. Dasselbe gilt offenbar auch im umgekehrten Falle der langsamen Bewegung des festen Körpers in der ruhenden Gasmasse, woraus sich also ein dem Laufe verhältnisgleicher Widerstand ergibt, den wir früher als Dämpfung bezeichnet haben.

Bei rascher Relativbewegung des festen Körpers in einem Gase wird die Grenzschicht durch Aufrollen an den Wandrauhigkeiten zerstört und muß immer wieder von neuem gebildet werden. Außerdem aber erfährt die Umgebung durch das Ausweichen um den festen Körper eine Querbewegung, deren Wucht ebenfalls einen Arbeitsverlust darstellt. Der bewegte Körper setzt demnach in der Zeiteinheit eine Masse $dm:dt$ in Bewegung, die mit dem Querschnitt F_1 des Körpers in der Bewegungsrichtung und seinem Lauf u_1 derart wächst, daß mit dem Raumgewicht γ der Umgebung und einem Beiwert $\varkappa_1$

$$\frac{dm}{dt} = \varkappa_1\frac{\gamma}{g}F_1 u_1 \quad \ldots \ldots \ldots \ldots \quad 11)$$

ist. Die durch dieses Mitreißen bedingte Arbeitsleistung ist alsdann mit einem zweiten Faktor $\varkappa_2$

$$W u_1 = \frac{\varkappa_2}{2}\frac{dm}{dt}u_1^2 = \frac{\varkappa_1\varkappa_2\gamma}{2g}F_1 u_1^3$$

und daher der Widerstand

$$W = \varkappa\gamma F_1 u_1^2 . \quad \ldots \ldots \ldots \ldots \quad 11\text{b)}$$

Auf diese Weise findet auch der quadratische Widerstand wie oben die Dämpfung seine mechanische Erklärung.

XIII. Ähnlichkeitsmechanik.

§ 57. Vollständige mechanische Ähnlichkeit. Die bisher entwickelten Rechnungsverfahren der Mechanik gestatten trotz ihrer Allgemeingültigkeit nur in wenigen verhältnismäßig einfachen Fällen eine so vollständige Lösung praktischer Aufgaben, daß deren Übereinstimmung mit der Erfahrung gewährleistet ist. Damit aber erscheint das Ziel der Theorie, nämlich die bündige Voraussage des Verhaltens eines Gebildes unter vorgelegten äußeren Bedingungen in unerreichbare Ferne gerückt und der Wert der Mechanik überhaupt in Frage gestellt. Diese von den Gegnern, d. h. Nichtkennern jeder wissenschaftlichen Behandlung in der Tat gezogene Folgerung würde indessen nur zu einem blinden Probieren führen, das für die Technik überaus kostspielig und zeitraubend ausfallen muß, ohne den gesuchten Erfolg einigermaßen zu verbürgen.

In dieser Zwangslage bietet sich nun der sog. Modellversuch als ein Ausweg dar, der sich schon seit 1869 nach dem Vorschlag des Engländers Froude im Schiffbau bewährt hat und neuerdings auch auf anderen Gebieten mit unbestrittenem Erfolg Anwendung findet. Dieses Verfahren beruht auf dem schon von Newton erkannten, dann von Cauchy für einen Sonderfall und schließlich von Bertrand allgemein formulierten Gesetz der mechanischen

Ähnlichkeit zweier auch geometrisch ähnlicher Gebilde. Die Grundlage dieses Gesetzes bildet die Kraftgleichung

$$\mathfrak{K} = m\ddot{\mathfrak{r}}, \quad \ldots\ldots\ldots\ldots \quad 1)$$

in der wir die Masse auch durch den Rauminhalt V und die Dichte δ ersetzen können, woraus unter Hinzufügung der Dimensionen

$$\mathfrak{K} = V\delta\ddot{\mathfrak{r}} = [\delta l^4 t^{-2}] = [m l t^{-2}] \quad \ldots\ldots\ldots \quad 1a)$$

hervorgeht. Aus dieser Formel können wir, da

$$[l t^{-1}] = \dot{\mathfrak{r}} = \mathfrak{v} \quad \ldots\ldots\ldots\ldots \quad 2)$$

die Dimensionen des Laufes (Geschwindigkeit) darstellt,

$$K = [m l^{-1} v^2] \quad \ldots\ldots\ldots\ldots \quad 1b)$$

mit einem noch unbekannten dimensionslosen Festwert α

$$v = \alpha\sqrt{\frac{K}{m l^{-1}}} \quad \ldots\ldots\ldots\ldots \quad 3)$$

herleiten. Versteht man unter K die Spannkraft eines Seiles mit der Masse $m l^{-1}$ der Längeneinheit, so gibt 3) den Fortlauf einer Seilwelle an, den wir schon in Teil I, § 78 Gl. 13b) abgeleitet haben. Aus dem Vergleich mit diesem Ergebnis folgt, daß der fragliche Festwert $\alpha = 1$ ist, daß also 3) schon die vollständige Gleichung darstellt, die sich somit einfach aus der Kraftgleichung ableiten läßt. Weiter wird aus 3) mit $K = mq$

$$v = \alpha\sqrt{q l}, \quad \ldots\ldots\ldots\ldots \quad 3a)$$

woraus sich der Endlauf bei der gleichförmig beschleunigten Bewegung ergibt, für den der Festwert nach früherem $\sqrt{2}$ ist. Weiter folgt aus den Dimensionen des Anlaufes $\ddot{\mathfrak{r}} = \mathfrak{q} = [l t^{-2}]$ mit dem Festwert β

$$t = \beta\sqrt{\frac{l}{q}}, \quad \ldots\ldots\ldots\ldots \quad 3b)$$

also die Formel für die Fallzeit oder die Schwingungsdauer eines Pendels mit naturgemäß verschiedenen Festwerten β. Weiter dürfen wir auch an Stelle von 1b) mit einem Festwerte ζ

$$K = \delta l^2 v^2 = \zeta\frac{\gamma}{g} F v^2 \quad \ldots\ldots\ldots\ldots \quad 4)$$

schreiben, womit das quadratische Widerstandsgesetz § 56 Gl. 11a) gegeben ist. Mit dem Flächendrucke $p = K : F$ erhalten wir darum weiter

$$\frac{p}{l} = \zeta\frac{\gamma}{g}\frac{v^2}{D} \quad \ldots\ldots\ldots\ldots \quad 4a)$$

das Druckgefälle in einem Rohre vom Durchmesser D als Folgerung des einfachen Kraftgesetzes, solange die Verluste der augenblicklichen mittleren Wucht der Strömung verhältnisgleich anzusehen sind. Wären die Festwerte der vorstehenden Gleichungen 3) und 4) nicht aus anderen Überlegungen bekannt, so würde zu ihrer Bestimmung ein einziger Versuch genügen, der unter gewissen Bedingungen auch an einem (meist verkleinerten) Modell vorgenommen werden darf.

Sind nunmehr m' und m'' die Massen zweier Körper, d. i. eines Gegenstandes und seines Modells, auf welche die Kräfte $\mathfrak{K}'$ und $\mathfrak{K}''$ wirken, so bestehen die Gleichungen

$$\mathfrak{K}' = m'\ddot{\mathfrak{r}}' = [m' l' t'^{-2}], \qquad \mathfrak{K}'' = m''\ddot{\mathfrak{r}}'' = [m'' l'' t''^{-2}] \quad . \; . \quad 5)$$

oder

$$\frac{\mathfrak{K}'}{\mathfrak{K}''} = \frac{m'\ddot{\mathfrak{r}}'}{m''\ddot{\mathfrak{r}}''} = \left[\frac{m' l' t'^{-2}}{m'' l'' t''^{-2}}\right] \quad . \; . \; . \; . \; . \; . \; . \; . \quad 5a)$$

und im Falle geometrischer Ähnlichkeit der Körpergestalten und der einander zugeordneten Verschiebungen unter Einführung der Dichten δ' und δ''

$$\frac{\mathfrak{K}'}{\mathfrak{K}''} = \left[\frac{\delta' l'^4 t'^{-2}}{\delta'' l''^4 t''^{-2}}\right] \quad . \; . \; . \; . \; . \; . \; . \; . \; . \; . \quad 5b)$$

Für die hierin auftretenden Verhältniswerte führen wir nun die folgenden Bezeichnungen ein:

$$\frac{\mathfrak{K}'}{\mathfrak{K}''} = \varkappa, \quad \frac{m'}{m''} = \mu, \quad \frac{\delta'}{\delta''} = \vartheta, \quad \frac{l'}{l''} = \lambda, \quad \frac{t'}{t''} = \tau \quad . \; . \quad 6)$$

und erhalten damit an Stelle von 5a) und 5b)

$$\varkappa\tau^2 = \mu\lambda = \vartheta\lambda^4 \quad . \; . \; . \; . \; . \; . \; . \; . \; . \quad 7)$$

als Ausdruck des allgemeinen Ähnlichkeitsgesetzes von Bertrand. In demselben ist das Längenverhältnis λ stets als gegeben anzusehen, während das Kraftverhältnis $\varkappa$ gesucht wird. Da die Gleichung noch das Zeitverhältnis τ und das Massenverhältnis μ bzw. dasjenige der Dichten ϑ enthält, so sind zur Verwertung von 7) noch zwei weitere äußere Beziehungen notwendig, welche den Bewegungsvorgang kennzeichnen. Bewegen sich der zu untersuchende Körper und sein Modell in derselben Umgebung, z. B. in Luft oder in Wasser bzw. wie ein Schiff gleichzeitig in beiden, mit dem sie in Wechselwirkung stehen, so ist damit auch das Dichteverhältnis $\vartheta = 1$ gegeben. Da außerdem die von beiden Körpern hervorgerufenen Bewegungen in der Umgebung dem gemeinsamen Einfluß der Erdschwere unterliegen, für welche der Erdanlauf g maßgebend ist, so haben wir hierfür

$$g = [l' t'^{-2}] = [l'' t''^{-2}],$$

d. h. als Bedingungsgleichungen

$$\vartheta = 1, \qquad \tau^2 = \lambda, \quad . \; . \; . \; . \; . \; . \; . \; . \; . \quad 8)$$

wonach z. B. alle einfachen Fadenpendel einander mechanisch ähnlich sind. Das Kraft- und Massenverhältnis folgt alsdann mit 7)

$$\varkappa = \mu = \lambda^3, \quad \ldots \ldots \ldots \quad 8\text{a)}$$

sowie das Laufverhältnis

$$\beta = \frac{v'}{v''} = [l' t'^{-1}] : [l'' t''^{-1}] = \lambda \tau^{-1} = \sqrt{\lambda}. \quad \ldots \ldots \quad 8\text{b)}$$

Aus diesen schon von Froude aufgestellten und bei seinen Versuchen mit Schiffsmodellen in einer Versuchsrinne benutzten Beziehungen, welche auf eine Verhältnisgleichheit der Kraftaufwände mit den Rauminhalten und der Laufwerte mit den Wurzeln aus der Länge hinausläuft, lassen sich leicht noch folgende Beziehungen ableiten. Es ist zunächst nach 8b)

$$\frac{\beta^2}{\lambda} = 1, \quad \text{d. h.} \quad \frac{v'^2}{l'} = \frac{v''^2}{l''} = \alpha, \quad \ldots \ldots \quad 8\text{c)}$$

wo α einen Anlauffestwert bedeutet und das Verhältnis der Drehwerte

$$\nu = \omega' : \omega'' = t'' : t' = \tau^{-1} = \lambda^{-\frac{1}{2}}. \quad \ldots \ldots \quad 8\text{d)}$$

Weiter erhalten wir für das Arbeitsverhältnis φ und das Leistungsverhältnis ψ

$$\varphi = \varkappa \lambda = \lambda^4, \qquad \psi = \varkappa \beta = \lambda^{\frac{7}{2}}, \quad \ldots \ldots \quad 8\text{e)}$$

sowie für das Druckverhältnis

$$\pi = p' : p'' = \varkappa \lambda^{-2} = \lambda. \quad \ldots \ldots \ldots \quad 8\text{f)}$$

Diese Beziehung ist in bezug auf das Wasser, dessen Druck im geraden Verhältnis zur Tiefe wächst, ohne weiteres erfüllt, nicht aber für Luft in der Umgebung der beiden Körper, die bei gleicher Dichte auch denselben Druck besitzt. Der hierin liegende Widerspruch erledigt sich indessen dadurch, daß es bei der Bewegung eines Körpers in seiner Umgebung nur auf die durch die Bewegung selbst hervorgerufene Druckänderung ankommt, die wie auch bei Wasser mit $v^2 : 2g$ also in demselben Schwerefeld mit v^2, d. h. mit $\beta^2 = \lambda$ in Übereinstimmung mit 8f) wächst. Dagegen ist darauf hinzuweisen, daß die geometrische Ähnlichkeit der Vergleichskörper streng genommen auch die gleiche Beschaffenheit der Oberflächen, d. h. gleiche Rauhigkeit voraussetzt, die durch den Zahlenwert ζ in Gl. (4a) dargestellt wird. In der Nichtbeachtung dieser Forderung ist die Ursache für gelegentliche unbefriedigende Ergebnisse des Modellversuches zu suchen. Haben wir es mit Reibungswiderständen R zu tun, welche nach der Formel $R = fN$ der Normalkraft an der Berührungsstelle verhältnisgleich sind, so muß für beide Körper unter sonst gleichen Umständen auch die Reibungsziffer denselben Wert haben, was wiederum auf eine gleiche Oberflächenbeschaffenheit beider hinausläuft.

1. Beispiel. Soll zur Ermittlung der Maschinenstärke eines Schnelldampfers von 200 m Länge mit einem Lauf von 20 Knoten, d. i. rd. $v' = 10$ msec^{-1}, ein Modell von 4 m Länge benutzt werden, so ist $\lambda = 200:4 = 50$ und daraus mit einem Modellwiderstand von 1 kg

$$\beta = \sqrt{50} = 7{,}07\,, \qquad \varkappa = 50^3 = 125\,000\,,$$

$$v'' = 10:\beta = 1{,}415 \text{ msec}^{-1}\,, \qquad P' = \varkappa P'' = 125\,000 \text{ kg}$$

und die wirkliche Schraubenleistung

$$N = P'v' = 1\,250\,000 \text{ mkgsec}^{-1} = 16\,700 \text{ PS}\,.$$

Da das Verhältnis der Drehwerte der Schrauben

$$\nu = \lambda^{-\frac{1}{2}} = 1:\sqrt{\lambda} = 1:\beta = 0{,}1415$$

beträgt, so müssen bei einer Umlaufszahl der Schiffsschraube von $n' = 100$ i. d. Minute, die Modellschraube

$$n'' = n':\nu = n'\beta = n'\sqrt{50} = 707$$

Umläufe i. d. Minute vollziehen.

2. Beispiel. Ein Flugzeug mit einer Flügelbreite von 16 m, mit einer Flügeltiefe von 2 m, also 32 m² Tragfläche, soll bei einer Fahrt von $v' = 126$ km/st $= 35$ msec^{-1} einen Auftrieb von $A' = 1600$ kg besitzen, dem ein Flügeldruck $p' = 50$ kg/m² entspricht. Das entspricht an einem Modell von $32 \cdot 4 = 128$ cm² Tragfläche, d. h. mit $\lambda = 50$, $\beta = 7{,}07$, $\varkappa = 125\,000$ wie oben

$$v'' = 35:7{,}07 = 4{,}95 \text{ msec}^{-1}, \qquad A'' = 1600:125\,000 = 0{,}0128 \text{ kg} = 12{,}8 \text{ g}\,,$$

$$p'' = p':\lambda = 0{,}1 \text{ g/cm}^2.$$

Da ein so leichtes Modell von diesen Abmessungen sich nicht ausführen läßt, so wird es unter Wahrung der geometrischen Ähnlichkeit ohne Rücksicht auf das Gewicht kräftig gebaut und im Windkanal derart aufgehängt, daß man den Auftrieb A'' und den Rücktrieb R'' an Wägevorrichtungen ablesen kann. Ergibt sich z. B. mit v'' ein Rücktrieb von $R'' = 1{,}5$ g $= 0{,}117\,A''$, so haben wir dasselbe Verhältnis auch am Flugzeug selbst zu erwarten, also einen Rücktrieb und eine Schraubenleistung von

$$R' = 187 \text{ kg} \quad \text{und} \quad N' = R'v' = 6550 \text{ mkgsec}^{-1} = 87{,}5 \text{ PS}.$$

§ 58. Unvollständige mechanische Ähnlichkeit. Vollziehen sich die Bewegungen des zu untersuchenden Gebildes unter der Wirkung einer Federkraft, so entspringt diese einer Flächenkraft p, welche wiederum der relativen Formänderung derart verhältnisgleich ist, daß

$$p = E\Delta l : l\,,$$

worin die Federungszahl E einen mit dem Stoffe wechselnden Festwert von den Dimensionen einer Flächenkraft darstellt. Da nun durch die Formänderung die Ähnlichkeit des Gebildes und seines Modells nicht gestört werden darf, so müssen beide dieselbe relative Formänderung $\Delta l : l$ besitzen, und wir erhalten als mechanische Ähnlichkeitsbedingung

$$\pi = p':p'' = E':E'' = \varepsilon \quad \ldots\ldots\ldots \quad 1)$$

und wegen $K = pF$ oder

$$\varkappa = \pi \lambda^2 = \varepsilon \lambda^2 . \qquad 1\text{a})$$

Wenn wir von der Dämpfung absehen, spielt auch der Einfluß der Umgebung keine Rolle, so daß hier die Forderung gleicher Dichte für die Gebilde und sein Modell wegfällt. Es bleibt nur noch das durch 7) des vorigen Abschnittes gegebene Ähnlichkeitsgesetz der Trägheitswirkung zu erfüllen, das mit 1a) nach Ausschaltung von $\varkappa$ auf

$$\varepsilon \tau^2 = \vartheta \lambda^2 \quad \text{oder} \quad \tau \sqrt{\varepsilon} = \lambda \sqrt{\vartheta}, \qquad 1\text{b})$$

und darum

$$\beta^2 \vartheta = \varepsilon \qquad 1\text{c})$$

führt. Vollzieht sich die Formänderung ganz oder teilweise unter der Wirkung von Gewichten, also der Schwere, so gilt dies auch vom Modell, und wir erhalten wegen des für beide gleichen Erdanlaufs g die Bedingung

$$\tau^2 = \lambda, \qquad 2)$$

die mit 1b) zusammen

$$\varepsilon = \vartheta \lambda \qquad 2\text{a})$$

ergibt. Wir sind also in diesem Falle nicht mehr frei in der Wahl des Längenverhältnisses, welches vielmehr durch die Baustoffe des Körpers und des Modells selbst bedingt sind. Im Sonderfalle gleicher Baustoffe erhalten wir $\varepsilon = \vartheta = 1$ und daher auch

$$\tau = \lambda = \beta = 1, \qquad 2\text{b})$$

also einfach eine Kongruenz beider Körper, womit sich das Modellverfahren erledigt. Um den Einfluß verschiedener Baustoffe zu übersehen, schalten wir die folgende kleine Tafel ein. Es ist für

	Stahl	Aluminium	hartes Holz
$E =$	$2{,}1 \cdot 10^9$	$7 \cdot 10^8$	$1 \cdot 10^8$ g/cm²,
$\delta g =$	7,8	2,5	0,78 g/cm³,

woraus sich nach 5a) die Längenverhältnisse

$$\frac{\text{Stahlkörper}}{\text{Aluminiummodell}}: \quad \lambda = \frac{\varepsilon}{\vartheta} = \frac{21 \cdot 2{,}5}{7 \cdot 7{,}8} = 0{,}96,$$

$$\frac{\text{Stahlkörper}}{\text{Holzmodell}}: \quad \lambda = \frac{\varepsilon}{\vartheta} = \frac{21 \cdot 0{,}78}{1 \cdot 7{,}8} = 2{,}1$$

ergeben, die jede Anwendung der Modellregel praktisch ausschließen. Wollen wir also das Verhalten eines federnden Gebildes trotzdem an einem Modell untersuchen, so hat es jedenfalls keinen Zweck, das letztere in einem andern Stoff herzustellen, wie das Gebilde selbst. Außerdem aber müssen wir die Gewichtswirkung vorläufig von der Modellprüfung ausschließen, wovon in erster Linie die Formänderungen durch das Eigengewicht betroffen werden. In einem solchen

Falle haben wir es mit einer unvollständigen mechanischen Ähnlichkeit zu tun, wie sie uns streng genommen schon an dem Flugzeugmodell im 2. Beispiel des letzten Abschnittes begegnete, an dem das der Ähnlichkeit entsprechende Modellgewicht aus Herstellungsgründen nicht eingehalten werden konnte und durch eine Aufhängung ausgeschaltet wurde. Derartige Schwierigkeiten stellen sich auch ein bei der Prüfung eines Körpers, der wie ein Brückenträger zum großen Teile aus lotrechten Blechen besteht, deren Dicken im Modell zu unausführbaren Kleinheiten zusammenschrumpfen. Wählt man alsdann allgemein für die wagerechten Querabmessungen einen andern Maßstab λ_2 als für die Längs- und Höhenmaße λ_1, so hat man an Stelle von 1a)

$$\varkappa = \varepsilon \lambda_1 \lambda_2 \qquad 3)$$

und für das Massenverhältnis

$$\mu = \lambda_1^2 \lambda_2 \vartheta \qquad 3a)$$

zu setzen, während das allgemeine Ähnlichkeitsgesetz jetzt lautet

$$\varkappa \tau^2 = \mu \lambda_1 = \lambda_1^3 \lambda_2 \vartheta \qquad 3b)$$

Nach Einsetzen von 3) und 3a) folgt hieraus unter Wegheben des Quermaßstabes λ_2 wieder

$$\varepsilon \tau^2 = \lambda_1^2 \vartheta \qquad 3c)$$

im Einklang mit 1b), womit auch der Laufmaßstab β nach 1c) unverändert bleibt. Die durch zwei verschiedene Längenmaßstäbe gestörte geometrische Ähnlichkeit ändert somit nichts an der mechanischen Ähnlichkeit, sofern nur von der Wirkung der Schwere abgesehen wird[1]).

Beispiel. Wählen wir für eine Brücke und ihr Modell aus gleichem Baustoff den Längenmaßstab $\lambda_1 = 100$, den Breitenmaßstab $\lambda_2 = 20$, so ist nach 3), 3a), 3c) und 1) mit $\varepsilon = \vartheta = 1$

$$\varkappa = 2 \cdot 10^3, \quad \mu = 2 \cdot 10^5, \quad \tau = 100, \quad \pi = 1.$$

Daraus erhellt der große Unterschied des Kräfteverhältnisses, welches denen der Belastung entspricht, von dem für die Gewichte der Brücke und des Modells maßgebenden Massenverhältnis bei gleichen Spannungen. Das Zeitverhältnis bestimmt schließlich auch dasjenige der Schwingungsdauer der Brücke zu der des Modells.

---

[1]) Für weitere Fälle unvollständiger Ähnlichkeit vgl. M. Weber: Grundlagen der Ähnlichkeitsmechanik und ihre Verwertung. Jahrb. Schiffsbaut. Ges. 1919.

Namenverzeichnis.

Anschütz 239, 245.
Auerbach 95.
Avogadro 266, 279, 281.

Berger 229.
Bernoulli, D. 265.
Bertrand 283, 285.
Bohnenberger 232.
Boyle 265.
Brennau 223.

Cauchy 283.
Clairaut 140.
Clausius 264.
Coriolis 15, 42.
Cranz 202.

D'Alembert 248, 259.
Dalton 266.
Dulong 269.

Euler 84, 152, 257.

Federhofer, K. 254.
Föppl, A. 84, 235.
— L. 200.
Foucault 47, 235.
Froude 283, 286.
Fuchs 174.

Gauß 78, 204, 259.
Gay 265.
Grammel 179, 194, 209, 244.
Graßmann 179.
Guldin 131.

Hamilton 5, 259.
Helmert 140.
Heymann 144.
Hirn 268.
Hooke 51.
Hopf 174.
Hort 144.

Joule 268.

Kelvin 214.
Klein 179, 194, 195.
Knoller 15.
Krönig 265.

Lagrange 248, 249, 250, 259.
Laplace 78, 103, 267.
Lawaczek 144.
Loschmidt 281.
Lussac 265.

Martienssen 246.
Mariotte 265.
Maxwell 276.
Mayer, R. 270.
Meusnier 18.
Möbius 5.

Neumann, T. 269.
Newton 98, 267, 283.

Obry 234.

Petit 269.
Poinsot 174, 177.
Poisson 79, 104.
Prandtl 282.

Reich 46.
Reuleaux 53.

Skutsch 229.
Sommerfeld 179, 194, 195.

Schilling 93.
Schlick 113, 227.
Schubert 115.

Stokes 77.

Taylor 280.
Thomson 214.

Van der Waals 268.
Voigt, W. 149.

Wischnegradsky 166.

Sachverzeichnis.

Abplattung der Erde 140.
Absoluter Nullpunkt 265.
Achse, freie, des Körpers 143.
Adiabate 273.
Ähnlichkeit, vollständige 283.
— unvollständige 287.
Ähnlichkeitsgesetz von Bertrand 285.
Ähnlichkeitsmechanik 283.
Anlauffeld 6, 16.
Anlaufvektor 5.
Anziehung zweier Massen 77.
Aphel 21.
Arbeit einer Kraft 75.
—, Satz von der virtuellen 81.
—, Wärmewert 268.
Arbeitsgleichung von Gasen 271.
— räumlicher Gebilde 105.
Astatischer Bewegungszustand 23.
Atom 269.
Atomgewicht 270.
Atomwärme 269.
Atomwucht 271.
Auflagekräfte 84.
Ausgeglichene Maschine 109.
Ausgleich der Drehmomente mehrkurbeliger Maschinen 118.
— der Massendrücke bei Maschinen 110.
— erster und zweiter Ordnung 113.
Ausgleichsmasse 143.
Ausströmen eines Gases 274.
Auswuchtung 143.
Azimut 243.

Bahn 1.
Bahnanlauf 6.
Bahnlauf 2.
Bahnprofil 53.
Beschleunigungsvektor 5.
Bewegung auf der Erdoberfläche 44.
— des starren Körpers 59.
— des starren Körpers in einem Gase 283.

Bewegungsgleichungen des starren Körpers 256.
— räumlicher Gebilde 101.
— von Lagrange 248ff., 253.
Bewegungsgröße 102.
Bohnenbergersche Kreisel 232.
Bohrreibung 89.
Bohrreibungsarm 89.
Bohrreibungsmoment 89.
Böschungsfläche 92.
—, Differentialgleichung 95.
Boyle-Mariottesches Gesetz 265.
Bremsung des Schiffskreisels 228.
Bremsvorrichtung 164.
Brücke (Modellversuch) 289.

Coriolisbeschleunigung 15, 42.

Dach 90.
D'Alembert, Satz von 248, 259.
Dalton, Satz von 266.
Dämpfung 283.
— von Kreiseln 225.
„Deutschland", Schnelldampfer 116.
Divergenz 79.
Doppelpendel 256.
Doppelwirkende Maschine 126.
Drall 102, 112, 145, 258.
Dralländerung 150.
Drallvektor eines starren Körpers 145.
Drang 255.
Drehachse 53.
Drehanlauf 13.
Drehanlaufmoment 15.
Drehlauf 13.
Drehkörperpaar 54.
Drehmoment mehrkurbeliger Maschinen, Ausgleich 118.
Drehung, reine, gleichförmige 43.
— starrer Körper 140.
Drehungsgleichgewicht 156.
Drehvektor 10, 175.
Drehwert 10.
Drehwucht 146.
Dreikreiselkompaß 245.
Dreikurbelmaschine 117.
Drosselvorgang 274.
Druckgefälle in Rohren 285.
Dulong-Petitsches Gesetz 269.
Dynamik, allgemeine 248.
— räuml. Gebilde 101.
Dynamische Auswuchtung 143.

Ebene, unveränderliche (invariable) 103.
Einschienenbahn 224.
Eisenbahnzug 49.
Elastizitätsmodul s. Federungswert.
Ellipsoid (Inhalt, Trägheitsmoment) 135.
Erdachse, Präzession 203.
Erdanlauf 136, 138.
—, scheinbarer 45.
Erdbewegung 44.
Erddrehung 44.
Erde 63, 207.
—, Lufthülle 273.
Erdgestalt 136.
Erdhaufen, Gleichgewicht von 92.
Erdoberfläche, Bewegung auf der 44.
— gezwungene Bewegung 46.
Erzwungene Schwingungen des Pendelkreisels 229.
Eulersche Gleichungen 152, 257.
— Polyederregel 84.
Exzentrizität, numerische 21.

Fachwerk, räumliches 82.
Fachwerkskuppel 84.
Fadenpendel 286.
Fahrrad 214.
Fahrtfaktor 243.
Fahrtstörungen des Kreiselkompasses 243.
Fall, freier 46.
Fallzeit 284.
Federkraft 287.
Federungszahl 287.
Feldstärke 76, 78.
First 90.
Flächenanlauf 13.
Flächenlauf 10.
Flächenlaufvektor 12.
Flechtwerk 84.
Fliehkraft 141.
Flugzeug 167, 173, Modellversuch 287.
Flüssigkeit, zähe 98.
Föppl'scher Richtkreisel 235.
Formänderungsarbeit 106.
Fortlauf einer Seilwelle 284.
Foucault, Richtkreisel 235.
Freie Achse eines Körpers 143, Stabilität 153.
— Weglänge 278.
Freifahrzeug 167.
Freiheitsgrad 16, 49, 250.

Gas 265, 270.
—, Laufverteilung 274.
—, langsame Strömung 282.
—, Wärmeleitung und Reibung 279.
—, Zustandsgleichung 265.
Gastheorie, kinetische 266.
Gauß, Satz von 259.
Gaußscher Weltwert 204.
Gay-Lussacsches Gesetz 265.
Geodätische Linie 18.
Geordnete Bewegung 263.
Geradlaufkreisel 232.
Geradlaufvorrichtung für Torpedos 234.
Gesamtmacht eines Körpers (Wärmeinhalt) 273.
Geschwindigkeit 2.
Gezwungene Bewegung 16, 249.
— — an der Erdoberfläche 46.

Gieren von Schiffen 229.
Gleichförmig beschleunigte Bewegung 284.
Gleichförmigkeit des Ganges 121.
Gleichgewicht 70, 80.
— lockerer Massen 91.
—, Reibungs- 86.
— von Kräften m. versch. Angriffspunkten 80.
Gleichgewichtslagen des Kegelfadenpendels 159.
Gleichklang zwischen Schiffsschwingungen und Wasserwellen 232.
Gleitflug 161.
Gleitreibung 80.
Grenzschicht 282.
Grenzkreise (Kugelpendel) 26.
Guldinsche Regel 131.

Hamilton, Satz von 259.
Hauptachsen eines Körpers 126.
Hauptachsenkreuz 152.
Hauptebene 127.
Hauptschwungarm 128.
Hauptschwungmoment 126.
Helmert (Schwermessungen) 140.
Hilfskreisel 245.
Hodograph 5.
Höhensteuer 233.
Hohlgeschoß 201.
Horizontalpendel 34.
Hyperbel 21.

Invariable Ebene 103.

Kalorie 268.
Kanalraddampfer 216.
Kapselkreisel 214.
Katarakt 164.
Kegelfadenpendel 156.
Kegelpendel 29, 48.
Kegelschnitt 21.
Kette als Kegelfadenpendel 160.
Kinematik 1.
Kinematisches Paar 53.
Kinet. Gastheorie 266.
Kleinster Zwang, Satz des 262.
Knoten bei Fachwerk 82.
Knotenlinie 205.
Kollergang 207, 209.
Kompaß, Magnet- 154.
—-Rose 154.
Kontinuitätsgleichung 272.
Kräftefunktion (Potential) 75.
Kräfte mit versch. Angriffspunkten 69, 70, 80.
Kräftepaare 67.
Kraftfluß 78.
Kraftvektor 66.
Kreisel 184, 185 ff.
— Fahrtstörungen 243.
— Geradlauf- 232.
Kreisel. kräftefreier 189.
— Richt- 232.
— Schiffs- 227, 229.
Kreiselkompaß 239.
Kreiselpendel 189.
—, Widerstandskräfte 197.
Kreiselräder 140.
Kreiselung 196.
Kreispendel (ebenes) 29.
Kreisring 134.
Kreisscheiben als Kegelfadenpendel 160.
Kreuzgelenk 51, 57.
Krümmungsarm 6.
Kugelfadenpendel 255.
Kugelpendel 23, 47.
Kugellager 59.
Kurbelgetriebe 109.
Kurbeltrieb 255.

Lagranges Gl. 1. Art. 248, 256.
— Gl. 2. Art. 250.
— Funktion 253, 259.
— Multiplikatoren 249.
Laplace, Gl. von 78.
Langsame Strömung eines Gases 282.
Lauf des Schalles 267.
Lauflinie 5.
Laufvektor 1.
Laufverteilung in ruhenden Gasen 274.
Leitflächen 52.
Lotabweichung 45.
Luft 267.
Luftfahrzeuge 214.
Lufthülle der Erde (Druck und Temperaturänderung) 273.
Luftschiffe 167.
Luftwiderstand 197.

Magnetkompaß 154.
Manövrierfähigkeit 113.
Mariotte, Gesetz von 265.
Masse 66.
—, Gebilde v. veränd. 253.
Massen, Gleichgewicht lockerer 91.
—, Verschiebungen im Inneren lockerer 98.
Massenausgleich mehrkurb. Masch. 108.
Massendrücke 108.
Massendruckmoment 113.
Massenpunkt, Bew. Gl. 254.
Massenmittelpunkt 74.
Maschinenregelung 164.
Maxwellsches Verteilungsgesetz der Molekülgeschwindigkeit 276.
Mechan. Ähnlichkeit, vollst. 283.
— — unvollst. 287.
Meridianschnitt der Erde, Gl. 138.
Metazenterhöhe 227.
Mischung zweier Gase 265.
Mittelpunkt der Kräfte 74.
— parall. Kräfte 74.

Modellversuch 283.
Molekel 265.
Molekulargewicht 266, 270.
Molekularwärme 269.
Molekularwucht 271.
Momente, reduzierte 111.
Momentanpol 53.
Momentenvektor 66.
— eines st. Körpers 149.
Mond 64, 206.
Multiplikatoren von Lagrange 249.

Niveaulinie 92.
Normalanlauf 6.
Nullpunkt, absoluter 265.
Nutation 194.

Obrysche Geradlaufvorrichtung von Torpedos 234.
Ölbremse 166.
Ölmaschine 117.

Parallelverschiebung zweier Achsenkreuze 42.
Pendel 48, 245.
—, Schwingungsdauer 284.
Pendelebene, Drehung der 47.
Pendellänge, reduz. 158.
Pendelkreisel 216, 225, 229.
Pendelmühle 207, 210.
Perihel 21.
Periodischer Anlauf b. Kreiselkompaß 245.
Petit, Dulong-Gesetz 269.
Pfanne 197.
Poinsot-Ellipsoid 174, 177.
Polyederregel v. Euler 84.
Polbahn, bewegliche 53, 175.
— feste 53, 177.
Polbahnformen 177.
Polbahnkegel 52, 176, 177.
Potential 6, 75, 252.
— der Schwere 136.
—, vieldeutiges 79.
Potentialfläche 76.
Potentialgefälle 75.
Präzession 179.
— der Erdachse 203.
—, pseudoreguläre 195.
—, reguläre 116, 189.
Prall 102, 257.
Prismenpaar 54.

Quelle 79.
Quellenfeld, wirbelfreies 79.

Rad, Bewegung eines 212.
Radiallauf 13.
Rechtflach (Trägheitsmoment) 138.
Rechtsabweichung der Geschosse 202.
Reduz. Momente 111.
— Pendellänge 158.
Regelung von Kraftmaschinen 161.
Regler (Maschinen-) 30, 166.
Reibung 199.
— der Gase 279, 281.
Reibungsgleichgewicht 86.
Reibungskegel 90.
Reibungswinkel 90.
Reibungsziffer 282.
Relativbewegung eines Punktes 16.
— im Raum 38.
Relativlauf der Moleküle 277.
Relativitätsprinzip, mechanisches 42.
Resonanz 231.
Richtkreisel 232.
— von Foucault u. Föppl 235.
Ringquerschnitte (Schwerpunkt und Trägheitsmoment) 132
Rollbewegung des Kreiselschiffes 229.
Rolle 262.
Rollkreisel 207, 212.

Sanduhr 100.
Sauerstoff 267, 282.
Segelflug 169.
Seilwelle 284.
Seitensteuer 170.
Senke 79.
Silo 97 (Druckverteilung in Getreidesilos).
— Auslaufen eines Silos 99.
Sonne 63, 206.
Spez. Wärme 268.

Schallauf 267.
Schaufelräder 214.
Scheibe, Bew. Gl. 254.
Schichtfläche 76.
Schichtlinie 92.
Schiffsmaschinenbau 113.
Schiffskreisel 227.
Schiffsschwingungen 231.
Schlingerfehler 155, 245.
Schleudermoment starrer Körper 123.
Schmiegungsebene 6.
Schnelldampfer „Deutschland“ 117.
— — (Modellversuch) 287.
Schränkungswinkel 110.
Schraube, scharf und flachgängig 91.
Schraubenachse des Körpers 61.
Schrauben am Heck 214.
Schraubenfläche 37.
Schraubenfahrzeug 214.
Schraubenlinie 36.
Schraubenpaar 54.
Schraubensteigung 37.
Schraubung 61.
Schubspannung 281.
Schwere, allgemeine 78.
Schweremessungen 140.
Schwerpunkt 74, 103.
Schwerpunktswagen 144.

Schwingungen des Pendelkreisels 229.
— gedämpfte eines Pendelkreisels 225.
Schwingungsdauer eines Pendels 284.
Schwingungszeiten von Schiffskreiseln 228.
Schwungarm 128, 132.
Schwungellipsoid 128, 131.
Schwungmomente 107.
— starrer Körper 123.
— Ermittlung 130.
Schwungräder 140.

Stäbe bei Fachwerk 82.
Stabilität der Freifahrzeuge 167.
— des Kegelfadenpendels 159.
— eines Kreiselschiffes 232.
— rot. Körper 153.
Stahl 282.
Stampfen von Schiffen 229.
Starrer Körper, Bew. Gl. 256.
Statik 66.
Stat. Auswuchtung 143.
— Moment, Ermittlung 130.
Statistische Mechanik 263.
Stellzeug 164.
Steigung der Schraube 91.
Stickstoff 267, 282.
Stokes, Satz von 77.
Stoßzahl der Moleküle 278.
Strahlanlauf 13.
Strahllauf 13.
Strömung eines Gases 274.
— von Flüssigkeiten 271.
—, langsame eines Gases 282.
Stromröhre 272.

Tachometer 161.
— mit offenem und gekreuztem Gestänge 32.
Taylorsche Satz 280.
Teildruck eines Gases 266.
Temperaturgleichgewicht 265.
Tensor 149.
Tiefensteuer 233.
Torpedo 167.
—, Geradlaufvorrichtung 234.
Trägheitsellipsoid 128, 131.
Trägheitsmoment 107.
Trägheitsmomenten, Ermittlung von 130.
Trägheitsradius 128, 131.
Trägheit starrer Körper 123.
Trichterartige Umdrehungsfläche 19.

Umdrehungsellipsoid 135.
Umdrehungskegel 133.
Umdrehungskörper 153.
— und -flächen 131.
— Inhalt 131.
Umlauf 13.
Umschlußpaare 54.
Ungeordnete Bewegung eine Menge 263.
Unterseeboot 167.

Van der Waals, Gl. v. 268.
Variation 260.
Variationssätze der Mechanik 248.
Veränderliche Massen 253.
Verbindungen, Molokularwärme 269.
Verschiebungen im Innern lockerer Massen 98.
Verstellungskraft 162.
Verwindungsflächen 170.
Vierkurbelmaschinen (Massenausgleich) 114, 122.
Vierkurbelmaschine, symmetrische 115.
Viertaktmaschine 121.
Virial einer ungeordneten Bewegung 264.
Virtuelle Verschiebungen 81.
— Verschiebung, Satz von der 81.

Wärme als Bewegungserscheinung 268.
— spez. 268.
Wärmeinhalt 273.
Wärmeleitung der Gase 279.
Wärmeleitzahl 280.
Wärmewert d. Arbeit 268.
Wasserstoff 267, 282.
Wegkurve 4.
Weglänge, freie 278.
Weltwert 78.
Widerstand, quadratischer 283, 287.
Wirbel 77.
Wirbelfreies Quellenfeld 79.
Wirkung, Satz der kleinsten 260.
Wirkungsgrad der Schraube 90.
Wucht einer ungeordneten Menge 264.
Wucht im Kurbeltrieb 119.

Zentralachse 72, 88, 91.
Zentralanlauf 78.
Zentralbewegung 14.
Zentralellipsoid 143.
Zentrifugalkraft 141.
Zentrifugalmoment starrer Körper 123.
Zirkulation 77, 79.
Zustandsgleichung idealer Gase 265, 271.
Zwang 250.
— Satz des kleinen Zwanges 262.
Zwangsanlauf 16.
Zwangsbewegung 16.

GPSR Compliance

The European Union's (EU) General Product Safety Regulation (GPSR) is a set of rules that requires consumer products to be safe and our obligations to ensure this.

If you have any concerns about our products, you can contact us on ProductSafety@springernature.com

In case Publisher is established outside the EU, the EU authorized representative is:

Springer Nature Customer Service Center GmbH
Europaplatz 3
69115 Heidelberg, Germany

Batch number: 10682323

Printed by Printforce, the Netherlands